Project Risk Management Guidelines

4th Edition

프로젝트 리스크관리 가이드라인

제1편 일반지침 제3편 리스크기반 견적지침
제2편 워크숍지침 제4편 일정-비용 통합 리스크분석 지침

K-Risk (한국리스크전문가협의회)

도서출판 구미서관

KRS K-Risk 한국리스크전문가협의회

머리말

우리 선조들은 외세에 의해 나라가 위태롭거나 빼앗겼을 때 누구 할 것 없이 자신의 목숨을 바쳐 나라를 구했다. 6.25 이후 먹고 살기 어려웠던 시절, 해외에 나가 어려운 여건에서도 외화를 벌어들여 오늘날 '**한강의 기적**'이라는 명성과 선진국 진입이라는 위치로 발전을 거듭해 왔다.

우리 건설산업도 비약적인 발전을 이루며 선진국 반열에 들어서고 있다고는 하지만, 그 과정에서 '**빨리빨리**' 습성과 의식 미달, 제도적인 뒷받침 부족 등으로 인해 삼풍백화점 붕괴, 성수대교 붕괴 등 대형 참사가 발생하며 부실공사라는 오명을 받는 등 여러 성장통을 겪어 왔다. 지금까지 많은 법과 제도를 발전시켜 왔다고 자평하지만, 자세히 보면 선진국 반열에 도달하기에는 부족한 부분이 한두 군데가 아닌 것 같다.

따라서 선조들과 선배님들 덕분에 오늘날 평안히 살아가는 우리가 선진국 진입에 부끄럽지 않도록 '**건설 분야의 부족한 부분을 발전시키는 것**'이 오늘을 사는 우리가 해야 할 임무라고 판단하여, 무엇을 어떻게 할 것인가를 고민하면서 2020년도부터 여러 건설 전문가들이 모여 K-Risk(한국리스크전문가협의회)를 발족시켰다. 그 무엇보다도 중요한 건설 부문의 리스크관리를 보다 선신적이고 체계적으로 제도적으로 보완하자는 의견으로 뜻을 모았다.

이에 K-Risk(한국리스크전문가협의회)에서는 리스크의 여러 분야 중에서도 특히 건설 분야의 프로젝트 리스크관리를 위한 가이드라인을 지속적으로 발간하여 국내 건설 산업 종사자들이 리스크관리를 쉽게 수행할 수 있도록 방향을 제시하는 것이 시급하다고 판단하였다.

이번에 발간하는 가이드라인 개정판에는 제1편 일반지침(2020년), 제2편 워크숍 지침(2021년), 제3편 리스크 기반 견적지침(2022년)에 이어, 제4편 일정-비용 통합 리스크분석 지침을 새롭게 추가하였다. 본 제4판은 기존의 비용 중심 리스크분석에서 한 걸음 더 나아가 일정과 비용을 통합적으로 고려하는 보다 현실적이며 신뢰성이 높은 리스크관리 접근법을 제시하고 있다.

최근 프로젝트 환경은 복잡성과 불확실성이 높아지고 있으며, 대규모 인프라나 건설 사업에서는 사업비 초과와 일정 지연이 빈번하게 발생하고 있다. 그럼에도 불구하고, 여전히 비용과 일정을 통합하여 분석하지 않음으로써 실질적인 사업관리의 한계를 느끼는 경우가 많다. 본 가이드라인은 이러한 문제를 해결하기 위해 일정과 비용의 상호 연관성을 분석하고, 더 현실적이고 신뢰할 수 있는 예측과 합리적인 의사결정을 돕고자 하였다. 이를 위해 미국 GAO의 일정 평가 가이드, AACE TCM 프레임워크 등 국제 기준을 참고하여 반영했으며, 몬테카를로 시뮬레이션 기반의 일정-비용 통합 리스크 분석 기법과 이 방법에 대한 이해를 위한 병합 편향, 상관 관계, 확률 분기 등의 최신 기법을 포함했다. 제4판은 '**더 빠르게, 더 적은 비용으로**'라는 프로젝트관리의 본질적 목표를 달성하기 위한 실무 중심의 통합 리스크관리 지침서로 활용할 수 있다.

본 가이드라인은 제1편부터 이번에 추가된 제4편에 이르기까지 총 5년에 걸친 긴 작업을 통해 만들어졌다. 사실 제1편부터 제4편을 각각 별개로 사용하는 것이 아니라 하나의 통합된 방법으로 사용해야 한다. 문장 하나하나에 기울인 노력이 한국 건설 분야를 변화시키는 데 일조할 것을 생각하니 너무나도 보람되고 가슴이 벅차다.

본 가이드라인을 발간하기까지 K-Risk 회원 여러분의 도움이 없었다면 세상에 빛을 보기 어려웠을 것이다. 이에 깊은 감사를 드린다. 또한 제1판부터 제4판까지 구미서관의 자원을 전폭적으로 지원해 주신 대표님의 가치 있는 결정에 다시 한번 깊은 감사의 말씀을 드린다. K-Risk에서의 활동을 (사)한국건설관리학회와 함께 더욱 활발하게 할 수 있도록 리스크관리위원장의 역할을 맡겨 주신 (전)김경주 회장님과 이동은 회장님께 특히 감사드린다. K-Risk의 활동에 전폭적인 지지와 후원을 아끼지 않으신 이종범 회장님께도 특별히 감사드린다. 이 책의 출판에 전면적인 지원을 아끼지 않으신 K-Risk 운영위원님들, 특히 오발사까지 꼼꼼히 교정해 주신 조인성 박사님, 김홍연 박사님, 박성철 대표님께 깊은 감사의 말씀을 드리며, 정경환 교수님 등 자문으로 직접 또는 간접적으로 기여하고 관심을 주신 참여 저자 여러분께도 감사드린다.

또한 국가와 지방정부의 재정 및 나라 살림에 수고를 아끼지 않는 정부 관계자 분들과 건설분야의 PM, CM, 사업관리를 효율적으로 추진하고자 고민하고 계신 공공 및 민간 부문의 모든 분들께 이 책의 의미와 기술, 사례가 잘 전달되었으면 한다.

K-Risk는 리스크관리가 우리나라 정부와 기업 문화에 뿌리내릴 수 있도록 노력하고 있다. K-Risk 회원, 독자 및 실무자들과의 소통을 위해 공식 블로그(https://k-risk.tistory.com)를 운영 중이니 많은 방문을 부탁드리며, 제4판 가이드라인에서 언급한 모든 참고자료의 접근 사이트(https://k-risk.tistory.com/37)를 통해 참고문헌에 접근하시기 바란다.

2025년 11월

K-Risk 회장 **임 종 권**

제4판 서문

오늘날 프로젝트 환경은 점점 더 복잡해지고 있으며, 다양한 불확실성과 예측 불가능한 변수가 프로젝트의 성패에 결정적인 영향을 미치고 있다. 특히 인프라 시설, 플랜트, 재건축·재개발과 같은 건설 사업이나 IT 사업, 대규모 국책 사업과 같이 장기적이고 대규모로 진행되는 프로젝트일수록 여러 원인으로 인해 사업비 증가와 일정 지연이 빈번하게 발생한다. 그럼에도 불구하고 많은 프로젝트에서 비용과 일정을 독립적으로 분석하고 관리하는 전통적인 구조에서 벗어나지 못하고 있다. 국내 많은 프로젝트에서 현장의 상황을 고려하지 않고 신뢰도가 떨어지는 일정 데이터를 사용하여 분석한 결과, 실제 현실과 맞지 않는다는 의문을 제기하고 있다.

2022년 출간된 '**프로젝트 리스크관리 가이드라인**' **제3판**에 일정을 고려한 리스크분석을 일부 포함하였으나, 비용 리스크분석이라는 틀 안에서 집필된 한계를 가지고 있었다. 3년 만에 수정 발간하는 본 제4판은 비용 리스크분석 위주의 한계를 넘어 일정과 비용을 통합적으로 고려하는 리스크분석 접근법을 보다 체계적으로 제시하고 있다.

제4판 가이드라인은 프로젝트의 단순한 일정 지연이나 비용 초과를 넘어 일정과 비용이 서로 어떻게 상호 영향을 미치는지 구조화된 방법론을 통해 리스크를 분석하고 일정 지연 리스크를 비용으로 반영하는 체계적인 방법을 설명한다. 이를 통해 보다 현실적이고 신뢰성 있는 프로젝트 일정 및 비용 예측과 이에 기반한 합리적인 의사결정을 돕는 것을 목표로 한다.

모건 하우절의 '**불변의 법칙**'에서 언급한 100년이 지나도 변하지 않는 것 중 우리가 가장 공감을 느낀 것은 '**더 빨리, 더 적은 비용으로**'이다. 빠르면 싸진다는 것, 반대로 늦어지면 비싸진다는 사실은 누구나 알 수 있다. 그러나 대부분의 국내 프로젝트 실무에서는 비용 리스크분석조차도 잘 이루어지지 않고 있는 터라, 이 가이드라인에서 다루고 있는 일정과 비용을 연계한 통합 리스크분석은 아직 한국 산업에서 적용하기에는 다소 이른 감이 있다고 느낄 수도 있다. 정량적인 리스크분석 및 체계적인 리스크관리의 도입 단계에 있고, '**리스크**'와 '**위험**', '**리스크관리**'와 '**위험관리**' 개념을 혼동하고 있는 현 대한민국 프로젝트 실무 여건에서 비용 및 일정 리스크의 통합적 분석 지침을 다루고 있는 이 가이드라인이 시기상조로 보일 수도 있다. 하지만 실질적인 공사비와 적정한 공기 산출을 요구하는 현재의 프로젝트 실무 환경에서 이 지침서는 절실히 필요한 것으로 판단되어 발간을 미룰 수 없었다.

제4판에서는 이미 전 판에서 강조한 바 있는 미국 **GAO의 일정 평가 가이드**와 AACE International**의 TCM 프레임워크**, 일정-비용 통합 리스크분석 등 권고사항 뿐만 아니라 몬테카를로 시뮬레이션 기반의 일정-비용 통합 리스크 모델, 시간 의존적 자원과 비용의 연계처리방식 등 국제적으로 검증된 기법을 폭넓게 다루고 있다. 또한 GTX(Great Train eXpress, 수도권광역급행열차) 프로젝트 등 실제 일정 리스크분석 사례를 포함하여, 프로젝트관리자가 분석 결과를 이해하고 활용할 수 있도록 모델링부터 리스크 데이터 수집, 분석결과 해석, 대응전략 수립까지 전 과정을 통합적으로 구성하였다.

GIGO(Garbage In, Garbage Out)이라는 말이 있다. 불량한 데이터가 들어가면 결과도 불량해 질 수밖에 없는데, 이러한 문제를 해결하려면 고품질 데이터를 확보하는 것만이 신뢰성 높은 일정-비용 통합 리스크분석 결과를 얻을 수 있는 좋은 방법이다. 즉, 프로젝트관리자와 리스크관리자는 사용할 수 있는 최고의 입력 데이터를 사용해야 하며, 그 결과가 타당한지 항상 검증해야 한다. 저자들은 이러한 문제를 인식하고 고품질의 일정 관련 입력 데이터를 생성할 수 있는 실용적인 지침을 제공하고자 하였다.

이 가이드라인의 또 다른 중요한 점은 **병합 편향**, **확률 분기** 및 **상관관계** 등을 고려한다는 것이다. 이러한 접근 방식은 일정-비용 통합 리스크분석 모델의 우수 사례로 해외 선진 매뉴얼에서도 소개되고 있는 중요한 개념이다. 이러한 접근 방식을 적극적으로 활용하면 일정 및 비용에 관련된 다양하고 복잡한 리스크를 효과적으로 관리할 수 있을 것이다.

2025년 11월

집필진 일동

제3판 서문

어떠한 프로젝트이든 불확실한 미래에 대하여 우리가 던지는 공통적인 질문은 "**도대체 비용이 얼마인가?**", 그리고 "**어느 정도의 기간이 소요되는가?**"이다. 프로젝트 추진 시 비용 산정은 대단히 어려운 일이며, 특히 프로젝트 초기단계에 이러한 비용산정 결과를 바탕으로 한 주요 결정이 프로젝트의 성공이나 실패에 미치는 영향이 크다. 만약 사업 초기에 올바르고 보다 신뢰할 만한 방법으로 비용 추정 성과물을 만들 수 있다면 프로젝트를 추진하는 관리자들과 이해관계자들에게 보다 실질적인 혜택을 제공할 수 있을 것으로 생각된다.

프로젝트 성공의 핵심요소는 전문가의 증거기반 비용견적을 활용하는 것임은 두말할 필요가 없을 것이다. 초기에 정확도 높은 비용견적을 만드는 것은 올바른 프로젝트를 선정하는데 기여하고 시간과 예산에 맞추어 합리적인 의사결정을 할 수 있도록 하는 핵심요소가 될 것이다. 그러나 공공부문의 인프라 프로젝트에서 당초 예상비용을 크게 초과하여 투입된 프로젝트 사례나 정보가 잘 남아 있지 않다. 이렇다 보니 증거로 남아 있는 프로젝트 실적은 대부분 성공사례로부터 나온 데이터일 가능성이 높으며, 이러한 현상은 민간부문에서도 비슷하게 나타나고 있다. 그래서 비용초과 문제를 해결하기 위한 체계적 설명이나 소통할 수 있는 보편적인 방법이 절실하다.

프로젝트의 사업비는 사업 초기에 결정되고 나면 그 이후 사업이 끝날 때까지 변하지 않는 수치가 아님은 명백하다. 비용견적은 프로젝트가 진행되면서 시간이 지남에 따라 구체화되며 본질적으로 프로젝트의 범위 및 일정과 연관된다. 영국, 호주, 미국 등에서도 이제 사업비를 하나의 숫자로 반영하는 **결정론적 견적법**에 대한 신뢰를 버린지 오래되었으며, 사업비를 **기본비용**(base cost) 외에 리스크를 비용으로 환산한 **비상준비금**(contingency)을 더하여 구하는 **리스크기반 견적법**을 비용(원가) 추정 기준으로 채택하여 실무에 적용하고 있다. 특히 위에서 언급된 국가들과 산하 중요 공공기관에서는 설계의 완성도가 낮은 사업초기에 설계 미확정 사항에 관한 비용을 고려한 **미확정참작금**(allowances)을 추가로 고려함으로써 사업초기 불확실한 비용과 리스크를 고려하여 체계적으로 사업비를 추정하는 체계를 갖춰왔다. 국내외를 막론하고 사업비를 적절하게 산출해내는 방법은 아직도 개선의 여지가 상당히 많지만, 이러한 리스크기반 견적 지침서나 가이드라인이 최근에도 국외에서 지속적으로 개정되어 발표되는 것을 보면 이 기법이 갖는 중요성과 가치를 알 수 있다. 우리나라에서도 프로젝트 견적과 실제 투입된 비용 간의 격차를 줄이기 위한 국가 및 민간 차원의 노력이 절실하다.

사업비를 결정하기 위한 비용견적은 프로젝트에 내재된 불확실성과 리스크 수준을 명쾌하게 설명할 수 있도록 발생가능한 비용의 '**범위**'로 표시되어야 하며, 이 범위는 프로젝트가 진행됨에 따라 줄어들게 된다. 본 **리스크기반 견적지침**은 영국, 호주, 미국 등 주요 국가에서 채택하고 있는 리스크기반 견적에 대한 최근의 해외 모범사례를 참고하여 관련 전문가들의 협업을 통해 작성한 것으로서 국내 및 해외사업 추진 과정에서 합리적이며 선진적인 사업비를 산정하는데 도움을 주고자 하였다.

본 지침에서 언급하고 있는 **정량적 리스크분석 모델**은 미래에 발생하는 프로젝트의 비용과 일정에 대한 정확한 예측을 목표로 하는 것은 아니다. 본 지침을 적극적으로 적용한다고 하더라도 불확실한 성격을 갖고 있는 리스크의 특성상 완전히 제거할 수는 없을 것이다. 하지만 프로젝트의 비용견적을 위한 건전한 기본 원칙과 이해관계자 간의 투명성과 정직성을 바탕으로 상호 협조적인 관계하에서 충분히 소통하면서 적용되는 경우, 아주 유용하게 활용할 수 있는 비용 및 일정 견적방법을 제공하고 있다.

미래에 얼마의 비용과 자원이 투입될지는 프로젝트가 끝나봐야 알 수 있지만, 과업을 착수하기 전이나 착수 초기 또는 과업 진행 중간중간에 합리적인 의사결정을 해야 하는 경우가 발생한다. 이런 경우에도 본 지침이 활용될 수 있다. 예를 들어 사업시행 여부를 판단하기 위한 경제적 타당성분석, 민자사업과 재정사업의 선택을 위한 **VFM** (Value for Money) 테스트 수행시 리스크를 고려한 사업비 분석이 필요하다. 영국에서는 정부가 사업을 추진할 때, 발생하는 총사업비를 **정부실행대안**인 **PSC**(Public Sector Comparator)를 산정하여 민자사업으로 추진할 때와 비교한다. 이러한 분석에도 본 지침이 참고가 될 수 있을 것이다.

리스크의 체계적인 정량화 작업을 위한 기준이나 절차가 마련되지 않은 상태에서 사업이 프로젝트 팀에서 생각한 대로 순조롭게 수행될 것으로 믿고 산출한 낙관적인 사업비나 사업기간에는 추가적인 비용이 발생하게 되고 그러한 비용 문제를 해결하기 위한 추가적인 절차 및 의사결정이 필요하게 된다. 특히 건설분야에 있어 비용의 공개 이슈는 사업자와 소비자 간에 여전히 갈등이 심하며, 최근 서울의 대규모 재건축사업 현장에서처럼 리스크를 고려하지 않은 비용이나 충분한 소통없이 추정한 사업기간과 비용으로 프로젝트가 진행되면서 많은 갈등이 발생하는 것을 볼 수 있다. 이러한 사유로 인해 건설사업비와 관련하여 비용견적에 대한 불신이 팽배한 것이 현실이다.

통상적으로 견적이라고 하면 건설사업비를 많이 떠올리는데, 이때 비용견적을 일정과 연관시키는 것이 매우 중요하다. 최근 일정 지연으로 인한 간접비 소송 클레임이 상당히 많이 증가하고 있다. 이제는 사업비용 뿐만 아니라 사업일정에 대해서도 합리적인 방법론을 도입한 리스크를 비용으로 반영한 견적이 필요하다. 사업비의 각 비용 및 일정 항목과 관련하여 다양한 변동성을 최소화하기 위해 리스크에 대한 확률기반 시뮬레이션을 통해 프로젝트를 구체화시켜 나가야 한다.

리스크기반 견적은 특정 리스크에 대한 직접적인 원인을 기반으로 프로젝트별 비상준비금을 체계적으로 반영할 수 있으며, 리스크기반 견적을 통해 프로젝트 팀은 추정치와 관련된 불확실성의 정도를 의사결정자와 이해관계자에게 명확히 전달하고 합리적인 의사결정을 유도할 수 있다. 따라서 프로젝트 비용 및 일정에 대한 리스크기반 견적법은 일반적으로 전체 비용에 일정 수준의 **비상준비금**을 포함하여 범위로 표시하게 되므로 하나의 숫자로 표시하는 **결정론적 견적법**에 대비되는 분명하고 필수적인 대안이 될 것이다. 본 지침은 기본비용의 수량과 단가의 불확실성 뿐만 아니라 사업추진 단계에서 발생할 수 있는 비용 및 일정 변화 등 전반적인 리스크를 고려한 "**리스크기반 견적법**"에 대한 지침으로서, 건설 선진국으로 가는 중요한 지표가 되길 바라며, 본 지침이 주요 정부기관의 관련 법규나 규정 등의 마련과 개발을 위한 디딤돌이 되기를 기대한다.

본 지침 집필진 간에 많은 논의와 토론이 있기는 했지만 국외에서만 사용되고 있는 리스크기반 견적법 관련 해외문헌을 국문으로 옮기는 과정에서 용어나 표현들이 명확하고 완벽하게 국문으로 표현되었다고 보지는 않는다. 예를 들어 리스크기반 견적에서 핵심비용 구성항목인 base cost, contingency, allowances 등의 용어는 각각 **기본비용**, **비상준비금**, **미확정참작금**이란 표현으로 옮겨 적었는데 독자들이 읽기에 처음에는 약간 어색하다고 느낄 수 있다. 마침 이 책을 발간할 즈음 한글날을 맞이하여 어떻게든 이러한 용어들을 국문으로 표현하고자 한 집필진의 의지에 따른 결과물이라고 받아들여주기 바라며, 아직 완전한 용어라고 생각하지 않으니 이 책을 읽는 독자께서는 불완전한 표현이라고 생각하는 것이 있다면 주저하지 말고 K-Risk 사무국으로 연락해 주시기 바란다. 앞으로 국내 관련 규정들이 법제화 때 이러한 용어들이 정식 용어로 선택된다면 집필진의 보람과 기쁨이 클 것이다.

리스크기반 비용견적은 영국, 호주, 미국 등 국외에서 모범사례로 많이 알려져 있다. 본 지침은 영국 HM Treasury와 미국 국가책무원 GAO의 비용견적 지침서와 **워싱턴주 교통부**의 비용견적 매뉴얼, **네바다주 교통부**의 리스크기반 견적, **호주 정부**의 비용견적 지침 등 주요 리스크기반 견적 문헌 참고를 통해 국내에 도입되면 좋을 내용들을 상당부분 채용하여 작성하였음을 밝힌다.

프로젝트 건설 선진국가들에 비하여 다소 늦은 감이 있지만, 대외 경쟁력을 갖추기 위해서 뿐 아니라 국민의 세금을 절약하고 소중한 자산을 보호한다는 아주 단순한 목표 관점에서도 이 방법론의 채택과 적용은 선택이 아니라 필수일 것이다. 지금부터라도 프로젝트의 올바른 의사결정을 위한 보다 양질의 정보 제공을 위하여 본 지침을 적극 활용하기를 바란다.

앞으로 K-Risk의 공식 블로그(https://k-risk.tistory.com) 등을 통해서 이 글을 읽는 독자들과 계속 소통하고자 하고 본 가이드라인과 관련된 다양한 정보교류/교육훈련 등 정보를 제공할 것이니 K-Risk에 적극적으로 문의해 주시기 바란다.

2022년 11월

집필진 일동

제2판 서문

우리나라의 정치, 경제, 사회, 문화 등 각 분야에 대한 용어나 해설의 지식은 풍부할지 몰라도 이들이 계획대로 이루어지지 않을 리스크나 위험에 대한 이해와 대처 능력은 현재 매우 미흡한 실정이다. 조직, 프로젝트, 제품, 서비스가 계획대로 작동되지 않는 것에 대해 체계적인 접근 방법론이 필요하다. 2020년 이천 물류창고 화재, 2021년 광주의 철거 공사 중 건물 붕괴, 크레인 전도 등 지금 이 시간에도 크고 작은 사건, 사고들이 빈번히 발생하고 있으나 그 원인에 대한 근본적인 해결책보다는 사후 처벌에 대한 이야기가 주로 다루어지고 있다.

우리가 흔히 글로벌 선도국가로 부르는 국가에서는 ISO 31000에 기반한 리스크관리 체계를 프로젝트나 조직에 활용함으로써 위와 같은 사고를 예방하는 노력을 하고 있으나, 우리나라는 이를 잘 활용하지 못하고 있고 심지어는 이러한 표준이 있는지조차도 잘 모르고 있다. 앞으로 지속 발전가능한 기관과 기업을 원하는 공공 및 민간부문의 최고 책임자인 CEO는 이러한 ISO 31000에 기반한 리스크관리 체계의 도입을 적극 검토할 필요가 있다.

지난해 프로젝트 리스크관리 가이드라인 일반지침이 발간된 이후 후속 지침을 연이어 발간하게 된 이유는 실질적인 리스크관리를 적용하는 방법에 대한 구체적인 니즈가 있었기 때문이다. 사실 공공기관이든 민간기관이든 대부분 리스크관리팀을 두고 있다고 얘기한다. 그러나 리스크관리의 실질적 효과를 내기 위한 구체적인 방법론에 대해서는 아직 이해가 많이 부족하고, 특히 본 가이드라인에서 강조하고 있는 여러 전문가의 팀 협력에 의한 워크숍 기반의 리스크관리는 현업에서 잘 활용되지 못하고 있다.

또한, 최근 정부나 기업에서 추구하고 있는 스마트기술은 경영, SW, 소셜, 제품, 프로젝트, 안전, 편의 서비스 등 거의 우리의 일상생활속에 영향을 미치고 있다. 그러나 누구나 사용하는 네비게이션의 경우 우리가 모르는 길을 찾아갈 때 도움을 주기도 하지만, 어떤 때는 유료도로로만 안내하기도 하고 어떤 경우에는 연장이 짧다는 이유로 오르막이 있는 꼬불꼬불한 산길을 안내하기도 한다. 리스크관리는 특정 조직이나 일부 프로젝트만이 아니라 과학과 기술로 대변되는 미래사회 초석인 AI 및 스마트기술 등에 대해서도 필요하다는 반증이기도 하다.

특히, 중대재해처벌법 시행과 관련된 책임을 다하기 위해서 기관장, 대표이사 그리고 현장 최상위 책임자 등이 현장안전관리를 위한 예방적 리스크관리체계를 지원, 실행 및 모니터링을 할 필요가 있다. 개인과 기업 그리고 국가들은 모두, 다양한 위기 속에서 자연친화적이고 지속가능한 삶을 영위하기 위한 갈림길에 서 있다. 우리 생활 전반에 걸쳐 있는 리스크에 대한 위기관리 능력이 이에 대한 지표 및 파란색 신호등이 될 수 있다. 왜냐하면 현재 갖추고 있는 자원과 능력을 최대한 발휘할 수 있는 지점에서 올바른 선택을 할 수 있는 가능성을 크게 높이기 때문이다. 미래사회는 AI를 기반으로 한 기기와 로봇이 인간이 해야 할 일을 대체할 가능성이 크다. 이러한 환경에서 부각될 수 있는 것은 바로 윤리와 리스크관리이다. 과거 국가, 부모 그리고 다른 대상에 따라 사람으로서 갖추어야 할 최소한의 윤리가 우리의 삶에 도움을 주는 AI나 기기 그리고 로봇에게 적용되지 않게 되면 건물의 붕괴나 물리적 파괴보다 엄청나게 상상을 초월하는 영화같은 리스크가 현실화될 수 있다. 윤리 문제와 리스크관리는 향후 인생의 동반자로서 함께할 미래기술에 더 엄격하게 적용될 필요가 있다. 지금 본격화되고 있는 AI 세대, 4차산업혁명 시대에 리스크관리가 더욱더 필요한 이유가 여기에 있다. 본 가이드라인은 AI시대에 반드시 필요한 지침서가 될 것이다.

본 프로젝트 리스크관리 가이드라인 통합개성판은 기 출판된 제1편 일반적인 리스크관리 절차뿐만 아니라 프로젝트 리스크관리에 참여하는 사람들의 역할과 책임을 명확히 하고 업무 수행에 대한 워크숍지침을 제공함으로써 전문가뿐만 아니라 일반인도 리스크관리를 보다 손쉽게 조직하고, 프로젝트에 활용할 수 있도록 집필하였다.

아무쪼록 본 프로젝트 리스크관리 통합 개정판이 귀 기관 및 조직에서 추구하는 프로젝트에 적극 활용되어 사업의 성과를 극대화하고 손실을 최소화하는데 도움이 되길 기대한다.

2021년 11월

집필진 일동

초판 서문

우리 속담에 "**호미로 막을 것을 가래로 막는다**"라는 말이 있다. 적은 힘으로도 충분한데 쓸데없이 많은 힘을 들인다. 즉 일을 미리 처리하지 않다가 나중에 큰 힘을 들이게 된다는 뜻이다. 또 "**유비무환**(有備無患)"이라는 말이 있다. 미리 준비가 되어 있으면 우환을 당하지 않는다는 뜻이다. "**소탐대실**(小貪大失)"은 작은 것을 탐하다 큰 것을 잃는다는 뜻이다. **프로젝트 리스크관리**와 딱 들어맞는 대표적인 속담과 사자성어가 아닌가 생각된다.

리스크관리는 건설산업에 있어서 프로젝트를 기획하고 시행하는 전문가에게는 아마 가장 중요한 토론 주제 중 하나일 것이다. 심지어 많은 전문가들은 프로젝트를 기획하기 전부터 리스크관리를 시작하기도 한다. 이제는 형식을 제대로 갖춘 리스크관리든 아니든 리스크관리를 생각하지 않고 프로젝트를 진행하는 것은 호미로 막을 것을 가래로 막는 일이 될 것이며 유비무환의 정신을 실천하지 않는 것이다.

이를 이해하기 위해서 우리 일상생활 속에서 자주 접하게 되는 **독감**에 대해 예를 들어 보자. 사람들은 제각각 독감을 다른 방식으로 다루고 있다. 먼저 독감 예방을 위해 예방접종을 하면 독감 **확률**을 대폭 낮출 수 있다. 리스크관리 개념에서 이것을 **리스크 완화**라 부른다. 왜냐하면, 이러한 독감 예방접종은 독감에 걸릴 확률을 낮출 수는 있지만 완전히 제거하지는 못하기 때문이다. 두 번째로 어떤 사람은 아예 독감 예방접종을 하지 않을 수 있다. 이 사람은 독감에 걸릴 확률이 상당히 높아진다. 이것을 **리스크 수용**이라고 한다. 세 번째 또 다른 사람은 아예 독감이 걸리지 않도록 다른 사람과의 접촉을 피해 집에 은신해 있을 수도 있다. 이 사람은 독감이 걸릴 가능성은 희박하다. 세 번째 경우와 같이 아주 보수적이면서도 적극적인 예방 행동을 취하는 것을 우리는 **리스크 회피**라고 한다.

독감 예제로부터 우리는 백신을 맞은 사람과 그렇지 않은 사람들 간의 독감 효과를 보다 심도 있게 비교해 볼 수 있다. **리스크 임팩트**나 결과에 대한 개념이 이 독감 이야기의 두 번째 파트이다. 어떤 사람의 **리스크 임팩트**는 그 독감으로부터 얼마나 고통을 받고 그 기간이 얼마나 길지 측정할 수 있다. 일반적인 규칙을 적용해 보면, 백신을 맞은 사람은 그렇지 않은 사람보다 회복 속도도 빠르다.

백신을 맞을지 말지에 대한 의사결정은 상대적으로 간단한 편이다. 보통 사람들은 이러한 독감에 대한 대처방법을 판단하기 위하여 체계적이며 공식적인 **리스크분석**까지 하지는 않는다. 상식적으로 독감에 대해 어떻게 관리할지 다들 알고 있기 때문이며 그러한 결정은 대부분 올바른 경우가 많다.

그러나 대규모 예산을 다루는 건설산업의 경우는 다른 이야기가 된다. ECI(Engineering and Construction Industry)에 따르면 리스크관리를 수행할 경우, 1년간 수행되는 미국 건설산업 프로젝트의 총 비용절감액이 무려 30~40억불에 달하며 산업 전반으로 확장하면 2,000~2,700억불에 이른다(Datamonitor Factset, ENR과 산업전문가의 추정치). **미국 교통부**(US DOT)는 10개의 철도프로젝트에 대해 분석해 본 결과 프로젝트 비용의 초과 범위가 -10%에서 +106%이며 평균 61% 수준으로 비용이 엄청나게 초과됨을 발견하였다. 또한 덴마크의 **알보그 대학**(Aalborg University)에서 수행된 258개의 프로젝트에 대한 연구에 의하면, 교통 인프라 프로젝트의 90% 정도가 비용 측면에서 과소평가된 것으로 나타났으며, 결국 완공 시점에는 엄청난 프로젝트 비용 증가를 초래하였다. 더욱이, 이 연구 결론에 의하면, 프로젝트 비용 과소 추정과 최종 프로젝트 비용 초과 경향은 지난 70년간 전혀 완화되지 않았다. 우리가 잘 아는 호주 시드니 **오페라하우스**가 당초 추정예산의 1,200%로 공사가 마무리된 사례를 통해서도 리스크관리의 중요성을 알 수 있다(Ovidiu 외 2011).

우리나라의 경우는 어떠한가? 민자프로젝트로 진행된 많은 경전철프로젝트가 파산했거나 파산위기에 있고, 건설회사의 해외 현장 채산성이 좋지 않으며 타 산업에 비하여 건설산업의 노동 **생산성**이 높지 않다는 분석이 계속되고 있다. 최근에는 공기지연에 따른 간접비 청구 소송으로 인한 고통도 커지고 있다. 건설분야가 해외 글로벌 경쟁환경에서는 더욱더 생산성을 올리지 못하고 있는 상황에서 **제4차 산업혁명** 시대를 맞이해야 한다고 하면서 **스마트건설** 기술 개발에 집중하고 있는 실정이다.

근래의 COVID-19 사태에서 우리가 경험한 것을 잘 되짚어 보면, 선진국으로 생각했던 유럽, 미국, 일본 등이 우리나라보다 훨씬 후진적인 모습을 보여준 바 있다. 세계적으로 완전히 멈추었던 스포츠경기와 그 중계를 우리나라에서 처음으로 재개하였고 학교도 단계적으로 개학을 하였다. 물론 확진자의 수가 늘고 줄기를 반복하며 사태종식이 되지는 않았지만 COVID-19에 대한 비교적 효과적인 대처로 우리나라가 선진국 반열에 올라섰다고 자평하는 사람들도 나오고 있다. 그러나 건설분야의 경우에는 아직도 후진국에서 벗어나지 못하고 있다고 봐야 하지 않을까? 건설분야에 있어서 우리나라가 얼마나 리스크관리와 안전관리에 취약한지는 지난 5월 이천 물류창고 **화재사고** 하나만 보더라도 알 수 있다.

이런 사고의 재발 방지를 위한 근본적인 해결책 중 하나는 ISO 31000에 입각한 리스크(위험)관리체계를 정립하고, 독립성을 갖춘 제3자의 전문 **리스크관리팀**을 구성하여 안전을 포함한 건설공사의 현장 리스크분석과 이에 대한 대응계획 마련 등의 제도화이다. 이러한 사고를 줄여 나가기 위해서는 리스크팀이 프로젝트 초기단계부터 프로젝트 관계자들과 협업하여 **리스크(위험)보고서**를 작성하고 이를 바탕으로 식별된 주요 리스크(위험대응계획)에 대해서는 리스크팀과 시공자간의 협업을 통해 그 실행방안을 구체화하고 리스크관리책임자를 지정하여 정기적으로 관리이행이 되는지 모니터링 하는 것이 중요하다. 그럼에도 불구하고 발생되는 다양한 리스크 실패 요인들은 반드시 **교훈**(Lessons Learned)으로 기록하며, 이를 국가DB화 하여 모든 국민과 전문가가 보고 다른 현장에서 활용할 수 있도록 해야 한다.

사고발생원인을 **안전불감증**이라고만 이야기하고 그 해결책으로 사고 후 처벌강화만을 논하기 보다는 늦었지만 이제부터라도 근본적으로 사고(리스크)가 최소화될 수 있는 제도적/시스템적 방법에 관심을 기울일 필요가 있다. 다른 현장의 안전을 지적할 수는 있어도 내 현장은 안전하다고 생각하는 **낙관주의 편향**, 내가 내 일과 현장에 대해 제일 잘 안다고 하는 자만 등 기술적, 관리적 기법 이외에도 인간의 **인지 편향**에 대해서도 논할 수 있어야 한다. 이러한 인지 편향은 높은 수준의 독립적인 위치에서 자유롭게 리스크(안전) 요인을 제안할 수 있는 제3자의 리스크관리팀에 의해서 해결/관리/컨트롤될 수 있다.

재해율을 낮추기 위한 근본적인 해결책은 프로젝트 기획 및 설계단계에서 부터 독립성을 갖춘 제3자의 리스크(위험)관리팀과의 협업을 통해 도움을 받는 것이다. 수준 높은 전문가들의 협업에 의한 리스크 및 안전관리는 이미 ISO 31000에 의해 유럽. 호주. 뉴질랜드에서 활발히 사용되고 있고, 미국에서도 PMI의 PMBOK에서 규정하고 있는 리스크관리 기법을 이용하여 리스크관리가 산업 전반에 깊이 뿌리내려져 있다. 특히 **미국 워싱턴주 교통부**와 **오레곤주 교통부**에서는 리스크관리 가이드라인을 제정하여 특정 규모 이상의 프로젝트에 대해서는 반드시 내·외부 리스크관리팀에 의한 워크숍 방식의 리스크 식별, 분석 및 대응계획 마련 그리고 지속적으로 그 리스크대응계획의 이행과정을 모니터링 하도록 의무화하고 있다.

이렇게 제3자의 독립적인 외부전문가를 참여시키는 일은 비용이 다소 소요되지만 소 잃기 전에 투입하는 비용이 소 잃은 후에 **외양간** 고치는 비용보다 훨씬 적게 드는 결과를 낳는다. 즉, 예방이 치료보다 비용이 덜 든다는 생각 아래 각종 건설관련 프로젝트에 독립적인 전문가를 활용한 단계별 리스크관리 접목이 반드시 필요하다는 것이다.

그러나 아직 우리나라에는 체계적인 프로젝트 리스크관리 **가이드라인**이 발간된 바가 없다. 현재 리스크관리 관련 책이나 논문 등 많은 자료가 있지만 누구나 쉽게 접근할 수 있는 지침이 없었고 대부분 가이드라인은 외국 문헌에 의존해 왔다. 그렇게 수없이 많은 프로젝트를 수행해 왔지만 사업비와 사업기간 등의 체계적인 관리를 위해 핵심 역할을 하는 이렇다 할 프로젝트 리스크관리 가이드라인이 없었다는 것만 봐도, 우리나라가 얼마나 체계적인 리스크관리에 취약한지 판단할 수 있는 근거가 된다. 이에 본 가이드라인은 건설관련 프로젝트를 기획하고 수행하며 성공적으로 이끌어 가고자 하는 국내 **사업관리자** 및 실무자들의 체계적 리스크관리를 위해 도움을 주고자 발간되었다.

특히, 이 가이드라인은 **리스크관리계획 수립, 리스크 식별, 정성적 리스크분석, 정량적 리스크분석, 리스크 대응 계획, 리스크 대응 실행, 리스크 모니터링** 등 일반화된 리스크관리 절차에 대해 알고 싶어 하는 전문가를 돕기 위해 작성된 만큼, 독자들이 이 가이드라인을 통해 리스크관리의 세계로 들어오면 적절한 방식으로 응용할 수 있는 능력을 갖게 될 것임을 믿어 의심치 않는다.

본 가이드라인의 프로세스와 도구는 모든 형태의 건설프로젝트에 적용이 가능하다. 이 가이드라인에 따르면 건설프로젝트의 핵심 **분야별 전문가**(Subject Matter Experts) 특히 자유롭게 의견과 아이디어를 제안할 수 있는 독립적인 외부전문가의 참여가 아주 중요한 리스크관리 전략이 될 것이다.

우리나라에서는 리스크관리의 한 가지 접근 방법으로서 현재 건설기술진흥법 시행령에 따라서 의무적으로 적용하고 있는 설계의 경제성 등(VE)검토, **설계의 안전성 검토**(DFS) 등에 포함하여 활용하는 방법이 있다. 최근 국제VE협회인 **SAVE International**에서 새롭게 발간한 VE가이드라인인 **VMBoK**에서도 리스크를 고려한 VE를 강조하고 있다. 이 방법은 최근 제정된 "지속가능한 **기반시설관리법**"에 의한 SOC기반시설물의 체계적인 관리 및 민간기업의 투자 자산의 리스크관리에서도 핵심적으로 활용할 수 있는 기법이다. 독립적인 전문가로 구성된 팀에 의한 워크숍 형태로 진행되는 과정에 가치향상뿐 아니라 리스크 및 안전관리 측면까지 고려하여 확대 적용해 나간다면, 리스크관리 또한 COVID-19 관리 못지않게 세계 최고 수준으로 진입할 수 있을 것이며 낙후되어 있는 건설산업의 리스크관리에 대한 이미지도 개선시킬 수 있을 것이다.

이 가이드라인의 출판은 계약 조달 및 계약 방법론과 관련하여 법적 요구 사항, 기타 법적 제약 조건 및 사용하고 있는 모든 기준 등이 서로 상이한 환경 하에서 프로젝트를 다루고 있기 때문에, 각 공공기관, 지자체, 기업, 건설회사, 시행사 등을 위한 계획, 설계, 조달, 건설, 운영을 하는 모든 프로젝트에 수용 가능한 일반 지침으로 작성되었다.

프로젝트의 모든 당사자가 이 가이드라인을 따르는 경우, 어떤 형식의 프로젝트라도 설계 및 건설과 관련된 리스크의 최소화 및 관리를 촉진하면서 참가자 간의 적대 관계를 해소하고 **커뮤니케이션**을 크게 향상시킬 수 있을 것이다.

본 가이드라인이 아직 "**코드**"나 "**계약문서**"는 아니지만, 이 가이드라인을 주요 문서로 채택하면 프로젝트 발주자, 계획자, 설계자, 계약자 및 보험사들은 광범위한 리스크의 중요성과 프로젝트와 관련된 각종 기회를 제공받고 성공적인 프로젝트를 수행하는 데 더 큰 자신감을 얻게 될 것이며 궁극적으로 예산을 크게 절약할 수 있을 것이다.

본 프로젝트 리스크관리 가이드라인은 워싱턴주 교통부의 프로젝트 리스크관리 가이드라인을 많이 벤치마킹하고 있는 만큼 이 가이드라인을 관리하는 **마크 게이블(Mark Gabel)**의 도움이 아니었으면 발간이 어려웠을 것이다. 이에 깊이 감사드린다. 리스크관리의 불씨를 다시 되살려주신 한국건설관리학회 (故)김용수회장께도 깊은 감사를 드린다.

이 가이드라인은 특히 건설산업에 종사하는 다양한 전문가들의 경험을 바탕으로 한 컨센서스를 최대한 반영함으로써, 건설 프로젝트에서 나타날 수 있는 일반적인 리스크관리의 모범 사례를 설명하고 있다고 생각한다. 그러나 아직 국내 프로젝트 리스크관리가 활성화되어 있지 않고 특히 워크숍을 기반으로 하는 리스크관리 참고 지침서가 많지 않아, 이 가이드라인의 많은 부분은 미국 워싱턴주 교통부(WSDOT)의 "**프로젝트 리스크관리 가이드라인**"과 **캘리포니아주 교통부**(Caltrans)의 "**리스크관리 핸드북**"을 참조하여 작성되었다. 따라서 우리나라의 문화, 법률, 환경, 기술, 기준 등의 차이를 완전히 극복하지 못하였으므로, 앞으로 리스크관리를 활성화시켜 각종 프로젝트의 다양한 상황, 조건 또는 다른 리스크관리 실무내용을 개선해야 할 수도 있음을 이해해야 한다.

최근의 개발 또는 타 표준/기준/법제화 등 변경사항을 시시각각 반영하기 위해 이 가이드라인을 수시로 개정할 수도 있지만 정기적 또는 지속적으로 그렇게 하지는 않을 것이다. 따라서 사용자는 이 버전의 날짜를 기록하고 게시 후 개발 또는 프로젝트의 리스크관리에 영향을 줄 수 있는 변경사항을 식별하기 위한 합리적인 조치를 취해야 한다. 다만 시시각각 변하는 환경에 발 맞춰 나가기 위하여 변경 사항은 홈페이지(www.k-risk.org)를 통하여 지속적으로 그 정보를 업데이트하고 가이드라인 사용자와 소통해 나갈 것이며 적절한 시기가 되면 개정판을 낼 것이다.

2020년 8월

집필진 일동

집필진

김덕진 CRS.기술사.CVS.CVP
djkim8579@gmail.com

現) (주)대한안전기술원 상임고문
現) K-Risk(한국리스크전문가협의회) 운영위원

김동현 공학박사
welcomed@naver.com

現) 군산대학교 해양건설공학과 교수
現) 해상풍력연구원
現) 해상지지구조물 센터장
現) K-Risk(한국리스크전문가협의회) 운영위원

김병수 공학박사.ARS.기술사.CVP
bskim65@knu.ac.kr

前) (사)한국구매조달학회장
現) 경북대학교 토목공학과 교수
現) K-Risk(한국리스크전문가협의회) 운영위원

김상태 공학박사, CRS, CVS
fasko27@pusan.ac.kr

現) 한국건설관리학회 리스크관리위원회 위원
現) 한국건설관리학회 VE위원회 위원
現) K-Risk(한국리스크전문가협의회) 운영위원

김연성 CRS.기술사.CVP
seongk99@naver.com

現) (주)한도엔지니어링종합건축사사무소 부사장
現) K-Risk(한국리스크전문가협의회) 운영위원

김용표 공학박사
mj9199@hanmail.net

前) (주)삼성건설 수석
現) 지오텍엔지니어링 부사장
現) K-Risk(한국리스크전문가협의회) 운영위원

김재영 공학박사.CRS.CP3P
jykim@lofa.or.kr

現) 한국지방재정공제회 수석연구위원
現) K-Risk(한국리스크전문가협의회) 운영위원

김홍연 공학박사.CRS.CVP
hykim74@sambu.co.kr

現) 삼부토건(주) 차장
現) K-Risk(한국리스크전문가협의회) 운영위원

민경현 경영학박사수료.CRI
khmin@eretec.com

現) (주)이레테크 부장
現) K-Risk(한국리스크전문가협의회) 운영위원

민주홍 CVS-Life, CVP
mjh_vetc@naver.com

現) (주)세니츠코퍼레이션 대표이사
現) 한국밸류업협동조합 이사
現) K-Risk(한국리스크전문가협의회) 운영위원

박성철 공학박사, PMI ATP Instructor, PMP, PMI-RMP, PMI-SP, PMI-CP, PMI-PMOCP
scpark@pcca.kr

現) 한국프로젝트경영협회 이사
現) 울산대학교/서울과학기술대학교 산업대학원 겸임교수
現) K-Risk(한국리스크전문가협의회) 운영위원

박종인 CRS
jipark9601@kakao.com

現) (사)한국서예협회 대전지회 사무국장
現) 행정명장행정사합동사무소대전충남지사사무국장
現) K-Risk(한국리스크전문가협의회) 운영위원

박지수
Jisoo.Park@hs2.org.uk

現) 영국 HS2 Risk Manager

박진영 CRS, 공학박사, CVP
jinypark@knu.ac.kr

現) 경북대학교 토목공학과 연구초빙교수
現) K-Risk(한국리스크전문가협의회) 운영위원

서준민 PMP
suhjoonmin@daum.net

現) (주)삼성건설 프로
現) K-Risk(한국리스크전문가협의회) 운영위원

손경원 무역학박사, CRS
dokdo7@gmail.com

現) 한국개발연구원 전문위원
現) K-Risk(한국리스크전문가협의회) 운영위원

안상목 공학박사, CRI
sangmokan@gmail.com

現) 글로벌프로젝트솔루션 대표
現) K-Risk(한국리스크전문가협의회) 운영위원

안명석 공학박사
기술사, CMP, CRS, CVS, CVP
ams5190@naver. com

現) 지앤비건설가치연구원 원장
現) K-Risk(한국리스크전문가협의회) 운영위원

오상호 환경학박사, CRS, CVS
osh005@hanmail.net

現) (주)진성이앤에스 기술총괄본부장
現) K-Risk(한국리스크전문가협의회) 운영위원

이민재 공학박사
lmjcm@cnu.ac.kr

現) 충남대학교 토목공학과 교수
現) K-Risk(한국리스크전문가협의회) 운영위원

이종범 공학박사수료, CRS, CMP, CVP, 행정사
jblee4203@hanmail.net

現) (주)케이리스크 대표이사
現) 국립한밭대학교 겸임교수
現) K-Risk(한국리스크전문가협의회) 운영위원

이준석 공학박사, EEDM, CFM
ysolove9@gmail.com

前) 일본 Construction Management협회 회원
現) 행정안전부 재난안전분야 연구개발사업 평가위원
現) K-Risk(한국리스크전문가협의회) 운영위원

임용규 ARS
lm0377@hanmail.net

現) (주)에스엔건설 부사장
現) K-Risk(한국리스크전문가협의회) 운영위원

임정주 RMP
jungjooim73@gmail.com

現) K-Risk(한국리스크전문가협의회) 운영위원

임종권 공학박사. CRS. CVP. CRI
jklim54@daum.net

現) (주)바름브레인 대표이사
現) 충남대, 한양대, 가천대 겸임교수
現) K-Risk(한국리스크전문가협의회) 회장
現) 한국건설관리학회 리스크관리위원회 위원장
現) 부산시, 조달청, 인천국제공항공사 등록 VE리더

임진홍 공학석사. PMP
yjh04569@naver.com

現) 정림건축(주) CM운영본부 상무
前) 이화공영(주) 토목본부장
前) 삼성물산(주) RM, Proposal

정경환 공학박사(지반공학)
indosuru@hanmail.net

現) (재)영남건설기술교육원 전임교수
前) ㈜동아지질 대표이사

정연구 공학박사, 기술사, CRS, CVS, CVP
jygp0907@hanmail.net

現) 덕산건설(주) 부사장
現) 대구과학대학교 겸임교수
現) 한국기술사회 대구경북지회 사무국장
現) K-Risk(한국리스크전문가협의회) 운영위원

조인성 공학박사. 기술사. PMP. CACP
insung.cho@daum.net

現) KH건설(주) 부사장
現) 충북대 겸임교수
現) PM전문가협회 이사
現) K-Risk(한국리스크전문가협의회) 운영위원
前) 포스코건설 인프라본부 상무

최성규 법학박사. CRS
koreaclf@daum.net

現) 한국건설관리연구원 연구위원
現) K-Risk(한국리스크전문가협의회) 운영위원

※ 상기 개인정보는 본 가이드라인 발간일 기준입니다.

앞으로 본 가이드라인은 계속해서 수정·보완·업데이트해 나가야 한다. 본 가이드라인의 발간에 직접 참여, 리스크관리 활동 및 기부를 원하시는 분은 아래로 연락해 주시기 바란다.

K-Risk (한국리스크전문가협의회)

회장 임종권 (jklim54@daum.net)

목 차

제1편 일반지침

제1장 서 론

제2장 워크숍 수행 절차 및 방법

제3장 워크숍 참여자별 역할 및 책임

제3편 리스크기반 견적지침

제1장 서론

제2장 비용견적의 원칙 및 역할

제3장 리스크기반 비용견적 프로세스

제4장 기본비용 견적

제4편 일정-비용 통합 리스크분석 지침

Project
Risk
Management
Guidelines

제1편

일반지침

PART 1

제1장

서론

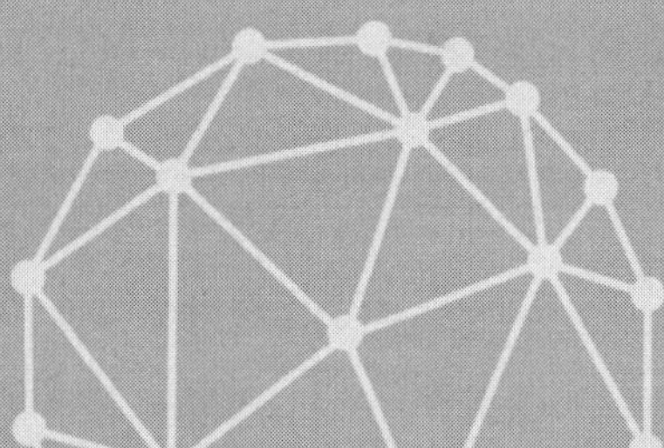

제1장 서론

1.1 | 개요

국내에는 현재 마땅히 참고할 만한 프로젝트 리스크관리 가이드라인이 없다. 본 가이드라인은 **한국리스크전문가협의회**(K-Risk)의 가이드라인 집필위원회에서 집필 발간한 것으로서 프로젝트관리자, 프로젝트 팀 및 프로젝트 리스크관리자 등 프로젝트관리의 핵심적인 구성 요소와 직·간접적으로 관련된 이들에게 아래와 같은 유익한 정보를 제공하고 참고지침서로 활용하도록 하였다.

- 프로젝트 리스크관리 활동의 일관성
- 프로젝트 리스크관리를 위한 기술 및 도구
- 리스크분석을 위한 입/출력 사항에 대한 데이터 요구 사항
- 전체 프로젝트관리 활동에서 프로젝트 리스크관리의 역할
- 리스크에 대한 사전대응방법

프로젝트 팀은 본 가이드라인을 통해 리스크와 그에 대한 체계적인 관리방법에 대한 이해도를 높임으로써 그들이 원하는 기대치를 보다 효과적으로 완수해 낼 수 있다. 프로젝트 리스크를 체계적으로 식별해 내고 평가하고 대응계획을 수립·이행함으로써 프로젝트의 진행과정에서 효과적인 의사결정이 가능하도록 도움을 줄 것이다. 이러한 체계적인 의사결정을 통하여 공공의 안전과 편의를 더욱더 공고히 함과 더불어 기업의 이익을 극대화하고 손해를 최소화하여 프로젝트에서 얻고자 하는 기대치를 명확히 할 수 있다.

미래에 발생할 프로젝트 원가를 합리적으로 추정하는 일은 프로젝트 설계 및 개발을 위해 당연히 해야 하는 기본 업무이다. 그러나 지금 우리나라 현업에서 산정하고 있는 소위 내역 작성 업무는 미래에 닥칠 리스크를 체계적으로 고려하지 못하는 치명적인 단점

을 가지고 있다. 이 순간에도 진행되고 있는 국책프로젝트, 해외 투자프로젝트, 민간투자프로젝트, 시설물의 안전·재해관리에서 실패를 거듭하고 있는 이유 중 많은 부분이 부실한 리스크관리에 있다. 정부 및 민간의 예산을 책정하고 관리하는 책무를 담당하고 있는 이들은 특히 이 리스크관리 가이드라인을 적극 활용하면 본인들이 원하는 프로젝트에서의 목적을 더욱더 명확히 함으로써 성공적인 프로젝트를 이끌 수 있을 것이다.

프로젝트 비용을 산정하는 과정에서 편향된 추정치를 얻게 되는 위험으로부터 벗어나기 위하여 견적업무 담당자는 외부 압력으로부터 보호되어야 한다. 프로젝트 진행 과정에서 산출되는 견적 금액은 프로젝트 범위, 프로젝트 일정 및 입찰 환경에 따라 비용에 대한 객관적인 하나의 의견일 뿐 절대 정확한 값이 아니다. 글로벌 국가 특히 미국 등에서 사용하고 있는 **리스크기반 견적**(Risk-based Estimate: RBE)법(본 가이드라인 제3편 참조)은 프로젝트 리스크관리의 중요한 구성 요소로써, 본 가이드라인에서 추구하는 핵심 비용 추정기법이다. 이러한 RBE는 어떤 압력에도 굴하지 않는 합리적인 비용 산출 및 관리를 위한 지혜로움을 제공해줄 것이며 매우 강력한 원가관리도구가 될 것이다.

본 프로젝드 리스그관리 가이드라인은 **한국리스크전문가협의회**인 K-Risk[1] 회원과 산·학·연의 많은 전문가의 참여와 노력을 통하여 개발되었다. 본 가이드라인은 건설산업에 중점을 두고 있지만, 본래의 리스크관리의 목적은 프로젝트 비용 및 일정, 품질, 안전 등 사업의 목표에 미치는 불확실한 요소를 체계적으로 다루어 성공적인 사업을 이끌기 위한 것이므로, 꼭 건설프로젝트 뿐만 아니라 국가, 민간이 추진하는 모든 유형의 프로젝트에 적용할 수 있는 기법이다. 따라서 다양한 프로젝트 리스크관리를 위한 표준 플랫폼으로 활용할 것을 권고한다. 본 가이드라인을 기초로 다양한 산업의 특정 프로젝트에 맞는 리스크관리 가이드라인을 개발하고 구체화해 나가는 것은 권장할 만하다.

1) www.k-risk.org, k-risk.tistory.com

1.2 | 리스크관리의 목적

아침에 일어나거나, 운전을 하거나, 고객에게 판매할 새 제품을 개발하는 등의 어떤 활동이든 크고 작은 리스크에 노출될 수밖에 없다. 많은 사람들이 리스크라는 용어를 자주 사용하지만 그 의미를 정확히 알지는 못하는 것 같다. 우리가 하는 활동에 어떤 리스크가 있을까? 식별된 리스크는 어떻게 해야 하나? 식별된 리스크를 어떻게 추적할 것인가? 리스크관리자나 프로젝트관리자가 리스크관리 프로세스를 사용하려고 할 때 이러한 모든 질문 그리고 또 다른 많은 문제들에 대해서 생각을 하게 된다.

> 리스크란 목적에 미치는 **불확실성**의 효과다.[2)]
>
> \- ISO 31000

리스크는 **리스크사건** 그 자체, 리스크 사건 발생의 **임팩트**, 리스크 사건의 **발생가능성** 등 세 가지 요소로 구성된다. 명확하게 정의된 리스크 사건이 없으면 문제를 완전히 이해하는 것은 불가능하다. 어느 정도 리스크의 가능성을 이해함으로써 팀은 전체 프로젝트 리스크가 얼마나 중요한지 알 수 있게 된다.

리스크 사건 발생확률은 100%보다 작은 값을 가져야 한다. 리스크는 앞으로 일어날 수 있는 가능성을 가지며 실제로 일어날 수도 있지만 일어나지 않을 수도 있다. 발생 가능성이 100%이면 더 이상 리스크가 아니라 확실한 "**사실**"로 취급해야 한다.

베커(Becker)(2004)[3)]는 아래와 같이 알려진(known), 알려지지 않은(unknown), 그리고 알 수 없는(unknowable) 세 가지 유형의 리스크를 정의한 바 있다.

- **알려진 리스크(Known risks)** : 프로젝트에 관련된 많은 사람들이 인식하고 프로젝트 계획 활동 초기단계에 파악이 되는 리스크
- **알려지지 않은 리스크(Unknown risks)** : 매우 제한된 사람들만 알 수 있는 것으로

---

2) ISO(2018) ISO 31000:2018 Risk Management – Guidelines

3) Becker, G. M. (2004). A practical risk management approach. Paper presented at PMI® Global Congress 2004—North America, Anaheim, CA. Newtown Square, PA: Project Management Institute.

프로젝트 활동에서 잘 인식되지 않는 리스크

- **알 수 없는 리스크**(Unknowable risks) : 예측이 거의 불가능한 리스크

이 중 **알려지지 않은 리스크**(Unknown risks)를 식별해 내는 것이 리스크관리 프로세스의 주요 목표 중의 하나가 되어야 한다. **알려진 리스크**(Known risks)를 먼저 문서화하고 알려지지 않은 리스크들을 가능하면 많이 파악해 낼 수 있다면, 프로젝트에서 **알 수 없는 리스크**(Unknowable risks)가 발생되는 촉발 요인을 상당히 줄일 수 있다. 이렇게 하면 예기치 못한 큰 사고나 충격을 최소화할 수 있다.

1.3 | 리스크관리의 이점

프로젝트 리스크관리는 이를 추진하는 과정에서 다음과 같은 다양한 이점을 얻을 수 있다.

- 불확실성을 인식하고 실현 가능한 결과의 예측을 통한 합리적인 의사결정
- 보다 정보화된 리스크기반 의사결정을 통한 더 나은 비즈니스결과 도출
- 창의적인 사고와 혁신에 긍정적인 영향 제공
- 프로젝트 모니터링 성과 개선을 통한 기회 창출
- 프로젝트 공기 지연 최소화에 따른 간접비 손실 저감
- 프로젝트 성공 가능성 향상

프로젝트 리스크관리는 핵심 프로젝트관리 도구이다. 〈그림 1.1〉은 프로젝트의 균형 잡힌 리스크관리를 강조하고 있다. 효과적인 리스크관리는 프로젝트관리의 필수 요소이며 이를 적절히 잘 활용하면 미래의 결과를 어느 정도 예측해 볼 수 있을 뿐만 아니라 성공적인 프로젝트관리를 위한 적절한 투자 수준을 결정할 수 있다.

〈그림 1.1〉 투자와 리스크의 균형

1.4 | 프로젝트 리스크관리 프로세스

리스크관리는 프로젝트관리의 필수적인 요소로서 프로젝트 수행 이전에 체계적인 리스크관리를 통해 프로젝트의 전반적인 측면에 대해 살펴보고 리스크와 불확실성을 평가하며 문서화한다. 프로젝트 리스크관리는 7단계의 프로세스를 통하여 진행되는데, **PMBOK**(PMI, 2017) 제6판에서 다음과 같이 정의되어 있으며 그림으로 그 단계를 표현하면 아래 〈그림 1.2〉와 같다.

> 리스크관리 프로세스란 계획, 식별, 분석, 대응 및 프로젝트 리스크에 대한 모니터링의 체계적인 순환 과정이다.
>
> – PMBOK 6th Edition

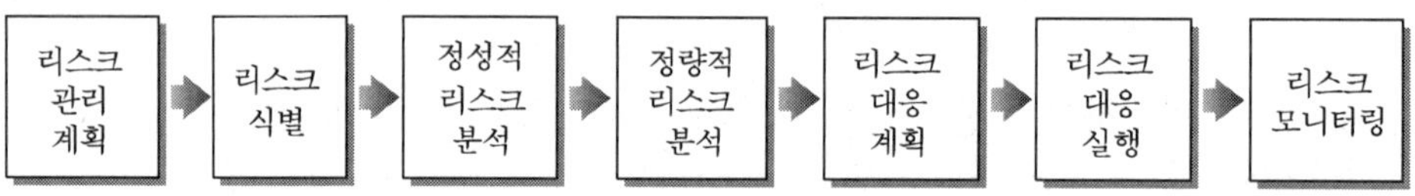

〈그림 1.2〉 PMBOK에서의 7단계 표준적인 리스크관리 프로세스

본 가이드라인에서도 **PMBOK 가이드**가 취하고 있는 상기 **7단계의 리스크관리 프로세스**를 준용하기로 한다. 이 프로세스에는 통상 비즈니스에서 효과적으로 사용되는 기법뿐만 아니라 몬테카를로 시뮬레이션 기법 등 고도의 수학적·과학적 기법까지 모두 포함하는 모델이다.

이 모델에 포함된 요소는 다음과 같다.

- **리스크관리 계획** – 프로젝트별 평가 기준에 사용될 리스크관리 접근 방법을 식별하기 위해 수행되는 초기 작업
- **리스크 식별** – 잠재되어 있는 리스크 및 그 원인을 식별하는 프로세스
- **정성적 리스크분석** – 평가기준에 따라 리스크의 확률과 임팩트를 개략적으로 평가하고 우선순위를 선정하는 프로세스

- **정량적 리스크분석** – 리스크가 프로젝트 목적(비용 및 공기 등)에 미치는 영향을 수치적으로 분석하는 프로세스
- **리스크 대응 계획** – 사용될 리스크 대응 전략과 식별된 각 리스크에 대한 상세한 리스크 대응 계획을 구체화하는 창의적인 프로세스
- **리스크 대응 실행** – 리스크 발생 시 또는 리스크 발생 예상 시, 사전 수립된 또는 합의된 리스크 대응 전략을 실행하여 대응하는 프로세스
- **리스크 모니터링** — 리스크 사건 발생의 가능성 및 결과를 재평가한 후 리스크 대응 계획의 성과를 모니터링 하면서 결과를 보고하는 프로세스

먼저, **리스크관리 계획 수립(risk management plan)**은 리스크관리 프로세스를 진행하기 위해 준비하는 과정이다. 이 계획을 통해 리스크를 식별, 분석, 관리 및 모니터링 하는 방법이 구체화된다. 리스크관리 계획은 프로젝트 기간 동안의 리스크관리 활동을 위한 접근 방법, 계획 및 실행방법을 결정하는 체계적인 프로세스이다. 이것은 **기회(opportunities)** 사건이 가져다주는 유리한 결과를 극대화하고 **위협(threats)** 사건이 초래하는 불리한 결과를 최소화하거나 제거하기 위한 체계적인 계획을 수립하는 것이다.

다음으로, **리스크 식별(risk identification)** 프로세스에서 가능한 모든 개별 프로젝트 리스크와 전체 프로젝트 리스크를 식별한다. 이 단계에서는 프로젝트에 영향을 줄 수 있는 리스크를 식별하고 이를 문서화하는 작업을 수행한다. 이 프로세스를 통해 **리스크 등록부(risk register)**와 **리스크 보고서(risk report)**라는 두 가지 프로젝트 문서가 생성된다. 식별된 개별 리스크는 리스크 등록부의 일부가 되며 리스크 보고서에는 전체 프로젝트 리스크에 대한 정보와 개별 프로젝트 리스크의 요약 수준 정보가 담긴다. 프로젝트 팀 자체에서 수행하는 간단한 비공식 리스크평가부터 비용리스크 **평가**(Cost Risk Assessment; CRA) 또는 **비용견적 타당성검토 프로세스**(Cost Estimate Validation Process; CEVP)를 포함하는 미국의 워싱턴주 교통부(WSDOT, 2018)[4]에서 활용하고 있는 강력한 **공식 리스크평가 프로세스**에 이르기까지 그 수행 방식이 무엇이든 상관없이 기본적으로 진행해야 하는 과정이다.

---

4) WSDOT (2018), Project Risk Management Guideline (Part I, II)

사례 1.1 비용견적 타당성검토 프로세스 CEVP(Cost Estimate Validation Process) (WSDOT(2018))

비용견적 타당성검토 프로세스(CEVP)는 미국 WSDOT의 전문 엔지니어 및 리스크관리 팀이 하나의 팀으로 조직되어 리스크를 기반으로 프로젝트 비용 및 일정에 대한 타당성을 검토하는 강력한 프로세스이다. 이 CEVP 팀은 민간 기업과 공공 기관의 전문가들로 구성되며 미국 WSDOT 엔지니어와 함께 프로젝트 세부 사항을 검토한다. 많은 참가자들이 대규모 프로젝트 프로그래밍 및 조달에 대한 광범위한 경험을 가지고 있다. CEVP 팀은 체계적인 프로젝트 검토 및 리스크평가 방법을 사용하여 정보의 품질을 평가한다. CEVP 팀은 리스크를 식별하고 설명하며 비용 및 일정 측면에서 리스크의 영향을 추정하고 평가한다. 이 프로세스는 리스크의 발생가능성이나 임팩트를 줄일 수 있는 기회를 제공하며, 비용과 일정을 예측하는 활동을 촉진시킨다. 이 프로세스는 규모가 1억 달러(약 1,400억원) 이상인 프로젝트에 대해서 적용하고 있다. 우리나라도 이처럼 법제화한다면 국내의 실정에 부합하는 대상규모의 검토도 추후 필요하다고 판단된다.

리스크 등록부에 등록되는 리스크를 모두 다 관리할 수는 없다. 리스크 식별 프로세스의 성과물인 리스크 등록부에 기재된 리스크들은 프로젝트에 미치는 영향을 고려하여 우선순위를 정하여 관리하는 것이 효율적이다. 따라서 리스크의 첫 번째 우선순위는 **정성적 리스크분석**(Qualitative Risk Analysis) 수행과정을 통해 정해진다. 정성적 리스크분석은 프로젝트 팀이 프로젝트 목표에 대한 발생확률과 임팩트에 대해 개략적으로 살펴보고 유추하고 평가하여 리스크관리를 위한 우선순위를 결정하는 작업이다. 팀은 각 분야의 리스크를 평가하기 위해 **분야별 전문가**(Subject Matter Experts; SME)의 지원을 요청할 수 있다.

그리고 일정 또는 비용 측면에서 리스크를 정량화하는 두 번째 수준의 리스크 우선순위가 있다. 이는 **정량적 리스크분석**(Quantitative Risk Analysis) 프로세스에서 수행된다. 정량적 리스크분석은 프로젝트의 원가 및 일정 목표를 달성할 수 있는 **확률**과 **임팩트**를 수치적으로 분석 · 예측하는 과정이다.

정성적 리스크분석 과정을 통해 식별된 리스크 중 중대한 영향을 미치는 리스크에 대해서는 정량적으로 평가된다. 이 과정에서 우리는 전체 프로젝트 목표에 영향을 주는 각 리스크의 결합 효과를 찾으며, 프로젝트에 대한 전반적인 리스크 노출을 파악하고 리스크 보고서를 문서화한다. 어떤 경우에는 이 과정을 생략하고 다음 단계인 **리스크 대응 계획**으로 바로 넘어가기도 한다. 하지만 이렇게 하면 리스크가 프로젝트에 어떤 정량적인 영향을 주고 있는지 수치화하지 못하는 단점이 있다. 물론 이러한 수치화가 반드시 필요한 것은 아니라고 판단할 수도 있지만, 리스크관리와 처리를 통하여 리스크 대응 전후의 효과를 비교하기 위한 측면만 생각하더라도 정량적 리스크분석의 의의가 있다. 가급적 정량적 리스크분석 과정을 거치는 것을 권장하지만, 리스크관리자의 판단에 따라 프로젝트 규모가 작거나, 프로젝트개발 초기단계에서는 정량적 분석 프로세스를 생략할 수 있다.

다음 프로세스에서는 앞에서 우선순위를 정한 리스크를 대상으로 **리스크 대응 계획**(risk response plan)을 수립한다. 리스크 대응 계획 수립과정에서는 가능한 대안을 개발하고 프로젝트 목표에 대한 위협을 줄이거나 기회를 향상시키기 위한 적절한 조치를 결정하는 일이 포함된다. 그러한 대응 조치가 마련되고 리스크 대응조치의 실행 책임을 지는 당사자에게는 해당 리스크를 관리할 임무가 부여된다. 프로젝트관리자와 프로젝트 팀은 각 리스크에 가장 적합한 대응계획을 결정한 다음 해당 전략을 구현하기 위한 구체적인 작업 방법을 선택한다. **리스크 대응 계획**은 우선순위에서 상위 등급의 리스크에 대해 먼저 개발되며 각각 리스크 등록부 및 리스크 보고서로 문서화된다. 또 개별 리스크 대응계획들은 전체 프로젝트 리스크 대응계획과 내용적인 면에서 상충하지 않아야 하며 활용가능한 자원 규모 이내에서 계획되어야 한다.

이후 프로젝트 수행 중 리스크가 발생하거나 또는 발생이 예상될 때 **리스크 대응 실행**(risk risponse implementation)을 한다. 리스크 대응 실행은 사전 수립되거나 또는 합의된 리스크 대응 계획에 따라 대응 전략을 실행하는 것이다. 위협적인 리스크는 최소화하고 기회적인 리스크는 최대화하도록 하며, 리스크 대응 조치가 계획대로 정확히 실행되도록 하여 **포괄적인 리스크 노출도**를 낮춘다.

끝으로, 프로젝트 생애주기 동안 우선순위가 설정된 리스크를 모니터링 한다. 이러한 리스크는 리스크 등록부와 리스크 보고서를 지속적으로 모니터링 하는 과정에서 새롭게 생겨날 수도 있다. 리스크 모니터링은 식별된 리스크를 추적하고, **잔류 리스크**를 모니터링하며, 새로운 리스크를 식별하고, 리스크 대응계획을 철저히 이행함으로써, 그 경감 효과를 평가한다. 리스크 모니터링은 프로젝트 생애주기 동안 계속된다. 프로젝트 리스크관리는 프로젝트 관련 불확실성과 리스크에 대해 신중함과 많은 고민이 필요하다. 엔지니어링 판단, 에너지와 자원을 어디에 집중하는 것이 현명한 일인지 숙고하여 결정한다. 훌륭한 프로젝트 팀이 구성되었다 하더라도 해당 팀만의 완벽한 프로젝트관리는 절대 불가능함을 인식하여 어떤 분야의 전문가가 프로젝트 리스크관리 팀에 참여하는 것이 도움이 될지 논의하고 필요한 자원을 적기적소에 투입하는 것이 매우 중요하다.

이상의 **리스크관리 7단계 프로세스**에 대한 보다 상세한 설명은 다음 장부터 다루고자 한다.

PART 1

제2장

리스크관리 계획

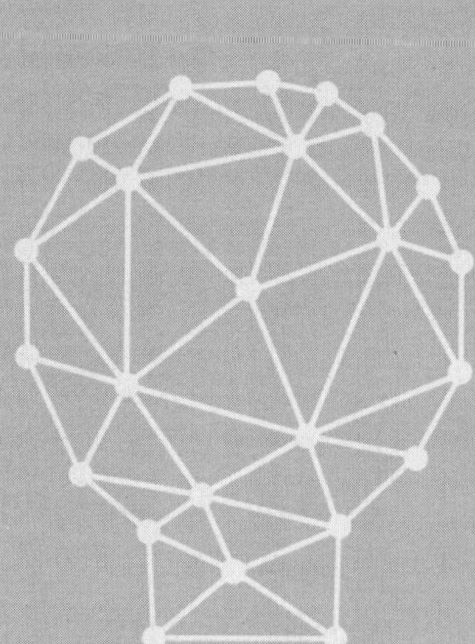

제2장 리스크관리 계획

2.1 | 개요

훌륭한 프로젝트 리스크관리를 위해서는 합리적인 계획이 필요하다. 〈그림 2.1〉과 같이, 조직의 정책 및 지침을 검토하고 프로젝트 팀과 함께 회의를 하여 리스크관리를 시작하면서 각종 관련 문서를 조정해 나간다. 리스크관리는 프로젝트 개발 초기단계에서 시작하고 프로젝트를 진행하면서 정보의 양과 품질이 증가함에 따라 지속적으로 발전시켜야 한다.

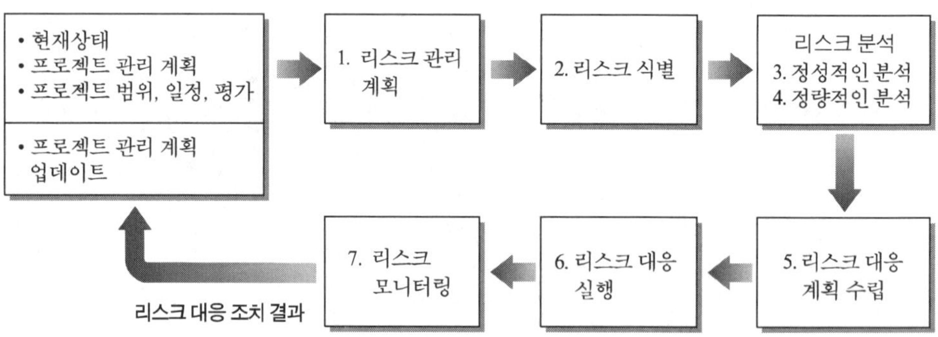

〈그림 2.1〉 리스크관리 절차

프로젝트 리스크관리계획에는 다음과 같은 내용이 포함되어야 한다.

- 주요 리스크 식별, 평가, 분석 및 대응 방법론
- 프로젝트 리스크 및 대응 조치 모니터링 계획
- 프로젝트 리스크관리 수행시기 및 횟수
- 프로젝트 리스크관리에 필요한 자원과 이에 따른 프로젝트 개발 예산 및 일정계획
- **비용리스크 평가팀**(CRA Team) 또는 **비용견적 타당성검토 프로세스팀**(CEVP Team), VE **팀** 등의 활동계획을 포함한 리스크관리 활동계획

CRA와 CEVP는 프로젝트 비용 규모에 따른 리스크분석 수준을 달리하여 적용하고 있는 미국 워싱턴주 교통부(WSDOT)의 **워크숍 기반의 프로젝트 리스크관리 가이드라인**(WSDOT, 2018)[1)]에서 채택하고 있는 기준을 본 프로젝트 리스크관리 가이드라인에서도 준용하여 명명한 것이다. 여기서는 간단히 그 개념만을 소개하고 더 구체적인 워크숍 수행 방법과 내용은 본 가이드라인 **제2편 워크숍지침**을 살펴보기 바란다.

2.2 | 주요 개념

2.2.1 CRA와 CEVP

CRA/CEVP는 미국 워싱턴주 교통부에서 채택하고 있는 프로젝트 규모에 따른 **워크숍** 수행 기준이다. 이와 같은 리스크관리가 우리나라에서 법제화된다면 워싱턴주 교통부(WSDOT, 2018)의 기준을 준용할 것을 권고한다. 본 가이드라인에서는 현재 우리나라에 명확히 규정되어 있지 않은 리스크분석 수준에 대하여 워싱턴주 교통부의 기준을 준용하여 300억원 이상 프로젝트에 대해서는 **비용리스크 평가(CRA) 워크숍**, 1,000억원 이상 프로젝트에 대해서는 **비용견적 타당성검토 프로세스(CEVP) 워크숍** 방식을 적용할 것을 제안한다. <표 2.1>은 미국 워싱턴주 교통부의 기준을 참고하여 국내 건설프로젝트 리스크관리 수행 기준으로 권고한 것이다.

<그림 2.2>를 살펴보면 시간이 경과함에 따라 프로젝트 정보가 어떻게 구체화되어 가는지 알게 된다. 예를 들어 건설 프로젝트 시간경과에 따라 사업이 진행되면 성공적인 프로젝트를 위해서는 상당한 추가 자원이 필요하다는 것을 알게 된다. 이러한 요소는 다음과 같다.

- 프로젝트 범위와 발주자 요구사항의 변경
- 환경영향평가, 각종 인허가 과정 등에서의 비용 및 공기지연
- 프로젝트 진행과정에서의 보상비 상승
- 기존시설물의 활용 여부

---

1) WSDOT (2018), Project Risk Management Guideline (Part I, II)

■ 기후변화 등 자연재해에 따른 피해
■ 기타 여러 문제

〈표 2.1〉 비용리스크 평가(CRA)워크숍과 원가견적 타당성검토 프로세스(CEVP) 워크숍 수행 기준

구분	비용리스크 평가(CRA) 워크숍	비용견적 타당성검토 프로세스(CEVP) 워크숍
워크숍 수행기간[1] (팀활동소요시간)	1~3일	3~5일
리스크 전문가	내부전문가 (필요시 외부전문가)	내부 및 외부전문가
워크숍 수행 시점	초기 단계 수행 선호하지만 언제든지 수행 가능하고 변경사항 필요할 때 수정 후 업데이트	프로세스 초기수행을 선호하고 주요 프로젝트는 일반적으로 필요에 따라 업데이트
워크숍 수행 방법	비용 및 일정 추정치의 평가 및 업데이트를 통한 리스크평가 워크숍	비용 및 일정 추정에 대한 외부 검증을 실시하고 리스크를 평가하는 강도 높은 워크숍

* [1] 상기 워크숍 수행기간은 리스크팀에 의한 집중 워크숍 수행기간을 의미하며, 전체 소요일정은 약 90일 정도가 필요하다(〈그림 2.3〉 참조).

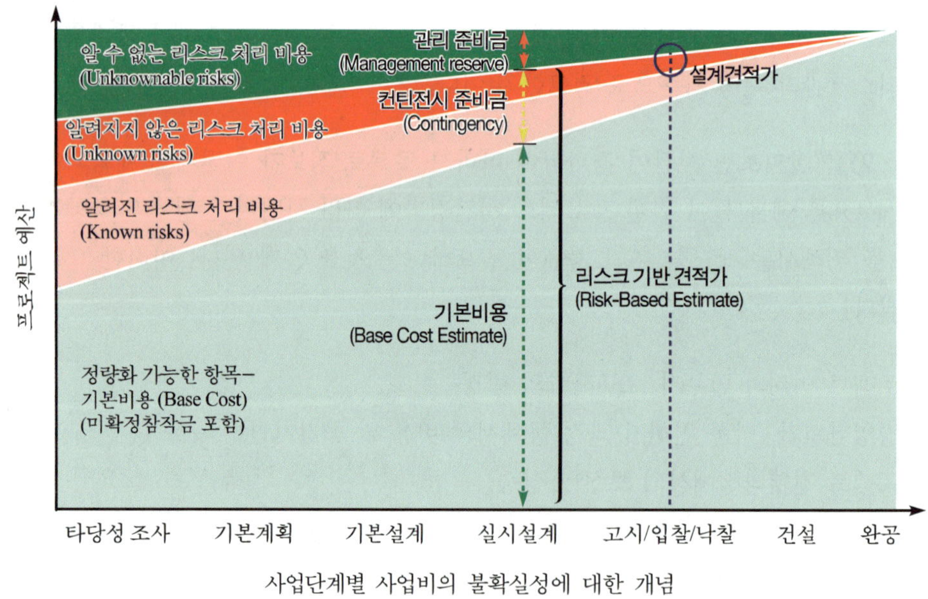

〈그림 2.2〉 프로젝트 진행단계별 불확실성의 요소 및 프로젝트 비용의 변화

2.2.2 프로젝트 비용과 일정에 대한 표현

우리나라의 현행 프로젝트관리체계에서는, 향후 발생될 비용이나 공사기간 등 미래의 주요 수치에 대해서 보통 "**어떤 단일 숫자**"로 다루고 있다. 그러나 이 단일 숫자로는 특정 프로젝트에 내재된 중요한 **불확실성(uncertainty)**을 명쾌하게 설명하지 못한다. 우리나라 프로젝트관리 실무에서는 프로젝트의 불확실성과 리스크를 명시적으로 식별하여 정량화하지 않고 있으며 대부분 프로젝트관리자와 전문가의 경험과 판단에 맡기고 있다. 여기서 우리는 미래에 발생할 어떤 프로젝트의 추정 사업비와 준공일 등이 이러한 단일 숫자가 아닌 **범위**로 설명하는 것이 훨씬 더 합리적이라는 것을 강조하고자 한다. 비용과 일정 모두에 대한 보다 합리적인 추정 범위를 결정하려면 기본비용 및 일정(base cost and schedule)과 일정의 **변동성**뿐만 아니라 **리스크**도 함께 측정해야 하기 때문이다.

비용과 일정의 추정 값은 앞으로 항상 기본비용(일정)과 리스크의 두 가지 요소로 구성되어질 것이다. 기본비용(일정)은 프로젝트가 계획대로 실현되면 합리적으로 예상할 수 있는 비용(일정)을 말하는 것으로 **컨틴전시 계획(contingency plan)**에는 포함되지 않는다. 기본비용(일정)이 구성되고 나면 그 이후 리스크 식별과정을 통해 "**리스크 등록부(risk register)**"라고 하는 기회 및 위협에 대한 리스크 목록 문서가 생성된다.

일반적으로 글로벌 국가의 비용견적에는 기본비용과 리스크준비금 항목이 명확히 존재한다. 미래에 일어날지도 모르는 우발적인 리스크에 대해 잡아 놓은 이 **리스크준비금(risk reserve)**은 리스크분석을 통해 구체화되고 수치화된 리스크로 바뀌게 된다.

그러나 현재 우리나라는 이러한 리스크준비금 개념이 국가계약법과 지방계약법에 예비비 항목 하나로만 관리되고 있다. 앞으로는 프로젝트의 체계적인 리스크관리를 위해서 이러한 예비비를 글로벌 국가들이 리스크분석에서 사용하고 있는 **리스크준비금(risk reserve)**, **관리준비금(management reserve)**, **컨틴전시 준비금(contingency reserve)** 등 구체적으로 세분화하여 관리할 필요가 있다.

2.2.3 프로젝트 리스크관리계획 방법

프로젝트 리스크관리를 실시하기로 하였다면 아래와 같은 순서로 리스크관리계획을 수립한다.

1. 프로젝트의 리스크평가 수준(CRA 또는 CEVP(〈표 2.1〉 참조))을 결정한다.
2. 프로젝트의 리스크관리를 위한 회의 빈도와 해당 커뮤니케이션 및 책임 체크포인트를 결정하고 리스크관리 활동을 프로젝트 일정에 통합한다.
3. 프로젝트 리스크관리팀에 누가 참여할 것인지 결정한다.
4. 외부 컨설턴트의 참여가 필요하면 프로젝트 리스크관리 활동에 대한 제반비용에 포함시킨다.
5. 정기 프로젝트 회의에 리스크관리를 의제로 삼는다.
6. 전체 프로젝트 팀에게 리스크관리의 중요성을 알리는 노력을 한다.
7. 리스크관리, 문서화, 보고 일정 및 방법에 대해 구체화한다.
8. 리스크관리계획에 대한 승인을 득한다.

2.3 | 리스크평가 수준 결정하기

리스크평가 수준을 결정하기 위한 좋은 지침으로서 워싱턴주 교통부의 프로젝트 리스크관리 가이드에서 채택하여 실무에 적용하고 있는 기준(〈표 2.2〉 및 〈표 2.3〉 참조)을 그대로 준용하고 국내 프로젝트에서도 이 기준에 따를 것을 권고한다.

〈표 2.2〉 리스크평가 수준

비공식적인 리스크평가	공식적인 리스크평가 워크숍(CRA/CEVP)
▪ 프로젝트 범위, 일정 및 견적 완료(개발 수준에 적합) ▪ 회의 준비(관심 분야에 대한 초기검토; 도구 결정: 정성적 또는 자체 모델링) ▪ 리스크 회의(리스크 식별 및 특성화) ▪ 리스크 대응 조치 개발 ▪ 리스크 대응 조치 구현	▪ 워크숍 요청서 제출 ▪ 프로젝트 범위, 일정 및 견적 완료(개발 수준에 적합) ▪ 워크숍 준비 세션(프로젝트 순서; 분야별 전문가 결정; 추가 준비 항목) ▪ 워크숍 실시 ▪ 예비 결과 제시 ▪ 보고서 초안 작성 ▪ 최종 보고서 작성

〈표 2.3〉 리스크평가의 선정 기준

<table>
<tr><th>구분</th><th>프로젝트
규모 (백만$)</th><th>리스크평가 수준</th><th>비고</th></tr>
<tr><td rowspan="2">비공식적인
리스크평가</td><td>0~10</td><td>■ 프로젝트 팀 리스크평가
■ 프로젝트관리 가이드
■ 리스크관리 계획
■ 정성적인 분석 도구</td><td rowspan="2">■ 프로젝트 팀은 발생 확률과 프로젝트 목표에 미치는 임팩트에 대해 식별된 각 리스크를 평가한다.
■ 프로젝트 팀은 해당 분야의 리스크를 평가하기 위해 분야별 전문가(SME) 또는 기능부서의 지원을 요청할 수 있다. 자체 모델링 스프레드시트는 모든 프로젝트에 사용할 수 있다.</td></tr>
<tr><td>10~25</td><td>■ 프로젝트 팀 리스크평가
■ 자체 모델링한 스프레드 시트
■ 정량적인 분석 도구</td></tr>
<tr><td rowspan="2">공식적인
리스크평가
워크숍</td><td>25~100</td><td>■ 원가 리스크 평가(CRA) 워크숍
■ 정량적인 분석 도구 사용</td><td rowspan="2">■ 프로젝트 팀은 독립적인 분야별 전문가와 협력하여 비용 및 일정을 평가 및 검증하고 리스크를 식별, 특성화 및 분석한다.
■ 체계적 워크숍이 이루어진다.
■ 정량적 리스크분석 모델링은 @Risk, Crystal Ball 등 상용 소프트웨어 또는 자체 기관에서 개발된 프로그램으로 수행될 수 있다.
■ 워싱턴주 교통부에서는 PRAM(Project Risk Analysis Model)을 엑셀기반 스프레트시트 프로그램으로 개발하여 공개하고 있다. 이 내용은 본 가이드라인의 정량적 분석 파트에서 설명한다.</td></tr>
<tr><td>100</td><td>■ 원가견적 타당성검토 프로세스(CEVP) 워크숍
■ 정량적 리스크분석 도구 사용</td></tr>
</table>

※ 출처 : WSDOT (2018) Project Risk Management Guide (I, II) 인용하여 재구성하여 기준 제시

워싱턴주 교통부의 기준에 따르면 2,500만불(약 350억원) 이상 프로젝트에 대해서는 최소한 공식적인 **비용리스크 평가(CRA) 워크숍**이 필요하며 이 경우 설계내역서의 타당성검토까지는 하지 않고 리스크 식별부터 바로 진행하는 **비용리스크 평가 워크숍**을 실시한다. 1억불(약 1,400억원) 이상 프로젝트에 대해서는 설계내역서의 타당성검토를 포함하고 리스크평가를 실시하여 리스크조정 프로젝트 원가를 추정하는 강도 높은 **비용견적 타당성검토 프로세스(CEVP) 워크숍** 업무가 진행된다.

또한, 미국 Caltrans(2012)[2]에서도 5백만불(약 70억원)~1억불(약 1,400억원) 프로젝트규모에 대해서는 정성적 리스크분석, 1억불이상 프로젝트에 대해서는 정량적 리스크분석을 의무화하고 있으므로 이 기준을 사용하고자 하는 기관에서는 참고하기 바란다.

2.4 | 리스크관리 활동을 프로젝트 일정에 통합하기

프로젝트의 리스크 회의 빈도와 해당 커뮤니케이션 방법 및 책임 체크포인트를 결정하고 프로젝트 규모에 따라 프로젝트 팀에서 해야 할 일들에 대한 일정계획을 전체 프로젝트추진 일정에 명확히 포함시켜야 한다.

2.5 | 프로젝트 리스크관리팀 참여자 및 활동 소요경비 예산 계획 수립

프로젝트 리스크관리팀은 프로젝트 리스크관리자의 지시에 따라 리스크관리 활동을 수행, 갱신, 검토하는 핵심 그룹이다. 프로젝트 리스크관리팀은 프로젝트 개발팀의 구성원을 포함하기는 하지만 프로젝트 개발팀의 모든 구성원이 반드시 이 팀에 포함될 필요는 없다. 좋은 리스크 식별과 보다 객관적인 평가를 위해서 **외부 컨설턴트**와 **분야별 전문가**(SME)의 참여를 적극적으로 고려할 필요가 있으며, 이들의 투입예산에 대해 구체화하여 계획서에 수록한다.

2.6 | 프로젝트 회의에서 리스크관리를 의제로 삼기

프로젝트 주요 참여자들이 모두 모이는 프로젝트 회의에서 리스크관리를 주요 의제로 한 회의를 실시한다. 프로젝트 리스크관리팀이 처음 만나는 회의 시간에 프로젝트관리자나 리스크 리더는 전체 프로젝트 팀에게 다음 사항을 간략하게 설명해야 한다.

---

2) Caltrans (2012), Project Risk Management Handbook: A Scalable Approach.

- 프로젝트 리스크관리 프로세스의 중요성 및 목표
- 리스크관리 프로세스
- 참여자 역할과 책임(R&R)
- 리스크 등록부
- 의사소통 및 책임사항 점검
- 프로젝트 일정상의 리스크관리 활동
- 리스크관리 활동 소요비용
- 리스크관리 주요 일정 계획
- 수시/정기 보고 및 보고서 제출 계획

2.7 | 리스크관리의 중요성에 대한 설명

프로젝트 팀 참여자들에게 리스크관리의 중요성을 설명하고 공감을 얻도록 다양한 방법으로 노력하는 것은 반드시 필요한 과정이다. 필요하면 몇 시간의 리스크관리 설명회를 비롯하여 참여자를 집중적으로 교육하는 교육프로그램을 사전에 실시하는 것도 매우 좋은 일이다.

사례 2.1 성공적인 리스크관리계획을 위한 팁 (WSDOT, 2018)[3)]

- 리스크평가 대상 프로젝트를 이해하는데 최소한의 시간이 필요하다. 리스크평가는 수행되는 프로젝트 각각의 시점(타당성조사, 계획, 설계, 입찰, 시공)에 따라 완전히 다른 양상으로 전개된다. 따라서 적절한 타이밍에 리스크평가를 실시해야 하는데 가급적이면 리스크평가 계획은 프로젝트 초기단계부터 시작해야 한다.
- 프로젝트에 대한 최소한의 이해를 바탕으로 프로젝트 범위 및 이에 따른 비용을 추정한다.
- 준비 활동을 위한 적절한 시간이 배분되어야 한다. 여기에는 프로젝트 일정, 비용견적의 검토 및 QA/QC 등이 포함된다.
- 리스크관리 활동 일정을 위한 적절한 예산투입과 시간을 할당해야 한다.
- 프로젝트 정기회의에서 프로젝트 리스크 상태에 대한 보고 시간을 가져야 한다. 우리 조직이 리스크에 대해 어느 정도의 내성이 있는지를 살펴봐야 한다. 프로젝트관

리자와 최고 경영진은 **리스크 회피형**인가? 아니면 **리스크 추구형**인가? 리스크관리 전문가인 힐슨박사가 이 개념에 대해서 **리스크 성향(risk appetite)**으로 잘 설명한 바 있다(Hillson, 2012)[4]. 즉 **리스크 성향**이란 주어진 상황에서 리스크를 수용하는 수준에 대한 개인 및 그룹의 성향을 의미한다. 이처럼 리스크를 감수하고서라도 공격적으로 진행할 것인지 아니면 좀 더 보수적이며 안정적으로 진행할 것인지는 조직이나 개인의 성향이라고 할 수 있다.

- 조직이 기꺼이 수용할 만한 수준의 리스크는 어느 정도인가? 이것은 우리가 **리스크 허용도(risk tolerance)**로 정의하고 있다. 리스크가 실제로 발생하더라도 조직이나 개인이 이겨낼 수 있는 리스크의 정도, 양, 크기를 의미한다. 대부분 조직이나 개인들이 이 허용량을 설정해 놓고 그 범위 안에서 일어나는 리스크는 대부분 수용하는 경우가 많다.
- 또한 리스크를 수용할 수 있는 불확실성의 상·하한 값을 **리스크 임계값(risk threshold)**이라고 한다. 이 리스크 임계값 밖으로 평가될 때 적절한 리스크 대응전략이 필요하다.

프로젝트 팀원들의 리스크관리 이해도 증진과 업무 역량 강화를 위한 교육의 필요성은 아무리 강조해도 지나치지 않다. K-Risk[5]는 이러한 목적으로 지속적인 전문가 초청세미나, 역량강화 교육 프로그램 및 컨퍼런스를 실시 중에 있다. 특히 리스크전문가 인증교육에 관심이 있는 분은 **한국VE연구원**[6]의 **공인리스크전문가 교육과정**을 참고하기 바란다.

---

3) WSDOT (2018), Project Risk Management Guide (Part I, II)

4) Hillson, D. (2012). How much risk is too much risk? Understanding risk appetite. Paper presented at PMI® Global Congress 2012—North America, Vancouver, British Columbia, Canada. Newtown Square, PA: Project Management Institute.

5) www.k-risk.org, k-risk.tistory.com

6) www.kvei.or.kr

2.8 | 리스크관리계획서에 주요 기대치 포함

리스크관리의 보고, 문서화 및 공유 방법 그리고 리스크관리를 통해 얻고자 하는 기대치에 대한 구체적인 내용을 리스크관리계획서에 포함시킨다.

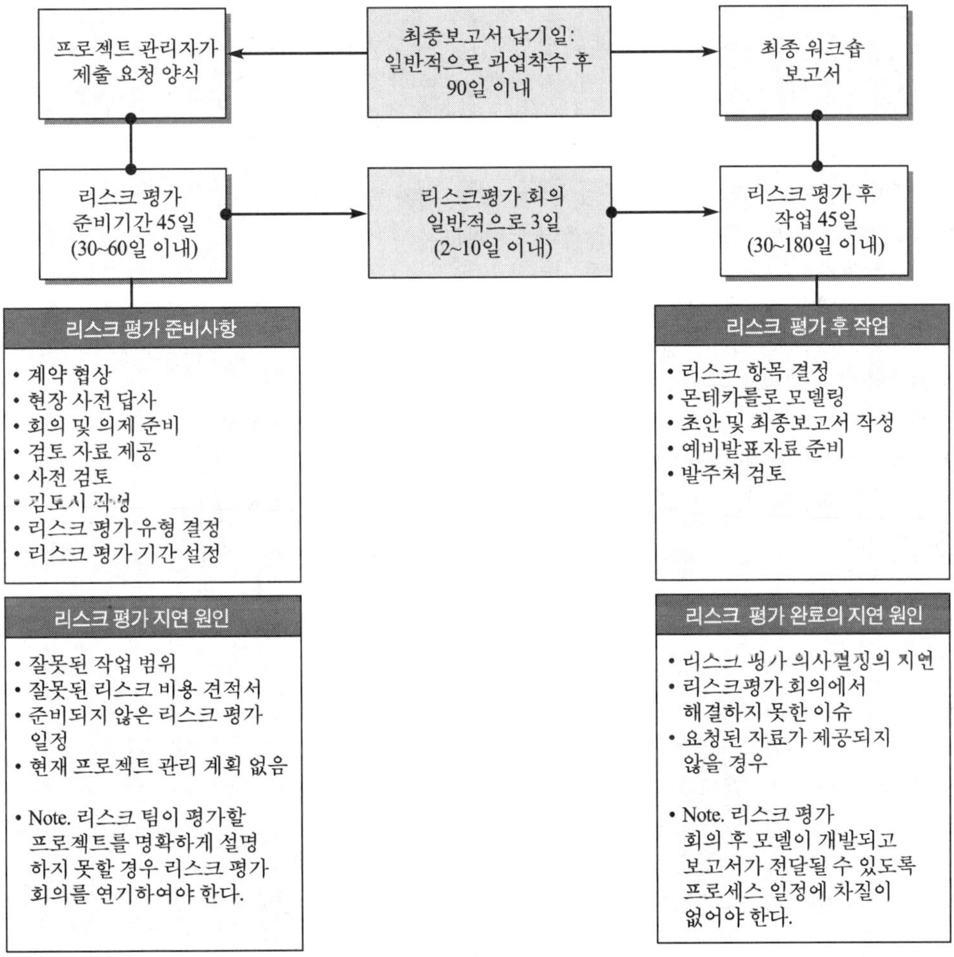

〈그림 2.3〉 리스크 워크숍 수행 기간 및 주요 내용 및 수행 기간[7)]

7) WSDOT (2018), Project Risk Management Guide (Part I, II)

〈표 2.4〉 리스크관리팀 활동 기간 및 활동 내용

일정 범위			(단위: 일)
구분	최소	평균	최대
리스크평가 프로세스 – 일반적인 스케줄	30	90	120 이상
프로젝트관리자는 발주자에게 제출 양식 요청		착수	
워크숍 전 단계에서의 해야 할 일	24	30	44
▪ 발주자에게 리스크관리팀에 포함될 프로젝트관리자와 팀원을 선택하도록 함. ▪ 발주자에게 적절한 워크숍 유형과 기간을 선택하도록 함. ▪ 발주자에게 프로젝트관리자와 협력하여 리스크평가 일정을 결정하도록 함. ▪ 프로젝트 팀이 워크숍 관련 자료 준비를 하도록 함. ▪ 발주자에게 프로젝트 팀의 워크숍 참여범위, 일정, 평가 준비사항을 실시간 체크하도록 함. ▪ 발주자에게 워크숍 안건을 준비하여 자료를 배포하고 일정 공지하도록 함. ▪ 워크숍 흐름도, 평가, 참가자 리스트 작성 ▪ 워크숍 단계별 준비 완료함. ▪ 프로젝트관리자와 워크숍 참석자와의 추후 일정 협의함. ▪ 프로젝트관리자에게 워크숍 참석자 전원에게 안내 메일 발송하도록 함. ▪ 프로젝트 팀이 워크숍을 준비(워크숍 일정, 경비견적 및 참가자 리스트)하도록 함. ▪ 워크숍 안건에 대해서 워크숍 참석자에게 송부하도록 함. ▪ 프로젝트 팀에게 참여자 이메일 등을 통하여 프로젝트 정보 제공하도록 함.			
워크숍 진행	1	3	5 이상
▪ 발주자와 프로젝트관리자와의 워크숍 진행 ▪ 워크숍 단계별 일정 완료			
워크숍 후 단계에서의 해야 할 일	10	45	90 이상
▪ 프로젝트관리자가 비용리스크와 관련한 보고서 초안을 작성하도록 함. ▪ 프로젝트관리자가 제공된 리스크관리 모델을 통하여 보고서 초안을 작성하도록 함. ▪ 프로젝트관리자가 발주자에게 예비 결과를 발표하도록 함. ▪ 프로젝트관리자가 프로젝트관리보고서를 보완 및 작성하도록 함. ▪ 프로젝트 팀이 제공된 보고서 검토 의견서를 작성토록 함. ▪ 프로젝트관리자가 보고서 검토 의견을 반영하여 최종 보고서를 작성토록 함.			
향후 해야 할 일(리스크 대응) ▪ 프로젝트관리자는 프로젝트 리스크관리 계획서를 업데이트(발주자 협의) ▪ 프로젝트관리자는 리스크 대응 조치 방안 수립(발주자 협의) ▪ 프로젝트관리자는 리스크 대응 효과 모니터링 실시 ▪ 리스크관리 갱신 계획 수립 ▪ 리스크 완화 후 분석 및 보고서 작성			

PART 1

제3장

리스크 식별

제3장 리스크 식별

PROJECT RISK MANAGEMENT GUIDELINES 제1편 일반지침

3.1 | 개요

리스크 식별 과정을 통해 프로젝트의 목표에 영향을 미칠 수 있는 요인이 무엇인지 알아내고 그러한 요인들이 어떤 방식과 형태로 나타날 수 있는지를 파악한다. 파악한 리스크와 그 특성을 문서화하여 프로젝트 **리스크 등록부**(risk register)를 작성한다. 이렇게 만들어진 리스크 등록부는 이후 정성적 또는 정량적 리스크분석, 리스크 대응 계획 수립, 리스크 모니터링 프로세스 등 리스크관리의 모든 단계에서 계속 수정된다.

프로젝트가 시작되어 끝날 때까지의 전 과정에서 새로운 리스크가 생길 수 있고, 이전에 식별된 리스크는 사라질 수도 있으며, 다른 리스크가 업데이트될 수도 있기 때문에 리스크 식별과정은 프로젝트 전 생애 과정에 지속적으로 반복된다. 따라서 **리스크 등록부**는 과거 버전을 폐기하지 말고 계속해서 이력 관리가 되어야 한다.

> **"리스크"는 위협 및 기회 모두를 포함한다.**
>
> \- ISO 31000:2018

보통은 "**리스크**"라는 단어를 사용할 때 사건 발생시 프로젝트에 부정적이거나 유해한 영향을 미치는 불확실성으로만 생각하는 경향이 있다. 하지만 리스크는 **긍정적인 영향**과 **부정적인 영향** 모두를 포함한다.

이중 기회의 잠재성은 타당성조사/계획/설계단계 등 사업 초기에 가장 크다. 현재 **건설기술진흥법 시행령 제75조**에 의거 100억원 이상의 공공건설프로젝트의 기본설계 및 실시설계시 의무적으로 시행되고 있는 **설계VE (Value Engineering)**를 통해 기회 리스크와 이에 대한 대응계획을 특히 많이 발굴할 수 있다. 또한 공사 계약이 이루어진 이후의 시공단계의 VE인 **VECP**(Value Engineering Change Proposal) 시공성 검토, 설계·시공방법 및 재료의 혁신 등에서도 기회 리스크를 포착할 수 있다.

발주자 입장에서는 프로젝트가 계약이 되어 시작되면 프로젝트 목표(**범위, 일정, 비용, 품질**)가 계약상으로 뚜렷해지나 계약상대자가 새로 형성이 되어 사실상 프로젝트 비용과 시간을 절약할 수 있는 기회는 설계단계보다 훨씬 줄어든다. 계약 이후의 설계변경은 공식적인 계약변경 요청을 통해서 이루어져야 하기 때문에 설계변경이 용이하지는 않지만, 시공자가 제안한 VE를 통해 프로젝트 비용을 절약할 수 있는 기회는 여전히 존재한다.

발주자뿐만 아니라 시공자 입장에서도 시공VE의 적극적인 추진을 통해 프로젝트 원가를 절감할 수 있다. 최근 국토교통부에서는 공고를 통해 시공VE의 활성화를 위한 관계 법령을 기존의 "**설계공모, 기본설계 등의 시행 및 설계의 경제성 등 검토에 관한 지침**"[1]을 정비하였고 2020년 1월부터 적용하고 있다.

미국에서는 이러한 계약 후 VE 제도가 연방조달규정인 **FAR(Federal Acquisition Regulation)**[2]에 **VECP**(Value Engineering Change Proposals)라는 이름으로 법제화하고 있다. 국내 또는 해외 현장에서 이러한 공사계약 후 VE제도인 **VECP**를 잘 활용하면 발주자는 시간과 비용을 절약할 수 있으며, 도급자 입장에서도 **시공VE**의 적극적인 추진을 통해 프로젝트 비용을 절감할 수 있다.

---

1) http://www.law.go.kr/admRulLsInfoP.do?admRulSeq=2100000022233

2) https://acquisition.gov/browse/index/far

▸ 가치공학(價値工學, Value Engineering)

가치공학이란 기능의 심층조사를 통하여 프로젝트, 제품, 서비스 및 프로젝트 등의 **"가치"**를 개선하는 제3자의 독립적인 팀에 의한 체계적인 기능중심적 접근방식이다. 가치는 기능 대비 비용의 비율을 의미한다. 따라서 기능을 향상시키거나 원가를 줄임으로써 가치를 개선할 수 있다. 가치 향상을 추구한 결과 기본기능이 유지되고 감소되지 않는 것이 가치공학의 기본원칙이다. **"가치관리(Value Management)"**라는 용어는 때때로 **"가치공학"**의 동의어로 사용되며, 성능이 개선된 프로젝트의 계획 및 조달을 촉진하게 된다.[3] 우리나라는 **건설기술진흥법 시행령**[4] **제75조 설계의 경제성 등 검토**에 따라 100억원 이상의 정부발주공사에 대해서는 반드시 기본설계단계에서부터 설계VE를 실시하도록 의무화하고 있다.

▸ 건설기술진흥법 시행령 제75조 (설계의 경제성 등 검토) - 가치공학의 법제화

제75조(설계의 경제성등 검토)

① 발주청은 다음 각 호의 어느 하나에 해당하는 경우에는 설계 대상 시설물의 주요 기능별로 설계내용에 대한 대안별 경제성과 현장 적용의 타당성(이하 "설계의 경제성 등"이라 한다)을 직접 검토하거나 건설엔지니어링사업자 등 전문가가 검토하게 해야 한다. 〈개정 2014. 12. 30., 2020. 1. 7., 2021. 9. 14.〉

1. 총공사비 100억원 이상인 건설공사의 기본설계 및 실시설계를 하는 경우
2. 총공사비 100억원 이상인 건설공사의 시공 중 총공사비 또는 공종별 공사비를 10퍼센트 이상 조정(단순 물량증가나 물가변동으로 인한 변경은 제외한다)하여 설계를 변경하는 경우
3. 총공사비 100억원 이상인 건설공사를 실시설계의 완료일부터 3년 이상 지난 후에 발주하는 경우. 다만, 실시설계의 완료일부터 건설공사의 발주일까지 특별한 여건변동이 없었던 경우는 제외한다.
4. 총공사비 100억원 미만인 건설공사에 대하여 발주청이 필요하다고 인정하는 건설공사의 설계를 하는 경우
5. 건설공사의 시공단계에서 건설공사의 여건변동 등으로 인하여 발주청이 설계의 경제성등의 검토가 필요하다고 인정하는 경우

② 시공자는 도급받은 건설공사의 성능개선 및 기능향상 등을 위하여 설계의 경제성등

3) SAVE International (2020) VMBoK(Value Management Body of Knowledge)

4) 건설기술진흥법 시행령 http://www.law.go.kr/법령/건설기술진흥법시행령

을 검토할 필요가 있다고 인정하는 경우에는 미리 발주청과 협의하여 설계의 경제성 등을 직접 검토할 수 있다. 이 경우 시공자는 설계의 경제성등의 검토가 완료되면 그 결과를 발주청에 통보해야 한다. 〈신설 2020. 1. 7.〉

③ 발주청은 제1항 및 제2항에 따라 실시된 설계의 경제성등 검토의 결과로 제시된 설계의 개선 제안 내용을 적용하는 것이 기술적으로 곤란하거나 비용을 과다하게 증가시키는 등 특별한 사유가 있는 경우를 제외하고는 해당 설계내용에 이를 반영해야 한다. 〈개정 2020. 1. 7.〉

④ 발주청은 제1항 및 제2항에 따라 실시된 설계의 경제성등 검토의 결과와 해당 설계내용에 대한 반영 결과를 국토교통부장관에게 제출해야 한다. 〈개정 2020. 1. 7.〉

⑤ 제1항부터 제4항까지에서 규정한 사항 외에 설계의 경제성등 검토의 시기·횟수·대가기준, 구체적인 검토 방법 및 절차 등에 관하여 필요한 사항은 국토교통부장관이 정하여 고시한다. 〈개정 2020. 1. 7.〉

▸ 연방조달규정 FAR(Federal Acquisition Regulation)

미국의 연방차원에서 공공조달계약에 의한 기본법이라고 할 수 있는 것이 **연방조달규정(Federal Acquisition Regulation: FAR)**이다. 우선 1940년대 초의 연방조달시스템은 대부분 남북전쟁시기로부터 형성되었다. 2차 세계대전이후에 1947년 국방조달법(Armed Services Procurement Act)과 1949년에 연방재산 및 행정서비스법(Federal Property and Administrative Services Act)이 제정되었다. 그리고 이들 법률을 근거로 행정입법도 제정되었다. 미국 국방부에서 제정한 국방조달규칙(Armed Services Procurement Regulations: ASPR)과 조달청(General Services Administration)에 의해서 제정된 연방조달규정(Federal Procurement Regulations:FPR)이 그것이다. 이처럼 미국의 정부조달계약법 시스템이 국방조달과 일반공공조달로 나뉘어서 법제화되고 있었던 것이 1970년대 초까지의 연방정부 조달계약법제의 특징이었다.

그런데 이처럼 연방정부조달법제 관련 법률이 국방조달과 일반공공조달로 나뉘어져 있는 것에 대해 많은 비판이 있어, 양 법제를 통합하고자 하는 노력이 이루어지게 되었고, 그 결과 1984년 시행된 연방조달규정(Federal Acquisition Regulation: FAR)에 의해 행정입법 차원에서 양자가 통합되었고 1978년의 계약분쟁법(Contract Dispute Act)과 1994년 연방조달간소화법(Federal Acquisition Streamlining Act: FASA)에 의해 법률 차원에서도 실질적으로 통합이 이루어지게 되었다.[5)]

▸ 가치공학 변경제안서 VECP (Value Engineering Change Proposals)[6)]

FAR Part 48의 **VECP 조항**에 따라 계약자가 제출한 VE제안으로, 계약 변경을 통해 프로젝트 **생애주기비용**(LCC)이 절약되면, 절약된 비용 중 일부분이 계약당사자에게 **인센티브**로 지급된다. 미국 정부의 프로젝트, 시스템 등 조달 계약의 프로세스 및 조직의 범위에서 비용을 절감하고 품질을 높일 수 있는 모든 유형의 계약에 적용된다. 프로그램 수명주기 동안 VECP의 이점 중 일부는 다음과 같다.

- 업계에 높은 수준의 엔지니어링 전문지식을 사용하여 비용을 절감하고 시스템의 기능을 즉시 개선하도록 **인센티브** 제공
- 산업계와의 보다 효과적인 비즈니스 관계 구축
- 높은 개발 비용과 높은 생산 원가, 운영비용, 지원비용 등의 절감 구현
- 생산 라인, 프로세스 및 절차에 대한 과다한 수정 예방
- 과다한 도면 변경 예방
- 실행과정에서 얻게 되는 비용 절감 성과를 서로 공유함으로써 재무 성과 향상
- 현대화된 기술 및 공법 적용을 통한 비즈니스 기회 창출
- 생산 품목 또는 기타 관련 품목을 개선하고 비용절약 공급사로 명성확보를 통한 경쟁력 향상

공급 또는 서비스 계약의 경우 FAR 52.248-1 "**가치 공학**" 은 계약자가 VECP를 제출할 수 있는 근거를 제공하는 **인센티브 조항**이다.

---

5) 중소기업청/중소기업진흥공단(2011) 중소기업을 위한 미조달시장 진출 안내서 - 미국연방조달규정(Federal Acquisition Regulation) 해설

6) http://acqnotes.com/acqnote/careerfields/value-engineering-change-proposal

3.2 | 리스크 식별 방법

리스크관리가 프로젝트에 처음 적용될 때, 프로젝트 리스크관리자는 리스크를 식별하고 평가하기 위해 프로젝트 리스크관리팀을 조직하고 소집한다. 리스크 식별을 통해 프로젝트에 영향을 미칠 수 있는 리스크의 확률과 임팩트의 특성을 문서화한다. 리스크 식별 과정에서 겪는 공통적인 어려움은 **리스크의 원인**, **실제 리스크**, 그리고 **리스크의 영향**을 명확하게 구분하지 못한다는 것이다. 리스크는 하나 이상의 원인으로 부터 생기게 되며, 어떤 원인이 실제로 발생하게 되면 프로젝트 목표 하나 이상에 그 영향을 미치게 된다.

- **리스크의 원인**이란 프로젝트나 그 환경에 존재하고 불확실성을 야기하는 명확한 사건 또는 상황의 집합이다. 예를 들어, 검증되지 않은 신기술의 사용, 숙련된 인력의 부족, 또는 조직이 전에 이와 유사한 프로젝트를 해본 경험이 없다는 사실 등이 그 예이다.
- **실제 리스크**란 발생하게 되면 프로젝트 목표에 부정적(위협) 또는 긍정적(기회)인 영향을 미치게 되는 불확실성이다. 예를 들어 계획된 완료 목표를 달성하지 못하거나, 물가의 상승 또는 하락 속도나 등락 폭이 크게 변동하거나, 요구사항이 잘못 이해될 가능성 등이 있다. 이러한 불확실성은 리스크관리 프로세스를 통해 능동적으로 관리될 필요가 있어 본 리스크 식별과정에서 가장 중요하게 다루어져야 한다.
- **리스크로 인한 영향**은 긍정적이든 부정적이든 프로젝트 목표에 영향을 미치는 리스크의 결과로 발생할 수 있다. 계약 공기 및 비용, 품질 목표 등을 달성하지 못한 경우를 그 예로 들 수 있다. 임팩트는 리스크가 일어나지 않으면 발생하지 않는다. 그 효과가 아직 존재하지 않고 앞으로도 일어나지 않을 수가 있기 때문에 리스크관리 프로세스를 통해 직접 관리하기는 쉽지 않다.

식별된 리스크 목록에서 리스크의 원인과 영향을 함께 표현하면, 리스크의 실체가 모호해져 이해관계자들의 해석에 차이가 발생할 수 있다. 리스크의 원인과 결과를 명확하게 분리하여 표기하는 방법은 ① **확실한 원인**의 결과로 ② **불확실한 사건(리스크)**이 발생할 수 있고, ③ **이로 인해 프로젝트 목표에 끼치는 영향** 등 세 가지로 명확히 구분하여 "**리스크 설명**"을 제공하는 것이다.

리스크 식별 단계에서는 비용과 일정에 대한 영향을 정량화하는 것까지는 하지 않는다. 이는 뒷장에서 설명할 정성적 리스크분석이나 정량적 리스크분석 프로세스에서 이루어진다. 프로젝트 리스크관리팀은 다음을 적절히 조합하여 잠재적 리스크(위협 및 기회)를 도출해 낸다.

- 브레인스토밍
- "**신규성**"을 찾는 것(예 : 새로운 재료, 기술 또는 프로세스)
- 프로젝트 또는 유사한 프로젝트에 대한 지식
- 프로젝트 또는 그 환경에 대한 상당한 지식을 가진 다른 사람들과의 협의
- 유사한 프로젝트에 대해 상당한 지식을 가진 다른 사람들과의 협의
- 조직 내 프로젝트 이해관계자 또는 조직 내 타인의 경험

▸ 리스크 설명 예

"새로운 기술을 사용하게 되면(**원인**) 예상치 못한 설계 문제로 인해 불확실한 리스크가 발생할 수 있으며(**리스크**), 이로 인해 프로젝트에 초과 비용 지출의 결과가 발생할 가능성이 있다(**예산 목표에 미치는 영향**)."

"조직이 이전에 비슷한 프로젝트를 수행한 적이 없기 때문에(**원인**) 요구 사항을 이해하지 못함으로 인해(**리스크**) 프로젝트가 성능 기준을 충족시키지 못할 것이다(**목표에 미치는 영향**)."

〈표 3.1〉 CALTRANS 프로젝트에서 발생하는 리스크 예

구분	리스크 설명
설계	■ 조사(측량, 지반조사 등)자료가 부정확하거나 불완전한 정보로 인한 설계의 재작업 수반 ■ 환경영향평가 관련 문서에 설정된 기준치를 크게 벗어나게 되면 추후 환경영향 재평가 등에 따른 공기 지연 가능성
환경	■ 예측하지 못한 환경 문제와 관련된 잠재적 소송으로 인한 착공 지연 및 예산 추가 소요 ■ 철새 도래 시즌 동안 공사 지연 가능
용지보상	■ 진입로, 작업공간 확보 등 공사 추진 및 시공성 개선을 위한 추가적인 용지 확보로 공사비 증가 및 공기 지연
시공	■ 시공 중 발생하는 위험 물질에 대한 현장 보관 공간 및 이를 처리하기 위한 잠재적 추가 비용 소요 ■ 공사 중 예상치 못한 매립 폐기물 처리를 위한 추가 비용 발생

※ 출처 : Caltrans (2012) Project Risk Management Handbook; A Sealable Approach

리스크를 식별할 때, 프로젝트 리스크관리팀은 아래 사항을 검토하여 문서화한다.

- 계획에 따라 어떤 일이 일어날 수 있는가?
- 리스크가 발생할 경우 프로젝트 목표에 미치는 영향은 무엇인가?
- 이전의 리스크평가 때 사용하였던 가정사항과 현재의 상태에 어떤 차이가 있는가?
- 리스크에 대응하기 위해 어떤 조치를 취할 것인가?
- 리스크에 대응하기 위해 사용할 수 있는 추가 옵션은 무엇인가?

식별된 리스크 정보는 **리스크 등록부**에 입력되고, 해당 리스크는 프로젝트 팀의 담당 구성원에게 할당된다. **리스크 등록부**는 전체 프로젝트 팀원들의 면밀한 검토를 통해 지속적으로 업데이트된다. 프로젝트 책임자는 필요하면 기능단위별로 별도의 리스크 등록부를 만들 수 있으나 나중에는 전체프로젝트 **리스크 등록부** 하나로 통합 관리해야 한다. 별도의 프로젝트 리스크관리팀이 활동하는 경우 프로젝트 **리스크 등록부**는 프로젝트 리스크관리팀 워크숍을 통해 개발한다.

3.3 | 리스크등록 및 관리

3.3.1 리스크 등록부란?

리스크 등록부(risk register)란 프로젝트 팀이 프로젝트 생애주기 동안 프로젝트 리스크를 다루고 문서화하는 데 사용할 수 있는 필수 도구다. **리스크 등록부**는 프로젝트 리스크관리 과정의 일부로 리스크의 전체 목록과 리스크가 처리되는 방식에 대한 포괄적인 문서이다. 리스크 등록부는 비용 견적과 일정의 불확실성과 관련된 정보도 포함하는 프로젝트 문서의 일부로 유지된다.

일반적으로 프로젝트를 시작할 때마다 새로운 팀이 구성되고 프로젝트가 완료되면 해체된다. 바람직하지는 않지만 프로젝트 팀 구성원이 바뀌는 경우도 자주 발생하고, 프로젝트 진행에 따라 프로젝트 경험이 달라지는 경우도 있다. 따라서 프로젝트를 성공시키기 위해서는 프로젝트 목표, 비용, 리스크 등에 대한 프로젝트 팀 구성원 간의 의사소통은 필수적이다. **리스크 등록부**에 프로젝트 리스크를 명확히 포함시키고, 프로젝트 착수부터 완료 때까지 리스크의 상태를 팀 구성원이 이해하도록 적극적으로 도와야 한이다. 관리자는 리스크를 허용 가능한 수준으로 식별, 평가, 관리 및 감소시키는 검토 및 갱신 프로세스를 통해 **리스크 등록부**를 지속적으로 업데이트해 나가야 한다.

▸ 리스크분류체계 (Risk Breakdown Structure)[7]

리스크분류체계(RBS)는 리스크를 더 잘 파악하는 데 유용할 것이다. RBS는 프로젝트관리자와 리스크 관리자가 프로젝트의 상태에 영향을 미치는 문제로 이어질 수 있는 반복되는 리스크와 리스크 집중을 더 잘 이해하도록 미리 그려놓은 그림이다. WBS(Work Breakdown Structure)의 개념에 따라 리스크분류체계는 프로젝트관리자와 리스크 관리자가 해결하거나 추적할 리스크를 미리 구조화해 놓은 것이다. 훌륭한 프로젝트관리자는 리스크를 효과적으로 관리하고 프로젝트를 제대로 진행할 수 있어야 한다. 많은 프로젝트관리자 및 리스크 관리자는 현재 프로젝트에서 리스크를 나열, 식별, 평가 및 추적하기 위해 "**조직에서 미리 만들어 놓은**" 방법을 사용한다.

리스크를 완전히 이해하고 보다 잘 식별하고 평가하려면 필요한 만큼 식별 수준을 기록하여 각 리스크에 대한 "**심층 분석**"이 필요할 수 있다. 이와 같은 구조에 리스크를 배치하는 프로젝트의 가치는 프로젝트관리자와 리스크 관리자가 리스크를 빠르고 쉽게 식별 및 평가하고 잠재적 **리스크 원인**(risk trigger)을 식별하며 보다 강력한 리스크 대응 계획을 개발할 수 있는 능력에 달려 있다. 모든 리스크가 식별될 때 계층구조에 배치되고 구조가 소스별로 구성되면 프로젝트에 대한 총 리스크 노출을 보다 쉽게 이해하고 리스크에 대한 계획을 보다 쉽게 달성할 수 있다.

3.3.2 리스크 등록부를 어떻게 사용하나?

리스크 등록부는 프로젝트 착수 문서부터 완공까지 프로젝트의 전체 생애주기 동안 프로젝트 리스크의 변화과정을 기록하는 데 가장 적합한 리스크관리의 핵심 산출물이다. 따라서 리스크 식별 담당자는 변경되는 사항에 대해 리스크 등록부를 실시간으로 업데이트하고 이를 프로젝트 리스크관리자 및 프로젝트관리자에게 보고하여 상황을 공유한다. 이러한 리스크 식별은 프리워크숍 단계에서 설계자료, **체크리스트** 등을 통하여 사전에 작성할 수 있고, 이를 바탕으로 여러 전문분야의 팀원이 **워크숍**을 통해 계속 새로운 리스크가 식별되면 추가한다. 프로젝트 리스크담당자는 주간 혹은 월간 단위로 업데

7) https://en.wikipedia.org/wiki/Risk_breakdown_structure

이트된 리스크 등록부를 프로젝트 팀원들에게 배포하여 상황을 공유하고 팀원들로부터 2차 리스크나 다양한 대응 방안에 대한 의견을 수렴한다.

3.3.3 리스크 등록부 데이터 등록

리스크 등록부에는 "**리스크 원인(risk trigger)**"에 대한 입력열이 있기는 하지만 리스크 원인을 명확히 표현하기가 쉽지 않다. 리스크 원인이란 **리스크 트리거**라고 하며, 어떤 리스크가 발생하게 되는 원인 사건이나 조건을 의미한다. 복잡한 리스크 등록부에서 불필요한 공간을 차지하지 않게 하기 위해 리스크에 대한 촉발 원인이 식별되면 리스크 대응 조치와 관련한 설명도 추가할 수 있다.

프로젝트의 목적에 영향을 많이 미치는 리스크를 가능하면 많이 식별해야 한다. 이렇게 많은 리스크가 식별되면 이 다음 단계로 리스크의 정성적 분석을 통하여 집중적으로 대응계획을 마련할 중대 리스크를 선별할 것이다. 가능한 한 많은 리스크를 식별하여야 중대한 리스크가 누락될 수 있는 실수를 줄일 수 있을 것이다. 리스크 등록부 내의 다른 열은 앞으로 이어질 정성적·정량적 리스크분석 및 리스크 대응 프로세스에 의해 완료되거나 업데이트된다.

여러 문헌, 여러 조직에서 활용하고 있는 가이드라인, **템플릿**에서 약간씩 그 항목을 달리하여 적용하고 있지만 대부분 〈표 3.2〉와 같은 정보가 대부분 리스크 등록부에서 관리되고 있다. 이러한 리스크 등록부는 그 자체로 좋은 정보 소통의 도구로 활용이 가능하다.[8)]

리스크를 가능한 한 많이 식별하는 것이 프로젝트관리를 위하여 도움이 된다는 것은 확실하나, 리스크관리의 시간적 측면에서는 부담이 되는 것도 사실이다. 그렇기 때문에 과거에는 리스크관리 건수가 **프로젝트 KPI(Key Performance Indicator)**의 일부가 되기도 하였지만, 요즈음에는 조금 다르게 접근하여 리스크 트리를 구조화한 **RBS(Risk Breakdown Structure)**를 작성하고 관리하거나, 프로젝트 필수 소요자원별(인력, 정보, 건물, 시설, ICT, 운송, 재무, 파트너, 커뮤니케이션)로 리스크를 도출하는 경향도 있다.

---

8) SAVE International (2020), VMBoK (Value Management Body of Knowledge)

〈표 3.2〉 리스크 등록부의 주요 구성 내용

기법	기법 설명
리스크ID	■ 리스크 식별 번호
상황	■ "active" 또는 "retired"를 선택 ■ 프로젝트에 영향을 미칠 가능성이 더 이상 없을 경우 리스크 삭제
유형	■ "위협" 또는 "기회"를 입력
범주	■ 환경, 지질, 설계, 시공 등 RBS(리스크분류체계)에서 분류되어 있는 리스크 범주 선택
위협/기회구분	■ 위협 또는 기회리스크 선택
제목	■ 리스크제목
설명	■ 리스크가 발생하는 경우, 리스크가 프로젝트에 미치는 영향에 대해 자세히 설명
리스크 원인	■ 어떤 리스크가 발생하게 되는 원인 사건이나 조건
리스크 오너	■ 리스크별 담당자 선정
발생확률	■ 발생확률에 대한 정성적 평가
발생임팩트	■ 임팩트에 대한 정성적 평가
업데이트	■ 리스크 내용 및 발생 날짜 입력

〈표 3.3〉 리스크 등록부 예제

ID	상황	범주	유형	제목	설명	리스크 원인	오너	확률	임팩트	업데이트
R-1	Active	환경	위협	습지	환경성평가가 아직 완료되지 않아 습지의 환경 보전 수준이 높이 평가될 가능성이 있음	환경성평가 미비	김OO	보통	높음	2019년 5월 7일
R-2	Retired	지질	위협	연약지반	건축물 기초 시스템과 관련된 양질의 자료 부족과 부정확한 가정사항. 이로 인한 재설계, 비용 및 공기 지연 리스크가 있음	부정확한 가정사항	임OO	높음	중간	2019년 5월 7일

3.4 | 리스크 식별을 위한 SMART 법칙

리스크를 구체적으로 설명할 때 SMART **법칙**이 필요하다. SMART **법칙**은 리스크관리 관련 여러 문헌[9),10)]에서 언급하고 있지만 문헌과 집필자의 생각에 따라 용어를 조금씩 다르게 사용하고 다른 해석을 내놓곤 한다. 아래 표는 Ovidiu(2011)의 SMART 법칙과 SAVE International(2020)의 **VMBoK**의 내용을 종합하여 정리하였다(<표 3.5> 참조). 이러한 리스크 식별과정에서는 프로젝트가 직면할 수 있는 문제에 대한 의미있는 의견을 제공할 수 있는 전문가 그룹 및 사람을 포함시켜야 한다. 누가 리스크를 책임지고 누가 대응할 것인지 결정해야 한다. 아래 표에 언급된 리스크 식별 기법들이 실무에서 주로 사용되는 기법들인데, 이중 하나 이상의 방법을 활용하면 된다.

리스크를 많이 식별하는 것은 좋지만 구체적이면서도 단순하게 해야 하고, 지나치게 복잡하면 안된다. **KISS 법칙**, **오컴의 면도날 규칙**과 같이 성격이나 기능이 같은 리스크는 하나로 묶어서 간단하게 관리할 필요가 있다.

▸ 오컴의 면도날 법칙 (Occam's Razor 또는 Ockham's Razor)

절대적으로 필요한 경우가 아니라면 복잡함을 도입해서는 안된다는 규칙(WSDOT)

▸ KISS 법칙

Keep It Simple Short : 리스크를 간단하고 짧고 명료하게 관리하라는 법칙

9) Ovidiu et al. (2011) Risk Management for Design and Construction (건설 프로젝트 설계 및 시공 리스크관리), 구미서관

10) SAVE International (2020) VMBoK (Value Management Body of Knowledge)

〈표 3.4〉 리스크 식별 기법

기법	기법 설명
브레인 스토밍	일반적인 리스크 식별기법을 위해 효과적인 방법이며, 간단한 프로젝트를 위한 소규모의 비공식 프로젝트 팀만으로 구성할 수 있으나, 복잡한 대규모 프로젝트는 추가 전문 지식을 제공하는 전문가와 협력하는 숙련된 진행자가 필요하다.
체크리스트	표준 체크리스트/질문지는 빠르고 쉽게 사용이 가능하나, 각각의 프로젝트마다 상황이 다르기 때문에 중요한 리스크를 포착하지 못하는 경우가 있을 수 있다.
과거 유사 프로젝트	과거 프로젝트를 참고하여 리스크를 식별하는 것이 가능하나, 불확실성과 리스크를 포함한 각각의 새로운 프로젝트에는 고유한 요구사항과 특징이 있기 때문에 이전 사례를 사용하는 것은 신중하고 객관적인 판단이 필요하다.
리스크분류체계 활용	프로젝트 조직 등에서 리스크 제목을 미리 작성해놓은 분류 구조를 활용하는 방법(사례 3.2 WSDOT RBS 참조)
기타	대부분 프로젝트는 위 4가지 방법을 조합하여 리스크를 식별하는데 사용하고 있다. 중요한 것은 리스크가 도출되면 적절하게 문서화하는 것이다.

〈표 3.5〉 SMART 법칙

구분	설명
구체성 (Specific)	어떤 사건에 대한 좋은 설명은 다음과 같은 질문에 대해 답을 해야 한다. ■ Who. 관련자는 누구인가? 책임자는 누구인가? ■ What. 무슨 일이 발생할 것인가? ■ Where. 어디에서 발생할 것인가? ■ When. 언제 발생할 것 같은가? 한번 이상 발생할 수도 있는가? ■ Why. 왜 발생하는 것인가? 그 원인은 무엇인가? 리스크의 발생 원인을 **리스크 촉발원인**(risk trigger)이라 부른다. 리스크 촉발원인은 리스크관리, 리스크 모니터링을 위한 다음 단계를 위한 필수 정보이다.
측정가능 (Measurable)	리스크가 발생할 때 당신이 알게 될 구체적인 기준 등을 명시한다. ■ 리스크에 대한 묘사를 통해 리스크의 측정이 가능해야 하며 그 특성(발생확률과 임팩트)을 측정하는데 도움을 주어야 한다. 리스크 확인과정에서 내렸던 가정사항을 유념해야 한다. 그 구체적인 값에 확률이 주어지는 이유가 무엇인가? ■ **저**(低), **고**(高), **최확치**를 정할 때 했던 가정사항은 무엇인가? 그 계산근거를 남겨놓아야 한다.

구분	설명
원인존재 (Attributable)	다루어지고 컨트롤될 수 있는가? 때로는 어떤 리스크는 관리되고 있는 것처럼 보이던 것이 나중에 꽤 다루기가 힘든 것으로 판명되는 것이 있다.
현실적인 (Relevant / Realistic)	현실성이 있으려면, 리스크는 발생확률에 어떤 의미가 있어야 한다. 예를 들어 "**고질라가 바다에서 올라오고 현장을 모두 파괴한다**"라는 사건은 현실적이지 않다.
시작과 끝 기한이 있는 (Timebound)	▪ 리스크는 시간에 있어 시작과 끝이 있어야 한다. ▪ 어떤 리스크에 시간을 할당하지 않는 것은 시급성에 대한 어떤 의미도 전달하지 못한다. ▪ 프로젝트 생애주기 동안 언제 발생하는가? 설계기간, 환경영향 검토단계, 아니면 시공단계에서 발생하는가?

사례 3.1 SMART 법칙을 적용한 리스크 식별 (WSDOT PRAM 프로그램[11] 사례)

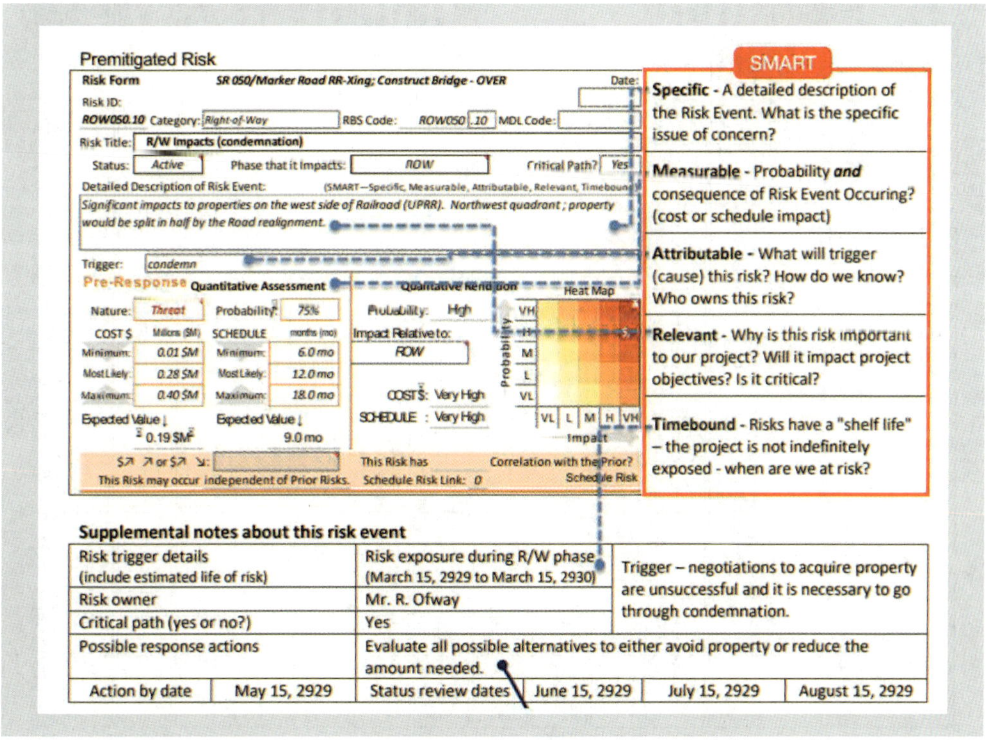

11) WSDOT (2018) Project Risk Analysis Model User's Guide

사례 3.2 리스크분류체계(Risk Breakdown Structure) 예(WSDOT 사례)

Level 1	Project Risk									
Level 2	Environmental & Hydraulics ENV	Structures & Geotech STG	Design / PS&E DES	Right-of-Way ROW	Utilities UTL	Railroad RR	Partnerships Stakeholders PSP	Management / Funding MGT	Contracting Procurement CTR	Construction CNS
Level 3	ENV 10 NEPA/SEPA	STG 10 Design Changes	DES 10 Design Changes	ROW 10 ROW Plan	UTL 10 Coordination	RR 10 Design Coordination	PSP 10 Tribal Issues	MGT 10 Management Change	CTR 10 Change in Delivery Method	CNS 10 Traffic Control and Staging
	ENV 20 ESA Issues	STG 20 Design Changes	DES 20 Deviations' Approval	ROW 20 inflation	UTL 20 Conflicts	RR 20 Construction coordination	PSP 20 Public Involvement	MGT 20 Delayed Decision Making	CTR 20 Contract Language	CNS 20 Construction Permitting
	ENV 30 Environmental Permitting	STG 30 Changes to design Criteria	DES 30 architecture or landscape changes	ROW 30 Limited Access IJR		RR 30 Right of Entry	PSP 30 Additional Scope for third parties	MGT 30 Cash Flow Restrictions	CTR 30 Delays in Ad/Bid/Award	CNS 30 Work Windows
	ENV 40 Archaeological Cultural		DES 40 Projects by other agencies affected	ROW 40 Managed Access Appeal				MGT 40 Political/Policy Changes	CTR 40 Market Conditions	CNS 40 Schedule Uncertainty
	ENV 50 Hazardous Materials		DES 50 Changes to Design of Traffic Items	ROW 50 Acquisition Issues				MGT 50 State Workforce Limitations	CTR 50 Delays in Procurement	CNS 50 Marine Construction
	ENV 60 Wetlands / Habitat		DES 60 Design / PS&E Reviews	ROW 60 Additional ROW is required					CTR 60 Contractor Non-Performance	CNS 70 Earthwork Issues (re-use,
	ENV 70 Stormwater, Potential								CTR 70 Availability of Specialty	CNS 80 Coordination with Adjacent
	ENV 80 Impacts during Construction									CNS 90 Contractor Access / Staging
	ENV 90 Permanent Noise Mitigation									CNS 100 Construction Accidents
	ENV 900 Other ENV Issues	STR 900 Other STR Issues	DES 900 Other Design Issues	ROW 900 Other ROW Issues	UTL 900 Other UTL Issues	RR 900 Other RR Issues	PSP 900 Other PSP Issues	MGT 900 Other MGT Issues	CTR 900 Other CTR Issues	CNS 900 Other CN Issues

The RBS provides several functions and benefits to the project team and to management, including:
1) Consistency with taxonomy (wording); 2) Organizes risk events into common categories; 3) Helps identify trends with respect to common usage of risk eventcategories & event types, categories & event types along with their probability and impact values; 4) Helps to identify common risk events among projects that the Region and HQ offices should be aware of due to their potential cumulative effects; e.g. negotiating agreements with agencies or other municipalities; 5) Provides a basis to work from for risk elicitors during CEVP workshops; 6) Provides a basis for development of independent risk surveys for those that are unable to attend a CEVP workshop.

This RBS serves as a starting point in assessing project risks in CEVP and CRA workshops; and also for smaller projects that may not conduct a formal workshop.

RBS CODE		RISK TRIGGER (CAUSE or PRECIPITATING EVENT)	RISK EVENT	CONSEQUENCE (effect on project objectives)	PROBABILITY	IMPACT ($ or time)
ENV 10.01	As a result of…	the public involvement process	NEPA/SEPA document challenge	delays delivery of EA document	70%	↑$5M, 8 weeks
ENV 10.02	Because of…	public pressure and internal reviews	env documentation increases,	need to prepare an EIS	10%	↑$0.1M, 6 months
ENV 10.03	Due to…	reviews by WSDOT Environmental	design info deemed inadequate	additional design, cost, and time	10%	↑$0.1M, 4 months

PART 1

제4장

정성적 리스크분석

제4장 정성적 리스크분석

PROJECT RISK MANAGEMENT GUIDELINES 제1편 일반지침

4.1 | 개요

정성적 리스크분석은 식별된 리스크의 임팩트와 발생가능성을 평가하여 리스크 대응 계획 수립과 같은 추가 조치를 위해 식별된 리스크의 우선순위를 정하는 단계이다. 프로젝트 리스크 관리팀은 모든 리스크를 관리하는 것보다 우선순위가 높은 리스크에 더 집중하여 프로젝트 성과를 효과적으로 개선시킬 수 있다.

식별된 리스크가 프로젝트 목적에 미치는 발생확률과 그 임팩트를 평가한다. 정성적 리스크분석은 종종 다음과 같이 사용된다.

- 정량적 리스크분석 이전 단계의 정성적 리스크평가
- 프로젝트 초기단계에서의 리스크의 신속한 검토
- 정량적 리스크분석이 불필요한 작고 단순한 프로젝트 리스크의 평가

▸ 정성적 평가

정성적(Qualitative): 숫자나 측정값으로 표현하지 않는 관측사항. 예를 들어 강우가 하천침식제어에 영향을 미치게 될 리스크는 **"매우 높다"**

정성적 평가(Qualitative Assessment): 리스크의 주관적 요소와 관련된 평가 - 정확히 계량화될 수 없음. 정성적 기법은 리스크의 정의, 리스크 상세 및 관련성 기록 및 리스크의 범주와 우선순위 등의 기록 등을 포함한다.

정성적 분석은 리스크를 식별·설명하고 그것의 특징을 표현하기 위하여 아주 편리한 방법을 사용하고 있다.

정성적 리스크분석은 리스크 발생가능성과 그 리스크가 발생할 경우 프로젝트 목표에 미치게 되는 임팩트를 사용하여 식별된 리스크의 **우선순위**를 평가한다. 식별된 각 리스크의 발생가능성과 프로젝트 목표에 미치는 임팩트를 평가한다. 해당 분야의 리스크를 평가하기 위해 분야별 전문가나 프로젝트 리스크관리팀의 도움을 받을 수 있다.

정성적 리스크분석에 비교적 익숙하지 않은 사람들은 그것이 뜬구름 잡는 추측에 지나지 않는다고 주장할 수 있다. 그러나 실제로는 확률과 임팩트에 대해 어떤 값을 할당하는 일은 고도로 숙련된 경험이 많은 전문가의 참여와 판단이 없으면 불가능하다. 따라서 이 정성적 리스크분석 과정은 성공적인 프로젝트수행을 위해서 매우 가치 있는 작업이며, 절대 과소평가해서는 안된다.

예상되는 리스크 발생확률을 결정하게 되면 그 결과 많은 새로운 활동들이 생겨난다. 어느 분야에서나 경험 있는 전문가는 프로젝트 진행 과정에 직접 참여하지 않더라도 프로젝트에 대한 이해 능력이 탁월하다. 이러한 외부전문가의 경험과 직관은 중요한 가치가 있다. **한국리스크전문가협의회** (K-Risk)에서는 프로젝트를 진지하고 철저하게 논의하며 성공적인 프로젝트로 이끌기 위해 "**여러 전문분야의**" "**독립적인**" "**현명한 외부 조언자**"들로 구성된 강력한 리스크팀을 만들 것을 특별히 권장한다. 자체 프로젝트 팀뿐만 아니라 제3자의 독립적인 여러 전문분야의 팀이 리스크 식별뿐만 아니라 이에 대한 대응책을 제안할 가능성이 매우 높으므로, 프로젝트 팀만의 리스크관리는 만족할 만한 성과를 도출하기가 쉽지 않다는 것을 알아야 한다. 또한 어떤 경우에는 본인 사업에 대한 매우 낙관적인 예측을 하는 사람들도 있다. 강력한 독립적 리스크 팀 구성이 이러한 **낙관주의 편향**(optimism Bias)[1] 문제점을 해결할 수 있는 매우 중요한 요소임을 본 가이드라인에서 다시 한번 강조하고자 한다.

---

1) 낙관주의 편향이란 사실에 의한 증명보다는 유리한 사건이 발생할 가능성을 더 높게 보는 정신상태를 말함.

4.2 | 리스크매트릭스

프로젝트 리스크관리팀은 식별된 리스크를 다음과 같이 두 가지 분야로 나누어 평가한다.

- 리스크 발생확률에 대한 등급
- 리스크 발생시 비용 및 일정에 미치는 임팩트의 등급

리스크의 정성적 분석을 위하여 일반적으로 사용되고 있는 **리스크 매트릭스**(risk matrix)는 확률 및 임팩트 등급에 따라 각 리스크 영향의 중요성을 결정하기 위해 사용하는데 이때 등급은 확률의 발생 크기와 임팩트의 크기에 따라 숫자로 표시한다. 대표적인 리스크 매트릭스 분석 방법으로 미국 Caltrans(2012)에서 제공하는 가이드는 리스크의 우선순위 평가에 발생확률과 임팩트 크기를 서로 곱하여 계산되며 계산된 값이 클수록 관리 **우선순위**가 높은 리스크 인자로 평가된다.

사례 4.1 Caltrans 리스크매트릭스 등급 평가 기준 (Caltrans(2012)사례)[2]

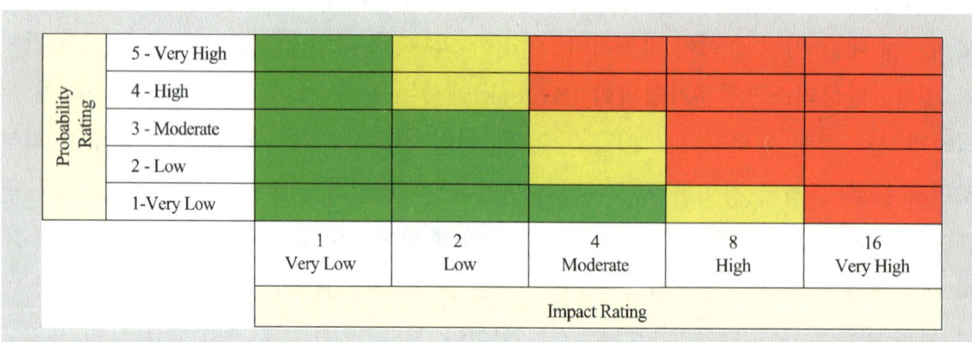

특히 **Caltrans의 리스크매트릭스 사례**를 보면 확률 등급과 임팩트 등급 크기가 다르다. 임팩트 쪽의 등급이 상향되면 이전 값의 배수값으로 표현하고 있는 것을 알 수 있다. 확률보다는 임팩트에 더 비중을 두고 의사결정과 우선순위를 부여해야 한다는 전문가들의 견해를 반영한 방법론이라 볼 수 있다. 이러한 평가등급을 바탕으로 리스크의 **우선순위**를 파악하는 방법은 정성적인 정보들을 일정 부분 정량화하여 판단할 수 있는 합

2) Caltrans (2012), Project Risk Management Handbook: A Scalable Approach.

리적인 접근 방법이다. 물론 이런 방법 외에 등급을 부여하는 방법은 다양하지만, 이 중 Caltrans 방법이 가장 보편적으로 사용되고 있는 방법이라 본 가이드라인에서는 이 방법을 준용하기로 한다.

발생 리스크의 확률 등급과 임팩트 등급을 곱한 결과 값은 리스크매트릭스의 3가지 색상 영역 중 하나에 배치한다. 영역의 색은 리스크대응 조치를 위한 리스크 우선순위를 나타낸다. **빨간색** 영역은 높은 중요도를 의미하고 **노란색**은 중간, **녹색**은 낮은 중요도를 나타낸다.

예를 들어, "**보통**" 확률과 "**높은**" 임팩트를 가지는 리스크는 빨간색 영역에 해당한다. 리스크 점수는 3 × 8 = 24이다. 〈표 4.1〉은 리스크 **임팩트 등급**에 대한 표준 정의를 보여주고 있다. 비용에 대한 **임팩트 등급**을 비용으로 표현하면 이해하기가 더 쉽기 때문이다. 프로젝트 등급은 프로젝트 생애주기 동안 리스크를 평가할 때 프로젝트 리스크관리팀에 대한 일관된 참조기준을 사용한다.

〈표 4.1〉은 관련 문헌과 기준들을 검토하여 본 가이드라인의 주요 지침으로 작성하였다. 하지만 이는 조직의 리스크 성향과 관련이 있으므로 프로젝트 리스크관리팀은 프로젝트 참여자들의 합의 과정을 거쳐서 프로젝트에 적합한 비용 및 일정 범위를 별도로 정하여 사용할 것을 권고한다. 표의 내용은 개괄적으로 전체 프로젝트에 대한 영향으로 표현한 것이다. 일정 지연은 공정표의 가장 긴 주공정인 CP(Critical Path)[3]에 있는 리스크에 적용된다. 계획 및 설계 단계에서는 입찰공고 지연 영향이 가장 중요할 수 있다. 프로젝트 진행중 입찰 공고 지연이 발생하면 프로젝트 주요 목표인 준공시점에 영향을 미치기 때문이다. 비용 임팩트는 자본의 지출과 이를 위한 제비용의 합계를 기준으로 한다.

이와 같은 리스크 매트릭스의 작성 방법은 프로젝트의 종류와 규모, 조직의 리스크 성향에 의하여 다르게 적용될 수 있으며, 프로젝트 초기에 워크숍 참가자들에게 공유되고 가능한 한 종료 시까지 일관성을 유지할 필요가 있다.

---

3) CP란 공정표 상의 활동들간의 유휴시간이 최소 또는 0인 모든 활동을 연결하는 경로를 말함.

〈표 4.1〉 리스크 식별 기법

범위	매우 낮음	낮음	보통	높음	매우 높음
위협의 비용 임팩트	미미한 비용 증가	5% 이하의 비용 증가	5–10%의 비용 증가	10–20%의 비용 증가	20% 이상의 비용 증가
기회의 비용 임팩트	미미한 비용 절감	1% 이하의 비용 절감	1–3%의 비용 절감	3–5%의 비용 절감	5% 이상의 비용 절감
위협의 기간(공기) 임팩트	미미한 증가	1개월 이하의 공기 증가	1–3개월의 공기 증가	3–6개월의 공기 증가	6개월 이상의 공기 증가
기회의 기간(공기) 임팩트	미미한 개선	1개월 이하의 공기 개선	1–3개월의 공기 개선	3–6개월의 공기 개선	6개월 이상의 공기 개선
발생 가능성	1–9%	10–19%	20–39%	40–59%	60–99%

사례 4.2 리스크매트릭스 작성 예 (WSDOT(2018) 사례)

정성적 리스크분석표

count	T/O	RBS #	리스크 제목	발생가능성	임팩트
a	T	ENV 30.1	인허가 및 민원리스크	보통(M)	높음(H)
b	T	UTL 20.1	식별되지 않는 기반시설물 분쟁	높음(H)	매우 높음(VH)
c	T	STG 20.4	하부구조 가정사항의 변경	매우 낮음(VL)	낮음(L)
d	T	ROW 40.1	접근로 개설 문제	매우 높음(VH)	매우 낮음(VL)

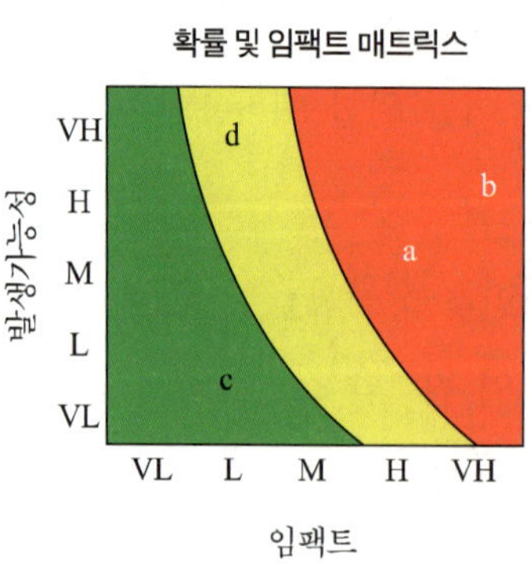

발생가능성	동의어		개략비율
매우 높음(VH)	거의 확실함	매우 확실함	≥90%
높음(H)	일어날 것 같음	꽤 확실함	80%
보통(M)	가능함	어쩌면	50%
낮음(L)	일어날 것 같지 않음	드묾	20%
매우 낮음(VL)	거의 희박함	불가능	≤10%

영향(임팩트)	동의어		[1]공사비/일정에 대한 비율
매우 높음(VH)	Very Critical	Very Strong	≥10%
높음(H)	Critical	Strong	8%
보통(M)	Moderate	Average	4%
낮음(L)	Slight	Mild	2%
매우 낮음(VL)	Very Little	Very Mild	≤1%

* [1] 프로젝트 팀에서 필요시 수정

사례 4.3 워싱턴주 교통부(WSDOT) 정성적 리스크분석 예 (WSDOT(2018) 사례)

정성적 리스크평가 및 우선순위 선정

순위	count	T/O	RBS #	리스크 제목	발생가능성	임팩트
2	a	T	ENV 30.1	인허가 및 민원리스크	보통(M)	높음(H)
1	b	T	UTL 20.1	식별되지 않는 기반시설물 분쟁	높음(H)	매우 높음(VH)
4	c	T	STG 20.4	하부구조 가정사항의 변경	매우 낮음(VL)	낮음(L)
3	d	T	ROW 40.1	접근로 개설 문제	매우 높음(VH)	매우 낮음(VL)

정성적 리스크평가(위협 및 기회)

count	T/O	RBS #	리스크 제목	발생가능성	임팩트
A	T	ENV 30.1	인허가 및 민원리스크	보통(M)	높음(H)
B	T	UTL 20.1	식별되지 않는 기반시설물 분쟁	높음(H)	높음(H)
C	T	STG 20.4	하부구조 가정사항의 변경	낮음(L)	낮음(L)
D	T	ROW 40.1	접근로 개설 문제	높음(H)	낮음(L)
E	O	CNS 30.1	작업환경개선 협상	낮음(L)	보통(M)
F	O	CNS 50.1	재료처분 비용절감 기회	보통(M)	보통(M)
G	O	DES 10.1	ACP(HMA)로 전환 기회	높음(H)	높음(H)

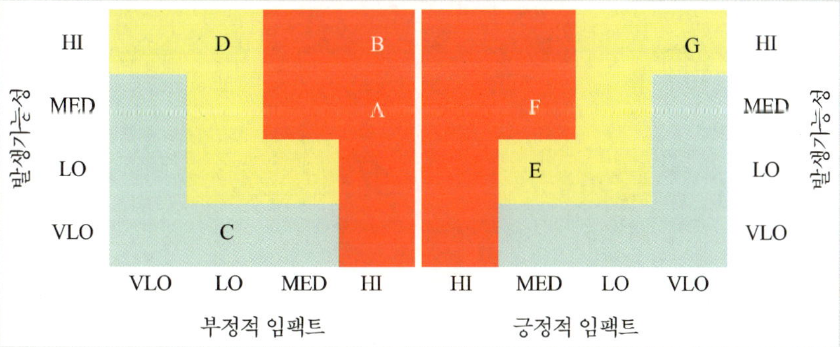

4.3 | 리스크 등록부 갱신

각 리스크에 대한 정성적 리스크분석은 보통 엑셀로 만들어진 리스크 등록부 내에 그 기능을 포함시켜 활용하고 있다. 이러한 템플릿을 활용하여 작성하든지 각자의 스타일에 맞춰서 작성하여 사용하면 된다.

“**원가 영향**”은 확률에 원가 임팩트를 곱한 값과 같다. “**공기 영향**”은 확률에 일정 임팩트를 곱한 값과 같다. 리스크는 비용 및 공기 영향에 대한 점수에 따라 리스크 대응 계획 수립을 위한 우선순위를 색상으로 표시하는 **리스크 등록부**도 있다. 점수가 높을수록 리스크 대응 계획과 모니터링 우선순위가 높아진다.

정성적 리스크분석을 통해 **리스크 등록부**의 빈 칸을 채우며 계속되는 리스크관리 과정 속에서 지속적으로 업데이트해 나간다.

PART 1

제5장

정량적 리스크분석

제5장 정량적 리스크분석

PROJECT RISK MANAGEMENT GUIDELINES 제1편 일반지침

5.1 | 개요

프로젝트관리에서 정량적 리스크분석은 데이터에 근거하여 프로젝트 비용과 일정에 어느 정도 수준에서 리스크가 발생할 것인지 수치적으로 추정하는 분석 방법이다. 이 방법은 프로젝트관리뿐만 아니라 **기업리스크관리**(Enterprise Risk Management; ERM)영역인 **재무리스크**(VaR, **영업이익**, NPV, ROI, IRR), 운영리스크, 외환리스크 등에서 효율적인 기업 운영을 위해 구체적인 관리 지표를 과학적이고 수치적으로 도출하는데도 활용되고 있다.

정량적 리스크분석은 다양한 방법으로 접근이 가능하지만, 리스크 요인들이 갖게 되는 불확실성을 고려한 프로젝트관리를 위해서는 확률론적 접근법이 필요하다. 그 대표적 방법인 **몬테카를로 시뮬레이션**은 확률론적 기반의 정량적 리스크분석을 수행할 수 있는 방법이며 현실적인 리스크평가를 통해 프로젝트관리자가 합리적인 의사결정을 할 수 있도록 도와준다. **몬테카를로 시뮬레이션**은 컴퓨터 SW의 도움이 필요한데, 대표적인 활용 프로그램으로는 @RISK, Crystal Ball 또는 Primavera Risk Analysis, PRAM(Project Risk Analysis Model)등이 있다.

몬테카를로 시뮬레이션을 활용한 확률론적 분석 방법은 프로젝트에서 식별된 리스크 요인이 프로젝트의 비용과 일정에 어떠한 영향을 미치는지 확률 정보 형태로 제공해 준다. 따라서 이러한 정량적 분석기법은 프로젝트 수행 중 리스크 요인의 불확실성으로 인하여 발생하는 시스템의 변동성을 분석하는 강력한 방법이 될 수 있다. 또한 **몬테카를로 시뮬레이션** 기법을 이용하여 리스크관리의 주요 검토 대상 및 관리 목표가 되는 프로젝트 일정이나 원가를 분석하면 그 값들이 발생할 수 있는 변동의 범위를 예측해 볼 수 있어 단계별 변동의 크기, 즉 리스크의 크기에 따른 대응계획을 강구할 수 있을 것이다.

현재 우리나라 대부분의 프로젝트 추진과정에서 추정한 비용이나 일정이 미래 시점에 실제 확인된 비용이나 일정과 동일할 가능성은 매우 희박하다. 특히 프로젝트 초기에 추정한 값이면 더더욱 그러하다. 따라서 초기 계획, 설계과정에서 하나의 결정론적 값을 추정하여 사고하는 우리나라 문화는 글로벌 경쟁력을 크게 떨어뜨리게 되므로 하루빨리 벗어날 필요가 있다. 프로젝트 비용이나 일정을 설명하기 위한 **확률 이론**은 현 시점에서 우리가 미래를 예측해보고 미래의 가능한 결과들에 대한 전문가들의 지혜를 투영시켜 얻은 결과를 도출시키는 리스크 측정 능력을 분명히 향상시켜 줄 것이다.

정량적 리스크분석 기법은 그 이론적 학습과 실습을 통해 이해하고 실제 현업에서 프로젝트에 적용해 봄으로써 실질적인 리스크관리 능력과 그 성과를 높일 수 있을 것이다.

> **정확하게 틀리는 것보다는 개략적으로 맞는 것이 낫다.**
>
> \- 워렌 버핏

정량적 리스크분석을 위한 시뮬레이션은 목표에 따라 프로젝트의 모델과 프로젝트 일정 또는 원가 추정으로 시작한다. 각 일정 활동과 각 항목 원가 요소의 불확실성 정도는 확률분포로 나타낸다. 확률분포를 적용하기 위해서는 일반적으로 보통 공정이나 원가 요소에 대해 **소위 3점 추정법**(three point estimation)이라 부르는 "**낙관적인 값**(optimistic value)", "**가장 가능성이 높은 값**(most-likely value)", 그리고 "**가장 비관적인 값**(pessimistic value)"으로 추정하게 된다. 이렇게 추정된 값을 이용하여 전문가 또는 리스크관리 담당자는 경험적 분포라고 불리는 **삼각형** 또는 PERT**분포**를 이용하여 시뮬레이션을 수행할 수 있다. 이 세 가지 추정값은 공정표나 원가 요소를 프로젝트 팀이나 각각의 **분야별 전문가**(Subject Matter Experts; SME)들에 의해 도출할 수 있다.

▸ 몬테카를로 시뮬레이션 1)

몬테카를로 시뮬레이션 방법(Monte Carlo Simulation method)은 시뮬레이션을 수행하기 위한 함수에 포함되어 있는 변수 중에 불확실성을 내포하고 있는 변수들을 식별하여 확률분포를 정의한다. 이렇게 정의된 확률 분포에서 난수를 발생시켜 무작위로 추출된 값들로 생성되는 확률 분포의 형태를 추정하는 알고리즘을 의미한다. 이 방법은 컴퓨터를 이용하여 활용하기 매우 쉽기 때문에 수학이나 물리학 등에서 자주 사용되며, 선형 모형으로 해결할 수 없는 비선형 최적화 모형 또는 함수식이 매우 복잡하여 계산하기 어려운 문제에 대해 근사적으로 결과값을 계산할 때 유용하게 사용된다.

몬테카를로 시뮬레이션의 어원은 폴란드의 수학자 **스타니스와프 울람**이 2차 세계대전 당시 원자폭탄을 개발하는 **맨해튼 프로젝트**에서 처음 활용하였으며 이때 프로젝트 코드명이 **몬테카를로**였다고 한다. 그 이유는 무작위로 발생하는 도박에서의 승률 게임이 핵폭탄의 중성자 충돌과 유사하다고 하여 도박으로 유명한 모나코의 도시인 **몬테카를로**라 칭하게 되었다.

몬테카를로 시뮬레이션은 알고리즘의 반복과 큰 수의 계산과 관련되기 때문에 다양한 컴퓨터 모의실험 기술을 사용해야 하므로 컴퓨터의 도움이 필요하다.

몬테카를로 시뮬레이션(또는 몬테카를로 실험)은 넓은 의미에서 수학적인 결과를 얻기 위해 반복적으로 무작위 샘플링 방법을 이용하는 컴퓨터 알고리즘이다. 이 알고리즘의 본질적인 생각은 결정론적일 수도 있는 문제를 해결하기 위해 무작위성을 이용하는 것이다. 이 방법은 보통 물리나 수학 문제를 해결하는 데 쓰이며, 다른 방향으로의 접근이 불가능할 때 가장 유용하다. **몬테카를로 방법**은 주로 최적화, 수치적 통합, 확률 분포 도출 등에서 주로 사용된다.

몬테카를로 시뮬레이션은 사람들이 정량적 분석 및 의사결정에서 리스크를 설명할 수 있는 정보를 제시하기 때문에 재무/금융, 프로젝트관리, 에너지, 제조, 엔지니어링, 연구 및 개발, 보험, 석유 및 가스, 운송 및 환경 등과 같이 다양한 분야의 전문가가 활용하고 있다.

1) 출처: https://ko.wikipedia.org/wiki/몬테카를로_방법

몬테카를로 시뮬레이션은 의사결정자에게 발생 가능한 모든 결과와 사건에 대해 발생가능한 확률을 제시한다. 이는 또한 모든 가능성과 함께 극한가능성(파손 및 가장 보수적인 결정의 결과)에 대한 가능성도 제시해 줌으로써 최악의 상황에 대해 대비할 수 있게 한다.

몬테카를로 시뮬레이션의 실행 프로세스를 살펴보면 다음과 같다.

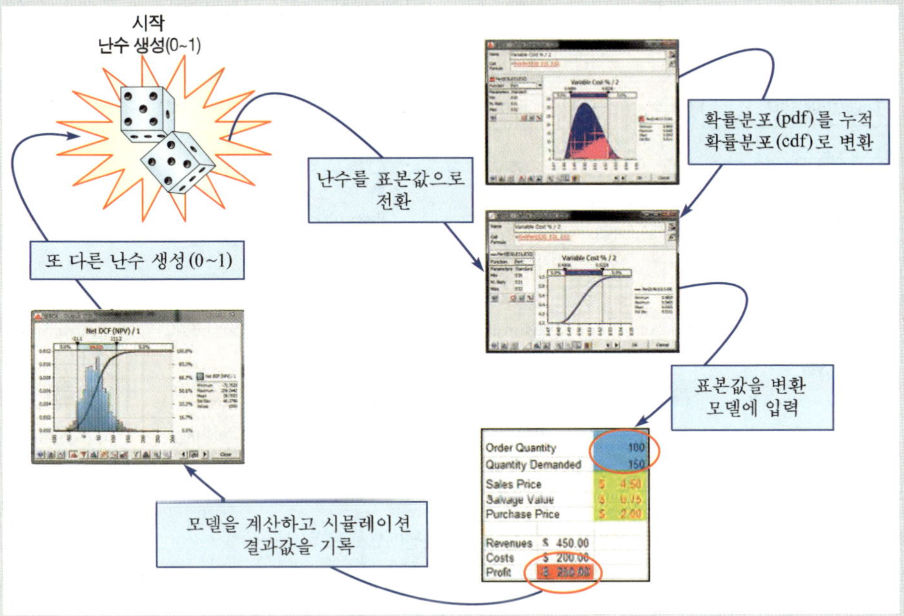

불확실성(Uncertainty)의 효과를 측정하기 위해 **난수**(Random Number)를 이용하는 시스템으로 N번의 컴퓨터 시뮬레이션을 통하여,

① 모든 확률분포의 확률의 합은 1이라는 점에 착안하여 **0~1사이**에서 난수를 생성한다.
② 생성된 값은 매번 실행될 때마다 달라지며, 확률분포의 확률을 의미한다.
③ 입력변수로 정의된 확률분포의 누적확률분포를 이용하여 2단계에서 추출된 확률에 대응되는 확률변수를 추출한다.
④ 3단계에서 추출된 확률변수는 모델에 해당되는 입력변수 값으로 반영되어 결과값을 산출하고 저장이 된다.
⑤ 1단계부터 4단계까지 과정이 반복 수행한 시뮬레이션 결과값들을 히스토그램으로 보여주며, 시뮬레이션 결과에 대한 기술 통계량과 다양한 분석 결과에 근거하여 프로젝트 리스크평가를 수행한다.

사용자는 다양한 확률분포를 사용하여 현실적인 결과를 예측해 볼 수 있다. 다음 그림과 같은 다양한 확률분포(**정규 · 비정규분포, 균등분포, 삼각형분포, 퍼트분포, 이산형분포** 등)가 리스크분석 변수의 불확실성을 설명하는데 활용되고 있다.

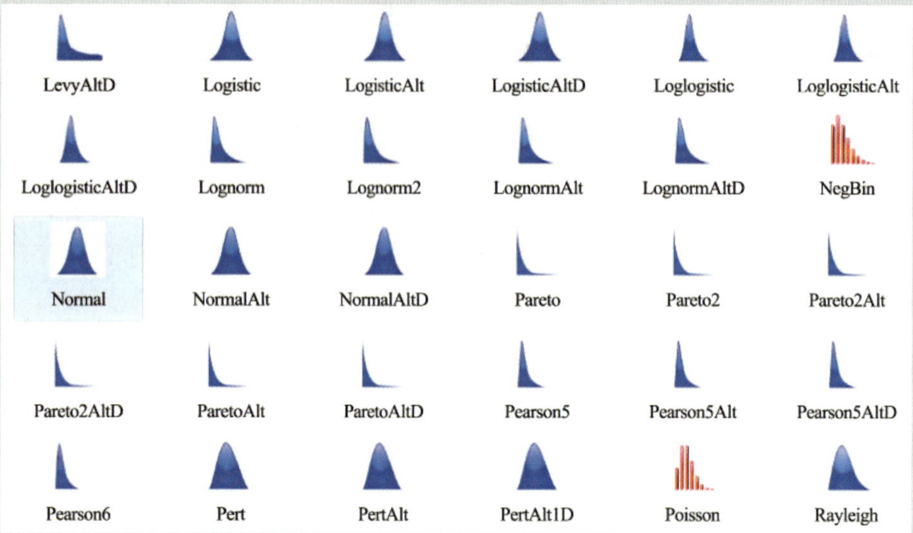

▸ 몬테카를로 시뮬레이션 수행이 가능한 대표적인 소프트웨어

(1) @RISK

@RISK는 리스크분석 분야에서 50년 이상 교육 및 컨설팅을 수행하고 있는 미국의 Palisade사에서 개발한 분석 도구이다. 포춘 100대 기업 중 90%이상이 사용하고 있으며 하버드, 예일, 콜롬비아, 코넬, 펜실베니아주립대, 프린스턴, MIT 등의 글로벌 유수의 대학에서 리스크분석 도구를 위한 학습 도구로 활용되고 있다.

@RISK는 **몬테카를로 시뮬레이션**을 지원해 주는 프로그램으로 엑셀에 애드인되어 사용된다. 다양한 분야의 리스크분석 도구로, 사용되는 @RISK는 리스크 요소들이 갖게 되는 불확실성을 정의하기 위해서 확률 분포를 사용하여 시뮬레이션을 수행하며 리스크 측정 대상이 되는 결과 변수에 대한 분포 및 확률적 정보를 제공해 준다. 이처럼 @RISK는 사용자들이 쉽고 편리하게 시뮬레이션을 활용하여 보다 객관적으로 정량적인 리스크 측정을 통해 의사결정을 할 수 있도록 지원해 주는 강력한 도구이다. 또한 @RISK는 모든 산업 분야에 걸쳐 불확실성을 포함하고 있는 리스크를 객관적이고 과

학적으로 측정할 수 있도록 도와준다. @RISK는 관련 이론 공부와 함께 교육과정에 참여하면 리스크 비전문가들도 쉽게 접근하여 사용할 수 있는 장점이 있다.

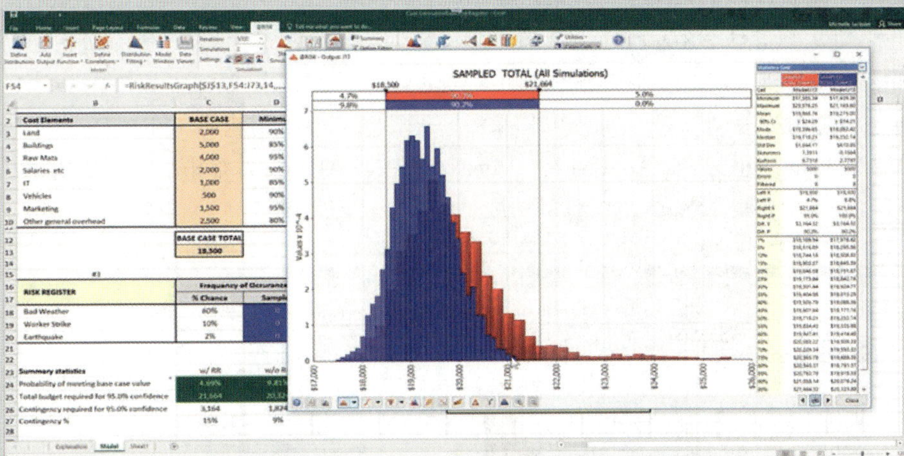

(2) Crystal Ball

Crystal Ball은 Oracle에서 보급하고 있는 몬테카를로 시뮬레이션 도구로, 기능이나 사용환경이 @RISK와 유사하다. Crystal Ball 역시 리스크분석시 빈번하게 활용하고 있는 엑셀에 애드 인 되는 도구이며 몬테카를로 시뮬레이션을 통한 리스크 예측뿐만 아니라 최적화 및 시계열 예측 등의 리스크분석 관련 다양한 분석 방법들을 제공한다. Crystal Ball에서 제공하는 민감도 분석은 리스크에 영향을 미치는 중요한 요소에 대한 탁월한 통찰력을 제공해 준다. Crystal Ball을 사용하면 불확실한 시장에서도 목표에 도달하고 경쟁력을 확보하기 위해 올바른 전술 결정을 내릴 수 있도록 도와준다. Crystal Ball 역시 사용법이 매우 쉬워 리스크분석 비전문가들도 쉽게 접근하여 사용할 수 있는 장점이 있다.

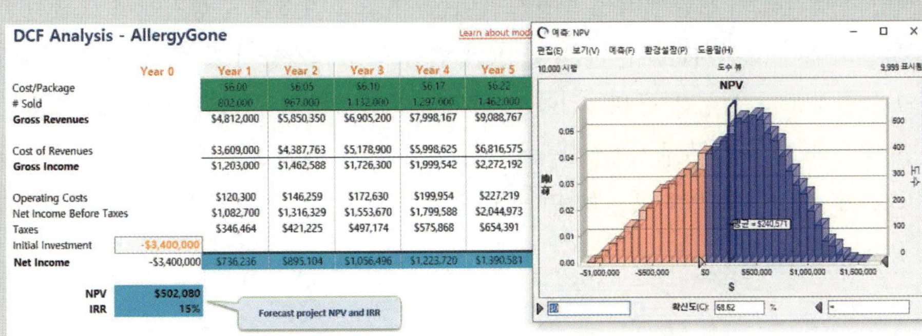

(3) Primavera Risk Analysis(PRA)

Primavera Risk Analysis(PRA)는 Oracle에서 제공하는 일정 리스크분석 도구로써 주로 프로젝트 일정에 대한 불확실성을 평가하기 위한 주요 도구 중 하나이다. PRA는 일정에 대한 타당성을 검토하고 리스크 이벤트를 함께 고려한 리스크 모델을 활용한다. PRA를 활용하면 리스크에 영향을 받는 일정계획을 작성할 수 있다. 리스크가 고려된 일정 조정이 가능하므로 일정관리가 중요한 사업은 이 프로그램의 사용이 필요하다. **Oracle Primavera Risk Analysis**는 **Primavera P6**과 완전히 연계되며 **P6**에서 작성된 **WBS**를 **PRA**에서 연계하여 분석할 수 있다.

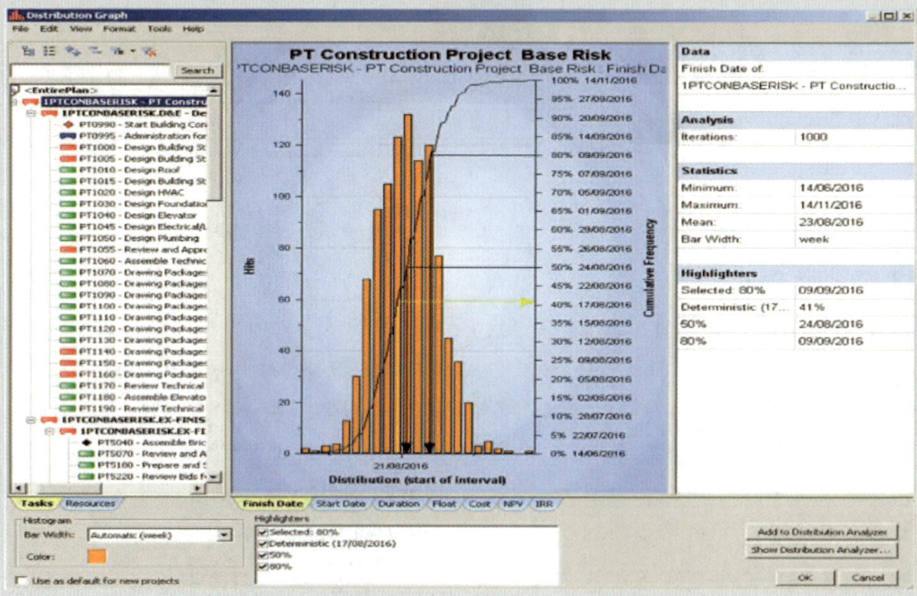

전문적인 몬테카를로 시뮬레이션 소프트웨어는 각 요소의 **3점 추정치**에서 도출된 확률분포 모델로부터 표본치를 여러 번 실행(반복)함으로써 가능한 완료 날짜와 프로젝트 비용의 확률분포를 생성해 준다. 위에서 살펴본 **몬테카를로 시뮬레이션 프로그램**을 활용하면 다음과 같은 질문에 대한 해답을 얻을 수 있다. 또한 프로젝트 일정이나 비용에 어떤 리스크 요인들이 영향을 얼마만큼 미치고 있는지를 파악할 수 있는 **민감도 분석** 결과를 제공해 준다.

- 현 프로젝트가 당초에 계획한 예산 범위 내에서 수행될 수 있는 가능성은 얼마인가?
- 현재 우리가 기대하는 공정 즉 주어진 기간 안에 프로젝트가 완료될 가능성은 얼마인가?
- 현재의 예산에서 얼마만큼의 **비상준비금**(contigency)을 책정하는 것이 합리적인가?
- 일정 수준의 리스크를 고려할 때 예상되는 프로젝트 일정 또는 비용은 얼마인가?

▸ 워싱턴주 교통부의 SAEO(Strategic Analysis and Estimating Office)

SAEO는 워싱턴주 교통부의 프로젝트 개발 부처중 하나로, 견적, 리스크분석(RA: Risk Analysis), 가치공학(VE: Value Engineering), 실무 설계, 프로젝트 개발 및 교육 분야의 기술 지원을 제공하는 부처이다. **RA**(Risk Assessment)/**VE**(Value Engineering)의 각종 가이드라인, 기술기준을 개발 관리하면서 관련 **e-learning** 교육자료도 개발하여 보급하고 있다. 현재 e-learning 사이트에서는 변경 관리(Change Management), 협상기술, 리스크관리기술, Primavera Scheduler에 대한 교육자료를 무료로 활용할 수 있다.

사례 5.1 사업비 규모별 리스크관리 수준 (WSDOT(2018) 사례)

프로젝트 규모($M)	필수적인 프로세스
$10M $25M	자체 모델링 스프레드시트를 사용한 비공식 워크숍
$25M–$100M	비용리스크 평가(CRA)* 워크숍
$100M 이상	비용견적 타당성검토 프로세스(CEVP)** 워크숍

[1] VE검토와 리스크기반 평가 워크숍을 결합하여 수행하는 것 허용함.
[2] $25M 이상의 프로젝트는 자체 모델링 스프레드시트를 사용해야 함.
[3] 비공식 워크숍을 수행할 경우 프로젝트 팀(또는 주요 프로젝트 팀원)으로 구성되며, 프로젝트관리자도 포함될 수 있음.
* CRA(Cost Risk Assessment)
** CEVP(Cost Estimate Validation Process)

정량적 분석기법의 사용은 매우 강력하고 효과적인 도구이며 관련 컴퓨터 프로그램은 아주 쉽게 사용할 수 있지만, 정확하게 이해하지 않고 사용하면 문제가 된다. 잘 사용하면 관리자에게 설득력 있는 결과물을 생성할 수 있지만 모델링을 잘못하면 결과에 결함이 생겨 잘못된 결과물이 나올 우려가 있다. 따라서 **리스크모델링**은 고도로 숙련된 전문가의 참여가 필요하다.

현실 불가능한 목표를 가진 프로젝트에서 이루어진 형식적인 정량적 리스크분석은 성공 가능성에 대한 경영진의 망상을 부추기는 도구로 전락될 수 있으니 **리스크 모델러**는 절대 이러한 형태의 부당한 압력에 휘둘려서는 안된다.

최초의 정량적 리스크분석에는 프로젝트 비용이나 일정에 대한 기초견적이 필요하다. 범위, 일정 및 비용에 대한 기초견적서가 준비되면 프로젝트 팀은 리스크관리 워크숍을 추진하기 위한 준비 작업을 본격적으로 시작할 수 있다.[2)]

분야별 전문가 및 프로젝트 팀의 많은 회의와 자료로부터 몬테카를로 시뮬레이션을 적용할 입력 데이터에 대한 정보를 획득할 수 있다. 여기에는 프로젝트범위나 작업 범위, 일정 견적, 비용 견적, 가정사항 등이 모두 포함된다. 이 분석 결과는 재무적인 의사결정을 위한 중요한 자료가 된다.

5.2 | 정량적 리스크분석방법

5.2.1 일반절차

가. 도구 및 기법

<u>데이터 수집 및 표현</u>

- **인터뷰** : 소규모 그룹 회의에서부터 대규모 공식 워크숍과 같이 공식적인 또는 비공식적인 인터뷰가 가능하다.
- **분야별 전문가의 의견** : 프로젝트 팀 및 프로젝트 비용 관련 팀과 협력한다. 필요시 외부전문가의 도움을 받는다. 인터뷰가 아닌 설문 조사와 같은 다른 방법으로 참여하거나 의견을 제공할 수도 있다.
- **데이터** : 리스크 인자를 식별한 후 리스크분석을 수행하기 위해서는 가용할 수 있는 데이터의 확보가 중요하다. 이렇게 확보된 데이터를 이용하여 시뮬레이션 시 요구되는 다양한 형태(이산형, 연속형)의 확률분포를 통계학적으로 추정함으로써 리스크 인자들의 불확실성 크기를 표현할 수 있다.

---

2) K-Risk(2020) 프로젝트리스크관리 가이드라인(워크숍지침) (출간예정)

정량적 리스크분석 및 모델링

- **프로젝트 원가 및 일정 시뮬레이션** : 몬테카를로 시뮬레이션 기법 등을 사용하여 리스크 요인의 불확실성을 확률분포로 정의하여 분석을 수행한 후 프로젝트 비용 및 일정에 대한 확률분포를 추정한다. 이렇게 추정된 결과분포의 통계 및 확률 정보를 활용하여 의사결정을 위한 정보로 활용할 수 있다. 또한 통계적 민감도 분석 결과에 근거하여 리스크 인자들이 미치는 영향력의 정도를 파악할 수 있어 리스크관리 우선순위를 결정하는데 유용하게 활용할 수 있다.

나. 정량적 리스크분석 산출물

리스크 등록부

리스크 등록부는 리스크 식별 과정부터 작성하기 시작하며 리스크분석의 전과정을 통해 계속 발전시켜 나간다. 리스크 등록부는 프로젝트관리계획에서는 특히 없어서는 안 될 핵심 구성 요소가 되어야 한다. 정량적 리스크분석 산출물과 함께 리스크 등록부도 업데이트된다.

정량화된 리스크의 우선순위 목록

프로젝트 목표(토네이도 다이어그램, 예상 값, 의사결정수)에 가장 큰 영향을 미치는 리스크(위협 또는 기회)에 대한 우선순위를 파악하여 관리하여야 한다. 이는 앞서 정량적 리스크분석 및 모델링에서 언급한 민감도 분석을 통하여 도출해 낼 수 있을 것이다.

프로젝트의 확률적 분석

실질적인 프로젝트 비용 및 완공일과 관련된 신뢰 수준을 산출하고 발생 가능성을 파악한다.

5.2.2 비공식 · 공식 워크숍

소규모 프로젝트의 경우 프로젝트 팀과 팀구성원 및 기타 참가자(예 : 중요 항목과 관련된 특수 그룹)로 구성된 비공식 워크숍을 통해 입력 데이터를 수집할 수 있다. (아래 WSDOT의 **리스크 워크숍 프로세스** 참조)

사례 5.2 WSDOT CRA/CEVP 리스크 워크숍 프로세스 적용 예 (WSDOT 2018)

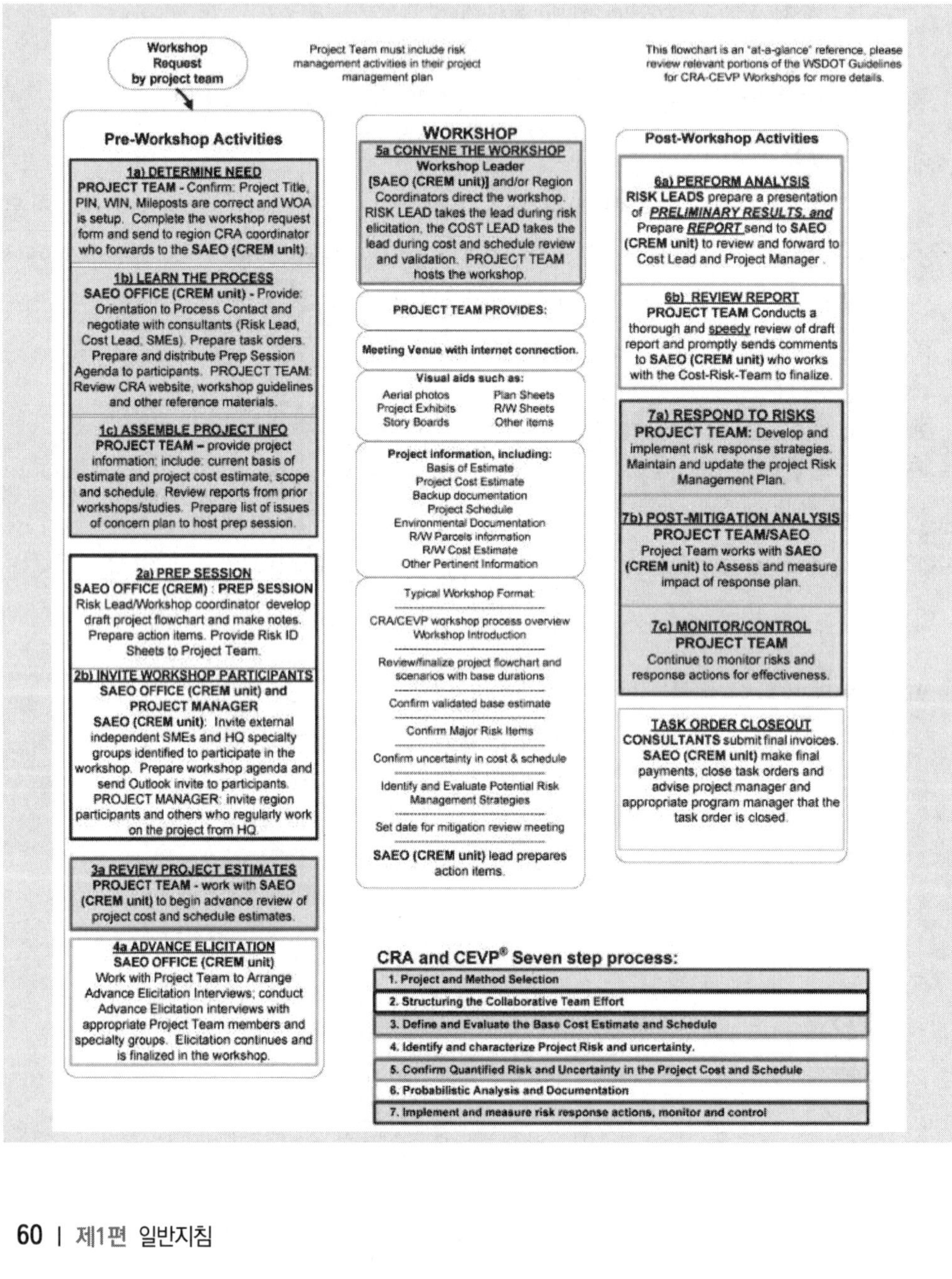

리스크관리는 지속적으로 반복해서 진행한다. 리스크 워크숍 구성원은 주기적으로 프로젝트와 관련된 불확실성과 리스크를 평가하기 위해 팀을 변경하며 진행할 수 있다. 리스크 워크숍은 1회성으로 그치는 것이 아니라 일반적으로 **프로젝트 초기단계부터 프로젝트가 진행되는 1~2년** 또는 **프로젝트 주요 이정표가 되는 시점**에서 여러 차례 진행한다. 이러한 리스크 워크숍에 대한 보다 구체적인 가이드라인은 이어서 발간할 예정인 프로젝트 리스크관리 워크숍 가이드라인에서 소개될 것이다.

리스크 대응 계획을 실행하게 되면 그에 따른 영향의 변화가 발생하므로 프로젝트 비용과 일정의 변화가 일어난다. 프로젝트계획을 적절하게 변경하고 해당 변경이 발생하면 정량적 리스크분석 모델을 다시 수정하여 실행해야 한다.

프로젝트를 완전히 이해하려면 프로젝트에 대해 알고 있는 것과 모르는 것을 확실하게 구분하여야 한다. 예를 들어 건설산업은 프로젝트에 대해 잘 알리고 명확하게 설명하기 위해 많은 자원을 투입해 왔다. **항공사진, 측량, 현장조사, 입찰이력, 부동산 서비스, 유틸리티, 환경, 구조물, 지반 기술** 등 프로젝트를 지원하는 데이터를 수집하고 제공하는 많은 전문업체들이 있다. **철도기술자, 지역주민, 계획 및 프로그래밍, 광고/입찰/낙찰, 건설, 경제, 이해관계자, 공익 단체** 및 기타 등 수많은 분야의 사람들이 함께 일을 하고 있다. 따라서 수많은 변수가 존재하고 이들로부터 얻어진 프로젝트 비용이나 일정에 대해서는 우리가 알고 있는 것도 있지만 그렇지 못한 것도 많다. 성공적인 프로젝트를 위해서는 프로젝트에 대해 잘 알려지지 않았거나 불확실한 것을 구체화하고 평가하기 위해 노력해야 한다.

그리고 이러한 일을 위하여 얼마만큼의 에너지와 자원을 투입해야 하는가에 대한 결정이 중요하다. 이를 해결하기 위한 한 가지 방법은 다양한 정보와 경험을 가진 전문가와 관련자들로 구성된 프로젝트 리스크관리팀을 운영하는 것이다.

▸ AACE International[3]의 리스크분석의 의미

프로젝트 팀은 각 중요 항목을 검토하고 복합 효과를 포함한 모든 리스크를 고려하여 발생 가능한 프로젝트 비용 및 일정의 극한치를 예측해야 한다. 이러한 방법에서 고려된 범위가 각 항목의 예상 정확도가 아님을 이해하는 것이 중요하다. 이것은 중요한 문제다. 리스크분석은 추정 정확도의 분석을 하려는 것이 아니다. 정확성은 추정 가능한 성과품과 추정 신뢰도로 판단한다.

5.3 | 리스크 정량화

프로젝트 리스크관리자는 프로젝트 리스크 관리팀을 통해 비용 및 일정 리스크를 정량화한다. 3점 추정치는 프로젝트 비용이나 프로젝트 기간에 주는 임팩트에 사용된다. 3점 추정치는 비용과 일정에 대한 "**낙관적인 값**(optimistic value)", "**가장 가능성이 높은 값**(Most-likely value)", 그리고 "**가장 비관적인 값**(pessimistic value)"을 결정하는 방식이다.

확실하게 설정하기 어려운 경우 가장 "**가장 가능성이 높은 값**(Most-likely value)"은 생략하고 "**낙관적인 값**(optimistic value)"값과 "**가장 비관적인 값**(pessimistic value)"만 산정할 수 있다.

워싱턴주 교통부에서는 정량적 리스크분석을 위해 엑셀기반의 몬테카를로 시뮬레이션 프로그램인 PRAM을 공개하고 있다. PRAM프로그램과 사용자 매뉴얼을 워싱턴주 교통부의 리스크관리 전용홈페이지에서 다운받을 수 있다.[4]

3) AACE International(2008) Recommended Practice No. 41R-08 Risk Analysis and Contingency Determination using Range Estimating) TCM Framework: 7.6 - Risk Management

4) https://www.wsdot.wa.gov/construction-planning/project-management/risk-assessment/home

▸ PRAM (Project Risk Analysis Model)

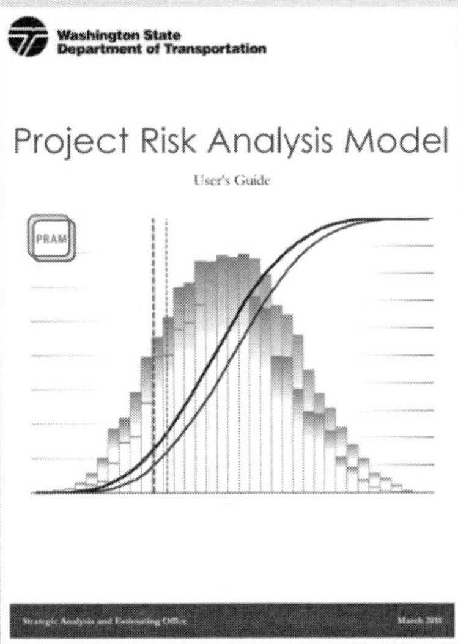

워싱턴주 교통부의 리스크분석 무료프로그램인 PRAM(Project Risk Analysis Model)은 워싱턴주 교통부에서 개발한 엑셀기반의 프로그램으로서 몬테카를로 시뮬레이션을 사용하여 사용자가 입력하는 비용, 일정, 리스크 및 불확실성 정보를 이용하여 비용 및 일정에 대한 확률분포를 정의한 후 시뮬레이션을 수행한다. 프로젝트관리자들과 팀들에게 실행 가능성이 있는 정보를 제공하는 정량적 리스크분석 결과를 생성해 낸다. 리스크 모델을 통하여 실제 환경에서 발생할 수 있는 수많은 시뮬레이션 결과나 실현가능성들을 시뮬레이션한다. 프로젝트 리스크분석의 경우 비용 및 일정과 같은 프로젝트 목표에 영향을 줄 수 있는 사건에 주의를 기울여야 한다.

프로젝트관리자와 팀에게 실행 가능한 정보를 제공하는 정량적 리스크분석 결과를 생성해 준다. 이 모델은 모든 입력 불확실성과 리스크의 영향으로 프로젝트를 가상으로 실행하는 수 천 개의 시뮬레이션 또는 "**프로젝트 실현 가능성**"을 실행한다. 어떤 하나의 실현 가능성에 대한 어떤 임팩트가 발생하지만 어떤 것은 그렇지 않다. 일부 임팩트는 높고 어떤 것은 낮다. 프로젝트 비용 및 일정의 추정된 범위가 결과로 나타난다.

분포의 극한에 도달할 실현가능성은 거의 없으며, 대부분 중간 어디에서 발생된다. 최대 24개의 개별 리스크 모델에 리스크가 입력될 수 있다.

프로젝트 일정에 대한 잠재적인 지연은 입찰공고 및 준공일에 영향을 줄 수 있다. 입찰공고에 대한 잠재적 지연 비용은 리스크 등록부의 리스크 항목일 수 있다. 프로젝트 진행 중 잠재적 지연은 일정과 관련된 직접비와 간접비 등을 포함하는 일일 요율을 사용하여 비용으로 변환시킨다.

〈그림 5.1〉은 리스크기반 추정 프로세스에서 추정 범위가 어떻게 나타나는지에 대한 개략도이다. 프로젝트 팀이 제공한 첫 번째 추정치 또는 "**계획치**"에는 종종 추정치 내에 비상준비금이 포함되어 있는 경우가 많다. 리스크관리자는 이러한 계획치에서 리스크를 식별하여 산정하고 그 계획 값에서 비상준비금을 제거해야 한다.

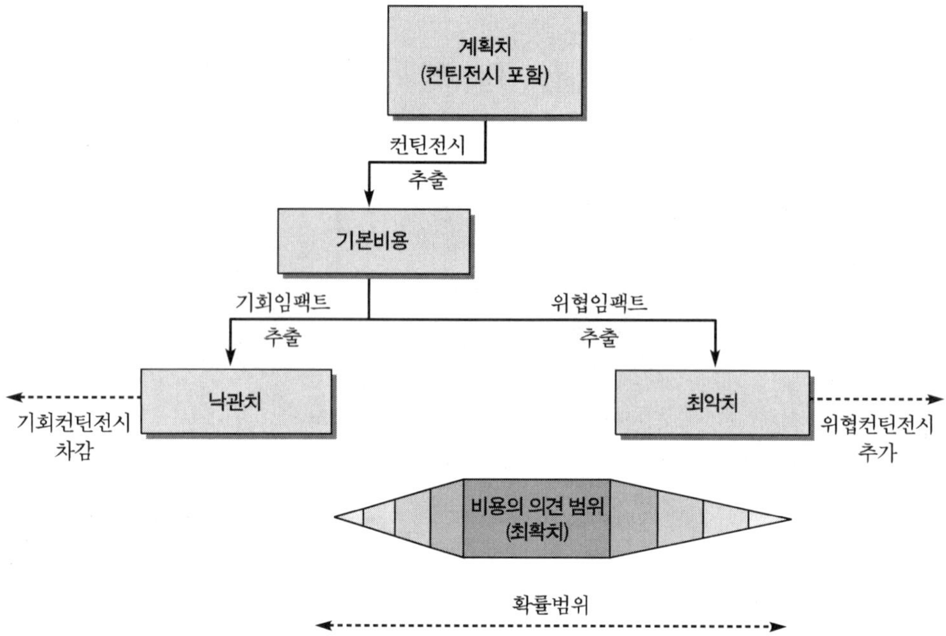

〈그림 5.1〉 WSDOT 리스크의 정량화 개념

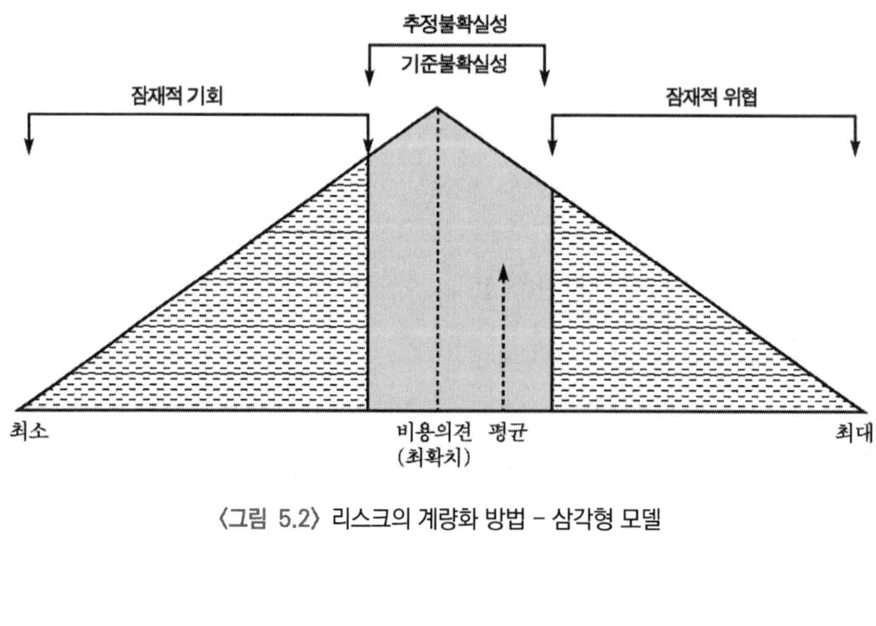

〈그림 5.2〉 리스크의 계량화 방법 - 삼각형 모델

〈표 5.1〉 리스크 등록부에 정량화 수치 입력

구분	내용
발생확률	■ "**매우낮음**"~"**매우높음**" 사이의 값을 입력
비용 임팩트	■ 비용에 영향이 있을 경우 "**저**" 및 "**고**" 비용 입력 ■ 신뢰할 수 있는 이유가 있는 경우에만 "**최확치**" 비용 입력 ■ 비용에 영향이 없을 경우 입력하지 않음
기간(공기) 임팩트	■ 기간(공기)에 영향이 있을 경우 "**저**" 및 "**고**" 기간(공기) 입력 ■ 신뢰할 수 있는 이유가 있는 경우에만 "**최확치**" 기간(공기) 입력 ■ 기간(공기)에 영향이 없을 경우 입력하지 않음
근거	■ 리스크평가에 대한 근거 입력

5.4 | 리스크 시뮬레이션 및 확률 곡선 생성

리스크 등록부의 정량화 과정을 올바르게 수행하기 위해서는 비용리스크만 검토해서는 안 되고, 프로젝트 비용 및 일정 지연 효과에 대한 통합 확률 곡선을 생성하기 위해 비용과 일정이 결합된 실제적인 총비용을 추정하여야 한다. 이러한 일정 리스크 모델링을 수행하기 위해서 프로젝트 리스크 관리자는 @RISK, Crystal Ball, Primavera Risk Analysis 등과 같이 몬테카를로 시뮬레이션을 기반으로 하는 리스크 모델링 도구에 대한 사전 지식과 경험이 필요하다.

5.4.1 비용리스크 곡선

리스크비용(RC: Risk Cost)은 프로젝트 리스크 등록부에 있는 모든 리스크 인자의 총합에 대한 비용의 확률분포이다. 아래 그림은 프로젝트의 리스크 비용에 대한 확률분포의 예다.

차트에는 현재 평가 및 이전 평가에 대한 곡선이 표시된다. 또한 90%, 50% 및 10% 확률 수준에서 선택된 리스크비용(RC) 값이 차트와 함께 제공된다. 이것을 표로 나타내면 다음과 같다.

〈표 5.2〉 현재 평가 및 이전 평가에 대한 곡선

구분	완화 후	완화 전
RC가 해당 값보다 클 확률 : 90%	144백만$	164백만$
RC가 해당 값보다 클 확률 : 50%	185백만$	206백만$
RC가 해당 값보다 클 확률 : 10%	226백만$	248백만$

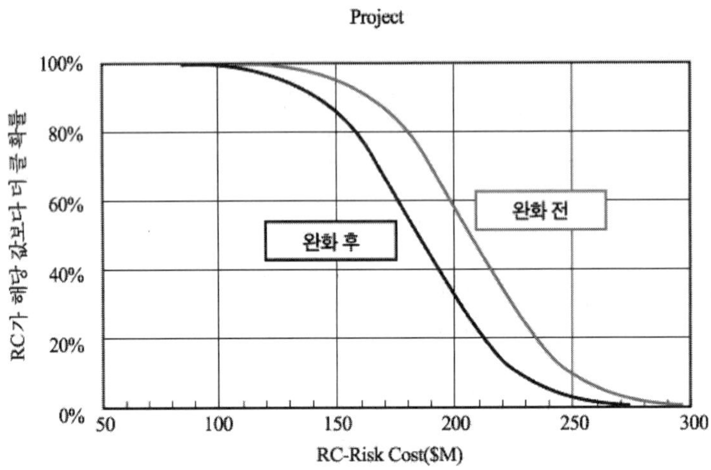

출처 : Caltrans(2012) Project Risk Management Handbook : A Scalable Approach

5.4.2 일정 리스크분석

일정 리스크분석은 입찰공고일과 프로젝트 완료일의 주공정에 대한 일정 지연 리스크를 결합한 단순한 모델을 사용하여 수행할 수 있다. 이 간단한 버전은 @Risk나 Crystal Ball 프로그램 등 기존 확률분석 프로그램을 사용하여 모델링할 수 있다. 이 접근방식은 CPM(Critical Path Method) 일정을 사용할 수 없는 경우에는 적합하다.

CPM 일정을 사용할 수 있는 경우는 일정을 Primavera Risk Analysis로 가져오고 지연 리스크가 입력된다. 이 툴은 시뮬레이션을 실행하고 선택한 마일스톤에 대한 출력확률 곡선을 생성해 준다. 이 툴을 사용하려면 고도의 전문 지식이 필요하다.

위의 접근법 중 이용할 수 있는 것이 없는 경우, 프로젝트 리스크관리팀은 입찰공고일 및 프로젝트 완료까지의 전체적인 지연을 추정하여 **리스크 등록부**에 계량화할 수 있다.

위의 방법 중 하나로 결정된 입찰공고일 및 프로젝트 준공일에 대한 잠재적 지연 비용은 리스크 등록부에 두 가지 특정 리스크로 캡처해야 한다. 일정 리스크분석은 입찰고시일과 프로젝트 완료의 주공정에 대한 일정 지연 리스크를 결합한 단순한 모델을 사용하여 수행할 수 있다.

5.4.3 확률곡선 활용

프로젝트 비용과 일정의 확률분포값은 프로젝트 단계별로 다음과 같이 사용할 수 있다.

가. 계획 및 설계단계의 프로젝트

- 프로젝트 비용 및 일정 목표 설정
- 비용 및 일정 추정결과의 현실성 평가
- 비상준비금(contingency) 적정성 평가
- 계획된 비상준비금을 초과하는 비상준비금 추가 요청
- 특정 비용 및 일정 목표를 초과할 확률(리스크) 평가
- 입력 리스크에 대한 출력
- 확률분포의 민감도 측정

나. 시공단계의 프로젝트

- 시공 완료 시까지 필요한 리스크기반 예산 분석 및 비용 예측 수행
- 잔존 비상준비금의 적정성 평가
- 소요보충자금 요청
- 완공 목표를 달성할 확률 평가

▸ 비상준비금(contingency reserve)과 관리준비금(management reserve)

리스크는 모든 프로젝트에서 발생하며 프로젝트관리자의 주요 관리 대상이다. 이러한 리스크는 사전에 식별될 수도 있지만 식별되지 않을 수도 있다. 다행히 이러한 리스크가 식별되면 컨틴전시 계획을 구현하게 된다. 그렇지 않으면 해결 방법을 통해 관리해야 할 것이다.

이러한 리스크를 관리하기 위해 비상준비금과 관리준비금을 사용한다. 이러한 준비금은 리스크관리 계획 프로세스 중에서 정의가 된다. **비상준비금**과 **관리준비금**은 리스크에 대비하기 위한 일종의 쿠션(완화)기능을 하며 프로젝트 예산의 일부가 된다.

많은 전문가들은 위 두 가지 준비금이 목적이 비슷하여 동일한 것으로 가정한다. 일반적으로 중소 규모의 조직은 이 두 가지를 구분하지 않고 단순하게 유지하기 위한 프로젝트 비용의 백분율로 통합하여 하나로 관리한다. 따라서 이러한 조직에는 경험이 많은 전문가가 있다 해도 비상준비금과 관리준비금의 차이를 뚜렷하게 구분하지 못할 수도 있을 것이다.

※ 비상준비금 메리엄웹스터 사전적 정의

특정 또는 일반적 우발사고에 대비한 예방을 나타내며 자금이 있거나 없을 수 있는 잉여 또는 이익 잉여금의 할당

※ PMI(Project Management Institute) 용어의 정의

수용하기로 결정된 식별 리스크에 대해 할당된 우발적 또는 완화 대응책을 위해 개발되는 비용 기준 또는 성과 측정 기준 내의 예산

비상준비금이라는 용어는 주로 재정적 책임이 있는 조직에 대해 초과 리스크를 수용 가능한 수준으로 줄이기 위해 이전에 지정된 추정 금액 이상으로 할당해야 하는 자금이나 기타 금융 자원의 양을 말한다. 반드시 직접적인 화폐로만 표현할 필요는 없다. 또한 초과 근무 시간이나 기타 예상치 못한 작업 시간을 적절히 보상할 수 있도록 이전에 결정된 시간 이상으로 할당해야 하는 특정 시간의 작업 시간을 나타낼 수도 있다. 일반적으로 비용과 일정 측면에서 비상준비금은 프로젝트의 시작단계에서 결정된다. 그러나 프로젝트가 진행 중일 때 프로젝트를 완료하기 위해 추가 비용과 일정 할당이 필요한 것으로 보이면 언제라도 비상준비금을 마련하거나 수정하여 조직의 어느 시점에서든 사용할 수 있도록 함으로써 조직을 더 잘 관리할 수 있다.

※ 비상준비금의 통제

비상준비금은 우발적인 상황에서 발생하는 리스크에 대한 대비책으로 준비하는 준비금이다. 이 준비금은 보통 비용을 의미하지만 일정이 될 수도 있다. 비상준비금은 무작위가 아니다. 다양한 리스크관리기술을 기반으로 한 추정치다. 프로젝트관리자는 이 준비금을 컨트롤한다. 식별된 리스크가 발생할 때마다 이를 사용할 수 있는 모든 권한을 가진다. 또한 이 권한을 리스크 오너에게 위임할 수도 있다. 리스크 오너는 이를 관리하고 나중에 프로젝트관리자에게 알려준다.

※ 비상준비금을 계산하는 방법

우발적인 상황을 관리하기 위한 비상준비금을 계산하는 다양한 방법이 있다. 그 중에 대표적인 방법들을 살펴보면 다음과 같다.

- 프로젝트 비용의 백분율
- 기대금전가치(Expected Monetary Value: EMV)
- 의사결정수분석(Decision Tree Analysis; DTA)
- 몬테카를로 시뮬레이션(Monte Carlo Simulation; MCS)

≫ 프로젝트 비용의 백분율

많은 중소 규모 조직에서 이 방법을 사용한다. 돈과 자원을 절약하는데 도움이 된다. 이 방법은 비상준비금을 계산하기 위해 프로젝트 비용 대비 일정 비율로 표시하는 것을 선호하고 있는데, 보통 3%에서 10% 사이값을 사용한다. 이 숫자는 주로 프로젝트의 성격과 특징에 따른 경험적 수치이다.

≫ EMV(기대금전가치)

EMV(기대금전가치)법은 리스크를 정량화하고 비상준비금을 계산하는 데 사용되는 통계적 기법이다. 이 방법은 프로젝트를 위해 투자한 금액이 상당히 커 실패하게 될 때 프로젝트 비용으로 인해 치명적인 영향을 받을 수 있는 프로젝트에 사용한다. EMV를 찾으려면 먼저 각 이벤트의 확률과 임팩트를 계산한 다음 이를 곱하여 각 리스크의 EMV를 생성한다.

EMV = 확률(Probability) × 임팩트(Impact)

이러한 방법으로 식별된 모든 리스크의 계산된 EMV를 바탕으로 비상준비금을 산출한다. 예를 들어 최선의 선택으로 예상되는 EMV를 계산한다. 선택 A, 선택 B 및 선택 C의 세

가지 선택이 있다. 세 가지 선택은 모두 기회리스크이다. 따라서 세 가지 이벤트의 EMV를 계산하고 가장 유리한 방향으로 진행한다. 당신이 이 과정을 진행하고 있다면 아마 프로젝트의 최대의 이익을 얻으려고 노력하고 있는 중일 것이다.

한 사건의 확률이 주어졌지만 다른 사건의 확률은 제공되지 않았다. 다른 확률을 찾으려면 1에서 첫 번째 사건의 확률을 빼야한다. 한 사건에 대해 가능한 모든 확률의 합은 100%이기 때문이다.

선택 A의 EMV = 0.30 × 200 + 0.70 × 400 = 60 + 280 = 340천원
선택 B의 EMV = 0.40 × 300 + 0.60 × 200 = 120 + 120 = 240천원
선택 C의 EMV = 0.2 × 500 + 0.80 × 200 = 100 + 160 = 260천원
기회리스크이므로 EMV가 가장 높은 A를 선택해야 한다.

만약 모든 리스크가 위협 리스크라면 최소값으로 얻어지는 옵션을 선택해야 한다. 리스크관리에 가장 적은 비용을 지출하는 선택이 최선이기 때문이다.

EMV 방법에는 다음과 같은 몇 가지 단점이 있다.

- 모든 리스크가 독립적이라고 가정하지만 항상 그런 것은 아니다.
- 리스크의 수가 적으면 준비금이 부족할 수 있다.
- 긍정적인 리스크를 고려하지 못할 가능성이 있으며, 그 결과 잘못된 결과가 발생할 수 있다.

≫ 의사결정수 분석(Decision Tree Analysis)

DTA(의사결정수 분석)는 정량적 리스크분석기법 중 하나이다. 이 기법은 여러 옵션 중 최상의 선택을 하는 데 도움을 준다. 이것은 나무의 가지치기와 유사해 보이는 그래픽 기법이라 지어진 이름이다. 여기에서 다양한 이벤트로 발생하는 다양한 시나리오에 대한 EMV를 계산하고 그 중 최선의 선택을 한다.

▸ 관리준비금(Management reserve)

관리준비금은 미확인된 리스크나 "**알 수 없는 리스크**"를 관리하는 데 사용되는 비용 또는 일정 준비금으로 정의된다(그림 2.2 참조). 관리준비금은 프로젝트 예산의 일부이지만 비용 기준은 아니다. 이는 조직의 정책에 따라 만들어진 수치이다.

총 프로젝트 비용이나 프로젝트 기간의 5%에서 최대 10% 정도 된다. 관리준비금은 일반적으로 프로젝트의 불확실성을 기반으로 추정된다. 예를 들어, 조직에 전문 지식과 경험이 있는 프로젝트를 수행하는 경우 불확실성이 줄어서 관리준비금도 줄어들 것이다. 그러나 반대로 조직에 새로운 종류의 프로젝트를 수행하는 경우 불확실성이 커져서 관리준비금이 높아질 것이다.

※ 관리준비금의 통제

프로젝트관리자는 관리준비금을 통제하지는 않는다. 따라서 프로젝트관리자는 **알 수 없는 리스크**가 발생하게 되면 그때 가서 이 준비금을 사용하도록 승인을 받아야 한다. 많은 조직에서는 관리준비금을 사용하지 않으려고 한다. 하지만 프로젝트관리자는 여분의 돈이 필요할 때 언제든지 요구할 수 있다.

※ 비용견적(Cost Estimate)

비용견적(①)은 모든 작업 패키지의 비용을 합친 것이며, 프로젝트의 총 비용이 된다.

※ 프로젝트 기준선 비용(Cost Baseline)

프로젝트 원가는 컨틴전시를 포함시킨 비용이 된다.

프로젝트 원가(②) = 비용견적(①) + 비상준비금

프로젝트의 성과는 이 프로젝트비용에 따라 측정된다.

※ 프로젝트 예산(Project Budget)

관리준비금을 위 프로젝트 원가에 추가하면 프로젝트 예산이 된다.

프로젝트 예산(③) = 프로젝트 원가(②) + 관리준비금

결론적으로 비상준비금과 관리준비금의 차이점은 다음과 같이 정리할 수 있다.

비상준비금은 식별된 리스크를 관리하는 데 사용되는 반면, 관리준비금은 식별되지 않은 리스크에 사용된다. 비상준비금은 추정치이며, 관리준비금은 프로젝트 비용이나 기간의 백분율로 표시한다. 프로젝트관리자는 비상준비금에 대한 권한을 가지고 있지만, 관리준비금은 관리자의 승인이 필요하다.

프로젝트를 성공적으로 완료하려면 리스크관리에 적극적으로 임해야 한다. 비상준비금과 관리준비금은 리스크관리 수단을 제공함으로써 리스크관리의 중추 역할을 담당한다. 비상준비금과 관리준비금은 동일하지 않다. 그것들은 다른 기술로 계산되며 다른 목적으로 사용되기 때문에 명확히 구분되어야 한다. 비상준비금은 식별된 리스크에 대한 것이며 프로젝트 원가의 일부가 되어 프로젝트관리자의 컨트롤 안에 들어오지만 관리준비금은 식별이 되지 않은 리스크에 대한 것이며 최종적인 프로젝트 예산의 일부가 된다.

▸ 네바다교통부의 리스크준비금 산정 방식

정해 놓은 모든 비용과 일정 내에서 프로젝트를 완수하기 위해 모든 노력을 기울여야 한다. 프로젝트관리자와 팀은 프로젝트 개발 프로세스 초기에 기본비용을 설정한 다음 프로젝트관리자에게 프로젝트 조달 성과를 측정하는 데 사용할 기초를 제공하기 위해 리스크평가가 수행된다. 이 리스크기반 비용 추정치는 지출년도(YOE)에 맞춰진 프로젝트 초기예산을 설정하는 데 사용된다. 리스크를 피하거나 완화하고 기회를 이용해야 한다. 리스크 회피가 불가능한 경우, 팀은 리스크 발생 가능성을 최소화하거나 그 임팩트를 줄여야 한다.

이러한 노력의 일환으로 리스크기반 견적법(Risk-based Estimate; RBE)을 활용하는 방법을 네바다교통부(Nevada DOT, 2012)[5] 가이드라인에서 정리하여 아래에 소개한다.

■ 리스크준비금 접근법 (Risk Reserve Approach; RRA)

정량적 분석을 수행한 다른 프로젝트와 함께 총 비용이 1억 달러가 넘는 모든 프로젝트에 대해 프로젝트 예산을 설정하기 위해 리스크준비금 방법을 사용한다. 다음과 같은 단계를 사용하여 리스크준비금을 설정한다.

5) NevadaDOT(2012), Risk Management and Risk-based Cost Estimation Guidelines

- **Step 1)** 불확실성을 포함한 본 기본비용 견적금액(Base Cost Estimate)를 설정한다.
- **Step 2)** 프로젝트 리스크를 식별하고 정량적 리스크분석을 수행한다.
- **Step 3)** 리스크준비금은 70% 비용(YOE)에서 기본비용 추정치(YOE)를 뺀 값이 된다. (참고 : 리스크 등록부에 중대한 기회나 위협리스크가 있는 경우 주의해야 한다. 이러한 리스크가 어떻게 추정되었는가에 따라 70% 비용을 좌우할 수 있으므로 프로젝트 리스크준비금을 설정하기 전에 면밀히 검토해야 한다.)
- **Step 4)** 프로젝트관리자는 프로젝트관리 총괄책임자와 함께 리스크준비금을 재검토해야 한다.
- **Step 5)** 프로젝트 최종 예산은 기본비용과 리스크준비금의 합이 된다.
- **Step 6)** 공식적인 기본비용 견적금액의 면밀한 검토와 비용리스크 평가 및 분석을 통해 업데이트된 정보를 바탕으로 주요 프로젝트 전환 지점에서 프로젝트 예산을 최종 업데이트한다.
- **Step 7)** 프로젝트 비용의 가능한 범위는 최저 추정치의 10% 백분위 수와 최고 추정치의 90% 백분위 수로 결정된다.

▣ 리스크기반 견적(Risk-based Estimate) 관리

지출년도 기준으로 산정된 기본비용 견적금액에 따라 프로젝트를 관리해야 한다. 리스크준비금이나 리스크충당금은 리스크가 구체화되는 경우 준비해 둬야 한다. 리스크준비금/충당금을 받으면 프로젝트관리자와 팀은 프로젝트 리스크를 유연하게 관리할 수 있게 된다.

1) 리스크가 발생하면 프로젝트관리자는 프로젝트관리 책임자의 사전 승인 없이 리스크준비금을 최대 절반까지 사용할 수 있다.
2) 프로젝트관리자는 필요에 따라 개별 리스크의 소유권을 프로젝트 팀 구성원에게 위임할 수 있다.
3) 리스크준비금의 절반이 소진되면 프로젝트관리자는 나머지 리스크를 프로젝트관리 책임자와 함께 관리하는 방법에 대해 논의해야 한다.
4) 리스크준비금의 4분의 3이 소진되면, 프로젝트관리자는 추가 리스크준비금을 사용하기 전에 프로젝트관리 책임자의 승인을 받아야 한다.
5) 프로젝트관리자와 팀의 적극적인 리스크관리에도 불구하고 리스크준비금이 거의 고갈되면 프로젝트의 범위를 조정하거나 예산을 늘리는 결정을 내려야 한다. 결정권은 해당 부서장이 갖게 된다.

PART 1

제6장

리스크 대응 계획

제6장 리스크 대응 계획

PROJECT RISK MANAGEMENT GUIDELINES 제1편 일반지침

6.1 | 개요

리스크 대응 계획 수립은 프로젝트 목표에 대한 기회를 강화하고 위협을 줄이기 위해 전략적 옵션을 개발하고 조치를 결정하는 과정이다. 프로젝트 팀원은 각 리스크 대응 계획에 대한 책임을 진다. 이 프로세스는 비록 리스크를 관리할 책임을 지는 **리스크 오너**(Risk Owner)가 다른 사람에게 대응계획에 대한 실행을 위임할 수 있지만, 그 대응 계획에 대한 모니터링은 직접 하도록 해야 한다. 프로젝트관리자와 팀은 식별된 리스크 대응 계획에 대한 시의적절한 조치를 취해야 한다. 가장 중요한 리스크에 중점을 두어 관리하면 프로젝트 성공 가능성을 훨씬 높일 수 있다.

▸ 유비무환(有備無患) 정신

수많은 전투에서 이순신 장군이 승리할 수 있었던 것은 바로 **유비무환**(有備無患)의 정신이 투철했기 때문이다. 그 누구도 일본과의 전쟁이 일어나지 않을 것이라 낙관하였으나 그는 전쟁의 가능성을 염두에 두고 거북선을 만들었다. 전쟁 중 수많은 시련이 닥쳤지만 평소 철저한 계획과 끊임없는 노력으로 미리 전략을 세웠기에 온전하게 나라를 구할 수 있게 되었다.

그의 유비무환의 정신을 살펴보면 전쟁을 치르지 않을 때는 수시로 무기를 검열하였고, 장비 책임자가 무기를 소홀히 할 때에는 과감히 처벌하였다. 또한 전쟁에서 겁에 질려 있는 병사들에게는 뛰어난 지도력으로 용기를 베푸는 덕을 실천하여 사기를 북돋우는 지혜를 발휘하였다. 그 예로 옥포해전에서 장졸들에게 "**가벼이 움직이지 말라! 침착하고 태산같이 무겁게 행동하라!** [勿令妄動 靜重如山물령망동 정중여산]" 라고 명령한 것은 부하들의 심적 동요를 막고, 심리적으로 안정을 유지시키기 위한 행동이었다.

> 또한 **"장수된 자가 죽지 않았으니 눕는다는 것은 있을 수 없다."** 고 하여 7년 동안 전대를 풀지 않았고 지휘관으로서 자신을 다스리기 위해 항상 실력을 쌓으면서 전투력을 키워 나갔다. 언제 어느 때 전투가 일어나도 대응할 수 있는 유비무환의 정신으로 무장된 뛰어난 전략 전술가였다. 그리고 이순신 장군은 조정의 지원이 거의 없음에도 불구하고 오직 현장 최고 지휘관으로서 그 역할을 다하였다. 전략·전술에 필요한 군자금은 스스로 농사를 지어 확보하였고 물자를 보충·공급하는 것도 직접 지휘하였다. 이러한 결과 임진왜란을 승리로 이끌 수 있었다.

리스크 대응 계획 수립에는 대응계획을 개발하고 구현하기 위한 노력이 필요하다. 프로젝트관리계획과 작업활동에서 이러한 노력에 대한 계획을 수립해야 한다. 이러한 노력을 지원하는 도구 및 지침은 WSDOT의 **SAEO**(Strategic Analysis and Estimating Office)[1]가 제공하는 다양한 리스크관리 템플릿 및 프로그램 등을 활용하여 진행할 수 있다.[2]

6.2 | 리스크 대응 계획의 종류

일반적으로 표준화되어 있는 리스크 대응전략은 다음 표와 같다.

---

1) https://www.wsdot.wa.gov/Design/SAEO/default.htm

2) https://www.wsdot.wa.gov/construction-planning/project-management/risk-assessment/home

〈표 6.1〉 일반적인 리스크 대응전략

위협		기회	
Avoid	**(위협)리스크 회피** - 6.3.1	Exploit	**(기회)리스크 활용** - 6.3.2
프로젝트 목표 달성에 나쁜 영향을 미치는 위협 리스크의 원인을 제거하거나 다른 방식으로 변경 실행함으로써 리스크를 피할 수 있다. 모든 리스크를 피하거나 제거할 수 있는 것은 아니며, **리스크 회피** 방법을 선택하는 경우 너무 비싸거나 일정과 비용이 너무 많이 투입될 수 있다. 첫 번째로 고려해야 할 전략이다.		**리스크 활용** 전략은 기회리스크가 확실히 실현되면 프로젝트 목적에 긍정적인 영향을 주기 때문에 100% 발생확률을 갖도록 관련된 불확실성을 제거하고자 하는 공격적인 대응 전략이다. 높은 확률과 영향을 미치는 **"황금 기회"** 확보를 위해 가장 적합한 전략이다.	
Transfer	**(위협)리스크 전가** - 6.3.3	Share	**(기회)리스크 공유** - 6.3.4
리스크 전가는 리스크의 책임을 다른 당사자에게 이전시키는 것이다. 목적은 리스크를 효과적으로 처리할 수 있는 자가 책임지고 관리하게 하는 것이다. 리스크 전가는 비교적 큰 금액의 지급을 수반하며, 이러한 리스크 전가 전략 채택 필요성이 있을지 결정할 때는 비용 효율성을 고려해야 한다.		프로젝트 목적에 긍정적 영향을 주는 기회리스크의 발생가능성을 최대한 높이거나 기회리스크가 발생할 경우 그 잠재적 이익을 더 높일 수 있는 방향으로 타인에게 리스크 소유권(이익)의 일부 및 전부를 할당한다. 위협 리스크를 전가시키는 것이나 기회리스크를 **공유**하게 하는 것은 제3자가 개입된다는 점에서 유사하다. 위협 리스크를 전가 받은 자는 리스크가 발생하면 그 책임을 지게 되는 반면, 기회리스크가 공유된 자는 잠재적 이익을 공유한다.	
Mitigate	**(위협)리스크 완화** - 6.3.5	Enhance	**(기회)리스크 강화** - 6.3.6
리스크 완화는 프로젝트 목적에 나쁜 임팩트를 주는 유해 리스크 이벤트의 확률이나 임팩트를 허용 가능한 임계값으로 감소시키는 것이다. 리스크의 가능성 또는 영향을 줄이기 위해 조기에 조치를 취하는 것이 리스크가 발생한 이후 손상을 복구하려고 시도하는 것보다 더 효과적인 경우가 많다. 리스크 완화에는 자원이나 시간이 필요할 수 있으므로 리스크 완화 비용과 아무것도 하지 않는 것 사이의 비교를 통해 전략을 결정한다.		**리스크 강화** 전략은 긍정적 리스크의 "크기"를 키우는 것이다. 기회의 확률이나 임팩트 또는 두 가지 모두를 증가시켜 기회를 강화함으로써 프로젝트 목적에 긍정적인 이익을 극대화시킨다.	
Accept	**(위협.기회)리스크 수용** - 6.3.7		
이 전략은 상기의 다른 전략에 의해 리스크 대응 계획이 불가능 또는 실용적이지 않거나 리스크의 중요성에 비해 그 대응계획이 보증되지 않는 경우에 별다른 대안 없이 리스크를 그냥 안고 가는 것을 말한다. 프로젝트관리자와 프로젝트 팀이 리스크를 수용하기로 결정한 경우, 리스크가 발생하는 시점에 그 리스크를 처리하기로 동의한다. 그러한 상황에 대비하여 **비상계획**(contingency plan), 대안 계획 또는 **비상준비금**(contingency reserves)등을 확보해 둘 필요가 있다.			

6.3 | 리스크 대응 계획에 대한 설명

6.3.1 리스크 회피 (Avoid)

위협 리스크를 제거하기 위해서는 프로젝트관리 계획을 변경하고, 리스크의 영향으로부터 프로젝트 목표를 분리시키거나 일정의 연장 또는 범위 축소와 같이 리스크에 처한 프로젝트 목표를 완화시킬 수 있다. 프로젝트 초기에 발생하는 일부 리스크는 요구사항을 명확히 하거나, 정보 획득, 의사소통 개선 또는 전문 지식 획득 등을 통하여 위협 리스크를 피할 수 있다.

이러한 **리스크 회피 방식**을 다음과 같은 두 가지 범주로 구별할 수 있다.

(1) 리스크 원인(리스크 트리거)의 제거
(2) 프로젝트 목표를 다른 대안으로 실행

모든 리스크를 피하거나 제거할 수 있는 것은 아니다. 이 리스크 회피 전략이 비용이 과다하게 들거나 시간이 많이 걸리는 경우가 있지만 각 리스크에 대해 가장 먼저 고려해 봐야 하는 전략이다.

6.3.2 리스크 활용 (Exploit)

리스크를 피하는 것과는 반대로 **리스크 활용 전략**은 긍정적인 영향을 주는 기회를 적극적으로 실현시키는 것이다. 기회가 확실히 일어나도록 조치를 취하는 것, 즉 이러한 대응계획에는 프로젝트에 보다 재능 있는 자원을 배정함으로써 완료 시간을 단축하고 원래 계획했던 것보다 우수한 품질을 제공하는 고급 인력 투입 노력 등이 이에 포함된다.

기회가 100% 확실히 발생할 수 있도록 가능한 리스크와 관련된 불확실성을 제거한다. 이러한 기회리스크는 프로젝트 목표 달성에 긍정적인 영향을 미치는 사건으로 정의된다.

6.3.3 리스크 전가 (Transfer)

위협 리스크를 전가한다고 해서 그러한 위협이 완전히 제거되는 것은 아니다. 위협은 여전히 존재한다. 그러나 리스크를 이전받은 당사자가 그 리스크를 대신 책임을 지고 관리하게 한다. 대신 그 대가를 지불한다.

리스크 전가는 재무 리스크 노출을 처리하는 효과적인 방법이 될 수 있다. 프로젝트 리스크를 전가한다는 의미는 리스크를 부담하는 당사자에게 **리스크 프리미엄**을 지불하는 것, 예를 들어 보험과 같은 것이다. 채권이나 보증서는 지정된 리스크를 다른 당사자에게 전가하는 데 사용될 수 있다.

리스크 전가에는 그 리스크관리 책임을 기꺼이 감수하고 리스크가 발생할 경우 책임을 질 계약당사자를 찾는 것이 주된 업무이다. 프로젝트 목표는 리스크를 효과적으로 처리할 수 있는 당사자가 리스크를 책임지고 관리하게 하는 것이다. 이러한 리스크 전가 전략에 대한 채택 여부를 결정할 때는 반드시 **비용 효율성**을 고려해야 한다.

6.3.4 리스크 공유 (Share)

긍정적인 기회리스크를 공유하려면 프로젝트의 이익을 얻을 수 있는 기회를 가장 잘 포착할 수 있는 제3자에게 그 이익의 **소유권**을 일부 또는 전부 할당해 줘야 한다. 공유 활동의 예로는 기회 공유라는 명시적인 목적으로 수립할 수 있는 리스크 공유 파트너십, 팀 또는 합작 투자를 포함한다.

발생 가능성을 최대한 높이고 발생하는 경우 잠재적 이익을 증가시키는 측면에서 기회를 처리할 수 있는 다른 당사자에게 리스크 **소유권**을 할당해 준다. 제3자와 제휴하여 책임도 지는 대신 이익도 함께 공유하면 좋은 전략이 된다.

6.3.5 리스크 완화 (Mitigate)

리스크 완화는 유해 리스크 이벤트의 확률이나 임팩트를 허용 가능한 임계값 안으로 감소시키는 전략을 의미한다. 조기에 조치를 취하는 것이 리스크가 발생한 후 그 피해를 복구하는 것 보다 훨씬 더 효과적일 때가 많다. 우리가 평상시 자주 사용하는 속담인

"소 잃고 외양간 고친다", **"사후약방문"**에서 지적하고 있는 개념에 대한 리스크 예방 및 완화 대책이 이에 해당된다. 리스크 완화 전략의 예로는 덜 복잡한 프로세스를 채택한다거나 더 많은 시험과 현장조사를 수행한다거나, 프로토 타입 개발 등이 포함된다.

리스크완화 전략은 리스크 회피·수용·전가 등으로 해결할 수 있는 위협 리스크가 그다지 많지 않기 때문에 어떻게 보면 가장 자주 사용하게 되는 전략이다. 예방이 사후에 문제가 발생한 이후의 치료나 복구 대책보다 효과적이며, 리스크 회피로도 발전시킬 수 있기 때문에 사후관리 대응책 보다 훨씬 나은 대책이 되는 경우가 많다. 예방 조치는 리스크의 원인을 살펴봐서 해결하는 것이 좋은데, 만약 그 발생확률을 줄일 수 없다면 임팩트(피해심각도)를 낮추는 방안을 강구해야 한다.

▸ 소 잃고 외양간 고친다 이야기
(우만 위키 – 소 잃고 외양간 고친다 이야기 발췌하고 내용을 재구성함)

▣ 소는 잃어도 외양간은 고쳐야 한다.
(박완서, 윤문규 등)

▣ 소 잃고 외양간 고치는 삶을 비웃지 마라. 그는 지금 반성하고 있는 것이다.
('이외수가 전해주는 마음의 열쇠 때' 中)

일이 이미 잘못된 뒤에는 손을 써도 소용이 없거나 너무 늦음을 비꼬는 속담으로 자기가 하려는 일이 잘못되었음에도 그걸 시행하거나 그 일이 엄청난 일을 일으키는 것도 모른 체 간과히디가 나중에서야 일을 후회하는 결말을 맞을 때 이런 얘기를 언급하곤 한다.

아래에도 나오는 내용이지만, 꼭 해야 하는 일임에도 불구하고 쉽지 않은 일이다. 소를 잃기 전에는 사람들이 관심을 안 갖기 때문에 고쳐도 사람들이 알아주지도 않는다. 사고가 터질 때마다 '**우리는 왜 늘상 소 잃고 난 후에야 외양간을 고치나!**'고 탄식하는 사람들이 많지만, 사실 웬만한 분야는 외양간을 잘 고치고 있고 소 잃고 난 이후에라도 외양간을 고치고 있기 때문에 이 정도라도 사회가 유지되고 있다고 보는 게 더 옳다.

같은 의미의 한자성어로 **사후약방문**(死後藥方文)이 있다. 말 그대로 이미 죽은 이후에 처방전이 나왔다는 소리. 어떤 만병통치약이라도 죽으면 아무 소용없으니 역시 의미가 통한다.

의미가 의미인 만큼 최근 이천 물류창고 화재사고 등 다양한 안전사고의 원인으로 지목되고 있는 안전불감증과 많은 연관성이 있다. 안전 차원에서 정기적으로 보수해야 하는 시설 등을 제때 보수하지 않거나 안전수칙을 가볍게 여기다가 사고를 당하고 나서야 후회하고 뒤늦게 보수작업, 복구작업을 하는 경우에도 자주 쓰인다.

그래서인지 현실의 수많은 안전불감증 때문에 만들어진 유머들이 있다.

최상 – 소 잃기 전에 외양간을 점검하고 살림살이도 다 점검한다.
차상 – 소 잃기 전에 외양간을 점검한다.
중상 – 소 잃고 외양간 고친다.
중하 – 소 잃어도 외양간을 안 고친다.
차하 – 소 잃었으니 외양간을 부순다.
최하 – 소 잃었으니 외양간을 부수고 살림살이도 다 때려 부순다.

즉, 소를 잃고 나서라도 외양간을 고치면 그나마 다행이라는 유머인데, 그냥 유머로 보지 말고 우리 프로젝트 리스크관리에도 곱씹어 봐야한다. 실제로 소가 도망갔는데도 정신 못 차리고 별다른 조치를 취하지 않았다가 소를 또 잃는 사례는 많다. 그리고 최하의 경우는 진짜 왜 문제가 일어났는지는 파악도 안 하고 완전히 엉뚱한 걸 갈아 엎어 버리거나 "**이건 모두가 외양간 잘못입니다 외양간을 탓하세요**"라고 해서 외양간을 아예 부수어 버리는 경우도 있다. 아예 막 나가면 소 잃었다고 자포자기해서 다 포기하거나 최악의 경우 포기하는 수준을 넘어 홧김에 다른 멀쩡한 부분까지 망가뜨려 버리는 비관적인 행동을 하는 것을 말한다고 할 수 있겠다.

뜻을 잘못 이해하는 사람이 많은 속담이기도 하다. 소를 잃어도 외양간은 꼭 고쳐야 한다. 이것은 소가 도망가기 전에 막지 못하는 실책을 타이르는 속담이지, 소를 잃었으니 그냥 외양간도 방치하자는 이야기가 아니다. 우리에게는 이미 오래전부터 지속적으로 소를 잃어본 경험들이 많다. 외양간을 고치지 않고 있다가 또 소를 잃는 경우가 허다하다. 간혹 소를 잃는 일이 벌어진 후 뒷수습 자체를 조롱하며 이 속담을 인용하는 경우가 있는데 이는 굉장히 잘못된 태도다. 오히려 소 잃었는데 외양간을 안 고치는 것은 위 목록의 중하에 해당하는 좋지 않은 태도이다. 전임자의 잘못된 정책 등으로 인해 후임자가 소를 잃고, 이후에 그가 떠안아서 외양간을 고쳤다면 그나마 좋은 소리를 들을 수 있으며, 여기에 운영시스템을 개선하여 잘 운영한다면 오히려 조직 구성원이나 시민, 국민들로부터 칭찬을 받을 수도 있다.

▸ 소잃고 그나마 외양간을 고친 사례

- **2004 아테네 올림픽 남자 기계체조 개인종합 결선 판정 논란** : 이후로 국제체조연맹에서는 기존의 10점 만점제를 폐지하고 점수체계를 종목별 상한선이 없는 현재와 같은 체계로 개편하는 계기가 되었다.
- **2005학년도 대학수학능력시험 부정행위 사건** : 이후로 수능시험장에서 휴대전화같은 전자기기를 압수하거나 필기구를 일괄 제공(컴퓨터용 사인펜, 수능 샤프)하는 등 부정행위 방지 절차가 엄격해졌고 대리시험 방지를 위한 필적확인란을 도입하게 된다.
- **2012 런던 올림픽 유도 남자 66kg급 8강전 판정 논란** : 이후로 유도 경기에서 연장돌입 시 골든스코어 제도가 폐지되고 시간무제한 연장으로 변경되었다.
- **2012 런던 올림픽 펜싱 여자 에페 개인전 준결승 1초 오심사건** : 이 사건 이후로 펜싱 경기에서는 매 라운드별 10초가 남은 시점부터 0.1초 단위로 남은 시간을 계측하게 되었다.
- **2016년 울산·경주 지진** : 이후로 지진 발생 시에는 긴급 재난 문자를 발송하게 되었으며 2017년 포항 지진에서 큰 도움이 되었다.
- **3억 엔 사건** : 이후, 일본에서는 급료를 은행계좌로 바로 지급하는 방식으로 바꾸었다.
- **9.11 테러** : 항공기내 액체 반입 금지, 항공 용어 통일 등 모든 면에서 항공업계를 안전히 바꾼 사고였다.
- **김득구 사망 사건** : 이후로 권투계에서는 기존의 15라운드제를 12라운드제로 축소하고 휴식시간을 60초에서 90초로 연장, 스탠딩 다운제를 도입했고 1984년 하계 올림픽 이후로는 헤드기어 착용을 의무화하는 계기가 되었다.
- **대구 지하철 참사** : 사고 이후, 지하철 내 시트를 전부 내연제로 교체했다. 또한, 정기적으로 안전관련 훈련도 늘어났고 열차마다 문 여는 방법이 표기되었다.
- **삼풍백화점 붕괴사고 & 성수대교 붕괴사고** : 이 사고들이 일어난 이후에야 시설물 안전에 대한 인식이 높아졌고 관련법이 만들어졌다.
- **유로존 재정위기 당시 그리스와 스페인, 이탈리아, 포르투갈 등 남유럽 국가들** : 방만한 재정운용과 농업, 관광업, 부동산업 등 취약한 산업 기반으로 인해 2010년대 해당 국가에 재정위기가 발생하여 경제가 침체되면서 결국 5개국 모두 재정적자를 줄이는 과정에서 방만했던 공공부문의 지출을 줄이고 혹독한 긴축정책을 해야 했다.

- **야구** : 타자들의 안전모 의무 착용. MLB의 흑역사인데 헤드샷으로 레이 채프먼과 미키 코그란이 사망하고 나서야 시행되었다.
- **임진왜란** : 선조가 원균의 칠천량 해전 패배 이후, 이왕 이렇게 된 거 수군을 폐지하자고 주장했으나 이순신의 간청에 의해 복직시키고 명량 해전의 승리를 이뤄낼 수 있었다. 만약 선조가 정말로 수군을 해체해 버렸으면 외양간을 없애버린 경우에 포함되었을 텐데 어찌 보면 운이 좋았던 셈.
- **KLM기** : KLM기는 어떠한 일이 있어도 운행 스케줄을 어기면 모든 책임은 기장이 져야 했는데, 이는 테네리페 참사라는 대형 사고가 일어나서야 개선되었다.
- **D.B. 쿠퍼 하이재 사건** : 범인이 탑승한 보잉 727 기종 이후의 여객기들은 비행 중에 뒷문이 열리지 않도록 '쿠퍼 베인'이라는 장치를 장착함과 동시에 비행 중에 내부에서 문을 열 수 없도록 설계되었다.
- **타이타닉호 침몰 사고** : 해상 안전 관련 국제조약이 채택되어 모든 배들이 충분한 구명정을 싣고 다니는 것과 24시간 무선사 대기가 의무화되는 것 등이 개정되었으며 국제 빙산 탐색대가 설립되었다.
- **타이레놀 독극물 주입 사건** : 이물질 투입을 막기 위해 병뚜껑을 둘러싸는 포장, 뜯으면 흔적이 드러나는 병뚜껑, 쪼개기 어렵게 하거나 성공적으로 쪼개도 원상 복구가 어려운 3중 캡슐이 도입되었다.

그 외 인류 역사에서 나타나는 수많은 소 잃고 외양간 고침 사례들은 어찌 보면 인류 발전의 밑거름일 수도 있다. 최근 우리나라가 COVID-19에 대해 대응을 적절히 잘 한 것도 메르스 사태에 대한 교훈을 바탕으로 많은 제도와 시스템을 개선하여 준비한 덕분이다.

그러나 아직도 건설산업분야에서는 소 잃고도 외양간을 고치지 않아 같은 피해사고가 반복해서 일어나고 있고, 여전히 처벌 위주의 사후관리 정책을 채택하고 있다. 외양간을 확실히 고치기 위하여 예방 차원에서 체계적인 프로젝트 리스크관리를 법적 의무화 내지는 사규화하는 것을 검토해볼 필요가 있다.

6.3.6 리스크 강화 (Enhance)

이 대응계획은 확률이나 임팩트 중 하나를 증가시키거나 둘 다 증가시킴으로써 기회리스크의 "**크기**"를 증가시키는 방향으로 이끌기 위한 전략이다. 기회의 원인을 촉진시키거나 강화시키고 트리거 조건을 사전에 중점적으로 관리함으로써 리스크의 기회의 발생 가능성을 높인다. 프로젝트의 기회에 대한 민감도를 높이기 위해 임팩트의 강화를 중점 개선 목표로 삼을 수도 있다.

이 대응전략은 긍정적인 리스크의 "**크기**"를 수정하는 것을 목표로 한다. 기회의 확률이나 임팩트, 또는 두 가지 모두를 증가시켜 프로젝트에서 추구하려고 하는 이점을 극대화함으로써 기회를 향상시키게 된다. 확률을 100%로 만들 수 있다면 이는 사실상 **리스크 활용**(exploit) 대응계획이 된다.

6.3.7 리스크 수용 (Accept)

"**수용**"이라는 용어는 대응계획을 실행한 후에도 여전히 그 발생가능성이 남아 있거나, 대응계획이 비용 효율적인 안이 안된다고 판단하여 대응계획을 채택하지 않고 원안을 그대로 사용하는 경우에 해당된다. 컨트롤이 전혀 안 되거나, 대응계획이 실용적이지 않은 리스크라면 수용할 수밖에 없다.

궁극적으로 위협 리스크를 모두 제거하거나 기회리스크를 모두 활용할 수는 없다. 우리는 그것들을 인식하고 문서화할 수 있으며 최소한 이들이 존재하고 식별되었다는 것을 인지시키는 것은 가능하다. 이것을 우리는 "**수동적 수용**(passive acceptance)"이라고 한다. 경우에 따라, 일부 산업에서는 수용된 총 잔류 리스크를 처리하기 위해 비상준비금에 리스크 수용 내용을 포함시키기도 한다. 이러한 경우 "**적극적 수용**(active acceptance)"이라고 한다.

프로젝트가 계속 진행됨에 따라 리스크 이력이 변경된다. 리스크에 성공적으로 대처하고 프로젝트에 관한 지식 수준이 점점 높아지면 리스크에 대한 노출 수준은 감소할 것이다. 실제로, 리스크 이벤트가 성공적으로 방지 또는 완화되거나 리스크가 해결이 되면 해당 리스크는 **종결**(retired)시킬 수 있다.

6.4 | 리스크 대응 도구 및 기법

리스크를 식별하고 분석하고 나면 어떤 곳에 리스크관리 노력을 집중해야 하는지 알게 된다. 결정된 프로젝트 목표에 가장 중대한 영향을 주는 중요 리스크에 대한 등급이 매겨진 리스크 등록부가 만들어진다. 중대한 리스크에 대한 적절한 대응계획은 비용 효율적이면서도 실현 가능성이 있는 **현실적인 안**(案)이어야 한다. 중대한 리스크는 강력한 대응계획이 수반되어야 한다. 순위가 낮은 리스크는 그 중요성에 상응하는 대응계획을 마련하여야 한다.

6.4.1 리스크 대응 계획의 문서화

대응계획, 영향을 미칠 작업 활동 및 대응 계획에 대한 비용을 설명하여 대응계획을 문서화한다. 대응계획을 성공적으로 이행시킬 담당자를 찾는다. 또한 대응계획의 시간 영향과 리스크 대응전략이 전체 프로젝트나 기타 리스크에 미치는 영향을 고려한다.

6.4.2 리스크 대응 계획의 구체화

프로젝트 리스크의 식별과 분석과정을 거치고 나면, 프로젝트 리스크관리팀은 프로젝트 성공확률을 높이기 위해 중대한 리스크에 대해서는 리스크 대응 계획을 구체화하여야 한다. 궁극적으로 모든 위협을 제거하거나 모든 기회를 활용하는 것은 불가능하다. 하지만 이러한 위협이 존재하며 식별되었다는 인식을 관계자에게 알려주기 위하여 문서화한다. 성공적인 리스크대응은 프로젝트 생애주기를 통해 리스크 프로파일을 변경하며 리스크에 대한 노출을 조직의 **리스크 허용 수준**(risk tolerance) 이하로 유지하는 일이다.

- 프로젝트 리스크관리팀은 각 리스크에 가장 적합한 전략 파악
- 리스크 오너에게 각 리스크의 확률이나 임팩트를 줄이기 위한 옵션을 식별하기 위한 조치
- 지정된 리스크 오너에 의한 가용한 전문가 참여 적극적 고려
- 옵션 이행 리스크 및 비용 절감 가능성 평가
- 프로젝트에 가장 적합한 옵션 선택
- 필요한 경우 추가 컨틴전시 검토
- 리스크 오너에게 선택한 대응계획 수행에 대한 작업을 지정하고 리스크 오너는 주도

적인 역할을 하며, 리스크 대응을 구현하고 문서화하기 위해 특정 작업을 다른 자원에 할당 가능

프로젝트 리스크관리팀이 리스크를 수용해야 한다고 판단할 경우, 리스크 오너에게 **비상계획**(contingency plan)을 준비하기 위한 조치를 할당할 수 있다. 리스크 오너는 선택된 리스크 대응 계획을 구현함과 동시에, 식별된 리스크의 모니터링에 대한 책임을 갖게 되는 사람이 되며 일반적으로 프로젝트 팀의 구성원이 된다.

리스크 오너는 리스크를 관리할 수 있어야 하며 리스크를 처리할 지식, 자원 및 권한을 가지고 있어야 한다. 따라서 리스크 오너를 선택하는 것은 일반적으로 리스크의 근원을 고려하며 수행해야 할 사항을 이해하고 구현하기에 가장 적합한 사람을 식별하는 것이다. 리스크 오너는 **리스크 등록부**에 기록되어야 한다.

▸ 일반적인 리스크 대응 계획

위협 리스크	기회 리스크
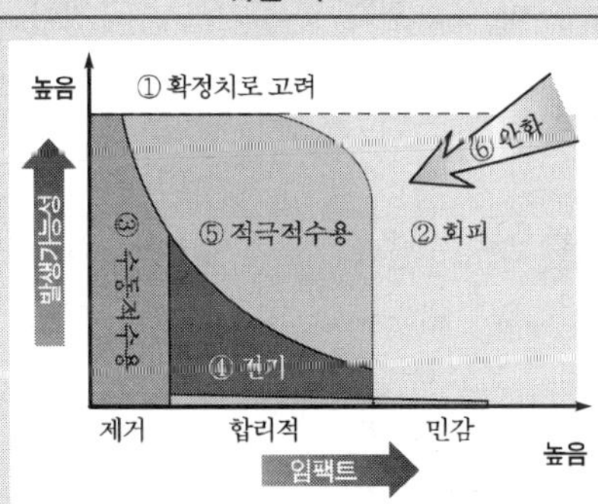	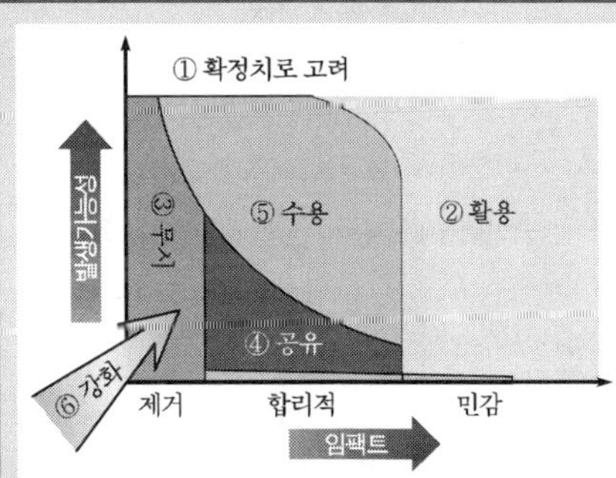
① 리스크 발생 확률이 매우 높으면 기본비용이나 일정의 조건으로 고려하는 것이 바람직함	① 좌동
② 임팩트 큰 위협 리스크는 한계를 넘어가면 프로젝트를 완전히 망칠 수 있으므로 회피가 필요	② 임팩트가 큰 기회 리스크를 적극적으로 활용해야 함.
③ 중요하지 않은 리스크라면 수용 가능	③ 좌동
④ 회피와 수용 사이 완화와 같은 다른 조치 강구. 확률이 낮은 리스크의 경우 전가 가능	④ 활용과 수용 사이에서 기회 리스크를 강화 또는 공유하는 등의 다른 조치를 강구
⑤ 특정 확률을 초과하는 위협리스크의 경우, 컨틴전시 계획을 완화 또는 준비하여 적극적 수용	⑤ 특정 확률을 초과하는 기회리스크의 경우 적절한 계획을 준비하여 적극적으로 수용
⑥ 실용적이고 비용 측면에서 효과적인 대책을 수립하여 모든 위협 리스크 완화	⑥ 모든 기회 리스크는 실용적이고 비용 측면에서 효율적인 곳을 강화시켜야 함

다음 표는 리스크에 대한 각각의 리스크 대응 사례에 대한 예를 보여주고 있다.

〈표 6.2〉 프로젝트 단계별 리스크와 리스크 대응

구분	리스크 설명	리스크 대응
설계	측량 데이터의 부정확하고 불완전한 측량 데이터로 인한 측량 재 작업	**리스크 완화** : 측량 조사 데이터가 정확하고 완전한지 확인하고 필요에 따라 추가 측량 조사 수행
	환경 문서에서 고려하는 매개변수를 벗어난 설계 변경은 공개 검토 기간이 필요하며 이로 인한 공기지연	**리스크 회피** : 기회가 위협보다 중요하지 않은 경우 환경영향평가를 받는 대신 설계 변경
환경	환경보고서에 이의를 제기한 잠재적 소송은 공사 착공을 지연시키거나 공사비 증가 초래	**리스크 완화** : 환경 검토 프로세스에서 이해관계자와 대중의 우려를 해결하고, 추가적인 환경 검토 계획
	철새 조약에 따라 보호 철새들은 철새 도래시즌 동안 공사 중단 초래	**리스크 완화** : 공사를 진행하기 전에 철새 시즌을 피하거나 철새둥지 서식지를 제거하는 작업 일정 추가
용지보상	단계의 복잡성으로 인해, 작업을 완료하기 위해서는 추가적인 용기보상이나 인허가 절차가 요구될 수 있어 추가적인 프로젝트 비용 발생 가능	**리스크 완화** : 토지보상 증명이 확실히 가능하도록 작업 순서 변경
	많은 토지와 영업권 보상 문제로 인한 분쟁으로 착공일을 길게는 1년이나 지연시킬 수 있으며, 공사비가 증가하고 공기 연장 리스크가 있음.	**리스크 완화** : 토지 및 영업권 권리 및 프로젝트관리로 작업 우선순위를 정하고 추가 권한에 대한 정보를 충분히 확보하여 리스크 영향 감소
시공	시공 중 발생하는 위험 물질은 현장 보관장소와 처분하기 위한 잠재적인 추가 비용 필요	**리스크 수용** : 위험 물질을 저장할 수 있는 공간 확보
	시공 중 예기치 못한 매몰된 폐기물 처리를 위한 추가 비용 발생	**리스크 수용** : 예기치 못한 리스크를 처리하기 위한 공사 항목 추가

PART 1

제7장

리스크 대응 실행

제7장 리스크 대응 실행

PROJECT RISK MANAGEMENT GUIDELINES 제1편 일반지침

7.1 | 개요

리스크 대응 실행 프로세스는 프로젝트 목표에 대한 기회를 강화하고 위협을 줄이기 위해 사전 수립되거나 합의된 대응 전략을 실행하는 과정이다. 리스크를 관리할 책임을 지는 **리스크 오너**(Risk Owner)는 다른 사람에게 대응계획 실행을 위임할 수 있지만, 그 대응계획에 대한 모니터링은 직접 하도록 해야 한다.

리스크관리에 있어 리스크 대응 실행은 프로젝트의 목표 달성에 결정적인 역할을 하는 중요한 단계이다. 아무리 정교하게 리스크를 식별하고 분석하며 대응 계획을 수립했다고 하더라도, 그 계획을 실제로 실행으로 옮기지 않으면 리스크관리의 효과는 전혀 발생하지 않기 때문이다.

▸ 보잉 787 드림라이너 개발 프로젝트

미국 항공기 제작사 보잉(Boeing)은 새로운 기종 787 드림라이너를 개발하면서 여러 외주업체에 부품 생산을 위탁했다. 개발 초기에 "**공급망 지연 리스크**"가 식별되었고, 이를 완화하기 위한 대응 방안으로 공급업체 품질관리 강화, 일정 모니터링 등이 문서상으로 계획되었지만 실제 실행과정에서 리스크 대응은 미흡했다.
그 결과로,

- 주요 부품 공급이 지연되며 조립 일정이 수차례 지연
- 프로젝트 비용 초과 및 고객 인도 지연
- 브랜드 신뢰도 하락 등의 문제가 발생하였다.

이로부터 우리가 얻을 수 있는 교훈은 리스크 대응 계획을 세우는 것보다 실제 리스크 대응 실행을 통해 모니터링과 수정조치를 취하는 것이 훨씬 더 중요하다는 것이다. 리스크 대응 실행이 없으면 리스크관리는 단순한 "**서류 작업**"에 그친다는 사실을 명심해야 한다.

리스크 대응의 실행은 잠재적인 위협(threats)을 사전에 제거(avoid)하거나, 발생 가능성과 영향을 줄이고(mitigate), 영향을 전가(transfer)하는 등의 방법으로 프로젝트에 미치는 부정적인 영향을 최소화한다. 이는 곧 프로젝트 일정, 비용, 품질 목표 달성을 불확실성으로부터 보호하는 조치이다. 그리고 긍정적인 기회(opportunities)에 대해 기회의 발생 가능성을 높이고(enhance), 프로젝트에 미치는 긍정적 영향을 최대화(exploit)하는 등의 방법을 통해 예상 이상의 성과나 효율성을 창출하도록 대응하는 조치도 수행한다.

리스크 대응 실행은 리스크 대응 전략 실행으로 인해 새롭게 발생하는 2차 리스크, 그리고 리스크 대응 전략 실행 후에도 남는 잔여 리스크를 관리하고, 대응 계획이 제대로 작동하지 않을 경우를 대비한 예비 계획(contingency plan)을 실행할 수 있는 준비를 갖추는 것도 포함한다.

리스크 대응 실행은 프로젝트 팀이 미리 정해진 절차에 따라 신속하고 체계적으로 움직이게 하여 위기 상황에서 시간과 자원 낭비를 최소화한다. 리스크가 실제로 발생했을 때, 사전에 준비된 대응 계획을 즉시 실행하면 패닉이나 늦장 대응으로 인한 추가적인 손실을 방지할 수 있다. 리스크 대응 실행 프로세스는 리스크관리가 이론에 그치지 않고 프로젝트의 성공적인 완료로 이어지게 하는 중요 활동이다.

7.2 | 리스크 대응 실행의 도구와 기법

7.2.1 리스크 대응 실행 : 투입물

가. 리스크관리계획서

리스크관리계획서에는 리스크관리를 위한 관련자의 역할과 담당 업무가 나열되어 있다. 이 정보를 활용하여 사전 수립된 또는 합의된 리스크의 대응을 위한 담당자를 배정한다. 또한 리스크관리계획서에는 리스크 대응 실행을 위해 필요한 허용 목표, 주요 이해관계자의 리스크 선호도를 기반으로 한 리스크 한계선 등이 설정되어 있으므로 이를 리스크 대응 실행에 활용한다.

나. 프로젝트 문서

- **교훈 등록부** : 과거의 유사 프로젝트 교훈을 활용하여 리스크 대응 방안 실행 시의 시행착오를 줄인다.
- **리스크 등록부** : 개별적 리스크 항목별 대응 전략과 방안을 활용하여 리스크 대응 실행 활동을 전개한다.
- **리스크 보고서** : 포괄적 리스크 노출도 평가와 대응 전략을 활용하여 리스크 대응 실행 활동을 전개한다.

7.2.2 리스크 대응 실행 : 산출물

가. 변경 요청

리스크 대응 실행 활동의 결과로 프로젝트관리 계획서의 비용 및 일정 등에 대한 변경요청을 제기할 수 있다.

나. 이슈 등록부

리스크 대응 실행 활동 과정에서 도출된 새로운 이슈들을 등록하고 관리한다.

다. 교훈 등록부

리스크 대응 실행 활동 과정에서 취득한 지식들을 교훈등록부에 기록하여 해당 프로젝트 혹은 차기 프로젝트에 활용한다.

라. 리스크 등록부

신규 리스크, 2차 리스크, 잔존 리스크를 포함하여 리스크 등록부를 업데이트한다.

마. 프로젝트 팀 배정표

각각의 조치에 필요한 팀과 자원을 배정한다.

바. 리스크 보고서

리스크 대응 실행 활동에 따른 포괄적 프로젝트 리스크 노출도에 대해 평가하고 업데이트 한다.

PART 1

제 8 장

리스크 모니터링

제8장 리스크 모니터링

8.1 | 개요

아마도 당신은 "**컨트롤… 그게 어떻게 가능해? 환상일 뿐이야**"라는 말을 들은 적이 있을 것이다. 그러나 이 문구는 모든 것을 반영하지는 못하는 것 같다. 외부 환경을 컨트롤하기가 쉽지 않은 것은 사실이지만 그 외부 환경과의 상호 작용 방식과 준비 상태 전반을 컨트롤할 수 있고, 이러한 과정에서, 프로젝트의 장래를 미리 내다 볼 수 있다면 혁신을 이루어 낼 수 있다. 식별된 리스크의 문서 품질을 견고하게 하기 위해 필요한 대응계획에 대해서도 컨트롤이 가능하다. 우리는 리스크관리를 프로젝트관리계획 속에 얼마나 진지하게 통합할 것인지를 컨트롤할 수 있다. 컨트롤할 수 있는 것이 꽤 많다.

프로젝트 리스크관리자와 프로젝트 팀은 프로젝트의 **지속적인 모니터링**을 통해 변화하는 과정 속에서 새롭게 식별되는 리스크를 감지하고 이를 관리하며 리스크 대응 계획이 시의 적절하게 구현되고 효과적으로 수행될 수 있도록 해야 한다.

프로젝트의 수행기간 뿐만 아니라 종료 후 서비스 단계에서 발생할 수 있는 리스크나 다른 유사한 프로젝트로의 연계를 위해서도 리스크 모니터링이 계속되어야 한다. 프로젝트가 진행되어 감에 따라 새로운 리스크가 발굴되거나 예상된 리스크가 아예 없어지게 되면 프로젝트 **리스크 등록부**가 변경된다. 리스크 등급과 우선순위 역시 프로젝트 생애주기 동안 계속 변경되어야 할 것이다.

리스크 모니터링 단계에서는 식별된 리스크, 잔류 리스크 및 새로운 리스크를 추적하는 일을 지속적으로 해야 한다. 또한 식별된 리스크에 대한 대응 전략이 계획대로 잘 실행되고 있는지 모니터링 하고 그 효과를 평가한다. 일반적으로 프로젝트가 진행 중에는 **리스크 등록부**의 리스크 상태를 갱신하고 새로운 리스크를 추가하기 위해 리스크 워크숍 세션을 정기적으로 가져야 한다. 정기적인 프로젝트 **리스크 워크숍**을 통해 리스크 식별, 분석 및 대응 계획 프로세스를 계속 반복해 나간다.

예상치 못한 리스크가 발생하거나 리스크의 영향이 당초 예상보다 큰 경우 계획된 대응 계획이 적절하지 않을 수 있다. 이런 경우, 프로젝트 책임자와 프로젝트 리스크관리팀은 리스크를 모니터링 하기 위해 추가 대응계획을 개발하고 실행하여야 한다. 또한, 리스크 모니터링에서는 다음 사항도 결정한다.

- 프로젝트 리스크관리팀에 의한 정기 리스크 검토 및 갱신 수행
- 리스크관리 정책 및 절차 준수
- 비용·일정에 대한 **잔존 비상준비금**(contingency reserve) 적정성 재검토 및 필요시 수정

대응계획을 구현한 후에는 그 효과와 프로젝트 리스크 프로파일의 변경사항이 발생하면 그것이 무엇이든 추적하고 기록해야 한다. 대응계획이 프로젝트 목표 달성에 긍정적인 영향 혹은 부정적인 영향을 미쳤는지에 대한 질문을 하고, 만약에 그렇다면 리스크관리 계획서에 그 방법과 이유를 설명해 놓는다.

본 장은 프로젝트 리스크관리 성과를 측정하고 프로젝트가 계획을 잘 따라 가고 있는지 아니면 이탈하고 있는지를 추적하고 판단하는 데 중점을 두고 있다. 이를 위해서는 다음 사항을 중점적으로 고려하면서 프로젝트가 "**선상**"한지를 모니터링해 나간다.

- 비용에 대한 대응계획과 영향을 받는 작업 활동을 설명하고 문서화해야 한다.
- 대응계획의 이행을 맡을 담당자를 식별해야 한다.
- 일정 임팩트와 리스크 대응이 전체 프로젝트와 기타 리스크에 어떤 영향을 줄 수 있는지 고려해야 한다.
- 부담스럽거나 행동에 지나친 영향을 미치지 않도록 프로젝트에 적합한 지표를 결정한다.
- 프로젝트 비상준비금 사용에 대한 비용과 조건을 설정해야 한다.
- 프로젝트 성공 가능성을 높이기 위해 이해관계자와 함께 프로젝트의 최종 목표를 설정한다.
- 프로젝트 계획이 발전함에 따라 팀원과 이해관계자의 승인을 득해야 한다.

리스크 대응 계획에 대해서는 본 가이드라인의 제6장에서 자세히 검토한 바 있다. 본 장에서는 모니터링을 통한 리스크 대응 계획 후속 조치를 살펴보겠다. 리스크를 "**모니터링**"하는 방법은 다음과 같은 질문들을 통해서 리스크 대응 계획의 효과성을 정기적으로 검토하는 것이다.

- 대응계획이 잘 작동하고 있는가?
- 상황이 나아지고 있는가?
- 대응계획이 구현된 후 프로젝트 목적에 부합하는 우리의 능력에 대해 더 확신하고 있는가?

실제로 대응계획, 모니터링은 일상적인 프로젝트관리 활동의 자연적인 구성 요소이다. (예 : 프로젝트 팀과 의사소통하고 상황이 어떻게 진행되고 있는지 확인한다. 리스크관리계획서에 메모를 하고 그 결과를 문서화한다.)

8.2 | 리스크 모니터링의 도구와 기법

계획 대비 실적의 차이를 비교하여 대응성과를 확인하고, 차이가 있을 경우 적절한 조치를 취한다. 또한 식별된 리스크의 변화를 추적하고, **새로운 리스크**와 **잔류 리스크** 및 **2차 리스크**를 확인하여 리스크를 재평가하고 대응계획을 갱신한다.

8.2.1 리스크 오너 선정

대응계획을 실행할 담당자를 찾는다. 일정에 대한 영향과 리스크 대응 계획이 전체 프로젝트나 기타 리스크에 어떤 영향을 줄 수 있는지 고려한다. 지표를 측정하는데 부담스럽지 않고 행동에 악영향을 미치지 않도록 설정하는 것이 필요하다. 더 나은 성과를 얻는데 집중하기 보다는 더 나은 측정값을 얻으려고 하는 경우가 있다. 프로젝트 리스크준비금 사용을 위한 금액비용과 조건을 설정한다. 프로젝트 성공 가능성을 높이기 위해 이해관계자와의 프로젝트 최종 목표를 설정한다. 프로젝트 계획이 갱신되면 팀원과 이해관계자의 확인 절차를 거친다.

8.2.2 프로젝트 리스크의 모니터링

프로젝트관리자와 팀은 프로젝트 완료 전에 프로젝트 상태를 모니터링 하고 프로젝트 실행의 변화(양호한 변화)를 나타내는 추세를 찾고, 향후 다른 유사한 프로젝트를 위하여 기록하여야 하며 결과를 전달하고 필요한 경우 조정해야 한다. 변경 관리나 문제 해결은 이러한 프로세스를 통해 이루어진다. 프로젝트 이력과 발전 과정을 설명할 수 있어야 하고 이는 **교훈**을 개발하는 데 필수적인 요소이다. 모니터링은 프로젝트 전반에서

- 리스크 대응 계획을 구현하고,
- 식별된 리스크를 추적하고,
- 잔존 리스크를 관찰하고,
- 새로운 리스크를 식별하고,
- 리스크 프로세스의 효과를 평가하는 과정이다.

리스크 모니터링의 핵심 투입물은 리스크 대응 계획의 실행 결과가 기록된 **리스크 등록부**, **리스크 추적부** 및 **리스크 진도 보고서**이다.

8.2.3 리스크 모니디링 : 투입물

가. 리스크관리계획서

리스크관리계획서에는 리스크 모니터링 시점과 주기 등 리스그 모니터링 방법에 대해 기술되어 있으므로 이를 준수한다. 특히 이해관계자 및 조직의 리스크 위원회 등 상위기관과의 의사소통을 통해 조직 차원의 모니터링 활동이 이루어지도록 한다.

나. 프로젝트 문서

- **이슈 등록부** : 프로젝트 수행과정에서 발생되는 각종 이슈들은 해결되지 않을 경우 신규 리스크로 전환될 수 있으므로 지속적으로 추적한다.
- **교훈 등록부** : 모니터링 과정에서 대응방안에 대한 아이디어는 과거의 실적을 통해 모색할 수 있다.
- **리스크 등록부** : 리스크 대응전략과 방안을 기초로 리스크 모니터링 활동을 전개한다.
- **리스크 보고서** : 개별 리스크의 개연성 지수와 영향도 평가의 세부 내용은 모니터

링 활동에서 당초 분석단계의 값과 실제 값을 비교 분석하고 산정 근거를 제시한다.

다. 작업성과 정보 및 보고서

프로젝트 수행 성과 결과들은 리스크 활동 평가의 기초정보이다. 성과보고서를 통해 성과 측정치의 세부 내역을 얻을 수 있다.

8.2.4 리스크 모니터링 : 산출물

가. 변경 요청

리스크 모니터링 활동의 결과로 프로젝트관리 계획서의 비용 및 일정 등에 대한 변경요청이 제기될 수 있다.

나. 리스크 등록부

리스크 등록부를 최신 정보로 갱신한다. 신규 리스크, 2차 리스크, 잔존 리스크를 포함한다.

다. 리스크 추적표

리스크 모니터링 활동의 결과들을 리스크 추적표에 기록한다.

라. 리스크 진도 보고

리스크 모니터링 활동의 결과를 리스크관리계획서에 포함된 보고 프로세스에 의거하여 보고하고, 피드백을 받는다.

마. 가정사항 등록부

리스크 모니터링 활동 과정에서 도출된 새로운 가정사항이나 제약조건들을 식별하고 가정사항 등록부를 업데이트한다.

바. 이슈 등록부

리스크 모니터링 활동 과정에서 도출된 새로운 이슈들을 등록하고 관리한다.

사. 교훈 등록부

리스크 모니터링 활동 과정에서 경험한 지식들을 교훈등록부에 기록하여 해당 프로젝트 혹은 차기 프로젝트에 활용한다.

8.3 | 프로젝트 리스크관리팀의 주요 업무

프로젝트 리스크관리팀은 리스크 모니터링 단계에서 정기적으로 프로젝트의 리스크 등록부와 리스크 대응 계획을 검토하고 프로젝트 리스크 정보를 업데이트하기 위해 소집되며 프로젝트 리스크관 팀의 주요 업무는 다음과 같다.

- 신규 발생 리스크에 대한 대응계획을 파악, 분석, 계획하여 리스크 등록부에 추가한다.
- 리스크 대응 계획을 실행 검토하고 효과성을 평가한다.
- 기존 리스크를 재평가하고, 가정사항이 여전히 유효한지 확인하고, 필요시 이전의 평가결과를 수정한다.
- 리스크 오너에게 추가 리스크 대응 계획을 지정한다.
- 프로젝트에 영향을 미칠 기회가 경과하거나 프로젝트에 미치는 잔류 영향이 허용 가능한 수준에 도달한 것으로 판단되는 리스크는 종결한다.

프로젝트 리스크관리팀은 대응계획이 효과적으로 수행되지 않거나 리스크 영향이 증가하는 리스크에 대해 논의해야 한다. 이러한 사항을 프로젝트 리스크관리팀 내에서 해결할 수 없는 경우, 프로젝트관리자에게 조치 권고사항을 전달해야 한다. 그리고 다음과 같은 권장 사항을 포함할 수 있다.

- 리스크 대응 계획의 대안 제시
- 시정 조치 실행
- 프로젝트 목표 수정

사례 8.1 S사의 팀 미션 및 R&R 사례

- **미션 (Mission)**
  - 입찰 프로젝트의 입찰준비 및 수행역량점검으로 부실수주 방지
  - 최적화된 사업관리 프로세스를 제공하고 효율적인 운영지원
  - 실행예산 적정성 심의
  - 정량적, 선제적 리스크관리 체계 구축
- **역할 (Role)**
  - 입찰자료에 대한 스크린 기능 수행
  - 실행예산 작성기준 준수여부 심의
  - 리스크 등록부를 통한 리스크 상시관리 체계 구축
  - 리스크관리 프로세스 정립 및 관리
- **책임 (Responsibility)**
  - 수주단계별 리스크관리 강화로 부실 프로젝트 최소화
  - 입찰가와 실행예산 차이 분석을 통한 원인 및 대안제시
  - 현안, 부실 프로젝트의 원인분석 및 조기종결 추진

8.4 | 리스크 등록부 및 관련 문서 업데이트

▸ 리스크 모니터링에서 유용한 팁

어떤 프로젝트에서 50개가 넘는 리스크가 식별되었으며 그 중 23개는 정량적 리스크분석 모델에 포함될 만큼 충분히 중요하다고 판단되었다. 이 중 5개 리스크는 분석 후 최상위 리스크로 나타났으며 프로젝트관리자에게 우선순위가 지정된 관리리스크 목록으로 제공되었다. 다른 40개 이상의 리스크는 무시된 것은 아니다. 이러한 리스크는 다양한 전문가 그룹에게 **"이슈에 대한 인식"**을 제공하는 효과가 있었고 관련 리스크에 대해 각 전문가 그룹에 의해 적절하게 다루어졌다. 이 프로젝트의 리스크관리 노력에 대한 보고서 작업을 할 때 다음과 같이 요약할 수 있다.

대응계획을 위해 계획된 총금액은 6억원이었으며, 프로젝트 리스크노출을 38억원이나 줄일 수 있다. 대응계획을 실제 구현해 보니, 당초 6억원이었던 대응계획의 총 비용이 실제 7억원인 것으로 나타났으며, 이는 실제 37억원 추가비용 발생을 미연에 방지한 효과로 분석되었다. 이 예는 리스크관리 노력에 대한 탁월한 투자회수율을 보여준다.

아래 사항은 계량화한 숫자로 표현할 수 없지만 부가적인 편익들이다.

- 팀원 간 및 외부 이해관계자 및 대중과의 커뮤니케이션 개선
- 리스크 추출 과정에서 리스크 등록부를 개발하는 데 도움이 되는 각 전문그룹의 관심 영역 식별
- 프로젝트 개발 과정에서 프로젝트관리자와 프로젝트 팀의 신뢰 향상
- 경영진에게 문제에 대한 정보를 제공함에 따라 충격 경감
- 전체 리스크 워크숍 및 리스크관리 노력에서 수집한 정보로 인해 보다 현명한 의사결정 가능

다음을 포함하여 리스크관리 노력을 통해 수많은 사항을 모니터링할 수 있다.

- 준비 상태
- 앞을 내다보고, 즉시 준비하고 적용하기 위한 약속
- 견고한 리스크 대응 계획
- 문서의 품질
- 리스크관리를 프로젝트관리에 얼마나 진지하게 통합하는지 여부
- 리스크관리계획서 스프레드시트를 포함하여 우리의 리스크관리계획서를 최신 상태로 유지하기
- 리스크관리 노력과 관련하여 다음과 같은 성과 데이터 준비 및 제공
  - 식별된 리스크 개수
  - 정량적 분석을 통해 결정된 중대한 리스크의 수
  - 중대한 리스크의 비용
  - 계획된 대응계획을 위한 견적 금액
  - 리스크관리를 통해 회피된 비용 추정치
  - 실제 대응계획 실행 비용

- 리스크관리를 통해 회피된 비용 실제 견적 금액
- 리스크관리를 통해 지연 예상 일정 추정값(개월)

8.5 | 프로젝트관리계획서의 관리

프로젝트관리자와 프로젝트 팀은 성과물의 완료를 위해 프로젝트관리계획서에 리스크 내용을 포함시켜야 한다. 프로젝트 상태를 모니터링하고 프로젝트 실행의 변화(양호한 변화)를 나타내는 추세를 찾는다. 프로젝트관리자에게 결과를 전달하고 필요한 경우 변경 관리 또는 문제 해결 프로세스를 통해 조정해야 한다. 프로젝트 이력과 발전 과정을 설명할 수 있어야 한다. 이는 **교훈**을 작성하는 데 필수적이다.

- 리스크에 대한 상태 업데이트 정보에 대한 수집은 철저하고 지속적이어야 한다.
- 상태 및 추세를 지속적으로 모니터링 한다(범위, 일정, 비용 견적, 제품 품질 등).
- 문제점과 이슈는 즉시 해결한다. 실제로 가능한 한 사전에 예측하고 토의해야 한다.
- 소통해야 한다.

8.6 | 교훈(Lessons Learned) 기록

리스크가 제거될 때, 프로젝트 리스크관리팀은 리스크의 이력을 검토하고 사용된 리스크관리 프로세스와 관련하여 얻은 교훈을 교훈등록부에 기록한다. 리스크관리팀은 본질적으로 **"만약 이 상황에서 다르게 행동했더라면 어땠을까?"**라고 스스로 질문을 던진다. 프로젝트 리스크 책임자는 프로젝트 리스크관리팀을 통해 배운 모든 **교훈**을 정기적으로 검토해야 한다.

이 **교훈** 부분은 리스크관리의 마지막을 장식하는 매우 중요한 업무 중 하나이다. 이것이 쌓이면 좋은 데이터가 될 것이고 큰 조직이나 국가·지자체의 빅데이터/AI와 접목한다면 프로젝트의 실패를 크게 줄일 수 있을 것이다.

성숙되지 않은 조직일수록 리스크에 대한 나쁜 기억은 기록하지 않으려는 경향이 있다.

조직의 최고의사결정권자는 이러한 **교훈**을 기록하고 관리할 수 있도록 실패를 격려하고 실패경험을 공유하는 실무자·공무원의 용기를 북돋는 문화를 만들어 주어야 할 것이다.

계속되는 안전사고에 대한 데이터는 교훈으로 기록하여 이러한 데이터를 미래 프로젝트에 활용할 수 있게 하는 것은 대단히 중요한 **문화적 혁신**이 될 것이다.

Project
Risk
Management
Guidelines

제2편

워크숍지침

PART 2

제 1 장

개 요

제1장 개요

PROJECT RISK MANAGEMENT GUIDELINES 제2편 워크숍지침

1.1 | 워크숍지침의 목적

K-Risk(한국리스크전문가협의회)는 공공 및 민간 프로젝트의 성공적인 프로젝트관리와 실질적인 리스크기반 견적서를 작성하기 위해 리스크 워크숍을 수행할 것을 강력하게 권고한다. 본 가이드라인의 **제2편 워크숍지침**은 2020년 출간된 프로젝트 리스크관리 가이드라인 **제1편 일반지침**에서 핵심 리스크관리 방법론으로 언급되었던 리스크 워크숍과 리스크기반 견적의 효과적 수행을 위해 **프로젝트 팀, 리스크 리더, 원가 리더, 분야별 전문가(SME), 리스크 워크숍 코디네이터, 리스크 모델러**들이 수행해야 할 업무에 대한 책임과 역할 등 관련 지침을 제공하기 위하여 작성되었다.

1.2 | 리스크 워크숍 수행 필요성

워크숍 기반의 리스크관리는 역량있는 **리스크 퍼실리테이터**가 이끌어가는 형태인 워크숍 방식으로 주요 이해당사자간의 의사소통과 아이디어를 다이내믹하게 이끌어냄으로써 사업에 필요한 이슈를 논의하고 해결책을 모색할 수 있게 하는 가장 효과적인 방법이다. 특히 리스크관리 수준이 높은 미국에서도 워크숍 형태로 진행되고 있다. 본 지침에서는 효과적인 **리스크 워크숍**을 위해 누가, 무엇을, 어떻게 하는 것이 가장 바람직한지를 포괄적인 지침 형태로 제시한다. 프로젝트 팀 및 설계팀에서 제공한 공정표와 사업예산 범위 안에서 워크숍 참여자들이 사업의 성과를 극대화하는 모든 가능한 개선 방법과 대응 방안을 모색하게 된다. 이 프로세스는 불필요한 중복 작업의 양을 줄이고 리스크 측면에서 프로젝트 팀의 올바른 방향과 참여자간 공유 가치에 집중할 수 있도록 도와줄 것이다.

1.3 | 리스크 워크숍 수행 목적

프로젝트에 대한 보다 정확한 견적을 파악하기 위해서는 다음과 같은 세 가지 질문이 필요하다.

(1) 비용이 얼마가 들까?
(2) 시간이 얼마나 걸릴까?
(3) 그 이유는 무엇인가?

위의 근본적인 세가지 질문에 대한 한가지 분명한 답은 제1편에서 언급된 바와 같이 견적 추정치가 단일 숫자가 아닌 범위로 더 정확하게 표현될 수 있다는 것이다. 비용과 일정에 대한 정확한 추정 범위를 결정하려면 사업내역서뿐만 아니라 계획대로 되지 않을 주요 리스크를 식별하고 이에 대한 효과를 프로젝트 비용이나 일정에 추가로 반영해줘야 한다. 일정 면에서 프로젝트를 종합적으로 표현하려면, 문서 형태로 충실하게 작성된 기본비용 및 일정 견적부터 시작해야 한다.

기본비용(Basc Cost)이란 계획대로 수행되었을 경우의 **프로젝트비용**(planned cost)을 의미한다. 기본비용에는 **비상준비금**(Contigency reserve)은 포함하지 않는다. 식별된 리스크들은 **리스크 등록부**(Risk Register)라고 불리는 문서에 **기회**(Opportunity)와 **위협**(Threat) 모두 기록된다. 구체적이지 않고 모호하게 정의된 컨틴전시는 구체적인 리스크 평가 결과로 나타난다. 이런 평가결과에는 리스크의 발생확률과 이 리스크가 발생할 경우 프로젝트의 원가·일정에 미치는 임팩트로 반영된다.

이러한 리스크 등록부 및 리스크 평가를 위하여 워싱턴주 교통부(이하 WSDOT라 함)에서는 2,5천만달러(약 350억원)가 넘는 프로젝트에 대해서 **비용리스크 평가**(Cost Risk Assessment; CRA) 워크숍을 반드시 수행하도록 의무화한 바 있다.

따라서, K-Risk에서는 이와 같은 WSDOT의 의무화된 규정을 국내 관련 기준으로 활용할 것을 권고한다.

다음 **[사례 1.1]**은 WSDOT의 CRA · CEVP의 **7단계 리스크관리 워크숍 프로세스**를 보여주고 있다. **[사례 1.2]**는 이러한 7단계의 프로세스에 따른 상세한 리스크관리 활동에 대한 내용을 소개하고 있다. 본 지침은 여러 분야 전문가가 참여하는 **워크숍** 형태의 엄격한 리스크관리 가이드라인을 실행중인 WSDOT의 **리스크 워크숍** 관련 지침을 적극 준용하였다.

사례 1.1 WSDOT의 7단계 리스크 워크숍 프로세스

1. 리스크관리 대상 프로젝트와 리스크관리 방법 선택
2. 협업 팀 활동 구성
3. 기본비용 및 일정 검토
4. 프로젝트 리스크와 불확실성의 식별 및 특성화
5. 프로젝트 비용과 일정에 영향을 미치는 정량화된 리스크 및 불확실성 확인
6. 비용 및 일정의 확률적 분석과 문서화
7. 리스크 대응 조치 구현, 측정, 모니터링

사례 1.2 WSDOT의 프리 워크숍, 워크숍 및 포스트 워크숍 단계의 활동 내용

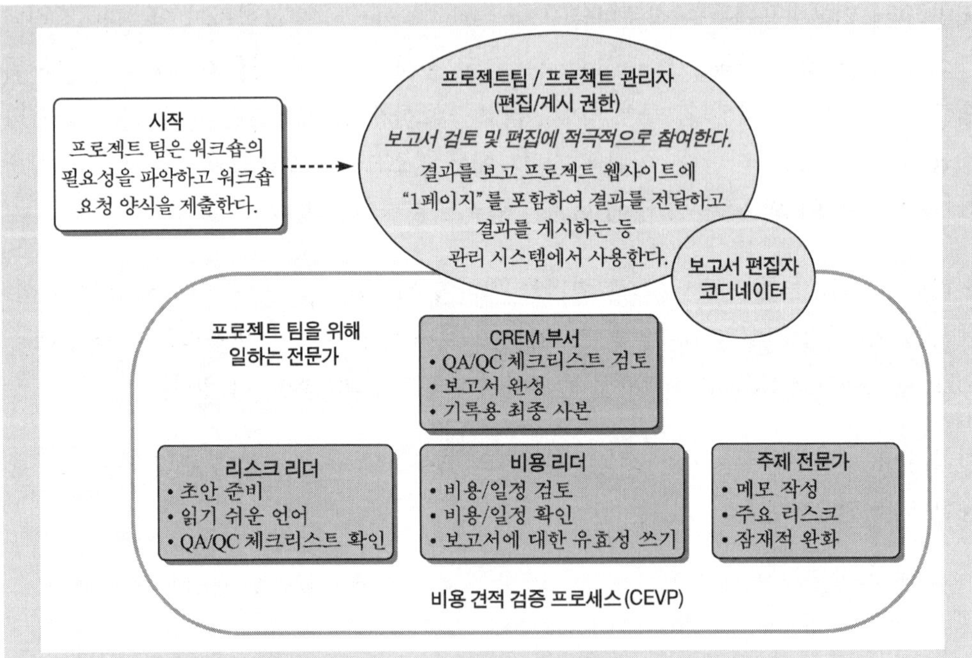

1.4 | 리스크 워크숍 팀의 역할

리스크 워크숍을 통해 프로젝트 팀이 프로젝트 원가 및 일정 추정치를 개선하고 검증할 수 있도록 유용하고 건전하며 객관적인 분석 및 보고서를 작성하며, **비용 리더**와 **일정 검토자**, SME, **비용리스크 전문가** 및 **프로젝트 팀** 주요 구성원은 리스크 워크숍 팀에 참여하여 다음과 같은 업무를 진행한다.

- 비용 리더와 일정 검토자, SME 및 발주기관 소속 내부전문가를 통하여 기본비용과 일정을 검토하거나 검증한다.
- 프로젝트 비용 및 일정 견적 범위를 구체화하는데 사용된 가정사항과 제약사항을 문서로 기록한다.
- 기존 프로젝트 "**조건**(Condition)"을 보다 명확하게 이해하고 관리할 수 있는 식별 가능한 주요 리스크로 대체시킨다.
- 리스크 리더의 작업 지시에 따라, 기본비용이나 일정에 상당한 편차를 초래할 수 있는 프로젝트의 주요 리스크 사건을 파악하여 정량화한다. 이러한 식별 및 정량화 과정은 프리 워크숍 단계의 사전 추출 회의를 통해 진행되어야 한다.
- 비용과 일정의 합리적인 범위와 분포를 산출하는 시스템으로서 전체 프로젝트의 기초금액과 리스크의 영향을 고려한 조정된 견적금액을 산출하기 위한(몬테카를로 시뮬레이션 분석을 위한) 모델링을 준비한다.
- 프로젝트 비용에 영향을 미칠 수 있는 일정에 대한 리스크 대응 개념을 논의하고 구체화한다.
- 프로젝트 팀별 사전 예방적 리스크관리를 촉진한다.
- 프로젝트 팀이 프로젝트 비용과 일정을 보다 효율적으로 제어할 수 있도록 하기 위하여 리스크(위협/기회)를 지속적으로 관리할 수 있는 실행 가능한 정보를 완화 전략에 포함하여 제공한다.
- 계획된 리스크 대응 조치의 효과를 확인하기 위해 "**완화조치 후**" 분석을 수행한다.

1.5 | 기초견적금액과 리스크

기본비용(Base cost)은 프로젝트가 계획대로 진행되었을 경우의 비용이다. 기본비용 견적은 **낙관주의 편향**(Optimism bias)이 없어야 하며 중립적이어야 한다. 프로젝트 리스크는 불확실한 사건의 발생확률과 그 임팩트의 조합으로 정량적으로 측정된다. 긍정적인 영향은 기회 리스크, 부정적인 영향은 위협 리스크가 된다.

우리는 본 가이드라인 **제1편 일반지침**에서 언급한 **7단계의 리스크관리 프로세스**를 아래 〈그림 1.1〉과 같이 크게 "**식별 및 분석**", "**대응 및 모니터링**" 두 가지 섹션으로 생각해 볼 수 있다. 하지만, 리스크관리를 잘 하고 있다고 자부하는 기관도 대부분 첫 섹션인 식별 및 분석까지는 잘 수행하지만 두 번째 섹션인 대응, 모니터링 부분을 소홀히 하는 경우가 많다. 두 번째 섹션의 업무가 미흡하게 되면 사실 리스크관리의 주요 목표를 달성하기 어렵다.

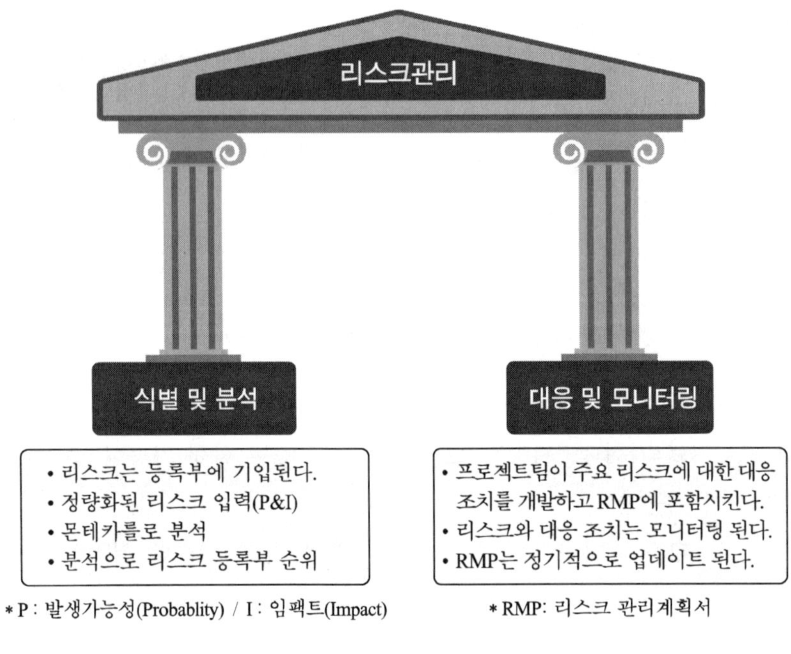

〈그림 1.1〉 리스크관리의 2개의 기둥

프로젝트관리계획을 준비하고 프로젝트 활동을 할 때, 위의 리스크관리를 위한 두 가지 섹션을 모두 포함해야 한다.

- 프리 워크숍 단계의 준비 활동과 워크숍 활동은 첫 번째 섹션에 포함된다.
- 프로젝트관리자와 프로젝트 팀이 주요 리스크에 대한 대응 조치를 개발하고 문서화하며 이 정보를 프로젝트관리 계획 문서에 리스크관리계획에 통합하는 것이 두 번째 섹션에서 필요하다.

프로젝트관리자와 팀은 리스크를 식별하고 분석까지 수행하였다고 만족하면 안되며, 대응 조치에 등록된 리스크와 효과를 철저히 추적 관리해야 한다. 즉, 후속분석을 계속 수행함으로써 이러한 대응조치의 효과를 입증할 수 있다.

1.6 | 워크숍 팀 참여자

1.6.1 적정 규모 및 참여자

프로젝트 워크숍 참여범위의 기준은 "**우리가 다루고 있는 문제를 식별하는 데 절대적으로 중요한 사람이 누구인가?**"여야 한다. "**중요성**"이라고 하는 기준에는 기술적 전문성뿐만 아니라 문제 해결과 팀 운영 기술도 포함되어야 한다. 워크숍 참여자는 팀에 적극적으로 참여하여 본인의 책임사항도 다하며 전문지식 분야에 대하여 경청하고 의견을 적극적으로 개진한다.

1.6.2 참여자의 구성과 역할

참여자는 아래 WSDOT 사례를 참고로 하여 구성할 수 있으며, 워크숍 준비를 위한 회의는 프로젝트 규모와 복잡성, 참여자의 지식과 경험에 따라 워크숍 수행 전 1회 이상 가질 필요가 있다.

사례 1.3 WSDOT의 리스크 워크숍 참여자의 역할과 책임

프로젝트 팀원	역할 및 책임
프로젝트관리자*	프로젝트 자원 및 의사결정자
비용 견적사*	프로젝트 비용견적을 준비하고 문서화
스케줄러*	프로젝트 일정을 준비하고 문서화
수석 디자이너*	디자인 질문에 관한 기본 리소스
주요 기술 전문가	필요에 따른 전문가 그룹

분야별 전문가	역할 및 책임
프로젝트 팀 전문가	내부 주제 전문가(SME)는 외부 SME와 협력하여 프로젝트 비용 및 스케줄 예측을 검토하고 검증한다. 프로젝트 쟁점, 리스크 및 불확실성에 대한 객관적인 검토 및 의견을 제공한다. 워크숍이 끝나면 SME는 워크숍에 대한 자신들의 생각을 간략하게 (한 페이지 가량) 요약 제공해야 한다.
발주처 본부 전문가	
기타 이해관계자	
외부 컨설턴트	

비용-리스크 팀원	역할 및 책임
리스크 리더*	리스크 추출 회의를 관리한다. ; 통계 분석을 수행 또는 지시
리스크 리더 어시스턴트	리스크 추출 중 리스크 추출 및 회의 관리를 지원한다.
비용 리더*	기본비용과 일정 검토와 검증을 수행한다. 검토하는 동안 회의를 관리한다.
비용 리더 어시스턴트	비용 리더를 적절하게 지원한다.
워크숍 코디네이터	의제와 참가자의 토론을 조정하고 프로젝트관리자와 협력하여 워크숍이 성공적으로 수행될 수 있도록 지원한다.

(*) 표시 참여자는 준비 세션에 참석해야 함

1.6.3 참여자의 공동 윤리 선언

프로젝트관리자와 프로젝트 팀은 워크숍 코디네이터 및 리스크팀과 협력하여 각 회의에서 가장 적합한 참여자의 조합을 구상해야 한다. 단, 프로젝트에 직·간접적으로 참여하고 있는 모든 참가자들이 회의에 전부 다 참석할 필요는 없다. 즉, 모든 이해당사자의 시간을 좀더 효과적으로 사용할 수 있는 방법으로 운영해야 한다. [사례 1.4]와 같

이 워크숍 참여자들이 아래 윤리선언문 항목에 "**동의**"한다는 의미의 서명을 받으면 좀 더 진지한 리스크 워크숍 수행에 도움이 된다.

사례 1.4 참여자의 윤리선언문 (WSDOT 사례)

- 내 직업의 최고 표준을 준수할 것.
- 솔직하고 효과적으로 소통할 것.
- 나의 견적 업무에 책임을 지고 개방적으로 임할 것.
- 직책이나 직함은 상관하지 말고 다른 사람들이 말하는 것을 있는 그대로 청취할 것.
- 그 과정속에 광범위한 참여를 촉진할 것.
- 미리 정해져 있는 원가 수치로 어떤 특정 추정치에 맞추라고 압력을 행사하지 말 것.
- 공익사업에서 공적 자금의 좋은 관리인이 될 것.
- 프로젝트 원가 및 일정 견정에 대한 이해를 하도록 노력.
- 불확실성 및 리스크 추정의 원칙과 가치에 대한 나의 이해력과 실무 능력을 강화할 것 (관련 사전교육 반드시 이수).
- 자기학습/교육을 계속하고 다른 사람의 교육을 장려할 것.

1.6.4 성공적 워크숍 수행을 위한 유용한 팁

참여팀 및 참여자들은 위의 공동 윤리선언문 이외에 아래의 **[사례 1.5]**의 팁으로 사용하면 효과적인 리스크관리 준비에 도움이 된다.

사례 1.5 프로젝트 팀을 위한 유용한 팁 (WSDOT 사례)

1	**철저한 사전 준비** - 워크숍에서 평가할 내용 사전 파악 - 프로젝트의 범위, 프로젝트 비용 및 일정의 최신화 노력
2	어떤 프로젝트 대안이나 시나리오를 평가해야하는지 분명한 **워크숍 요청 양식**을 제출할 것 - 워크숍 수행 최소 8주 전 아무리 늦어도 첫 준비회의 때까지는 제출한다.
3	WSDOT 프로젝트관리 온라인 가이드에 설명된 대로 **프로젝트관리 프로세스** 사용[1)]

주1) PMBOK Guide(제5판)의 5단계 프로젝트관리 프로세스를 접목하고 있음.

4	**본 가이드라인 지침 준수**
5	**워크숍 참여자 수**는 관리 가능한 규모로 유지할 것 : – 효과적인 워크숍을 위한 필수 인원 참석 – 회의에 너무 많은 사람이 참여하면 효과가 떨어지며 느리고 번거로울 수 있음(과유불급) – 본 가이드라인의 프리 워크숍 및 워크숍 회의 섹션, 특히 역동적인 워크숍에 관한 주의 사항 필독
6	**프로젝트관리자나 담당 실무자의 워크숍 참석** – 워크숍 수행기간 전부에 참여하여 리스크오너의 관점에서 말할 수 있는 사람의 참석이 중요
7	**리스크 워크숍 프로세스에 대한 사전 숙지** 필요 – WSDOT의 전략분석견적국(SAEO)에서 리스크 워크숍 교육 및 오리엔테이션을 수행할 수 있도록 비용리스크견적부(CREM)의 담당자 선임
8	**워크숍이 끝나면 마무리된다!** – 워크숍은 프로젝트에 대한 "**스냅 샷**"검토이며 워크숍 중에 중요한 걱정거리와 문제점 및 이슈 등이 충분히 제기되어야 한다. – 리스크 및 그 특성의 도출은 워크숍이 끝날 때까지 완료된다. – 워크숍 후 긴 논쟁과 토론으로 인한 간섭이 없어야 한다. – 그런 다음 모델러는 워크숍에서 생성된 정보의 모델링 및 분석을 완료해야 한다. – 리스크 대응 분석이 완료되면 프로젝트 팀이 대응조치를 좀더 구체화하고 리스크관리계획에 통합한다. – 프로젝트 팀이 워크숍에서 얻은 정보를 일상적인 의사결정과 프로젝트 개발 활동에 사용함으로써 포스트 워크숍 단계의 몇 주 또는 몇 달 동안 이러한 워크숍 프로세스의 장점을 공감하게 한다.

PART 2

제2장

워크숍 수행 절차 및 방법

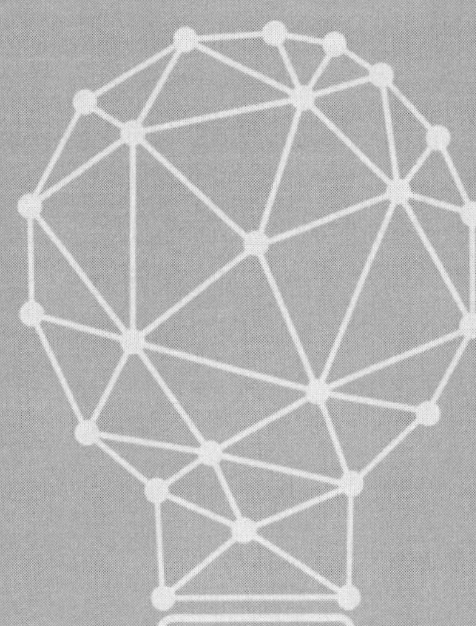

제2장 워크숍 수행 절차 및 방법

PROJECT RISK MANAGEMENT GUIDELINES 제2편 워크숍지침

2.1 | 프리 워크숍(Pre-workshop) 단계

모든 워크숍을 수행하기 전 참여자는 다음과 같은 자세가 필요하다.

- 워크숍 토론 중 편견과 편향을 최소화하고 공정해야 한다.
- 모든 의견을 열린 자세로 경청해야 한다.
- 사전에 결정된 사항을 무조건적으로 옹호해서는 안된다.

이번 장에서는 프로젝트 팀과 **분야별 전문가**(SME)가 리스크에 대비할 수 있도록 준비 절차를 설명한다. 리스크 리더와 비용 리더는 워크숍의 각 부분을 수행할 때 프로젝트 비용과 일정에 대한 검토 결과에 잠재적인 편향이 존재하다는 것을 알고 있어야 한다.

프로젝트 비용 및 일정에 대한 정보는 프로젝트 팀이 구성되고 이들이 프로젝트에 정확히 투입된 시점에서 제공되어야 한다. 프로젝트 팀은 비용 및 일정 견적의 품질을 유지하기 위한 최대한의 노력을 기울여야 한다. 프로젝트 팀 구성원들은 종종 프로젝트에 대해 대부분 낙관적으로 생각하는 경향이 있다. 리스크 리더는 참여자들 특히 프로젝트 팀 구성원의 대부분이 **낙관주의 편향**을 가질 것이라는 점을 알고 있어야 한다.

프리 워크숍 단계에서는 [사례 2.1]의 WSDOT의 사례에서 보는 바와 같이 크게 **전략 세션**, **오리엔테이션 세션** 및 **정보수집 세션** 등 3가지 세션으로 구분하여 준비하면 된다.

사례 2.1 프리워크숍 주요 활동 내용 (WSDOT 사례)

전략 세션	오리엔테이션 세션	정보수집 세션
■ 프로젝트에 리스크기반 견적(RBE) 워크숍이 필요한가? 필요하다면 어떤 유형의 워크숍(비공식워크숍, CRA/CEVP워크숍, VE-CRA 통합워크숍)이 필요한지를 결정함(WSDOT 문서 IL 4071 참조) ■ 워크숍 이벤트의 시기와 일정 결정 ■ 이는 일반적으로 CREM 부서와 프로젝트관리자 간의 전화/화상회의를 통해 수행	■ 참여자의 프로세스와 담당 역할의 이해 ■ 공식 교육훈련 담당자는 프로세스에 대한 포괄적인 발표자료 제공 ■ 그러나 CRA/CEVP 워크숍 프로세스에는 숙련도에 따른 다양한 단계가 있음 ■ 오리엔테이션 세션은 프로젝트 팀과 참여자 수준에 맞는 적절한 교육 수준 제공	■ 프로젝트관리자와 프로젝트 팀은 평가대상에 대한 내용을 정확히 파악하고 워크숍 참가자에게 명확하게 전달 ■ 이 프로세스는 하나 이상의 시나리오를 검토할 기회를 제공하지만 **"상상 가능한 모든 개념의 시나리오"**를 모두 평가하는 것은 실용적이지 않음

준비 세션

- ■ 준비세션회의에서는 프로젝트 순서도를 개발하고 초기 프로젝트 원가/작업 일정을 수집하고 프로젝트 일정 또는 비용상의 심각한 영향을 줄 수 있는 리스크 목록을 구체화하기 위하여 리스크 리더, 비용 리더 및 핵심 프로젝트 팀 구성원이 참석해야 함
- ■ 이 회의를 통해 워크숍에 참여해야 할 추가 참여자 파악
- ■ SME로부터 필요한 지원내용에 대한 파악

참여자 초대

- ■ 워크숍에 참석해야 하는 사람과 필요 시기 결정
- ■ 초대할 참여자 확정
- ■ 회의실 예약
- ■ 본사(HQ)의 지역 참가자 및 관련 전문가 초대
- ■ 외부의 비용 및 리스크 전문가(컨설턴트 및 본사의 기타 독립적 전문가) 초대

비용 및 일정 견적 검토

- ■ 준비세션 회의 후 그리고 프리 워크숍 단계에서의 비용 리더 및 SME는 프로젝트 팀의 기본비용 및 일정계획안을 검토하고 검토의견 제공(이 단계에서 질문해야 하는 비용 리더 검토 질문 샘플은 본 가이드라인 3.3절 참조)
- ■ 기본비용에 대한 타당성 검증은 프리 워크숍 단계부터 착수
- ■ 프리 워크숍 단계에 프로젝트 계획안 및 순서도/일정 등 검토후 WSDOT 지역 리스크관리자 및 모든 주요 비-WSDOT 이해관계자에게 제출

사전 리스크 추출 인터뷰

- ■ 워크숍에 앞서 리스크 리더는 리스크 식별을 위한 전문가 그룹을 만나서 사전 인터뷰 실시

2.1.1 전략 세션

WSDOT사례에서 보는 바와 같이 전략 세션에서는 "**프로젝트에 RBE 워크숍이 필요한가?**"에 대한 질문을 한다. 본 가이드라인 제1편 일반지침에 사업비 규모별로 리스크 워크숍의 가이드라인을 제시하였으므로, 필요시 본 가이드라인을 참고로하여 각 조직에 맞게 별도 규정을 만들어 사용할 것을 권고한다.

기존 설계의 경제성 검토(VE)를 사용하고 있는 조직이라면 "**VE와 리스크 워크숍을 통합하여 추진할 것인가?**" 아니면 "**별도로 추진할 것인가?**"도 중요한 의사결정사항 중 하나이다. 이 부분에 대한 방향이 정해졌으면 워크숍을 언제 수행할 것인지를 정할 필요가 있다. 이러한 조정 등은 조직의 전담자로 지정된 **리스크 코디네이터**가 담당하게 될 것이다.

2.1.2 오리엔테이션 세션

오리엔테이션 세션에서는 참여자들이 어떤 R&R을 가지고 리스크 워크숍에 임해야 하는지 설명하고 이해시킨다. 참여자들의 리스크 지식 수준에 따라 1~2시간의 리스크 설명회 또는 상당기간의 교육과 훈련이 필요할 수 있다.[1] 리스크 워크숍의 전 과정을 리딩하기 위한 리스크 식별부터, 정성적 및 정량적 리스크분석, 인지 및 낙관주의 편향 등의 인간리스크 요소 등 폭넓은 지식이 있어야 리스크 워크숍을 체계적으로 이끌어갈 수 있으므로, **리스크 리더**는 공인기관에서 운영하는 **리스크전문가 교육 및 인증자**를 활용할 것을 권장한다.

2.1.3 사전정보수집 세션

프로젝트관리자와 프로젝트 팀은 워크숍 참여자와의 적극적인 소통을 통하여 워크숍에서 확인하고 싶어하는 것이 무엇인지를 파악한다. 즉, 모든 정보를 무조건 쏟아 놓기 보다는 핵심적인 이슈에 대한 정보가 무엇인지 식별하고 그 정보를 집중 준비할 필요가 있다.

---

1) 리스크 워크숍의 정착을 위해서는 참여자로 하여금 공인기관에서 수행하는 교육 중 기본 교육(40시간) 수료 및 ARS/CRS 자격 취득을 참여자에게 요구하는 등 보다 적극적 노력이 필요하다.

2.1.4 준비세션 수행

리스크 리더, 비용 리더, 프로젝트 팀 책임자는 프로젝트 비용 및 공정표, 설계도면 등 프로젝트 관련 정보를 바탕으로 준비 회의를 수행하고, 프로젝트 일정과 비용에 상당한 영향을 주는 **사전 리스크 목록**을 작성한다. 이 회의에서 추가로 이어질 워크숍에 어떤 사람들을 참여키면 좋을지 식별이 될 것이다. SME로부터의 필요한 지원이 무엇인지 분명히 식별해내는 것이 이 회의의 중요한 목적이 되어야 한다.

2.1.5 리스크 워크숍 참여자 초대

위의 과정을 거치면 전체 참여자가 구체화되고 누구를 워크숍에 초대할지 확정이 된다. 프로젝트 팀은 리스크 워크숍에 함께 참여할 조직내 인원 및 외부전문가 등 핵심 구성원을 초대한다.

2.1.6 비용 및 일정 견적 재검토

순비세선을 마치고 프리 워크숍 단계에서 비용 리더와 비용 관련 SME는 프로젝트 팀의 기본비용과 일정 계획을 사전에 검토하고 **사전의견서**를 제출한다. (비용 리더의 검토서 양식은 3.3절 참조) 기본비용의 타당성검토는 워크숍 전에 시작되어야 하고 견적 초안과 공정표 등은 워크숍 이전에 프로젝트 팀에 의해 충분히 사전 검토가 되어야 한다. 또한 기본비용과 일정 분석에 대한 사전 검토의견서를 리스크관리 책임자와 워크숍 참여자 및 모든 이해관계자들에게 정식으로 제출해야 한다.

리스크 리더는 워크숍 전에 관련 전문가로부터 해당 프로젝트의 성공적 완수를 위해 가장 중요한 리스크가 무엇인지 **사전 인터뷰**를 통해 식별할 필요가 있다. 본 가이드라인 제1편 일반지침에서 언급되었듯이 "**리스크란 프로젝트 목적에 영향을 주는 불확실성의 효과**"이며 그것은 위협만이 아닌 기회 요인도 포함한다.

▸ **용어** 인지 편향(Cognitive Bias)

인지 편향은 판단의 규범이나 합리성으로부터 벗어나게 하는 체계적인 패턴을 말한다. 개인은 그러한 입력사항에 대한 자신의 인식으로 부터 자신의 "**주관적 현실**"을 생성시킨다. 객관적인 입력이 아닌 상황에서 개인의 현실에 대한 생각으로 인하여 그들의 행동에 영향을 미칠 수 있다. 따라서 인지 편향은 때때로 지각 왜곡, 부정확한 판단, 비논리적 해석 또는 광범위한 불합리성으로 이어질 수 있다.

출처 : 위키백과

2.1.7 "낙관주의 편향 완화"를 위한 프로젝트 팀 준비사항

리스크 워크숍의 성과를 극대화하기 위해서는 프로젝트 팀이 원가 추정을 위한 정보를 공유하고 그 추정치와 가정사항 등을 다른 참여자와 공유할 수 있는 기회를 제공해야 한다. 그 이유는 **낙관주의 편향**을 최소화할 수 있는 보다 합리적인 기회를 제공하기 때문이다. 본 가이드라인 **제1편 일반지침**에서도 언급되어 있듯이 견적은 비용견적 담당자 한 사람의 의견일 뿐이다.

인간적인 요인은 리스크 프로세스에 상당한 복잡성을 야기하고 이로부터 도출된 결과물이 프로젝트 비용과 공기에 상당한 영향을 미치게 된다. 이러한 문제가 편향의 근원으로 작용하게 된다. 이러한 편향의 근원을 **인지 편향**(Cognitive Bias)이라고 부른다. 이러한 편향은 리스크관리의 모든 측면에 영향을 미치게 된다. 전체 프로세스에서, 참여자들이 스스로의 편향을 인지하고 워크숍의 RBE를 위한 정보 입력시 그 인지 편향 영향이 최소화되도록 하기 위한 참여자간의 노력과 이를 위한 철저한 준비가 필요하다.

▸ **용어** 낙관주의 편향(Optimism bias)

낙관적 편향 또는 **낙관주의 편향**은 인지 편향의 하나로서, 누군가 자신이 부정적인 사건을 경험할 가능성이 적다고 믿게 하는 편향을 일컫는다. **낙관주의 편향**은 성별, 민족, 국적 및 연령에 관계없이 광범위하게 발생한다. 인간이 아닌 쥐나 새와 같은 동물에서도 낙관주의 편향이 보고되고 있다.

원하는 최종 상태, 인지 메커니즘, 자신에 대한 정보, 타인에 대한 전반적인 기분 등 네 가지 요소가 낙관주의 편향을 가지게 한다. 예를 들어, 낙관주의 편향은 범죄피해의 위험이 적다고 믿는 사람들, 다른 흡연자보다 자기 자신의 폐암 및 질병 확률이 낮다고 생각하는 사람들, 번지점프를 하면서 다른 사람의 부상 위험보다 자신의 위험이 낮다고 생각하는 사람들, 시장에서 다른 사람들보다 투자손실에 덜 노출된다고 생각하는 사람들 등 다양하게 존재한다.

낙관주의 편향은 긍정적인 사건 (예 : 자신이 다른 사람보다 경제적으로 더 성공했다고 믿는 것)과 부정적인 사건 (예 : 음주사고를 유발할 가능성을 낮게 보는 것) 모두에 나타나지만, 부정적인 사건에 대한 편향이 더 큰 문제점을 유발시킨다. 긍정적인 사건은 종종 기분과 자존심 상승을 유발하는 반면, 부정적인 사건은 위험한 행동에 관여하고 예방 조치를 취하지 않는 등 더 많은 위험을 초래한다.

사례 2.2 낙관주의 편향 가이드라인 사례
(호주 교통기반시설협의회(Transport and Infrastructure Council) 사례)

호주 정부는 인프라사업계획에서의 **낙관주의 편향**으로 유발되는 문제점을 인식하고 이를 해결하기 위한 지침서를 발간하였다. 이 지침서에 소개된 낙관주의 편향에 대한 견해는 다음과 같다.

- 인프라 계획 및 평가의 **낙관주의 편향**으로 인한 프로젝트 원가의 과소 평가 및 수요의 과대 평가
- 순이익을 과대 평가한 "**비용-편익**" 분석
- 사업비 과소 책정으로 인한 추가 사업비 발생
- 인프라 계획, 평가 및 조달 프로세스에 대한 대중의 신뢰 저하

이 지침서에서는 비용 예측, 수요 예측, 이익 식별 및 추정에서 낙관주의 편향을 최소화하거나 피할 수 있는 방법을 강조하여, 보다 안정적인 "**비용-편익**" 분석 결과를 얻게 된다고 강조하고 있다. 그 이점은 다음과 같다.

- 낙관주의 편향 리스크에 대한 인식
- 비용 및 수요 추정을 위한 최상의 데이터 및 모범 사례 적용
- 추정 프로세스를 뒷받침하는 가정사항 투명성 증대
- 다른 곳에서 얻은 근거자료와 추정치의 비교 분석을 통한 타당성 검증
- 동료 전문가에 의한 객관적이고 독립적인 재검토
- 민감도 테스트 및 확률 기반 분석을 통한 분석 결과의 견고성 테스트
- 제안서에서 비용 및 이익 추정치 상에 낙관주의 편향의 증거가 있는 경우 민감도 테스트 수행

▣ 낙관주의 편향의 원인

본 지침서에서는 **낙관주의 편향**이 발생하는 원인을 다음과 같이 제시하고 있다.

- 사람들의 의사결정에 있어 자연스러운 인지 낙관론
- 건설사업의 계획, 평가 및 개발 과정에서 무엇이 잘못될 수 있는지 적절히 고려하지 않은 경우
- 의사결정자가 편향 없는 결과물을 이끌 가능성을 높일 수 있는 충분한 동기 부여 결여
- 비용편익 분석과 재무 지표를 개선하기 위해 투자비용을 낮게 설정하게 하는 암묵적 행동
- 대형 국책사업의 실행에 협력하게 되는 전략적 의사결정 및 행동
- 추진사업에 충분한 예산이 투입되지 못하는 경우
- 특별 이해당사자나 이해단체의 영향력

낙관주의 편향에 대한 많은 자료와 연구 사례가 있다. **낙관주의 편향**이 건강 행복 등에 대해서는 긍정적으로 사고하는 것은 좋을 수 있지만, 프로젝트관리에서는 실패로 이끌게 위험이 상당히 높다. 리스크관리자와 프로젝트관리자들은 이 점을 꼭 알아두어야 하는 인문학적 지식이다.

사례 2.3 캐나다 인프라 자금 지원 프로젝트의 낙관주의 편향 이야기

자본주의 사회의 번영을 위해서는 건전한 낙관주의가 필요하지만 단점도 있다. 낙관주의에 의한 편향된 정보를 신중히 점검하지 않으면 비판적 사고를 흐리게 하고 비현실적인 가정과 추정을 야기할 수 있다.

캐나다 연방정부는 2016년 예산에 190억 달러를 투자하여 향후 5년간 인프라 투자에 자금을 지원했다. 온타리오주에서만 물 및 폐수 재활용을 위해 5.69억 달러를 승인 받았으며 인프라 계획 중 1단계에서 대중교통 인프라를 위한 1.4조 달러가 승인되었다. 모든 1단계 투자는 2018년 3월까지 사용해야 한다.

의심할 바 없이, 이런 투자 인프라 자금이 캐나다 전역에 엄청난 긍정적 효과를 가져오기를 기대한다. 이러한 프로젝트는 지역 사회에 장기적인 가치를 제공하게 된다. 모두들 이 자금이 지역경제를 활성화시키기를 원한다. 우리 모두는 이 프로젝트가 계획대로 완료되고 자금이 지원되기를 원하지만 낙관주의 편향으로 인해 계획했던 서비스를 달성하지 못하는 비현실적인 엄청난 리스크도 존재한다.

▣ 낙관론이 건설 프로젝트에 미치는 영향

건설산업연구소(Construction Industry Institute, CII) 연구에 따르면 프로젝트는 종종 낙관론으로 인해 프로젝트 성능이 저하되는 것으로 나타났다. 조직이 리스크관리에 대한 정밀하고 광범위한 이해관계자 참여를 장려하는 것이 이 낙관주의 편향을 해결하기 위한 입증된 전략이다. 효과적인 리스크관리는 다음과 같은 일반적인 문제를 해결하는 데 도움이 된다.

- 작업 완료 시간과 원가에 대한 과소평가 문제점
- 비용 및 일정에 대한 문제점을 인지한 이후에도 첫 추정치에 얽매여 그 범위에서 크게 벗어나지 못하는 문제점
- 복잡한 프로젝트와 관련된 어려움을 과소평가하는 문제점
- 프로젝트의 이점을 과대평가하는 문제점

간단히 말해 체계적인 리스크관리는 이러한 낙관주의 편향으로부터 보호하는 데 결정적인 도움이 된다.

▣ 해결책

건설산업연구소의 모범 사례를 기반으로 하는 공식 리스크관리 프로세스를 채택하는 것은 낙관주의 편향을 줄이는 가장 좋은 방법 중 하나인 것으로 나타났다. 공식적인 리스크관리가 조직에 비교적 새롭게 도입되는 것이더라도 다음을 신속하게 활용할 수 있다.

1. 산업특성에 맞는 리스크 식별 전략
   - 프로젝트 정의의 평가 지수 (PDRI) 사용
   - 각 프로젝트 단계에서 진행되는 구조화된 브레인스토밍 워크숍 실시
   - 리노베이션 및 지역 재생 프로젝트를 위해 특별히 개발된 리스크 식별 점검표.
2. 프로젝트 가정사항 및 추정치의 조사를 지원하기 위해 특수 제작된 구성 가능한 리스크평가 템플릿
3. 검증된 리스크 모니터링 및 보고 도구를 통해 후속 조치를 지원하고 예산 및 일정의 체계적 관리 지원

특히 프로젝트 개발 초기에 낙관주의 편향으로 인하여 편익을 극대화하여 사업을 수행할 경제적 타당성을 확보하는 단계에서는 일반적으로 사업비를 과소평가하게 된다. 간혹 비관적이거나 보수적인 추정치를 적용하게 되는 경우가 있는데 이런 경우는 평가자의 판단에 따라 프로젝트에 충분한 자금이 확보되도록 하기 위한 의도적인 추정치인 경

우가 많다.

프로젝트 팀은 프로젝트 개발 단계에서 발생하는 모든 형태의 편향을 경계해야 한다. 어떤 경우에는 프로젝트 설계가 완료될 즈음에 프로젝트 자체를 근본적으로 재검토하게 만드는 낙관주의 편향이 관찰되었다. 입찰공고일에 임박하게 되면 계약상의 일체 서류가 쏟아져 나오기 시작하면서 그때서야 비로소 프로젝트관리자와 엔지니어들은 프로젝트의 재정적인 필요성에 대해 점점 더 신경을 쓰게 되고 너무 높은 비용과 일정에 대한 견적 금액을 제시하게 되어 프로젝트 비용 추정치는 점점 더 높아지게 된다. 사업이 진행되면 잦은 설계변경 등으로 인하여 사업초기에 추정한 프로젝트 비용보다 훨씬 많이 증가하게 되고 결과적으로 기대하였던 경제성 및 이익을 얻을 수 없게 되는 경우가 빈번하다.

2.1.8 프로세스 절차 따르기

본 가이드라인 **제1편 일반지침**의 리스크관리 프로세스를 잘 지킬 경우 견실한 기준선 비용 추정치를 얻게 되고 프로젝트를 계획과 전혀 다른 방향으로 전개시킬지도 모르는 리스크 인자를 식별해내게 된다. 이 프로세스 프레임워크 밖에서 분석에 대한 추정치를 수정하려고 하면 효과를 분리해 내기 어렵고 리스크관리의 효과를 극대화시킬 수 없다.

리스크를 식별하고 그 효과를 정량화하는 노력을 통해 프로젝트 팀은 식별된 리스크에 대한 풍부한 지식을 얻을 수 있다. 프로젝트관리자는 식별된 리스크에 대응하여 어떤 조치를 취해야 할지 결정해야 한다. 즉, 리스크를 회피, 전가, 완화 또는 수용해야 하며. 리스크 대응조치에 관한 결정은 프로젝트 예산과 일정에 영향을 미친다.

2.1.9 프로젝트 팀의 일반적 준비사항

프리 워크숍 또는 워크숍 진행 중에 프로젝트 팀의 준비가 철저해야 한다. 프로젝트 팀은 비용리스크분석을 완료하는 데 필요한 다음 단계의 절차를 수행해야 한다.

- 워크숍 참여자에 대한 "**워크숍 목적**" 강조
- 준비회의 개최(워크숍 2~3주 전 개최가 가장 이상적임)
- 프로젝트를 잘 이해하지 못하고 있는 워크숍 참가자를 위해 프로젝트 리더에게 연락

하여 현장 방문을 준비시킨다. 현장 방문은 워크숍 이전에 언제든지 실시할 수 있고 현장 방문을 통하여 팀이 직면할 중대한 리스크에 대해 토의한다.

- 프로젝트관리자에게 최근 프로젝트의 마일스톤 공정표(최상위 레벨 공정표)를 보내준다. 이 작업은 준비 회의가 끝날 때까지 완료되어야 한다.
- 비용 리더는 프로젝트 원가 및 일정(기간) 추정의 근거를 재검토하고, 견적을 작성하거나 또는 프로젝트 팀원과 논의한다.
- 준비회의에서 프로젝트 팀에게 프로젝트 원가/일정이 계획에서 벗어날 가능성이 있는 "**프로젝트에 대한 리스크**"(위협과 기회 모두)의 초기 목록을 작성하도록 상기시킨다.
- 리스크를 고려하게 되면 프로젝트의 결과가 당초 계획되고 기대하고 있는 결과와는 상당히 다를 수 있음을 참가자들에게 알려줘야 한다. 설계의 초기 단계에서는 계획된 수치와 결과의 차이가 훨씬 더 클 것으로 예상된다.

2.1.10 분야별 전문가(SME) 준비사항

전문가 의견의 편향을 줄이기 위해서는 분야별 전문가(SME)와 리스크 추출자의 적절한 준비가 필요하다. 인지 편향 중 경험을 바탕으로 어림짐작을 할 때 일반적으로 발생하는 휴리스틱 이론에 대한 지식 또한 필요하다.

건설 프로젝트의 리스크관리 과정 중에 지배적으로 많이 발생하는 전문가 대응에서는 "**계류적 휴리스틱**", "**가용성 휴리스틱**", 그리고 "**대표성 휴리스틱**" 등 세가지 휴리스틱이 있다. 이러한 휴리스틱은 모두 1970년대에 카네만 트버스키에 의해 연구되고 기록되었으며, 여러 사람들에 의해 더욱 개선되었다. 이러한 편향들은 불확실성의 범위를 과소평가하는 방향으로 작동하게 하는 경향이 있어 주의를 기울여야 한다.

가. 계류적 휴리스틱

계류적 휴리스틱은 일반적으로 전문가들이 실제 자기가 아는 정보보다 더 많이 알고 있다고 생각할 때 자주 나타나는 현상이다. 따라서 만약 당신이 전문가에게 최선의 추측치를 알려달라고 요청하면, 전문가들은 대부분 이 계류적 휴리스틱으로 인하여 보통 부적절한 범위의 데이터를 제공하는 경향이 있다.

▸ 용어　계류(繫留)적 휴리스틱 (Anchoring heuristics)

계류적 휴리스틱 결정을 내릴 때 앵커라고 일컫는 개인 정보에 너무 크게 의존하게 되는 인지 편향이다. 의사결정과정 중에 어떤 숫자나 개념에 고정되는 현상이다. 보통 후속 판단을 하게 되는 사람은 초기 정보에 의존하게 된다. 앵커 근처의 물체는 앵커쪽으로 향하는 경향이 있으며 멀리 있는 물체는 다른 방향으로 이동하는 경향이 있다. 이 앵커 값이 설정되면 모든 향후 협상, 인수, 추정 등이 앵커 주변에서 맴돈다. 이 앵커를 사용하여 미래 정보를 해석할 때 편향이 발생한다. 예를 들어, 협상 이전 또는 시작 시점에 설정된 중고차에 제공되는 초기 가격은 그 다음의 모든 토론에 대한 임의의 기준점이 된다. 앵커보다 낮은 협상에서 논의된 가격은 가격이 여전히 자동차의 실제 시장 가치보다 상대적으로 높다 하더라도 합리적인 값이 되고 아마도 구매자에게는 저렴하게 느껴질 수도 있다.

출처 : 위키백과

다음은 이런 계류적 휴리스틱에 대한 해결책이다.

- 전문가에게 잠재적 범위의 한계를 먼저 물어본다.
- 극단의 값을 제공할 때, 전문가들은 극단적인 경우를 발생시킬 수 있는 결과의 유형을 설명할 수 있어야 한다.
- 전문가에게 "**믿을 수 있는 낮은 수준과 높은 수준**"을 요청한다. 이러한 수치는 리스크를 계량화하는 분석가들에 의해 다음과 같은 방법으로 취급될 수 있는 기준이 확립되어야 한다.
  - 첫째, 전문가에게 납득될 수 있는 최소값과 최대값을 묻는 것이다.
  - 둘째, 전문가에게 10%와 90%의 값을 요청한 후 이 정보를 바탕으로 분포를 생성시킨다.
  - 셋째, 전문가가 제공하기를 원하는 또 다른 낮고 높은 백분위수를 요청하는 것이다.
- 고·저값을 각각 먼저 얻은 후 가장 가능성이 높은 최확치 값에 대해 질문한다.

나. 가용성 휴리스틱

전문가들은 항상 그들이 갖고 있는 지식수준을 향상시키기 위하여 새로운 정보를 받고 있다. 그러나 전문가들이 판단을 하게 될 때, 종종 그들 자신이 갖고 있는 지식에 새로운 지식을 "**혼합**"할 시간을 충분히 가지지 못해왔다는 사실을 알게 될 것이다.

▸ **용어** 가용성 휴리스틱 (Availability heuristics)

가용성 휴리스틱은 최근 발생한 사례만을 가지고 어떤 사건이 벌어지는 빈도수나 확률을 판단하는 것을 말한다. 기억이 잘 나는 대상에 대하여 상대적으로 높은 평가를 내리는 경향을 의미한다. 반복적으로 노출된 대상에 대하여 친숙한 느낌이 들고, 이러한 느낌이 그 대상의 장점이 많은 것이라고 착각하게 한다. 어떤 사건의 사례가 친숙할수록, 편안하고 쉬울수록 그리고 최근의 것일수록 떠올리기 쉽기 때문에 그 사건이 발생할 가능성이 높은 것으로 믿는 편향된 판단이 일어날 수 있다.

트버스키와 **카너먼**(Tversky & Kahneman, 1973)은 가용성 휴리스틱과 관련된 다음과 같은 실험을 했다. 피 실험자들에게 1분 동안 4페이지 분량의 소설을 보여주고 아래의 질문을 했다.

- 소설에서 7개의 철자로 된 단어 중에 -ing로 끝나는 단어는 몇 개인가?
- 소설에서 7개의 철자로 된 단어 중에 여섯 번째 철자가 n인 단어는 몇 개인가?

실험결과 피 실험자들은 1번 질문에 평균적으로 13.4개라고 답하였고, 2번 질문에는 4.7개라고 답하였다. 응답자들의 예측 결과는 논리적으로 맞지 않는다. ing로 끝나는 단어는 떠올리기가 쉽고, 여섯 번째가 n인 단어는 상대적으로 잘 생각나지 않기 때문에 전자가 훨씬 더 많다고 착각하게 된 것이다. 그러나 철자가 7개인 단어 중 ing로 끝나는 단어는 여섯 번째 문자가 반드시 n이다. 그러므로 합리적으로 판단한다면 ①번 질문의 답은 ②번 질문의 답보다 클 수가 없다. 이 이유는 사람들이 기억에 잘 떠오르는, 즉 가용성이 높은 정보를 가지고 판단했기 때문에 판단의 오류가 일어난 것이다.

출처 : 위키백과

이러한 정보의 가용성 휴리스틱에 의한 편향 문제는 전문가에게 도출되는 문제에 관한 간단한 후속 질문을 통해서 해결이 가능하다. **"최근에 당신이 판단을 입증하기 위하여 제공하는 정보가 있는가?"** 만약 위 질문에 대한 대답이 '**그렇다**'라면, **"그 새로운 정보는 당신이 수년간 축적해온 다른 모든 정보와 비교했을 때 어떻게 중요한가?"**라는 질문을 던져 보면 좋다. 만약 여기에 가용성 편향이 존재한다면, 전문가는 종종 **"좋은 질문이다. 제가 그것에 대해 생각하고 다시 연락할게요."** 또는 **"저는 그것에 대해 생각해 보았고 새로운 정보에 적절한 가중치를 부여했어요."**와 같은 말을 할 것이다.

다. 대표성 또는 고정관념 편향 (Representative or Stereotyping bias)

전문가들이 기초 정보를 갖고 있지만 잘 이용하지 않고, 단지 어떤 사건을 틀에 박힌 정형화된 사례와 일치시켜 판단하게 하는 편향을 **대표성 휴리스틱** 또는 **고정관념 편향**이라고 일컫는다. 이러한 편향적 사고는 잠재적으로 범위를 과소 또는 과대평가하는 결과를 초래할 수 있으므로, **리스크 추출자**는 참여자를 적절하게 준비시키고, 만약 편향이 감지될 경우 참가자를 잘 관찰하고 적절한 질문을 던지는 것이 중요하다.

▸ **용어** 대표성 휴리스틱

대표성 휴리스틱은 어떤 집합에 속하는 임의의 한 특징이 그 집합의 특성을 대표한다고 간주해 빈도와 확률을 판단하는 방법이다. 사람들은 의사를 평가할 때 감정으로 판단하거나 의사에 대한 사회적 고정관념을 대표하여 즉흥적 판단을 내려 버리는 경향이 있다. 실제로 의사 중에서는 따뜻한 성격이나 차분하지 않은 특성을 가진 사람도 많지만, 제한된 정보 내에서 의사라는 직업만으로 한 개인의 성격이 쉽게 추론되곤 한다. 이것은 후광 효과와 관련이 있다. 대표성 휴리스틱에 의한 의사결정은 편향된 의사결정이나 선택을 초래할 가능성이 많다.

트버스키와 **카네만**(1974)은 첫째, 소비자들이 결론을 내리는데 채택된 대안이 집단의 특성을 얼마만큼 대표하는 지를 생각하는 기저율 무시 편향. 둘째, 대수의 법칙보다는 소수의 법칙에 의존하여 어떤 한 특징이 집단의 속성을 대표한다고 여기는 표본 크기 무시 편향. 셋째, 우연에 대한 잘못된 믿음으로 특정한 패턴을 보일 것이라 믿는 편향. 넷째, 현재의 정보를 분석하여 미래를 예측할 때 현재 정보의 정확성이나 신뢰성을 고려하지 않고, 과거를 바탕으로 현재의 모습이 미래에도 계속되리라는 믿음에서 나오는 의사결정, 다섯째, 평균으로의 회귀, 여섯째, 중복되는 정보를 사용함으로 인해 예측이나 판단의 정확성이 떨어지는 상황에서 예측결과에 대한 사람들의 확신은 오히려 증가하는 타당성에 대한 환상 편향 등이 생겨난다고 하였다

"린다 문제(Linda Problem)" 는 대표성 휴리스틱과 관련된 사례이다. 먼저 린다의 특성이 다음과 같이 주어졌다고 하자. 린다는 31세의 독신 여성이며, 매우 머리가 좋고 본인 생각을 뚜렷하게 이야기하는 성격을 가지고 있다. 그녀는 철학을 전공했으며, 사회정의와 인종차별에 깊이 관여하였고, 반핵 시위에도 참여하였다. 이러한 설명을 한 후 린다가 ① '페미니스트'일 확률 ② '은행원'일 확률 ③ '은행원이면서 페미니스트'일 확률을 예측하라고 했더니, 실험 결과 85%의 응답자가 ①>③>②의 순서로 린다의 직업 확률

을 예측했다. 응답자들의 예측 결과는 논리적으로 맞지 않다. 린다가 ③ '은행원이면서 페미니스트'일 확률은 ① '페미니스트'이거나 ② '은행원'일 확률의 교집합에 속하기 때문에 절대적으로 ①이나 ②보다 더 클 수 없다. ③은 ① '페미니스트'와 ② '은행원'의 특성을 동시에 갖고 있어야 하기 때문에 집합 오류(conjunction fallacy)가 발생한 것이다.

이런 결과는 사람들이 대표성 휴리스틱을 써서 판단하는 것을 보여준다. 린다의 특성으로 보아 '은행원'이라는 특성이 그녀를 대표하기 보다는 '페미니스트'이거나 '페미니스트이면서 은행원일 것'이라는 특성이 린다를 더 대표한다고 착각한 것이다.

출처 : 위키백과

▸ **용어** 어림짐작의 가치

때때로, 리스크분석작업에 처음 참여하는 사람들은 대부분 리스크분석을 위한 계량화 작업을 통해 도출한 숫자가 단지 추측에 지나지 않는다고 회의적 시각을 보이는 경우가 많다. 그러나 리스크의 발생 확률과 임팩트에 대한 값을 할당하는 것이 경험이 많은 참여자의 전문성과 그들의 판단에서 나온다는 것을 알지 못하고 하는 소리다. 리스크의 발생 가능성과 프로젝트 목적에 미치는 임팩트를 어느 정도 **어림심산**의 수치로 결정하는 일은 처음에는 조금 어색할지는 모르겠지만, 만약 그러한 일이 실제로 일어나게 되는 경우, 많은 사람들을 위해 우선적으로 취해야 할 활동들을 구체적으로 생각해보게 함으로써 대단히 가치있는 일이 된다.

어떤 분야에서든, 경험이 있는 전문가들은 그들의 직관력과 그들이 종사하고 있는 산업 분야에서 프로젝트 개발·조달에 관여하지 않은 사람들보다 훨씬 그 프로젝트를 더 잘 이해할 수 있는 능력을 발전시켜오고 있다. 이러한 경험과 직관을 활용하는 가치는 대단히 높은 것이며 절대 무시해서는 안될 것이다.

출처 : 위키백과

라. 갈등 해결

드물긴 하지만 워크숍 참여자들 간에 워크숍 도중이나 워크숍 이후에 상당한 의견 차이가 발생하는 경우가 있다. 갈등관리와 해결이라는 주제에 대해서는 별도의 많은 자원과 참고자료가 있으니 상세한 내용 보다는 워크숍에서 이러한 의견 불일치를 해결하기 위한 핵심적인 단계적 프로세스만 아래에 제시하였다.

■ **차이를 범위로 포착**

리스크 워크숍 프로세스의 한 가지 장점은 비용 및 공기를 범위와 확률의 형태로 표현할 수 있다는 것이다. 일반적으로 입력을 범위로 포착할 수 있는 능력이 있어야 입력을 제공하는 참여자의 니즈에 부응하게 된다. 예를 들어, 한 참가자가 **"이 리스크가 발생하면 10억원의 추가 비용이 발생할 수 있어요."**라고 하고, 다른 참여자는 **"아니예요. 이 리스크가 발생하면 최대 30억원까지도 추가 비용이 발생할 수 있어요."** 라고 한다. 이런 상황이 발생하면 우리는 이 리스크를 간단히 10억원~30억원의 영향 범위를 가지고 있다고 설명할 수 있다. 일반적으로, 이렇게 설명이 되면 그 영향에 대한 다른 의견을 가지고 있는 참여자들도 함께 만족시킬 수 있을 것이다. 참고로 의견을 제시한 이들이 왜 그러한 의견을 가지고 있는지 그 판단 근거를 진술할 수 있어야 하며, 그 의견을 구체화시키기 위해 사용된 정보를 문서화하기 위한 노력은 아무리 강조해도 지나침이 없다.

■ **다양한 시나리오 평가**

견해 차이를 범위로 포착하여 해결할 수 없다면, 제공되는 다양한 의견을 다루는 추가 시나리오를 평가하는 것이 필요할 수 있다. 이것이 경우에 따라서는 더 실용적일 수 있다. 하지만, 너무 많은 시나리오는 워크숍에 비용 및 복잡성을 추가할 수 있으며 프로젝트의 전반적인 평가에 그다지 도움이 안될 수도 있음을 유의하여야 한다.

■ **관련 당사자와의 회의 및 데이터 검토**

큰 의견 차이가 지속되고, 위의 두 가지 선택사항이 문제를 해결하지 못할 경우, 데이터를 수집하는 데 동의한 뒤 직접 만나서 관련 당사자 및 SME와 검토·토론을 한다. 합의된 입력치에 도달하기 위해 리스크 리더와 비용 리더의 지침과 함께 객관적인 데이터를 사용하도록 노력한다. 합의 결정에 도달하기 위한 공동의 노력이 있었음에도 불구하고 여전히 이견이 존재하는 경우, 이 문제 해결 방법을 채택하고 보고서에 반대 의견을 문서화할 필요가 있다. 이 과정에서 정보를 평가할 때 다음 사항을 고려해야 한다.

사례 2.4 데이터의 신뢰도

신뢰도가 낮음	신뢰도가 높음
■ 하나 또는 아주 적은 관찰	■ 많은 관찰
■ 일화 또는 사례 연구	■ 과학적 연구
■ 출간되지 않음	■ 출간되었거나 동료의 검토가 있었음
■ 반복되지 않음	■ 결과가 재현됨
■ 서로 다른 프로젝트	■ 유사한 프로젝트
■ 확인된 제약이나 가정 없음	■ 제약 및 가정 리스트
■ 정보에 대한 비교 설명 없음	■ 비교 분석 제공됨

2.2 | 워크숍 단계

리스크 워크숍에는 프로젝트 팀 구성원, 비용 및 일정 리스크팀 및 필요한 분야별 전문가(SME)와 프로젝트 전문가들이 참석한다. 워크숍 주요 목표는 다음과 같다.

- 기본비용 및 일정 추정치를 검토하고 검증한다.
- 불확실성과 리스크를 확인한다.
- 불확실성과 리스크를 정량적으로 표현한다.

2.2.1 기본비용 및 일정 추정치의 검토 및 검증

프로젝트 팀은 프로젝트 비용과 일정 정보를 충실히 제공하고 이에 대한 검토를 통해 필요시 수정 작업을 진행한다. 비용은 일정과 밀접하게 연관되어 있으므로 실질적인 일정 및 원가의 변화는 상호 연계하여 검토하여야 한다.

엑셀 기반으로 몬테카를로 시뮬레이션에 최적화된 리스크분석 툴인 "Crystal Ball", "@RISK", "Primavera Risk Analysis", "PRAM" 등의 프로그램을 활용하여 공기 및 공사비의 확률분포 시 고려되는 영향요소 데이터의 불확실성으로 인해 변동할 수 있는 변수의 값을 적합한 확률분포로 입력하여 공기 및 공사비의 분포를 각각 나타낼 수 있으며, 두 분포를 결합시켜 공기 및 공사비 산포도를 산출하는 방법 등이 있다.

경험이 풍부한 프로젝트관리자 중에서 경험적 규칙을 사용하여 추정치를 검증한다. 그러나 공식적인 검증은 전문적인 접근 방식이다. 프로젝트관리자는 상부 경영진과의 후속 검토에서 리스크를 감수하고 방어해야 하기 때문에 리스크와 우발 상황을 재평가하는 것이 필수적이다. 건설 프로젝트에서 발주자와 계약자에게 프로젝트의 성공적 완료에 대한 강조를 위해서는 다음 사항들을 포함하여 다양한 요소가 있다.

- 설계변경 또는 결함
- 공격적인 일정
- 경쟁입찰
- 어려운 계약
- 비현실적인 조기착공 개념
- 주요범위 변경
- 현장접근 지연
- 예상치 못한 현장상황
- 환경문제
- 불확실한 노동 생산성
- 비효율적인 프로젝트 통제
- 상이한 현장조건
- 예산제한
- 노동력 부족

검증 프로세스는 위의 항목들에 국한되지 않고 특정 프로젝트의 모든 해당 요소를 다루어야 한다. 계약자 측의 검증 프로세스는 프로젝트 수주에 대한 공식 또는 비공식 정보가 클라이언트로부터 수신될 때 시작된다. 프로세스는 계약 회사의 목표를 충족하는 실행 가능한 비즈니스 기회로서 프로젝트의 평가로부터 시작된다. 그런 다음 프로젝트 목표를 달성하기 위한 리스크 부재 또는 최소화, 책임소재 부재, 사전 건설 계획 및 사업 계획으로 이어지는 상세한 검증 작업이 뒤따른다.

프로세스의 주요 초기 단계 중 하나는 **산출기준서**(BOE, Basis of Estimate) 문서의 정확성과 완전성을 검토하는 것이다. 모호한 점이 있으면 입찰가 추정팀 및 필요한 경우 클라이언트와 논의해야 한다. 경우에 따라 식별된 모호성에 대한 연구는 사업성 영향

여부에 관계없이 프로젝트 실행의 주요 변경으로 이어질 수 있다.

검증 초기 단계에서 예상 입찰가를 빠르게 확인하는 것이 매우 중요하다. 이러한 신중한 검토는 견적이 회사 규범 및 절차에서 허용하는 표준 지침을 따랐는지 확인해야 한다. 여기에는 다음을 검증하는 것이 포함된다.

- 적절한 추정 방법, 기술 및 절차가 사용되었음
- 견적 요약 및 세부 정보가 적절한 형식으로 구성 및 표시됨
- 견적의 백업 정보가 적절하게 구성되어 있음
- 모든 비용과 요소가 적절함

검증의 다른 주요 단계는 도면을 가지고 프로젝트를 검증하고, 비용 관리 시스템을 설정하고, 현실적인 프로젝트 실행 계획을 수립하며, 프로젝트 생애 주기 동안 재검증 일정을 결정하는 것이다. 또한 다음 사항에 특히 중점을 둘 필요가 있다.

- 엔지니어링 비용 검증 - 엔지니어링이 전체 프로젝트 비용 요소의 80%를 결정하기 때문에 엔지니어링 비용에 대한 현실적인 접근이 있어야 함
- 재택근무 관련 비용에 대한 적정 수준의 당국과의 합의
- 최종 시공성 검토
- 건설간접비(임시시설, 건설장비, 공구, 용역, 소모품 등)
- 개통 및 시운전 비용 요소
- 생산성, 임금, 근로시간 등에 대한 국제노동조정
- 지역 공휴일 및 축제 기간 동안 생산성 감소
- 현지 및 전 세계적으로 공급되는 재료에 대한 재료 비용 조정
- 환율 변동

검증의 또 다른 중요한 단계는 추정치의 주요 매트릭스를 비교하는 것이다. 주요 불일치는 예상 프로젝트의 특정 상황에 따라 설명되어야 한다. 일반적으로 비교되는 몇 가지 기준은 다음과 같다.

- 관리 비용 백분율
- 엔지니어링/설계 비용 백분율
- 총 현장 비용에 대한 장비 비용 비율

- 총 프로젝트 비용에 대한 장비 비용 비율
- 장비의 대당 비용
- 장비의 대당 노동시간
- 분야 수준 비율(예: 배관 직경 인치당 비용, 콘크리트 입방 야드당 비용)

이러한 실무는 과거 프로젝트에 대한 정확한 데이터가 존재하는 경우에만 유효하다. 현재 추정치는 이전 추정치와 비교하고 차이점과 그에 대한 이유를 명확하게 설명함으로써 신뢰성을 얻는다. 조정은 너무 많은 세부 사항 없이 높은 수준에서 제시될 수 있다.

위의 모든 것 외에도 필요한 경우 다양한 수준의 기업 경영진에서 견적에 대한 전략적 검토를 수행해야 한다. 고위 경영진 검토의 수와 그들이 제시하는 경영진의 수준은 일반적으로 특정 프로젝트의 전략적 중요성과 총 예상 비용에 따라 다르다.[2)]

2.2.2 리스크의 식별

분야별 전문가(SME)와 프로젝트 팀 참가자가 생각하는 리스크의 정보를 추출해내는 것은 리스크 워크숍 프로세스의 핵심 요소라 할 수 있다. 리스크는 원인과 결과에 의해 정의된 사건으로 다루게 된다. 본 가이드라인 **제1편 일반지침**에서 강조되었듯이 프로젝트 목표에 긍정적인 결과는 기회가 되는 반면 부정적인 결과는 위협이 된다. 추출한 리스크 정보는 프로젝트에 대한 "**리스크 등록부**"에 기록되며, 정량적 리스크분석이 필요한 경우 "**몬테카를로 모델링**" 등을 위한 입력치가 될 것이다. 리스크 등록부에는 확인된 모든 리스크가 나열되며, 리스크를 설명하는 적절한 세부 정보가 수록된다. 리스크 등록부는 포괄적이어야 하며 주요 리스크의 불확실성이 정량화되었는지 확인하고 리스크가 이중 계상되지 않도록 주의해야 한다. 특히 기본비용나 일정 속에 리스크가 포함되어 있는 부분이 있는지 면밀히 살피고 만약 리스크가 고려되어 있다면 이를 분리하는 작업이 필요하다.

2) https://www.pmi.org/learning/library/cost-estimates-validation-lump-sum-projects-7064

가. 리스크 속성

리스크의 속성은 다음과 같은 3가지 요소로 구성된다.

- 발생가능성
- 발생결과(사건 발생시 기본비용 및 일정 추정치에 영향을 미침)
- 다른 사건과의 관계(상관관계의 유무)

나. 리스크 발생가능성의 속성

- 발생 빈도
- 프로젝트 중 발생 횟수
- 잠재적 결과 건수
- 특정 리스크는 다른 사건이나 프로젝트 활동과 독립적이거나 또는 상관관계가 있음

다. 리스크 발생 결과의 속성

- 비용 임팩트, 일정 임팩트 또는 두 가지 측면 모두의 합
- 사건 결과의 불확실성

2.2.3 리스크 추출 방법

리스크 추출은 다음 접근방법 중 하나 또는 두 가지 이상의 조합을 활용할 수 있다.

- 워크숍에서의 추출
- 설문지를 통한 추출
- 워크숍에 앞서 개인 또는 소규모 그룹의 인터뷰를 통한 추출
- 원격 회의에 의한 추출
- 기타 방법에 의한 추출

가. 리스크 추출 준비사항

추출에 대한 준비사항은 다음과 같다

- 기본비용 및 일정 (산출근거 포함)
- 리스크 평가에 고려할 가정사항과 관련된 문서

- 본 비용 및 일정의 불확실성 데이터

나. 리스크 추출가의 자세와 역할

리스크 추출가가 지녀야 할 자세는 다음과 같다.

- 참여자 관점에서의 균형있는 시각 및 편향성에 대한 주의
- 퍼실리테이터의 리딩에 의한 브레인스토밍
  - 모든 아이디어의 나열 및 토론
  - 가능성 및 임팩트의 결과에 대한 평가(빈도/규모)
  - 유사한 리스크를 통합하여 하나의 리스크로 결합
  - 공식적인 정량적 분석에 포함되지 않을 정도로 작고 중요도가 낮은 리스크를 걸러내어 프로젝트 팀을 위한 "**현장 관찰 목록**"으로 요약 제시

다. 세부그룹에 의한 추출

모든 추출 회의에 모든 사람이 다 참석하기 보다는, 어떤 경우에 있어서는 분야별로 구성되는 세부그룹의 인터뷰에 의한 추출이 더 효율적일 수 있다. 교통사업의 경우 리스크 추출을 위한 세부그룹 예시는 다음과 같다. 사업 형태에 따라 이러한 세부그룹으로 나누어 리스크를 추출한다.

- 용지보상
- 공익 사업 및 철도
- 환경
- 문화
- 자원
- 홍수, 강우, 기후
- 구조물 및 지반
- 기타 : 설계, 교통, 공사현장 작업구간 교통 통제, 시공성(단계별 / 공정), 범위 문제 / 민원, 지역 관할권, 현지 시장 상황, 관리 및 기타 비용 등
- 비용 및 일정에 대한 불확실성

라. 역동적인 워크숍을 위한 주의사항

다양한 리스크 식별과 추출을 위해 팀을 역동적으로 관리할 필요가 있다. 이를 위한 주의사항은 다음과 같다.

- 워크숍 집중기간 동안 개인 활동은 자제하고 워크숍에 집중할 수 있도록 별도의 주의사항 및 **교육**이 필요하다.
- **그룹의 규모**는 관리하기 쉽게 유지될 필요가 있다. 그룹 역동성은 특정 그룹의 수를 넘어서면 약화되니 참여자 수가 많을수록 좋다는 생각은 버리는 것이 좋다. 전문가의 의견이 적절히 혼합되기를 원하지만, 참가자의 수가 프로세스를 압도할 만큼 많거나 워크숍의 효과를 감소시키지 않도록 주의해야 한다. 예를 들어, 너무 많은 사람들이 말을 하려고 하면 SME가 관여할 시간이 크게 줄어들게 된다.
- 워크숍 프로세스나 **리스크기반 견적**(Risk-based Estimate; RBE)이 익숙하지 않은 참여자는 리스크 프로세스에 대한 교육을 받고 방법론을 반드시 숙지하여야 한다. 워크숍 참여자는 자신이 해야 할 역할과 기대사항을 알고 있어야 한다.
- 워크숍을 위한 **투입 노력**은 프로젝트 규모와 복잡성에 비례해야 한다. 프로젝트에 적합한 규모와 접근 방식을 선택하되 그 과정은 확장성이 있어야 한다.
- 워크숍 장소는 충분히 넓고 편안해야 한다. 워크숍 참여자들은 며칠 동안 함께 일을 하게 되는데, 너무 좁거나 폐쇄적인 장소는 좋지 않다.
- **전문가 응답에 대한 편향**과 분포 및 종속성 등을 적절하게 특징짓지 못하게 되면 프로젝트 비용 및 일정의 꼬리부분의 확률값에 대한 과소평가의 우려가 있다. 추출가는 편향 이론에 대해 잘 알고 이를 줄일 수 있는 식견과 경험이 필요하다.

마. 보고서 준비

리스크 워크숍 보고서는 결과와 프로세스를 문서화한다. 보고서는 프로젝트 팀의 리스크관리 및 프로젝트 조달 노력을 지원하기 위해 작성된다. 보고서 작성은 주로 프로젝트 팀과 비용·일정리스크팀 간의 협업 작업이며, 최종 프로젝트관리자가 책임을 갖고 완성한다.

- **초안 보고서**

  초안 보고서는 다음과 같이 작성한다.

  – 워크숍 종료후 2주 내에 작성하여 제출하는 것을 원칙으로 한다.

- 단 최종 정량적 리스크 입력 문서가 워크숍 이후에 리스크 모델러에게 제공된 경우 그 시간으로 부터 2주일 이내 제출하도록 한다(가급적이면 리스크 모델러를 위한 리스크의 정량적 입력 문서가 워크숍 마지막 날까지 제공되어야 함).

■ **워크숍 최종보고서**

최종 보고서는 보고서 초안이 전달된 후 2주 이내(주요 의사결정권자의 검토로부터 1주일 이내) 까지 제출한다. 이 최종보고서 이외에 1페이지 분량의 **RMP 스프레드시트**도 추가로 작성, 제출되어야 한다. 최종보고서(안)에 대한 코멘트가 없을 경우 보고서 초안이 **워크숍 최종보고서**가 되며 코멘트가 있을 경우 그 수정본을 작성한다. 리스크 최종보고서에서 각 참여자의 역할과 책임사항에 대한 사례는 아래 WSDOT 사례를 참고할 수 있다.

사례 2.5 리스크 워크숍 보고서 가이드 및 주요 체크리스트 (WSDOT 사례)

프로젝트관리자/ 프로젝트 팀

프로젝트관리자와 프로젝트 팀은 보고서 검토 및 편집에 적극적으로 참여한다. 그들은 결과를 소유하고 관리 시스템에서 사용하여 결과를 소통한다.

- □ 정확하고 완전한 워크숍 요청 양식
- □ 표지용 프로젝트 사진
- □ 비용과 예정 일정 및 준비를 설명하는 간략한 서면 요약
- □ 이전 비용 및 일정 추정치 차이 조정

분야별 전문가

워크숍 중에 보고서 작성 노력을 제공하기 위해 메모를 한다.

- □ 주요 리스크
- □ 가능한 대응 전략

리스크 리더

보고서 준비, 검토 및 편집 중에 도움이 될 수 있는 주요 토론 주제를 워크숍 중에 기록한다. 프로젝트 팀 및 비용 책임자와 긴밀히 협력하여 보고서가 프로젝트 팀이 유용하고 이해할 수 있도록 해야 한다. 정상적이고 객관적인 분석을 보장하기 위해 취하는 모델 논리와 단계를 문서화한다. "**완화 후보**" 및 잠재적 대응 전략을 명확하게 식별한다.

– 보고서 초안 작성 준비/취합 :
- □ 머리말
- □ 한 페이지 스프레드 시트
- □ 요약
- □ 1 장 : 개요 (프로젝트 요약 / 프로젝트 목표 / 워크숍 목표 / 방법론)
- □ 2 장 : 프로젝트 설명 (시나리오 / 순서도 / 가정 / 예외 / 참고)
- □ 3 장 : 기본 검토 (기본비용 및 예정 스케줄 검토 및 검증)
- □ 부록 A – 참석자
- □ 부록 B – 기본비용 견적
- □ 부록 C – 입력
- □ 부록 D – 출력
- □ 용어집
- □ 보고서가 명확하고 이해하기 쉬운 용어로 쓰였는지 더블체크
- □ QA / QC 체크리스트 확인
- □ 적시에 편집하여 보고서를 최종 준비 상태로 가져온다.

비용 및 일정 리더

비용 및 일정 견적 검증 작성에 도움이 되는 메모를 작성한다.

- □ 비용 및 예정 스케줄에 대한 서면 개요
- □ 보고서를 위한 비용 및 일정을 검토하고 검증하기 위한 조치에 대한 서면 개요

CREM 부서의 워크숍 코디네이터

워크숍 보고서는 비용을 리스크 품질 관리 체크리스트와 비교하여 검토된다.

- □ QA / QC 체크리스트 검토
- □ 보고서 작성을 통해 프로젝트 팀 및 비용리스크 팀과 협력
- □ 프로젝트관리자로부터 최종 파일 사본을 받는다.

* 참고 : 워크숍 전에 지정된 **"보고서 편집자/코디네이터"**를 식별하는 것이 좋다. 프로젝트관리자는 CREM 부서와 협력하여 이 역할을 맡을 사람을 결정할 수 있다. 보고서 편집자/코디네이터는 프로젝트 팀의 커뮤니케이션 사무실, 비용리스크 팀 또는 기타 적절한 직책의 사람일 수 있다.

2.2.4 메타어의 사용

프로젝트에는 명시적으로 확인되지 않은 리스크가 존재하고 있기 때문에 리스크 식별 과정은 리스크프로세스의 가장 중요한 단계라고 할 수 있다. 따라서 리스크 식별은 적절한 주의를 기울이지 않으면 안된다.

브레인스토밍, 리스크 워크숍, SWOT **분석**, What-if**시나리오 분석, 프롬프트 목록 및 체크리스트, 델파이 분석, 명목그룹기술, 각종 문서의 분석, 인터뷰 및 다이어그램 기술** 등 리스크를 식별하는 데 도움이 되는 많은 기술들을 1개 이상 적극적으로 활용하여야 한다. 하지만 식별하는 것이 명확하지 않은 경우 이러한 접근 방식의 효과가 크게 감소할 수 있고, 리스크 식별 결과 그다지 중요하지 않은 항목이 자주 포함되기도 한다. 이것은 리스크프로세스의 가치를 희석시키고, 초기 단계에서 산만하게 하고, 진정한 리스크를 모호하게 하며, 참가자들 사이에서 좌절과 환멸을 초래할 수 있다.

"리스크에는 원인이 있으며, 리스크가 발생하면 프로젝트에 영향을 미치게 된다."

이와 같은 정의를 사용하면 리스크 식별의 결과에 특별히 불확실한 요인이 아닌 이미 알려져 있는 문제나 목표에 영향을 줄 수 없는 상관이 없는 우려와 걱정거리가 포함되어 있지 않도록 해야 한다. 리스크 식별 중에 발생하는 가장 일반적인 오류는 리스크의 **원인**(Cause)과 **리스크**(Risk) 및 그 리스크가 프로젝트에 미치는 **효과**(Effect)를 명확히 잘 구분하지 못하는 것이다. Hilson(2000)은 원인-리스크-효과를 다음과 같이 정의하였다.

- **원인**(Cause)
  원인은 프로젝트나 환경에 존재하며 불확실성을 야기하는 명확한 사건이나 상황에 대한 집합체이다. 예를 들어 개발도상국에서 프로젝트를 수행하는 경우 필요한 요구사항, 입증되지 않은 신기술을 사용해야 하는 필요성, 숙련된 인력 부족 또는 조직이 유사한 프로젝트를 수행한 적이 없다는 사실 등이 이에 해당된다.

- **리스크**(Risk)
  리스크가 실제로 발생할 경우 프로젝트 목표에 영향을 주는 불확실한 이벤트 또는 상황을 의미한다. 예를 들어 계획된 생산성 목표가 충족되지 않을 가능성, 금리 또는 환율 변동에 대한 불확실성, 고객의 기대치가 오해될 수 있는 가능성 또는 계약자가 계획보다 일찍 납품할 수 있는지 여부 등이 있다.

- **효과**(Effect)
  리스크로 인해 발생하는 프로젝트 목표에서 계획되지 않은 음수와 양수의 변화다. 예를 들어 중요한 마일스톤에 늦어지거나, 승인된 예산을 초과하거나, 계약서를 통해 합의된 성과 목표를 달성하지 못하는 것 등이 여기에 해당된다.

리스크 식별 중에 이러한 세 가지 유형 간의 명확한 구분을 유지하는 것이 중요하다. 먼저 **리스크의** 「**원인**」은 프로젝트의 명확한 기능이며, 따라서 그들은 불확실하지 않다. 실수로 "**리스크**"로 분류되는 경우 발생 확률이 확실하기 때문에 프로세스의 리스크 평가 단계를 왜곡한다. 즉, 리스크 평가를 수행하는 사람들은 발생 확률이 100% 미만인 진정한 리스크보다 더 높게 평가하게 되는 오류를 일으킨다. 리스크를 모호하게 만들어 버릴 수도 있다. 이렇게 되면 리스크 프로세스의 신뢰성 또한 훼손되므로 효과적으로 그 원인을 해결할 수 없다. 따라서 소위 "**리스크**"관리가 되지 않게 된다.

마찬가지로, 「**효과**」가 리스크로 포함되는 경우 진짜 "**리스크**"에 대한 관심을 산만하게 할 수 있다. 효과는 리스크가 발생하지 않는 한 발생하지 않는 우발적인 이벤트이므로 계획되지 않은 잠재적인 향후의 변경 사항이 된다. 리스크관리의 목적은 이러한 리스크를 해결하는 것이며, 리스크관리가 효과적으로 적용되는 경우 사실 잠재 리스크를 실제로 경험하지 않게 될 가능성이 높아진다. 효과는 아직 존재하지 않으며 실제로 존재하지 않을 수 있기 때문에 리스크관리 프로세스를 통해 관리할 수 없다. 원인과 마찬가지로, 소위 "**효과**"를 리스크로 포함하는 것은 진정한 리스크에 대한 관심을 전환하고 리스크프로세스의 신뢰성과 효과를 손상시킬 수 있다.

리스크관리 프로세스는 진정한 리스크를 해결하기 위해 고안된 것이다. 즉, 불확실한 사건이나 발생하지 않을 수도 있는 상황 집합이지만, 이러한 상황이 발생할 경우 프로젝트 「**목표**」에 중대한 영향을 미치게 되는 그런 영향력이 큰 리스크를 식별하여야 한다. 리스크평가는 각 리스크에 대해 두 가지 차원, 즉, 불확실성(발생확률) 및 리스크가 발생하는 경우 목표에 미치는 임팩트가 대상이 된다. 원인이 확실하고 연관된 "**확률**" 차원이 없고 효과는 단순히 리스크의 "**임팩트**" 차원에 대한 설명이기 때문에 진정한 리스크만 이 두 차원을 모두 갖는다.

일반적으로 **메타어**(Meta language)를 사용하여 리스크를 식별하는 것이 좋다. 리스크 식별 단계의 참가자가 리스크과 효과로부터 리스크를 명확하게 분리할 수 있도록 돕기 위해서는 구별을 강제하는 접근 방식이 필요하다. 적절한 메타어를 사용하면 이러한 분리를 달성하는 방식으로 리스크 설명에 대한 구조를 제공할 수 있다. 메타어는 단어나 기호를 사용하여 사고를 구성하고 체계적이고 공식적인 방식으로 개념을 설명한다. 리스크 메타어는 "**원인-리스크-효과**"를 포함하는 리스크에 대한 세 부분으로 구성된 설명을 제공한다. 각 요소를 정확한 단어를 사용하여 명시적으로 요구함으로써 세 요소 간의 혼돈이 최소화된다.

리스크 메타어의 세 가지 요소는 다음과 같이 요약할 수 있다 : "**명확한 원인의 결과로**", "**불확실한 사건이 발생할 수 있다.**" 이는 "**프로젝트 목표에 효과**"를 초래할 것이다.

예제 1

"**새로운 하드웨어를 사용한 결과, 예기치 않은 시스템 통합 오류가 발생하여 프로젝트에 과도한 지출이 발생할 수 있다.**" 새로운 하드웨어의 사용은 불확실성의 원인이며 리스크를 초래하는 확실한 사실이다. 리스크 자체는 예기치 않은 오류가 발생할 수 있으며, 물론 발생하지 않을 수도 있다. 그러나 오류가 발생하면 프로젝트 예산에 영향을 줄 수 있다. 리스크가 올바르게 식별되는 경우 사전 예방적 접근 방식을 채택할 수 있다. 이 문제는 예기치 않은 수준의 통합 오류가 있을 수 있다. 계획된 작업에는 보다 엄격한 예비 검사 또는 프로토타입, 숙련된 인력 사용이나 이 활동에 대한 더 많은 플롯 생성이 포함될 수 있다. 그러나 "**신규 하드웨어의 필수 사용**"이 리스크로 잘못 식별된 경우 이 사실이 프로젝트 요구 사항의 일부를 구성하기 때문에 적절한 대응책을 개발하기 어려울 수 있다.

예제 2

"**우리 조직은 이런 프로젝트를 수행한 적이 없기 때문에 고객의 요구 사항을 오해할 수 있으며 솔루션이 성능 기준을 충족하지 못할 수 있다.**" 명확한 사실적인 원인은 조직의 이전 관련 경험이 부족하다는 것이다. 경험 부족으로 반드시 이런 일이 일어날 것이라는 것을 의미하지는 않지만 리스크라고 할 수 있다. 우발적인 미래 효과는 성능 목표를 달성하지 못하는 것이다.

이와 같이, 리스크 메타어의 세 가지 요소에 대한 키워드를 식별할 수 있으며, 이 방법을 사용하면 리스크와 원인을 올바르게 분리할 수 있다.

- 원인은 프로젝트에 대한 명확한 사실이나 조건이므로 영어 문장으로는 "**~이다, ~한다, ~갖고 있다**" 등의 확정적 문구를 포함하여 표현한다.
- 리스크는 발생할 수도 있고 발생하지 않을 수도 있는 불확실한 미래의 사건을 나타내며 "**~할 수 있다**"로 나타낸다.
- 효과는 조건부 미래의 이벤트이며, 리스크 발생의 결과에 달려 있다. 조건부 미래시제가 종종 사용된다.

식별된 리스크를 기록한다. 리스크 메타어를 사용하는 목적은 원인이나 효과와 구별되는 실체적 리스크를 적절하게 식별하는 구조화된 프레임 워크를 제공하는 것이다. 그러나 리스크 기록(예: 리스크 등록부)에서 메타어 설명의 세 요소를 반드시 모두 사용할 필요는 없다. 일부 리스크 등록부 형식에는 리스크에 대한 설명을 위한 배경, 그 배경(원인을 포함) 및 영향(단어 및 질적 평가)이 포함된다. 이 형식을 사용하는 경우 세 개의 메타어 요소를 별도로 기록할 수 있다. 그러나 더 간단한 기록 형식이 사용되는 경우 위와 같은 메타어 요소에 대해 별도의 배경이 없을 수 있다. 이 경우 "**리스크 설명**" 배경에 실제 리스크만 포함되어야 하며 원인과 효과를 포함할 필요가 없다. 이렇게 하는 것이 혼란을 피할 것이며 진정한 리스크에 주의를 기울이게 될 것이다.

"**원인-리스크-효과**" 메타어를 사용하는 것은 리스크 식별 중에 올바른 사고 체계를 지원하게 되고 프로젝트에서 집중적으로 다뤄야 할 중요한 리스크를 식별하는데 도움이 된다. 원인과 효과의 별도 식별은 리스크, 특히 원인을 제거하거나 리스크에 대한 인과관계를 끊거나 리스크가 발생할 경우 효과를 방지하는 것을 목표로 하는 리스크 회피 대응에 대해 설계하는 경우에도 도움이 될 수 있다.

이와 같이, 구조화된 **리스크 메타어**의 사용은 리스크를 식별하고자 하는 사람들의 사고를 형성하기 위한 프레임워크를 제공한다. 과거의 경험에서, 이것은 진정한 리스크에 주의를 집중하고 근본 원인을 밝히고 그 영향을 명확히 함으로써 효과적인 리스크관리에 강력한 도움이 되는 것이 입증되었다. 리스크 메타어는 리스크관리 방법론에서 상당한 진전을 나타내며, 실질적인 리스크를 식별하는데 도움을 줄 수 있다.

메타어 개념으로 리스크를 표현한 대표적인 사례가 아래 〈그림 2.1〉에 나타나 있다.

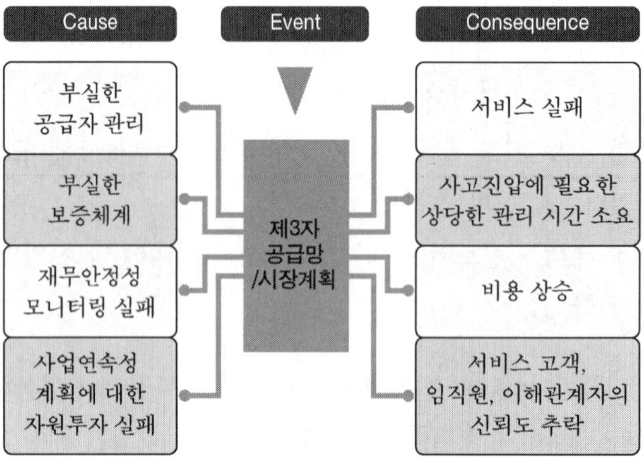

출처 : HM Treasury, 2020b

〈그림 2.1〉 메타어 개념으로 표현한 리스크 식별

한편 효과적인 워크숍을 위하여 **육색 사고 모자 기법**(6 thinking hats) 등을 실제 회의에 활용하는 방법도 좋다.

PART 2

제3장

워크숍 참여자별 역할 및 책임

제3장 워크숍 참여자별 역할 및 책임

PROJECT RISK MANAGEMENT GUIDELINES 제2편 워크숍지침

3.1 | 프로젝트 팀

3.1.1 개요

프로젝트 팀은 보통 CRA/CEVP 워크숍 프로세스를 프로젝트 비용 및 일정 추정치의 정확성, 일관성 및 신뢰도를 향상시키는 데 도움이 되는 도구로 생각한다. 이 프로세스는 단지 프로젝트 비용과 일정 추정치의 개선 효과뿐만 아니라 모든 프로젝트관리 계획의 필수 구성 요소인 프로젝트가 리스크관리 노력에 도움이 된다. 이 협업 프로세스 과정을 통해 프로젝트의 계획대로 되지 않을 사건에 대한 불확실성이 식별되고 그것이 프로젝트 목적, 즉, 비용과 일정에 미치는 영향이 정량화된다. 프로젝트 일정 및 비용 견적은 프로젝트팀의 몫이다. **CRA / CEVP 리스크 워크숍** 프로세스를 기반으로 하는 **리스크기반 견적**(Risk-based Estimate; RBE)을 개발하는 것은 단지 리스크팀만의 일이 아닌 프로젝트팀, 비용 및 리스크분석 전문가, 외부의 **분야별 전문가**(Subject Matter Experts; SME) 간의 공동 협업 작업이다.

〈그림 3.1〉에서 보는 바와 같이 리스크 워크숍은 계획단계부터 개발착수 초기 단계에 이르기까지 가급적 사업 초기에 개최되어야 한다. 리스크관리는 지속적인 프로젝트관리 중의 핵심 관리활동이다. 프로젝트관리자와 프로젝트 팀은 입찰공고 할 때까지 계속해서 사전 예방을 목적으로 하는 리스크를 철저히 관리해야 한다. 지속적인 리스크관리 및 리스크분석 평가는 워크숍 프로세스를 통해 얻은 지식을 살펴보고 설계 완료를 통한 공사 활동 및 일정의 순서를 평가하는 데 특히 주의를 기울여야 한다.

프로젝트 일정 및 비용 추정은 프로젝트 팀의 책임사항이며 정기적으로 그 결과를 업데이트해야 한다. 여기에는 정기적으로 워크숍을 실시하는 것이 포함될 수 있다. 워크숍은 프로젝트 팀의 요청으로 시작되며, 이 프로세스 중 일정 및 비용 추정을 위한 기본

정보는 프로젝트 팀이 제공해야 한다. 프로젝트 팀은 프로젝트를 보다 효과적으로 관리하기 위해 **리스크 워크숍**의 결과를 적절히 활용한다. 프로젝트 팀은 프로젝트가 계획대로 구체화되는 경우의 기본비용 및 일정과 계획대로 되지 않을 경우의 불확실한 사건이 발생할 확률의 조합인 리스크 조정 프로젝트 비용과 일정 정보를 보유하여야 한다. 그 결과, 긍정적인 결과는 기회를 제공하지만, 부정적인 결과는 위협이 될 것이다. 계획대로 되는 경우라고 해서 변동성이 없는 것이 아니다. 이러한 변동성을 리스크로 잘못 이해하고 접근하는 경우가 있는데, 리스크는 기본비용 자체에 내재된 수량 및 단가의 변동성과는 별개라는 것을 명심해야 한다.

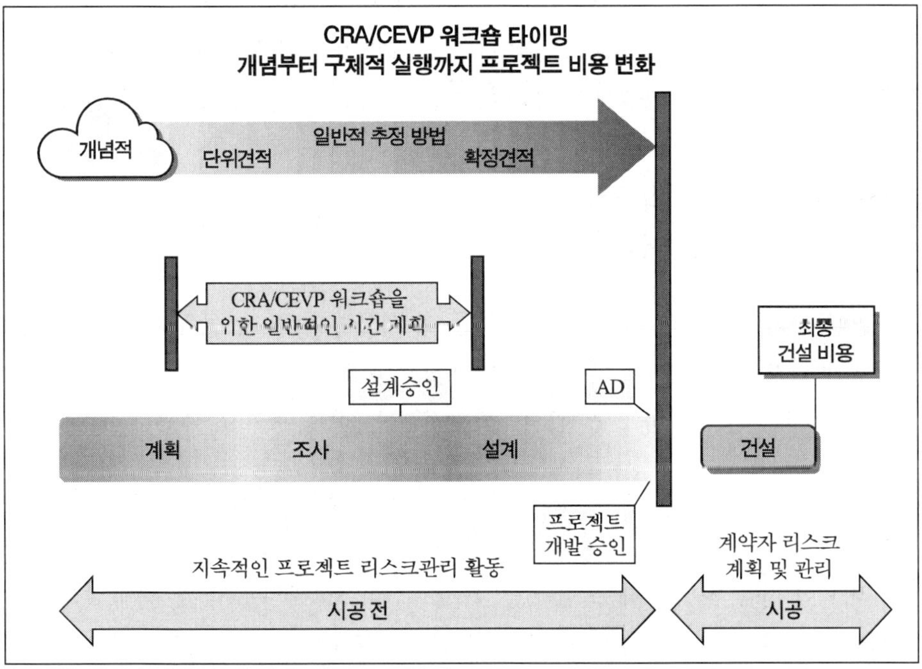

〈그림 3.1〉 프로젝트 생애단계의 리스크 워크숍 시기 (WSDOT, 2020a)

3.1.2 프로젝트 팀의 자세

일반적으로 CEVP는 아래에 요약된 7단계 프로세스를 따른다.

1. 프로젝트 및 방법 선택
2. 프로젝트 팀 조직

3. 기본비용·일정 정의 및 평가
4. 불확실성과 리스크 식별 및 평가
5. 프로젝트 비용 및 일정의 불확실성 정량화
6. 확률적 분석 및 문서화 수행
7. 리스크 대응 조치 구현, 측정, 모니터링

확률적 분석이 완료된 후 그 결과가 해석되고 문서화되어 프로젝트 팀에 보고된다. 표준 결과에는 현재가 및 지출년도 측면에서 총 프로젝트 비용 및 일정의 범위와 분포가 포함된다. 결과 분포 또는 범위는 특정 확률 특성을 가지며 백분율 값으로 보고 된다. 프로젝트 팀은 이러한 리스크기반 비용 및 일정의 확률적 분포와 확률값의 의미를 정확히 이해하고 있어야 한다. 프로젝트관리자와 프로젝트 팀의 핵심 구성원은 **리스크기반 견적법**, **확률분포** 및 **몬테카를로 시뮬레이션** 등의 기초개념은 갖고 있어야 한다.

가. 프로젝트 팀을 위한 워크숍 수행 목적

워크숍의 목적은 다음과 같다.

(1) 프로젝트 성공을 위한 가능성을 전환하는 데 사용할 수 있는 실행 가능한 정보를 프로젝트관리자 및 프로젝트 팀원들에게 제공
(2) 리스크가 고려된 유용하고 건전하며 객관적인 분석 및 보고서 제공

프로젝트 팀은 프로젝트 비용 및 일정을 개선하고 검증 및 확인하기 위한 책임을 갖고 적절한 조치를 취해야 한다. 프로젝트 리스크관리 성과는 "**완화 전**" 결과와 "**완화 후**" 결과를 비교한 다음 리스크 대응 전략을 강구하고 리스크관리 노력을 통해 달성할 리스크 완화 정도를 확인하고 측정할 수 있어야 한다. CRA와는 달리 CEVP 리스크 프로세스는 프로젝트 팀이 검토한 비용 및 일정 내용도 그 타당성을 검토하게 된다. 이 워크숍은 **제3의 독립적인 전문가의 강력한 검증 프로세스**로서 프로젝트 팀이 현재 프로젝트 견적의 품질과 완성도를 객관적인 입장에서 재평가함으로써 프로젝트 비용 및 일정에 대한 신뢰도를 상당히 개선시킬 수 있다.

이러한 워크숍 과정은 프로젝트 원가 및 일정 예측을 통한 불확실성 영역을 식별할 수 있는 프로세스로서, 단순히 프로젝트 컨트롤 및 **가치공학**(VE) 등 다른 필수 프로젝트관리 기능으로 대체할 수 없다.

이러한 프로세스의 결과물은 다음과 같은 업무 영역에서 활용될 수 있다.

- 비용견적 범위 제시
- 프로젝트 평가 및 관리
- 위기관리
- 가치공학(설계의 경제성 등 검토)
- 통합 프로젝트 / 프로그램 관리
- 설계 구축 및 기타 응용 프로그램
- 커뮤니케이션
- 재무관리

유의사항 CRA / CEVP와 같은 리스크기반 견적(RBE)은 프로젝트에서 모든 불확실성이 제거된 "**답안지**"가 아니다. 확실성이 아닌 확률이 워크숍 프로세스의 결과이다. CRA/CEVP 워크숍을 통해 SME, 원가 및 리스크 전문가와 함께 협력하여 팀이 제공한 데이터를 분석한다. 리스크관리에 유용한 정보를 제공하며 전체 프로젝트관리 계획의 필수적인 부분이 된다. 프로젝트 팀은 식별된 리스크에 대응하기 위한 조치 계획 구체화된 내용을 포함한 리스크 워크숍 보고서 최종 작성에 대한 책임을 진다. CEVP 분석에서 작성된 보고서는 의사결정 문서가 아니라 이사결정자이 합리적 판단과 결정을 위한 정보 문서이다.

3.1.3 프리 워크숍 단계에서 프로젝트 팀의 지위

프리 워크숍 단계에서 프로젝트 팀은 다음을 준비해야 한다.

1. 프로젝트의 범위, 일정 및 추정비용을 설명하는 계획서와 문서
2. 프로젝트관리자는 워크숍 전에 범위, 일정 및 비용 추정을 포함한 프로젝트관리 계획 승인 절차를 선행해야 하며, 주요 참여자는 워크숍에서 분석을 위해 제시된 추정치에 대한 확인을 거쳐야 한다.
3. 프로젝트 팀이 제공된 정보는 프로젝트에 관련된 전문가 그룹 및 이해관계자들이 전혀 예측할 수 없을 정도로 비정상적인 수치가 되어서는 안된다(사전에 확인 검토를 받아야 함).
4. 프로젝트 완성도 수준(예 : 설계 완료율)을 설명한다.
5. 프로젝트의 주요 특징, 프로젝트 일정계획과 우려되는 문제를 설명해야 한다.

프로젝트관리자와 프로젝트 팀은 다음과 같은 전체 워크숍 목표를 염두에 두어야 한다.

- 기본비용 견적 검토 및 검증
- 프로젝트 불확실성 식별 및 프로젝트 리스크 도출
- 리스크 등록부에 문서화된 불확실성과 리스크 특성화

워크숍에 참여하는 SME를 효과적으로 활용하기 위해 프로젝트관리자와 프로젝트 팀은 다음을 수행한다.

- 워크숍 시작 최소 8주 전에 CRA / CEVP 워크숍 참여 요청 양식을 제출
- 워크숍 2주 전에 다음의 문서를 제출
  - 업데이트된 프로젝트관리 계획 (리스크관리 계획 포함)
  - 현재 프로젝트 추진 경과 및 일정 계획 (워크숍에서 사용)
  - 비용 및 일정 계획 수립을 위한 가정사항 및 산출근거
  - 프로젝트 요약 및 세부 프로젝트 상세 범위

3.1.4 프로젝트 팀의 역할 및 책임

프로젝트 팀은 효과적인 워크숍 수행을 위해 프로젝트 목표 달성을 위한 핵심 영역의 인력을 참여시켜야 한다. 예를 들어 건설프로젝트의 경우에는 다음과 같은 분야가 핵심 분야가 된다.

- 프로젝트관리 (프로젝트 추진배경 및 이해관계자와의 관계)
- 엔지니어링 (설계 및 시공)
- 비용
- 일정 모델
- 환경
- 인허가
- 사업프로세스

프로젝트관리자는 워크숍에서 제기된 문제에 대해 대응할 수 있고 프로젝트 문서에 익숙한 프로젝트 팀 구성원의 참여를 보장해야 한다. 프로젝트 팀은 적용 가능한 리스크 요소, 리스크의 상관관계, 발생가능성 및 임팩트 측면에서 리스크의 특성을 식별할 준

비가 되어 있어야 한다. 프로젝트 팀이 다양한 계약 및 조달 방법에 대한 프로젝트 원가의 변화에 관심이 있다면 이에 대해 논의할 준비가 되어 있어야 한다.

리스크 워크숍 팀과 협력하여 작업하는 프로젝트 팀은 다음 사항을 논의하고 결정할 준비가 되어 있어야 한다.

- 자금, 프로그램 이슈, 누락사항 등의 검토
- 적절한 분야별 전문가(SME) 참여
- "**편향성 제거**" 권한
- 자원 제약을 고려한 최적 공정 계획 수립
- 확률론적 리스크기반 통합 비용 및 일정 모델링 요구
- 통합·개별프로젝트 리스크 및 기타 불확실성 처리
- 기본비용 및 일정에 내재된 기준 불확실성 처리

이외에 프로젝트 팀이 워크숍을 위해 준비할 일반적인 정보는 다음과 같다.

- 프로젝트 팀 조직도
- 프로젝트 팀 연락처 정보
- 프로젝트 주변 지도, 각종 문서, 항공사진 등
- 프로젝트개요 및 적용 설계기준
- 사업계획(마스터플랜, 단면도, 주요 조감도, 공공 정보 문서, 양해 각서, 시설 정보 등)
- 여러 비교 대안이 있는 경우, 대안을 이해하고 워크숍 때 중점적으로 협의할 자료에 대한 설명
- 전체 '**프로젝트/프로그램 총괄내역서 작성**'을 포함하는 현재 견적가(단가, 매개/모수에 의한 견적), 견적의 기준 연도 기록
- 리스크의 예비 목록 및 프로젝트 팀의 관련/관심 이슈사항
- 현재부터 준공에 이르기까지 주요 업무 및 관계를 보여주는 프로젝트 흐름도
- 단계별 시공방법 등 시공계획서
- 프로젝트 이슈 등 제반 정보
- 엔지니어링의 소요기간 및 비용 (3.1.5절 참조)
- 용지보상 소요기간 및 비용 (3.1.6절 참조)
- 공사 완료 소요기간 및 비용 (3.1.7절 참조)

가. 엔지니어링 업무 관련 소요 기간 및 비용

프로젝트 팀은 워크숍의 효과를 높이기 위하여 다음 엔지니어링 업무에 따른 소요 기간 및 비용을 준비하여 워크숍에서 활용 가능하도록 해야 한다.

- 지형 및 지질 조사 결과의 맵핑
- 설문조사
- 엔지니어링 및 설계
- 환경 프로세스 및 인허가 절차
- 환경 완화 설계(관리비 포함)
- 설계의 경제성 검토(VE)
- 설계안전성 검토
- 기타

나. 용지보상 소요 기간 및 비용

프로젝트 팀은 워크숍의 효과를 높이기 위하여 용지보상 및 통행권 확보를 위한 보상 및 현장 접근과 관련된 다음과 같은 업무의 소요기간과 비용 추정 결과를 준비하여야 한다.

- 부동산 서비스
- 보상절차 업무(관리비 포함)
- 사유재산 출입허가권 및 접근로 관리
- 용지보상 비용
- 기타

다. 공사 완료관련 소요 기간 및 비용

프로젝트 팀은 워크숍의 효과를 높이기 위하여 공사와 관련된 다음과 같은 업무 소요기간과 비용 추정 결과를 준비하여야 한다.

- 시공 중 엔지니어링
- 프로젝트의 건설비
- 사업내역서 상의 1식 비용 및 개략 비용
- 매설물 이설

- 현장 위해요소 교정 조치
- 환경 완화(건설 비용)
- 기타

3.2 | 리스크 리더

리스크 리더는 기본비용(Base Cost)에 예상되는 리스크 및 불확실성을 포함하여 품질과 완성도를 평가하기 위해 다양한 프로젝트의 범위, 일정 및 비용 원가에 대한 검토나 실무 분석에 참여하는 중요한 업무를 담당하게 된다. 리스크 리더의 주요 임무는 다음과 같다.

- 리스크 추출 및 모델링을 위한 프로젝트 흐름도 개발을 포함하여 리스크 프로세스 전체를 주도한다.
- 프로젝트 일정은 논리기반으로 최대한 단순하게 표현해야 한다.
- 프로젝트 일정·비용 검토와 리스크 식별 및 평가 워크숍에 모두 참여한다.
- 필요시 준비 세션, 후속 회의 또는 세션 재개 등을 지휘한다.
- 워크숍 결과를 문서화한 보고서와 프레젠테이션 자료를 제공한다.
- 보고서 가이드 또는 목차를 이용한 리스크 워크숍 보고서를 제공한다.

위와 같은 임무는 프로젝트를 제시간에 적절한 예산으로 조달하는 성공적인 사업을 위해 매우 중요한 것이다. 각 프로젝트에 대한 **비용리스크 평가**(CRA) 및 **비용견적타당성 검증프로세스**(CVEP)를 위한 검증은 1~5일 정도의 집중 워크숍을 포함하여 합리적인 기간에 수행할 수 있을 것으로 예상된다. 그 외 프로젝트 구성, 범위, 일정, 리스크분석을 통한 발생 가능한 리스크의 잠재적 임팩트와 관련된 가정사항의 실행가능성에 관한 문서 작성도 포함될 수 있다.

리스크 워크숍은 프로젝트 요구에 따라 다르지만 리스크 식별, 확률적 리스크 평가, 관리 전략 개발, 관리 전략의 효과 등에 대한 확률적 검토 및 기타 변경사항이 포함된다. 리스크 리더는 확률적 리스크 평가를 위해 일관된 방법론을 이용해야 한다. 따라서 확률, 몬테카를로 시뮬레이션, 그 입력과 결과에 대해 능숙한 자가 수행해야 한다. 이러한 능력을 증명하는 전문가 자격을 요구할 필요가 있다.

리스크 리더는 분석결과가 투명하고 객관적이며 신뢰할 수 있는지 확인하는데 중요한 역할을 한다. 또한 분석 프로세스와 그 결과를 명확하게 표현하여 프로젝트 팀이 유용하게 사용할 수 있도록 하는 것도 매우 필요하다. 프로젝트 팀이 쉽게 이해할 수 있는 방식으로 분석에 사용된 기본적인 가정사항과 제약사항은 문서로 명확히 기술되어야 하며, 이 결과는 다른 사람들에게 확실히 전달해야 한다. 이러한 과정 속에서 문서화된 보고서는 프로젝트의 범위, 일정 및 원가 견적에 대해서 속사정이 투명하게 기록되어야 한다.

아래 **[사례 3.1]** 및 **[사례 3.2]**의 두 개의 흐름도에 주목할 필요가 있다. 이 그림은 동일한 프로젝트를 표현한 것이다. 하지만 하나는 단순하고 따라가기 쉬운 반면 다른 하나는 복잡하다. 이 두 차트는 모두 리스크 모델링의 요구사항을 충족시키지만 하나는 업무를 진행하기에 훨씬 쉽게 만들어졌다. 더 많은 활동을 고려하는 것이 항상 더 명확함을 의미하는 것은 아니라는 사실을 기억하는 것이 좋다.

사례 3.1 프로젝트 흐름도 사례 (WSDOT, 2018a)

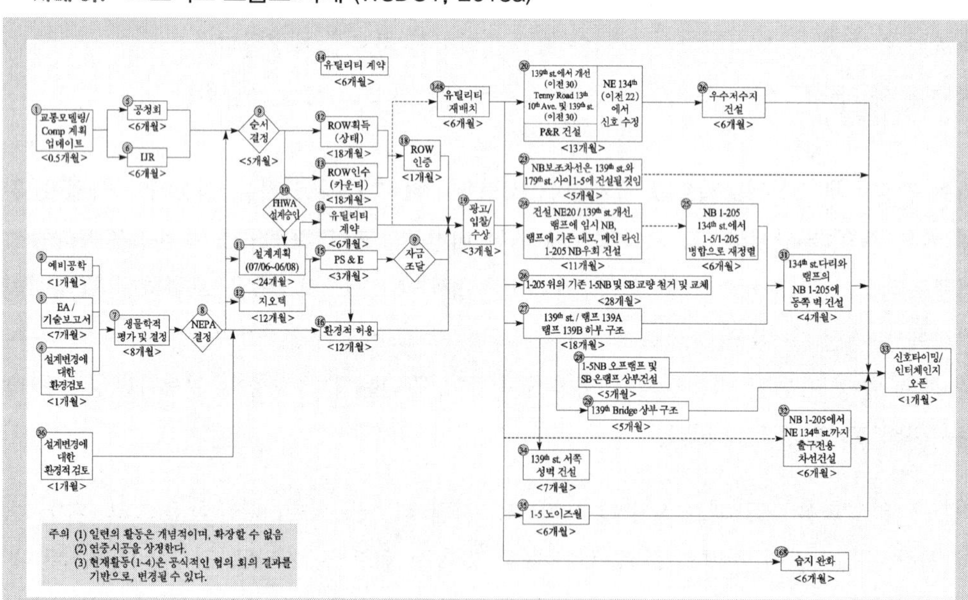

사례 3.2 시뮬레이션을 위한 WSDOT 프로젝트 흐름도 단순화 사례 (WSDOT, 2018a)

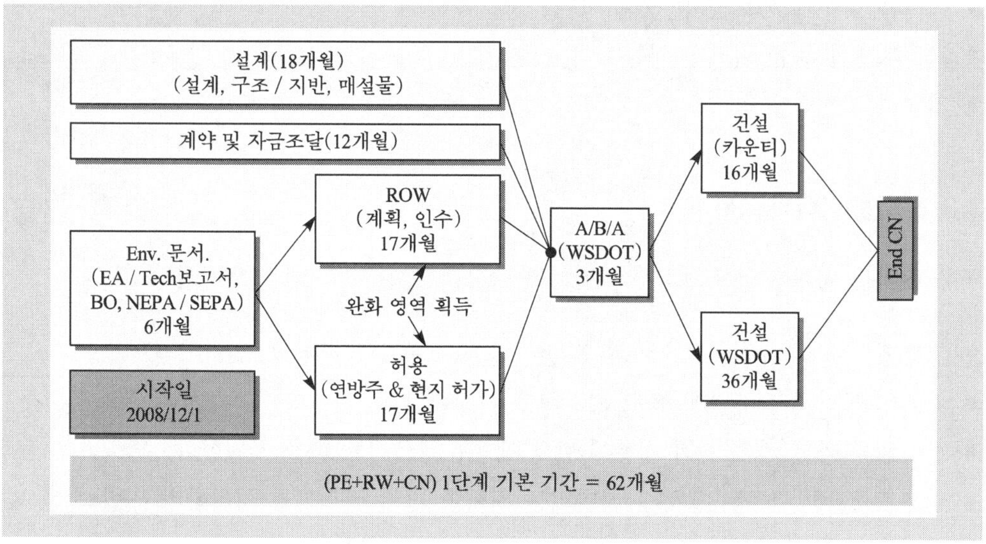

3.3 | 비용 리더

3.3.1 비용 리더의 주요 업무

비용 리더는 프로젝트에 대한 CEVP 또는 CRA 워크숍에 참여하여 비용 추정에 관련된 주도적인 역할을 담당한다. 주로 다음의 업무가 포함된다.

- 워크숍 참여
- 리더십 및 퍼실리테이션
- 워크숍 준비
- 사전 워크숍 회의 참석
- 비용관련 문서 작성
- 비용관련 후속 조치
- 워크숍 결과를 반영한 원가 추정 결과 조정
- 비용 관리 컨설팅
- 비용관련 보고서 작성

- 프로젝트의 새로운 시나리오를 재실행하거나 평가하기 위한 회의 요청 및 일정계획
- 워크숍 및 프로젝트 현장 왕복 지원
- 프로젝트를 위한 워크숍 지원
- 기타 원가관련 사항

3.3.2 비용 리더의 책무

비용 리더는 워크숍 프로세스를 지원하고 다음과 같은 주요 책무를 가진다.

- 프로젝트 팀의 견적서를 검토하고 검증하는 것을 주관한다.
- 기본비용 견적서 개발시 프로젝트 팀을 지원한다.
- 검토의 결과를 기초 견적 내용에 반영하도록 프로젝트 팀을 지원한다.
- 비용 및 일정 검토의 일부로 식별되는 위협과 기회 리스크를 처리하기 위한 비용 및 일정 항목을 제안하여 **리스크 등록부** 개발을 지원한다.
- 예정공정표 파악을 통해 식별된 추가 발생 원가를 반영하기 위해 프로젝트 팀을 지원한다.
- 워크숍 종료단계에서 프로젝트 팀과 협력하여 모델에 사용될 최종 비용 견적서를 검토하고 검증한다. 이 문서에 대해 프로젝트 팀 및 SME의 의견을 최종 반영한다.
- 최종 비용견적 검토회의를 주관하고 프로젝트 팀의 일정에 대해 검토한다.

비용 리더 및 SME에게 던져지는 대표적인 질문은 다음과 같다.

사례 3.3 WSDOT의 비용 리더 및 SME에게 던져지는 비용 관련 질문 (교통프로젝트) (WSDOT, 2018)

- 프로젝트 견적서 산출기준 양식을 작성하였는가? 산출기준의 근거는 무엇인가?
  - 얼마나 최신의 자료인가? 언제 업데이트 되었는가?
  - 단가가 해당 지역의 유사한 범위 프로젝트와 상관관계가 있는가? 실제로 비교할 수 있을 정도인가?
  - 현재 업무범위가 견적이 기준으로 삼고 있는 범위와 일치하는가?
  - 견적서는 엔지니어링, 시공 중 엔지니어링 서비스, 건설관리 서비스를 포함하고 있는가?
- 설계의 단계는?
- 조사 데이터의 정확도는 어느 정도인가?

- 현장조사는 어떤 것이 수행되었는가? 기존 조건을 설명할 것
- 지금까지 어떤 지질학적 업무가 수행되었는가? 그 지역에 과거 프로젝트에서 나온 자료가 있는가?
- 절성토 – 유용, 반입, 반출 및 사토, 임시 적치, 운반거리, 반입재료의 위치 등에 대해 가정된 것은 무엇인가?
- 부지 다짐에 대한 가정사항은 있는가? 계절적 변동성이 있는가?
- 시공 중 절단, 쉬트파일 박기, 옹벽, 사면의 안정성에 대한 가정사항이 있는가?
- 차수작업이 필요한 경우 공사 중 차수대책 및 기타 굴착물 관리, 허가를 충족시키기 위한 차수처리 등이 있는가?
- 용지보상 : 설문조사 및 비용견적은 얼마나 최근의 것인가? 부분적인가? 아니면 전체인가?
- 가시설, 부대시설, 주차구역이 있는가?
- 프로젝트 구역에 매설물, 이설 요구 사항, 분리 및 종료/폐쇄/기능에 대한 지식이 있는가? 분리 이전에 교체가 필요한가? 적절한 높이에 교체품을 설치할 수 있는가?
- 침식 방지장치가 있는가?
- 특별한 직원 배치요건, 야간작업, 어류 또는 야생동물 문제로 인한 작업 정지시간, 소음기준, 먼지통제 등에 관한 특별한 조건이 있는가?
- 제비용/경비, 보험, 보증, 프로젝트관리, 안전, QC, 커뮤니티 연결, 트레일러, 지정물, 재택근무 주차 제경비, 수익에 대한 추정치가 있는가?
- 뒷채움, 쉬트파일, 파일, 콘크리트, 철근 반출을 위한 콘크리트 보강용 철근봉, 이중처리 요구 등 재료 가용성에 대한 가정사항이 있는가?
- 생산성 비율은 가정치인가? 이 작업이 그 지역에서 행해진 다른 작업과 유사한가?
- 교통유지, 시공의 단계, 필요한 방호벽, 램프교, 지지대/받침대, 기술 등에 대한 가정사항은 있는가?
- 추정되는 경감, 방음벽, 우수저류지, 습지 등이 있는가?
- 견적서에 어떤 비상준비금이 포함되어 있는가?
- 견적서에 설계변경에 대한 비용이 산출되어 있는가?

사례 3.4 WSDOT의 비용 리더 및 SME에게 던져지는 일정 관련 질문 (교통프로젝트) (WSDOT, 2018)

- 다른 유사한 프로젝트들은 얼마나 오래 걸렸는가?
- 일정을 맞추기 위해 한달 평균 얼마의 비용을 지출해야 하는가?
  - 착수통지서는 어느 계절에 발행될 예정인가? 착수 날짜로 인해 특정 월이 손실을 입는가?

- 착수통지서가 계획대로 발행되면 필요한 계절에 조경을 완료할 수 있는가?
- 동원 및 해체 시간이 일정에 포함되었는가? 공사가 한창일 때 얼마나 많은 노무자가 이 프로젝트에 참여하는 것으로 추정되는가?
- 시공단계 및 교통관리계획이 예상한 일정과 일치하는가?
- 얼마나 많은 작업구역이 동시에 가능한가? 그 모든 구역에 직원이 근무할 수 있는가?
- 토공, 기초, 교각, 빔 데크, 보조기층, 기층, 포장 등 각 주요 요소에 대하여 추정된 생산성은 어떻게 되는가?

사례 3.5 WSDOT의 비용 리더를 위한 유용한 팁 (WSDOT, 2018a)

- 견적서에 대한 최종 책임은 프로젝트 팀이 담당한다. 이들이 워크숍 프로세스에서 원하는 것을 정하게 하라.
- 세부사항에 얽매이지 말고 프로젝트 전체 규모와 관련된 논의를 계속 유지하라. 예를 들어 5천만 달러(약 700억원)짜리 프로젝트에서 10만 달러(1.4억원)짜리 아이템을 논의하는데 많은 시간을 허비하지 말라.

3.3.3 비용 리더의 성과품 제출

비용 리더는 다음과 같은 점에 유의하여 성과품을 작성, 제출한다.

- 프로젝트 기본비용 견적서에 대한 의견과 타당성을 제시한다.
- 프로젝트 팀의 견적서 작성 담당자와 협력하여 프로젝트의 흐름도 활동에 부합하는 기초견적서를 개발한다. 이는 워크숍 기간 중 혹은 직후에 가능한 한 빨리 리스크 모델링에 사용할 수 있게 하기 위함이다.
- 기본비용의 검토 및 타당성에 대한 서면 보고서를 제공하고 리스크분석 워크숍 보고서가 프로젝트관리자에게 보고가 되도록 프로젝트 추진일정에 명확히 포함할 수 있는 구체적 일정을 잡는다. 이 보고서는 워크숍이 종료된 후 1주일 이내 또는 필요한 경우 워크숍에서 합의된 날짜까지 작성해야 한다.

3.3.4 기본비용 분석평가

기본비용 견적서는 프로젝트 개발이 진행되는 과정 속에 계속 업데이트되는 문서이다. 따라서 견적서의 이면에는 항상 진행경과가 있다. 어떻게 견적이 되었는지 그 진행결과를 반드시 이해해야 한다. 시간을 내어 프로젝트 팀이 견적 프로세스의 추진경과와 이력사항을 설명하게 해야 한다. 또한 프로젝트 팀이 견적서가 어떻게 작성되었는지 설명하는 동안 그 과정이 적절한지 확인을 하며 그 일반적인 절차는 다음과 같다.

가. 비용 일치 범위 확인

프로젝트 팀 프리젠테이션 중 **프로젝트 범위**, **제약사항**, **구조물**, **시공 단계** 등 주요 작업 항목에 대해 포괄적으로 파악한다. 범위 설명, 도면 및 견적이 작업 항목과 일치하는지 여부를 검토한다. 팀의 전문 지식을 활용하여 설계 요소를 검증한다. 예를 들어, 곡선 교량의 경우 팀은 강재보에 대한 단가를 어떤 가정을 통하여 산출하였는가와 같은 질문을 던진다.

나. 단가의 유효성 확인

해당 지역에서의 경험과 입찰 자료 및 최근 프로젝트 사용 단가를 통해 단가의 유효성을 검증할 수 있다. 교량의 단위면적당 비용을 추정해 내는 것은 때때로 논쟁의 여지가 있다. **기초형식**, **상부구조형식**, **기하 형상**, **지질** 등에 따른 단가가 달라지기 때문이다. 이러한 견적서는 또한 지역에 따라 달라지는 **세율 확인**, **용지 보상**, **할증**, **엔지니어링 할증** 등도 포함된다. 입찰 이력 데이터는 유용하기는 하지만 특히 입찰 이력이 3개월 이상된 경우 최신 정보가 아닐 수 있다. 이런 경우에는 단가의 유효성에 주의가 필요하다.

다. 컨틴전시 식별 (내부 및 외부)

기본비용 견적서에서는 컨틴전시를 포함하지 않는다. 견적서에서 비상상황이 명시적 항목으로 나타나 있는 경우 이는 명백하게 알 수 있을 것이다. 또한 품목 내에서 부풀려진 단가, 수량의 반올림과 같이 **비상준비금**이 숨겨져 있을 수도 있다. 이 비상준비금을 도출해 내야 할 필요성이 있는 부분은 견적자와 협의가 필요하다.

라. 예정공정표로부터의 견적서 구성

견적서는 예정공정표에 맞춰 재 정리할 필요가 있다. 이는 전형적으로 **환경적 비용**, **예비 엔지니어링비용**, **보상비** 및 **공사비**이다. 이 작업은 워크숍 참여자(프로젝트 팀, 리스크비용팀 및 분야별 전문가)와 긴밀한 협의를 통해 작성된다.

마. 리스크 팀과 협력하여 리스크 비용 결정

리스크 항목을 생성시키고 관련 비용을 결정한다. 이 작업은 워크숍에서 이루어진다. 이는 높은 수준의 견적노력이 필요하다. 만약 이 검토 규모가 상당히 커지게 되면 업무를 분할하고 극복하는 방법을 고려해야 한다. 기본비용 견적과 리스크 대응책에 대한 견적이 상호 중복되지 않는지 주의깊게 확인해야 한다.

3.4 | 분야별 전문가(SME)

3.4.1 개요

본 프로세스는 프로젝트가 지역 및 국가 민간 기업, 공공 기관의 **최고 엔지니어, 리스크관리자, 내 · 외부 분야별 전문가**(Subject Matter Experts; 이하 SME라 함) 팀과 프로젝트 팀 내의 전문 그룹들이 상호간에 협업 워크숍을 통하여 리스크관리를 체계적으로 수행하는 것이다. 여기에서 분야별 전문가는 주요 리스크를 식별하고 평가하며 이에 대한 대응책 아이디어 제시 등 핵심적인 역할을 하게 된다.

3.4.2 분야별 전문가(SME)를 위한 주의사항

내 · 외부 SME, 즉 분야별 전문가는 상호간 대등한 지위에서 체계적 프로젝트 검토(또는 적절한 정보 분석) 및 리스크 평가 워크숍에 참여하여 주어진 정보를 기반으로 비용과 일정 리스크를 식별하고 설명한다. SME는 리스크가 어떻게 발생할 수 있는지 프로젝트 원가 및 일정의 취약성을 어떻게 줄일 수 있는지 대한 방법을 검토한다.

SME는 그들의 전문 분야에 대한 폭넓은 전문 지식을 가져야 할 뿐만 아니라, 전문적인 지식과 경험을 바탕으로 프로젝트 비용과 일정을 결정하는 데 있어서의 역할도 부여된다. SME는 전문 분야에 초점을 맞추어야 하지만 다음 리스크 범주 중 하나 이상에 대한 의견을 제공할 수 있다.

- 관리
- 환경
- 설계
- 공사비 견적 및 원가 관리
- 단계별 시공계획
- 시공
- 건설 클레임 및 분쟁
- 부동산 및 용지보상
- 운영 및 유지관리
- 안전
- 기타

리스크관리를 잘못 이해하게 되면 부정적인 사고 프레임에 빠질 수 있다는 점에 유의해야 한다. 리스크를 적극적으로 개진하는 SME가 간혹 팀에서 좋지 않은 부정적 전문가로 오해를 불러일으킬 수 있으며 부정적인 사람으로 잘못 오인되는 경우가 빈번하다. 하지만 일단 식별된 리스크는 긍정적인 사고로 대화할 수 있도록 노력해야 하며 그러한 리스크를 식별한 SME는 팀에서 존중받아야 할 최고의 SME이다. 이들을 존중할 때 프로젝트에 미치는 영향을 최소화하기 위한 아이디어를 식별하여 문제를 해결할 수 있는 가능한 최선의 방법을 도출할 수 있다.

SME는 특히 프로젝트 초기 단계에서 리스크 평가가 정확하지 않더라도 리스크를 식별하고 토의하는 것은 대단히 가치가 높고 매우 유용한 일이라는 것을 이해해야 한다. 위협과 기회는 함께 가는 것으로 이들의 분석은 동등하게 고려되어야 한다. 미국 WSDOT에서 사용하고 있는 CRA/CEVP 리스크 워크숍이 큰 힘을 발휘하는 이유는 엄격하고 절제된 접근방식과 팀 구성원이 광범위한 주제에 집단적으로 집중하는 것으로부터 나온다. 따라서 SME는 다음을 수행해야 한다.

- 자신들의 분야에서 객관적인 정보를 제공하고 모든 팀원들과 전통적인 방식의 경계를 넘나들며 협력해야 한다.
- 팀과 개인의 창의적 사고를 권장하여 변화를 위한 열린 자세를 가져야 한다.
- 정책사항, 통상적인 가정사항 및 기타 지침을 포함하여 워크숍에 대한 프로세스에 대해 숙지해야 한다.

- 워크숍에서 사용되는 특정 용어를 명확히 이해해야 한다. 예를 들어, 미확정참작금, 비상준비금, 기본비용, 비용 불확실성, 일정 불확실성, 위협 및 기회 등 (보다 상세한 용어의 개념과 적용 방법은 본 가이드라인 제3편 리스크기반 견적지침 참조)
- SME를 선정함에 있어 원활한 리스크 워크숍을 수행하기 위해(워크숍 프로세스, 원리, 원칙 등의 이해) 기본적인 리스크 교육 또는 관련 실무경험이 풍부한 자를 선임하는 것을 권고한다.
- 상기 언급한 리스크 교육이란 국내외 저명기관에서 시행한 리스크전문가 교육과정을 이수한 자를 의미한다.(예 : 한국VE연구원의 CRS: 공인리스크전문가, ARS: 준리스크전문가, RMP - PMI 등)

워크숍에 적극적으로 참여하는 것 외에도 SME는 프로젝트의 구성, 범위, 일정, 비용 견적 및 기타 발생할 수 있는 리스크의 잠재적 영향과 관련하여 가정사항 및 실현 가능성에 대한 문서작성 및 제공을 요구받을 수 있다.

SME는 후속 조치나 반복적 세션에 참여하고 자신의 업무를 문서화한 검토보고서나 프리젠테이션을 제공하도록 요청받을 수 있다. SME와 프로젝트 팀 구성원은 정보에 입각한 의사결정을 하기 위해 투명하고 객관적인 분석을 통해 의사결정자에게 도움이 될 수 있는 명확하고 간결한 성과물(CEVP나 CRA 보고서)을 생산하기 위해 적극적으로 협력해야 한다.

주의사항 '**계약상대자**' 관점에서 전문적 지식과 경험을 가진 SME의 참여가 반드시 필요하다. 이러한 SME는 프로젝트 팀의 견적과 일정에 대한 검토 및 비평에 비용 리더와 함께 참여할 것이다. 이 논의는 가능하면 워크숍 이전에 이루어져야 한다.

3.5 | 리스크 워크숍 코디네이터

3.5.1 개요

비용리스크 평가(Cost Risk Assessment; 이하 CRA라 함) 코디네이터는 조직의 정책과 지침에 따라 CRA/CEVP 프로그램을 수행하는데 도움을 주는 사람이다. 현재 우리나라는 리스크관리 업무가 활성화 되지 않아 이러한 역할을 하는 이가 명확히 없는 것으로 보인다. 공공부문에서 VE업무 코디네이터 역할을 하는 주무관이 있으니 이런 사람들이 리스크 워크숍 코디네이터 역할을 할 수 있을 것이다(미국 워싱턴주 교통부의 경우). 워싱턴주 교통부의 CRA 코디네이터가 주 전체의 프로젝트 팀에 직접 지원 및 조정을 담당하고 있다. CRA 코디네이터가 있는 지역의 경우 본부 CRA 코디네이터가 해당 지역에서 열리는 CRA/CEVP 워크숍의 효과적 활용을 위해 지역 CRA 코디네이터와 협력한다.

지역 CRA 코디네이터는 비용리스크관리 분야에서 가용한 자원을 확보해야 한다.

3.5.2 워크숍 코디네이터의 책무

구체적인 의무는 다음과 같다 :

- 향후 12개월 동안 워크숍을 계획하기 위해 프로젝트를 위한 CRA/CEVP 워크숍 필요성을 파악한다(프로젝트 사무소와 작업).
- 워크숍의 대략적 시간대를 사전에 통지한다(프로젝트 사무소와 논의).
- 완성도를 위해 워크숍 요청 양식 검토
  - 모든 정보가 제공되었는지 확인한다.
  - 워크숍에 앞서 프로젝트 사무소가 적절한 공식 업무로 인식하고 있는지 문서, 공문 등으로 확인한다.
- 워크숍을 위한 장소가 적절한 크기와 공간으로 마련되었는지 기타 유용한 회의를 위한 인터넷 접근이 가능한지 프로젝트 사무소와 협력한다.
- CRA/CEVP 워크숍 프로세스를 숙지한다.
- 교육 요구사항 파악 및 발생시(비용견적학습반, RBE학습반) 교육 기회로 활용한다.
- 지역 내에서 기회가 발생할 경우 CRA/CEVP 워크숍에 참여하도록 지원한다. 예를 들어, 독립적 전문그룹의 대표성을 확보하기 위해 경우에 따라 인근 지역의 전문가가 해당 주제에 대한 전문 지식을 제공하도록 요청할 수 있다.
- 프로젝트의 리스크관리 계획서에 문서화된 사전 대응 리스크 조치를 권고한다.
- 워크숍 후 평가 양식을 활용하여 워크숍 피드백이 되는지 확인한다.
- 성과의 기록을 유지한다. 워크숍 참가자의 참여, 식별된 중요 리스크 및 구현된 완

화전략을 포함한다. 리스크 평가와 완화효과를 모니터링 한다.

- 지역의 리스크관리 및 지원요구 평가에 대한 보고서를 작성한다.
- 기술 수준을 향상시키고 프로젝트 리스크관리 분야의 숙련도를 유지하고 개선하기 위한 교육에 참여한다.

3.5.3 워크숍 코디네이터의 업무수행 방법

가. 프로젝트 팀과의 미팅

- RBE 워크숍이 필요한 프로젝트를 결정한다. 팀과 조기에 협력하여 사전작업(8주 혹은 그 이상)을 확인하도록 한다. 이 목표 일자는 프로젝트 작업 일정표에 입력될 수 있다.
- 프로젝트 팀에게 리스크관리 활동을 프로젝트 일정에 포함시키도록 권고한다. 여기에는 다음과 같은 것들이 포함된다 : 리스크관리계획, 리스크 식별, 정성적 리스크 분석, 정량적 리스크분석, 리스크 대응 계획, 리스크 모니터링.

나. 워크숍 준비

워크숍 수행 기간이 정해지면 다음과 같은 단계적 절차에 따라 업무를 수행한다.

1) 코디네이터는 조직에서 사용하는 워크숍 요청 양식을 작성한다.
2) 프로젝트 팀과 협력하여 양식이 전체적으로 잘 작성되었는지 확인한다. 이 시간 동안 일정표에 워크숍 가능 날짜를 결정하고 이 정보를 워크숍 요청양식에 포함시킨다.
3) 지역 엔지니어 또는 프로젝트 개발 엔지니어 및 설계팀과 만나 워크숍 프로세스의 개요를 설명한다.
4) 본부의 리스크견적팀과 협력하여 적절한 비용 리더, 리스크 리더 및 SME를 결정하고 참여 매트릭스 완성에 도움을 준다.
5) 워크숍 참가자에게 누가 초대장을 발송할지, 누구의 이름으로 초대장을 발송할지 결정한다. 지역은 지역 참가자와 프로젝트 팀을 초대하고 조직의 워크숍 코디네이터는 다른 참가자들(비용 리더, 리스크 리더, SME, 본부 대표 등)을 초대하기도 한다.
6) 프로젝트 팀이 비용리스크 팀과 SME 전문가들에게 워크숍 자료를 잘 준비하고 제공하는지 계속 의사소통하고 조정한다. 특정 워크숍 참가자의 후속조치로 프로세스에 그들의 참가 시기가 시의 적절하고 적당한지 확인한다.

7) 준비 세션회의와 리스크 워크숍에 참여한다.
8) 워크숍 이후 : 리스크 워크숍 코디네이터 등과 함께 조치 항목이 전달되는지 확인하고 후속 조치가 진행 중인지 확인한다. 워크숍으로부터 남은 미해결사항을 해결할 수 있도록 돕는다. 리스크 등록부에 워크숍에서 논의된 리스크가 특히 중대 리스크의 경우 적절하게 문서화되었는지 확인한다.

3.5.4 지역사무소의 CRA 코디네이터가 프로세스를 향상시키기 위해 할 수 있는 특별 사항

지역사무소의 CRA 코디네이터가 리스크 프로세스를 향상시키기 위한 특별한 조치사항은 다음과 같다.

1) 프로젝트 팀에게 워크숍에 대한 프로젝트 범위, 일정 및 견적이 최신 상태여야 함을 조언한다. 견적서는 잘 정리되고 쉽게 확인 가능해야 한다. 따라서 준비 세션에서 제시된 흐름도와 일치해야 한다. 견적담당자는 필요한 경우 정보를 신속하게 검색할 수 있는 백업 노트북, 계산서 및 가정사항을 가지고 있어야 한다.
2) 프로젝트 팀과 리스크 리더 간의 사전 협의 조정을 지원한다.
3) 중앙 부서의 워크숍 코디네이터와 협력하여 효과적인 의제를 개발할 수 있도록 지원한다. (워크숍 참가자는 무엇을 예상하고 언제 참석해야 하는지 알 수 있다.)
4) 프로젝트 주제에 대해 필요한 경우 초기 지질 조사 및 기타 전문 작업에 대해 조언한다.

3.6 | 리스크 모델러

3.6.1 개요

다음은 리스크 모델러를 포함하여 비용 리더, 리스크 리더 등 리스크기반의 견적과 모델링의 기술적 측면에서 관심이 있는 모든 사람들을 위한 지침이다. 리스크 모델러는 비용뿐만 아니라 일정도 함께 통합하여 관리할 필요가 있다. 비용과 일정은 서로 상관관계가 매우 높아서 일정이 지연되면 비용은 비례하여 늘어나는 경향이 있다. 최근 몬테카를로 시뮬레이션 프로그램은 일정과 비용을 통합하여 고려할 수 있는 기능을 갖추고 있으므로 반드시 이러한 기능을 구현하여 정량적 리스크분석을 실시하여야 합리적인 결과를 얻어낼 수 있다.

3.6.2 기본비용 불확실성

아래 〈그림 3.2〉는 기본비용의 변동성을 설명하고 있다. **기본 변동성**(Base variability)은 기본비용 추정치 자체에 내재되어 있는 불확실성을 의미한다. 기본 변동성은 항상 존재하며 리스크 이벤트로 인해 발생하는 것이 아니다. **기본 변동성**이 크다고 하여 리스크가 크다고 표현하는 것은 적절한 표현이 아니다. 리스크 이벤트가 존재하지 않더라도 변동성은 항상 존재함을 유의하여야 한다. 기본 변동성은 추정된 값에 대한 대칭적인 범위로 표현된다. 즉, 기본 값 ± x%와 같은 형식이다.

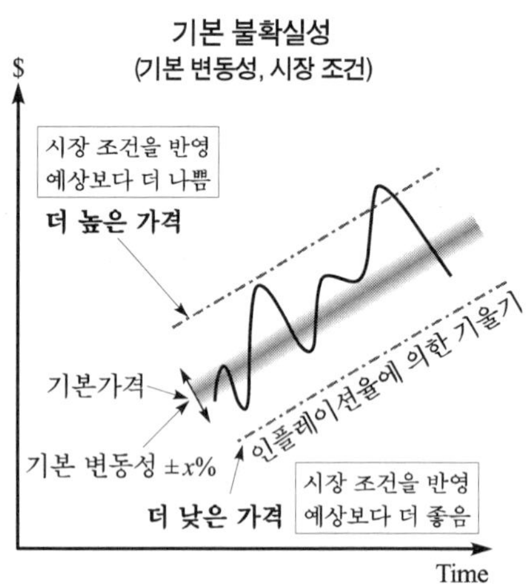

- 기본 변동성은 기본 추정치에 내재되어 있다. 기본 변동성은 항상 존재하며 리스크 이벤트로 인한 것이 아니다. 리스크 이벤트가 없는 경우에도 변동성이 존재한다. 기본 변동성은 예측값에 대한 대칭 범위로 잡힌다.
  즉, 기본값 ± x%의 형식이다.
- 시장 조건은 시장 경제에서 가격과 수량을 결정하고 인플레이션과는 별개로 공급 및 수요 요인의 결과이다. 시장 조건에는 입찰 및 계약 중 경쟁 환경, 노동 시장 및 자원 가용성이 포함된다.

〈그림 3.2〉 기본 변동성과 시장 조건의 조합

시장 조건은 시장 경제에서 인플레이션과는 별개로 가격과 수량에 의해서 결정 되어지는 공급 및 수요 요인들의 결과이다. 시장 조건에는 입찰 및 계약 중 경쟁 환경, 노동 시장 그리고 자원 가용성이 포함된다.

많은 프로젝트에서 가장 큰 불확실성이 시장 상황이라고 보면 우리는 시장의 불확실성을 리스크분석 모델에 합리적으로 고려해야 한다. 발주자 입장에서 입찰 환경이 양호한 경우도 있고 그렇지 않은 경우도 있다. 발주자의 입장에서 보면 나쁘다는 것은 엔지니어의 추정치보다 입찰가가 높게 형성되는 것이고 반대로 좋다는 것은 입찰가가 낮다는 것이다. 시장의 변동성과 입찰에 영향을 미치는 다양한 요인을 감안할 때 두 가지 가능성을 모두 고려해야 한다. 입찰은 계획된 것보다 나쁠 수도 더 좋을 수도 있다. 이를 위해 다음 [사례 3.6]은 WSDOT에서 제시하고 있는 이러한 불확실성을 고려하는 방법에 대한 간단한 예를 제공하고 있다.

사례 3.6 시장 조건의 불확실성 (WSDOT, 2018a)

입찰결과	발생 확률	임팩트
계획보다 좋음	40%	15%
계획보다 나쁨	10%	10%

[1] "**계획보다 좋음**"은 경쟁이 치열한 입찰 환경하에서 유리한 시장 조건의 결과로 입찰이 엔지니어의 예상치보다 최대 15% 낮아질 가능성이 40%로 추정됨을 나타낸다.
[2] "**계획보다 나쁨**"은 비경쟁적인 입찰 환경하에서 시장 상황이 영향을 미치는 결과로 입찰이 엔지니어가 추정한 것보다 최대 10% 더 높을 가능성이 10%로 추정됨을 나타낸다

3.6.3 기본일정 불확실성

기본비용 추정에 대한 기본 불확실성을 고려한 것처럼 일정(즉, ±5 % 또는 ±10 %)에 대한 기준 불확실성도 고려해야 한다. [사례 3.7]은 이러한 기본일정의 불확실성과 리스크를 모델링할 때 주로 사용하는 확률분포이다. 스케줄러와 기본일정 불확실성을 논의해야 한다. 이 불확실성에 적합한 것은 무엇인가? 이러한 기본일정 불확실성은 특히 프로젝트 개발이나 설계 초기의 대규모 복잡한 프로젝트에서 활동(Activity)의 정확한 기간을 알 수 없다는 사실을 고려해야 한다. 비록 리스크 이벤트가 발생하지 않더라도 특정 공정에 대한 정확한 일정 예측은 어렵다. 따라서 이러한 부분을 시뮬레이션 때 고려해야 한다.

사례 3.7 기본일정 불확실성을 고려하는 대표적인 확률 모델 (WSDOT, 2018)

삼각형분포

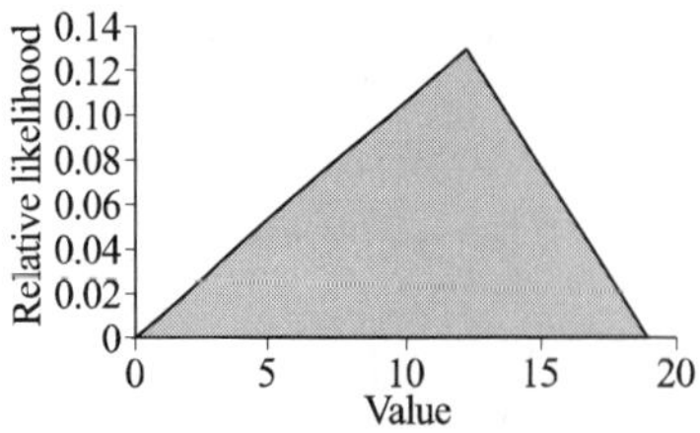

삼각형분포는 3점 추정치를 나타내는 연속분포이다. 이것은 리스크 모델링에서 가장 일반적이고 널리 사용되는 분포 중 하나이다. 최소값과 최대값이 초과될 가능성이 있다고 가정하는 것이 일반적이다(5/95, 10/90 등). 이러한 백분위수는 추정에서 다른 수준의 불확실성을 나타내도록 변경될 수 있다.

균등분포

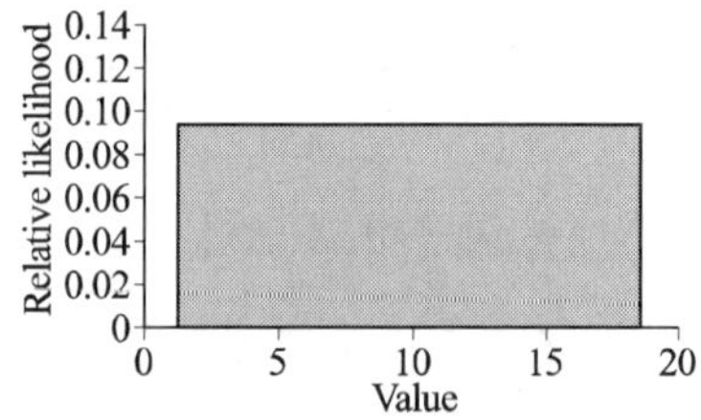

균등분포는 최대값과 최소값만 추정할 수 있는 연속분포이다. 이 분포는 활동 기간 동안 상당한 불확실성이 있거나 리스크 이벤트의 비용 임팩트가 있어 **"가장 가능성이 높은"** 값을 추정할 수 없을 때 사용한다.

이산분포

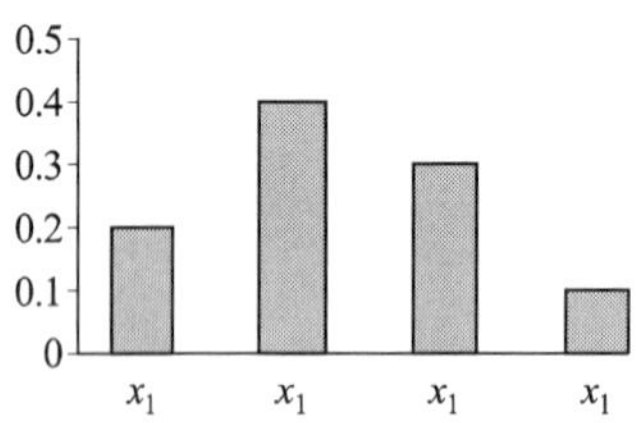

$X_1 = 20\%$

$X_2 = 45\%$

$X_3 = 30\%$

$X_4 = 5\%$

어떤 경우에는 리스크 요소가 특정 값만 취하거나, (즉, 연속적이지 않음) 연속분포를 근사화하는 데 사용할 수 있다.

연속분포

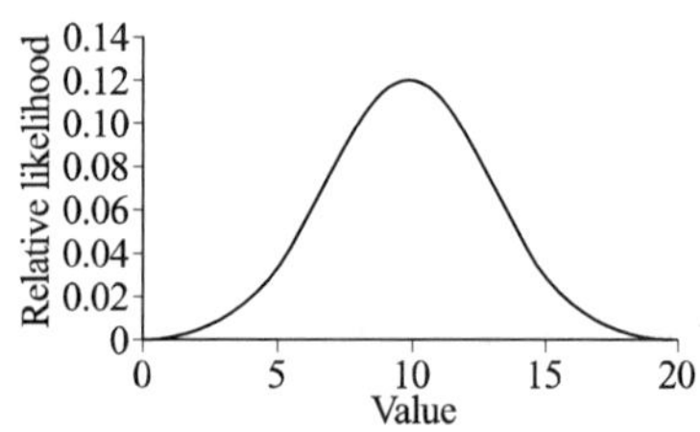

세 가지 포인트가 정의된다.

높음(최대), 낮음(최소) 및 최상의 예측; 그런 다음 잠재적 리스크 영향을 특성화하기 위해 연속분포(예:Pert 또는 기타)가 사용된다. 이러한 방법은 불확실성을 현실적으로 표현할 수 있지만 이러한 곡선은 정의하기 어렵기 때문에 특정 리스크 요소의 변동성에 대한 건전하고 문서화된 정보가 있을 때만 사용해야 한다. 최소값과 최대값이 초과될 가능성이 있다고 일반적으로 가정된다(5/95, 10/90 등). 이러한 백분위 수는 추정에서 다른 수준의 불확실성을 나타내도록 변경될 수 있다.

3.6.4 정량적 리스크를 고려하기 위한 분포

워크숍 중에 리스크의 불확실성을 특성화할 때 많은 리더와 워크숍 참가자는 불확실성을 특성화하기 위해 단순한 분포나 다점 이산분포를 사용하는 것이 더 편할 수 있다. 리스크 리더 및 리스크 추출자는 추출된 리스크의 필요성을 충족하고 특정 워크숍 멤버십의 그룹 역동성에 적합한 리스크 특성을 결정해야 한다. 분포는 불확실성의 **"범위 및 모양"**을 나타낸다. 리더는 정보의 범위(최소/최대, 낮음/높음) 및 정보 형태(대칭, 치우침)를 이끌어 내야 한다. 고려할 주요 사항은 다음과 같다.

- 시뮬레이션은 현실을 어느 정도 잘 반영할 때 그 결과가 유용하다. 현실과 동떨어진 입력을 통한 결과치는 현실적이지 못하다.
- 비용 및 기간(일정)은 개념적으로 연속적이고 무작위적인 변수이며 이러한 특성을 시뮬레이션할 수 있도록 적절한 확률분포를 갖고 모델링되어야 한다.
- 이것은 연속분포를 통해 달성되거나 위에 묘사된 것처럼 이산형분포로 근사화될 수 있다.

리스크 등록부를 정의할 때 리스크는 다음과 같은 두 가지 불확실성으로 정의해야 한다.

1. **발생확률** : 이 이벤트가 발생할 것으로 예상되는 가능성은 얼마나 되나?
2. **임팩트(Impact)** : 이벤트가 발생하면 원가 또는 일정 측면에서 어떤 임팩트가 있는가? 이 부분에는 일반적으로 최소, 최대, 가능성이 가장 높은 최빈값이 3가지 정보를 이용한다. [사례 3.7]에 설명된 바와 같이, 균등분포의 경우 최소값과 최대값만 추정할 수 있으면 사용할 수 있다.
3. **최소, 최대, 최빈값 산출** : 리스크 식별 후 특정 값을 산정하는 데 있어서는 과거의 많은 데이터의 축적과 분석이 동반되어야 한다. 따라서, 본 수치는 명확한 기준 또는 풍부한 경험을 기반으로 하거나 명확 기준을 근거로 산출되어야 한다. 하지만, 현 시점에서 공개된 데이터를 획득하는데 어려움이 있기 때문에, 일반적으로 3개의 값(최소값, 최빈값, 최대값)에 대한 산정은 많은 어려움이 따르는 것이 현실이다. 즉, 본 가이드라인에서는 해당 값을 산출하기 어려움이 발생할 경우 [**제1편 일반지침 〈표 4.1〉** 리스크 식별 기법]을 참고하여 최소값, 최대값을 먼저 추출한 뒤 최빈값을 산정하는 것을 추천한다. 다만, 프로젝트별로 산출된 수치는 상이할 수 있기 때문에, 워크숍을 진행하며 산출된 값에 대한 검증이 반드시 동반되어야 할 것이다.

예시)

- **위협의 비용 임팩트가 보통일 경우** : 최소값 = 관련 공종 비용 * 5%, 최대값 = 관련 공종 비용 * 10% 의 값을 추출한 뒤, 최소값과 최대값 범위 내에서 최빈값을 유추한다.
- **기회의 비용 임팩트가 높을 경우** : 최소값 = 관련 공종 비용 * 3%, 최대값 = 관련 공종 비용 * 5% 의 값을 추출한 뒤, 최소값과 최대값 범위 내에서 최빈값을 유추한다.

3.6.5 랜덤 변수들 간의 상호의존성 또는 상관관계

분석에서 둘 또는 그 이상의 불확실성을 갖는 비용 및 기간, 리스크 이벤트나 그 임팩트(Impact) 사이의 상호 종속성은 다양한 조건으로 인해 발생할 수 있다. 이러한 불확실성은 다음과 같다.

1. 상호 배타적
2. 확률 측면에서 조건부 종속적이지만 임팩트 측면에서 독립적이다.
3. 상관관계(일반적으로 주어진 리스크 이벤트에 대한 비용 및 기간)

위 항목 1과 2는 분석 로직으로 쉽게 모델링할 수 있다. 상관관계는 통계적으로 모델링하거나 상관 이벤트간의 관계를 조건부 확률 네트워크로 설명할 수 있다. 조건부 확률 "**사건 수**(Event tree)"는 WSDOT 및 기타 교통프로젝트 중심의 리스크 평가에 유용하게 사용되고 있다.

3.6.6 시뮬레이션을 위한 일반적인 옵션 설정

미국 WSDOT의 프로젝트 리스크관리 가이드의 경우 몬테카를로 시뮬레이션 횟수를 **5,000번** 정도로 권고하고 있다. 이 시뮬레이션 횟수가 많으면 많을수록 정확한 해를 구한다는 것은 몬테카를로 시뮬레이션 개념을 알고 있는 이들은 익히 잘 알고 있는 개념이다. 이 숫자보다 더 많은 시간을 들여 10,000번, 100,000번, 1,000,000번을 수행하면 결과값의 확률분포의 모양은 예쁘게 나올 수 있을지 모르지만 그것이 5000번 수행한 것보다 더 나은 판단을 위한 결과를 가져다준다는 보장은 없다. WSDOT에서 최근 출시한 PRAM 프로그램은 아예 시뮬레이션 수를 사용자의 입력치가 아닌 고정치로 수정할 수 없도록 한 경우도 있다. 결과 입력값 자체가 갖는 신뢰도가 시뮬레이션 횟수가 주는 신뢰도에 크게 미치지 못하기 때문에 너무 많은 시뮬레이션을 권장하지는 않는다.

3.6.7 주요 리스크에 대한 대응 방법을 이행하기 위한 지침

다음은 프로젝트 팀이 검토하고 조치를 취해야 할 사항이다.

- 리스크분석 결과물이 프로젝트 팀에게 주는 가장 유익한 점은 프로젝트 목표에 가장 유의하게 영향을 미치는 리스크 인자를 식별하고 영향을 미치는 정도에 따라 어떤 리스크부터 우선관리해야 하는지 그 순위에 대한 정보이다. 이 정보는 리스크에 대응하기 위한 사전 노력을 통해 프로젝트에 도움이 될 가능성이 가장 큰 리스크에 대한 로드맵을 제공한다.
- "**완화(경감) 후보**"가 되는 가장 중대한 리스크의 경우 공식적인 분석에 앞서 프로젝트관리자와 프로젝트 팀에 의해서 파악되어야 한다. 몬테카를로 시뮬레이션은 앞서 도출된 이러한 중요한 리스크를 보다 공식적으로 정량화할 수 있고 리스크관리 우선순위를 파악할 수 있다. 모델링에서 정의된 리스크 인자들에 의해서 수익(비용 또는 일정)의 변동에 가장 큰 영향을 미치는 리스크를 식별한다.
- 비용이나 일정에 가장 큰 잠재적인 영향을 미치는 리스크를 제시하는 효과적인 방법은 "**회귀 민감도**"차트 (즉, "**토네이도 다이어그램**")를 사용하여 "**완화 후보**"를 중요도 순으로 설명하는 것이다.

3.6.8 비용과 일정 리스크들의 통합

2002년 이후 워싱턴주 교통부(WSDOT)가 **CEVP**(Cost Estimate Validation Process)를 처음 도입했을 때 비용 및 일정 리스크는 몬테카를로 시뮬레이션을 활용하여 리스크 모델에 통합하였다. WSDOT 프로젝트 평가를 위해 사용되는 리스크기반 추정 모델들은 비용 및 일정 리스크를 모두 통합하여 분석하고 있다. 이러한 기능이 탑재된 WSDOT의 PRAM 프로그램은 WSDOT 홈페이지에서 누구든 다운로드가 가능하도록 공개하고 있다.

일정 리스크관리가 중요한 프로젝트에서 상기 WSDOT의 **PRAM**, **Primavera Risk Analysis**나 **Safran Risk** 등 보다 상세한 일정을 고려한 후 비용과 통합하여 시뮬레이션할 수 있는 프로그램을 사용하여야 한다.

리스크 워크숍 코디네이터는 비용리스크뿐만 아니라 특히 민자사업과 같이 일정 리스크관리가 중요한 사업의 경우 일정 및 비용 통합 리스크분석 프로그램을 능숙하게 다룰 수 있는 이의 참여를 반드시 고려하여야 한다.

PART 2

제4장

품질 및 성과 관리

제4장 품질 및 성과 관리

4.1 | 프리 워크숍의 품질 및 성과 관리

프로젝트 팀, 프로젝트관리자, 적절한 전문가 그룹 및 이해관계자는 워크숍에 앞서 제공된 자료에 대한 합리성을 검토한다. 아래 **[사례 4.1]**에 제시된 비용 및 리스크 관련 QC 체크리스트는 프로젝트 팀이 워크숍에 잘 대비할 수 있도록 프로젝트관리자에 의해 사용되어야 한다. 리스크 워크숍이 소집될 때, 대부분의 참석자들은 프로젝트 팀이 구체화한 범위, 일정 및 비용 견적내용에 대해 미리 숙지하고 사전 검토 의견을 충분히 제시할 수 있는 기회를 가져야 한다. 이를 위해 설계, 시공, 비용 등의 검토자료가 사전에 참여자들이 검토할 수 있도록 미리 제공되어야 한다.

범위, 일정 및 비용 추정은 CRA 또는 CEVP 워크숍에서 검토 및 분석의 대상이 될 것이다. 해당 기관(발주처)의 중앙 리스크관리 본부와 지역 리스크관리자 또는 해당 프로젝트 책임자의 재량에 따라 원가 및 리스크 품질 관리 체크리스트 항목이 모두 만족스럽게 완료되지 않았다고 판단되면 워크숍은 연기될 수 있다.

사례 4.1 비용 및 리스크 QC 체크리스트 (WSDOT, 2018a)

비용 리더 검토
1. **"기본비용 견적서"**가 완성되었다.
2. 사용가능한 모든 프로젝트 팀 백업이 검토되고 통합되었다.
3. 견적 범위는 CEVP 워크숍 범위로 검증되었다.
4. 모든 단가는 전문적인 판단 및 과거 비용 정보에 의해 검증되었다.
5. 모든 스프레드시트 공식을 검토하고 합계를 교차 확인했다.
6. 모든 비용과 기간이 순서도 활동에 할당되었다.
7. 비상준비금 항목이 기본비용 추정치로부터 충분히 제거되었으며 리스크 추정이 확인되었다.
8. 모든 설계 허용치가 검증되었다. 변동이 큰 허용치는 리스크 추정치로 이전되었다.
9. 모든 인상 금액이 적절하게 확인되었다.
10. 추정 견적 내용과 설명 내용이 문서화되었다.
11. 기본비용 및 일정 불확실성이 평가되고 문서화되었다.
리스크 리더 검토
1. 워크숍 프로세스가 워크숍 팀에 제공되었다.
2. 프로젝트 팀 이슈 및 우려사항이 모두 조사되었다.
3. 초기 리스크 식별 목록에 대한 합의가 이루어졌다.
4. 중요한 리스크에 중점을 두고 있다. 사소한 문제는 일관된 평가를 통해 걸러졌다.
5. 리스크(위협 및 기회)가 가능성과 결과 측면에서 정량화되었다.
6. 잠재적 리스크 완화 조치가 파악되었다.
7. 비상준비금 항목 및 예비비에 대한 것이 비용 팀과 협의 조정되었다.
8. 리스크가 기본비용 추정치에 포함되지 않았음을 비용 리더가 확인했다(이중계산 없음).
9. 문제, 임팩트, 발생확률 및 완화 조치가 모두 일관되게 문서화되었다.
10. 가정사항에 대한 설명이 모두 문서화되었다.
11. 리스크 항목에 대해 모든 사항이 팀 합의에 도달했다.
12. 리스크 추정과 관련된 모든 백업자료가 문서화되었다(날짜, 페이지 번호 및 견적자의 이름).

4.2 | 워크숍의 품질 및 성과관리

워크숍 단계에서 리스크관리의 품질과 성과 극대화를 위한 관리 포인트는 다음과 같다.

- 중앙 리스크관리 본부 담당자와 리스크 리더는 분야별 전문가나 리스크추출 과정에서 식별되는 리스크를 논의하는 자리가 불편할 수 있지만 이러한 논의를 하는 의미가 바로 강력한 리스크관리를 실현시킬 수 있음을 참여자 전원이 이해할 수 있도록 워크숍 수행 전에 필요한 설명과 교육을 실시하여야 한다. 중앙 리스크관리 본부는 이를 위해 참여자들의 리스크 교육을 의무화할 수 있다.
- 리스크를 식별하고 평가하고 이에 대한 대응책을 만들어 내고 그것이 프로젝트의 비용, 일정의 합리적 의사결정을 위해 반드시 필요한 업무임을 이해하고 협력한다.
- **프로젝트관리자**, 해당 프로젝트 팀원 및 전문가 그룹은 차트를 포함한 리스크 예비비 초안 결과에 대한 타당성검토를 공동 협력작업을 통해 수행한다. 이를 위해 협력작업을 위한 워크숍은 필수적이다.
- **프로젝트 팀, 리스크 리더, 비용 리더** 등이 협력하여 프로젝트 비용 및 일정 리스크관리를 통해 프로젝트 컨트롤에 유용한 성과물을 만들어 낼 수 있다. 모든 구성원들은 지위 고하에 관계없이 똑같이 중요하며 이 목적을 달성하기 위해 상호 존중하는 마음으로 서로 협력해야 한다.
- 리스크 및 비용·일정 추출자는 워크숍 중에 정보가 적절히 정의되고 조정되도록 서로 확실하게 조정하고 돕는 노력을 해야 한다.
- 비용·일정 리스크 모델러는 워크숍의 정보가 적절히 표현되도록 리스크 모델을 주의 깊게 검토해야 한다. 모델링에 대한 합리적 논리가 보고서에 기술되어야 하며, 프로젝트 팀과 중앙 리스크관리 본부에 제시된 결과가 잘 설명될 수 있어야 한다.
- 분석 내내 리스크 추출자는 프로젝트 팀, 내부 조직의 **분야별 전문가**(Subject Matter Experts; SME) 및 외부 SME와 함께 협력하여 비용 및 일정 관련 정보가 정확하게 파악되도록 한다.
- 분석 전체에서 **비용 리더**는 프로젝트 팀, 내부 분야별 전문가 및 외부 분야별 전문가와 협력하여 분석에 사용하기 위한 비용 정보가 올바르게 캡처되도록 한다.
- 중앙 리스크관리 본부에서는 정확성과 명확성을 위해 분석결과와 보고서를 검토한다. 프로젝트 팀은 분석결과와 보고서를 검토하여 결과를 이해하고 다른 사람들과 자신있게 논의할 수 있도록 한다.

4.3 | 포스트 워크숍 단계의 품질 및 성과관리

워크숍 종료후 최종 리스크관리가 종료될때까지 다음과 같은 사항에 주의하여야 한다.

- 식별된 리스크에 대한 대응 조치를 분명히 취한다. 프로젝트 리스크의 식별과 분석에 이어 프로젝트관리자와 프로젝트 팀은 가장 중요한 리스크에 초점을 맞춰 식별된 프로젝트 리스크에 대한 대응 조치를 취해야 한다.
- 프로젝트 리스크관리의 이점을 극대화하기 위해서는 리스크관리 활동은 프로젝트관리 계획과 활동 내에 통합해서 관리해야 한다. 즉 리스크관리 활동과 프로젝트관리활동이 분리되어서는 안된다. 이는 프로젝트관리에 사용하는 작업분류체계 "WBS(Work Breakdown Structure)"내에 리스크관리 활동업무를 포함시키는 것을 의미한다.
- 리스크 대응에는 대응 조치를 개발하고 구현하기 위한 노력이 필요하다. 리스크분석 결과에 따라 이 노력을 활용할 계획을 구체적으로 세워야 한다.
- CRA/CEVP는 특성상 반복적인 활동이며, 해당 시점의 알려진 조건에 대해 해당 프로젝트의 "**시간 내 스냅샷**"을 나타낸다는 것을 유의해야 한다.
- CEVP는 일반적으로 식별이 가능하고 계량화할 수 있는 프로젝트 유형의 리스크(즉, 계획, 설계, 입찰, 시공 및 변경된 조건에서 발생할 수 있는 사건)를 다룬다.
- 또한, CEVP는 대규모 프로그램에 대한 원가와 일정에 매우 큰 영향을 미칠 수 있는 훨씬 크고 더 어려운 리스크("**천재지변**")를 고려할 수 있지만, 이 시점에서 이러한 리스크는 일반적으로 포함되지 않는다. 이 영역은 별도의 검토 및 개발을 위한 영역이며, 특히 개선된 프로젝트관리를 위하여 이러한 사건은 유용한 방식으로 특징지을 수 있는 방법이 있다. 모든 제외사항과 가정사항은 워크숍 보고서에 명확하게 문서화되어야 한다.
- CRA/CEVP 워크숍에서와 같이 리스크기반 견적(Risk-based Estimate; RBE)이 프로젝트에서 모든 불확실성이 제거된 "**답안지**"를 제공하지 않는다는 점을 분명히 기억하고 있어야 한다.
- RBE 및 프로젝트 불확실성과 리스크에 대한 고려가 프로젝트 비용을 증가시키는 것이 아니라는 점을 분명히 이해하여야 한다. (리스크기반면적(RBE)는 본 가이드라인의 제3편에 상세히 설명되어 있다.)

4.4 | 공통 가정사항

4.4.1 공식 및 비공식 워크숍

리스크 워크숍에 있어 일반 가정사항은 CRA/CEVP와 같은 공식적 또는 비공식 리스크 워크숍에서 일반적으로 봉착하게 되는 반복적인 문제에 대해 일관된 접근 방식을 제공한다. 공통 가정사항이 프로젝트 일정과 비용견적을 검토하고 리스크와 불확실성을 확인할 수 있도록 협조하는 워크숍 참가자들에 의해 제공하는 건전한 판단과 현명한 조언을 대체할 수는 없다. 추가적으로 프로젝트별 가정사항이 확인될 경우 이는 프로젝트 워크숍 보고서에 문서화해야 한다.

본 절에서 제시된 공통 가정사항이란 허용된 시간과 가용 자원 내에서 최상의 리스크 워크숍을 실현시켜 주기 위해 도움을 준다. 그들은 이러한 제약조건 하에서 가능한 최고의 결과를 도출하기 위해 어쩔 수 없이 선택된 것이다. 평가된 리스크는 리스크 평가의 특정 시점에 프로젝트의 '**스냅샷**'을 반영한다. 스냅샷은 현재 계획 및 사용가능한 정보로부터 프로젝트 팀이 제시한 프로젝트 범위를 바탕으로 한다. 이는 리스크 모델이 비용과 일정, 리스크, 시공 단계 및 활동 순서에 대해 현재 최선의 견적치를 바탕으로 하고 있다는 것을 의미한다. 리스크 식별은 프로젝트 및 비용리스크 팀의 전문성에 따라 달라진다. 리스크 결과의 평가와 함께 프로젝트 비용 및 일정 견적을 평가한 후 비용 및 일정 리스크를 파악하기 위한 보고서를 작성한다. 중대 리스크는 프로젝트 비용 및 일정을 통제하고 프로젝트 리스크관리 노력으로서 프로젝트 목적에 끼치는 영향을 기준으로 중요도 순으로 분류된다.

리스크는 프로젝트에 긍정 혹은 부정적 영향을 미칠 가능성이 있다. 긍정적 잠재력은 프로젝트에 기회가 되고 부정적 잠재력은 프로젝트에 위협이 된다. 프로젝트관리자와 프로젝트 팀은 중대 리스크에 대한 대응방안을 구체화하고 구현함으로써 리스크 평가의 결과를 사용하며, 대응 조치를 문서화하고 프로젝트관리계획서를 업데이트하고 모니터링 해야 한다.

4.4.2 범위 변경 대 범위 변수

- **범위** - 프로젝트로서 제공할 제품, 서비스 및 결과의 합계(즉, WBS가 됨)
- **범위 변경** - 프로젝트 범위에 대한 변경 사항. 범위 변경은 거의 항상 프로젝트 비용 또는 일정에 대한 조정이 필요하다.
- **범위 크리프(creep)** - 일정, 비용 및 자원에 미치는 영향을 다루지 않거나 고객의 승인 없이 기능 및 기능 추가(프로젝트 범위)
- **범위 정의(프로세스)** - 향후 프로젝트 의사결정의 기초로서 상세한 사업 범위 명세서를 발전시키는 과정

리스크 워크숍 과정에서 프로젝트의 특정 요소를 추가, 제거 또는 수정하여 프로젝트의 범위를 수정하는 경우가 생긴다. 그러한 항목은 리스크 사건이 아니다. 대신, 이러한 것들은 프로젝트에 대한 대안 프로젝트 시나리오 또는 "**델타**"로 취급될 수 있다.

이와는 별개로 범위에 대한 변동성에 불확실한 항목이나 사건이 있을 수 있다. 완전히 프로젝트 통제 범위 내에 없을 수도 있으며, 이러한 범위 변경 이벤트가 발생하면, 일정이나 예산의 큰 변경을 야기할 수 있다. 이것은 주요 리스크로 간주되며 리스크기반 견적(Risk-based Estimate; RBE) 분석에 포함시켜야 한다.

4.4.3 설계기준 (일반)

프로젝트 팀이 현재 적절한 설계 기준을 사용하고 있는지 설계 편차나 분산이 적절하게 문서화되고 공유되고 있는지 확인해야 한다. 또한 프로젝트 팀이 제시한 프로젝트 일정과 비용추정치도 이를 반영해야 한다.

4.4.4 인플레이션 정보 및 시장 조건

프로젝트 팀은 기본비용 추정치가 최근에 작성된 것인지 확인하고 워크숍 견적이 작성되는 시기의 비용을 반영해야 한다.

4.4.5 건설 시장 조건 리스크

가. 입찰자 수

제공한 자료에 따르면 입찰자 수가 줄어들수록 입찰 금액이 증가하는 경향이 있다. 일반적으로 입찰자가 4곳 이상일 경우 입찰 금액에 미치는 영향은 무시할 수 있다. 이러한 효과를 포착하기 위해 워크숍에서 정상 입찰자 수 이하로 감소할 때 입찰 금액에 어느 정도 영향을 미칠지 고려한다. 적절한 영향 범위는 건설 엔지니어의 추정치보다 0~8% 정도 증가한다. 이 리스크가 발생할 확률은 워크숍에서 결정될 것이다. 프로젝트 팀은 왜 해당 프로젝트가 '**비경쟁**' 입찰 환경의 대상이 될 것으로 느끼는지 설명해야 한다. 또한 워크숍 프로세스의 일환으로, 입찰 환경을 개선하고 더 많은 입찰자를 끌어들이는 전략은 리스크 경감 전략으로 논의되고 확인되어야 한다. 일반적인 완화 전략에는 입찰공고일 및 **작업패키지**(work packaging)의 타이밍이 포함된다.

단계	PE	R/W	건설공사비 추정 리스크	
입찰자 수의 감소	n/a	n/a	임팩트 +0% ~ +8%	워크숍에서 결정된 확률

나. 기타 건설 시장 조건 리스크

다른 시장 조건은 일반적으로 리스크 도출 과정을 통해 포착된 리스크에 반영된다. 프로젝트 팀원은 위에서 설명한 것 이상의 추가적인 시장 조건 리스크를 포착하고자 한다면 왜 그들이 자신의 프로젝트가 추가적 시장 조건 리스크의 대상이라고 생각하는지 증명해야 하고, 반드시 문서화시켜 설명을 해야한다. 그들의 프로젝트가 추가적인 시장 조건 리스크에 취약한 이유를 기술하고 리스크 특성(확률과 결과)의 원인을 명확하게 기술해야 한다.

4.4.6 시장 조건 및 용지보상 리스크

부동산 시장은 지리적 영역에 밝은 직원들이 잘 안다. 이러한 사실을 감안하여, 지역 부동산 서비스 및 지역 용지보상 담당자 혹은 프로젝트 지역 내부나 주변 부동산 시장에 대해 지식이 있다고 인정된 사람들이 참가해야 한다. 이 분야의 SME는 부동산 시장이나 프로젝트의 지리적 영역과 관련된 용지보상비와 불확실성에 대한 의견을 제공할 수 있다. 고려해야 할 이슈는 부지 위치선정과 관련된 투기문제 등에 대한 것이다.

4.4.7 엔지니어링 시장 조건 리스크

일반적으로 공사발주 전 엔지니어링과 관련된 리스크는 시장 상황을 적절히 반영한다. 필요한 경우 워크숍에서 논의할 수 있는 주제인 숙련된 노동력의 가용성과 관련될 수 있다. 엔지니어링 업무에 대한 프로젝트별 시장조건 리스크를 포착해야 하며 이를 명확하게 식별하고 문서화해야 한다. 리스크(확률 및 결과)를 정의할 때, 다른 프로젝트에는 발생하는 것이 아닌데 왜 이 프로젝트에서 생길 수밖에 없는지를 명시할 필요가 있다.

4.4.8 설계시공일괄입찰(T/K)과 설계시공분리방식

프로젝트는 설계 · 시공일괄입찰방식(T/K)이나 설계 · 시공분리방식(D–B–B)으로 발주가 많이 진행 되는데, 프로젝트 책임자들은 지역사무소 관리자와 전반적인 계약 접근방식을 논의할 것이다. 최종 승인은 본사에서 해야 한다. 발주방식을 턴키방식으로 결정한 결과 추가되거나 감소된 기대 비용과 관련하여, 턴키입찰자에게 요구하는 리스크들을 분류하고 이에 대한 비용견적을 살펴봐야 한다. 발주자가 부담하는 리스크, 턴키입찰자가 부담하는 리스크, 혹은 상호간 공유된 리스크 등을 고려하고 논의하여야 한다.

4.4.9 프로젝트별 가정사항

공통적인 가정사항에 추가되거나 구별되는 기타 프로젝트별 가정사항은 프로젝트 워크숍 보고서에 문서화되어야 한다.

PART 2

제5장

리스크 워크숍 운영 프로그램 및 사례

제5장 리스크 워크숍 운영 프로그램 및 사례

5.1 | 미국 워싱턴주 교통부(WSDOT) 리스크관리 운영체계

본 가이드라인은 워싱턴주 교통부(WSDOT)에서 제작·발간한 「**프로젝트 리스크관리 가이드라인**」을 주요 문헌으로 참고하고 있다. 왜냐하면 **K-Risk**(한국리스크전문가협의회) 회원과 본 가이드라인의 참여 집필진은 리스크관리가 실효성을 거두기 위해서는 독립적인 여러 전문가의 팀 워크숍을 통해서 체계적으로 이루어질 수 있다고 믿기 때문이다. 이 WSDOT 「**프로젝트 리스크관리 가이드라인**」은 이러한 여러 전문 분야의 팀 기반의 워크숍을 통한 리스크관리 방법론을 상세하게 제시하고 있다.

워싱턴주의 비용견적 타당성검토 프로세스(CEVP) 및 비용리스크 평가(CRA)는 2002년 초 복잡한 교통프로젝트의 원가산정 절차를 개선하기 위한 새로운 프로세스로 시작되었다. 2003년에 뉴욕주에서 12개 메가 프로젝트의 첫 번째 라운드가 CEVP를 적용하는 것이었다. 같은 해 소규모 프로젝트에 대한 하루 동안의 실사 검토가 처음에는 **일정 비용리스크 평가**(Schedule Cost Risk Evaluation) 또는 점수(Score)라고 하는 프로세스에 따라 수행되었는데, 이제 이 프로세스는 더 이상 사용되지 않고 현재 CRA라고 명기하고 있다. 본 가이드라인에도 이 CRA를 그대로 준용하여 표기하였다. 그렇다고 워싱턴주 교통부의 CRA를 그대로 준용하기 보다는 한국에 맞는 CRA를 찾아내야 하는데 이 부분은 앞으로 관련 정부기관의 역할도 있어야 하는 부분이다. **CRA워크숍**은 CEVP를 수행할 만큼 크지 않거나 복잡하지 않은 프로젝트에 워싱턴주 전역에서 사용되고 있다.

현재 WSDOT의 리스크 워크숍을 주관하고 관련 기술 개발, 교육 및 워크숍 자료를 개발, 보급하고 있는 담당 부서가 **SAEO**(stategic Analysis and Estimating office)이며, 이 SAEO에서 전용 홈페이지를 운영하고 있다(〈그림 5.1〉 참조).

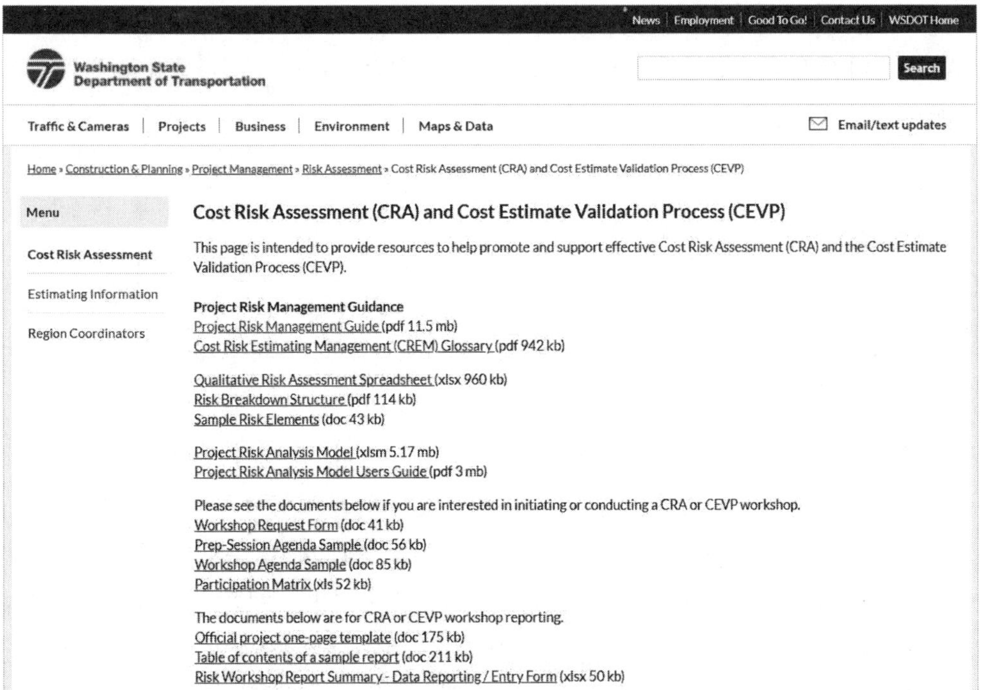

〈그림 5.1〉 미국 워싱턴주 교통부(WSDOT)의 워크숍기반 리스크관리 프로그램인 CRA/CEVP 정보제공 사이트

이러한 리스크관리를 위한 새로운 도구의 발전으로 인하여 2004년에 주요 프로젝트관리 프로세스와 전체 프로세스 내에 CEVP기반 리스크관리계획서가 명확하게 포함되는 문화로 정착되기 시작했다. 같은 해 CRA나 CEVP사용을 포함한 비용리스크관리 정책이 주 전체에 걸쳐 수립되었다. 2005년 여름에 행정 명령을 통해 프로젝트관리 온라인 가이드가 배포되었고 CRA 및 CEVP에 대한 정책이 수립되었으며, 가을에는 RMP(리스크관리계획) 스프레드 시트 도구가 제공되었다. 현재 이 부서는 포트폴리오 리스크모델링 도구, 리스크 데이터베이스 및 프로그램의 성과 지표를 개발하고 CEVP의 효율성과 효과를 높이는 방법을 모색하고 있다. 이 프로세스의 핵심은 "**추정치는 실제 수치가 아니라 범위**"라는 것이다.

이 프로세스는 프로젝트 개발 생애 초기에 시작되어 프로젝트 비용이나 일정에 영향을 미칠 수 있는 위협과 기회를 식별하고 평가한다. 비용이나 일정의 포인트 추정치는 많은 변수의 상호 작용에서 나온 하나의 결과일 뿐이라는 것을 알기 때문에 CRA 및

CEVP에서 사용되는 프로세스는 비용 및 일정에서 발생하는 이벤트의 확률적 평가를 필히 수반하게 된다. 이러한 리스크에 기초한 비용견적 프로세스는 다음과 같은 논리적 단계로 이루어진다.

(1) 프로젝트 시작 및 조정
(2) 작업 계획
(3) 계획 승인 및 수락
(4) 작업 및 구현
(5) 프로젝트 계획 전환

이 CRA/CEVP **프로세스**의 첫 번째 부분은 본질적으로 리스크계획 및 평가이고 마지막 부분은 리스크의 적극적인 관리이다. 프로젝트 팀, CEVP **팀**의 독립적인 내부 및 외부 SME와 SAEO의 리스크관리 전담팀인 CREM관리팀의 워크숍 협업이 이 프로세스의 핵심이다. CREM은 인플레이션 요소, 지수 및 항목 현재 비용을 제공하는 워크숍(워크숍은 비용 워크숍 및 리스크 추출 워크숍)에서 사용할 공통 가정사항의 세트를 생성한다. 프로젝트 가정, 범위 및 전략을 결정한 후 프로젝트가 "**문제없이 계획대로 정확하게**" 진행되어야 하는지 고려하여 비용 및 일정을 "**기본비용**"으로 세분화한다. 이것은 프로젝트마다 다른 중요한 개별 프로젝트 활동에 대해 수행된다. 그런 다음 워크숍 참가자는 전체 리스크의 총 추정치가 아닌 상향식으로 리스크 및 불확실성 추정의 형태로 비상준비금을 "**산정**"한다. 미국 워싱턴주 교통부는 이러한 CRA와 CEVP를 위한 가이드뿐만 아니라 각종 템플릿 및 교육 정보를 전용 홈페이지를 개설해서 제공하고 있다.

프로젝트 비용과 일정에 영향을 미칠 수 있는 위협·기회를 식별한 다음 그러한 이벤트들의 발생 영향을 정량적으로 평가한다. 그런 다음 비판적인 시각에서 그러한 이벤트가 발생할 가능성과 확률은 리스크 워크숍 팀이 동료들의 검토를 통해 평가하며 프로젝트 특성에 따라 프로젝트마다 SME에 따라 크게 의존하게 된다. 그런 다음 몬테카를로 시뮬레이션 분석을 통하여 비용 및 일정 타이밍에 대한 확률 범위를 산출한다. 예를 들어, 비용이 5천만 달러 미만이 될 확률이 90%이고 비용이 4천 7백만 달러 미만이 될 확률이 50%이거나 2009년 6월까지 프로젝트가 완료될 확률이 80%일 수 있다. 그 누구도 5,000만 달러 미만이 될 확률이 100%가 될 것이라 장담하지 못한다. "**공기도 2008년 6월까지 완료될 수 있는 확률은 30% 밖에 되지 않는다.**"라는 방식으로 결과를 확률적으로 분석하여 의사결정에 활용한다.

프로세스의 주요 결과로 불확실성에 기여하는 위협 및 기회 요인의 순위 목록표를 제시하게 되며, 전체 위협에 대한 기여도와 관련하여 식별된 요인을 제공한다. 이 정보는 프로젝트가 "**개념단계에서 구체화 단계**"로 발전함에 따라 리스크관리를 위한 강력한 기회를 제공한다. 지금까지 WSDOT는 CEVP 및 CRA가 효율적이고 상대적으로 간단하지만 일괄적인 비상준비금의 책정과 에스컬레이션보다 훨씬 더 정확하다는 것을 발견했다고 이야기하고 있다.

프로젝트 결과가 합의되고 프로세스가 완료되고 나면 세부 보고서가 생성된다. 그런 다음 프로젝트의 리스크분석결과를 한 페이지로 요약한 문서가 만들어지면 관심있는 직원과 일반인들이 볼 수 있다. 이 **한 페이지 요약보고서**(one page summary)에 대한 반응은 부서 내부 및 외부 모두에서 매우 긍정적이었다. WSDOT 직원에 따르면 이 프로세스와 전체 프로젝트관리 노력에서 준수해야 하는 기본 원칙에는 검증결과의 정확성에 대한 표현 방지, 모든 사람이 이해할 수 있는 방식으로 관련 단어 전달, 비용 산정에 항상 QA 및 QC 고려 등이 포함된다. 이것은 종종 프로젝트 비용 추정에 기인하는 범위 크리프 및 자기 이익 증진의 문제를 직접 다룬다.

5.2 | 미국 캘리포니아주 교통부(Caltrans) 리스크관리 운영체계

미국 캘리포니아주 교통부 Caltrans는 리스크 평가 프로세스를 개발하기 위해 국제표준화기구의 리스크관리 표준 ISO 31000을 사용하고 있다. 특히 Caltrans는 다른 미국 주정부와는 달리 전사적 리스크관리(Enterprise Risk Management) 체계하에서 리스크관리를 하고 있다.

2015년 5월부터 10월까지 Caltrans의 전사적리스크관리팀 **OERM**(Office of Enterprise Risk Management)은 각 지구 및 본부 프로그램에 대해 별도의 리스크 평가를 실시했다. 리스크 평가팀은 Caltrans의 **OERM**에 소속되어 있는 두 명의 관리자와 두 명의 리스크 분석가로 구성되었다. Caltrans의 감사 및 조사 담당자가 각 리스크 평가에 참석했다. 감사 및 조사 담당자는 리스크 모니터링 테스트 및 향후 감사 계획을 위해 식별된 리스크를 더 잘 이해하기 위해 리스크 평가 프로세스에 직접 참여한 바 있다. 각 리스크 평가 회의에는 각 지구 또는 프로그램의 임원 및 고위 경영진과 주요 직원이 포함되었다. 회의 중에 OERM은 다음 사항을 검토했다.

- 전사적 리스크 평가의 목적
- 표준 리스크 용어(ISO 31000 리스크관리 용어집에서 발췌)
- 리스크를 설명하기 위한 도구
- 리스크를 문서화하는 프로세스

Caltrans는 브레인스토밍과 전문가 인터뷰를 조합하여 리스크를 식별했다. 두 가지 리스크 식별 방법 모두 **ISO 31000 리스크관리 프로세스**와 부합한다. 리스크 평가 회의를 통해 참석자들은 프로젝트/조직의 목표에 불확실한 위협을 열린 공간에서 식별할 수 있었다. 맥락을 설정할 때 우리의 목표는 Caltrans의 목표와 가치로 정의되었다. 각 그룹은 "**x**"가 발생하면 "**y**"가 발생할 수 있는 방식으로 리스크를 작성하도록 요청 받았다. 리스크는 위협과 기회로 평가되었다. 각 리스크에 대해 프로그램 및 지역 관리자는 가장 큰 영향을 받은 Caltrans 목표, 적절한 통제, 발생 가능성 및 발생 임팩트를 식별했다.

ISO 모델에 따라 참석자들은 결과를 다루기 위해 현재 시행되고 있는 컨트롤 방안을 검토했다. 컨트롤 방안에는 인적·문화적 요인과 법적·절차적 통제가 포함되었다. 컨트롤 방식이 확인되면 참석자들은 각 위협의 가능성과 영향을 평가했다. 등급은 **5 × 5 척도**로 이루어졌으며 결과는 단일 그래픽 차트에서 서로 관련하여 위협과 기회를 표시하는 히트 맵에 차트로 작성되었다. Caltrans는 리스크 식별 프로세스를 완료했으며 현재 적절한 대응조치를 결정하기 위해 리스크를 평가하고 있다. 어떤 리스크에 대해서는 대응책이 이미 시작되었거나 확인되었고, 어떤 리스크에 대해서는 대응 계획이 개발 중이다.

Caltrans는 2012년 **프로젝트 리스크관리 핸드북**을 개발하여 보급하고 있다.

5.3 | 오레곤주 교통부 리스크관리 운영체계

2019년 Oregon DOT는 타 주보다 혁신적으로 프로젝트 리스크관리체계를 상당히 발전시켜 온 WSDOT의 운영프로그램을 벤치마킹 도입하여 ODOT 교통개선사업의 프로젝트 리스크를 관리하기 위한 자체 가이드를 개발·발간하고 법적으로 의무화시켰다(《그림 5.2〉 참조). 교통인프라프로젝트관리는 불확실성이 내재되어 매우 복잡한 환경에 있는데도 불구하고 그동안 리스크관리를 시행하지 않았다. 리스크관리를 통해 조직의 목표가 많은 내부·외부의 리스크에 의존하고 있다는 것을 알게 되었다. 리스크와 불확실성은 피할 수 있는 것이 아니며 이들을 체계적으로 다루지 않는다는 것은 직무유기라는 사실을 프로젝트 **리스크관리 시행공문**(DES 01-02)에서 시인하였다. 적극적인 프로젝트 리스크관리 접근법을 통하여 프로젝트가 좋지 않은 결과에 도달하기 전에 위협과 기회 리스크 이벤트를 식별하고 평가하고 관리할 수 있게 되었다.

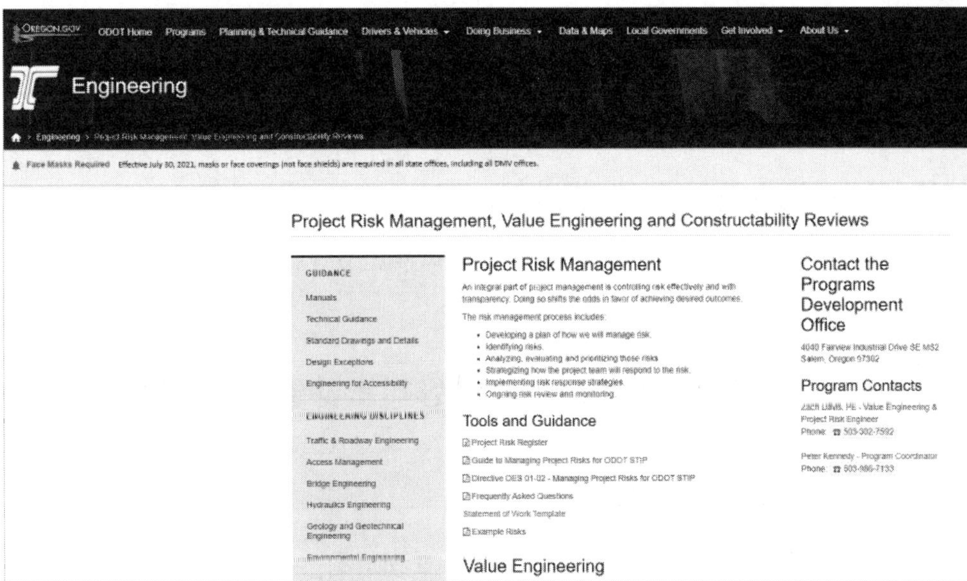

〈그림 5.2〉 오레곤주의 프로젝트 리스크관리, VE 및 시공성 검토 전용 홈페이지

프로젝트 리스크를 관리한다는 것은 리스크관리 계획수립, 프로젝트리스크 식별, 리스크분석수행, 리스크의 평가 및 우선순위 선정, 리스크대응전략 수립, 리스크대응책 이행, 모니터링 및 재검토 등을 수행하는 것이다. 투명하고 효과적인 리스크관리 수행은 프로젝트관리의 핵심 요소가 되며 원하는 성과를 낼 수 있는 가능성을 높여준다.

프로젝트의 리스크관리, 프로세스를 통하여 문서화된 성과물은 다음과 같은 편익을 가져다 준다고 하였다.

- 설계변경 최소화
- 설계변경의 합리성
- 계약변경 최소화
- 클레임관리 효율성
- 참여주체간의 신뢰 및 커뮤니케이션 강화
- 리스크의 전략적 관리 능력 함양
- 향상된 의사결정으로 사업성과 향상
- 창조적 사고와 혁신에 긍정적 영향
- 프로젝트 모니터링 역량 향상
- 사업성공 확률 상승
- 프로젝트 관련기관의 리스크 식별 및 관리

체계적인 리스크관리 프로세스를 통해 교훈에 대한 정확한 기록과 정보 공유를 하므로써 프로제트 관리 능력을 크게 높이고 있다고 강조하고 있다.

5.4 | 미국 정부책무원(GAO)의 리스크기반 비용 및 일정 견적 모범 사례

5.4.1 미국 정부책무원(GAO)의 역할

미국 Government Accountability Office(미국 정부책무원; 이하 GAO라 함)는 미국 의회를 위한 감사, 평가 및 조사 서비스를 제공하는 정부 입법기관이며, 미국 연방 정부의 최고의 감사기관이다. "**의회 감시견**"으로 알려져 있다(<그림 5.3> 참조).

GAO의 업무는 의회 위원회 또는 소위원회의 요청에 따라 수행되며 공법 또는 위원회 보고서에 의해 위임된다. Comptroller General의 권한 하에 연구를 착수한다.

주로 하는 업무는 다음과 같다.

- 연방 기금이 효율적이고 효과적으로 지출되고 있는지 여부를 결정하기 위한 기관 운영프로그램 감사
- 불법 및 부적절한 활동 혐의를 조사하는 행위
- 정부 프로그램과 정책이 목표를 얼마나 잘 충족하고 있는지에 대한 보고

- 정책 분석 수행 및 의회에 제공되는 대안 검토
- 법적 이슈사항에 대한 의사결정 및 의견 제시
- 의회와 행정부 기관장들에게 정부를 보다 효율적이고 효과적으로 만드는 방법에 대한 조언

GAO의 성과품에는 다음이 포함된다.

- 보고서 및 서면 서신
- 증언과 진술(의회 청문회에서 의회 기록에 포함)
- 브리핑(일반적으로 의회 직원에게 직접 제공)
- 법적 의사결정과 의견(입찰 민원을 해결하고 연방 임원의 권한 범위와 행사에 대한 의견 등 개진)

GAO는 또한 미국의 재정 미래에 대한 보고서, 연방 입찰 항의 과정에서 GAO의 역할, 해외 국가의 이미지 개선과 관련된 의회 고려사항에 대한 중요한 문제 등 많은 미국인에게 일반적인 관심의 특정 문제에 대한 특별 간행물을 발행하는 등 정부 책무를 감시하고 발전시키기 위한 많은 활동을 전개하고 있다.

〈그림 5.3〉 미국 GAO(Government Accountability Office)의 로고와 건물 전경 (출처: 위키피디아)

이 중 본 가이드라인에서 벤치마킹한 아래 두 가지의 가이드를 소개하고자 한다. 좌측 이미지는 2020년판 비용견적 및 평가 가이드이며 우측은 2015년판 일정 평가 가이드이다.

이러한 GAO의 업무를 본 가이드라인에서 소개하고자 하는 이유는 GAO가 리스크기반 비용견적법과 일정리스크분석 기법 등을 가이드로 제작하여 발간함으로써 미국 모든 공공기관의 프로그램 및 프로젝트 비용 및 일정 산정 기준을 제시하고 있고 특히 여러 전문가 및 이해관계자의 협력작업에 의한 리스크 식별 및 평가의 중요성을 강조하고 있고, 이는 본 가이드라인에서 추구하는 워크숍 기반의 리스크관리와 매우 부합하고 있기 때문이다. 우리나라도 **국회**나 **기획재정부** 등 공공 예산을 다루는 부서의 담당자 및 책임자가 꼭 인지하여 본 가이드라인이 대한민국 정부의 예산관리의 중요한 기초 문서로 고려되기를 바라기 때문이다.

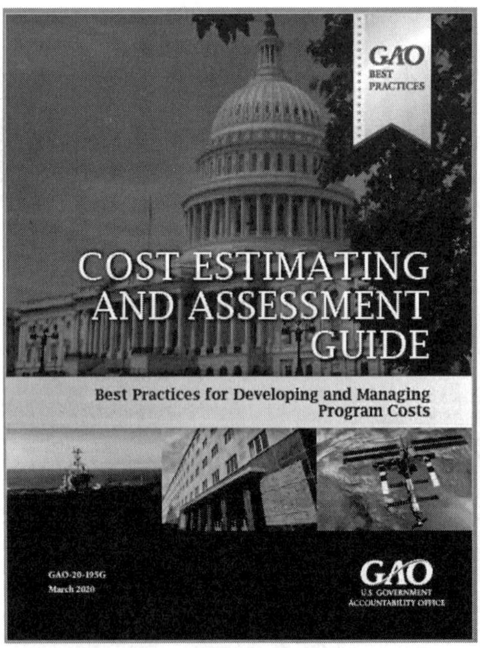

(a) 2020년 출간된 비용견적 및 평가 가이드

(b) 2015년 출간된 일정 평가 가이드

〈그림 5.4〉 미국 정부책무원(GAO)의 비용견적 및 일정 평가 가이드

5.4.2 GAO가 이 가이드라인을 발간하게 된 이유

미국 입법부, 정부 공무원 및 국민은 정부 프로그램이 목표를 달성하고 있는지, 비용은 얼마나 드는지 알고 싶어 한다. 최신 선박, IT시스템 또는 기타 조달에 대한 이러한 종류의 평가를 수행하려면 신뢰할 수 있는 비용 예측 및 업데이트가 필요하였다. GAO는 2009년에 처음 출판된 이 가이드를 개정하였고, 정부 전역의 기관에 신뢰할 수 있는 고품질 비용견적을 생성할 수 있는 방법을 제공했으며, 견적 프로세스의 주요 단계를 간략하게 설명하고 있다. 2020년 업데이트버전에는 비용견적 단계에 대한 개선된 설명과 추가 기술 정보 및 업데이트된 형식이 포함되어 있다.

GAO는 본 가이드를 발간하게 된 이유를 다음과 같이 언급하고 있다.

> 공적 자금을 효과적으로 사용하기 위해 정부는 정부 프로그램 성과 측정을 포함하여 효과적인 관리를 위한 실무와 관련 프로세스를 채택해야 한다. 또한 입법부, 공무원 및 국민은 정부 프로그램이 목표를 달성하고 있는지, 프로그램 원가는 얼마인지 알고 싶어 한다. **미국 정부책무원**(Government Accountability Office)은 기관의 공적 자금 관리를 포함하여 연방 정부를 감독하기 위해서는 신뢰할 수 있는 비용 정보가 필요함을 보여주었다.
>
> 우리는 프로그램 비용 견적을 개발, 관리 및 평가하기 위해 연방 정부 전체에서 사용할 수 있는 모범 사례를 기반으로 일관된 방법론을 수립하기 위해 독자적으로 이 가이드를 개발했다. 이 비용 견적 및 평가 가이드는 고품질 비용 견적을 개발하는 데 필요한 모범사례와 **획득가치관리**(Earned Value Management; EVM) 활용을 통한 프로그램 비용의 효과적인 관리에 필요한 모범 사례를 포함하고 있다.
>
> 이러한 모범 사례를 사용하면 정부 프로그램에서 프로그램 관리 및 실행을 개선하기 위해 비용을 더 잘 추정하고 관리할 수 있다. 신뢰할 수 있는 비용 추정치를 개발하는 것은 현실적인 프로그램 계획, 예산 책정 및 관리에 매우 중요하다. 비용 견적에 대한 일부 기관의 지침은 준수하지만 다른 기관 지침은 신뢰할 수 있는 비용 추정을 보장하기 위한 프로세스, 절차 및 실무 적용에 대하여 제한적이다. 본 비용 가이드는 이러한 격차를 해소하기 위한 것이다.

이 가이드는 비용견적 프로세스의 주요 단계인 비용 추정의 목적, 범위 및 일정을 간략하게 설명하고 있다. 기술 기준에 대한 설명, 작업분류체계(Work Breakdown Structure: WBS) 기본 규칙 및 가정, 데이터 수집, 추정 방법론, 민감도 및 리스크 분석, 결과 문서화 및 발표, 실제 비용 추정치 업데이트. 이 가이드에는 EVM, 유능한 비용견적팀의 구성, 소프트웨어 비용 추정; 대안 분석을 위한 모범 사례 및 EVM에 대한 정보 등도 포함되어 있다. 또한 이 가이드에서는 비용견적 감사 및 타당성검토도 다루고 있다.

이 가이드의 모범 사례는 자본 및 비자본 프로젝트 비용견적에 동일하게 적용되지만 가이드 전체에서 주요 시스템 구입을 포함하는 비용견적을 주로 참조한다. 2009년에 처음 출판된 이래로 비용견적 모범 사례를 수많은 자본 및 비자본 프로그램에 감사 기준으로 적용했다. 이러한 기준은 무기 시스템, 우주선, 항공 모함 및 소프트웨어 시스템과 같은 대규모 비 부동산 프로그램에 국한되지 않는다. 우리는 통신 네트워크, 10년 단위 인구 조사, 고속철도 프로젝트 사업, 연방 건설 및 유지관리 프로젝트와 관련된 과거 작업에 비용견적 실무를 적용했다.

이 실무는 예산 요청을 지원하기 위해 비용견적을 개발해야 하는 정부 내부 개발 노력에도 적용되었다. 우리는 모범 사례, 비용 견적 특성 및 비용견적 단계의 정렬을 더 잘 설명하기 위해 비용 가이드의 2009년 버전을 개정했다. 일부 모범 사례 및 관련 기준을 명확히 하였다. 기술 부록에 추가 콘텐츠를 제공하기 위해 사례 연구와 법률 및 규칙에 대한 참조를 업데이트하고 가이드의 형식과 그래픽을 현대화하였다.

5.4.3 GAO의 비용견적 및 평가 가이드

〈그림 5.5〉는 이 문헌에 소개되어 있는 합리적이고 적절한 비용견적 추정방법이 있긴 하지만 여전히 많은 도전적 과제에 직면하고 있다는 것을 표현하고 있다. 〈그림 5.6〉은 이러한 정확한 비용 추정의 어려움 중 다양한 불확실성이 그 원인이 되며 이러한 불확실성은 사업초기에 크고 사업 후반으로 갈수록 작아지는 경향을 설명하고 있다.

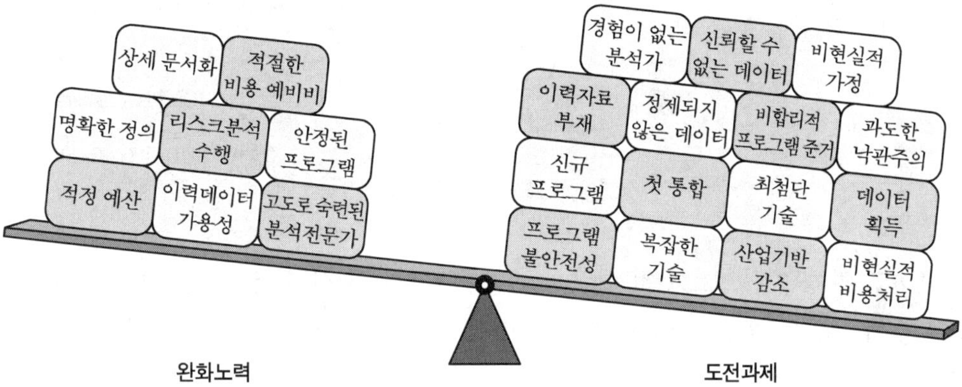

출처 : GAO. | GAO-20-195G

〈그림 5.5〉 비용견적의 도진직 과제와 해결책

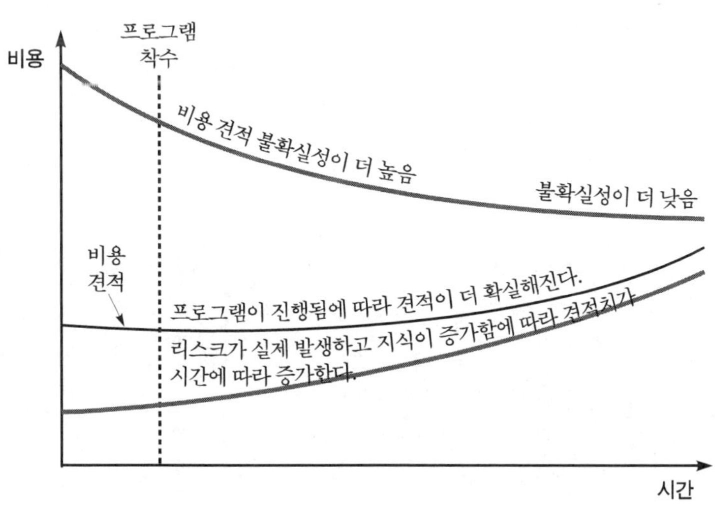

출처 : GAO. | GAO-20-195G

〈그림 5.6〉 불확실성의 뿔

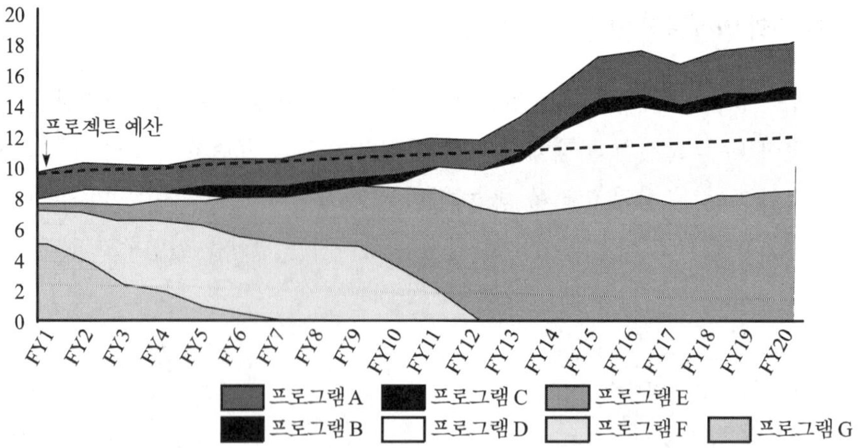

출처 : DOD. | GAO-20-195G

〈그림 5.7〉 예산의 경제성 평가

〈그림 5.7〉은 다양한 프로그램(사업)에 대한 예산의 경제성을 검토해 보면 몇몇 프로그램은 추정 예산을 크게 초과하여 전체적인 국가 운영 예산에 문제를 일으킨다고 설명하고 있다.

본 가이드의 결론은 신뢰할 만한 비용추정의 핵심 요소가 WBS에 기초한 리스크기반 견적법에 있음을 강조하고 있다. GAO는 〈그림 5.8〉과 〈표 5.1〉에 제시한 12단계의 리스크를 고려한 최고 실무 비용견적 프로세스를 추천하고 있다. 한편 합리적인 비용추정을 위해서는 〈그림 5.9〉에서 나타낸 바와 같이, 견적 전문가 혼자만의 업무가 아닌 **경제, 예산, 엔지니어링, 컴퓨터과학 및 수학, 통계학, 회계, 커뮤니케이션 스킬, 공공 및 정부의 업무**까지 종합적인 전문가의 지식과 협업 노력이 되어야 함을 강조하고 있다.

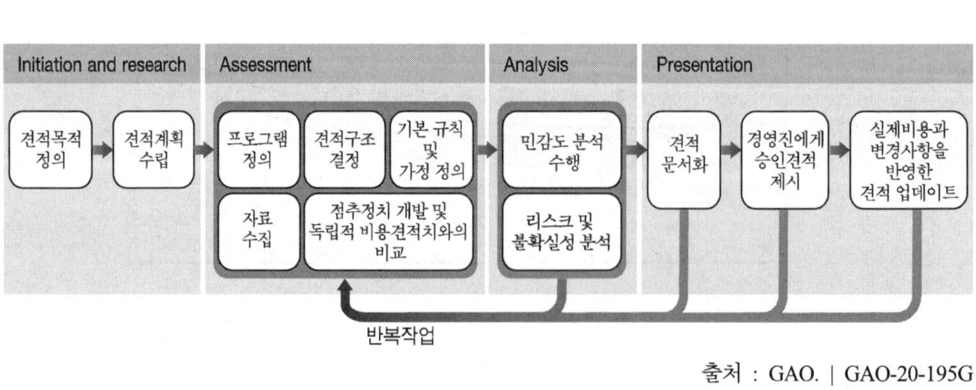

출처 : GAO. | GAO-20-195G

〈그림 5.8〉 GAO가 추천하는 12단계의 비용견적 프로세스

〈표 5.1〉 12단계의 비용견적 프로세스별 모범사례(GAO, 2020)

단계[a]		모범사례[b]
1	견적목적 정의	비용견적에는 모든 생애주기비용(Life Cycle Costs)을 포함한다.
2	견적계획 수립	최고 실무 참고 내용이 없음(아래 주석 참조)[c].
3	프로그램 정의	프로그램 정의 기술 기준 설명은 프로그램을 완전히 정의하고 반영한다.
4	견적 구조 결정	작업분류체계(WBS)는 제품 지향적이며 작업 명세서로 추적할 수 있으며 비용 요소가 생략되거나 이중 계산되지 않도록 적절한 수준의 세부 정보를 제공한다.
5	기본규칙 및 가정 정의	견적은 비용에 영향을 미치는 모든 기본규칙 및 가정을 문서화한다.
6	데이터 확보	견적 추정치는 비용 추정의 과거 기록과 다른 비교 가능한 프로그램의 실제 경험을 기반하며, 인플레이션에 맞게 적절하게 조정된다.
7	점 추정치 개발 및 독립적 비용견적치와의 비교	비용 모델은 수집된 데이터에서 최상의 방법론을 사용하여 각 작업분류체계(WBS) 요소를 추정함으로써 개발된다. 추정치에는 사소한 실수가 포함되어 있을 수 있다.
8	민감도 분석 수행	비용 추정을 위해 가능한 범위를 식별하는 민감도 분석이 포함된다.
9	**리스크 및 불확실성 분석 수행**	**불완전하게 이해된 리스크를 정량화하고 주요 비용 승인 가정 및 요인 변경의 영향을 식별하는 리스크 및 불확실성 분석이 수행된다.**
10	견적 문서화	문서에는 사용된 소스 데이터, 데이터의 신뢰성, 각 요소의 비용을 도출하는 데 사용된 추정 방법이 나와 있다. 문서에는 프로그램에 익숙하지 않은 비용 분석가가 수행한 작업을 이해하고 이를 복제할 수 있도록 추정치가 어떻게 개발되었는지 설명되어 있다. 문서는 기술 기준선 설명을 논의하고 기술 기준선이 데이터는 비용 추정치와 일치한다.
11	경영진에게 승인견적 제시	문서는 비용견적이 검토되고 경영진에 의해 승인되었다는 증거를 제공한다.
12	실제 비용과 변경 사항을 반영한 추정치 업데이트	견적치는 프로그램 변경 사항과 실제 비용을 반영하도록 정기적으로 업데이트된다. 계획된 비용과 실제 비용 간의 차이를 문서화 후 설명하고 검토한다.

*주 a) 12단계는 프로그램 비용 견적을 개발, 관리 및 평가하기 위해 연방정부 전체에서 사용할 수 있는 일관된 방법론을 나타내고 있음. 이 단계는 감사담당자(Auditors)가 고품질 견적서를 만들고 유지하기 위한 기관 프로세스, 지침 및 규정의 품질을 결정하는 데 유용하게 사용할 수 있음.

b) 본 가이드가 체계적으로 구현되면, 모범 사례를 통해 종합적이고 잘 문서화되며 정확하고 신뢰할 수 있는 비용견적치를 얻을 수 있음. 모범 사례는 감사담당자가 생애주기비용 추정 견적치를 결정하는 데 유용하게 사용될 수 있음.

c) 2단계에는 비용견적의 결정적인 속성이 없기 때문에 관련 모범 사례가 없음. 2단계를 완전히 구현하지 못하는 것이 모범 사례를 완전히 충족하지 못하는 원인이 됨.

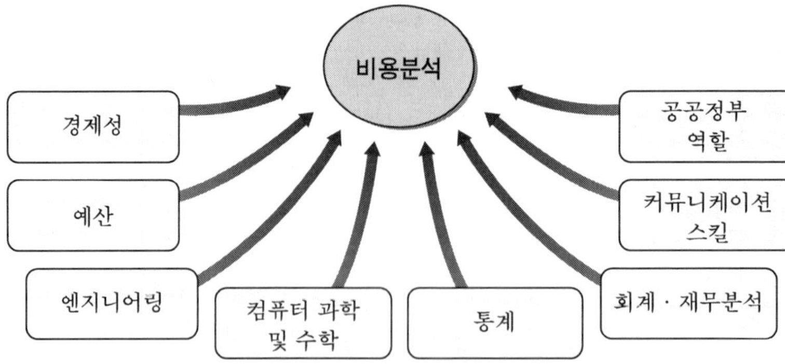

출처 : GAO. | GAO-20-195G

〈그림 5.9〉 비용 분석에 있어서의 여러 분야의 협력

GAO 가이드의 12장에서는 위 12단계 중 9단계의 리스크 및 불확실성 분석을 수행할 것을 권고하고 있다. 불확실성의 범위는 〈그림 5.10〉에서 보는 바와 같이 사업초기에 그 범위가 크고 사업 후반으로 갈수록 범위가 줄어든다. 확률 모델링을 통한 몬테카를로 시뮬레이션 기술을 이용한 분석을 통해 〈그림 5.11〉과 같은 누적분포함수(S 곡선)를 얻어낼 수 있다.

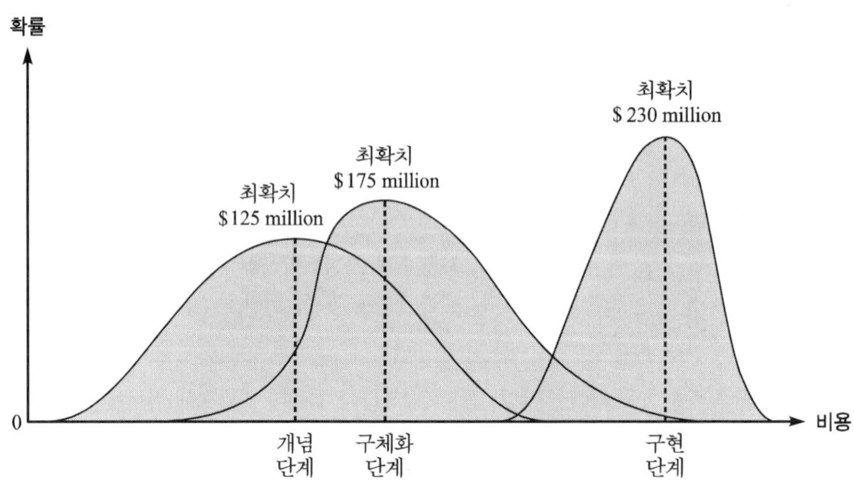

출처 : GAO. | GAO-20-195G

〈그림 5.10〉 사업생애단계별 비용 견적 범위의 크기

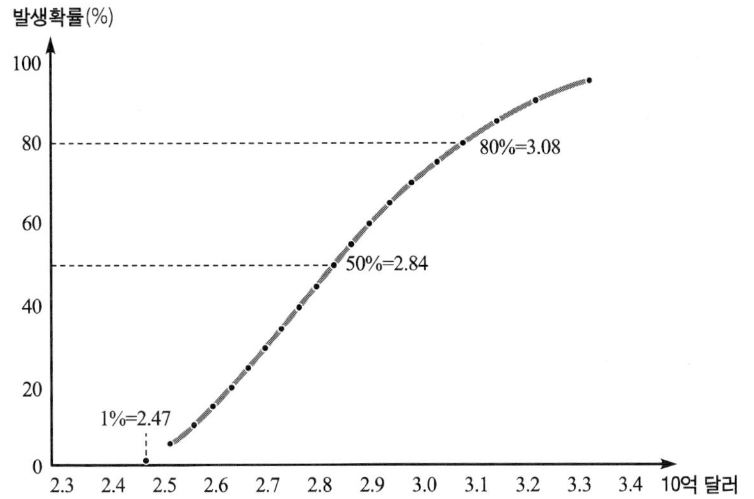

출처 : GAO. | GAO-20-195G

〈그림 5.11〉 누적분포함수(S 곡선)

한편 전반적으로 비용과 일정 분석은 WBS가 있어야 하고 〈표 5.2〉 및 〈표 5.3〉에서 보는 바와 같이 이러한 WBS 상의 비용 범위를 최소, 최확, 최대치 정보를 바탕으로, 추가된 리스크가 조정된 프로젝트 비용, 그리고 〈표 5.4〉에 나타낸 잠재적인 노동생산성 및 분석 오류까지 시뮬레이션에 반영해야 보다 합리적인 비용범위를 추정할 수 있다고 강조하고 있다.

이 가이드는 정부 예산을 컨트롤하고 절감하는 대단히 중요한 기술이므로 계속적으로 업데이트하여 발간하고 있다.

〈표 5.2〉 ○○ 사업에 대한 WBS의 비용 범위 설정 사례

WBS 구성요소	WBS	최소비용 ($K per air vehicle)	최확비용 ($K per air vehicle)	최대비용 ($K per air vehicle)
1.1	기체	17,955	19,645	21,785
1.2	추진체	8,500	10,553	13,000
1.3	통신	4,000	4,306	5,100
1.4	네비게이션	4,100	4,305	4,650
1.5	중앙컴퓨터	550	600	650
1.6	소프트웨어	32,300	35,547	52,500
1.7	IAT&COa)	1,950	2,136	2,600

a) IAT&CO : integration, assembly, test and check-out

출처 : GAO. | GAO-20-195G

〈표 5.3〉 ○○ 사업에 대한 리스크, 발생가능성 및 비용효과 사례

리스크	리스크의 발생가능성	비용에 미치는 효과		
		최소치	최확치	최대치
재료 수급이 늦어지거나 결함이 존재	80%	100%	105%	130%
복잡한 기체 생산성이 제조시간 지연	25	100	110	125
GFI 조달 지연	20	90	100	115
경제여건에 따른 고용 유치 영향	15	95	110	135

출처 : GAO. | GAO-20-195G

〈표 5.4〉 ○○ 사업관련 노동생산성, 비용추정오류 및 소프트웨어 범위에러의 불확실성 효과

불확실성	발생가능성	비용에 미치는 효과		
		최소치	최확치	최대치
노동생산성	100%	97%	100%	105%
원가 추정 오류	100	97	100	106
소프트웨어 규모 오류	100	76	100	140

출처 : GAO. | GAO-20-195G

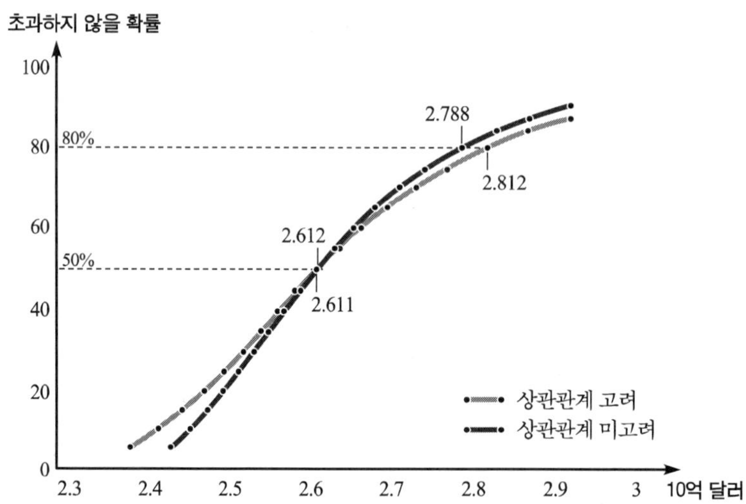

출처 : GAO. | GAO-20-195G

〈그림 5.12〉 리스크를 고려한 비용 누적확률분포 추정 결과

5.4.4 GAO의 일정 평가 가이드

한편 GAO는 2015년 일정 평가 가이드(프로젝트 일정 수립을 위한 최고 실무 지침)도 출간 발표하였다. 이 중 "**일정관리 프로세스별 모범사례** 8(이 사례는 본 가이드라인의 제4편에서 상세히 기술하였다.)"이 일정 리스크분석 수행이다. GAO는 서문에서 다음과 같이 언급하고 있다.

> 일정 리스크분석은 좋은 CP 방법으로 시작된다. 프로그램 일정 리스크에 대한 데이터는 통계 시뮬레이션에 통합되어 프로그램 완료 날짜를 맞출 수 있는 신뢰도 수준을 하기 위해 통합된다. 이를 바탕으로 신뢰수준에 맞는 비상계획이나 예비 일정을 결정할 수 있다. 또한 우선 순위가 높은 리스크를 식별한다. 프로그램은 실행 가능한 기본일정을 구성할 때 일정 리스크분석 결과를 포함해야 한다.

〈표 5.5〉 OO 하우징 프로젝트의 기본일정 불확실성 모델링

ID	Description	최소 작업일수	최확 작업일수	최대 작업일수
A1870	벽과 천장에 건식 벽체 설치	3	4	6
A1880	건식 벽체 체결 검사	1	1	2
A1890	벽체 마감	3	5	6
A1900	천장 단열재 설치	1	1	2
A1910	건식 벽체 질감 적용	2	3	4
A1920	벽마감재 도포	2	3	4
A1930	욕실 및 주방 타일 설치	2	3	5

출처 : GAO. | GAO-16-89G

〈표 5.6〉 OO 하우징 프로젝트의 일정 리스크의 모델링

Risk	발생가능성	일정에 미치는 효과		
		낙관적	최확치	비관적
불완전한 설계	80%	95%	125%	150%
현장조사 미흡	30	100	120	135
재료수급 불가	25	100	125	130
재료수급 지연 및 결함	35	95	110	130
검사관 부재	30	125	150	200
재작업	25	100	110	135
재료구매 오류	10	100	110	130
토질조건 불량	25	100	115	135
소유자 변경	50	95	110	130

출처 : GAO. | GAO-16-89G

〈표 5.7〉 OO 하우징 프로젝트의 일정 불활실성의 모델링

Uncertainty	발생가능성	일정에 미치는 효과		
		낙관적	최확치	비관적
노동생산성	100%	95%	100%	110%
일반계약 효력	100	90	100	125
일정견적 오류	100	95	105	115

출처 : GAO. | GAO-16-89G

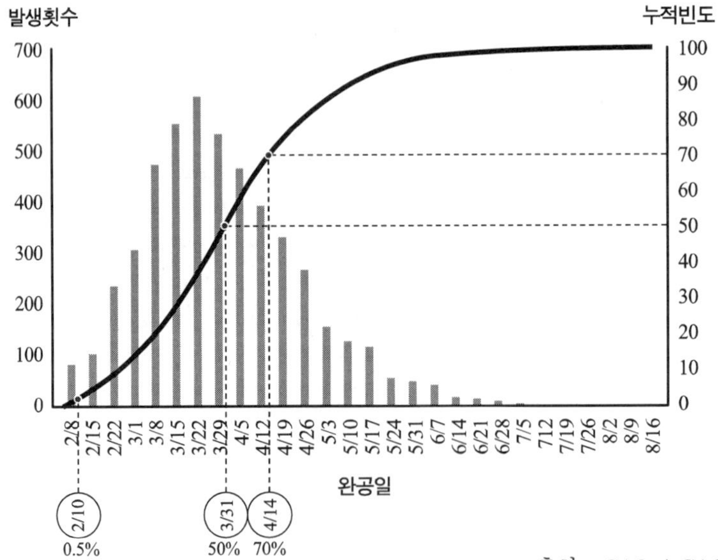

출처 : GAO. | GAO-16-89G

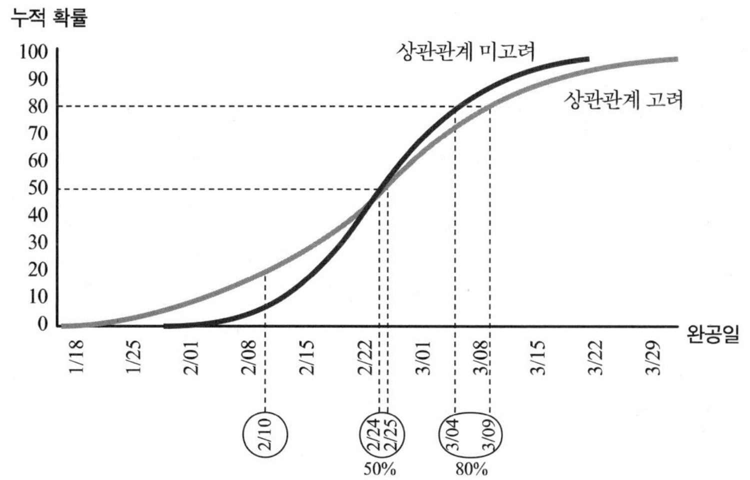

출처 : GAO. | GAO-16-89G

〈그림 5.13〉 OO 하우징 리스크를 고려한 일정 시뮬레이션 결과

5.4.5 비용 및 일정 견적치의 교차검증 필요성

GAO는 비용견적 및 평가 가이드에서 아래와 같이 제3자의 독립적인 교차 검증(ICE)의 중요성을 설명하고 있다. 본 「**프로젝트 리스크관리 가이드라인**」에서 추구하는 제3자의 독립적인 리스크 팀 워크숍을 통해 비용 및 일정 견적치 검증의 타당성은 이 가이드에서도 찾아볼 수 있다.

> 비용추정 결과의 신뢰성을 강화하는 또 다른 방법은 비용견적방법론에 대한 교차 점검을 수행하는 것이다. 즉, 원가 분석가는 고가치 비용 요소를 추정하고 유사한 결과를 생성하는지 확인하기 위해 다른 방법을 적용해야 한다. 마지막으로 가장 신뢰할 수 있는 검증 방법 중 하나로 간주된다. 합리성에 대한 프로그램 사무소의 추정치를 테스트하는 예상 프로그램 비용에 대한 독립적인 견해를 제공할 수 있기 때문이다.

Project
Risk
Management
Guidelines

제3편

리스크기반 견적지침

PART 3

제1장

서 론

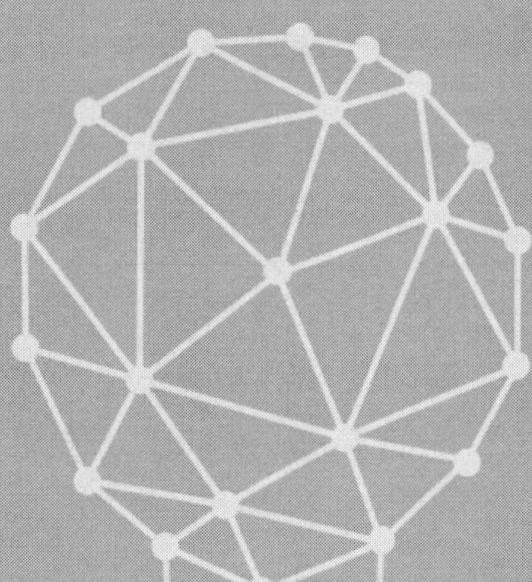

제1장 서론

PROJECT RISK MANAGEMENT GUIDELINES 제3편 리스크기반 견적지침

1.1 | 개요

본 **제3편 리스크기반 견적지침**(이하 본 지침이라 함) 구성은 다음과 같다.

- **제1장(서론)**은 리스크기반 견적법을 이해하는데 도움이 되는 일반 사항을 담았다.
- **제2장(비용견적의 원칙 및 역할)**은 리스크기반 견적을 위한 원칙과 참여자의 역할을 기술하였다.
- **제3장(리스크기반 비용견적 프로세스)**은 10단계로 정립한 리스크기반 비용견적 프로세스를 단계별로 기술하였다.
- **제4장(기본비용 견적)**은 리스크기반 견적 결과의 신뢰도 향상을 위한 기초가 되는 기본비용(base cost)의 산출방법을 기술하였다. 특히 설계가 완전하지 않은 사업초기단계에서 리스크기반 견적과 함께 활용해야 하는 국내외에서 활용해온 여러 전통적인 비용견적방법도 함께 소개하였다.
- 실무에서 일정과 비용을 통합관리하는 접근방법을 통해 일정에서 발생하는 리스크를 원가에 반영하는 리스크기반 일정견적을 수행하는 내용에 대해서는 제3판에서 간단히 소개하였으나, 본 가이드라인(제4판)에서는 제4편에서 별도로 확대 지침으로 제시하였다.

본 지침에서 제시하는 **리스크기반 견적**(Risk-Based Estimate, RBE라고 칭함)[1] **프로세스**는 다음과 같은 총 10단계로 정의되어 있다. 이 프로세스는 영국 IPA(Infrastructure and Projects Authority)의 비용견적 가이던스[2]에서 채택한 8단계 비용견적 프로세스

1) 리스크기반 견적 (Risk-based estimate; RBE)이란 알려진 항목에 대한 수량 및 단가를 기초로 하는 전통적인 추정 방법과 불확실한 수량, 단가 및 리스크 사건을 고려한 리스크분석 기법 등의 두 기법을 결합한 비용 추정 기법임

2) IPA (2021) Cost Estimating Guidance

에 2단계를 추가 보완하여 구성한 것이다.

(1) 1단계: 브리핑 및 팀 구성
(2) 2단계: 데이터 및 증거 수집
(3) 3단계: 비용견적방법론 선정
(4) 4단계: 기본비용 견적금액 추정
(5) 5단계: 기본비용 견적금액의 불확실성 설정
(6) 6단계: 위협리스크 및 기회리스크 계상
(7) 7단계: 최종 비용견적 보고서 작성
(8) 8단계: 검토 및 검증
(9) 9단계: 프로젝트 리더십 승인
(10) 10단계: 비용견적서를 사용한 의사결정 지원

이는 사업 추진과정에서 프로젝트 수행에 필요한 자원을 수량화하고 예산을 책정하는 필수적인 예측 프로세스로서, 예산을 보다 합리적으로 추정하여 사업비 범위를 크게 초과하지 않고 적기에 프로젝트를 성공적으로 완수하기 위해 수행된다.

"이 프로젝트의 비용은 얼마입니까?"라는 질문에 대한 답은 실제로 여러 가정사항을 수치화하여 추정한 결과로 표현할 수밖에 없다. 늘 받게 되는 질문이지만 정확하게 답하기는 어렵다. 이러한 가정사항에는 설계가 완성될 때까지 통제도 어렵고 수량화도 안되는 수많은 변수가 포함되어 있기 때문이다. 이러한 미지수나 불확실성(또는 리스크) 및 변동성 속에서 프로젝트 비용이 정확히 얼마인지 절대적인 확신을 갖고 말하기는 쉽지 않다.

본 지침서에서는 프로젝트에 대한 리스크기반 비용견적에 대한 해외 국가 및 공공기관의 모범사례를 국내 관심자들께 설명하고자 하였다. 이 모범사례는 **K-Risk**(한국리스크전문가협의회)[3] 발간편집위원회의 검토를 통해 선별된 **영국, 호주, 미국**에서의 주요 공공기관의 공신력있는 문헌에 대한 조사 연구와 전문가의 경험을 바탕으로 우수한 원칙, 절차, 도구, 기법, 사례 등 모범사례를 선별하여 조직의 예산기획 및 관리자, 프로젝트관리자나 프로젝트 리스크관리자 또는 원가관리자들에게 양질의 정보를 전달하고

3) K-Risk 공식홈페이지: https://www.k-risk.org, 공식블로그: https://k-risk.tistory.com

자 작성되었다.

본 지침에서는 이러한 검토 과정을 통해 프로젝트의 견적금액을 비용의 발생가능한 범위로 나타내기로 하였으며, 이러한 범위 표현 방식은 다음과 같은 장점과 특징이 있다.

- 단일 지점의 추정치와 비교하여 발생 리스크와 함께 불확실성을 함께 보여줌으로써 비용 견적금액에 대한 추정 정밀도를 더 잘 이해할 수 있으며, 이를 통하여 가장 가능성 높은 프로젝트 비용범위를 파악할 수 있다.
- 프로젝트 내부에 아직 알려지지 않은 불확실성이 어느 정도 존재하는지를 확인하여 표시한다.
- 비용 뿐만 아니라 준공일도 비용과 마찬가지의 개념으로 범위로서 표현한다. 이것은 **리스크기반 일정견적**(Risk-Based Schedule Estimate; RBSE)이라 부르기로 한다.

〈그림 1.1〉은 RBE의 두 가지 기본 특성을 보여준다.

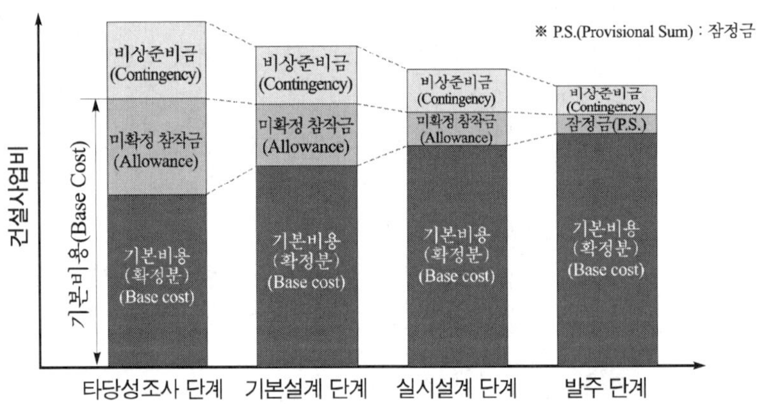

〈그림 1.1〉 프로젝트 진행 단계별 프로젝트 비용견적의 변화

- 주어진 조건에서의 견적금액은 **기본비용**(base cost)[4] 구성요소와 우발적으로 발생

---

4) 기본비용 (Base cost) – 기본비용은 엔지니어링비용, 용지보상비 및 시공비를 포함하여 프로젝트가 계획대로 실현되는 경우 "**합리적으로 예상되는**" 비용을 나타낸다. 기본비용은 편견이 없고 중립적이며 낙관적이거나 보수적이지 않은 견적금액으로 표현되어야 한다. 리스크 사건으로 인한 비용은 포함되지 않지만 표준으로 사용하는 일반적인 시공 컨틴전시는 포함된다. 프로그램 관리자에게 보고되는 기본비용은 현가로 표시된다. 향후 비용상승(escalation)은 제외됨.

할 수 있는 **비상준비금**(contingency)[5] 구성요소로 구성된다. 프로젝트가 구체화됨에 따라 프로젝트 정보가 양적·질적으로 개선되기 때문에 리스크가 감소할 것으로 예상된다. 가능성으로만 평가되었던 프로젝트 리스크의 일부가 실제로 현실화되어 발생하면 프로젝트 변경이 발생하고 이것이 비용으로 전환되어 기본비용의 일부로 전환됨에 따라 **기본비용** 값이 증가되는 경우가 많다.

- 실시설계 단계가 완료되면 **기본비용**에 **비상준비금** 및 **미확정참작금**(allowances)[6]이 합쳐진 실질적인 프로젝트 비용인 **기준선 비용**(Baseline cost)의 추정치가 설정되고 이후 리스크관리의 원가 개선 과정으로 들어가게 된다. 이 기준선 비용은 리스크관리를 VE와 통합하여 운영하는 미국 워싱턴주 교통부(WSDOT)와 본 지침의 제2편 워크숍지침에서 사용하는 **VERA**[7] 또는 **CRAVE 접근법**[8]의 개선활동을 위한 검토기준 원안으로 사용된다. 이 비용기준선은 〈그림 1.1〉과 같이 **리스크 대응**[9] 계획이 수립되면 프로젝트가 진행됨에 따라 달라지며 개선될 것이다. 이렇게 개선된 것이 다시 그 다음 개선활동을 위한 비용기준선이 될 것이다. 〈그림 1.1〉의 리스크기반 견적에 의한 프로젝트 비용은 기준선 비용으로 산출되며 건설 프로젝트의 개발단계에 따라 다음과 같이 요약할 수 있다.

---

5) 비상준비금 (Contingency)이란 프로젝트를 수행하는 동안 발생할지도 모르는 우발적 상황이나 불확실한 영향에 대한 비용 검토 항목을 말한다. 특정리스크 사건을 허용하기 위해 견적금액에 추가된 견적금액이 비상준비금이 고려되면 전체적으로 추가 비용 발생을 유발한다.

6) 미확정참작금 (Allowance 또는 Miscellaneous Item Allowance) – 일반적으로 "**설계참작금**", "**미확정예비비**"라고도 하는 참작금은 아직 구체적으로 식별되거나 정량화되지 않은 다양한 예상비용항목을 포괄하는 의미이다. 또한 계획 및 환경영향평가 단계에서 기본비용 견적을 준비하는 동안 프로젝트 정의상 미비점을 처리하는 데 사용된다. 간혹 백분율은 아직 추정되지 않은 항목에 대한 개별 임시 수치로 자리를 잡아놓는 "**플레이스홀더(placeholders)**"로 사용된다. 이 항목은 용지보상 설정 또는 지장물의 사전 권리조사 이전에 용지보상 및 지장물 이설에도 사용할 수 있다.

7) **VERA**(Value Engineeirng and Risk Assessment) – 비용리스크평가(Cost Risk Assessment) **CRA** 워크숍과 **VE**(가치 공학) 워크숍을 한 팀에서 통행하여 수행함. 미국 워싱턴주 교통부(WSDOT)에서 실무에 사용하고 있는 리스크를 고려한 VE워크숍. (용어의 정의 참조)

8) **CRAVE Approach** – 미국 HDR사에서 명명하여 사용하고 있는 VE팀과 CRA팀을 한 팀으로 구성하여 추진하는 VE와 RM의 통합적 워크숍 방식의 접근법

9) **리스크 대응**(Risk response)이란 기회를 강화하고 위협을 줄이기 위한 조치들을 파악하고 구현하는 프로세스. 리스크 대응은 당사자가 소유권을 갖도록 하며 대응 조치에 대해 책임을 진다. 위협에 대한 대응은 회피, 완화(경감), 전가, 수용이 있고, 기회에 대한 대응은 활용, 강화, 공유, 수용이 있다. (본 제1편 일반지침 참조)

- **타당성조사 단계** - 계획 및 타당성조사 단계의 비용 견적금액, 특히 복잡하고 중요한 프로젝트에 대한 비용 견적금액은 반드시 비용 발생이 가능한 **최소~최대**값의 범위로 표시될 수 있도록 산정되어야 한다. 타당성조사 단계에서의 비용 추정단계에서는 특히 비상준비금이 매우 클 수 있다. 프로젝트의 정의와 범위가 명확하게 정해지지 않은 경우 프로젝트 초기에는 우발 상황에 대한 비상준비금이 기본비용보다 훨씬 더 클 수 있다.
- **기본설계 단계** - 계획 및 타당성조사단계보다 설계가 구체화 되어감에 따라 비상준비금은 훨씬 줄고 대신 기본비용은 늘어난다. 그러나 여전히 설계가 완전하지 않기 때문에 참작금은 일부 남아 있게 된다.
- **실시설계 단계** - 설계가 진행되면서 프로젝트 완성도가 높아짐에 따라 프로젝트 비상준비금이 낮아지고 기본견적 금액이 증가한다. 실시설계에서도 프로젝트 비용견적에 여전히 프로젝트의 복잡성에 따라 참작금과 비상준비금이 존재한다.
- **발주 단계** - 미확정참작금 중 계약단계에서도 확정되지 않는 비용항목에 대해 공사계약 금액에 포함시킬 경우 잠정금으로 포함시킨다.

1.2 | 리스크기반 견적기법 도입의 필요성

공공건축 및 사회기반시설의 추정비용에 대한 과소 및 과대[10]평가 현상, 특히 과소 평가로 인해 공기 지연 등 어려움을 겪는 일이 어제 오늘의 일이 아니다. 영국, 호주, 미국 등 선진국의 여러 나라에서도 이 문제로 상당한 고충을 겪어 왔으며, 우리나라의 경우도 상기 국가와 마찬가지로 예산낭비와 공기의 지연 문제가 심각하다고 보고 있다. 영국 재무부는 이 문제를 해소해 보고자 **그린 북**(Green Book)(HM Treasury 2020a[11])에서 **낙관주의 편향**에 대한 연구성과를 그대로 공공 지침에 반영하여 초기 사업비 과소 평가로 인한 문제점을 일부 해소하고자 하였다.

---

10) 본 집필진은 여러 해외 문헌과 경험을 바탕으로 일반적으로 사업비의 추정에 있어서 과대 평가보다 여러가지 이유로 과소평가하는 경향이 뚜렷하다는 견해를 갖고 있다.

11) HM Treasury (2020a), The Green Book: Central Government Guidance on Appraisal and Evaluation

공공사업은 사실 개인의 자산을 다루지 않아 겉으로 잘 드러나지는 않지만 공공사업의 효율화에 대한 문제점을 지적하는 연구사례는 많이 발표되고 있다. 민간부문은 해외 EPC/Turnkey 프로젝트에 참여하기 위한 프로젝트 비용 및 일정 추정에 있어 지나치게 낙관적으로 평가함으로써 역시 많은 고통을 겪고 있다. 그러나 이러한 사업비의 과소평가 현상은 사실 매우 민감한 문제라서 우리나라에서는 영국에서처럼 범 국가적인 정책으로까지 발전하지는 못하고 있는 실정이다. 최근 대규모 아파트 재건축 현장의 비용과 분양가 상승 및 공기지연으로 인해 많은 이들이 고통을 겪고 있는 것도 이와 같은 맥락으로 이해해 봐도 좋을 것 같다.

특히 프로젝트 착수 초기단계에서의 중요 의사결정을 위하여 대략적인 비용과 일정 등의 추정 즉, 소위 개산견적을 실시할 때 이러한 과소평가 현상은 더 두드러지는 경향이 있다. 그리고 초기에 추정되는 부정확한 예산에 대해 신뢰성이 크게 떨어지는 것을 우리가 알고는 있으나 문제 해결 방법에 대한 이해도는 낮은 편이다.

적절한 예산을 결정하고 책정하는 것이 얼마나 어려운 일인지 잘 알지만 우리나라는 아직 이를 효율적으로 관리하고 의사결정을 하기 위한 합리적인 지침과 기준이 마땅히 없다. 이런 현상은 사업의 초기단계로 가면 더 두드러진다. 본 가이드라인 제1편과 제2편에서도 여러 차례 강조하였듯이 프로젝트 비용 견적 기술수준이 높은 국가에서는 비용 및 일정을 하나의 숫자로 이야기하지 않고 범위로 설명하고 있다. 영국, 호주, 미국 등에서는 이러한 범위가 지나치게 좁다거나 너무 넓다거나 데이터의 신뢰도가 높아야 한다는 등의 논의가 있긴 하지만, 우리나라는 몇몇 연구자에 의한 리스크 관련 연구에 비해 사실 비용견적 결과에까지 리스크를 효과적으로 반영하는 연구나 실무 적용 성과가 많지 않은 편이다. 그러다 보니 불확실성, 변동성과 같은 변수에 대하여 비용을 고려하는 기술이나 기준, 그리고 방법에 대하여 참고할 수 있는 이렇다 할 기준서가 없는 실정이다.

정량적 리스크분석을 위한 모델링만으로 리스크기반 비용 및 일정 견적이 완벽하게 이루어진다고 말할 수는 없지만, 이 도구를 이용하며 추진되는 리스크 워크숍을 통한 리스크의 식별, 비용 및 일정의 정량화에 대한 입력 및 출력 결과에 대한 조정 노력 과정에서 일어나는 의사소통과정은 리스크기반 견적기법이 갖는 큰 장점이다. 이 기법의 중요성과 장점이 입력데이터의 부정확성과 모호함 분석도구의 어려움 등으로 인하여 축소되거나 과소평가되어서는 안된다. 보통 프로젝트 구성원 중에는 이러한 작업과정에 대한 저항으로 데이터의 부정확성에 대한 약점을 파고들어 리스크기반 견적 및 리스크관리 자체의 중요성을 희석시키는 경우가 있으며 그 방법을 폄하하는 경우도 존재하기 때문이다.

단일 숫자를 이용하여 프로젝트 비용을 나타내는 결정론적 견적법 대신 프로젝트와 관련된 비용, 일정 및 이벤트 간의 관계를 기반으로 하는 단순 또는 복잡한 모델링을 포함한 확률론적 접근방식을 사용하여 불확실성 및 관련 리스크를 평가하고 리스크를 비용으로 변환한다. 확률론적 견적은 주요 리스크 항목 및 프로젝트 불확실성이 프로젝트 건설비용에 미치는 영향에 더 집중하기 위해 결정론적 비용추정 접근방식을 개선하기 위해 적용된다.

우리는 이제 기상청의 날씨 예보를 확률로 전달하고 확률로 이해하는데 큰 불편함을 느끼지 않고 있다. 확률론적인 개념으로 분석하고 이해하게 하는 리스크기반 견적은 또한 비용 범위와 범위 내 각 값들이 가지는 확률을 고려하여 비용견적금액을 산출함으로써 불확실성을 통합할 수 있도록 하기 때문에 미래를 합리적으로 예측하고 현재를 지혜롭게 준비하는데 더 없이 좋은 도구이다. 프로젝트 견적금액도 이러한 확률론적 사고방식의 도입을 이제는 더 이상 미룰 수 없다.

비용견적금액은 크게 기본비용(Base Cost)과 리스크(또는 불확실성)의 두 가지 비용 구성요소로 구분된다. 기본비용은 중대한 리스크가 발생하지 않는 조건에서의 **최종예상비용**(Anticiapted Final Cost: AFC)[12)]이 된다. 그러나 어떤 프로젝트도 완료되기 전이라면 항상 **잔류 리스크**(Residual risks)가 남아 있다. 기본비용은 일반적으로 전문가의 판단과 함께 과거 데이터에 의존하는 반면, 확률론적 견적방법은 리스크 변동성을 파악하고 이를 견적비용의 범위에 포함하는 동시에 비용으로 구체화한다.

리스크기반 견적(이하 RBE라 함)은 리스크관리와 기존의 비용견적법을 통합하여 리스크를 프로젝트 비용견적에 고려하고 정량화하는 즉, 프로젝트 비용견적을 구체화하는 작업과정을 의미한다. RBE는 기본비용 견적의 변동성과 함께 리스크를 위협이나 기회로 인식하여 비용화한다. 리스크 이벤트로 인해 프로젝트 비용이나 일정이 감소하면 기회로 간주되고, 반대로 비용이나 일정이 증가하면 위협으로 간주된다. 가능성으로만 남

---

12) 최종예상비용 (Anticipated Final Cost; AFC) – 프로젝트 완료 전에 비용 견적이 이루어진 시점의 리스크 노출을 고려하여 지금까지 수집된 정보를 바탕으로 리스크분석 기법을 적용하여 추정한 최종 비용 예측 결과로 영국 IPA에서 사용하고 있는 용어임.

아 있던 리스크가 프로젝트 추진과정에서 실제로 현실화되면 위협일 때 상당한 비용 증가를 초래하고 기회일 때 비용 절감이 될 수 있다. RBE는 본 가이드라인 **제1편 일반지침, 제2편의 워크숍지침**으로 구성되어 있는 프로젝트 리스크관리 접근방식을 이용하여 프로젝트 비용을 합리적으로 예측하는데 사용된다. 또한 리스크 대응책 등을 발굴하여 실질적인 비용 절감과 일정 단축 등의 사전 대응적 조치에 대한 효과도 측정이 가능하다. 또한 프로젝트 비용 및 일정 견적을 구체화하는 단계에서 상세한 리스크관리 접근방식을 활용한다면 프로젝트 팀과 이해관계자 모두에게 정량적 리스크분석을 구체적으로 제공할 수 있는 등 많은 이점이 있다.

다음 〈그림 1.2〉는 위에서 설명한 내용 중 핵심 특징을 기존의 전통적인 비용견적기법과 RBE기법에 대비하여 상호 비교한 것이다. RBE는 프로젝트 팀으로 하여금 잠재적 리스크를 더 잘 이해할 수 있도록 도와주며, 이 작업을 통해 함께 얻게 되는 산출물인 **리스크 등록부, 리스크 보고서, 각종 프로젝트관리 문서** 등으로 부터의 양질의 정보를 활용하여 최상의 결과를 달성하기 위해 어떻게 리스크를 관리해야 하는지에 대한 보다 구체적인 정보를 얻을 수 있다. 나아가서는 무엇을 최우선적으로 관리해야 하는지, 그것이 비용 및 일정에 어떠한 영향을 주는지에 대한 정량적 정보도 구체적으로 얻게 된다. 이러한 프로세스에서 수집된 정보와 산출물은 보다 나은 의사소통 및 보고를 위해 사용될 수도 있다. 이해관계자가 실제 예상 프로젝트 비용을 파악하게 되면 그 정보를 바탕으로 필요한 합리적 이사결정에 큰 도움을 줄 수 있다.

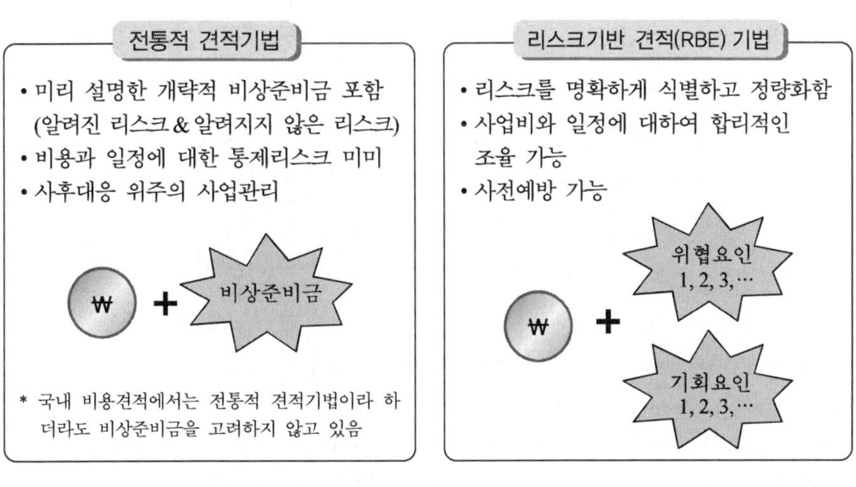

〈그림 1.2〉 전통적 견적기법과 리스크기반 견적(RBE)기법의 비교

이와 같이 프로젝트의 비용 및 일정을 추정하고 관리하면서 최고 의사결정권자에게 중요한 정보를 제공하는 부서는 본 지침에서 설명하고 있는 RBE에 대한 기본원칙을 사용하고 모범사례에 따라 보다 합리적인 비용과 일정의 범위를 추정하기 위한 노력을 해야 한다. 특히, 사업 초기에 이러한 노력을 많이 하면 할수록 프로젝트의 성공을 위한 많은 도움과 정보를 얻을 수 있을 것이다.

RBE에 투입되는 노력, 시간 및 자원의 양은 프로젝트의 규모를 반영하여 정할 수 있다(WSDOT 2020[13]). WSDOT(2020)에서는 비교적 소규모 프로젝트의 경우 경험 많은 견적자의 개인 작업을 통해 프로젝트 팀이 제공한 정보를 바탕으로 RBE를 수행할 수 있지만, 대형 프로젝트의 경우 프로젝트 견적을 검토하기 위해 독립적인 전문가 팀을 지정하여 워크숍 형태로 RBE 업무를 실시하고 있다. 시공 전에 리스크분석을 수행하고, 리스크관리 접근방식을 통하여 비상준비금 규모를 산정하며, 비용견적금액에 범위로 반영함으로써 불확실성을 해결하고 있다.

K-Risk에서 2020년과 2021년에 각각 **제1편 일반지침**, **제2편 워크숍지침**에 이어 2022년 **제3편 리스크기반 견적지침서**을 추가하므로써 위에서 언급한 RBE를 통한 효과적인 리스크관리를 수행할 수 있는 기반을 마련하였다.

RBE가 명확히 포함된 본 지침서는 관련 내용을 가장 상세하게 설명하고 있는 영국 IPA(IPA 2021[14]), 미국 네바다주 교통부(Nevada DOT 2021[15]), 워싱턴주 교통부(WSDOT 2020[16]) 호주정부(Austrailian Government 2017, 2018[17]) 등에서 발간한 비용견적/RBE 내용을 상당부분 참고하여 기술하였음을 밝히며, 그 외 주로 영국, 호주, 미국 등 선진 외국의 연구자료와 문헌에 대한 포괄적인 검토, 건설업계의 경험과 조언 등을 담아 작성되었다. 국내외 최고 수준의 실무 지침 및 모범사례를 바탕으로 작성된 본 지침을 적극적으로 활용할 경우 프로젝트의 주요 변수인 비용견적 및 일정 추정에 대한 신뢰성 수준을 높일 수 있을 뿐만 아니라 근거 있는 합리적 설명자료가 될

13) WSDOT(2020) Cost Estimaing Manual for WSDOT Projects

14) IPA (2021) Cost Estimating Guidance

15) Nevada DOT (2021), Risk Management and Risk-based Cost Estimation Guideline.

16) WSDOT (2020) Cost Estimating Manual for WSDOT Projects

17) Australian Government (2018), Guidance Note 3A -Proababilistic Contingency Estimation

수 있을 것이다.

해외 기준들을 벤치마킹하여 도입한 것이므로 본 지침에 수록된 참고문헌 등과 함께 보고 활용하면 글로벌 건설사들과 경쟁하는 해외사업에서도 유용할 것이다. 아직 RBE가 익숙치 않은 독자들은 K-Risk에서 지속적으로 추진하고 있는 리스크기반 견적과 이번에 새로 추가한 제4편 일정-비용 통합 리스크분석 지침과 관련된 교육/세미나/컨퍼런스에 참석하여 정보를 얻고 지식을 넓혀 나갈 것을 권장한다.

1.3 | 본 지침의 원칙

본 지침에서는 영국 IPA(2021)의 사업초기단계에서 부터 후반부까지 활용하는 비용견적 지침서인 *Cost Estimating Guidance* 에서 채택하고 있는 원칙, 인력 및 성과에 대해 다음과 같은 접근방식을 준용하였다(〈그림 1.3〉 참조).

- 모범사례 비용견적 원칙의 기본을 올바르게 이해하고 일반적으로 빠지기 쉬운 함정을 피하기 위해 올바른 비용견적을 뒷받침하는 기본사항에 대한 설명
- 정보에 입각한 결정을 내리기 위한 비용견적금액 생성, 검토 및 보유에 있어서의 참여자의 역할과 책임을 설명
- 성공적인 프로젝트 수행을 위해 자신있게 사용할 수 있는 강력하고 확실하며 투명한 비용견적금액 산출을 위해 따라야 하는 비용견적 프로세스에 대한 설명

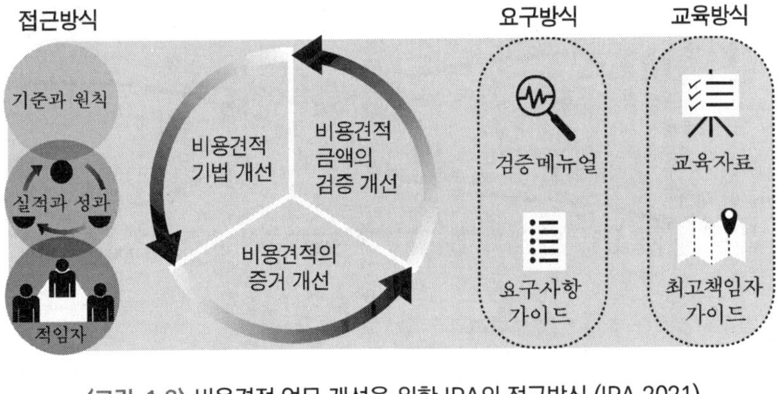

〈그림 1.3〉 비용견적 업무 개선을 위한 IPA의 접근방식 (IPA 2021)

본 지침은 다음의 내용을 포함하고 있다.

- 리스크와 불확실성을 고려한 비용견적 지침 – 모든 팀 구성원을 위한 비용견적에 대한 리스크와 불확실성을 고려한 모범사례 접근방식 설정
- 비용견적 요구사항 – 비용견적팀과 전문가가 리스크기반 비용견적을 산출하고 검증하기 위한 상세한 요구사항을 기술한 기술안내서
- 교육훈련 – 전문성을 개발하고 일관된 방법을 채택하도록 하기 위함

아래 [사례 1.1]은 프로젝트 성공을 위한 IPA의 8가지 원칙 중 중요하게 거론된 "**철저한 사전계획**(Front-end Loading)"을 나타낸다. 이것은 초기 프로젝트 단계에서의 충분한 시간과 자원 투자가 얼마나 중요한지 보여주는데, 그 이유는 프로젝트의 가치를 창출할 기회 및 효과가 초기단계에서 가장 크기 때문이다. 사업에 참여하고 있는 프로젝트 팀과 이해관계자간의 합의된 범위 및 일정 그리고 이와 연결된 강력하고 신뢰도 높은 비용견적금액을 생성하는 것은 올바른 프로젝트를 선정하고 비용절감과 가치향상을 실현하는데 있어 핵심요소이다. 그러므로 사업초기의 비용견적은 특히 중요한 업무이다. 사업초기단계의 철저한 사전계획에 대해 고민하는 독자들이 특히 관심가질 정보들을 담고 있다. 본 지침은 이러한 철저한 사전계획에 활용하게 되면 더욱더 그 장점이 두드러질 것이기 때문이다.

사례 1.1 영국IPA Cost Estimating Guidance에서의 Front-end Loading 중요성

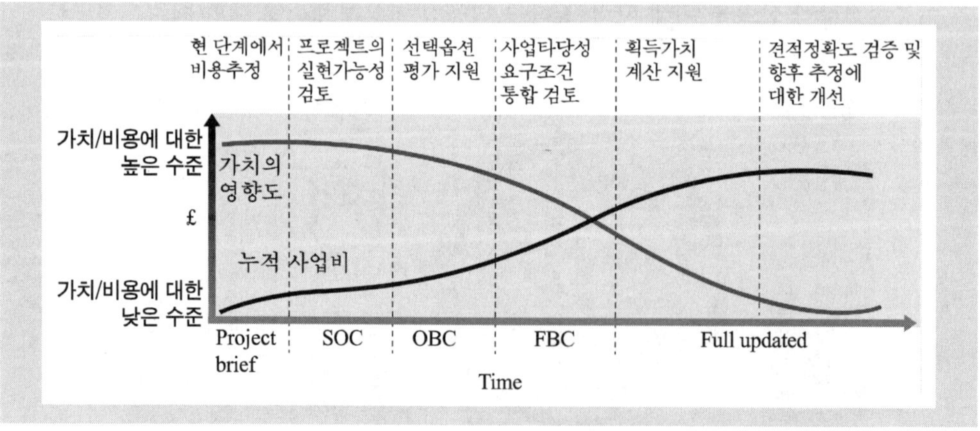

1.4 | 견적의 확률론적 특성

리스크기반 견적(RBE)은 정의된 범위와 일정 내에서 프로젝트를 완료하는데 필요한 재정 및 기타 자원을 예측하는 견적 프로세스이다. RBE작성은 프로젝트 초기단계에서 시작되지만 사업 추진과정 동안 고정된 수치가 아니다. RBE는 프로젝트가 진행되고 시간이 지남에 따라 변화 가능하며 본질적으로 프로젝트 범위 및 일정 개발과 연동하여 구체화된다. 비용견적금액은 프로젝트에 내재된 리스크와 불확실성의 단계를 나타내는 "**범위**"여야 한다. 이 범위는 프로젝트가 진행됨에 따라 불확실성이 줄어들어 그 폭이 좁아진다.

프로젝트의 비용 및 일정에 대한 견적은 프로젝트 추진조직이 실행 전 다양한 대안 옵션에 대한 경제성 평가, 편익-비용 분석, 자원할당 및 예산할당과 같은 계획을 위하여 프로젝트 사업비 및 일정에 대한 견적 결과를 활용하게 되므로 조직의 의사결정과 프로젝트관리 프로세스에 있어서 필수적인 부분이다. 사실 대부분의 정부기관과 기업에서는 이러한 견적업무와 검증업무가 핵심기능으로 활용되고 있다.

그러나 이러한 과정에서 본질적으로 우리가 정확히 알고 싶고 추정해 보고자 노력하는 비용이나 일정에 대한 숫자는 불확실한 미래의 사건과 상황에 대한 예측치일 뿐이다. 국립국어원의 표준국어대사전에 "**견적**"이라는 단어의 뜻을 찾아보면 '**어떤 일을 하는 데 필요한 비용 따위를 미리 어림잡아 계산함. 또는 그런 계산**'이라고 되어 있다. 즉 어림잡은 추측치라는 것이다. "**견적**"이라는 단어 자체에 불확실성을 인정하고 있으므로 견적금액이 완전한 단일 숫자로 지정되지는 않는다. 미래의 견적금액에 대한 현 시점에서의 설명을 합리적으로 하기 위해서는 가능한 결과의 분포가 필요하다. 특정 프로젝트에 대한 가능한 비용결과분포는 〈그림 1.4〉처럼 확률 및 통계를 적용하여 계산되거나 시뮬레이션된 추정치의 확률분포로 표시된다(Australian Governement 2018).

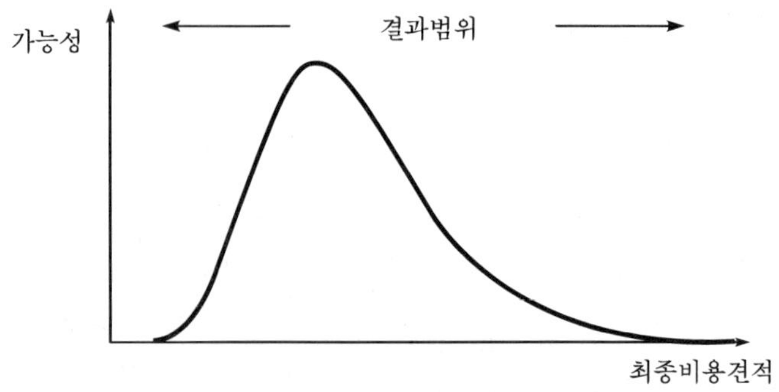

〈그림 1.4〉 범위로 표현되는 비용견적

호주정부는 견적과 관련하여 다음과 같은 두 가지 보편적인 진리가 있다고 하였다. (Australian Government, 2018.)

- 그것이 무엇인지 이해하지 못하면 아무것도 추정할 수 없다.
- (하지만) 모든 추정치가 불확실하다.

어떠한 대상이든 연관된 모든 추정치는 확실하지 않다는 것을 이해하는 것이 중요하다. 있을 수 있는 오류의 크기는 대상에 대한 **지식부족**(즉, 불확실성 수준)과도 대략적으로 일치한다. 사업 후반부에는 설계도면 등 구체적인 정보가 나와서 오류의 크기가 크지는 않지만, 설계초기단계의 추정치는 지식부족 현상이 커서 해당 계획·설계에서 구현하고자 하는 사항과 관련하여 비교적 큰 오류를 일으킬 수 있다. 그러나 우리의 목표는 프로젝트 착수 첫날부터 정확한 비용견적금액을 산출하는 것이 아니다. 프로젝트가 진행됨에 따라 실제 투입되는 비용에 점점 더 가까워지도록 일련의 진행 단계에서 최선의 추정치를 산출하는 것이며 이 과정 속에서 나오는 의미있는 산출물로 할 수 있는 의사소통과 주요 의사결정에 활용하고자 하는 것이다. 프로젝트 개발단계의 특정 시점에서 추정치의 정확도는 해당 단계에서 프로젝트에 대해 알려진 내용에 의존한다(Australian Government, 2018).

정보가 완전하지 않은 상황에서 사업 초기에 비용견적서를 작성하고 이를 소요 예산으로 변환하는 일은 사업 추진여부의 결정 및 그에 따른 예산 배정, 집행 또는 입찰을 위해 어쩔 수 없이 해야 하는 필수적인 과정이다. 사업 추진을 위한 소요자금 조달, 프로젝트의 일정계획 수립 및 프로젝트 계약 체결 등을 해야 하지만 아직 프로젝트를 진행해 보지 않은 상황, 즉 작업의 성격에 대해 완전히 알 수 없거나 명확하게 이해되지 않은 상태에서 프로젝트의 비용과 일정을 정확한 숫자 하나로 예측하는 것은 현실적으로 상당히 어려운 일이다.

프로젝트 착수에 대한 의사결정과 비용 및 일정에 대한 예측이 한참 늦게 이루어져도 문제가 없다면 불확실성과 리스크를 줄여서 산출할 수 있을지도 모르지만, 마냥 사업을 대기하게 된다면 프로젝트를 개발하고 정보를 수집하는데 들어가는 비용과 시간이 추가적으로 소요된다. 여러 제약사항으로 인해 대기 자체가 불가능한 경우도 많다. 따라서 계획·설계단계에서부터 입찰, 계약, 시공단계에 이르기까지의 전 생애주기 단계에서 리스크에 대한 현실적인 정량화를 최대한 수행해야 하며 자금조달 계획은 이러한 리스크를 감수하려는 조직의 성향을 반영하여 결정할 수밖에 없다.

1.5 | 리스크기반 견적기법의 활용대상자

본 지침은 리스크 관리자, 견적 전문가, 프로젝트의 비용관리 실무자에게 리스크기반 견적(RBE)을 위한 일반기준을 제공하기 위하여 집필되었다. 프로젝트를 진행하며 누구나의 관심사항인 프로젝트 비용 및 일정 예측을 위하여 확률론적 사고방식의 접근을 하고자 하는 경우, 본 지침을 활용할 것을 권고한다. 본 지침은 기본비용(Base cost)에 대한 변동성 적용 뿐만 아니라 보통 경험적으로 설정하여 쓰고 있는 비상준비금(contingency)이나 예비비(reserve)에 대한 합리적인 추정방법에 대한 일관된 접근방식을 제공하고 있다. 이런 접근방식을 갖는 RBE로 비용 및 일정에 모두 적용할 수 있으며 기존 전통적 방법과 분명 차이가 있는 부분은 다음과 같다.

- 사전활동 및 조기계획 장려
- 프로젝트 계획 및 견적에 대한 확신과 신뢰성 구축
- 프로젝트 개발 프로세스의 투명성 제공
- 프로젝트의 여러 분야 간 의사소통 향상
- 의사결정자가 프로젝트 범위, 예산 및 일정이 도출되는 방식을 이해할 수 있도록 프로세스에 신뢰성 추가
- 특정 위협, 기회 식별 및 표적 완화전략 개발
- 보다 개선된 리스크 할당 및 프로젝트 수행방식의 식별 허용

- 프로젝트 생애주기 전반에 걸쳐 투명성, 무결성 및 책임성 허용
- 정시 준공, 예산 내 목표달성 가능성 극대화
- 프로젝트가 범위, 일정 및 예산을 초과하지 않도록 하는 제반 활동 지원

비용분석 및 관리를 담당하고 있는 책임자나 실무자가 본 지침을 준수할 경우 보다 나은 현실적 비용 관련 데이터를 의사결정자에게 제시함으로써 프로젝트의 품질과 비용의 신뢰성을 크게 향상시킬 수 있으며 불확실한 미래에 대한 합리적이며 근거있는 분석결과를 제시할 수 있을 것이다. 또한 프로젝트 발주 책임을 갖는 지방정부기관, 민간기업, 시행자, 프로젝트관리자 뿐만 아니라 비용 및 일정 관련 예측업무를 수행하는 공공기관 및 민간기업의 사업담당자나 실무자가 활용하면 좋을 것이다.

리스크기반 확률론적 비용 및 일정 예측은 아무나 하는 것이 아니라 특정 기술과 훈련을 받은 실무자가 맡아야 한다. 조직에서는 일부의 전문 모델러 단독 작업이 아니라 본 가이드라인 **제1편 일반지침**과 **제2편 워크숍지침**에서 집중적으로 설명하고 있는 **리스크 워크숍** 수행 등 기존 팀의 업무방식 및 협력방법에 대한 이해가 필요하다. 따라서 이러한 RBE 작업은 공인된 자격을 갖춘 **리스크 퍼실리테이터**와 비용견적가, 엔지니어, SME(주제분야전문가, Subject Matter Expert)를 비롯한 여러 전문가의 참여, 그리고 그들 상호간의 소통과 협력에 의한 비상준비금 계획 및 평가과정을 통한 여러 전문분야의 협업과정으로 산출되는 견적금액의 산출 노력으로써, 절대 개인적인 활동이 아님을 강조하고자 한다. 물론 본 지침이 프로젝트에 관심이 있는 일반 시공자나 관계자의 이해도를 높일 수는 있겠지만 단순히 이 책을 통해 리스크에 대한 이해와 경험이 없는 비용분석가가 개인의 노력으로 확률론적 추정을 수행할 수 있도록 만들어진 것은 아니다.

비용견적 프로세스에는 기본비용에 포함된 비용항목 몇개의 단순한 확률모델 구축 및 실행보다 사실상 더 많은 변수와 불확실성이 존재한다. 본 **제3편 리스크기반 견적지침**에 의한 비용 및 일정 견적은 리스크라고 하는 사업목표에 미치는 불확실성의 긍정적, 부정적 효과를 측정하고, 리스크를 제대로 식별하고 평가하여 비용 및 일정에 잘 반영해야 하므로 사실 일반 관리자가 이 지침만으로 쉽게 해결할 수 있는 업무가 절대 아니다. 본 지침을 실제 프로젝트에 활용하고자 하는 조직에서는 관련 담당자나 실무자가 PMI의 RMP, 한국VE연구원의 CRS 등 리스크전문가 인증을 취득하게 하거나 이런 인

증을 갖고 있는 전문가와 반드시 함께 일할 것을 의무화 해야 한다. 또한 리스크관리의 개념과 실무적용을 위한 노력, 그리고 끊임없는 연구 및 데이터의 축적과 활용이 필요하다. 그리고 사업의 투자 책임이 있는 비교적 큰 공공기관이나 기업에서는 리스크 식별 · 평가 및 비용(일정)에 반영하고 이에 대한 대응책에 대한 이행이 철저히 수행될 수 있는 조직의 문화의 개선이 이루어질 수 있도록 하는 것은 본 지침의 성공을 위하여 함께 고려해야 할 일이다.

1.6 | 본 지침서의 활용 대상 프로젝트

비용(일정) 추정치는 가상 패키지와 마찬가지로 생애주기 내내 문서화되어야 하며, 예상 결과를 보장하기 위해 프로젝트관리, 비용관리 및 리스크관리와 같은 기타 자원 및 프로세스가 사용된다.

미국 워싱턴주 교통부(WSDOT)는 2천5백만불(한화기준 약 350억원) 이상의 모든 프로젝트에 대하여 **리스크 워크숍**을 수행하도록 의무화하고 있다. 또한 **1억불**(한화기준 약 1,400억원)을 초과하는 대규모 프로젝트는 강력한 비용견적금액의 타당성도 함께 검증하게 하는 CEVP **프로세스**를 적용하도록 하고 있다. 본 지침서는 기본비용의 재검토를 포함하는 CEVP **프로세스** 수행을 위한 리스크기반 견적지침으로 활용할 수 있으며, 어떤 종류의 사업에 대해서도 적용할 수 있다. 이러한 워크숍에서는 프로젝트관리자에게 모든 프로젝트의 범위, 비용, 일정 및 리스크를 관리하는데 도움이 되는 정보를 제공한다. 이러한 정책은 리스크관리 계획이 모든 프로젝트관리 계획 및 재무 계획의 구성요소라는 요구사항을 재확인시켜 준다.

본 지침에서는 이러한 해외 기준 등을 참고하여 **제1편 일반지침**과 **제2편 워크숍지침**에서 아래 〈표 1.1〉과 같이 프로젝트 규모별 권장 리스크관리 프로세스를 제안한 바 있다. 즉 핵심이 250억원 이상 1,000억 미만의 비교적 소규모 사업에 대해서는 리스크만을 고려한 리스크기반 견적서, 1,000억원 이상 대규모사업에 대해서는 기본비용의 적정성과 불확실성까지 모두 고려한 리스크기반 견적서 작성을 권장한다. 복잡한 요소 또는 기타 심각한 리스크 항목이 있는 프로젝트일 경우 사업비 규모에 관계없이 프로젝트관리자는 강력한 프로세스를 이용하는 것이 좋다. 아래 〈표 1.1〉을 무조건 이행한다기 보다 조직의 프로젝트 규모 사업의 중요도 등 기준 설정이 조직마다 차이가 있을 수 있으니 참고기준으로 활용할 수 있을 것이다.

〈표 1.1〉 프로젝트 규모별 권장 리스크관리 프로세스

사업비 규모	필요한 절차	권장 프로세스
약 100억원 미만	정성적 평가	정성적 평가
약 100 ~ 250억원	정성적 평가	"중소규모 프로젝트를 위한 리스크 추적 및 분석 툴"을 이용한 비공식 정량적 워크숍 실시
약 250 ~ 1,000억원	리스크의 정량적 평가	비용리스크 평가(CRA)
약 1,000억원 이상	기본비용의 불확실성 평가 리스크 식별 및 정량화	비용견적 타당성 검증 프로세스(CEVP)

1.7 | 프로젝트 비용 및 일정의 리스크 처리

프로젝트를 기획하고 조달하는 공공기관이나 민간사업 관리자의 능력을 좌우하는 것은 설계가 상당히 많이 구체화된 실시설계 단계에서의 프로젝트 비용 및 일정 추정 능력보다 프로젝트 초기단계의 비용을 현실적으로 추정할 수 있는 능력에 달려 있다고 해도 지나치지 않다.

보다 정밀한 비용 및 일정 견적은 프로젝트를 추진하는 해당부서 뿐만 아니라 외부의 주요 기대사항이기도 하다. 프로젝트 비용 및 일정 견적 능력이 부족하면 프로젝트 수행이 지연되고 사업주무관청은 시민이나 사용자에게 한 시설투자 약속을 제때에 지킬 수 있다는 확신이 부족해질 것이며, 시민들이나 사용자들은 추진중인 프로젝트에서 설명하는 비용이나 일정의 수치를 잘 신뢰하지 않게 될 것이다.

부정확한 견적은 일반적으로 잘못된 비용견적 실행, 잘못된 프로젝트관리 실행, 의사결정자와 사용자 간의 잘못된 의사소통의 결과로 이어진다. 그 결과 자칫하면 예산지원의 거부로 이어질 수도 있으며, 시행자의 능력에 대한 중요한 신뢰 이슈가 발생할 수 있다. 〈그림 1.5〉에서 보는 바와 같이, 프로젝트 비용 및 일정에 대한 견적 과정에서 가장 큰 문제는 프로젝트 초기 단계에서 많이 발생한다.

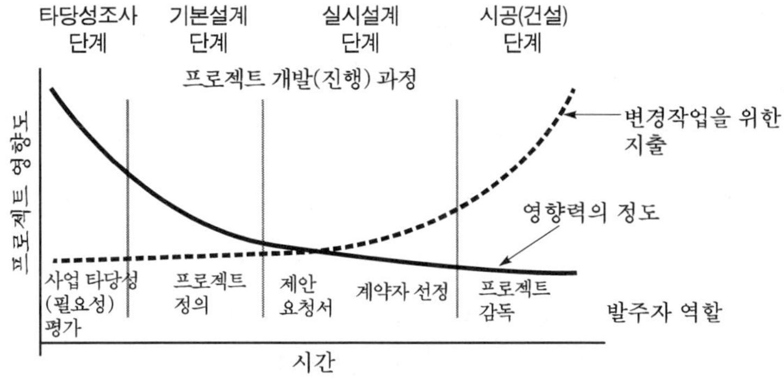

〈그림 1.5〉 프로젝트 수행 단계별 프로젝트 영향 곡선 (Hamilton, 2005)[18)]

프로젝트 견적전문가는 프로젝트 범위, 수량, 단가 및 일정에 대한 가장 정확한 정보를 사용하여 프로젝트 비용을 예측하는 업무를 한다. 이때 주로 단가와 수량 추정의 정확성에 초점을 맞추는 일을 하게 된다. 프로젝트의 실제비용은 예상비용에 큰 영향을 줄 수 있는 많은 변수로부터 영향을 받게 된다. 예를 들어, 프로젝트 견적에서 생성된 하나의 비용요소는 수많은 변수와 가정사항 중 실현가능한 시나리오 중 단지 하나일 뿐이다. 특히 사업 초기단계의 프로젝트 비용이나 일정 추정에 있어서는 큰 불확실성이 존재한다. 이런 상황에서 정확성을 요구받는 견적전문가는 설계가 구체화되지 않아 시설물 공사를 위한 수량 및 단가 정보가 명확하지 않은 시점에서 비용산정을 하는데 큰 어려움을 피력한다. 그것은 프로젝트, 특히 기반시설 프로젝트의 비용을 추정할 때 다음과 같은 두 가지 문제를 고려해야 하기 때문이다.

- 복잡한 기반시설 프로젝트에 대한 비용이나 일정에는 불확실성 또는 리스크가 포함되며 비용에 이러한 불확실성이 통합되어야 한다.
- 특히 추정된 견적금액을 프로젝트의 입찰 및 건설방식을 이해하는 경험 많은 건설전문가를 포함하여 일정한 자격을 갖춘 검토자로 하여금 독립적인 외부관점에서 검증할 필요가 있다.

현실적인 비용 및 일정견적을 제공하기 위해 사용되는 비용추정 방법은 이미 많이 알려져 있다. 가장 전통적인 방법은 구성요소 비용이 합산되고 비용의 불확실성에 대하여

18) Booz Allen Hamilton (2006) Managing Capital Costs of Major Federally Funded Public Transportation Projects: Contractor's Final Report, TRB's Transit Cooperative Research Program (TCRP) Web-Only Document 31

전체 비상준비금의 가정사항을 일정 비율로 포함하는 결정론적 방식이다. 이러한 비용 추정 프로세스는 일반적으로 견적기준 결정, 기본비용 견적 준비, 리스크 결정 및 비상준비금 설정, 총 견적금액 검토 및 최종 견적금액 보고 등의 주요단계를 포함한다.

건설사업비용에 영향을 주는 요인은 계획 당시의 부적절한 프로젝트 범위, 지장물 이설 요구범위에 대한 정보부족, 용지 보상비용 및 위치에 대한 지식부족, 특정영향, 교통통제 요구사항, 근무시간 제한, 외부 재정, 경제법적 요인을 회피하기 위해 요구되는 환경 완화비용 등 무수히 많다. 보다 정확한 프로젝트 견적에는 이러한 요인들에 대한 리스크 설명이 중요하다. 리스크를 식별하고 리스크의 잠재적 영향이 측정되면 프로젝트 관리자는 프로젝트 비용에 영향을 미칠 요소들을 고려하게 된다.

실적기반이든 원가기반이든 전통적 비용견적법은 낙관적이거나, 보수적이거나 견적금액과 연관된 불확실성을 고려하지 않고 단일비용 견적을 하는 결정론적 방법으로 견적 업무를 수행한다. 이때 입력되는 단가, 수량 및 할증계수 등은 일반적으로 평균값, 최빈값 또는 중앙값 등과 같은 기타 통계적 표현이나 평가자의 판단에 주로 의존한다. 예를 들어, 엔지니어링 비용은 예상범위, 과거 경험 및 제안발주 방법을 기반으로 하고, 제안수량 및 단위비용에 대한 이윤할당을 기반으로 산출된다. 또한 프로젝트 일정은 예상 수행방법, 예정 일정표 및 과거 경험을 기반으로 산정된다.

그러나 프로젝트가 구체화됨에 따라 기본조건에 영향을 미치는 위협이나 기회요인이 발생할 수 있다. 미지의 프로젝트를 다루는 전통적인 방법은 비용 및 일정 추정치에 대한 **미확정참작금**(allowance)이나 **비상준비금**(contingency)을 고려하는 것이다. 실질적인 프로젝트 비용이나 일정은 "**기본비용(일정)**"에 "**비상준비금**"을 더한 것으로 표현된다. 비상준비금은 판단, 경험 및 불확실한 사건에 대한 가능성에 대한 가정사항을 기반으로 한다. 이러한 방법은 간혹 실제의 범위, 기간 및 비용보다 훨씬 과소 평가하거나 과대평가할 수 있다. 전통적인 견적법은 프로젝트에 대하여 하나의 숫자로 추정치를 산출한다. 그러나 이러한 단일 숫자로 표현하게 되면 특정 프로젝트관리를 위해 정말 중요한 프로젝트에 내재된 불확실성의 존재와 그것의 영향력에 대한 의사소통이 어려워진다.

실질적인 프로젝트 견적금액은 다음 세 가지 요소를 고려하여 산정되어야 한다.

- 기본비용(Base cost)
- 기본비용에 대한 불확실성

■ 리스크(Risk)

첫번째, **기본비용**은 프로젝트가 계획대로 실현될 경우 합리적으로 예상할 수 있는 비용이다. 이 기본비용은 알려져 있거나 예측되는 항목을 고려하여 산출한다. 하지만 여기에는 리스크는 고려하지 않으며 만약 비상준비금이 포함되어 있다면 제외해야 한다.

두번째, **기본비용의 불확실성**은 비용 항목에 범위를 적용하여 단가, 수량 및 프로젝트 상태의 불확실성 또는 변동성을 반영하여 정량화할 수 있다. 수량에 관련된 불확실성은 일반적으로 설계 및 견적이 진행됨에 따라 감소한다. 단가(가격) 불확실성은 일반적으로 비용항목을 더 자세히 분석하거나 추가 정보를 얻지 않는 한 감소하지 않는다. 시공자가 수행할 건설비용과 관련된 기본비용 불확실성은 계약이 체결되고 고정 가격이 설정되면 '0' 으로 줄어든다. 계약에 포함된 미래에 수행할 작업요소와 관련된 나머지 불확실성은 리스크로 처리된다.

기본비용의 불확실성이 설정되면 "**리스크 등록**부(risk register)"라는 기회와 위협 모두에 대해 포괄적이고 겹치지 않는 리스크 목록표 즉, 리스크 관리대장이 생성된다. 리스크 등록부는 각 리스크 이벤트에 대한 잠재적 결과와 이러한 결과가 발생할 확률을 기반으로 정량화되는 명시적으로 정의된 리스크 사건이 포함된다. 리스크는 기본견적 자체의 수량 및 단가의 불확실성과는 별개의 요소이다.

본 지침에서의 리스크기반 견적(RBE)기법은, 다양한 기법, 과거 데이터, 비용기반 견적, 리스크분석에 필요한 입력값을 개발하기 위해 주어진 유형의 작업에 대한 전문가의 최선의 판단 결과 등을 활용한다. **몬테카를로 시뮬레이션**과 같은 정량적 리스크분석 기술은 프로젝트의 리스크 및 불확실성 분석을 위한 강력한 도구이다. 이 방법은 프로젝트 비용 및 일정에 대한 확률적 예측을 수반하며, 이러한 예측은 불확실성을 포함한다. 이 접근방식에서는 기본비용(불확실성 포함), 기본일정 및 리스크를 결합하여 지정된 백분위수 또는 신뢰수준(예: **성공확률 70%**)을 기반으로 RBE를 구체화한다. 그런 다음 프로젝트 비용과 채택된 신뢰수준 간의 차이로 비상준비금이 설정된다. 조직의 계약서나 프로젝트관리자나 책임자가 특별한 다른 방법을 지시하지 않는 한, 비상준비금을 고려한 견적 비용을 결정할 때 **누적확률** 70%에 해당하는 비용을 견적 비용으로 사용할 것을 권장한다. 조직에서 조금 더 보수적인 숫자를 원한다면 **누적확률** 80%를 선택하는 것도 가능하다.

RBE의 주요 결과물은 프로젝트관리자가 사업개발단계의 초기부터 참여하여 프로젝트의 민감도와 리스크를 가장 잘 나타낼 수 있는 방법에 대한 지침을 제공할 수 있다. 아래 [사례 1.2]은 미국 네바다주 교통부의 최근 리스크기반 견적 가이드라인(Nevada DOT 2021[19]))에 언급된 '**프로젝트 비용**'(가로축)과 이를 '**초과하지 않을 확률**'(세로축)을 그래프로 나타낸 것이다.

사례 1.2 리스크기반 견적 산출을 위한 네바다주 교통부의 확률계산 사례

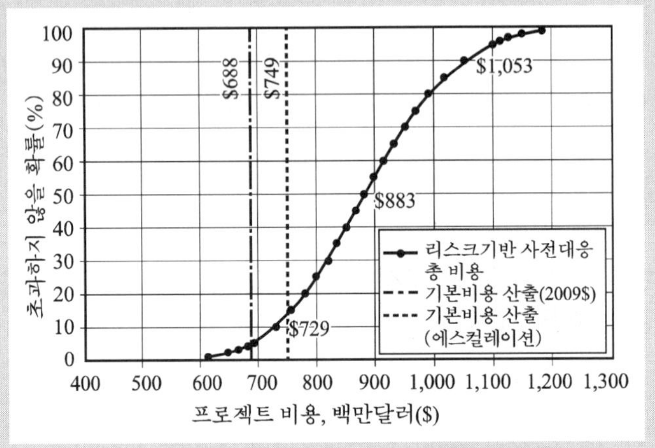

〈프로젝트 비용을 초과하지 않을 확률〉

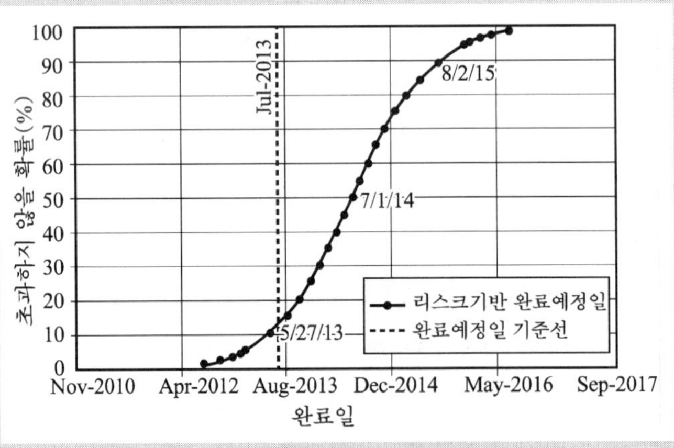

〈프로젝트 완공일을 초과하지 않을 확률〉

19) Nevada DOT (2021), Risk Management and Risk-based Cost Estimation Guideline.

민감도 분석을 지원하는 이러한 그래프는 모든 프로젝트 이해관계자가 프로젝트 리스크의 성격과 규모를 신속하게 이해하는데 도움이 되는 효과적인 의사소통 도구이다. 이러한 정보는 효과적인 의사결정 등 비용 및 일정 예측을 적절히 관리하는데 사용할 수 있다.

프로젝트 리스크관리는 본 지침 제1편 일반지침과 제2편 워크숍지침에 따라 반드시 수행해야 하며, 이 과정을 병행하지 않은 경우 RBE를 위한 입력값에 신뢰도 문제가 발생할 수 있어 잘못된 추정을 할 수가 있다.

프로젝트관리자는 **리스크의 허용도**(risk tolerance[20])를 이해하고 프로젝트와 관련된 리스크와 프로젝트 결정의 가치를 비교해야 한다. 프로젝트관리자는 개발된 프로젝트와 관련된 리스크를 의사결정자에게 수시로 알리는 것이 중요하다. 특히 대규모 국가 프로젝트는 중대 프로젝트의 기준을 정하여 관리해야 한다. 참고로 미국의 네바다주 교통부나 워싱턴주 교통부의 경우 약 1억 달러 이상의 프로젝트에 대해서는 기본비용의 불확실성을 고려한 RBE 견적서를 제출하도록 하고, 약 2천5백만 달러 이상의 프로젝트에도 리스크로 조정된 RBE 견적서 작성을 권장하고 있다.

사례 1.3 미연방도로청(FHWA)의 리스크기반 견적 의무화 사례

2007년 1월 FHWA[21](FHWA 2007)서는 약 1~5억달러 범위의 주요 프로젝트에 대하여 *Major Project Program Cost Estimating Guidance (주요 프로젝트/프로그램 비용견적 지침)* 이라는 비용견적 지침서를 발표하였는데, 이 문서에서는 프로젝트 리스크 및 불확실성에 대한 엄격하고 투명한 비용견적 처리를 요구하고 있다.

20) 리스크 허용도 (Risk tolerance) – 기업이 전반적인 리스크 성향을 감안할 때 편안하게 운영할 수 있는 경계를 식별한다. 고위험 내성을 가진 조직은 리스크를 인식하지 못하거나 그 확률이나 임팩트를 실제만큼 높게 평가하지 않을 수 있는 반면, 내성이 낮은 조직 중요도가 낮은 리스크에도 민감하게 반응한다.

21) FHWA(2007), Major Project Financial Plan Guidance

1.8 | 리스크기반 비용의 구성요소

특정 시점의 견적금액은 다음 그림과 같이 **기본비용**(Base cost), **미확정참작금**(allowance) 및 **비상준비금**(contingency)으로 구성된다. 비용 추정에 있어서는 프로젝트 개발단계의 초기에 불확실성과 관련된 리스크를 고려해야 하며, 조직의 경영진에서는 식별된 리스크와 불확실성을 이용하여 결과의 가능한 변동성을 완화, 제거 또는 설명하는 절차를 구성해야 한다.

본질적으로 리스크는 발생할 가능성이 있으며 발생하는 경우 긍정적 또는 부정적인 방식으로 프로젝트에 영향을 미치게 되므로 비용에 반드시 반영해야 한다. 프로젝트 비상준비금은 리스크와 관련된 비용 영향을 파악하는데 이용되며, 프로젝트와 관련된 리스크를 설명하기 위해 비용견적에 통합된다.

〈표 1.2〉 리스크기반 견적의 비용 구성항목

구성항목	의미	비고
기본비용 (Base cost)	• 공학적 판단을 기반으로 설계팀에서 개발한 견적 • 프로젝트의 각 단계에서 알려진 최신의 정보를 기반으로 개발되고 비용추정의 기초가 됨	정량화 가능
미확정참작금 (Allowances)	• 프로젝트에 필요한 것으로 알려져 있지만 특정 프로젝트 개발단계에서는 아직 알려지지 않았거나 정량화 할 수 없는 항목을 고려한 값	현 시점에서 정량화가 불가능한 항목 (100% 발생)
비상준비금 (Contingency)	• 알려져 있지 않거나 불확실성에 대한 비용을 반영한 값	리스크 (0% 이상 100% 미만의 발생확률)

1.9 | 리스크기반 비용견적의 완성도 관리

프로젝트 각 단계에서의 견적작업을 위하여 서로 다른 견적 입력값, 방법, 기술 및 도구가 필요하다. 기본적으로 약 1,000억원을 초과하는 대규모 프로젝트는 계획, 설계 및 시공 프로세스를 완료하는데 몇 년이 걸릴 수도 있다. 이 기간 동안 조직이나 제 법규에서 명시한 일정에 따라 견적비용이 업데이트 되어야 한다.

프로젝트 비용의 변화 측면에서 프로젝트의 진행이 구체화될수록 비용견적의 완성도가 개선된다. 즉, 프로젝트 초기의 비용 신뢰도와 프로젝트 후반부의 비용 완성도는 같지 않다. 공사 발주 직전 최종 설계내역까지의 비용견적금액의 추정치에는 다양한 수준의 알려진 정보와 알려지지 않은 정보도 함께 다룬다.

앞에서 나타낸 〈그림 1.1〉은 프로젝트 개발 전반에 걸쳐 기본견적 금액과 비상준비금을 별도로 계상하는 개념과 잘 알 수 없는 변수와 리스크로 인하여 프로젝트 비용이 변동될 수 있다는 개념을 잘 보여주고 있다. 가정사항이 해결되고 리스크가 관리되며 프로젝트가 점점 구체화되어 감에 따라 예측치로 남아있던 미지수가 구체화되기 때문에 설계의 완성도가 높아짐에 따라 미확정참작금과 비상준비금 어떻게 감소함을 보여주고 있다.

1.10 | 지침서의 활용범위

본 지침은 주로 건설 프로젝트에 대한 리스크기반 비용견적을 개발하는데 중점을 두었다. 일부 개념은 건설 프로젝트가 아닌 다른 광범위한 사업영역에서도 공히 적용할 수 있으니 본 지침을 플랫폼으로 하여 다른 사업영역에서도 확대·응용·개발하여 적용할 수 있을 것이다. 여기서 알리고 싶은 사항은 에너지 비용 등 시설물의 준공 이후에 들어가는 운영비용에 대해서는 생애주기비용 개념으로 비용추정이 되어야 할 것이지만, 이러한 운영단계에 소요되는 비용추정은 본 지침서에서는 다루지 않은 분야이다.

PART 3

제2장

비용견적의 원칙 및 역할

제2장 비용견적의 원칙 및 역할

2.1 | 비용견적의 원칙

다음에 제시한 **8가지 원칙**은 리스크기반 견적(RBE) 모범사례 접근방식을 뒷받침하는 기본적인 사항으로 프로젝트 생애주기 전반에 걸친 비용 추정 업무에 있어 이러한 원칙을 준수하면 보다 성공적인 성과를 낼 수 있다. 각 원칙에 대한 자세한 내용은 아래에 설명되어 있다. 프로젝트 리더는 이러한 원칙을 이행하기 위해 적절한 인력, 프로세스 및 기술을 확보해야 한다. 이 원칙은 영국 **IPA의 비용견적 지침서**(IPA, 2021)에서 채용하고 있는 **8가지 원칙**을 본 지침에 그대로 준용하였다

1. **명확한 책임 부여** – 견적에 대해 명확한 자율권과 책임의 부여가 필요함.
2. **적절한 기술 사용** – 적절한 자격과 경험을 갖춘 인력 및 상호 협업하는 환경 구축이 필요함.
3. **철저한 초기단계계획**(Front-end Loading) – 프로젝트 초기 개발단계에서의 적극적 투자와 노력이 이후 모든 단계에서 보다 나은 결과를 내고 더 정확한 견적 도출이 가능하게 함.
4. **적절한 견적방법** – 프로젝트 진행단계에 따라 적절한 견적방법을 선택하여야 함.
5. **리스크 반영** – 견적은 리스크를 평가하여 비용으로 반영해야 하고, 명확하고 일관적이어야 하며, 발생할 수 있는 결과를 범위로 표현해야 함.
6. **증거 기반** – 견적은 있는 그대로를 반영하도록 투명해야 하고 신뢰성 있는 도구와 기법의 활용으로 견실해야 하며 데이터에 기반해야 함.
7. **검토 및 검증** – 견적의 품질을 향상시키기 위해 독립적으로 검토하고 검증을 실시해야 함.
8. **지속적인 개선** – 견적 실무의 품질을 높이고 보다 일반화하기 위해서는 지속적인 개선을 위한 노력이 필요함.

2.1.1 명확한 책임 부여

비용견적에 대한 명확한 자율권과 책임의 부여는 비용견적의 신뢰성을 확보할 수 있는 기초가 되며 프로젝트에서 다음 과정으로 넘어가기 위한 합리적인 의사결정을 뒷받침한다.

- 프로젝트 리더는 중대한 의사결정에 있어 비용견적 결과에 상당히 많이 의존하게 된다. 조직에서는 비용견적에 대한 분명한 책임자가 있어야 하고 의사결정에 이러한 비용견적 결과가 활용될 수 있도록 명확한 책임을 부여해야 한다.
- 비용견적은 보조자료가 아니라 프로젝트의 기본적인 자료이다. 비용견적은 본질적으로 프로젝트의 범위, 일정, 입찰/계약 준비, **리스크** 및 **완화 대책**과 밀접하게 연결되어야 하며 별도로 분리되어서는 안 된다.
- 시간이 지나면서 프로젝트 내용을 구체적으로 파악하게 됨에 따라 초기에 내렸던 중대한 가정사항 등이 구체화될 것이다. 범위와 일정관리 분야가 비용견적에 있어서 무엇보다 중요하다.
- 비용견적 프로세스에 관련된 모든 당사자는 결과에 대한 명확한 책임을 져야 하며, 비용견적의 정확성은 조직의 프로젝트의 **핵심성과지표**(KPI)로 모니터링되어야 한다.

2.1.2 적절한 기술 사용

정확한 프로젝트 비용견적을 위해 적절한 시기에 적절한 인력이 견적 프로세스에 참여해야 한다.

- 리딩, 실행 및 검증 기능 조직은 비용견적 시 상호작용이 필요하며, 모든 팀 구성원은 비용견적의 완성도를 이해하고 의사결정시 이를 고려해야 한다.
- 프로젝트의 복잡성과 비용견적방법에 따라 견적에 요구되는 자격, 교육 및 경험은 달라진다.
- 신뢰할만한 비용견적을 위한 도구와 기술에는 전문가의 의견과 전문지식이 필요할 수도 있다.
- 도전, 신뢰, 개방의 문화는 구성원 간의 협업을 가능하게 하며 보다 나은 의사결정을 이끌 수 있게 할 것이다. 이러한 협업이 활성화되는 환경에서 작성되는 비용견적은 독립적인 시각에서 기본적인 가정사항들이 적절하게 검토될 것이므로 그 결과에 대한 신뢰도가 보다 개선될 것이다.

2.1.3 프로젝트 초기단계의 철저한 사전계획 (Front-end Loading)

성공적인 비용견적을 위해서는 프로젝트 초기단계에서의 철저한 계획, 설계 및 준비작업이 필수적이다.

- 프로젝트 초기단계에서는 명확히 목표를 설정하고, 이러한 목표를 옵션 선택 및 프로젝트 요구사항으로 변환하는 작업을 수행하기 때문에 향후 프로젝트가 제공하게 될 가치에 초기단계 계획이 가장 큰 영향을 미친다(**[사례 2.1]** 참고)
- 성공적인 프로젝트 착수를 위해 처음에는 더 많은 시간이 걸릴 수 있지만 프로젝트 종료단계로 가면 투자 대비 몇배의 효과를 얻을 수 있다. 프로젝트 초기 개발단계에서의 투자는 보다 정확한 비용견적 및 결과 개선과 명확하게 연결된다. 공사착수 전의 투자비용은 프로젝트 총비용의 3~5% 정도에 불과하다.
- 이해관계자의 조기참여(예 : ECI: Early Contractor Involvement 시공자 조기 참여)와 같은 방식을 활용하면 비용견적의 정확도를 향상시킬 수 있다

사례 2.1 COVID-19 이후 인프라 투자에서 철저한 초기단계계획(Front-end Loading)의 중요성에 대한 영국정부의 인식 사례

아래는 영국정부의 철저한 **초기단계계획**(Front-end Loading)**의 중요성**에 대한 기사이다.

재건과 복구

올해 초, COVID-19가 전 세계적으로 이렇게 엄청난 영향을 미칠지 아무도 예측할 수 없었다. 영국도 예외는 아니었고 우리 모두는 이 전염병의 영향을 받았다. COVID-19는 가까운 장래에 우리 삶의 일부로 남아있겠지만, 우리는 국가차원에서 회복 및 재건을 위해 앞으로 나아갈 수밖에 없다. 이것에 대해 영국총리는 건설산업의 발전이 인프라의 변화를 위한 핵심 키워드이며 추진력이 될 것이라고 말했다.

총리는 정부가 "**영국 전역의 인프라에 투자를 가속화할 것**" 이라고 약속했다. 우리는 이미 COVID-19 위기 동안 1억7천5백만 파운드 상당의 도로 및 철도 인프라의 신속한 공급과 같은 훌륭한 사례를 보았으며, 이러한 재건과 복구에 투입되는 예산은 이전보다 비교할 수 없을 만큼 큰 규모가 될 것으로 예상된다.

기본사항을 올바르게 하기

이러한 신속한 인프라 투자가 국가재건에 중대한 역할을 하겠지만, 우리는 프로젝트를 수행하는 방법에 대해 기본사항을 올바르게 하는 것이 중요하다는 점을 간과해서는 안 된다. 이것이 우리가 최근에 프로젝트 성공을 위한 8가지 원칙, *'프로젝트 수행 전문가를 위한 간편 지침서'* 를 발표한 이유 중 하나이다.

이 중에서 눈에 띄는 원칙은 두 번째 원칙 "**현실적으로 계획하라**"이다. 우리는 계약 이전에 프로젝트가 수행 가능하고 충분한 지출이 가능하도록 철저한 사전계획을 수립하는데 시간을 충분히 투자해야 한다. 초기단계계획이 잘 수립되지 않는다면, 아무리 좋은 설계, 관리 및 시공능력을 갖추었다 하더라도 충분한 탄력성을 지속할 수 없을 것이다. 즉, 단계별로 프로젝트관리가 잘 되었다 하더라도 초기단계계획이 제대로 수립되지 않은 프로젝트는 그 가치를 충분히 발휘하지 못할 것이다.

철저한 초기단계계획(Front-end Loading)의 중요성

우리는 프로젝트 수행 시 '**철저한 초기단계계획**'을 목표로 삼아야 한다. 이러한 맥락에서 '**철저한 초기단계계획**'은 프로젝트의 성공 잠재력을 향상시키기 위해 프로젝트 생애주기의 초기단계에서 프로젝트 실행을 위한 강력한 계획, 설계 및 준비를 실현하는 것을 의미한다.

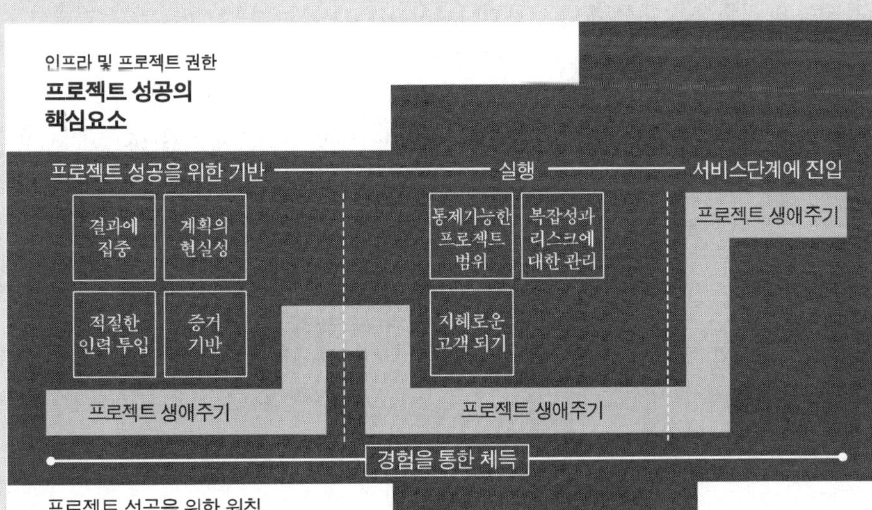

〈프로젝트 성공의 8가지 핵심요소〉

프로젝트 초기단계의 불확실성에 대한 변경비용(시간과 에너지)을 미리 예상하고 준비한다면, 그 과정에서 프로젝트 생애주기에 대해 명확하게 그림을 그릴 수 있으며, 이러한 변경비용이 여전히 상대적으로 낮을 때 필요한 설계변경을 원활하게 수행할 수 있다. 처음에는 다소 많은 시간이 걸릴 수 있지만, 프로젝트 초기단계에서 변경비용을 성공적으로 분석한다면 이후 프로젝트 수행단계에서 변경되는 사항에 대하여 보상받을 수 있다.

벤치마킹과 비용모델링을 통해 프로젝트의 초기단계계획을 잘 수립하면 잘못된 프로젝트가 선정되는 것을 효과적으로 방지할 수 있으며, 이는 더 우수하고 일관된 비용추정과 향상된 벤치마킹 기능을 통해 달성될 수 있다. 마찬가지로, 초기단계계획에서 비용추정치와 연계된 명확한 의사결정 방향성이 있는 적절한 계획을 세우지 않고, 비용을 부정확하게 추정할 경우 프로젝트를 성공적으로 이끌 수 없을뿐더러 프로젝트의 방향이 부적절하거나 잘못된 프로젝트가 승인 및 채택될 수 있다.

즉, "**계획을 세우지 않는 것은 실패할 계획을 세우는 것과 같다**"는 잘 알려진 격언을 염두에 두어야 한다.

단계적 변화 만들기

인프라 및 주요 프로젝트를 수행하는 속도를 가속화하려는 것은 정당해 보일지 모르지만 충실하고 집중적인 계획 수립을 포기하면서까지 그렇게 해서는 안 된다. 이러한 두 가지 측면은 상호 보완적이며 실제로 불가분의 관계에 있다.

'**철저한 초기단계계획**'에 중점을 둔 프로젝트는 일정뿐만 아니라 시간과 비용이 적게 소요된다. "**평균 프로젝트보다 일반적으로 20% 저렴하고 10~15% 가량 조기에 완료되며 올바르게 정의되지 못한 프로젝트보다 훨씬 빠르고 비용이 저렴하다**"는 것은 다양한 과거 프로젝트 사례를 통해 입증되고 있다.

프로젝트 초기단계에서 성공을 위하여 '**철저한 초기단계계획**' 및 프로젝트 설정에 집중한다면, 프로젝트를 수행하는 방식에 변화를 일으키고 성공적으로 프로젝트를 완료하는데 가까이 다가갈 수 있을 것이다.

2.1.4 적절한 견적방법 선택

프로젝트 개발 각 단계에 적합한 비용견적은 사용 가능한 데이터의 품질과 프로젝트 내용에 대한 파악 수준을 반영해야 한다. 이때 활용할 수 있는 비용견적방법은 다양하며, 고려해야 할 사항을 나타내면 다음과 같다.

- 프로젝트의 규모와 복잡성은 고품질 데이터의 가용성에 영향을 미친다. 반복적인 프로젝트는 완성도 높은 비용 데이터와 벤치마킹을 통해 접근이 가능한 반면, 새롭고 독특한 프로젝트는 사용 가능한 데이터가 부족할 수 있다.
- 비용견적방법은 사용 가능한 데이터의 완성도와 프로젝트 정의 수준을 반영해야 한다. 비용견적팀은 가능한 정보를 바탕으로 가장 적합한 방법을 선택해야 한다.
- 프로젝트 각 단계에서의 비용견적은 사뭇 다른 의사결정을 끌어낼 수 있으므로 비용견적방법을 선택할 때는 프로젝트 각 단계별 요구사항을 충족할 수 있는 최선의 견적방법을 고려해야 한다.
- 프로젝트 초기단계 비용견적에서는 간단하며 개략적인 방법을 사용하고, 프로젝트 단계가 진행될수록 보다 진보된 방법을 적용하며, 어떤 때는 이런 여러 방법을 혼합하여 사용할 수도 있다.
- 초기 비용견적은 유사사례 추론법 또는 시나리오 모델과 같은 **하향식**(top-down) 방법에 의존하며, 나중 단계에서는 통계적 모델링과 같은 방법을 사용하여 **상향식**(bottom-up)으로 자세하게 작성한다.

> 지금 우리나라에서 사업 초기단계에 적절하게 사용할 비용견적방법을 공공부문에서 지침/기준으로 제시하는 곳이 많이 없다. 본 리스크기반 견적 기술을 실무에 활용하기 위해서는 각 기관과 조직은 사업초기에 기본비용을 산출할 수 있는 별도의 노력 연구 등의 투자와 노력이 필요하다.

2.1.5 리스크 반영

비용견적은 각 단계에서 리스크와 불확실성을 반영해야 한다. 이것은 본 지침 발간의 핵심원칙이기도 하다. 이러한 리스크와 불확실성은 본 지침의 **제1편의 일반지침**과 **제2편의 워크숍지침** 과정을 통하여 구체화한다.

- 의사결정자는 프로젝트 전략 및 리스크 선호도에 따라 정보에 입각한 결정을 내리기 위해 비용견적을 명확하게 이해해야 한다. 비용견적은 범위, 설계, 일정 및 리스크와 연결되는 방식을 분명히 해야 한다.
- 최종 비용견적에는 현실적인 관점에서 리스크와 불확실성이 반드시 포함되어야 한다. 이것은 즉 불확실성과 리스크를 비용화하는 것을 의미한다.
- 비용견적 시에는 항상 가정사항과 제외사항을 문서화해야 한다. 이를 통해 프로젝트팀은 이러한 사항들이 프로젝트 비용에 미치는 인과관계를 이해하고 민감도를 테스트할 수 있을 것이다.
- 비용견적을 명확하고 일관성 있게 분류해 내려가야 프로젝트 간 비교가 가능하다. 지식공유에 기여하기 위해서는 프로젝트 비용을 일관성 있게 범주별로 구분하여야 한다.
- 비용견적은 추정결과의 신뢰도 수준을 명확히 하기 위해 단일 숫자가 아닌 비용 발생 가능 결과의 범위형태로 제시되어야 한다. 비용견적의 범위는 프로젝트 초기단계에서는 넓고, 프로젝트와 데이터가 구체화되는 과정에서 좁아질 수 있다.

2.1.6 증거 기반

비용견적팀은 견적에 사용된 데이터 소스 및 프로세스를 보고하고 비용견적이 프로젝트의 전체 범위를 모두 포함하고 있는지 확인해야 한다.

- 비용견적은 정밀조사를 거쳐야 하며 적용 데이터의 근거를 확보하는 노력을 하면 계산 및 결과의 신뢰성 및 반복성이 향상된다. 견적의 품질은 입력 데이터의 정확성에 따라 달라지며, 따라서 데이터의 정확성에 대해 의사결정자에게 잘 전달하여야 한다.
- 견적금액이 있는 그대로의 현실을 반영하려면 중요한 가정사항 및 제외사항을 명확히 전달하고 작업과정을 추적할 수 있도록 하여야 한다.
- 벤치마킹이나 민감도 분석과 같은 도구 및 기술을 사용하여 비용견적의 견실성을 향상시킨다. 비용견적금액은 프로젝트 단계 전반에 걸쳐 비교가 가능하도록 하기 위해 일관된 단위, 기준선(baseline) 및 인플레이션 조정을 적용해야 한다.
- 비용견적을 뒷받침하는 정보의 완성도 수준은 타당성조사 단계부터 준공 단계에 이르기까지 프로젝트 단계 및 유형에 맞는 완성도에 도달해야 한다.

2.1.7 독립적 검토 및 검증

적절한 독립적 검토 및 검증과정을 통해 비용견적은 개선되고 보다 안정적이 되어 프로젝트의 신뢰도는 향상될 것이다.

- 프로젝트 착수시 검토 및 검증 체계를 설정하고 단계 승인 프로세스의 게이트 체크(gate check) 과정을 도입하고 이 관문을 통과시키기 전 검증과정을 거쳐야 한다.
- 제3자에 의한 독립적인 시각에서의 검토 및 검증과정은 비용견적 프로세스를 보다 엄격하게 만들고 비용견적에 대한 신뢰도를 높여 프로젝트 리더가 올바른 결정을 내릴 수 있게 한다.
- 견적 실무를 강화하기 위해 표준 방법론과 동료 검토보다 더 강력한 검증방법을 찾아야 한다.
- 프로젝트를 추진하는 조직은 내·외부 및 독립적인 검증을 통하여 점진적인 신뢰도 향상 방법을 구축하고 비용견적 결과를 신뢰할 수 있다는 문화를 만들어야 한다.

2.1.8 지속적인 개선

이전 프로젝트에서 얻은 교훈과 비용 데이터를 참고하여 비용견적 프로세스 및 기술을 점진적으로 향상시켜야 한다.

- 이전 프로젝트에서 얻은 교훈과 실제투입비용 회고분석을 바탕으로 견적방법론과 가정사항 등을 점진적으로 개선시켜야 한다.
- 비용정보에 대한 빅데이터를 구축하기 위해 원가개선 프로젝트를 선정하여 지속적인 개선 노력을 하여야 한다.
- 계획 대비 실제의 차이점을 파악하고 사업 추진 단계의 각 주요 단계에서 이를 보다 명확히 하기 위해 프로젝트 각 단계에 체크포인트를 설정한다.
- 일관된 접근방식과 강력한 방법론을 적용하여 가정사항을 검증할 수 있는 증거 기반 데이터를 생성함으로써 발주자별/산업분야별 견적 벤치마킹 및 입력 데이터의 완성도를 높인다.
- 비용견적을 만드는데 사용되는 비용 및 성능 데이터는 공사수행 중 실제 데이터와 비교하여 후속단계 및 프로젝트에서의 비용 이해도를 개선시켜야 한다.

2.1.9 비용견적의 역할 및 기능

프로젝트의 중심에는 사람이 있으며, 프로젝트 각 단계에서 적절한 자격과 경험을 갖춘 인력이 없으면 올바른 프로젝트 비용견적금액을 도출할 수 없다. 비용견적 업무와 관련된 구성원들에게는 비용견적에 대한 올바른 지식과 정보가 공유되어야 한다. 본 절에서는 비용견적 업무와 관련된 각 분야 담당자들의 주요 역할 및 기능에 대하여 간략히 설명한다.

역할과 기능은 크게 3가지 범주로 나눌 수 있다. 비용견적금액의 작성, 비용견적금액의 검증, 그리고 비용견적금액의 책임이다.

- **비용견적금액의 작성** – 프로젝트 설계, 수행 및 비용견적 팀은 협업을 통하여 효과적인 비용견적금액을 산출한다. 프로젝트 범위 또는 중요한 가정사항에 대한 모든 변경사항은 기능조직 간에 효과적으로 전달되고 제어되어야 하며 기술적 결정은 비용견적 프로세스를 통해 알려져야 한다.
- **비용견적금액의 검증** – 검토자와 검증인은 강력한 검토 및 독립적인 검증 프로세스를 수행한다.
- **비용견적금액의 책임** – 비용견적에 대한 작성, 검토 및 검증이 완료되면 최고책임자와 프로젝트 임원으로 구성된 프로젝트 리더 계층이 비용견적 결과에 대한 책임을 지며 전체 프로젝트에 대한 중요한 결정을 내린다. 최고책임자는 궁극적으로 비용견적금액에 따른 프로젝트 성과에 책임을 진다.

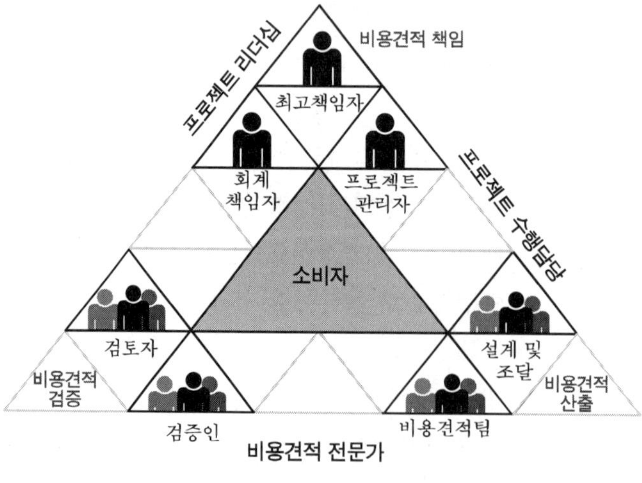

〈그림 2.1〉 비용견적의 역할 및 기능

2.2 | 담당자별 역할 및 책임

2.2.1 프로젝트 리더 부문

회계책임자

역할설명	• 자금 관리에 있어 높은 수준의 정직성 보장
책임	• 자신이 담당하는 자금에 대한 보호 • 필요시 회계책임자로서의 평가 (예: 프로젝트가 합의된 계획에서 벗어나는 경우) • 요청이 있을 시 조직의 심의기구(이사회나 투자심의위원회)에 근거 제공
비용견적과의 인터페이스	• 프로젝트의 재무적 성과에 대하여 조직을 대표하는 스폰서 및 통제기구에 대한 책임 • 프로젝트 산출물에 대하여 최고책임자 및 프로젝트관리자에게 조언 • 비용견적에 대한 프로젝트관리자 편향의 리스크 완화

최고책임자

역할설명	• 프로젝트 기본계획 및 타당성조사 단계에서 예측된 편익 · 비용분석 결과 제공 책임 • 프로젝트에 대한 궁극적인 책임 담당
책임	• 보다 넓은 이해관계자 견지에서의 프로젝트에 대한 옹호 • 결과 분석 및 전략적 방향 제공 • 사업 타당성에 대한 책임 및 편익 실현 추적 • 프로젝트의 전략적 리스크 및 이슈 관리
비용견적과의 인터페이스	• 비용견적 검토 및 검증 권장사항을 고려하여 Go/No-go 프로젝트 진행 결정 • 사업의 단계별 필요한 구성요소, 불확실성 및 리스크를 이해하고 비용견적을 검토, 수정요구 및 수용 • 프로젝트 비용견적에 대한 전략적 리스크관리
자격 및 경험 예시	• 최고책임자로서의 기본자질 • 대규모 프로젝트 리더십 아카데미 • 주요 프로젝트 수행경험

2.2.2 프로젝트 수행 부문

프로젝트관리자

역할설명	• 합의된 시간, 비용 및 품질 제약 내에서 프로젝트가 수행되고 목표가 달성되도록 함
책임	• 일상적 프로젝트관리 및 리딩 • 사업 타당성검토 • 예산 내 수행 추적 • 최고책임자와 협력하여 상위 이해관계자(예: 프로젝트 임원)와의 소통 • 성공적인 수행을 지원하는 프로젝트 조직 문화 만들기
비용견적과의 인터페이스	• 비용견적이 견실해지도록 수정요구하고 민감도를 이해하여 검토 • 프로젝트 요구사항을 반영하여 비용견적이 작성되었는지 여부 확인 • 중대한 가정사항을 주기적으로 검토하여 프로젝트의 현실과 일치하는지 확인 • 비용견적 및 전체 프로젝트에 대한 리스크관리
자격 및 경험 예시	• 공인 프로젝트관리 전문가 • PMP, PMP-CP, PRINCE2 등 자격자 • RMP, CRS, ARS 등 리스크관리전문가

프로젝트 설계 및 조달팀

역할설명	• 합의된 시간, 비용 및 품질 제약 내에서 프로젝트 목표가 명확히 정의되고 목표가 달성되도록 함
책임	• 일상적 프로젝트 활동 수행 • 리스크 및 이슈 제기 및 관리 • 계획 대비 진행 현황의 정기적인 보고 및 추적 • 프로젝트관리자가 의무를 다하도록 업무 지원
비용견적과의 인터페이스	• 비용견적 담당자에게 가정사항에 대한 명확한 정보 제공 • 변경, 가정사항 및 범위 추가가 고려되고 비용견적에 반영되도록 변경통제 프로세스 수립 • 견적자에게 비용 관련 정보 제공 • 적절한 벤치마킹 정보를 찾아 제공
자격 및 경험 예시	• 프로젝트관리 실무자 자격 • 대규모 프로젝트 수행 경험

2.2.3 비용견적 전문가 부문

비용견적팀

역할설명	• 프로젝트 팀과 합의한 범위, 가정 및 제외사항을 기반으로 비용견적금액 작성
책임	• 프로젝트관리자에게 계획 대비 진행 현황 보고 • 지속적으로 프로젝트 수행팀과의 연락과 협업 • 필요할 때 지침을 제공하기 위해 분야별 전문가(SME) 활용
비용견적과의 인터페이스	• 비용견적방법론 제안 및 문서화 • 방법론에 따라 비용견적 작성 • 비용분류체계(CBS)에 맞춰 명확하고 일관되게 증거자료 수집 • 검토자 및 검증인을 위한 산출근거 자료 준비 • 데이터의 입력 및 출력
자격 및 경험 예시	• 비용견적 도구 사용 경험 • 비용견적 산출 경험 • 사내 비용(원가) 엔지니어 • 공인 비용(원가) 전문가

검토자 및 검증인

역할설명	• 비용견적을 검토하여 비용견적이 견실하고 정확하다는 객관적 검증 수행
책임	• 프로젝트 검토자 및 검증인의 검증 방향이 일치되도록 연락과 협력 • 프로젝트 수행팀/프로젝트관리자에게 식별된 리스크 및 이슈 보고
비용견적과의 인터페이스	• 프로젝트의 각 단계에서 비용견적에 대한 독립적인 내부검토 수행 • 프로젝트의 각 단계에서 비용견적에 대한 독립적인 외부검토 수행 • 비용견적 관련 리스크 및 이슈에 대한 요약보고서 작성
자격 및 경험 예시	• 공인 비용(원가) 전문가 • RMP, CRS 등 리스크관리 전문가 • 비용견적 작성 및 검토 경험 • 리스크분석 검토 경험

PART 3

제3장

리스크기반 비용견적 프로세스

제3장 리스크기반 비용견적 프로세스

3.1 | 개요

본 절에서는 전반에 걸쳐 명확한 책임과 일관된 데이터 수집을 통하여 정확도가 향상된 비용견적을 생성하기 위한 프레임워크를 간략하게 설명한다. 본 지침서는 실무자가 각 단계에서 수행해야 하는 예상 프로세스 및 확인사항에 대한 자세한 내용을 제공한다.

프로젝트 비용견적서를 작성할 때는 사려깊고 신중한 프로세스를 따르는 것이 좋다. 기본비용견적과 불확실성, 그리고 리스크를 고려하여 산출한 비용범위 내에서 적절한 비용을 선택한다. 본 지침을 작성하기 위하여 IPA에서 제시한 표준절차를 바탕으로 미국, 호주의 중요지침 내용 등을 연구·검토하여 미국 워싱턴주 교통부(WSDOT)의 리스크기반 견적절차(WSDOT 2018), 영국 IPA의 비용견적 절차(IPA 2021), 호주정부의 비용견적가이드(Australian Government 2007a, b, 2008a, b)를 종합적으로 벤치마킹하여 국내실정에 적합하게 다음과 같은 10단계로 세분화하여 제시하였다(일정-지용 통합 리스크분석은 제4편의 10단계 참조).

- **1단계 브리핑 및 팀 구성**: 명확한 요구사항 설정 및 비용견적 생성을 위한 적합한 기술팀 구성
- **2단계 데이터 및 증거수집**: 증거기반 구축 및 주요 가정사항 문서화
- **3단계 기본비용 견적방법 선택**: 선택한 방법론에 대한 명확한 근거를 제시하고 추가 데이터가 필요한 경우 2단계 재논의
- **4단계 기본비용 견적 계산**: 불확실성과 리스크 없이 계획대로 진행되었다고 가정한 상황에서의 최선의 견적금액 산출
- **5단계 기본비용 불확실성 정의**: 기본견적의 수량 및 단가 불확실성 정의
- **6단계 리스크 계상**: 프로젝트 고유의 리스크를 반영하여 가능한 값의 범위 준비

- **7단계 비용견적 보고서 작성**: 비용견적방법론 설정 및 가정 및 증거기반을 문서화함으로써 불확실성을 줄이기 위한 우선순위 영역 추천
- **8단계 검토 및 검증**: 비용견적이 의사결정에 미치는 영향과 계산오류 리스크를 기반으로 적절한 검토유형과 검증수준 고려. 오류가 확인되면 위 4단계로 돌아가서 재검토
- **9단계 프로젝트 리더십 승인**: 프로젝트관리자와 최고책임자(SRO)의 비용견적 완성도 이해 및 단계 게이트(SG) 검토 및 승인을 준비하기 위한 담당 권한 수락
- **10단계 비용견적을 이용한 의사결정 지원**: 프로젝트에 내재된 리스크와 불확실성을 설명하는 범위 형태로 비용견적금액 제시

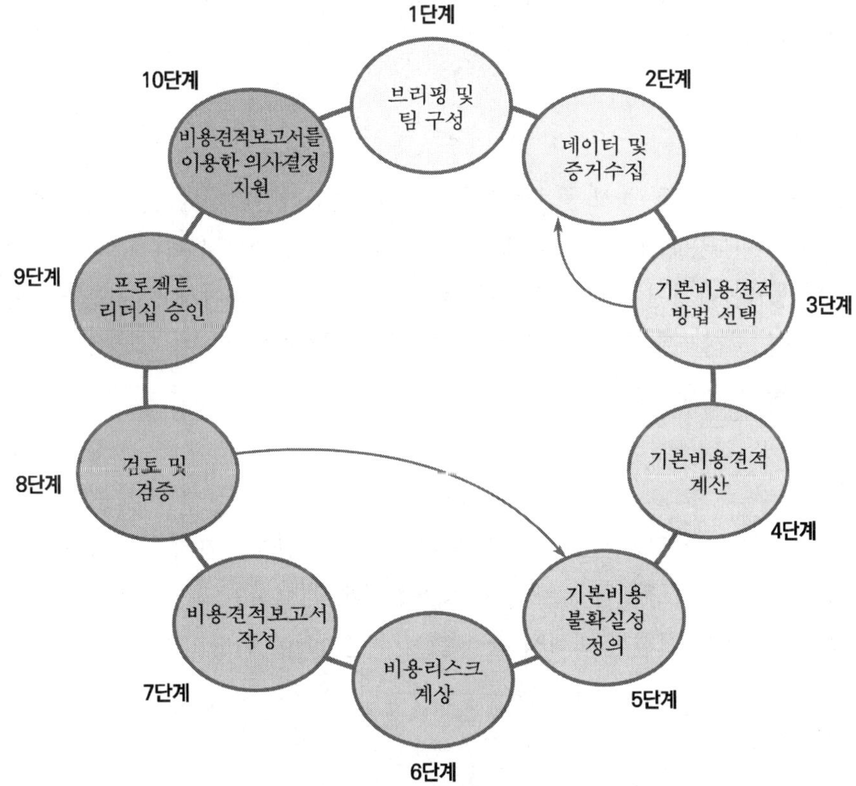

〈그림 3.1〉 10단계 비용견적 프로세스

비용견적 프로세스의 중심에는 모든 비용견적의 구성요소로부터 신뢰있는 데이터를 구축하여 범위를 갖는 **최종예상비용**(Anticipated final cost)을 제시하는 개념이라는 이해가 필요하다.

3.2 | 1단계: 브리핑 및 팀 구성

프로젝트에 대한 개략적 파악

전체 프로젝트 개요를 설정하고 프로젝트 시작과 각 절차의 시작단계에서 명확한 목표를 설정하는 것은 확실한 비용견적금액을 산출하기 위한 중요한 단계이다. 프로젝트 개요에 대한 정보는 비용견적의 맥락과 요구사항에 대한 명확한 이해가 가능하도록 제공되어야 한다. 이는 적절한 자원에 대한 고려사항을 미리 파악하여 상세한 작업 계획을 세울 수 있게 해주며, 명확한 책임사항의 파악을 가능하게 해준다. 전체 비용견적 일정, 승인규약, 작업 방식, 필요한 검증수준 및 책임을 포함하여 명확한 비용견적 작성 전략에 동의해야 한다.

적합한 팀 확보

프로젝트 개요에서 얻은 정보를 바탕으로 비용을 견적하는데 적합한 기술팀의 구성에 초점을 맞춰야 한다. 보다 복잡한 프로젝트의 경우 정확한 전문분야(예: 터널, 교량, 도로 및 철도 등)와 관련된 경험이 적기에 제공될 수 있도록 참여자에 대한 특별한 주의와 추가투자를 고려해야 한다. 기술팀은 현장을 답사하여 용량(예: 교통량 등)과 현재의 시장환경을 이해해야 한다.

동기유발

열린 토론과 도전을 지원하는 올바른 팀 분위기 조성은 긍정적인 행동과 명확한 의사소통을 촉진시키기 위한 중요한 요소이다. 비용견적은 개별적인 작업이 아니라, 설계 및 관련 이해관계자와의 적절한 협력적 팀 노력이 수반되어야 한다.

검토 주안점 설정

프로젝트 리더는 검토패널, 제3자의 검증 또는 프로젝트에 필요한 다양한 분야의 전문가로 구성된 '**동료 검토**'에 의한 검증 접근방식으로 명확한 비용견적 검토 및 검증에 동의해야 한다. 또한 프로젝트의 통합 검증 및 승인계획이 문서화되어야 한다. 검토자는 지식기반을 개선하고 교훈을 축적하기 위하여 프로젝트의 생애주기 전반에 걸쳐 연속성을 가져야 한다.

3.3 | 2단계: 데이터 및 증거수집

표준체계수립

모든 비용견적은 아래 〈표 3.1〉과 같이 "**레벨 0**" 일관된 비용분류체계를 채택할 필요가 있다. 다양한 부문과 다양한 프로젝트 유형에 따른 업계에서 인정하는 개별적인 비용분류체계를 채택할 수 있지만, 일반적으로 이러한 상위수준에 대한 일관된 분류는 프로젝트 전반에서 가장 하위의 공통분모에서 비교, 벤치마킹 및 일관된 소통언어를 지원한다. 권고되는 비용분류는 IPA 모범사례 벤치마킹 지침문서와 일치한다.

〈표 3.1〉 레벨 0 비용분류체계

비용분류	내용
물가변동	인플레이션 및 시장요인, 이자율 또는 해당 세금과 같은 프로젝트 생애주기 동안의 시장가격 변화와 관련된 비용
토지 및 재산 보상	필요한 경우 재배치 및 이동비용을 포함하여 프로젝트를 위한 토지취득 및 재산 보상과 관련된 비용
관리비	발주 비용 또는 초기 개발단계이 매몰 개발비용과 같은 일반적인 사업추진비와 관련된 비용
간접비	작업의 어느 한 부분에 귀속될 수 없는 발생 비용으로서 고정비 또는 시간 경과에 따른 변동비가 될 수 있다.
직접비	노무, 재료, 설비 및 장비 등에 발생하는 비용, 즉, 임시작업을 포함하여 프로젝트 완성을 위해 직접 투입되는 비용. 직접비는 분야별, 자산별 비용 및 작업분류체계(WBS)로 보다 세분화될 수 있다.

데이터 확보

신뢰할 수 있고 확고한 비용견적을 작성하려면 고품질 데이터가 뒷받침된 기초 증거자료가 필요하다. 가용한 증거자료와 데이터가 확실하지 않을수록 비용견적은 더 많은 불확실성을 갖게 된다. 벤치마킹은 비용견적 내에서 가치가 높은 영역에 특히 주의하면서 데이터 무결성을 확보하기 위해 도입·사용되어야 한다.

데이터의 품질과 완성도는 점진적으로 향상되어야 한다. 비용견적팀은 프로젝트가 진행됨에 따라 새로운 정보와 교훈을 통합하여 프로젝트 생애주기 전반에 걸쳐 기본데이터를 검토해야 한다.

가정사항의 문서화

가정사항을 문서화하는 것은 비용견적금액의 작성에 있어서 기본적인 활동사항이다. 비용견적이 진행됨에 따라 가정사항은 다양한 프로젝트 이해관계자(최고책임자, 프로젝트관리자 및 프로젝트 팀) 간에 명확하게 전달되어야 한다. 이를 통하여 비용견적을 뒷받침하는 맥락을 명확히하고 핵심참여자의 동의를 얻은 프로젝트 추진 방향에 따라 비용견적팀이 올바르게 견적을 작성할 수 있다.

비용견적은 프로젝트 추진 단계에서의 일시적 시점에서의 스냅샷을 기반으로 하며, 이 과정에서 비용견적팀은 다양한 유형의 가정을 기록해야 한다.

- **엔지니어링 가정사항** - 프로젝트 설계에는 시공 가능성, 범위옵션 및 대체 시공방법, 임시작업 및 시방서에 대한 기술적 결정이 포함된다. 비용견적팀은 설계문서에 나타날 수 있지만 완성되지 않은 영역을 이해하기 위하여 설계자와 긴밀하게 협력해야 한다.
- **비용견적 가정사항** - 비용견적 개발에서 팀은 시장조건, 가격, 효율성, 생산속도를 가정한다. 이러한 가정사항은 비용견적, 벤치마킹 또는 전문가 의견을 기반으로 검증되어야 한다.
- **실행 및 상업적 가정사항** - 조달 및 계약구조의 차이, 리스크 및 수행관리에 대한 접근방식을 해결한다.
- **허용오차** - 정량화 또는 측정기술에 따라 BOM(Bill of Materials), 수량산출 및 도면은 고유한 수준의 허용오차를 갖는다.

리스크에 대한 가정사항은 리스크 등록부 내에서 최소 가능성, 영향, 완화조치, 종속성, 가정사항 및 관련비용의 정당성 등을 담아내야 한다. 이는 프로젝트 및 견적주기 전반에 걸쳐 지속적으로 검토되어야 한다.

3.4 | 3단계: 기본비용 견적방법 선택

모든 견적 프로세스의 목적은 견적금액이 준비되는 시점에 확인된 프로젝트 범위를 가장 정확하게 반영하는 것이다. 이러한 이유로 프로젝트 생애주기를 따라, 사업범위가 구체화되거나 변경됨에 따라 가장 적절한 비용추정방법을 적용할 수 있어야 한다.

따라서 프로젝트의 기본비용 견적은 프로젝트의 범위를 구체화하는 과정에서 시작된다. 호주정부(Australian Government, 2018a)에서는 리스크기반 견적 프로세스의 첫 단계로 사업범위 추정에 대한 부분을 가이드라인에 포함시킨 바 있다.

프로젝트 비용견적 업무는 프로젝트의 초기 설계업무에 있어서 대단히 중요한 과정이다. 프로젝트 초기의 비용견적은 프로젝트에 대한 내용 파악, 비용 및 일정에 대한 의사결정 지원 정보로서 매우 중요하다. 기본비용 견적기법은 일관되고 정확해야 한다. 그러나 어떤 비용견적 도구를 사용하는 것이 좋은지는 프로젝트 파악 정도, 유형 및 복잡성에 따라 달라진다.

기본비용 견적(base cost estimates) 산출물들은 리스크기반 비용견적 및 효과적인 리스크관리를 위하여 체계적으로 문서화되어야 한다. 견적 작성시 가정사항과 리스크를 명확하게 설명해야 한다. 이것을 실현하기 위해서는 프로젝트 기본비용 견적의 모든 구성요소에 대한 보편적인 이해가 필요하다.

비용추정과 관련된 인정된 많은 방법들이 있다. 프로젝트의 완성도와 기본 데이터의 품질을 기반으로 가장 적절한 견적방법을 선택하는 것이 중요하다. 선택한 방법론이 명확한 증거기반 정당성에 의해 뒷받침되는 것이 필요하다.

비용견적방법론은 프로젝트가 구체적으로 진행되면서 비용견적이 구체화된다. 프로젝트의 하위 비용항목이 완성되어지고 다른 영역에 대한 충분한 파악이나 증거 데이터가 없는 상황에서 비용추정치를 생성하기 위해 다른 방법들을 서로 결합하고 사용하는 것이 일반적이다.

일단 방법론이 선택되면 프로젝트 팀은 위 2단계의 비용추정 데이터 요구사항에 대한 재검토를 위한 증거를 구축/수집한다.

3.4.1 결정론적 방법과 확률론적 방법

견적법은 크게 결정론적 방법과 확률론적 방법으로 나뉜다. 본 지침서가 확률론적 방법인 리스크기반 견적법에 대한 가이드를 목적으로 하고 있으나 프로젝트 모든 단계에서 이 기법을 사용할 것을 권고하는 것은 아니다. 사업 단계별로 두 방법 중 적절한 방법을 선택하거나 두 방법을 같이 사용하여 최적의 의사결정에 활용할 것을 권고한다.

결정론적 접근법

이 접근 방식은 알려진 데이터의 통계량 정보를 이용하여 하나의 대표값을 추정하거나 알려진 정보가 부족하거나 없을 경우 전문가들의 의견 또는 관련 담당자들의 주관적 의견을 수치화하여 비용을 추정하는 방법이다. 쉽게 비용을 추정할 수 있는 장점이 있지만 실제 불확실성을 갖는 변수들의 변동에 따라 변할 수 있는 비용의 크기는 고려할 수 없다는 단점이 있다.

확률론적 접근법

이 접근방식은 시뮬레이션 기법을 활용하여 기대비용의 가능한 분포를 생성하는 수학적 모델 구축을 기반으로 한다. 이러한 방법은 입력 데이터의 확률분포 및 상관관계에 대한 가정사항에 크게 의존한다. 따라서 데이터가 충분할 경우 매우 정교한 결과를 제공하지만 샘플수가 적으면 신뢰도가 낮아질 수 있기 때문에 데이터 적용 시 신중을 기해야 하며 상황에 따라서는 관련 분야 전문가와 협업이 필요하다.

사례 3.1 사업 추진단계별 적절한 비용견적방법론 (IPA 2021)

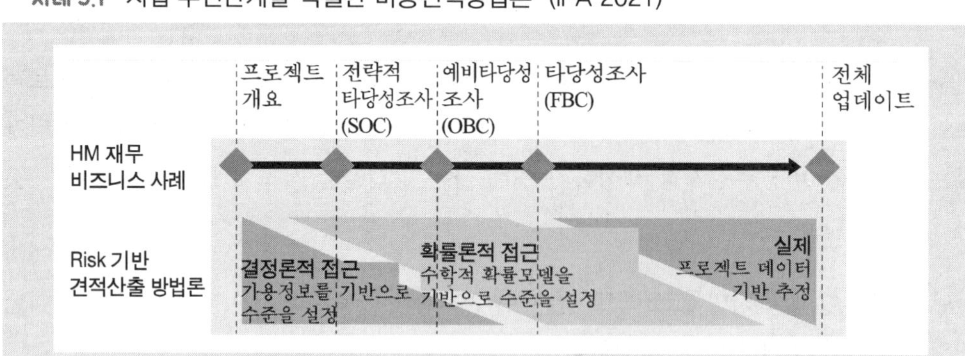

결정론적 방법은 일반적으로 여러 옵션의 양을 처리하기 위해 보다 빠르고 신뢰할 수 있는 답변을 제공하기에 용이하므로 프로젝트의 생애단계 중 초기단계에서 주로 사용될 수 있다. 유사사례 견적법 또는 시나리오 기반 모델링과 같은 결정론적 비용견적 방법은 복잡한 사회기반시설(SOC) 프로젝트에 더 적합하기는 하지만, 가용 데이터를 활용하고 불확실성을 고려한 결과를 예측하는 **몬테카를로 시뮬레이션**(Monte Carlo simulation) 기법과 같은 확률론적 방법을 사용해야 하는 프로젝트에서는 고려하면 안 된다.

3.4.2 하향식 대 상향식

비용추정 방법론의 또 다른 주요 차이점은 하향식으로 접근하는지 또는 상향식으로 접근하는지에 따른 접근방식의 차이로부터 나온다.

하향식 방법 (Top-down methods)

상위수준(예: 벤치마킹) 방법은 프로젝트에 대한 전체 또는 전체 추정비용으로 시작하여 더 작은 조각으로 나누는 방식이다. 구체적인 세부사항을 사용할 수 없을 때 견적금액의 격차를 보완하고 상향식 계산을 검증하기 위해 하향식 접근방식을 사용할 수 있다. 하향식 접근방식은 프로젝트의 포괄적인 관점에서 전략적 의사결정을 내리는데 더 적합하다. 예를 들어, 유사사례 추론비용견적법이 하향식 방법의 대표적인 견적방법이다.

상향식 방법 (Bottom-up methods)

개별 비용항목에 대한 정확한 견적을 작성하기 위해 각 비용추정 결정을 뒷받침하는 **"제1의 기본원칙"**을 명확하게 설명하고 집계 및 그룹화한다. 이 접근방식은 데이터의 완성도가 높을 때 가장 적합하므로 프로젝트에 대한 완전한 이해 수준에 크게 의존한다.

하향식 또는 상향식, 두 가지 접근방식 모두 비용추정 정확도에 기여하므로 비용견적팀은 둘 중 하나를 선택하거나 보완하여 비용추정 품질을 개선해야 한다.

3.4.3 전통적 견적기법의 종류

국내외적으로 잘 알려져 있는 견적방법론에는 **매개변수 견적법**, **입찰가실적기반 견적법**, **원가기반 견적법** 등이 있다. 이러한 견적방법론에는 비용견적을 준비하는데 도움이 되는 많은 개별기술/도구가 포함된다. 각 단계별 견적에서 활용할 수 있는 견적방법론은 〈표 3.2〉와 같다.

〈표 3.2〉 전통적인 견적방법론

프로젝트 개발 단계	견적목적	방법론
계획단계	개념적 견적	유사사례추론 견적법 매개변수 견적법 실적백분율 견적법
	예산승인 (프로젝트에 대한 비용기준 수립)	매개변수 견적법 유사사례추론 견적법 실적백분율 견적법
	초기설계견적	매개변수 견적법 유사사례추론 견적법 입찰가실적기반 견적법
기본설계단계	설계견적 (프로젝트 범위, 일정, 예산의 통제)	입찰가실적기반 견적법 원가기반 견적법
최종 설계단계	최종 설계견적 (100% 설계) 예비견적 (입찰공고준비 완료)	입찰가실적기반 견적법 원가기반 견적법

유사사례추론 견적법

유사사례추론 견적법(Case-Based Reasoning Estimation)에 의한 견적가의 신뢰도는 비교하는 참조 프로젝트와 견적 검토하는 프로젝트의 유사성에 크게 의존한다. 비교하는 참조 프로젝트는 유사 프로젝트 중 보통 최근에 입찰 중이거나, 완공 또는 건설 중인 프로젝트 또는 최근 설계 견적이 완료된 프로젝트 등 모두 가능하다. 참조할 유사 프로젝트의 항목, 수량 및 단가는 현재 프로젝트의 견적 기준이 된다. 참조 프로젝트와 유사한 비용을 사용하여 총 프로젝트 비용의 다른 그룹, 범주, 요소 및 항목을 견적할 수 있다.

매개변수 견적법

매개변수 견적법(Parametric Estimation)은 프로젝트의 범위가 구체화되지 않은 상황에서 초기 설계견적을 진행할 때 주로 사용된다. 이를 위해 견적가를 도출할 주요 프로젝트 매개변수를 파악한다. 과거 데이터와 기타 매개변수(ton, m^2, m^3, EA) 간의 통계적 또는 비통계적 비율과 다양한 작업항목의 비용을 계산하는데 사용된다. 길이, 폭 및 깊이도 매개변수견적의 또다른 유형으로 사용할 수 있다.

원가기반 견적법22)

원가기반 견적법(Cost-Based Estimation)은 노무비, 재료비, 경비, 시공자 간접비 등을 생산성에 기반하여 추정하는 방식이다. 호주정부(Australian Government 2018)는 **제1원칙법(first principles method)**으로도 부르고 있으며 **상향식(bottom-up) 견적법**이다. 이 접근방식은 비교적 정확한 견적가를 산출함으로써 입찰내역이 충분하지 않은 작업항목을 견적하기 위한 대안으로 사용된다. 최하위 비용항목으로부터 상향식으로 견적한다. 프로젝트 상세설계에서 정의된 자원을 구체적으로 식별하고 이러한 자원이 투입되는 시기를 정확하게 연결시켜 차례대로 견적을 구성한다.

원가기반 견적법은 과거 입찰실적 데이터에 의존하지 않고, 견적항목 별로 작업을 완료하는데 필요한 노무비, 재료비, 경비 및 특수 하도급자(해당되는 경우)에 대한 시공자의 원가 산징을 기빈으로 한다. 그런 다음 시공자의 간접비 및 이윤에 대한 합리적인 금액을 추가하여 총 비용을 산정한다.

이 방식은 과거 유사한 프로젝트가 없는 프로젝트 또는 지리적 영향, 시장요인 및 재료가격의 변동성이 심하여 입찰가실적기반 견적법을 사용할 시 신뢰성이 떨어지는 경우에 주로 사용된다. 하지만 사실 우리나라의 견적법은 설계 초기단계부터 이러한 비용기반 산정방식에 얽매여 있다보니 설계 내용이 구체화되기 전까지는 비용추정업무에 어려움을 겪고 있다.

또한 시공자는 일반적으로 입찰을 준비하기 위해 원가기반 견적법을 사용하기 때문에 이

---

22) 우리나라는 최종 설계단계에서 재료비, 노무비, 경비를 바탕으로 원가계산하고 있다. 원문은 Cost-Based Estimate로서 여기서는 원가기반견적법으로 표기하였고, 사업초기의 Cost는 비용으로 표현하였다.

방법은 시공자의 입찰 결정을 지원하고 낙찰 후 시공단계에서 발주자와의 가격변경 협상을 지원하기 위하여 보다 정확하고 방어 가능한 자료를 제공할 수 있다.

기본비용 견적은 준비하는 과정에서 상당한 노력, 시간 및 견적자의 경험이 필요하다. 견적은 가장 큰 비용금액을 구성하는 항목에 대하여 우선 접근하는 것이 바람직하다. 일반적으로 20%의 견적작업 항목이 프로젝트 비용의 80%를 차지한다. 견적작업 항목 중 일부는 입찰가실적기반 견적법을 사용하여 결정할 수 있다. 이 접근방식은 견적자원을 보다 효율적으로 사용하고 원가기반 견적을 준비하는데 드는 총 시간과 비용을 줄일 수 있다. 원가기반 견적은 과거 입찰가격이 지금도 여전히 유효한지를 검증하기 위해 입찰가실적기반 견적업무 중에서 몇 가지 큰 작업항목을 확인할 수 있는 좋은 방법이다.

입찰가실적기반 견적법

과거 입찰계약의 실적단가 데이터를 사용하는 것은 가장 일반적인 견적방법이다. 입찰가실적기반 견적법(Historical Bid-Based Estimation)은 입찰 데이터를 요약하고 프로젝트 조건(예: 프로젝트 위치, 규모, 수량 등) 및 프로젝트 수행여건에 맞게 견적가를 조정한다. 견적항목은 작업의 주요요소에 대하여 개발되므로 이러한 항목에 수량 및 실적단가를 적용할 수 있다. 초기 계획 및 환경영향평가단계에서는 백분율(미확정참작금)을 사용하여 설계상으로 아직 명확치 않거나 수치화가 어려운 항목을 견적한다.

입찰가실적기반 견적법은 일반적으로 많이 사용되며 작업단위 정량화가 가능한 지점까지 설계정의가 진행된 경우에 적합하다. 이러한 방법은 항목 또는 프로젝트의 총 비용을 결정하기 위해 견적 작업 항목의 개수 또는 측정값에 실적단가를 적용한다.

사용된 단가데이터는 일반적으로 이전에 수행했던 프로젝트 입찰문서에서 파악될 수 있으며, 이 값을 현재시점으로 에스컬레이션하고 지리적 위치, 필요항목의 수량 및 프로젝트 공고예정 시기와 같은 프로젝트 특정 조건을 반영하도록 수정하거나 조정해야 한다. 상세한 기본비용 견적방법은 **3.5 기본비용 견적 금액 추정**을 참조하면 된다.

실적백분율기반 견적법

실적백분율기반 견적법(Estimation based on Historical Percentages)은 입찰가실적기반 견적법 등 다른 견적기법과 함께 혼용하여 사용된다. 실적백분율은 일반적으로 사업의 초기 계획단계에서 명확히 정의되지 않은 항목의 비용을 견적하는데 사용된다. 백분율(%)은 요소를 구성하는 특정 항목을 다루기 위해 과거프로젝트의 실적비용 정보를 기반으로 개발되었다. 이 비율은 선택한 항목의 합계 및 직접시공과 같은 총 비용범주 간의 관계를 기반으로 한다. 실적백분율은 총 프로젝트 비용 중의 그룹 및 범주를 견적하는데 사용된다.

비용견적 복합 접근법

총 프로젝트 비용에 대하여 설명한 바와 같이, 프로젝트의 기본비용 견적에는 도로, 교량 및 구조물, 운반로, 지장물, 환경 정화비용과 같이 다양한 구성요소가 포함될 수 있다. 따라서 비용견적에 사용되는 방법론은 사용가능한 데이터와 비용견적이 준비되는 프로젝트 단계에 따라 달라질 수 있다. 견적 작업과정을 신속하게 문서화하여 프로젝트 팀에 전달해야 한다. 작업요소 및 항목과 관련된 비용을 견적하는데 사용되는 기준과 방법론을 명확하게 파악해야 한다. 특히 복잡한 프로젝트의 경우, 각각의 추정비용을 기본비용 견적에 통합하는 것이 중요하므로 한 사람이 모든 책임을 질 수는 없다.

3.4.4 추천 견적법

프로젝트 규모, 복잡성, 프로젝트 단계 및 비용추정의 목적에 따라 비용견적법은 다양하세 사용될 수 있다. 3.4.3절에 언급된 여러 견적법과 새로운 리스크기반 견적법 등을 포괄하여 본 지침에서는 다음과 같이 사용할 것을 권고한다.

- 사용 가능한 정보의 수준에 따라 유연하게 적용되는 **매개변수 견적법**은 반복 가능한 프로젝트에 대한 초기 산정치를 제공하고 복잡하거나 새로운 프로젝트나 벤치마크 데이터를 사용하는 하위 구성요소 간의 비교를 가능하게 한다.
- 최종 실시설계에서 선호되는 것은 **원가기반 견적법**이다. 완전한 데이터에 의존하기 때문에 이 방법은 설계 완성도가 중간 또는 높은 단계에 가장 적합하다. 견적업무 노력이 상당히 많이 들기 때문에 많은 옵션을 다루는 프로젝트에는 적합하지 않을 수 있다.
- **유사사례추론 견적법**은 반복 가능한 프로젝트 또는 새로운 프로젝트에 대한 추정 또는 검증 테스트에서 매우 유용하다. 이 방법은 비교가 가능한 가정사항을 기반으로 하기 때문에 초기 단계에 적합한 넓은 범위의 비용 추정 방법으로만 사용해야 한다.

■ 상기 언급된 비용견적법 외에 초기단계 및 옵션비교에서 신규 또는 복잡한 프로젝트는 **전문가 의견법**[23]이 유용할 수 있다. 다만, 주관적인 특성을 가지므로 이어지는 단계에서의 의사결정에서 의문이 제기될 수 있다.

■ **시나리오기반 모델링** - 제한된 데이터를 가지고도 엄격하고 신뢰할 수 있는 비용추정치를 제공한다. 복합 공종 프로젝트나 신규 프로젝트의 초기단계 견적법으로 특히 적합하다. 명시적 가정사항을 기반으로 하므로 옵션비교 분석 결과도 제공한다.

사례 3.2 원전 폐로 프로젝트에서 시나리오기반 모델링(SBM) 활용사례

영국 전역에서 기존 원자력 발전소의 해체를 계획하는 프로젝트가 있었다. 초기 리스크 분석은 다양한 개별 리스크와 함께 몬테카를로 방법론을 이용하여 완료되었다. 이러한 리스크 간의 상관관계에 대한 제한된 데이터로 인해 예상보다 훨씬 낮은 값이 도출되었다. 이러한 프로젝트의 복잡성과 벤치마킹 정보의 부족을 감안할 때 여러 downside 및 upside에 대한 시나리오 기법을 사용하는 대신 시나리오기반 모델링(SBM)을 사용하기로 결정하였다.

SBM은 세 가지 핵심단계로 구성된다.

1. 전문가의 판단에 따라 리스크를 식별하고 영향을 높음, 중간, 낮음으로 지정한다. 이로부터 중요한 리스크가 파악되었다.
2. 워크숍을 통해 각 시나리오는 이러한 중요 리스크를 중심으로 작성되었으며, 각각은 경미한, 보통 또는 심각한 downside 또는 어떤 경우 upside를 설명한다.
3 각 시나리오에 대하여 일정 리스크의 종속성을 고려한 시나리오의 비용 영향을 추정하기 위하여 비용모델을 업데이트하였다.

SBM 접근방식에는 다음과 같은 여러 이점이 있다.

1. 주요 리스크 및 불확실성의 인과관계에 대하여 고객 경영진을 조정하여 보다 폭넓은 의사결정에 영향을 줄 수 있다.
2. 최초의 프로젝트 특성과 일정(30년 이상)을 감안할 때 보다 신뢰할만한 시나리오 범위를 제공한다.
3. 해체 프로그램 및 운영단계를 통해 리스크를 관리하고 완화하는데 전략적 리스크 기록부 활용이 가능하다.

---

23) 사업초기 단계에 유사한 프로젝트에 대한 전문가 의견에 의해 추정하는 기법이다.

3.5 | 4단계: 기본비용 견적 계산

이 단계는 비용의 주요 구성요소가 정량화되는 비용추정실무 프로세스의 핵심과정이다.

기본비용 견적

기본비용 견적은 가용한 정보, 가정 및 채택한 견적방법을 기초로 예상비용을 계산하는 것이다. 정보 완성도의 의미를 검토하고 이해하는 것이 중요하다. 여기서는 적절한 방법론의 채택이 필요하고 비용견적 종속성 등을 설정한다.

전체 프로젝트 및 하위 구성요소의 기본비용 견적은 2단계에 언급한 작업분류체계(WBS)의 레벨 0 단위 일치해야 하며, 후속 비용 분석체계에 맞춰야 한다. 비용견적의 구체성은 설계 완성도에 따라 달라진다. 이 기본비용 견적방법에 대하여는 제4장에서 별도로 기술하였다.

에스컬레이션(물가변동)

기본비용 견적은 과거, 현재 또는 미래의 날짜가 될 수 있는 특정시점을 기준으로 해야 한다. 실무에서는 일반적으로 현재 날짜를 기준으로 비용추정 날짜를 지정한다. 기준이 과거 날짜이거나 미래 날짜인 경우 비용추정보고서에는 현재 날짜와 과거 또는 미래 날짜 사이의 인플레이션을 설명하는데 이용된 메커니즘(예 : 소비자물가지수 등 지수의 명칭) 및 계산에 대한 명확한 증거가 포함되어야 한다. 프로젝트가 현재 날짜를 기준으로 하는 경우 인플레이션 리스크는 별도의 요소로 계산 및 처리될 수 있다.

3.6 | 5단계: 기본비용 견적 불확실성 정의

3.6.1 기본비용 견적 불확실성의 원인

견적은 정확한 과학이 아니다. 비용견적은 궁극적으로 프로젝트의 미래에 대한 예측일 뿐, 많은 구성요소들은 견적이 준비되는 시점에서 완벽하게 정의되지 않는다. 결과적으로 모든 견적금액은 변동적 될 수 있고 불확실하다. 프로젝트 견적 과정에서 이러한 불

확실성으로 인하여 예측범위가 변화된다. 즉, 불확실성을 표시하는 숫자는 본질적으로 비용항목의 수량 및 단가가 허용하는 오차의 '**범위값**'을 의미한다. 주어진 프로젝트에서 불확실성의 수준은 프로젝트 생애주기와 직접 관련이 있다. 프로젝트 개발 초기 단계에서는 불확실성이 커지는 반면, 종료에 가까워질수록 불확실성이 줄어든다.

변동성은 견적금액의 알려진 요소와 알려지지 않은 요소 모두에 존재할 수 있다. 예를 들어, 아스팔트 혼합물에 포함되는 각종 구성원료의 가격은 변동될 수 있으며 현 시점에서 정확한 단가를 결정하기 어렵다. 또는 폐기물이 묻혀 있을 가능성이 예상되지만 그 잠재적인 양은 현재 정확히 알 수가 없다. 이러한 예에서 설계 및 관련 입찰항목의 내용은 알고 있지만 가격이 변동적이므로 견적금액에 변동성이 존재하고, 폐기물 처리량은 그 범위가 불확실하기 때문에 변동성이 상당히 클 수 있다.

이러한 불확실성은 다음 3가지 요인에 의해 결정된다(IPA 2021).

의사결정 불확실성

설계 완성도 부족으로 인한 변동성을 의미한다. 고속도로 프로젝트에서 안전난간의 연장이 한 예가 될 수 있다. 이러한 종류의 변수는 선택의 폭을 너무 일찍 좁히면 프로젝트 결과를 좌우하는 잘못된 선택을 초래할 수 있다. 계획단계나 설계 초기단계에서는 설계예산의 범위를 너무 좁히지 않는 **설계 다양성(design divergence)**개념이 권장되며, 이것은 프로젝트 성과에도 좋은 영향을 준다. 비용견적은 그러한 변동성을 고려해야 한다. 불확실성은 선호옵션에 대한 편차를 좁히거나 실행 불가능한 것으로 간주되는 부분 전체를 배제하는 복잡하고 점진적인 의사결정 프로세스에 의해 해결될 수 있다.

데이터 완성도 부족

데이터의 완성도가 부족한 경우 경험이나 가정사항 등에서 추론된 정보의 불확실성으로 인한 변동성을 의미한다. 지반공사에 대한 지질조사데이터가 한 예가 될 수 있다. 이러한 데이터는 연구나 조사를 통해 수정될 수 있기 때문에 Known-Unknowns(알려져 있지만 우리는 정확하게 파악하지 못한) 리스크로 분류된다. 이러한 조사결과 데이터가 달라지면 추가적인 투자가 필요하게 되므로 불확실성의 민감도가 프로젝트에 중대한 영향을 주게 된다면 프로젝트를 보류해야 할 수도 있다. 암반의 특성이 프로젝트의 가정된 규모에 실질적으로 영향을 미치는 시추성과에 크게 영향을 미칠 경우가 이에 해당된다.

편향 또는 오류

정확하지 않은 값에 치우친 의식적 또는 무의식적 가정사항들을 말한다. 이러한 편향 또는 오류에는 대표적으로 다음과 같은 것이 있으며, 견적시에는 이러한 사항을 고려해야 한다.

- **샘플링 편향**(sampling bias) – 참조 프로젝트를 선택함으로 인해 평가 중인 프로젝트의 특정 조건을 무시할 수 있다.
- **생존 편향**(survival bias) – 가용한 정보를 바탕으로 판단하게 될 때 보통 성공적으로 완료된 프로젝트만 반영할 수 있다.
- **낙관주의 편향**(optimism bias) – 가정사항 등을 고려할 때 의도적으로 또는 무의식적으로 성공사례에 대한 유리한 조건을 반영할 수 있다.

이러한 편향은 알려지지 않은 불확실성으로, 편향과 오류는 체계적인 검토(벤치마킹과 비교), 가정사항의 철저한 문서화와 전문가 의견 및 계산결과에 대한 상호참소를 통해 수정되어야 한다. 여기서 언급한 편향 이외에도 다른 많은 편향과 오류가 있다. 미국 워싱턴주 교통부 WSDOT(2022)의 비용리스크 견적 및 관리 용어집 "Cost Risk Estimating & Management Glossary"에 프로젝트의 리스크기반 견적과 리스크관리에서 고려해야 할 편향의 종류가 나와 있으니 참고할 수 있다.

3.6.2 불확실성의 종류

프로젝트의 초기단계인 계획, 타당성조사 및 기본설계 단계에서는 잘 알 수 없는 불확실성으로 인하여 비용추정치 내에 포함할 특정비용을 정확히 찾아내는 것이 쉽지 않다. 다른 사람의 경험과 입력값을 통해 일부 수치는 실제로 더 낮아지거나 더 높아질 수 있음을 인지해야 한다. 이러한 변동성 때문에 설계의 완성도가 비용 변동성을 축소(또는 제거)할 수 있을 때까지 가능한 한 비용을 범위 추정치로 나타내는 것이 현명하다.

사례 3.3 리스크의 종류와 동물의 비교 사례(출처: Dr. Saraf)[24]

- **Known–Unknowns(회색코뿔소)** : 발생가능성이 높고 피해도 크다는 사실은 다 알고 있지만 간과되고 있는 리스크
- **Known–Knowns(방안의 코끼리)** : 분명히 리스크인 줄 다 알지만 이 문제를 공론화하거나 적극적으로 해결하려고 하지 않음.
- **Unknown–Unknowns(블랙스완)** : 확률이 낮아 발생하지 않는 것으로 간주되는 리스크. 한 네덜란드 탐험가가 호주에서 블랙스완을 발견함. 리스크를 표현할 때 블랙스완은 예측이 잘 안되는 발생가능성이 굉장히 드문 사건을 일컬음. 그러나 그 발생가능성은 존재하며 일단 발생하면 그 임팩트가 엄청나게 큰 리스크.
- **Unknown–Knowns(해파리)** : 일반적으로 잘 알려져 있지 않지만 의도치 않게 발생하는 리스크로 2013년 스웨덴에서 해파리들이 원자로의 경수로 입구를 막아서 원전을 폐쇄해야 했던 사건이 있었음. 기후변화로 인한 고온현상이 해파리 생육조건을 촉진시켜서 해파리 개체 수가 급격하게 증가하여 발생한 것으로 추정.

---

24) Risk Safari | Risk and Safety Blog (risk–safety.com)

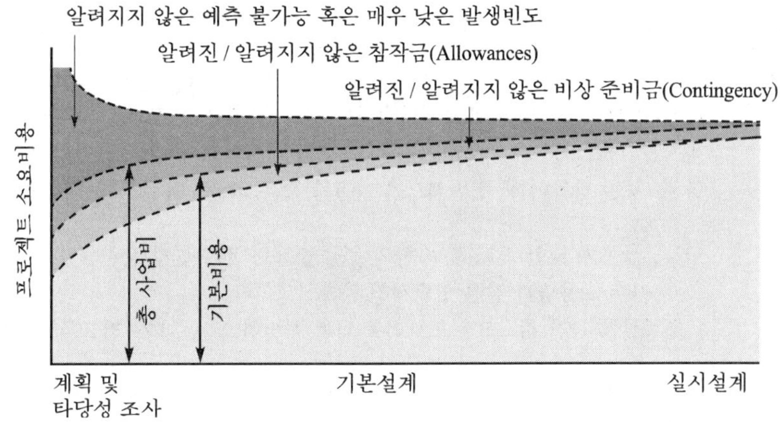

〈그림 3.2〉 프로젝트 정보의 진화과정과 프로젝트 비용

현 시점에서 추정하는 프로젝트의 수행 직전 최종단계까지의 견적금액은 여러 과업단계에서 **잘 파악한**(known) 정보와 **잘 파악되지 않은**(unknown) 정보를 모두 고려하여 산출되어야 한다. 아래 사례는 과업 초기단계에서 준공에 이르기까지의 비용견적 프로세스에 존재하는 정보의 유형에 대해 텍사스주 교통부(TxDOT)의 사례를 인용한 것이다. 프로젝트 개발이 구체화되고 실제 사업이 진행됨에 따라 **"알려진 것**(knowns)"과 **"알려지지 않은 것**(unknowns)"의 비율이 변화되어 프로젝트가 거의 종료되고 인도될 시기에 이르러서는 〈그림 3.2〉와 같이 알 수 없는 세부사항(단가변동 제외)이 거의 없고 해결되지 않은 리스크가 없는 상태가 된다.

사례 3.4 텍사스주 교통부의 불확실성 유형에 따른 비용 반영방법에 대한 사례

정보유형	원칙
Known/ Knowns	견적자는 프로젝트 범위나 도면에 표시된 사항을 고려하여 견적금액을 준비하고 적절한 견적기법을 적용하여 기본견적비용을 결정해야 한다. 파악된 일부 작업항목의 경우 설계가 완성될 때까지 입찰항목 및 수량에 대한 정확한 비용을 분석하는 것이 불가능할 수 있다. 그러나 이러한 알려진 항목은 기본견적에서는 세부정보로 설계가 진행될 때까지 잠시 임시수치로 자리를 잡아 놓는 **미확정참작금**(allowances)을 통하여 처리할 수 있다. 예를 들어, **"배수시설"**에 대한 견적비용에 참작금을 두는 것은 그것이 필요하다고 알려져 있지만 배수시스템에 대한 설계가 아직 구체화되지 않았기 때문에 미리 자리를 잡아 놓는 것이다.

정보유형	원칙
Known/ Unknowns	Known/Unknowns는 프로젝트에 일반적으로 필요한 것으로 알려져 있기는 하지만 개발 초기단계에서 계획이 아직 구체화되지 않았으며 따라서 정량화 할 수 없는 항목이다. 일반적으로 다음과 같은 2가지 범주가 포함된다. • 입찰항목에 대한 단가 및 수량의 변동성 또는 배수설계가 완성되지 않은 경우 배수 허용량과 같은 일반적인 불확실성이다. • 불확실한 사건 리스크 - 프로젝트 팀이 식별하고 정량화하려고 시도한다. 위 첫번째 카테고리는 미확정참작금으로 반영하고, 두번째 유형은 비상준비금으로 반영한다. 리스크관리 실행 및 분석 툴이 이러한 비용을 설명하기 위한 적절한 비상준비금을 계산하는데 사용될 수 있다. 참고: 견적금액 내에서 Known-Unknowns를 식별하고 이를 고려할 때 리스크 및 관련 비상준비금이 이중으로 계산되지 않도록 신경을 써야한다. 예를 들어, 리스크가 포장설계에 영향을 줄 수 있는 지질정보의 부족과 관련된 경우 입찰항목 수량의 변동성으로 고려할 수도 있지만 개별적인 리스크로 처리할 수도 있다. 어느 쪽으로도 사용할 수 있으나 리스크로 고려할 때 해당 항목에 할당된 비상준비금은 본질적으로 이중으로 계상되게 하면 안 된다.
Unknown/ Unknowns	이것은 전혀 알려지지도 않고 사실 예측이 거의 불가능한데 실제로 발생하면 프로젝트의 비용을 증가시키는 것이다. 프로젝트 견적금액을 비현실적으로 높게 만들기 때문에 견적자가 일반적으로 다루고 설명하지는 않는 비용이다.

3.6.3 불확실성의 표현

프로젝트가 완성되어 감에 따라서 불확실성이 감소하고 변동성의 범위가 축소된다(5단계 참조). 프로젝트가 추진되는 중요한 단계별 스크린 과정에서 불확실성의 범위를 줄이기 위해 기초정보를 지속적으로 검토하고 수정해 나가야 한다. 기본비용 견적이 완료되면 민감도분석을 수행하여 다음과 같이 각 값 주변의 경계조건을 설정해야 한다(IPA 2021).

- **합리적으로 비관적임** – 비율, 효율성 또는 수량에 대한 비관적인 가정을 고려하여 예상보다 높은 수치가 발생할 수 있다는 견적 입장
- **가장 가능성이 큼** – 가장 잘 알려진 데이터와 설계, 수행 및 비용견적팀의 판단(일

반적으로 기본비용 견적금액)을 기반으로 한 견적 입장

- **합리적으로 낙관적임** – 효율성이 보다 높기 때문에 가장 가능성이 큰 비용보다 낮다는 가정에 기반한 견적 입장

이러한 각각의 결과물은 입력데이터의 가용성, 가변성 및 완성도에 따라 달라진다. 하위 비용항목에서 집계되어 프로젝트에 대한 전체 견적을 구성할 때(하향식 계산에서) 합리적으로 낮은, 중간 및 높은 점이 조정된다. 실제 증거를 보면 프로젝트는 가장 가능성이 큰 값보다 높을 가능성이 더 크다. 일반적으로 세 점은 높은 값 쪽으로 치우쳐 있다.

비용견적팀은 확률분포를 반영하여 각 항목에 대한 기대비용을 조정해야 한다. 확률분포를 고려하여 조정한 후 작성한 각 항목에 대한 **최종예상비용**(AFC)은 가장 가능성이 큰 값과는 다른 값이 된다(일반적으로 더 높음).

비용견적 전문가가 불확실성의 범위를 설정할 때, 수량이나 입찰가격에 영향을 미칠 수 있는 기타 요소를 고려해야 한다. 설계수준, 수행방법, 특수품목, 프로젝트 위치 및 접근성, 프로젝트 지형, 계약자의 운영에 내한 기존 교통이 영향, 자재 및 용수의 공급처 및 가용성, 일반초과근무 또는 이중교대근무보다 더 많은 시간이 필요할 수 있는 시간 제한 및 작업을 수행할 연도의 계절 등을 고려한다.

프로젝트 견적자가 설정한 불확실성 범위는 리스크 모델링 이전에 프로젝트 팀과 해당 분야 담당자가 검토하고 검증해야 한다. 추가정보는 본 지침의 ***4.2.1 기본비용 견적을 위한 주요 고려요소***를 참조할 수 있다.

수량 및 **미확정참작금**(allowances)과 관련된 불확실성은 일반적으로 설계 및 견적이 진행됨에 따라 감소한다. **가격 불확실성**은 일반적으로 비용항목을 보다 자세히 분석하거나 추가정보를 얻지 않는 한 감소하지 않는다. 시공자가 수행할 건설비용과 관련된 기본비용 불확실성은 계약이 체결되고 고정가격이 설정되면 '0' 으로 감소한다. 계약에 포함된 작업요소와 관련된 나머지 불확실성은 리스크로 다루어야 한다.

사례 3.5 단가 및 수량 불확실성에 따른 비용 불확실성 정의

불확실성은 기준보다 낮거나 높은 백분율(수량 또는 단가)로 표현하거나 절대적 단가나 수량으로 나타낼 수 있다.

단가 불확실성 범위의 예

항목 및 설명	단위	단가 ($)					
			미만	기준	초과	
섹센 2 : 정지작업						
도로굴착(운반포함)	C.Y	$15.75	-10%	$18	5%	$18.38
기초굴착(운반포함)	C.Y	$18.41	-5%	$19	25%	$24.22
자갈반입(운반포함)	C.Y	$19.55	-15%	$23	5%	$24.15
제체다짐	C.Y	$1.90	-5%	$2	5%	$2.10

항목의 단가를 견적할 때 유사한 특성을 가진 다른 프로젝트를 검토한다. 이러한 프로젝트 이력은 현재 프로젝트 견적단가를 정하는데 도움이 된다. 과거 데이터베이스를 통해 단가를 검토할 때 항목에 대한 비용범위가 식별된다. 이 가격 실적데이터는 견적자의 전문적인 판단을 통하여 낮은 비용 및 높은 비용과 함께 항목의 기본단가를 정하는데 사용할 수 있다.

예를 들면, 프로젝트 A의 도로 굴착단가는 $15/CY이고 프로젝트 B의 단가는 $19/CY이다. 우리 프로젝트의 총 물량의 규모는 프로젝트 B와 유사한데 프로젝트 A는 보다 최근의 계약조건이다. 따라서 이 견적은 $18/CY를 기준단가로 선택할 수 있다. 재료의 양을 계산하는 기본단가 중 불확실성을 고려한 낮은 값은 $16/CY(약 -10%)와 높은 값은 $18.5(약 +5%)로 적용한다.

수량 불확실성 범위의 예

항목 및 설명	수량 (CY)				
		미만	기준	초과	
섹센 2 : 정지작업					
도로굴착(운반포함)	61,213	-5%	64,435	5%	67,657
기초굴착(운반포함)	12,246	-5%	12,890	5%	13,535
자갈반입(운반포함)	62,947	-5%	66,260	5%	69,573
제체다짐	56,821	-5%	59,812	5%	62,803

프로젝트 설계가 진행되면 보다 많은 정보를 얻게 되지만, 계획단계의 경우 특정항목에 필요한 수량의 대략적인 값만 알 수 있다. 최종설계 중에 입찰항목에 대한 불확실성의 범위는 필요한 금액에 대한 명확한 그림을 얻을수록 좁아진다.

총 비용 불확실성 범위의 예

항목 및 설명	총 비용 ($)		
	미만	기준	초과
섹센 2 : 정지작업	-16.3%		12.0%
도로굴착(운반포함)	$964,108.69	$1,127,613	$1,243,192.78
기초굴착(운반포함)	$225,393.73	$249,744	$327,788.67
자갈반입(운반포함)	$1,230,613.85	$1,523,980	$1,680,187.95
제체다짐	$107,960.66	$119,624	$131,885.46
정지작업 소계	**$2,528,077**	**$3,020,960**	**$3,383,055**

가격 및 수량 불확실성은 범위 매개변수와 개별라인 항목 간의 상관관계(즉, 원자재가격 책정 등과 같은 공통 기본요소로 인한 간접적 관계)를 설정하는데 사용되는 가정사항을 고려하여 기본비용 견적금액을 위한 전체 불확실성 범위를 생성하기 위해 수학적으로 결합될 수 있다.

총 비용 불확실성 코멘트의 예

항목 및 설녕	단위	코멘트
섹센 2 : 정지작업		
도로굴착(운반포함)	C.Y	수량이 많을수록 단가가 양호할 것임
기초굴착(운반포함)	C.Y	기초굴착은 도로굴착보다 25-50% 비쌈
자갈반입(운반포함)	C.Y	운반조건에 따라 단가는 낮아질 수 있음
제체다짐	C.Y	

3.7 | 6단계: 위협리스크 및 기회리스크 계상

리스크를 비용으로 계상하는 활동은 프로젝트 리스크관리 계획에 반드시 필요하고 프로젝트 비용견적의 필수과정이며, 본 가이드라인을 작성한 이유이기도 하다. 따라서, 본 가이드라인을 활용함에 있어 이러한 리스크를 고려하지 않는다면 가이드라인 활용의 의미가 없다.

리스크관리는 프로젝트 목표에 대한 긍정적인 리스크 사건, 즉 기회의 확률과 그 임팩트를 극대화하고 부정적인 리스크 사건 즉, 위협의 확률과 임팩트를 최소화하는 능동적이고 지속적인 프로세스이기도 하다.

비용견적의 관점에서 총 프로젝트 비용에는 프로젝트 리스크가 비용에 미치는 영향(기회 또는 위협)을 반드시 포함하여야 한다. 사실 프로젝트 규모와는 상관없이 이러한 요소를 고려해야 하지만, 국가나 공공기관에서는 프로젝트 추진상의 효율성을 고려하여 각 기관에 적합한 프로젝트 규모를 프로젝트 총 사업비를 기준으로 정해서 특정기준을 초과하는 프로젝트에 대해서는 반드시 리스크 비용을 산출하여 반영하도록 명확히 요구하여야 한다. 비공식적으로도 리스크를 고려한 비용견적서를 산출해야 한다. 이러한 기준에 대하여 본 가이드라인 **제1편**과 **제2편**에서는 워싱턴주 교통부에서 채택하고 있는 기준을 권고한 바 있다.

공식적/비공식적 리스크평가 기술인 CRA와 CEVP는 가치있고 유용한 도구이며 모든 견적에 적용되어야 한다.

3.7.1 리스크비용 계상에 대한 원리

현재 기계가 많은 일을 대체하고 있지만 아직 미래 예측부분에 대해서는 인간의 개입이 필요한 것 같다. 리스크분석 모델은 기계에 의한 시뮬레이션 도구를 활용하지만 사실상 주관적 추정치가 입력되어 작동된다.

모델 내 모든 변수의 불확실성을 결정하기 위한 데이터는 사실 다음과 같은 경우가 많아 매우 어렵다.

- 데이터가 과거에 수집된 적이 없다.

- 데이터를 얻기에 너무 비싸다.
- 과거 데이터는 미래와 더 이상 관련성이 없다.
- 데이터 자체가 희소하다.

리스크는 외부 위협을 반영하도록 모델링해야 하는 비용견적의 필수 구성요소이며 확률을 기반으로 프로젝트 성과에 대한 전망을 제공하는 본 지침의 핵심 요소라고 할 수 있다.

데이터를(데이터 필요량만큼) 확보할 수 없거나 부족할 경우 모델 내 변수들의 불확실성을 고려하기 위해서 주관적인 추정이 이루어져야 한다. 모델에 리스크 이벤트가 존재하는 경우 각 이벤트가 발생할 확률을 평가해야 한다. 이러한 확률평가를 위해 적용하는 확률분포모델은 확률분포를 정의하는 사람들이 그 분포에 대한 가치를 부여하고 있다는 의미이다. 그것은 공학적 측정이나 과학적 관찰에서 파생된 데이터가 아니다. 단지 하나의 의견일 뿐이다. 전 세계적으로 리스크기반 견적(RBE)을 위한 확률분포를 정의할 때 보통 삼각형 또는 퍼트분포를 활용하는데 모수로서 발생 가능한 최소값, 발생 가능한 최빈값, 발생 가능한 최대값의 3점 추정치를 쉽게 적용할 수 있기 때문이다.

범위의 하한과 상한을 정확히 정의하기 어려워 최소값과 최대값을 장담하기 어렵기 때문에 상위 및 하위 백분위수(보통 P10 및 P90)가 분포의 산포를 설명하는데 자주 사용된다. 분포의 상한과 하한을 지정하기 위해 최소값과 최대값을 사용할 때의 문제는 절대 극단값이 매우 드물게 발생하는 상황을 나타내기 때문에 고려하기가 매우 어렵다는 것이다. 최소값과 최대값의 평가는 리스크워크숍을 도우는 촉진자(facilitator)의 영향을 상당히 쉽게 받을 수 있다. (Australian Government 2018).

리스크관리 계획 수립시부터 리스크의 모니터링까지 리스크관리의 전 과정을 통해 리스크가 식별되고 평가된다. 이러한 과정에 대한 설명은 **가이드라인의 제1편 일반지침**에 수록되어 있다. 그리고 이러한 리스크의 실무 접근을 위한 워크숍기반의 리스크분석 및 관리는 **제2편 워크숍지침**에 수록되어 있다. 이러한 지침을 활용하여 리스크 평가를 수행하여야 올바른 리스크를 식별이 가능하다.

프로젝트관리자는 리스크 이벤트가 실제로 발생할 경우 그 리스크가 프로젝트 목표에 미치는 영향을 아예 회피하거나 줄이기 위하여 리스크를 관리하는 조치를 취해야 한다. 리스크완화 후 비용발생 확률과 아직 남아있는 **잔류리스크**의 영향 및 완화활동 비용 등을 포함하여 리스크 비용을 정량화 하여야 한다. 높은 확률의 리스크는 구체화되어야 하고 프로젝트에 이익이 되는 기회 이벤트에 대한 확률은 높이거나 그 영향을 높일 수 있도록 고려해야 한다.

사례 3.6 영국 IPA(2021)의 P값 해석과 이해 사례

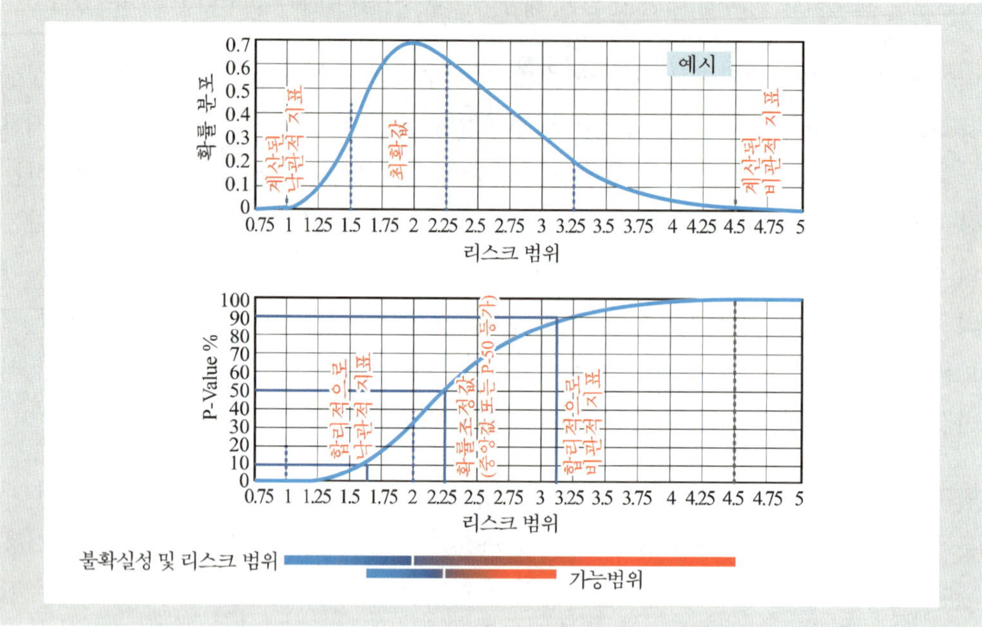

3.7.2 고려할 리스크의 일반적 유형

여러 기관과 여러 문헌에서 제시하는 리스크 처리에 대한 다양한 분류가 존재하지만 IPA(2021)에서는 다음과 같은 리스크 유형의 큰 틀을 제시하고 있다. 각 조직은 이러한 틀에서 나름대로의 리스크의 유형을 정리할 것을 권고한다.

- **알려진 리스크** – 리스크가 알려지게 되면 프로젝트 리스크 등록부에 등재된다. 영향은 이미 알려져 있고 따라서 정량화할 수 있다. 이러한 리스크는 프로젝트 완성도가 증가함에 따라 구체화되고 상세화된다. 영향과 확률에 대한 가정사항을 문서화하고 민감도에 대하여 테스트해야 한다. 리스크 간의 상관관계(어떤 하나의 리스크를 구체화에 따른 리스크가 발생하는 연동되는 확률)는 분석하기 쉽지 않지만 확률적 방법에 영향을 미치므로 신중을 기해야 한다.

- **전략적 리스크** - 프로젝트에 영향을 미치는 비즈니스 결정에 의해 영향을 받는 리스크(예: 프로젝트 개발단계에서 영향을 미치는 정책 변경)
- **범위 리스크** - 프로젝트 범위와 관련된 불확실한 이벤트 또는 조건을 반영하는 리스크
- **일정 리스크** - 프로젝트 일정에 대한 중대한 변경의 결과로 발생하는 리스크. 잘못 정의된 일정은 비용추정에 상당한 영향을 미치는 비용 인과관계로 간주되어야 한다(아래 [사례 3.7] 참조). 프로젝트가 지연되면 비용에 불균형적인 영향을 미치게 되므로 비용 검토에서 낙관적인 일정에 기초하였음을 가정사항에 명기하여야 한다. 일정 리스크분석에 대하여는 본 지침 제5장에 별도로 기술하였다.

사례 3.7 영국 IPA(2021)의 비용과 일정의 일반적 관계 곡선 사례

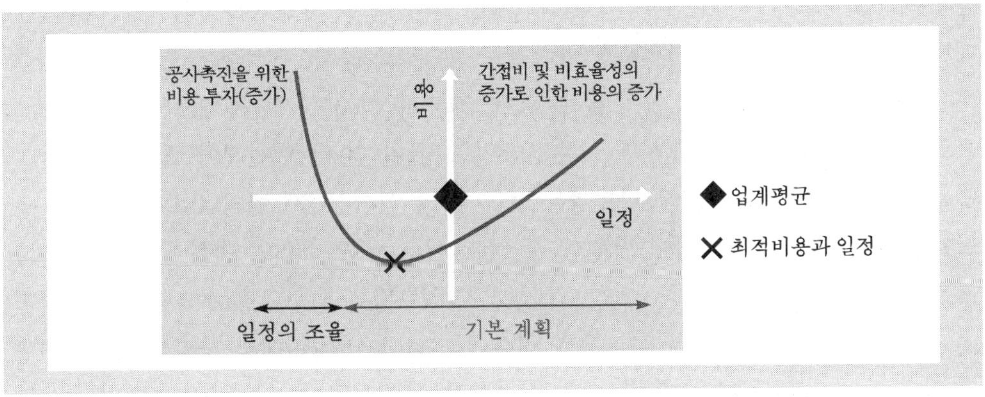

- **인간의 행동 리스크** - 작업을 파악하고 이해하는 데 있어 인간의 심리와 이러한 행동을 유발하는 문화의 결과로 발생하는 리스크. 리스크관리 접근방식은 비용추정치를 조정해야 하므로 리스크 정량화를 통해 프로젝트 실행과 일치시켜 나가야 한다.

3.7.3 고려해야 할 리스크의 다른 측면

유사한 방법과 툴로 분석할 수 있지만 두 가지 유형의 확률기반 요인을 별도로 처리해야 한다. 이러한 2가지 범주는 비용추정치를 왜곡할 수 있으므로 전체 비용추정치에 별도로 설명하고 보고해야 한다.

- **기회 리스크** - 발생할 것으로 기대한 일부 기대비용이 아예 발생하지 않거나 프로젝트 기대비용의 일부로서 발생하는 리스크

- **중대/심각 리스크(Material/Critical Risks)** – 실현될 경우 프로젝트의 연속성을 손상시키는 것으로서 프로젝트에 중대한 영향을 미치는 리스크. 이러한 리스크는 문서화하고 별도로 처리해야 하며, 정기적으로 프로젝트 리더에게 보고하고 별도로 설명해야 한다(비상준비금 자금을 할당해도 프로젝트를 재평가할 필요성이 없기 때문에). 이러한 리스크를 해결하는 다른 용어는 "**폭발 리스크(blowout risks)**", "**쇼 스토퍼 리스크(show-stopper risks)**" 또는 "**블랙스완 리스크**"로 표현되고 있다. (IPA 2021)

3.7.4 비용견적 작업에서 개별리스크의 처리방법

본질적으로 리스크는 발생할 가능성이 있으며 발생하는 경우 긍정적 또는 부정적인 방식으로 프로젝트에 영향을 미치게 된다. 예를 들어, 도로 재포장사업의 초기 계획단계에서 초기 추정에는 해당 연성포장(아스팔트 콘크리트 포장) 설계에 대한 적절한 항목, 수량 및 비용이 포함된다고 가정할 수 있다. 그러나 최종 설계단계에서의 추가검토 등으로 인하여 향후 강성포장(시멘트 콘크리트 포장)이 더 나은 선택이 될 수 있지만 이것을 지금 확인하기에는 너무 이르다는 것을 알 수 있다. 이제 엔지니어와 견적자는 추정치 내에서 포장 설계변경이 발생할 수 있고 이로 인한 비용의 변화가 있을 수 있는 프로젝트 리스크가 존재한다. 그리고 대부분 강성포장이 연성포장보다 공사비가 더 많이 들기 때문에 이 리스크는 프로젝트 비용에 위협이 된다(반대의 상황이 사실이라면, 즉 처음에는 강성포장이 가정되었지만 최종설계에서 연성포장을 요구할 가능성이 있는 경우 이 불확실성은 비용 절감의 기회 리스크가 될 것이다).

위협으로서의 리스크 또는 기회로서의 리스크 두 상황은 모든 측면에서 추정치 내에서 이러한 상황을 포착할 필요가 있다. 그렇지 않으면 리스크가 실제로 발생할 경우 최종 프로젝트 비용이 상당히 흔들리게 된다. 프로젝트 비상준비금은 리스크와 관련된 비용 영향을 파악하는데 사용된다.

리스크 요인과 관련된 양적변동을 평가할 때 해결해야 할 편향이 하나 남아있다. 바로 **고정 편향**이다. 평가가 기본추정 비용 근처에 고정될 가능성을 줄이려면 아래 표에 나와 있는 단계에 따라 평가를 진행하는 것이 좋다. 이러한 단계의 순서를 엄격하게 준수하는 것이 중요하다. 고정효과를 깨기 위해서는 최악의 경우와 최선의 경우 평가가 프로세스의 중요한 부분이지만 모델에서는 사용되지 않는다는 점을 유의하고 참가자에게 분명히 하는 것이 중요하다. 극단적이기도 하지만 가능한 수치여야 하므로 그들은 참가자들이 모델에 사용된 값, P10(10% 백분위수), **가장 가능성 있는 값** 및 P90(90% 백분위수) **값**에 대한 현실적인 수준의 변동을 생각할 수 있도록 한다.

사례 3.8 정부 (Austalian Government 2018)의 정량적 평가를 위한 데이터 확보 방법

단계	지침
최악의 경우	프로젝트에 운이 따르지 않고 통제가 효과적으로 작동하지 않는 경우 현재 상황에서 설명할 수 있는 최악의 변화를 고려한다. 이것은 누구도 예상하지 못하지만 원칙적으로 설명할 수 있는 결과에 대한 평가이어야 하며, 너무 극단적이어서 더 나쁜 것은 상상할 수 없을 정도의 수준이어야 한다. 이 값을 상상하는 것이 불편하게 느껴져야 한다.
최상의 경우	상상할 수 있는 절대적으로 최상의 경우를 생각한다. 이것은 기술적으로 실현 가능하지만 극도로 낙관적인 결과를 나타낸다. 원칙적으로 일어날 수 있다는 의미에서 비현실적이지 않지만 실제로 일어날 것이라고 아무도 예상하지 못할 정도로 아주 낙관적인 값이다.
비관적	최악의 경우와 최선의 경우를 가지고 팀의 생각을 시작한다. 이 결과에 대한 현실적으로 비관적인 견해를 요청한다. 최악의 경우이긴 하지만, 발생할 수 있고 일부 참가자의 경험 내에서 발생할 수 있다. 그런 일이 일어난다면 실망할 것이지만 그것이 완전히 이상하다고 여기지는 않을 것이다. 이것은 10%의 확률에 해당할 수 있으며, 유사한 프로젝트 10개 중 1개가 이런 상황에 직면할 수 있는 수준이다. 즉, 90% 수준의 확신으로 프로젝트 또는 작업 패키지 관리자에게 리스크를 감수했다는 느낌을 주는 수준이다.
낙관적	비관적 평가와 같은 방식으로 매우 만족스러운 낙관적인 결과에 대하여 팀에 질문한다. 이것은 행운과 좋은 관리의 조합이 작동한다면 발생할 수 있지만 믿을 수 없을 정도는 아니다. 이는 유사한 프로젝트 10개 중 1개 정도에서 매우 좋은 결과로 나타나는 경우이다.
최확	견적추정치에서 가장 가능성 있는 변동수준에 대한 예측값은 간혹 '0'이지만 그렇지 않을 수도 있는 상황이 있다. 추정치가 엄격하게 희박하거나 고의적으로 보수적인 정책에 따라 작성된 경우 가장 가능성이 높은 결과가 기본추정치와 같지 않을 것으로 예상될 수 있다. '0'이 아닌 가장 가능성 있는 변동성이 나중에 추정치에 흡수되는지 여부는 관련 정책의 문제이지만, 그렇다면 비관적 및 낙관적 변동을 검토해야 한다.

사례 3.9 호주정부 (Austalian Government 2018) 데이터 테이블 양식 사례

Date	Participants
Assumptions Information a third party would need to understand the rest of the assessment	
Status of work to date What underpins the estimate and assessment below?	
Sources of uncertainty What underpins the assessment below?	
Pessimistic scenario description Summary of conditions that would be seen if things went poorly	
Optimistic scenario description Summary of conditions that would be seen if things went well	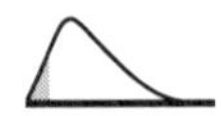
Likely scenario description Summary of conditions actually anticipated	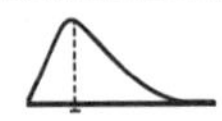
Range estimate	

Scenario	Forecast	Notes
Worst		*As bad as it can get wothout the job being cancelled*
Best		*Best anyone could conceive of – textbook case*
Pessimistic(1/10)		*These three are used in the model. the two above are part of the elicitation process*
Optimistic(1/10)		
Likely		

워크숍이 진행되는 동안 팀의 의견이 기록된 후, 리스크의 정량화 작업은 워크샵이 끝날 때 대부분 문서화된다. 일반적으로 워크숍 기간동안 평가당 평균 약 10분에서 15분이 소요된다. 처음 몇 번의 평가는 일반적으로 더 오래 걸리며 프로세스에 익숙한 팀은 새로운 팀보다 더 신속하게 진행된다. 이러한 데이터 테이블은 프로젝트와 관련된 불확실성을 쉽게 전달할 수 있는 형식으로 요약되어야 하고, 향후 검토 및 업데이트를 위한 귀중한 기반을 형성한다.

3.7.5 리스크 산정결과의 프로젝트 비상준비금 전환방법

정해진 비용과 일정 내에서 프로젝트를 수행하기 위해 모든 노력을 기울여야 한다. 프로젝트관리자 및 프로젝트와 관련한 여러 팀들은 프로젝트 시작부터 리스크준비금을 사용할 계획을 세우면 안 된다. 위협을 피하거나 완화하고 기회를 활용해야 한다. 리스크를 피할 수 없다면 팀은 발생 가능성을 최소화하거나 위협의 영향을 줄이기 위한 노력을 해야 한다. 앞선 **제1편 일반지침**과 **제2편 워크숍지침**에 의거한 철저한 리스크관리가 필요하다.

프로젝트 개발 프로세스 초기에 기본비용 견적서가 완성되고 리스크 평가가 수행되어 프로젝트관리자에게 프로젝트 수행 성과를 측정하는데 사용할 기반을 제공한다. 이러한 리스크기반 비용 견적금액은 지출년도로 확대된 다음 초기 프로젝트 예산을 설정하는데 사용된다.

다양한 리스크 유형 및 관련 완화대책에 대한 평가를 통해 리스크를 고려한 **최종예상비용**(AFC)을 산정하기 위해 포함될 전체 프로젝트 비상준비금 정보를 알려야 한다(**[사례 3.10]** 참조).

다양한 리스크 유형과 관련 완화대책 및 완화 후 비용에 대한 평가를 위하여 전체적인 리스크관리 비용을 프로젝트에 정확하게 반영해줘야 한다. 프로젝트에서는 현실화되는 리스크의 영향을 치리하기 위한 예비자금을 확보해야 한다. 이 예비자금은 리스크의 영향에 비례해야 하고 리스크가 현실화될 확률에 따라 조정되어야 한다. 따라서, 프로젝트 **비상준비금**이 확률값으로 추정된 비용이다. 프로젝트 팀은 리스크에 직면할 때 지불해야 할 낙관적, 중앙값 및 비관적 비용을 평가해야 한다. 리스크의 중앙값(또는 이에 상응하는 P50)은 프로젝트의 **최종예상비용**(AFC)에 할당되어야 한다.

프로젝트에서 구체화되는 리스크를 해결하기 위해 비상준비금을 이용해야 한다. 프로젝트가 보다 구체화되고 범위와 리스크가 점차 식별됨에 따라 비상준비금의 규모와 할당액이 수정되어야 한다. 동일한 프로젝트 비용 범위 내에서 유지하고 있다면, 프로젝트는 비상준비금을 재할당하거나 용도를 변경해서는 안된다.

비상준비금으로 할당된 금액은 프로젝트관리 책임자가 주도적으로 관리할 수 있는 반면, 프로젝트 및 포트폴리오 전반에 걸쳐 "**할당되지 않은 비상준비금**"는 상위 예산관리 조직에서 보유할 수 있다. 프로젝트 팀, 조달기관, 부서 및 궁극적으로 상위 예산관리 조직에서 리스크를 처리할 수 있는 능력에 비례하여 비상준비금 할당금액의 일부를 보유해야 한다.

사례 3.10 영국IPA의 프로젝트 견적비용 구성항목에 대한 개념적 표현에 대한 사례

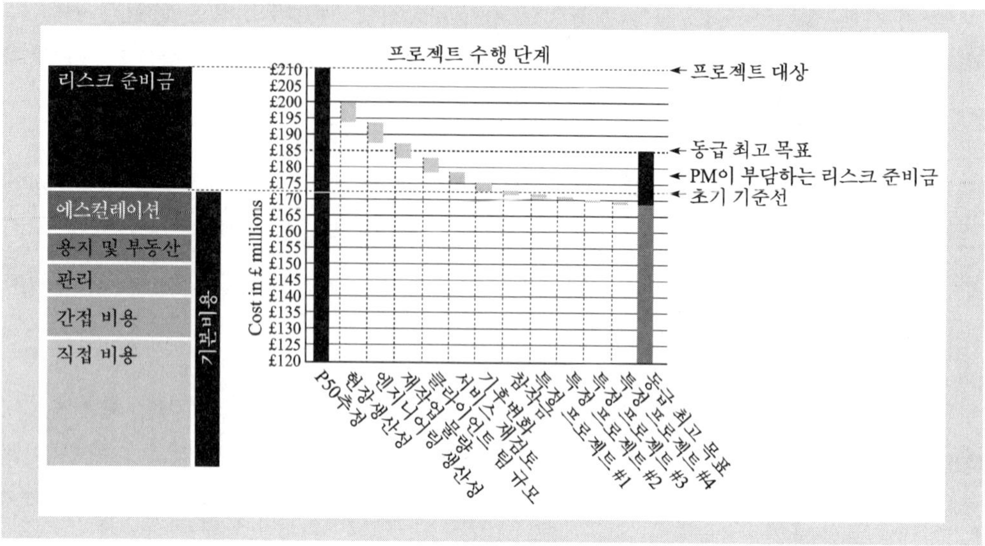

비상준비금을 비용견적에 반영하는 가장 일반적인 방법은 구성요소 비용 전체를 합산한 다음 비용 및 수량의 불확실성에 대하여 개략적으로 전체 **비상준비금**을 일정 % 정도 반영하여 구하는 **결정론적 방식**을 주로 사용하고 있다. 이 방법도 미국, 호주, 영국 등 리스크기반 견적법(RBE)이 통용되는 국가에서 채택하고 있으나 사실상 우리나라는 명시적으로 고려하도록 하는 기준이 없다.

적용되는 비상준비금 비율에는 가정사항이 얼마나 많은가에 따라 달라진다. 잘못된 수량이나 단가, 알 수 없는 조건, 예상치 못한 요구사항 및 프로젝트 리스크 등을 모두 고려하고 있다.

해외에서는 비상준비금을 기관마다 다르게 적용하고 있다. 모든 프로젝트의 기본비용에 미리 정해놓은 비율을 적용하거나, 기관 지침에 따라 특정 비율을 특정 프로젝트 조건에 맞추어 적용하거나, 알 수 없는 조건 또는 알려진 항목에 대한 수량 불확실성을 처리하기 위해 개별 입찰항목에 사전에 정해놓은 할증율을 적용하는 것이 일반적이다. 견적금액은 견적의 불확실성을 보상하는 특정 리스크를 고려하지 않고 작성된다. 아래 [사례 3.11]은 프로젝트 개발단계별 **비상준비금**(contingency reserves) 비율에 대한 일반적인 차등 적용기준을 소개하고 있다 (AASHTO 2009).

사례 3.11 미국 AASHTO(2009)의 프로젝트 단계별 비상준비금 비율 적용 사례

프로젝트 단계	비상준비금 비율
계획 및 검토	25-40%
기본설계	20-35%
실시설계 단계 30% 수준	15-30%
실시설계 단계 60% 수준	10-20%
실시설계 단계 90% 수준	5-10%
실시설계 단계 100% 수준	0-5%

비상준비금은 프로젝트와 관련된 리스크를 처리하기 위해 비용견적에 통합된다. 추정한 리스크가 현실이 될 때 발생할 수 있는 비용 증가로부터 프로젝트를 보호하기 위한 것이다.

몬테카를로 시뮬레이션에 의한 비상준비금의 산정

본 가이드라인 제1편에 언급된 바와 같이, CRA와 CEVP대상이 되는 총 비용 250억원을 초과하는 비교적 큰 규모의 프로젝트는 프로젝트 예산을 설정하는데 있어 정량적 분석과 함께 리스크 비상준비금 접근방식을 사용하여야 한다. 예산에 리스크 준비금을 책정하려면 다음 단계를 거쳐야 한다.

1) 불확실성을 포함하는 기본비용 견적금액을 설정한다.
2) 프로젝트 리스크를 식별하고 정량적 리스크분석을 수행한다.
3) 리스크 비상준비금은 P70(70% 백분위수) 비용에서 기본비용 견적금액을 뺀 값으로 구한다.

참고 리스크 등록부에 기재된 기회 및 위협이 매우 큰 경우 주의해야 한다. 이러한 리스크는 P70 비용을 좌우할 수 있으므로 프로젝트 리스크로 인한 비상준비금을 설정하기 전에 면밀히 검토한다. CRA/CEVP 분석을 통한 리스크 완화 후 업데이트시 비상준비금이 포함해야 할 잔류 리스크를 더 잘 식별해 내야 한다.

4) 프로젝트관리자는 프로젝트관리 책임자와 함께 비상준비금을 검토한다.
5) 프로젝트 예산은 기본비용에 비상준비금을 더한 금액이다.

6) 공식적인 기본비용 견적금액에 대한 검토 및 업데이트된 비용리스크평가 및 분석을 수행하여 주요 프로젝트 전환 지점에서 프로젝트 예산을 업데이트한다.
7) 프로젝트 비용범위는 낮은 견적금액에 대하여 P10(10% 백분위수), 높은 견적금액에 대하여 P90(90% 백분위수)을 찾아서 보고서에 표시한다.

프로젝트가 개발되면서 리스크가 감소함에 따라 비상준비금의 비율도 감소해야 한다. 예를 들어, 프로젝트관리자는 높은 수준의 프로젝트 리스크로 인해 프로젝트 계획단계에서 예산을 설정하기 위해 아래 네바다주교통부의 사례와 같이 15%의 **리스크 할증 계수**를 사용할 수 있다. 프로젝트를 구체화해 나가고 많은 프로젝트 경험을 바탕으로 관련된 많은 리스크를 이미 처리 또는 해결해 왔다면 15%가 아니라 5% 요소를 사용하기로 결정할 수 있다. 그러나 이 값은 근사치일 뿐이며 프로젝트에 적절한 비상준비금을 설정하기 위해 정량적 리스크평가를 수행하여 검증하는 것이 필요하다.

최소한의 잠재적 입찰자가 있는 등의 시장 조건에 따라 1~5%의 비상준비금을 추가하는 것이 필요할지 검토해야 한다. 채택된 비상준비금 수준이 설계의 어느 단계이든 간에 상당히 높은 수준의 리스크가 파악된 경우 정량적인 리스크 평가의 필요성을 심각하게 고려해야 한다.

사례 3.12 미국 네바다주 교통부의 정성적 분석을 통한 비상준비금에 대한 지침

소규모 프로젝트와 같이 정량적 리스크분석을 하지 않고 정성적 리스크분석만을 수행하는 경우 네바다주 교통부에서 사용하고 있는 리스크에 대한 비상준비금 기준에 의해 프로젝트 예산을 설정할 수 있다.

1) 불확실성(변동성)을 고려한 기본비용견적금액을 정한다.
2) 프로젝트 리스크를 식별하고 정성적 리스크분석을 수행한다.
3) 프로젝트 및 프로젝트 단계별 리스크를 처리하기 위해 아래 표에서 적절한 비상준비금을 선택한다. 표에는 주관적인 리스크 평가요소가 포함되어 있기 때문에 참고용으로만 사용해야 한다. 프로젝트 세부사항과 프로젝트 팀의 입력값에 대한 개별적인 지식을 바탕으로 판단하여 표를 사용한다.
4) 비상준비금 산정을 위해 사용할 비율을 선택한 후 프로젝트 자금 담당 부서장과 함께 금액을 검토한다. 도로공사 프로젝트의 경우 도로설계 책임자, 교량복구 프로젝트의 경우 구조사업부 책임자 등과도 함께 금액을 검토한다.

5) 프로젝트 예산은 기본비용에 적절한 비상준비금을 더한 금액이 된다(기본비용 + (기본비용 * 비율)).

6) 주요 프로젝트 전환 시점(예: 계획에서 환경영향검토 및 최종 상세설계단계) 및 공식적인 기본비용견적 검토가 수행될 때(예: 설계의 60%, 90% 완성단계) 프로젝트 예산을 업데이트한다.

7) 프로젝트 비용 범위는 낮은 견적에 대한 기본비용 및 높은 견적에 대한 기본비용에 비상준비금을 더한 것으로 보고된다(기본비용 +(기본비용 * 비율)).

정성적 리스크에 대한 비상준비금 비율			
리스크 영향	추정단계		
	계획 (컨셉설계)	환경	최종설계 (예비견적)
높음	+15%	+10%	+7%
중간	+10%	+7%	+5%
낮음	+7%	+5%	+3%

3.8 | 7단계: 비용견적보고서 작성

비용항목 세산 완료 후 기본비용 추정팀은 프로젝트 의사결정 지원을 위한 명확하고 일관된 내용을 보고서로 통합하여 제공해야 한다. 비용견적은 단일 숫자가 아니라 다음과 같은 맥락에서 이해해야 하는 대략적인 값이다.

- 작업분류체계(WBS)에 대한 참조를 포함하는 비용추정치를 생성하는데 사용된 합리적 산출근거와 방법론
- 출처 및 완성도를 포함하여 정보의 기반이 되는 증거
- 비용추정의 기반이 되는 가정사항과 및 비용추정 총계에서 누락된 사항의 존재
- 총 비용(일반적인 "**레벨** 0"에서 시작) 및 설계 완성도에 따른 보다 세분화된 분석
- 프로젝트 책임자가 고려해야 할 위협 및 기회요소의 포함(주요 리스크 정보는 한 페이지에 요약)
- 불확실성을 더욱 좁힐 우선순위 영역을 포함한 다음 단계의 우선순위 권장사항
- 비용추정에 대한 검토의 산출근거

3.8.1 최종예상비용(AFC)의 의미

최종예상비용(Anticipated Final Cost)은 프로젝트에서 다양한 비용구성요소를 처리하여 목표결과금액으로 기대하는 값으로서 영국 IPA에서 사용하고 있는 중요한 용어이며, 본 지침에서도 중요 개념용어로 도입하였다. 최종예상비용은 모든 이해관계자가 기대하는 견적금액이라 볼 수 있다. 이는 비용추정 불확실성을 해결하기 위해 조정된 기본비용추정치의 합계에 예상되는 리스크를 해결하기 위한 프로젝트 **비상준비금**(contingency)에 대한 여유를 더한 것이다.

비용추정치는 **"시나리오 중앙값(P50) 등가"** 비용으로 제시해야 한다. 이것은 임계값(threshold)으로 간주할 수 있으나, 실제 비용 결과는 이 임계값보다 상당히 크게 증가하거나 감소할 가능성이 존재한다. 이러한 변동의 원인을 이해하려면 최종예상비용(AFC)의 중대한 변경사항들에 대해 표시하고 조사해야 한다.

이러한 변동의 일반적인 원인은 범위의 변경 또는 계상되지 않은 리스크의 식별 때문이다. 최고책임자는 가치공학의 적용, 비상준비금 할당의 변경 또는 프로젝트를 당초금액 이내로 유지하기 위한 낙관적 **"만회전략"** 등에 주의가 필요하다.

사례 3.13 영국IPA의 최종예상비용(Anticipated Final Cost; AFC)의 산출에 대한 개념적 표현

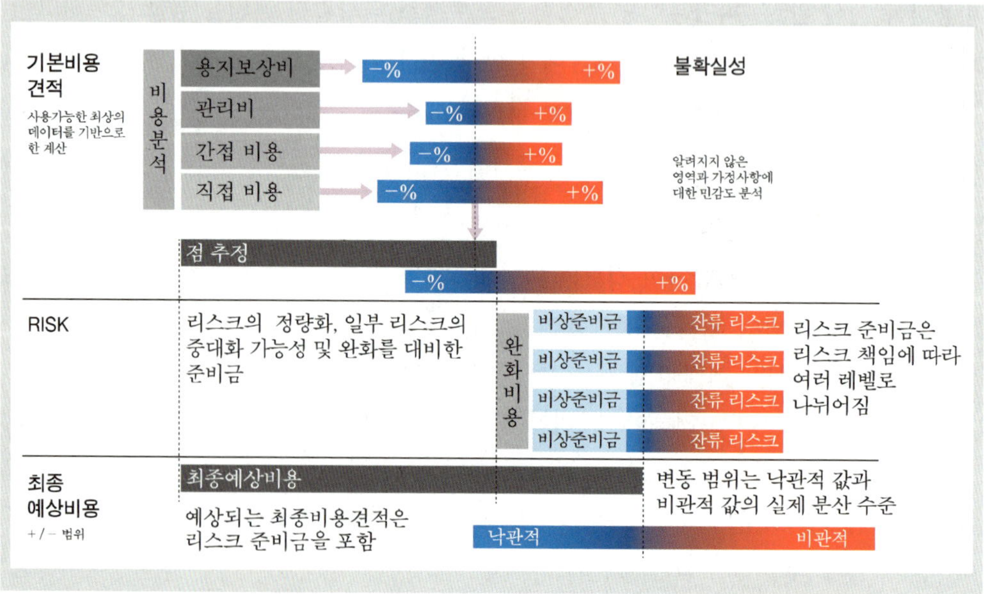

3.8.2 가능한 값의 범위

리스크를 고려한 **최종예상비용**(AFC)은 확률을 기반으로 하기 때문에 프로젝트 결과에 대한 합리적인 범위를 정의하는 예상범위로 비용견적이 계산된다. 비용추정치의 신뢰도 및 그에 따른 범위는 프로젝트 범위, 일정 및 리스크의 파악을 포함하여 입력 데이터의 완성도에 따라 달라진다.

비용추정 신뢰도 범위는 비용, 일정, 위험의 정의 및 입력 데이터의 완성도에 의해 결정된다. 범위는 확률범위가 아닌 AFC의 백분율로 표시된다. AFC에 신뢰범위를 적용한 후 범위가 크게 변경되면 비용 허용범위선에 의존해 일일이 비용상황을 파악하려 하지 말고 비용추정치를 기준선으로 재설정하여 관리하는 것이 필요하다.

사례 3.14 IPA의 프로젝트 단계별 비용추정 범위

대부분의 프로젝트는 허용범위 내에 있어야 한다. 그러나 그러나 어떤 프로젝트는 성숙도가 기대수준이고 모든 요구조건을 충족시킴에도 불구하고 예외적으로 비용추정치가 높은 불확실성을 유지하기도 한다. IPA는 이러한 프로젝트를 개별적으로 예외적으로 평가한다.

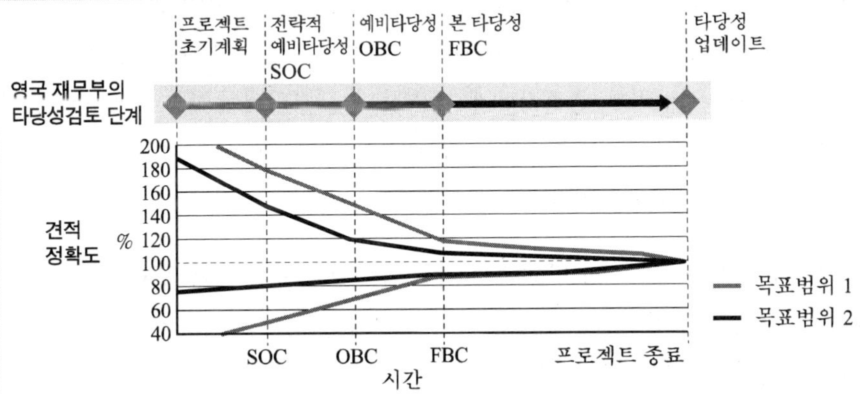

사업추진 단계	SOC (Strategic Outline Case)		OBC (Outline Business Case)		FBC (Full Business Case)	
참조 분류	5		4-3		3-2	
일반적인 프로젝트 성숙도	<5%		30%		>60%	
목표 범위	-20%	+50%	-15%	+30%	-10%	+10%
예외	-50%	+100%	-30%	+50%	-10%	+20%

각 프로젝트 단계에서 비용추정 범위는 목표 임계값을 기준으로 관리되어야 한다. 비용추정치가 예상 범위를 벗어나는 경우 프로젝트 리더는 프로젝트가 게이트를 통과하기에 충분한 완성도를 달성했는지 또는 추가개발 및 정의가 후속단계로 진행하기 위한 필수정보를 담고 있는지 질문해야 한다.

3.8.3 문서화 방법

어떤 견적법이든 견적 업무 과정에서 생성되는 정보에 대한 문서화는 반드시 필요한 핵심요소이다. 견적과정에서 발생한 여러 견적서 파일은 초기 계획단계부터 최종 견적서의 완성까지 그 이력을 추적하기 쉽게 버전관리가 잘 되어 있어야 한다. 본 장에서 설명된 견적문서 기초에는 견적서의 구성, 주제 및 형식이 포함되어 있다.

각 견적서는 이전 견적서의 주요 비목에 대한 변경사항을 추적하여 범위, 가정사항, 수량 및 가격계산을 수정하고, 이전 견적서의 리스크도 업데이트해야 한다. 업데이트할 때마다 이전 견적서와 현재 견적서 간의 차이를 분명히 알 수 있도록 표시해야 한다. 견적은 투명하고 책임감이 있어야 하며 견적서 간에 일관성이 있어야 한다.

프로젝트가 한 그룹에서 다른 그룹으로 이동하거나 팀 구성원이 바뀌는 일이 자주 있는 조직이나 기관은 이렇게 과거문서를 명확히 기록해 놓는 것이 특히 중요하다. 산출기준은 견적 담당부서의 내·외부 검토자에게 투명하게 공개되어야 한다. 프로젝트 견적서 파일은 새로운 견적서가 이전 견적서와 쉽게 연결될 수 있도록 다양한 단계를 통해서 계속 프로젝트를 따라다녀야 한다.

명확한 문서화를 위해 몇 가지 방법을 사용할 수 있다. 프로젝트 주요 단계에 대한 관리계획서 목록 중에 견적서를 구체적으로 포함시키는 것이 좋다. 이렇게 하게 되면 견적을 위한 적절한 시간과 자원이 할당된다.
본 가이드라인의 ***제3장 리스크기반 비용견적 프로세스***에서 표시된 단계에서 개발한 문서로서 견적서를 지정하고 이의 지속적인 제출을 요구하는 것이다.

견적 검토과정의 일부로서 프로젝트 팀 외부의 견적담당자가 견적자료를 검토한다. 이 외부검토는 견적과정에서 만들어진 가정과 결정이 정확하게 기록되었는지 확인하는데 도움이 된다.

3.8.4 일정 리스크에 대한 처리

프로젝트 기간의 리스크와 불확실성을 처리하기 위해 일정 리스크의 정량적 분석을 통해 프로젝트 일정에 **완충기간**(또는 여유기간, buffer time)을 설정할 수 있다. 완충기간은 70% 백분위수에서 기본기간(base duration)을 뺀 값이다. 리스크기반 완충기간이 기본일정의 30%보다 더 초과하는 경우 프로젝트관리자는 프로젝트 일정을 확정하기 전에 프로젝트관리부서의 승인을 받아야 한다. 프로젝트 팀에서 관리하는 프로젝트 완충기간은 일정과 관련된 리스크를 관리하여 프로젝트 종료날짜를 보호할 수 있다. 프로젝트 완충기간은 리스크와 관련된 작업에 적용되어야 한다.

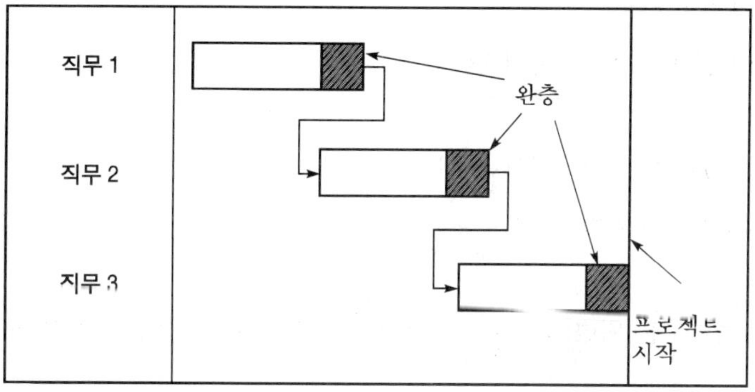

〈그림 3.3〉 추가된 리스크를 보여주는 일정 사례 (출처: NCHRP 보고서)

완충기간은 낭비되지 않고 필요한 경우 사용할 수 있도록 관리해야 한다. 과업 완충기간은 리스크가 현실화될 때 필요한 경우 사용할 수 있지만 조기준공 가능성을 최대화하려면 완충기간 없이 과업을 조기에 준공할 수 있는 날짜까지 관리해야 한다. 불행히도 리스크가 발생하여 완충기간을 사용할 수밖에 없는 경우 프로젝트 팀은 전체 일정의 나머지 부분을 가속화하기 위한 전략을 신속히 그리고 사전에 준비한 대응 시나리오대로 수립해야 한다. 예를 들어, 프로젝트 팀은 초과근무를 하거나 직원을 추가로 투입하거나 컨설턴트를 고용하여 작업을 완료할 수 있다.

외부보고의 경우 프로젝트 일정은 범위(시작-완료)로 보고된다. "**시작**"은 프로젝트 또는 프로젝트 단계의 실제 시작날짜이다. "**완료**"는 리스크가 포함된 프로젝트/단계의 예상 완료날짜이다.

일정리스크를 다루기 위한 기본적인 사항은 본 지침의 제5장에 별도로 기술하였다. 추후 리스크기반 일정견적에 대해서는 별도의 지침에서 다룰 계획을 갖고 있다.

3.8.5 견적 업데이트 빈도

4-6개월마다 또는 다음 중 하나 이상이 발생할 때 불확실성이 있는 기본비용견적금액을 평가 및 업데이트한다.

- 신규정보수집 또는 처리(수량변경 또는 신규항목)
- 주요 설계단계 완료(30%, 60%, 90%)
- 불안정한 가격변동 발생
- 가장 비용이 많이 드는 항목의 변경
- 주요범위 변경
- 각 비용리스크평가(CRA) 워크숍 이전
- 주요 리스크가 종료되었을 때

견적 업데이트를 위한 노력수준은 확장 가능하고 변경 정도가 적절해야 한다.

3.8.6 결과보고 방법

에스컬레이션된 기본비용 견적과 비상준비금에 대한 견적내용을 보고한다. 보고받는 부서 담당자는 리스크기반 견적절차 및 방법에 대해 익숙하지 않다면 비상준비금은 프로젝트 단계별로 보고되거나 시공단계에서 단일 숫자로 보고될 수 있다. 결과적으로 보고서는 발주자 에스컬레이션 테이블을 사용하여 **70번째 백분위수** 견적금액에 해당하는 금액을 선택하여 작성하게 된다.

프로젝트 비용 및 일정을 공개적으로 보고하려면 10% 및 90% 백분위수 범위내의 값을 사용하는 것이 좋다. 네바다주 교통부의 사례를 참조할 수 있다.

사례 3.15 미국 네바다주 교통부의 비용 및 일정 범위의 보고 예제

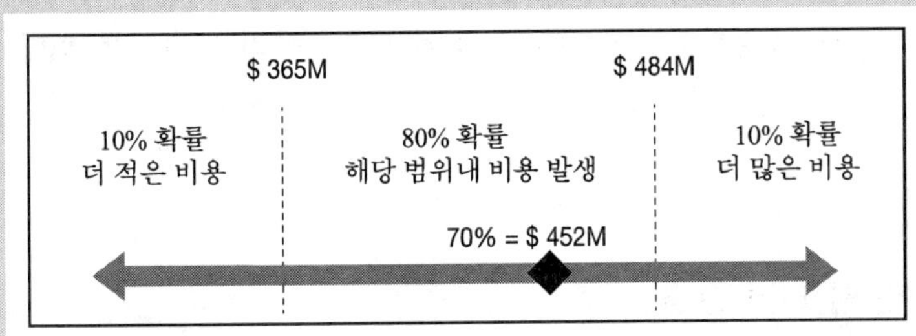

〈 비용 범위의 보고 예 〉

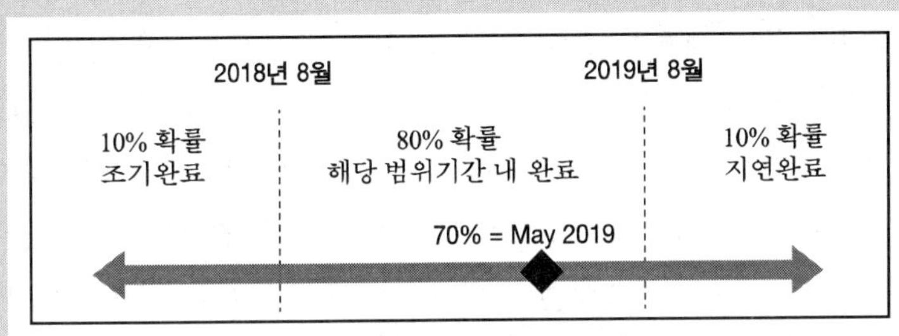

〈 일정 범위의 보고 예 〉

3.8.7 리스크기반 견적관리

프로젝트관리자는 지출년도에 에스컬레이션된 기본비용견적으로 프로젝트를 관리할 책임이 있다. 리스크를 처리하기 위한 비상준비금은 리스크가 현실화되는 경우 사용을 위해 미리 확보하고 있어야 한다. 비상준비금이 사업비에 명확히 포함되어 있으면 프로젝트관리자와 팀이 프로젝트 리스크를 관리할 수 있는 유연성을 갖게 되어 예산 확보를 위한 별도의 노력으로 인한 일정지연 등이 발생하지 않는다.

1) 프로젝트관리자는 리스크 발생 시 프로젝트관리 책임자의 사전 승인 없이 총 비상준비금의 1/2까지 사용할 수 있다. 프로젝트관리자는 필요에 따라 개별 리스크의 담당을 프로젝트 팀 구성원에게 위임할 수 있다.
2) 비상준비금의 절반을 소진한 경우, 프로젝트관리자는 프로젝트관리 책임자와 나머지 리스크를 관리하는 방법을 논의해야 한다.
3) 비상준비금의 3/4이 소진된 경우 프로젝트관리자는 추가 비상준비금을 사용하기 전

프로젝트관리 책임자의 승인을 받아야 한다.

4) 프로젝트관리자 및 팀의 적극적인 리스크관리에도 불구하고 비상준비금이 고갈되면 프로젝트 범위를 조정하거나 예산을 늘려야 한다. 이러한 결정은 해당 부서장이 내려야 한다.

3.9 | 8단계: 검토 및 검증

비용견적을 검토하고 확인하는 것은 비용견적의 정확성과 신뢰도를 향상시키기 위한 선진적인 방법이다. 프로젝트가 진행 중일 때 혼동이나 모호성을 방지하기 위해 미리 검토의 목적, 목표 및 기대치를 설정하는 것이 중요하다. 검토 및 검증 계획은 의사소통 및 책임의 명확성을 보장하기 위해 입력, 출력 및 필요한 프로젝트 상호 작용을 명확히 해야 한다. 또한 다양한 시기에 비용견적에서 요구되는 다양한 유형의 검토 업무가 필요함을 인지해야 한다. 비용견적의 신뢰 구축과 프로젝트 팀과의 더 나은 상호 작용을 촉진하기 위해 검토팀은 연속성을 갖는 것이 좋다.

프로젝트의 복잡성과 규모가 확인이 되면 프로젝트의 평가자, 설계자, 관리자, 임원, 후원자 및 이해관계자와 완전히 독립적인 팀이 검증업무를 수행해야 한다. 검증 업무는 핵심 단계 게이트에서 리더십 승인 및 비용견적 결과에 대한 의사결정에 이르기까지 특히 중요하다.

기본비용 견적서는 프로젝트관리 프로세스의 핵심적 산출물이며 주요한 관리 결정의 기반이 되는 기본 문서이다. 중요성을 감안할 때 모든 기본비용의 추정치는 독립적인 검토를 받은 다음 그로부터 발생되는 의견에 대응하여 필요에 따라 조정 및 수정되는 것이 매우 중요하다. **제3자의 독립 검토팀**은 기본비용견적금액의 개발에 관여하지 않은 경험 많은 개인으로 구성된다. 제3자의 독립 검토 팀은 기본비용 견적금액을 개발한 직원과 비교하여 동등하거나 더 많은 경험을 가진 직원이나 외부 전문가로 구성되어야 한다.

제3자의 독립 검토팀이 기본비용 견적금액을 검증할 때 편향되지 않은 접근 방식을 사용하는 것이 중요하다. 1,000억원이 넘는 대규모 중요 사업에 대해서는 조직의 압력에 영향을 덜 받는 외부전문가의 참여를 의무화하는 규정을 적용하는 것도 검토할 필요가 있다. 이를 위하여 독립 검토 의견이 만족스럽게 통합되면 승인을 위해 프로젝트관리자에게 견적서를 제출해야 한다. 초기 예산 책정 또는 기준치 결정을 위해 개발된 견적서에 대한 부서별 및 전체 프로젝트관리자/조정자 모두의 승인은 현실적이고 신뢰할 수 있는 견적을 제공하기 위해 전체 프로젝트관리 프로세스에서 필수적인 단계이다. 프로젝트 요구사항이 변경되거나 설계가 진행되면서 일반적으로 수정된 견적서도 관리자가 검토하고 의견을 반영하도록 해야 하며, 필요에 따라 수정한 다음 승인해야 한다. 수정된 견적은 결정된 프로젝트 변경 관리 프로세스를 통해 프로젝트 비용 기준치에 통합되어야 한다.

프로젝트가 본격적으로 추진되고 계획 설계 내용이 구체화됨에 따라 프로젝트 정보가 개선되기 때문에 알려지지 않은 사항 및 관련 비용이 감소할 것으로 예상된다. 일부 프로젝트의 비상준비금 및 미확정참작금이 검토되고 기본비용 견적금액의 일부로 변경되어 포함됨에 따라 비상준비금은 줄어들고 기본비용 견적금액은 증가한다.

프로젝트를 진행함에 따라 "**알려진**" 견적금액이 커지는 반면에 "**알려지지 않은**" 값의 비율은 작아져서 이상적으로는 공사 발주단계에서는 프로젝트의 비상준비금이 거의 없는 상태로 진행되도록 한다.

각 기본비용견적의 품질을 높이기 위해서는 비용견적 프로세스 섹션에 제공된 흐름도에 표시된 대로 일정 수준의 재검토 및 검증 작업을 수행하여야 한다. 프로젝트 복잡성은 이러한 견적서 검증 작업의 중요한 판단 요소이다. 검증 강도의 결정은 프로젝트관리자가 신중하게 결정해야 한다. 기본 견적서는 프로젝트관리 프로세스의 주요 결과이며 프로젝트관리의 주요 의사결정의 기초 문서가 된다. 프로젝트관리자의 역량과 재량에 따라 내 외부의 분야별 전문가 및 기타 적절한 전문가로 하여금 독립적으로 검토하게 할 수 있다. 그런 다음 독립적인 검토자 의견 따라 필요시 견적서가 수정된다. 검토자와 견적자 간의 의견 차이가 큰 경우 견적서 조정 회의를 개최하고 그 회의 결과를 문서화한다. 독립적인 검토 및 조정 회의의 최종 결과는 프로젝트가 입찰공고되기 전에 경영진의 승인을 받아야 한다.

독립적 검토 및 검증 작업은 대상 프로젝트 고유의 작업 유형에 익숙하고 경험 많은 설계자와 현재까지 해당 프로젝트 견적서 구체화 과정에 관여하지 않은 독립적인 전문가로 하여금 수행토록 하여야 한다. 필요한 자원은 작업의 전문 항목에 대해 필요에 따라 다른 설계 엔지니어, 건설 관리자 또는 기타 공정전문가와 같은 다른 독립적인 자원과 상의토록 한다. 독립 설계자가 수행하는 검사에는 다음이 포함되지만 반드시 여기에만 국한되지는 않는다.

- 완성도 및 가독성을 위한 견적 파일 및 견적 근거 문서 검토
- 견적 준비에 관련된 개인의 이름이 표시되는지 확인
- 개별 작업 항목별로 견적방법론이 기록되어 있는지 확인
- 전체 견적 문서를 검토하여 명확하고 상세한 백업에서 요약 수준까지 수치를 추적할 수 있는지 확인

다음을 포함하는 견적에 대한 자세한 확인 수행:

- 최종비용 대부분을 차지하는 항목의 단가 및 수량 개발 확인 (일반적으로 예상 프로젝트 비용의 80%를 구성하는 항목의 20%)
- 단가 및 수량에 대한 의견 기록
- 수학적 오류 확인

3.9.1 산출기준 결정

이 활동은 프로젝트 비용견적을 준비하기 전에, 모든 프로젝트 범위, 일정 세부 정보 및 데이터를 포함한 구체화된 정보를 얻는데 중점을 둔다. 범위 세부 수준은 프로젝트 단계, 프로젝트 유형 및 프로젝트 복잡성에 따라 달라지지만, 설계 매트릭스 및 기준, 모든 가정사항 및 관련 범위 세부 정보가 포함된다.

견적 근거는 명확하게 문서화되어야 하며 최종 결과는 각 견적에 대한 완전한 추적 가능한 이력이 된다. 산출기준에 대한 상세한 사항은 본 지침의 집필 범위에서 제외하였다.

3.9.2 기본비용 산출서 준비

이 활동은 향후에 발생하게 될 에스컬레이션을 제외하고 프로젝트의 모든 구성 요소에 대한 예상 비용을 구체화하는 것을 다룬다. 이러한 구성요소는 범위 정의 단계와 프로젝트의 규모 및 복잡성에 따라 각각 필요한 방법을 사용하여 견적할 수 있다. 예상되는 구성 요소의 수와 세부 사항은 프로젝트 개발 단계에 따라 다를 수 있다.

설계가 환경영향평가 및 설계 마지막 단계로 진행되고 프로젝트에 대해 점점 더 구체화되면 견적 내 비용항목도 더 정확해진다.

어떤 견적서든 반드시 해야 하는 기본적인 요소는 프로젝트에 대한 설명, 기본 가정사항, 주의 사항 및 예외 사항을 포함하는 견적산출 기준서를 준비하는 것이다.

기본비용 견적과 프로젝트 일정 정보가 상호 일관성이 있어야 하며 참조용 첨부 파일도 포함해야 한다.

계획 단계에서는 사실 프로젝트 일정의 범위가 매우 일반적인 것이지만, 최소한 프로젝트의 성과와 진행 상황을 측정하는데 사용하는 주요 일정표를 포함해야 한다. 계획 단계 스케줄에는 몇 가지 활동만 포함되지만 용지보상/부대시설, 설계 및 건설을 포함한 주요 일정은 프로젝트 개발부터 시작해야 한다.

"모든 기본비용 견적금액은 현가 기준으로 산출한다"

3.9.3 기본비용 산출서 검토

본 검토는 다음 사항이 잘 지켜졌는지 확인이 필요하다.

- 프로젝트 및 프로젝트 발표 방법에 대한 가정사항과 근거가 적절한가?
- 기본비용견적서에 프로젝트의 작업 범위가 명확하게 반영되었는가?
- 추가 비상준비금이나 에스컬레이션 항목은 제거되었는가?
- 범위, 일정 및 비용 항목이 적절하게 계산되고 필요한 구성 요소가 누락되거나 이중계산되지 않았는가?
- 이력 데이터, 비용 기반 견적 데이터 또는 사용된 기타 데이터는 프로젝트 범위 및 현장 조건을 합리적으로 반영하고 있는가?

전문가 그룹과 분야별 전문가(SME)는 기준 견적서 검토에 참여해야 한다. 이를 위해 본 가이드라인의 **3.9 기본 견적서의 검증**을 참조할 수 있다.

3.9.4 독립적 검토를 통한 기본비용의 검증 및 타당성 확보

유능하고 편견이 없는 팀이 기본비용 추정치를 검증해야 한다. 대규모 프로젝트나 과거 경험 데이터가 충분치 않으면 견적금액 추정도 복잡하고 결과 자체의 신뢰도 확보도 쉽지 않다. 기본견적 추정 금액을 검토하기 위하여 두 번째의 독립적인 시각에 의한 검증 과정이 필요하다. 검증은 다음과 같은 방법을 최대한 활용할 필요가 있으며 독립적인 제3자 전문가에 의한 적극적인 검토 및 검증이 기본비용 견적치의 신뢰성을 높일 수 있다.

내부 프로젝트 팀에 의한 검증

이 검증 유형은 첫 번째 단계의 견적 검증작업으로 모든 견적서에 꼭 필요하다. 내부 프로젝트 팀 검증에는 수량 및 가격에 대한 품질관리 확인과 적절한 절차를 따랐는지, 문서가 완전하고 명확하게 이해되는지, 최종 비용과 일정이 프로젝트 범위에 맞게 크기, 위치 및 복잡성을 위해 합리적으로 간주되는지에 대한 품질 보증 확인이 되어야 한다.

내부 프로젝트 팀 검증과정이 갖는 장점은 프로젝트 팀 일정이 외부 자원보다 조정하기 쉽고 검토자가 프로젝트에 대한 기본 지식을 가지고 있다는 것이다. 단점은 내부 검토가 프로젝트 팀과 동일한 비전, 프레임워크 및 가정사항으로 수행되는 경향이 있다는 것이다. 이는 견적서에 영향을 미치는 모든 매개변수를 객관적으로 평가하지 않는 검증 작업이 될 수 있다는 것이다.

동료검토에 의한 검증

이 유형의 검증 작업은 내부 프로젝트 팀 검증 작업과 유사하지만 다른 프로젝트 팀이나 타 사무소를 통해 검증 작업을 수행한다. 타 사무소팀은 간혹 이러한 방식으로 서로에 대한 검토를 수행할 수 있다. 내부 검토에 비해 이러한 유형의 검토의 장점은 프로젝트가 견적에 대한 새로운 관점으로 검토를 받는다는 것이다. 이러한 작업을 통해 비용 및 일정 견적서에 대한 신뢰도를 크게 높일 수 있다. 이는 또한 프로젝트 사무소 간에 학습 및 정보를 공유하는 좋은 방법이며 부서 내 고정된 엔지니어링 자원을 효율적으로 활용하는 역할을 한다.

이러한 유형의 검증 작업의 단점은 내부 프로젝트 팀이 일반적으로 모두 동일한 프로젝트관리 및 비용견적 철학을 가지고 있기 때문에 여전히 "**그룹 사고**"의 틀을 벗어나지 못하는 단점이 있다.

특정 담당부서에 의한 검증

특정한 검증 임무가 부여된 담당 부서를 통한 검증 방법 예를 들어 조달청 또는지방자치단체의 계약심사과 등에서 실시하는 검증방법은 보통 일반적으로 이루어지고 있는 검증 방법이다. 이러한 검토 유형의 한 가지 장점은 검토자가 프로젝트 팀 외부에 있으므로 프로젝트에 대한 독립적인 관점에서의 검토가 이루어질 수 있다는 것이다. 그러나 가장 큰 이점은 검토자가 일반적으로 이러한 유형의 독립적 검토를 수행하는데 훨씬 더 많은 경험을 가지고 있다는 것이다.

발주자의 도로 설계 부서 내의 기본비용견적 검토 프로세스:

- 견적가와 설계 담당자가 기본비용견적을 준비한다. 여기에는 도로의 경우 교량, 환경 등과 같은 다른 전문 그룹에서 제공하는 정보의 편집이 포함된다.
- 기본비용견적은 주요 도로 설계 엔지니어와 프로젝트관리자가 검토한다. 견적자와 각 기능별 책임자급이 상호간 협력하여 다양한 작업 단위 및 단위 입찰 가격에 대헤 합의한다.
- 프로젝트 견적 전문가는 기본비용견적이 모든 발주자 지침을 준수하는지 확인한다.
- 견적 담당자 및 주요 도로 설계 엔지니어와 협력하여 가격 검증인은 모든 단위 입찰 가격을 검토한다. 가격 검증가는 기본비용견적에 사용된 단위 입찰 가격에 대해 최종 결정권을 갖는다.
- 사양 검토자는 기본비용견적과 관련된 작업을 설명하기 위해 표준 및 프로젝트 특별 제품 모두를 포함한 모든 계약 사양이 포함되었는지 확인한다.

외부팀에 의한 공식적인 검증프로세스

프로젝트의 총 비용이 약 250억원을 초과하는 대규모 프로젝트의 경우는 사업의 중요성을 고려하여 공식적인 **비용리스크평가**(Cost Risk Assessment; CRA), 약 1,000억원을 초과하는 경우 **비용견적타당성검증프로세스**(Cost Estimate Validation Process; CEVP)가 필요하다는 것은 본 가이드라인 **제1편 일반지침**에서 제시한 바 있다. 모든 CEVP 프로세스에서는 견적서에 대한 외부팀에 의한 검토가 필요하다. 이 검토과정은 발주자의 내부 자원에서는 달성할 수 없는 견적금액에 대한 높은 수준의 검증작업을 제공할 수 있다. 독립적인 검토 의견이 만족스럽게 통합되면 수정된 견적서를 프로젝트관리자와 프로젝트관리 책임자에게 제출하여 승인을 받아야 한다. 발주자의 예산 규모와 프로젝트 중요성에 대한 기준에 따라 위에 적용한 기준을 조정하여 사용할 수 있다.

호주정부는 아래 사례와 같이 이러한 기본비용 검증을 다음과 같은 2가지 방법을 언급하고 있다.

사례 3.16 호주정부에서 사용하는 기본비용 견적의 검증 방법 (Austalian Government 2018)

동료검토

검토의 형식과 깊이는 프로젝트 유형과 복잡성에 따라 달라진다. 동료 검토는 원래 견적자가 아닌 다른 검토자가 한줄 한줄씩 차근차근 검토하는 것을 말한다. 이 방법은 동일한 기관 내에서 해당 견적에 참여하지 않았던 자에 의해 검토하는 것이다. 필요한 자격과 경험을 가진 사람일 수 있지만 가능하다면 비용견적 전문 서비스를 제공하는 독립적인 외부전문가에 의해 수행하는 것이 더 좋은 방법이다.

동료 검토사항은 보통 다음과 같은 측면에 초점을 맞출 수 있다.

- 계산 확인
- 사용된 추정 방법 검토
- 추정치를 작성하는 데 사용된 수량 및 비율 검토
- 일정 검토
- 추정치의 재현성
- 가정사항, 포함 및 제외사항이 유효한지 여부 결정하기 위한 범위 파악

비용견적 결과를 뒷받침하는 제안된 엔지니어링 솔루션의 적절성을 평가하는 엔지니어링 솔루션 검토도 함께 수행될 수 있다.

추정치의 재검증

당초 및 후속 견적금액에 대한 산출 조건 및 기본 가정사항은 종종 변경되므로 이러한 변경 사항을 설명하기 위해서는 견적금액을 새로 고쳐야 한다. 또한 프로젝트 범위 변경 사항이 발생한 경우 변경 사항을 반영하도록 기본비용 견적 금액을 수정해야 한다. 호주 담당 부처는 일반적으로 각 프로젝트 단계에서 호주 정부로 하여금 필요 자금이 업데이트될 수 있는 요건에 맞도록 프로젝트 견적을 요구받고 있다.

3.10 | 9단계: 프로젝트 리더십 승인

승인절차의 목적은 프로젝트 리더에게 비용견적 데이터에 대해 명확히 전달하고, 필요시 이의를 제기할 수 있도록 하고, 견적결과를 이해시켜서 궁극적으로 프로젝트관리를 위한 오너십에 의한 공식적 승인을 받는 기회를 제공하는 것이다.

승인절차에서 다루는 문서는 다음과 같다.

- 프로젝트 비용추정(최종예상비용(AFC), 충분한 상세 수준으로 분류됨)
- 비용견적 보고서
- 리스크 등록부
- 가정사항 등록부
- 재검토와 검증 과정에서 발견된 모든 관찰사항과 및 권장 사항

비용견적 결과를 수락할 때 프로젝트 리더는 프로젝트의 범위, 일정, 옵션 및 상업적(수익) 전략과 함께 비용견적의 관계를 이해하고 그 관계의 타당성을 검증해야 한다.

비용견적 결과의 공식 승인 및 완전성이 충족되었는지 확인하고 최고책임자에세 제공할 수 있는 비용견적에 만족감을 전달하는 것은 프로젝트관리자의 역할이다. 최고책임자는 프로젝트에 내한 공극적인 책임을 지기 때문에 비용견적 결과 책임자를 수락하고 프로젝트 의사결정을 위한 준비와 구체적인 의사결정을 하는 것이 책임사항이나. 이런 과정을 거친 비용견적서는 기본계획에 대한 회계 담당자의 승인을 구한다.

3.11 | 10단계: 비용견적을 이용한 의사결정 지원

기본적으로 10단계로 구성된 본 지침은 리스크기반 견적법을 사용하기 때문에 견실한 비용추정을 통한 프로젝트 방향 설정에 있어 올바른 결정을 지원할 수 있다. 전략적 의사결정을 지원하고 프로젝트 투자개발을 실행하기 위해서는 굉장히 넓은 범위의 비용 추정치가 제공되어야 한다.

10단계에서의 비용추정은 여러 프로젝트 옵션에 대한 평가 및 대안 선택을 지원하기

위해 전략적예비타당성(SOC) 단계보다는 각 옵션별 약간 더 작은 범위로 제공되며 **비용-편익 분석**을 기반으로 옵션을 평가한다. 이 단계에서는 범위가 좁은 비용견적을 가져야 하며, 최종설계에 대한 핵심 입력으로 최종 실행/중단 결정을 가능하게 해야 한다.

프로젝트의 초기 단계에서의 비용견적은 프로젝트의 설계, 범위 및 요구사항에 따라 변경될 수 있다. 프로젝트 리더는 예산 및 단계 게이트 승인 결정 과정에 참여할 필요가 있으며 비용견적이 독립적으로 이루어질 수 있도록 고려할 필요가 있다.

프로젝트의 후기 단계에서의 비용추정 프로세스는 변동범위를 갖는 AFC를 제공하며, 의사결정자가 경제성, 비용 대비 가치 및 필요한 결과에 대한 광범위한 고려사항을 참고하여 현실적인 예산을 설정하는데 활용된다.

7단계에서 강조된 정확도의 기대 범위는 가능성이 있는 예상 비용의 범위를 세 가지 값을 사용하여 나타낸다. 범위 설정 수준을 기반으로 알려지지 않은 리스크 위협에 대한 몇 가지 비상준비금을 고려하여 가장 가능성이 높은 비용과 합리적으로 선정한 낙관적 및 비관적 비용을 산출하여 제시한다.

조직의 리스크에 대한 과거 이력정보와 프로젝트의 전략적 중요성에 따라 프로젝트 예산을 설정할 때 각 단계 게이트에서 비용의 "**합리적으로 낙관적/비관적**" 범위를 고려하고 수용할 수 있는 범위의 임계값과 비교하여 측정해야 한다. 비관적 비용추정치가 임계값 하한치보다 크다면 비용추정치로서 적절하지 않다. 마찬가지로 낙관적 비용추정치가 임계값 상한치보다 크다면 비용추정치로서 적절하지 않다. 비용추정치가 임계값의 상한치와 하한치 사이에 있는 경우 프로젝트 팀은 적절한 결정을 할 수 있을 것이다.

따라서 의사결정자는 현실적인 비용 범위 내에서 도전적인 프로젝트의 성공적인 수행이 가능할지 이러한 프로세스를 사용하여 가중치를 부여할 수 있다. 프로젝트가 진행됨에 따라 여기에 명시된 방법론을 적극적으로 사용하고 재검토하여 적절한 예산을 설정하고 성공적인 조달을 순조롭게 유지하기 위한 주요 결정을 지원하는 것이 바람직하다.

> 이 지침에서 제공하는 비용 산정에 대한 표준화된 접근 방식을 설정함으로써 정부 또는 민간 기관들이 미래에 보다 일관되고 강력하며 궁극적으로 보다 보다 정확하게 비용을 산정할 수 있는 기반을 구축하기를 희망한다. – K-Risk

비용추정은 프로젝트를 성공적으로 수행하도록 하는데 필요한 여러 도구 중 하나일 뿐이다. 그러나 프로젝트 생애주기 초기에 정확한 비용추정치를 설정하려고 노력하면 나중에 중요한 정책, 조달 및 투자 결정을 내리는데 도움이 된다. 비용추정은 프로젝트 개발 및 제공의 모든 단계에서 중대한 영향을 미친다는 점을 모든 프로젝트 수행 전문가들이 인식해야 한다.

기준선에 근거한 현실적인 비용추정은 프로젝트 실행 중 성과 모니터링의 핵심 요소라는 것을 기억하는 것이 중요하다. 비용견적은 프로젝트 초기에 결정되는 고정된 단일 수치가 아니라 프로젝트가 성숙함에 따라 시간 경과에 따라 진화하는 범위의 값으로 정의하여야 하며 프로젝트 고유의 리스크 및 불확실성 수준이 감소함에 따라 범위가 좁아져야 한다.

프로젝트 시작 초기에 성공할 수 있도록 증거 기반 비용견적에 대한 더 많은 강력한 요구가 있다. K-Risk는 앞으로 이러한 비용견적 방법을 구현하는데 있어 비용견적 담당자, 프로젝트 수행전문가 및 정부/민간 관련 조직을 지원하여 미래에 보다 효과적인 프로젝트 실행 결과를 이끌어낼 수 있기를 기대한다.

비용견적 결과는 내부 및 외부 관계자 모두에게 전달되고 소통되어야 한다. 의사소통 방식측면에서 어떤 견적 정보를 전달해야 하는지, 누가 이 정보를 받아야 하는지, 어떻게 정보를 전달해야 하는지, 정보를 언제 전달해야 하는지가 중요하다. 프로젝트관리 프로세스의 일부로 **의사소통** 계획을 수립할 때 비용견적 정보가 포함되어야 한다. 간혹 글이 숫자만큼 중요하다. 산출기준(Basis of Estimate, BOE) 문서는 프로젝트에 대한 주요 견적정보를 다른 사람에게 전달하기 위한 의사소통 도구로 효과적으로 사용될 수 있다.

PART 3

제4장

기본비용 견적

제4장 기본비용 견적

4.1 | 개요

기본비용은 견적 해당 기준일을 기준으로 산출하며 프로젝트의 모든 단계에서 발생하는 발주자 부담 비용과 공사비의 합이 될 것이다. 기본비용 견적금액은 견적금액 추정치가 작성되는 시점에 주어진 작업 범위에 필요한 수량 및 시장조건에 대한 견적자의 최선의 평가를 위한 데이터 기반으로 작성되어야 한다.

기본비용 견적은 리스크의 발생 없이 프로젝트가 계획대로 완벽하게 실현되는 경우 예상가능한 합리적인 프로젝트 비용이다. 기본비용 견적금액은 편향되지 않고 중립적이어야 한다. 즉 낙관적이지도 보수적이지도 않아야 하기 때문에 결코 쉬운 작업이 아니다. 기본비용에는 파악이 되고 수량화까지된 항목과 파악은 하고 있지만 아직 수량화되지 않은 항목이 포함된다. 기본비용 견적에는 리스크, 에스컬레이션 또는 비상준비금, 예비비 등은 포함되지 않는다.

4.2 | 견적 준비

4.2.1 범위의 파악

기본비용 추정치의 부정확성이 심각한데 그 이유는 일반적으로 범위에 대한 파악이 부정확하기 때문이다. 범위가 잘 파악되었다 하더라도 기본비용 견적을 위한 입력사항의 품질과 견적 준비에 대한 접근 방식에 대해 충분한 주의를 기울이지 않으면 신뢰할 수 없는 기본비용 산출 결과를 초래할 것이다.

일반적으로 기본비용 견적의 신뢰성을 뒷받침하는데 있어서 가장 중요한 문제는 프로젝트 범위를 적절하게 정의하는 능력이다. 범위에 대한 포함사항과 비포함사항에 대한 파악에 대한 기술이 기본비용 견적의 시작점이다. 본 지침의 독자는 이러한 범위 설정에 대한 보다 상세한 설명과 내용을 이해하기 위해 호주정부의 비용견적가이드 시리즈 [25] 중 Guidance Note 1의 Project Scope(프로젝트 범위, Australian Government 2017)를 참조할 수 있다.

파악된 범위의 합리적이고 일관된 평가와 검토없이 기본비용의 추정치를 산출하려는 시도는 단순히 '**추측**'에 불과하며 프로젝트 예산을 설정하고 관리하려는 사람들에게 거의 가치가 없다. 범위가 일단 한번 정의된 후 **범위 크립**(scope creep)[26] 현상으로 프로젝트에 대해 전혀 통제되거나 승인되지도 않은 채 새로운 범위가 추가되거나 변경됨으로 인해 추가 비용이 발생할 수 있다.

견적전문가라 하더라도 사실 비용을 견적함에 있어 파악된 작업 범위만을 나타낼 수 있기 때문에 이러한 범위 크립현상은 당초의 견적금액을 크게 훼손시킬 것이다.

견적은 프로젝트의 추진 단계에서 가능한 최대 범위 내에서 모든 범위 항목에 대한 비용을 식별해야 한다. 정보가 불충분하거나 이용할 수 없고 기본비용 견적서를 준비하기 위해 가정사항이 불가피한 경우 이러한 가정사항을 반드시 기록하고 관리해야 한다. 이후 이러한 가정사항으로 기록된 사항 중에 더 자세한 정보가 제공되면 이 값을 조정하거나 제거해야 한다. 프로젝트가 범위 지정에서 개발 단계로 진행됨에 따라 추정치를 뒷받침하는 기본비용의 정보가 더 탄탄해지고 세부 사항이 더 충실해져야 한다.

이렇게 아래 제시된 호주정부(Austalian Government 2018)의 기본비용 견적에 대한 팁을 참고하여 범위에 대한 정보가 명확히 반영되고 그것이 비용화 되어 표현되면 프로젝트 추진과정에서 명확한 개선점을 얻을 수 있는 기회를 제공할 수 있으며, 프로젝트가 여러 단계를 거치면서 견적금액의 정확성은 증가할 것이다.

---

25) Australian Government Cost Estimation Guidance (인터넷 사이트)

26) 범위 크립(scope creep)은 프로젝트관리에서 범위 크리프 (요구사항 크리프 또는 주방 싱크 증후군이라고도 함)는 프로젝트가 시작된 후 언제든지 프로젝트 범위의 변화 특히, 지속적는 통제되지 않은 채 범위가 확대되는 것을 의미한다.

사례 4.1 호주정부의 기본비용 산출 준비과정의 팁

- 적절한 자격을 갖추고 경험이 풍부한 직원(훈련된 전문QS(Quantity Surveyor))의 참여
- 적절한 WBS(Work Breakdown Structure)의 사용
- 프로젝트 범위 정의 및 요구 사항
- 견적금액의 신뢰성을 높이기 위한 경험 많은 사람들의 의견수렴과 검토 활용
- 기본비용 견적을 개발하고 제시하는 데 도움이 되는 적절한 소프트웨어 도구 사용
- 기본비용 견적금액을 검증하기 위한 적용 가능한 벤치마킹 및 비용 데이터베이스 사용

4.2.2 작업분류체계(WBS)에 기초한 기본비용 산정

규칙적인 접근 방식을 사용하는 것이 기본비용을 보다 정확하게 산출하는데 필수적인 요소이다. 이러한 규칙적 접근 방식 중 무엇보다도 표준 작업분류체계(WBS)를 사용하는 것이 핵심요소이다. 체계화된 표준 WBS를 사용하게 되면 자본 투자비용에 대한 체계적인 준비 및 소통도구로서의 중요한 길잡이 역할을 제공하기 때문에 본 지침의 기본비용 특히 프로젝트 초기 단계의 보다 합리적인 비용 산출에 많은 도움이 된다.

WBS의 구성체계와 요소는 조직이나 기관마다 다를 수 있지만 각 기관마다 어떤 문서형태로 된 표준 WBS가 존재할 것이다. 이 WBS를 적극 활용하여 기본비용 견적에 적극 활용하여야 한다. 만약 조직에 사용하는 표준 WBS가 없다면 본 지침의 리스크기반 견적법을 적용하기 전 이것부터 먼저 만들어 활용할 것을 권고한다.

WBS는 최종목표를 달성하는 데 필요한 작업들을 자세히 정의하고 있기 때문에 기본비용 견적의 초석이 된다. WBS는 가장 낮은 수준의 상세한 작업 구성요소 즉 작업 패키지(work package)로 세분화될 때까지 최종 제품이나 목적물을 더 작은 특정 요소를 포함하는 연속적인 수준으로 분해한 다음, 이에 대한 비용을 추정할 수 있다. 100% 규칙에 따라 WBS 요소(하위 수준)의 다음 분해 수준은 다음 상위(상위) 요소에 적용 가능한 작업의 100%를 나타내야 한다. WBS가 100% 규칙을 따르게 되면 모든 산출물에 대한 모든 비용 파악이 가능하게 된다. 최근 정부가 활성화를 시도하고 있는 BIM (Building Information Modelling)이 실무 적용에 많은 제약이 따르고 있는 이유는 체계적인 WBS의 적용을 아직 실무에서 잘 활용하지 못하고 있기 때문이다.

프로젝트는 항상 기능적으로나 지리적으로 구성할 수 있는 논리적 구성 요소나 하위 프로젝트로 구성되지만, 본 지침에서 이러한 하위 프로젝트에 적합할 수 있는 세부 사항을 모두 정의하는 것은 이 지침의 목적을 벗어나기 때문에 여기서는 상세히 다루지 않는다. 그러나 하위 프로젝트의 구성 요소는 정의된 대로 WBS로 롤업되어야 한다.

어느 정도의 깊이까지 분해할 것인지에 대한 분류 수준에 대한 것은 기관이 관리할 수 있는 수준과 프로젝트에 가장 적합한 것이 무엇인지에 달려 있다. 이 접근 방식은 또한 견적자가 일반적으로 취하는 접근 방식을 반영한다.

호주정부의 기본비용 가이드라인에서는 WBS의 이점을 다음과 같이 제시한 바 있다.

- 정의된 요소를 통해 프로젝트 자금 조달 제안서에 포함된 주요 비용 항목을 보다 명확하게 설명할 수 있어 사업제안서 평가가 용이하다.
- 프로젝트 추진단계의 주요 이정표에 있어서 비용항목 요약사항을 명확하게 비교할 수 있다.
- 정량적 리스크 평가를 체계적으로 보여줄 수 있는 구조를 제공한다.
- 향후 프로젝트의 벤치마킹 목적 등을 위해 주요 비용 데이터의 수집 및 분석이 용이하다.
- 하위 항목을 상위 수준 요약으로 "**롤업**"하는 기능을 제공함으로써 기관은 부서별 요구사항을 보다 쉽게 준수하고 프로젝트 비용에 대한 보다 전략적인 개요를 달성할 수 있다

사례 4.2 작업분류체계(Work Breakdown Structure)의 예 (Austrailian Government 2018)

아래 사례는 하위작업의 합이 항상 상위작업과 같다는 100% 규칙의 적용을 보여주고 있다. Level 2의 토공준비(Earthworks preparation), 굴착(bulk Excavation), 성토(Bulk Filling) 및 노상(Subgrade)의 합은 그 상위 Level1에 있는 토공사(Earthworks)와 같아야 한다.

Level 3의 벌개제근(Clearing and Grubbing) 및 표토제거(Strip Topsoil)의 합계는 Level 2의 토공 준비(Earthworks preparation)와 같아야 한다. 이러한 방식으로 WBS는 각 요소가 정의되고 단 하나의 작업 노력과 관련되어 모든 활동이 포함되고 설명되도록 해야 한다.

아직 WBS에 의한 원가관리와 일정관리에 익숙하지 않은 우리의 실무 상황은 감안하여야 하지만, 본 리스크기반 견적이 체계적인 리스크관리의 기초 성과물로 그 역할과 기능을 충분히 달성하기 위하여 이러한 WBS 환경에서의 업무 환경이 조속히 문화로 자리잡아야 할 것이다.

LEVEL 1	LEVEL 2	LEVEL 3	LEVEL 4
Element	Heading	Main Item	Sub-item or price build-up
EARTHWORKS	Earthworks Preparation	Clearing and Grubbing	Dozer, Type x
			Tipper
			Loader
			Labourers x 4
		Strip Topsoil	(Rate make up generally as above)
	Bulk Excavation	Bulk Excavation (other than rock), cut to fill	(Rate make up generally as above)
		Excavate and dispose of unsuitable material	
	Bulk Filling	Imported bulk filling to embankment, compacted	Supply imported filling
			Grader, Type x
			Compaction roller
			Water truck
			Labourers x 4
	Subgrade	Subgrade in cuttings	(Rate make up generally as above)
		Geotextile	Geotextile supply
			Geotextile lay
DRAINAGE	Removal / Demolition	Remove culverts	(Detailed make-up)
	Culverts	Concrete Pipe Culverts (by size)	(Supply, install rate make-up)
		Concrete Box Culverts (by size)	(Supply, install rate make-up)
		Steel, corrugated culverts (by size)	(Supply, install rate make-up)
	Pavement Drainage		
	Subsurface Drainage		

4.3 | 프로젝트 개발 단계별 기본비용 견적방법

4.3.1 계획단계

입찰공고 및 착공 이전에 조직 내에서 설계-입찰-시공-인도를 위한 3가지 주요 프로젝트 개발단계가 있다.

- 계획단계
- 환경성 평가 및 기본설계단계
- 실시설계단계

미국 등 해외 건설선진국에서는 각 프로젝트 개발 단계에 대한 기본비용견적에는 특정 목적, 방법론 및 예상 정확도 수준에 대한 기준을 갖고 있다. 다음 표는 미국 워싱턴주 교통부의 프로젝트에 대한 비용견적 매뉴얼(WSDOT 2018)에 소개되어 있는 설계 완성도 수준에서의 견적 예상 정확도에 대한 기준에 대한 사례를 보여주고 있다. 여기에는 다양한 프로젝트 개발 단계별 견적 목적, 견적방법 및 견적 예상 정확도 수준 사이에 존재하는 관계가 요약되어 있다.

사례 4.3 일반적인 비용견적 범위 (WSDOT 2021)

프로젝트 개발 단계	프로젝트 완성도 (완성된 디자인의 %)	견적 목적	기법	예상 정확도 단계
계획단계	0%에서 2%	개념 견적 대안	리스크기반 견적법 또는 판단 이력견적법 매개변수견적법	-50%에서 200%
	1%에서 15%	예산 승인 (프로젝트에 대한 기본비용 설정)	매개변수견적법 유사사례추론견적법 리스크기반 견적법	-40%에서 100%
환경성평가 및 기본설계	15%에서 30%	설계 견적 (범위, 일정, 예산의 프로젝트 제어)	입찰이력기반견적법 비용기반 견적법 리스크기반 견적법 NDOT Wizard	-10%에서 25%
실시설계 단계	30%에서 100%	예비 견적 (공고 전)	입찰이력기반 견적법 비용기반 견적법 리스크기반 견적법	-5%에서 10%

사업초기에 프로젝트 비용 정확성이 차이가 나는 이유는 앞선 절에서 소개한 프로젝트 범위 파악이 부족할 뿐만아니라 여러 대안의 존재, 용지보상비용, 커뮤니티, 문화 및 환경 요소가 비용에 미치는 영향에 대한 정보 또한 부족하기 때문이다. 프로젝트가 진행됨에 따라 더 많은 데이터를 사용할 수 있고 예상 정확도 범위는 점점 좁아진다.

이 단계에서는 프로젝트 요구사항이 분석되고 개념적 솔루션이 개발된다. 프로젝트 설명, 비용 및 일정을 광범위하게 정의해 나가게 된다. 계획 단계에서 일반적으로 도로건설사업의 경우 차로 수, 프로젝트 위치 및 연장, 일반 교차로 간격과 같은 문제를 해결한다. 이 단계의 목적은 합리적이고 실행 가능한 설계 대안을 개발하고 비용, 범위 및 일정의 리스크와 불확실성을 해결할 수 있는 최상의 수단을 식별하는 것이다.

기본비용 견적에 고려중인 모든 작업 항목에 대한 비용을 반영할 수 있도록 범위 계획 프로세스 팀은 이를 뒷받침할 대략적인 계산 및 가정사항이 있는 모든 작업항목을 식별해야 한다. 관련 작업단위, 수량 및 단위 비용은 기본비용 견적 작업에 통합되어야 한다.

산출기준 근거 문서에 가정사항에 대해 문서화하여 향후에 변경될 모든 사항을 이 견적금액과 정확하게 비교할 수 있도록 한다.

범위 설정은 곧 프로젝트의 파악이라고 보면 된다. 범위는 지정된 요구사항, 기능 및 기능을 갖춘 제품을 제공하기 위해 달성해야 하는 프로젝트 및 작업의 요소, 특성 및 매개변수를 포함한다. 〈그림 4.1〉은 좋은 범위 지정의 이점과 잘못된 범위의 프로젝트가 가져올 수 있는 함정을 보여준다.

계획단계의 견적 기법은 통상 도로의 경우 1차로km, m^2 등의 매개변수를 가지고 추정하는 것이 일반적이다. 입찰실적치를 참고하여 계획단계에서 비용을 발생시킬 수도 있다. 유사사례기반 견적접은 활용할 수 있는 또 다른 접근 방식이다.

기본비용견적 내에서 기타항목 참작금에 대한 적절한 백분율 값을 추가한다(**4.5.2 미확정참작금** 참조). 배수, 교통통제, 구조물 등과 같은 항목의 경우 해당 주제 전문가(SME)에게 문의하여 프로젝트 유형 및 현재 설계단계에 따라 사용할 양 또는 백분율을 결정해야 한다.

성공적인 범위 지정의 결과는...

- 성능 목표 및 상황에 맞는 솔루션과의 일치
- 보다 정확하고 일관된 원가 견적
- 재작업 감소
- 예측 가능한 인도 일정
- 대중의 신뢰도 향상
- 파트너 간의 조정 개선
- 모든 팀원이 동일한 목표를 향해 작업할 수 있도록 함
- 리스크를 합리적으로 할당함
- 프로젝트 인도 방식의 보다 나은 식별

부실한 범위 지정의 결과는...

- 기능 그룹에 대한 재작업 초래
- 프로그래밍된 것보다 더 높은 원가 초래
- 일정 지연 초래
- 전체 프로그램에 파급효과 초래
- 대중의 신뢰도 약화
- 절차의 투명성과 신뢰성 결여
- 불명확한 의사결정 초래
- 불필요한 변경 초래

〈그림 4.1〉 범위 지정의 이점 및 함정

유사 프로젝트를 바탕으로 견적을 할 경우 선택된 프로젝트 이력은 당연히 유사성이 높아야 한다. 적절한 프로젝트를 찾고 과거 프로젝트와 현재 프로젝트 간의 유사점과 차이점을 파악하는데 상당한 시간과 노력이 소요된다. 오래된 프로젝트 데이터는 가격, 표준, 선실기술, 작업방법, 관련 기준 등의 변화로 인해 신뢰성이 떨어진다. 유사한 프로젝트를 선택할 때 프로젝트 위치, 기간, 규모, 수량차이, 수행방법 및 시공자를 추가로 고려해야 한다. **유사사례추론견적법**은 단순하고 직접적인 프로젝트에 대한 광범위한 가격범위를 결정하는 도구로 가장 잘 사용되거나 다른 방법을 사용하여 준비된 견적을 확인하는 검증방법으로 사용된다.

범위파악이나 사전설계가 부족하다고 판단되면, 가능한 비용 및 일정 변경 범위에 대해 프로젝트 이해관계자와 적절하게 의사소통하며 좀더 구체화할 수 있도록 주의를 기울여야 한다.

매개변수 견적법 방식에 내재된 대규모 가정사항을 감안할 때 모든 가정사항은 명확하게 문서화되어야 한다. 프로젝트에서 알려지지 않은 사항을 반영하는 적절한 범위의 비용을 포함한다. 이는 아직 파악되지 않았거나 수량화되지 않은 항목에 대한 견적허용치를 의미한다.

프로젝트가 기본설계단계로 넘어갈 때까지 견적금액을 최신 상태로 유지하는 것이 좋다.

4.3.2 환경영향평가 및 기본설계 단계

주요 국책사업 등은 잠재적인 사회적, 환경적, 경제적 및 정치적 문제를 해결하기 위해 환경영향평가 대상이 된다. 이 단계는 기존 조건을 파악하고 프로젝트의 여러 대안 중 가장 효율적인 설계 대안을 선정하는 과정이다. 이 단계에서 프로젝트 범위가 완전히 파악되고, 기본설계안이 구체화된다. 중요한 보상 문제가 해결되고 프로젝트 비용이 산정되며 리스크가 광범위하게 파악된다. 프로젝트 일정이 결정된다. 이 단계에서 주요 프로젝트는 프로젝트의 사회적, 환경적, 경제적 및 정치적 문제와 자금 가용성 및 건설 가능성을 해결하기 위해 더 작은 건설 부문으로 나뉜다.

환경영향평가 단계에서 프로젝트 일정은 적절한 프로젝트 유형에 대한 작업분류체계 템플릿을 기반으로 해야 한다. 일정은 유사한 성격의 이전 프로젝트의 과거 데이터, 주요 프로젝트 기여자와의 대화 및 경험 많은 다른 프로젝트관리자의 판단을 이용하여 유지해야 한다.

프로젝트 팀은 쉽게 구할 수 있는 최상의 정보인 다양한 견적기법을 이용하여 견적금액을 유지해야 한다. 프로젝트 팀은 항상 이전 시도에 의존하지 말고 자체 견적금액을 개발해야 한다.

요구사항 및 가정사항은 용지보상 요구, 가능한 허가조건, 환경 완화, 주요 항목의 수량 및 외부 이해관계자와 같은 범위의 많은 항목에 대하여 더 잘 이해될 것이다. 범위 파악 수준이 향상되면 견적의 정확도도 높아진다. 견적을 준비하고 문서화 및 검토하는 데 필요한 작업도 증가한다.

단가 및 수량에 대한 불확실성 범위를 계속 조정하고 추가 이해를 반영하도록 견적금액 내 기타 품목 허용치를 업데이트한다. 이전 견적금액과 관련하여 이러한 업데이트를 각각 명확하게 문서화한다. 프로젝트에 대한 견적 기준 문서를 적절하게 업데이트한다.

아스팔트 콘크리트 포장, 교량 및 도로굴착과 같은 수량화 가능한 항목의 가격 책정을 위해 **입찰실적기반** 또는 **원가기반** 견적방법론을 사용해야 한다. 아직 정량화되지 않은 기타 항목은 **매개변수법**이나 **백분율법**을 사용하여 견적할 수 있다. 계획단계에서 설정했던 불확실성의 양을 이 단계에서 조정해야 한다. 더 많은 정보를 얻을수록 각 입찰 항목에 대한 불확실성이 줄어들기 때문이다.

기본비용견적 전체를 볼 때 이 시점에서 미확정참작금 비율은 견적된 금액으로 변경되어야 한다. 프로젝트가 진행되고 항목이 식별되고 수량화됨에 따라 미확정참작금 중 동일한 금액이 제거되어야 한다.

설계가 완성되어감에 따라 엔지니어는 프로젝트 작업항목과 관련 수량 및 단가를 보다 잘 결정할 수 있다. 이전 이력입찰에 기반한 방법론은 일반적으로 과거 데이터를 사용할 수 있는 작업 항목에 사용된다. 원가기반 견적방법은 기관의 입찰이력이 거의 없지만 프로젝트 비용에 상당한 비중을 차지하는 비목인 경우 사용할 수 있다.

대상 품목의 현재 가격, 일반적 건설 방법 및 생산 속도, 사용된 장비에 대해 잘 알고 있는 공급자, 시공자 및 기타 참여하는 개개인이 주요 자원이 된다. 설계자는 이러한 자원과 의사소통하여 재료비, 노무비 및 경비에 대한 기본비용 데이터를 개발해야 한다. 각 입찰 항목에 적용되는 불확실성의 양을 계속 조정한다.

향후 참조를 위해 리스크를 식별하고 리스크관리 계획을 개발하여 견적기록에 포함해야 한다. 모든 변경사항, 가정사항 및 데이터의 출처는 견적기준을 사용하여 명확하게 문서화해야 한다. 이는 프로젝트 비용의 변경을 정당화하기 위해 미래의 모든 견적금액을 이 견적금액과 비교하기 때문에 특히 중요하다.

수량 또는 단가를 견적하는 개인은 잘못된 정밀도 수준을 방지해야 한다. 이 견적수준에 고유하지 않은 정밀도 수준을 가정한다. 적절하게 개발된 견적금액에는 잘 문서화된 가정이 포함되지만, 프로젝트 비용에 영향을 미치는 많은 세부사항은 범위 설정 업무과정에서는 프로젝트 비용 및 일정 정밀도는 그다지 높지 않은 상태이다.

주요 품목에 대한 올바른 단가를 선택한 다음 해당 비용을 현가로 올바르게 에스컬레이션하는 것이 중요하다. 구체적인 프로젝트 정보에 대한 상세한 파악은 프로젝트가 입찰공고 준비가 될 때까지 계속 이어진다. 입찰공고를 위한 견적금액을 위해 적절한 항목에 대한 참작금 및 범위를 사용해야한다.

원가기반 견적을 하는 경우 팀의 규모나 구성, 생산속도, 장비조합 및 유형과 같은 단가개발에 대한 모든 사항을 문서화하는 것이 중요하다. 하도급자의 공사뿐만 아니라 원도급자의 간접비 및 이윤에 대한 예상비용도 명확하게 문서화해야 한다. 이러한 과정이 공사입찰에서 각 시공자의 결정에 중요한 역할을 한다. 견적금액에 리스크 요소를 고려한다.

올바른 리스크 식별과 이의 정량화 방법을 이용하여 프로젝트의 주요 리스크를 식별하고 문서화한다.

4.3.3 실시설계단계

이 과정은 환경영향성검토 및 기본설계단계에서 선택된 최선의 설계 대안 및 수행방식을 확정하는 단계이다. 이 단계에서 프로젝트 범위가 확정되고 프로젝트의 세부 설계일정과 비용견적이 구체화되며 프로젝트의 이윤이 명확해지고 본격적으로 용지보상도 이루어진다. 각종 부대설계는 이 단계가 끝날 즈음 완성된다. 이 단계의 마지막에 프로젝트 설계비용 내역서를 포함한 모든 설계도서가 완성되고 공사를 위한 입찰공고가 시작된다.

기본비용견적은 공고에 대비한 최종 계약검토를 위해 작성되며, 공사자금의 의무화 및 계약자의 입찰가를 평가하는데 사용된다. 설계 엔지니어가 프로젝트에 필요한 모든 작업 항목을 지정하고 수량 및 단가를 정확하게 견적할 수 있도록 진행된다. 이 단계에서 프로젝트 견적은 프로젝트 범위, 조건 및 건설 단계를 자세히 이해하는 이점이 있다. 견적에 정보를 제공한 사람이 프로젝트 팀 외부에서 온 경우, 그들은 프로젝트의 세부사항을 이해하기 위해 계획 및 사양에 대한 자세한 검토 수행을 포함하여 특별한 주의를 기울여야 한다.

모든 수량과 단가는 견적 당시의 정보를 반영해야 한다. 견적 전체 과정에서 이 시점에서는 **미확정참작금** 즉, **임시 수치**(placeholder)는 없어야 한다. 항목 수량 및 가격의 개발 및 조정을 명확하게 문서화한다. 이는 견적 검토와 낙찰 전 입찰검토에 모두 중요하다. 이 데이터는 견적파일에서 명확하게 정의되고 식별되어야 한다.

대부분의 작업항목은 실적 데이터를 사용할 수 있다면 입찰실적기반 자료를 활용해야 한다. **원가기반** 견적방법은 입찰이력이 거의 또는 전혀 없는 항목에 대하여 사용하거나 총 프로젝트 비용에 크게 영향을 미치는 주요 작업항목을 확인하는 데 사용할 수 있다. 리스크를 다시 검토하고 현재 기본비용견적 정보로 프로젝트 리스크관리 계획을 업데이트 한다.

견적검토는 광범위하고 상세해야 하며 계산, 가격 및 가정에 대한 최종 독립적 QA/QC를 확인해야 한다. 기본 및 전체 견적문서는 완전하고 정확하며 쉽게 이해할 수 있도록 주의 깊게 검토해야 하며 상세한 백업에서 요약까지 모든 수치를 추적할 수 있는지 확인해야 한다.

주요 수량과 단가 정보를 주의 깊게 살펴보고 제대로 계산되었는지 확인한다. 전문가 그룹에 의한 견적서 검토는 범위와 비용 모두를 대상으로 하여야 한다. 계약 특별조항을 신중하게 검토하고 비용 및 일정 영향을 설계견적서에 통합시킨다.

4.4 | 기본비용견적 구성 항목별 작성방법

기본비용 견적과 그 불확실성에 영향을 미치는 많은 중대 요소가 있다. 이러한 요인과 기본비용 견적에 영향을 미치는 정도는 견적문서에 근거하여 명확하게 표시되어야 한다. 단가와 수량에 미치는 영향은 프로젝트의 식별된 리스크와 중복되지 않는다.

4.4.1 건설공사비 산출 방법

건설비용은 원가기반 견적법이 좋은 방법이지만, 여의치 않은 경우 매개변수법이나 입찰실적기반법 등 다양한 방법의 조합으로 시공비를 추정할 수 있다.

원가기반 견적법은 호주정부의 제1원칙법으로 명명할 만큼 기본적인 자원을 사용하여 작업분류체계의 각 항목에 대한 견적금액을 산출하는 것이다. 이 방법론은 작업을 완수하기 위한 자원(공장, 노무, 자재 및 하도급자)이 쉽게 구별되고 식별 가능한 가장 낮은 세부수준에서 추정하여 작업분류체계 요소의 비용을 계산한다.

생산성에 대한 가정사항은 특이한 현장 특성을 고려하여 조정된 모든 노무비, 재료비, 경비로 적용한다. 가설구조물, 임시작업 및 공사 단계별 모든 준비사항을 포함하여 기본비용 견적에 포함된다. 직접원가율, 간접비용(현장 외 간접비 포함) 및 이윤은 각 요소에 대한 직접원가율을 개발하기 위해 계산되며, 계산된 요소수량에 적용될 때, 직접적인 비용 예측을 제공한다. 활동의 전체나 일부에 대한 공급업체 또는 계약업체의 견적도 견적을 뒷받침할 수 있다.

사례 4.4 호주정부 (Austlian Government 2018)의 건설공사비 산출시 검토하는 생산성 정보

호주정부(Austlian Government 2018)에서는 생산성에 기반한 실적기반 비율과 관련한 다음과 같은 항목을 지식을 확보하여 기본비용을 추정할 것을 권고하고 있다.

- 장비(굴착기, 포장기계, 터널굴착기), 생산성 등
- 연료와 같은 소모품의 사용
- 낭비요인
- 노동 생산성, 승무원 규모 및 승무원 구성
- 근무시간, 교대근무 및 다운타임에 대한 지식
- 고용보상(해당되는 경우 기업 교섭계약 등) 및 요율계산

사례 4.5 호주정부의 제일원칙법(원가기반 견적법)에 의한 토목공사의 기본비용 산출사례 (Austalian Goverment 2018)

Example of First Principles Estimating Methodology - Civil Works

Item	Description	Unit	Quantity	Number	Rate	Total
1.0	**Activity: Installation of 100m of DN200 PE pipe**					
	Estimating Notes and Assumptions:					
	Estimate based on 10 hour shift					
	Assume 5% wastage of pipe					
	Inputs					
	Length of pipe	m	100			
	Trench Depth	m	1			
	Trench Width	m	0.5			
	Total volume of excavated material	m^3	50			
	Production rate	m per shift	50			
	Duration	shifts	2			
	Calculations:					
	Labour					
	Supervisor	shift	2	1	$700	$1,400
	Machine Driver	shift	2	2	$550	$2,200
	Labourers	shift	2	3	$550	$3,300
	Plant					
	Excavator - 20t	shift	2	1	$800	$1,600
	Tipper - 15t	shift	2	1	$450	$900
	Ute	shift	2	1	$200	$400
	Materials					
	200mm pipe inc. 5% wastage	m	105		$37	$3,885
	Bedding and backfill material	m^3	50		$30	$1,500
	Subcontract					
	Disposal of unsuitable material (Provisional Quantity as directed)	m^3	10		$45	$450
	Total Cost of Activity - lay 100m of pipe	**$**				**$15,635.00**
	Total Cost - rate per metre	**m**	**100**			**$156.35**
	Note: all values in this table are for illustrative purposes only					

매개변수법이나 입찰실적기반법을 통해 건설공사비를 추정하게 되면 상기와 같이 비용을 모두 구체적으로 산출할 수 없으므로 단가 산정은 작업량에 실적 단가를 곱하여 가격을 구함으로써 프로젝트의 각 요소에 대한 비용을 계산한다. 상대적으로 빠른 추정방법이지만 한 가지 단점은 단위 요율에 포함된 항목을 해석하는 데 있다. 또한 일반적으로 자원, 시공방법이나 현장조건을 고려하지 않으므로 견적자는 프로젝트 간의 차이를 설명하기 위해 적절한 조정을 수행해야 한다. 이 과정에서는 과거 프로젝트의 상황, 프로젝트 위치 및 부지조건이 현재 추진중인 프로젝트와 크게 다른 부분이 생기면 부정확성을 유발할 수 있기 때문에 과거의 이력자료에서 단가가 정해진 배경을 잘 이해하는 것이 중요한다.

직접비, 간접비 및 이윤에 대한 모든 할증비율 및 요금에 대한 정확한 정보를 수집하는 것은 기관내부에서는 쉬운 일이 아니기 때문에 잘 작성된 입찰자의 유사 프로제트를 참고로 하여 신중한 분석이 필요하다. 그러나 잘 관리된 과거 비용 데이터는 온전성 확인을 통해 잠재적 누락을 강조하고 전체 가격 수준에 대한 신뢰수준을 달성하기 위해 견적금액을 벤치마킹하는 데 유용하다.

사례 4.6 도로 및 철도 건설공사비의 주안점에 대한 호주정부 시각 (Autralian Government 2018)

도로건설사업의 건설공사비 산출상의 주안점

도로 프로젝트의 핵심 구성요소는 대규모 토공, 구조물 및 포장이다. 배수시설은 지형과 우세한 기후에 따라 중요한 구성요소가 될 수도 있다. 프로젝트 비용의 많은 부분은 건설을 위한 설계와 노력을 적절히 고려하기 위해 생산성 비율을 적용해야 하는 위치 및 지반공학적 요인에 의해 결정된다. 대부분의 재료가 가능한 한 현지에서 조달되기 때문에 지상 도로 프로젝트(교량 빔, 배수로 및 도로시설물 항목 등 제외)에는 상당한 수준의 독점이나 제조 항목이 없다. 결과적으로 프로젝트 비용을 현실적으로 추정하기 위해서는 현장 부근의 현지 자원을 통한 재료가격 조사가 중요하다.

철도건설사업의 건설공사비 산출상의 주안점

대규모 미개발 프로젝트(일부는 있지만 많지는 않음)뿐만 아니라 기존 철도 인프라에 대한 성능개선이나 기존 사업에 대한 복제, 확장사업도 많이 이루어지고 있다. 도로와 달리 철도 프로젝트에는 분기기, 신호, 통신, 전력장비, 철도차량, 선로 및 침목과 같은 독점성격의 제조항목이 더 많은 경향이 있다. 운영 중인 철도망 내에서 철도건설 작업은 "**점용**", 즉 작업을 수행할 수 있도록 정상적인 열차운행이 중단되고 현장접근이 가능한 시간을 기준으로 계획 및 추정되어야 한다. 점용에 대한 계획의 영향으로 인해 철도 건설비용 추정은 도로건설에 대한 비용추정과 다르며 틀림없이 더 가변적이다. 철도 프로젝트의 비용을 계산할 때 특별한 주의가 필요한 몇 가지 요소의 예는 다음과 같다.

- 비용은 운영 레일과 안전 요구사항에 의해 부과된 제약을 기반으로 해야 한다.
- 야간 또는 주말 근무가 실무에서 발생하므로 모든 비용견적에 고려되어야 한다.
- 신호 및 통신과 같은 철도시스템의 비용계산에는 전문지식이 필요하며 작업의 중간준비 및 시운전을 고려해야 한다.
- 물리적 접근이 제한되고 특정 철도안전 요구사항이 있는 협소한 장소(철도보호구역)에서 수행되는 작업은 프로그램 기간을 연장하는 경향이 있어 도로 프로젝트와 비교하여 상당한 부분의 간접비용이 발생한다.

4.4.2 기본비용 견적을 위한 주요 고려요소

지리적 요소

지리적 고려 사항은 입찰 단가 선정에 중대한 영향을 미친다. 도시, 교외 또는 시골 환경과 같은 위치는 프로젝트의 입찰 단가를 설정할 때 고려되어야 한다. 프로젝트 위치와 관련된 비용 고려 사항 중 일부는 계약자가 동원 입찰 항목에서 처리할 수 있음을 기억해야 한다.

도시 환경에서의 프로젝트는 일반적으로 교통량, 제한된 운영 시간, 야간 작업 등 제한된 작업 공간 등의 측면에서 시공을 위한 보다 많은 노력이 필요하다. 이러한 요인 중 일부는 현지 계약자, 자재, 장비 및 인력의 가용성으로 상쇄될 수 있다.

물품이나 자재가 프로젝트 현장에 도달하기 위해 평소보다 더 많이 이동하는 경우 운송비용이 높아질 것이다. 농촌이나 오지 현장은 단가 설정에 영향을 미치는 요소가 도시 환경에 위치한 프로젝트와는 다르다. 시공에 있어서 제한된 작업 공간, 교통체증 및 작업 완료에 소요되는 추가 시간을 줄일 수 있다. 이와 같은 모든 요인들은 생산성을 높이는 요인이다. 반면, 자재, 장비 및 인력은 타 지역에서 조달해야 하므로 교통, 지원, 임금, 일당 등과 관련된 비용이 증가할 수 있다. 현장 접근 문제는 입찰 단가에도 영향을 줄 수 있다.

기층, 표층 또는 토공을 위해 대량의 골재를 사용하는 프로젝트에서 재료원 및 사토장의 위치는 비용에 큰 영향을 미칠 수 있다. 인근의 재료원 또는 사토장은 운반 비용을 줄인다. 농촌 프로젝트의 경우 콘크리트 배치 플랜트, 핫 믹스 아스팔트 플랜트 또는 이와 유사한 시설에 들어가는 비용으로 인해 단가가 상승할 수 있다.

물품의 비용을 설정하는데 있어서 지형도 고려 대상이다. 산악 지형이나 경사가 가파른 지역에서는 평지나 직선 도로와 반대로 생산성이 감소된다.

수량요소

프로젝트에서 자재의 수량은 해당 항목 구성이나 공급 단가에 영향을 준다. 이는 단순히 수요와 공급의 문제가 아니라 생산 효율성과 규모의 문제이기도 하다. 일반적으로, 수량이 적을 때보다 많을 때 단가가 떨어지는 것이 일반적이다. 대량 주문 시에는 할인이 되기 때문이다. 현장개설비용, 간접비 및 이윤은 많은 수량에 분산되어 해당비용 선정에 영향을 주게 된다. 폐기물치리비도 더 많은 양으로 분산되어 각 단위에 미치는 영향이 적다. 또한 수량이 많아질수록 작업완료 과정에 계약담당 직원의 경험과 전문지식이 고려될 가능성이 높아지고 이에 따라 투입비용의 효율성이 높아진다.

특정 자재가 집중적으로 많은 수량을 차지하는 프로젝트는 단가가 크게 상승할 가능성이 있다. 예를 들어, 구조물이 많은 대형 프로젝트는 특정 규격의 철강이나 시멘트 등 시장의 가용성이 원가에 크게 영향을 미칠 수 있다.

일정관리/리드타임

프로젝트의 효율성을 높이기 위하여 시공자는 노무, 장비 및 자재를 포함한 자원 일정을 최적화해야 한다. 시공자가 자원을 계획하고 최대화할 수 있을 때 입찰 경쟁력을 높일 수 있다. 다만, 예상되는 시기를 기준으로 프로젝트 견적시 **리드타임**(lead time, 조달시간)을 고려해야 한다.

난이도가 높은 시공현장의 제약조건

난이도가 높은 시공조건 및 현장의 제약은 건설비용을 증가시킬 것이다. 수중 말뚝시공, 운행 중인 철도 주변의 근접시공, 손상이 우려되는 인근의 역사적 건물, 문화적으로 중요하거나 환경적으로 민감하거나 위험성이 높은 장소 또는 그 부근에서의 시공과 협소공간에서의 시공은 모두 고려해야 할 제약조건이다.

4.4.3 기성방법에 따른 기본견적

총액지급방식

견적 관점에서 일괄지불(또는 일시불, lum sum) 입찰 항목은 비용 책정을 더 어렵게 하기도 한다. 일괄지불 항목은 계약 관리에 있어서 관리 비용을 절감할 수 있을 뿐만 아니라 시공자에게 다양한 작업 수단과 방법을 허용하므로 경우에 따라 의미가 있다. 또한 시공자에게는 성능 및 수량 리스크를 전가시키는데도 활용되기도 한다.

작업을 정량화할 수 있는 경우 수량을 포함하는 지불 방법을 사용해야 한다. 그러나 일괄지불 입찰 항목은 일반적으로 작업 항목을 일반적인 용어로서 정의할 수 있는 경우 많이 사용된다. 예를 들어, 완성품을 정의할 수 있지만 모든 구성 요소나 세부 사항을 쉽게 결정할 수는 없다. 이로 인해 일괄지불(일시불) 항목을 견적하기는 어려울 수 있다.

일괄지불 항목의 가용성에 대한 정보와 내역이 많아질수록 일괄지불액을 정확히 알 수 있다. 일괄지불항목은 견적이 쉽지 않은 기타 항목을 포함해서 단순하게 구성하여야 한다. 일괄지불 항목을 데이터 기록이 있는 보다 작은 항목으로 나눈 다음 해당 단위에 합리적인 견적 비용을 적용하면 전체 일괄지불 항목에 대한 비용을 정확하게 설정할 수 있다.

일괄지불 항목은 보통 발주자로부터 시공자에게 리스크가 전가되기 때문에 입찰자는 구성 요소 비용보다 높은 비용으로 입찰하게 됨을 이해할 필요가 있다. 시공자는 예상하지 못한 작업을 충당하기 위해 비용인상(또는 공기연장)에만 의존할 수 없다. 따라서 일괄지불 항목 적용은 각별히 주의해야 한다.

경우에 따라서는 교통통제와 같은 시간에 기초한 일괄 입찰지불 항목의 경우와 같이 작업을 더 빨리 수행하기 위한 보상(인센티브)으로서는 일괄지불 방식이 더 나을 수도 있다. 이러한 상황에서 시급한 항목은 보상을 제공하지 않으며, 심지어 계약자가 가능한 한 오랫동안 작업 구역에 머물게 할 수도 있다. 그러나 대부분 일괄지불 입찰 항목을 사용하면 계약자 입찰가는 더 높아지는 것이 일반적이다. 일괄지불 항목 사용에 대한 타당성이 확인되어야 하고 이 과정이 견적 파일에 문서화되어야 한다

사례 4.7 네바다주 교통부(2021)의 일괄지불 항목 사용에 조건

일괄지불 항목은 다음 조건이 적용되는 경우에만 사용하도록 하고 있다.

a) 일괄지불 항목은 사용할 수 있는 적절한 대체 비 일시금(non-lump sum) 표준 항목이 없는 항목이다.
b) 작업이 쉽게 정의되지 않는다. 즉, 최종 준공물은 알려져 있지만 시공 기술이나 기타 세부 구성 요소를 결정하기 어렵다.
c) 많은 구성 요소가 포함되어 있는 복잡한 항목(설계자는 가능한 경우 구성 항목을 분해하는 것이 좋다).
d) 일괄지불은 다른 측정 단위가 사용되는 경우보다 적시에 또는 효율적인 방식으로 작업을 완료하기 위한 보상으로 적절하다.
e) 일괄지불 항목은 강제 계정 항목(아래 참조)보다 저렴하거나 시공자가 부담하는 리스크가 낮은 경우에 적절하다.

실비정액지불 방식

실비정액지불 방식은 공사를 완료하기 위한 모든 노무, 자재, 장비에 대한 실제 비용을 시공자에게 지불하는 방식이다. 재료비, 노무비, 간접비 및 이윤이 이 비용에 추가될 수 있다. 강제계정지불 방법은 주로 "**추가 작업**"(즉, 프로젝트가 추진되거나 공고되는 시점에서 예상치 못한 작업이 시공 중 발견됨) 또는 잘못 정의된 작업 항목에 사용되는데, 시공 중 사용되거나 사용되지 않을 수도 있다.

시공자는 보통 이 작업에 입찰하지 않기 때문에 비용을 줄이거나 부지런히 작업을 수행할 만한 인센티브가 거의 없다는 것을 기억해야 한다. 이 때문에 실비정액지불 방법은 필요할 때만 사용한다.

실비정액지불 항목에 대한 합리적인 비용견적이 필요한 경우 작업 범위를 설정해야 한다. 범위가 결정되면 유사한 작업 항목에 대한 과거 입찰가 데이터와 비교할 수 있다. 비교 가능한 이력이 없는 경우 강제계정지불 항목은 예상되는 핵심 구성 요소로 분할되어야 한다. 해당 항목에 대한 과거 입찰 데이터와 주어진 제한 사항에 의존하여 합리적

인 강제계정 견적금액을 얻을 수 있다. 더 작은 핵심 작업 항목에 대한 데이터가 없는 경우 작업을 수행하는데 필요한 노무, 자재 및 장비의 수량과 비용을 견적해야 할 수 있다(예: 원가기반 견적법 사용).

실비정액지불 항목은 시공자로부터 발주자에게 리스크를 전가하기 위한 도구로 간주될 수 있다. 프로젝트관리자가 적절하게 작업을 지시하는 경우 강제계정지불 항목은 일괄지불 항목보다 비용이 적게 들 수 있다.

실비정액지불 항목의 추정 비용은 프로젝트 견적 파일에 문서화되어야 한다.

4.4.4 공사입찰 공고시기

프로젝트가 공고된 후에 이어지는 입찰 시기가 가격에 큰 영향을 미치는 경우 계약자 대부분은 선호하는 작업 수행 시기가 존재한다. 일반적으로 날씨와 직접적인 상관관계가 있는 예를 들어 아스팔트 포장과 같은 시공 공종에 가장 도움이 되는 것이 적절한 공고시기이다.

적절한 공고시기는 외부 제약 등 다양한 항목의 영향을 받을 수 있다. 프로젝트를 공고하기에 가장 좋은 시기는 계약 이행을 위한 시간적 여유를 갖고 계약자가 작업 시기를 최대한 활용할 수 있도록 적절한 타이밍에 자원을 동원할 수 있는 해당 공종 작업 시기의 몇 개월 전이다.

계약자들이 특정 기간 동안 자신의 자원을 완전히 다 쓰고 있는 동안에는 프로젝트에 입찰할 가능성이 적고 입찰하더라도 경쟁이 덜한 환경에 처하게 된다. 이러한 이유로 발주자는 성수기 이전에 가능한 한 빨리 프로젝트를 공고하여 계약자가 작업 계획에서 효율성을 찾을 수 있도록 최대한 많은 기회를 계획하고 일정을 잡고 찾을 수 있는 이점이 있다. 이는 또한 보다 경쟁력 있는 입찰 환경과 낮은 입찰 가격을 만든다.

최종 기본비용견적을 준비하는 사람은 공고시기를 알고 극한 기온에 따른 생산성 감소, 날씨에 민감한 자재에 대한 추가 보호 등과 같은 계절로 인한 입찰 가격의 예상 변동을 고려해야 한다.

4.4.5 전문공종

전문공종은 새로운 공종이나 새로운 시공 방법이 아니라 대부분의 작업과는 다소 다른 공종이다. 예를 들어, 포장 보수 프로젝트에 있어서 신호 작업은 신호 및 조명 작업이 주를 이루는 프로젝트에서는 전문적으로 분류될 수 있다. 전문 작업을 포함하거나 전체 전문 작업 공종으로 구성된 프로젝트는 견적시 정확하게 특정되어야 한다. 특수 품목 비용을 견적하려면 해당 품목을 완성하는데 필요한 작업과 자원에 대한 철저한 이해가 필요하다.

전문공종을 평가할 때는 분야별 전문가(SME)의 조언을 구한다. 이력 입찰 데이터를 활용하여 전문 항목을 견적할 때는 이력 프로젝트와 현재 진행 중인 프로젝트 간의 유사점과 차이점이 충분히 고려되어야 한다.

고려해야 할 또 다른 요소는 프로젝트 또는 작업 요소를 수행할 수 있는 자격을 갖춘 계약자의 수이다. 조경, 이정표, 울타리 또는 가동형 교량 구성요소의 기계적 보수 등이 전문공종의 다른 예이다. 전문공종은 해당 작업에 익숙한 직원이 검토해야 한다.

4.4.6 표준 품목과 비표준 품목

표준 품목은 발주자와 계약자 모두에게 친숙하다. 이러한 작업 항목은 일반적으로 발주자와 계약자 모두에게 알려진 수량과 품질을 나타내며 입찰 기록은 이를 반영하는 경향이 있다. 품목이 비표준 품목이 되도록 어떤 식으로든 변경되면 불확실성이 도입된다. 이러한 불확실성은 보통 품목의 비용 상승으로 이어지며, 특히 계약자가 계약서에서 품목을 처음 보는 경우가 많다. 가능한 한 표준 품목을 사용하는 것이 일반적이다. 표준 품목이 변경되어 "**비표준 품목**"이 되었을 때 비용이 이전 비용과 다르다는 것을 인식해야 한다.

4.4.7 최초 사용품목

프로젝트에는 단가를 설정하는데 사용할 과거 데이터가 거의 또는 전혀 없는 경우도 있다. 이러한 경우 유사한 품목을 가지고 지침을 제공할 수 있지만 추가 조사 작업이 필요할 수도 있다. 만약 중요하지 않은 품목이라 판단된다면 합리적인 입찰 가격을 결정하는데 많은 시간을 소비할 필요가 없다. 해당 품목이 주요한 품목으로 간주되거나 전체 사업 입찰에서 중요할 가능성이 있는 경우에는 비용산정을 위한 연구를 수행해야 한다.

일반적으로 품목사용에 익숙한 사람에게 연락하면 비용산정에 도움이 될 수 있다. 공급업체, 간행물, 심지어 계약자도 비용을 설정하는데 귀중한 자원이 될 수 있다. 단, 단일 계약자나 출처의 견적에 의존하지 않도록 주의해야 한다. 처음 사용된 품목에 대해 견적할 때는 여러 출처를 활용해야 한다.

문제의 품목이 어떤 방식으로든(혁신적이거나 새롭거나 실험적이거나) 고유하거나 전문 품목으로 간주되는 경우, 계약자의 경험 부족과 시공 리스크 증가 가능성을 고려하여 비용을 조정할 수 있다. 작업이 하도급될 가능성이 있는 경우 주계약자는 하도급자의 가격을 인상시킬 수 있다.

4.4.8 지반조건

토질상태에 대한 일반적인 가정사항들은 견적 초기에 할 수 있지만 잘못된 것으로 판명될 수 있다. 견적이 진행됨에 따라 지반공학 데이터는 정보를 개선하는데 도움을 주며, 비용증가를 유발하는 설계변경 및 클레임을 방지하는데 도움이 될 수 있다. 초기 견적 시의 토질 조건과 알려지지 않은 토질 조건의 잠재적 영향에 관한 가정사항을 명확하게 문서화해야 한다. 지반 조건은 구조물 건설 비용에 상당한 영향을 미칠 수 있으므로 지반 조건과 구조물 견적간의 조정이 중요하다.

일반적으로 견적누락은 자재의 증감에 대한 부적절한 허용기준에서 발생된다. 적절한 증감계수를 결정하려면 자재부서와 상의해야 한다. 토질조건은 프로젝트에 상당한 비용리스크가 될 수 있다. 리스크기반 비용견적 기술은 지반공학 리스크가 중대한 위협이나 기회를 제시하는 경우 이를 정량화하기 위해 활용되어야 한다.

4.4.9 허가조건

사업에 대한 인허가 절차와 주무관청은 프로젝트에 따라 달라진다. 예를 들어 미국 네바다주의 경우 기획, 범위 지정, 설계단계 전반에 걸쳐 건설허가 조건은 환경서비스 부서에서 담당한다. 이러한 그룹을 조기에 참여시키면 건설비용이 증가할 특정 허가 또는 조건을 식별하고 비용 소모적인 환경 분쟁을 피하는데 도움이 될 수 있다. 쉬운 일은 아니지만 허가권을 쥐고 있는 이해관계자를 비용견적팀에 참여시키는 것은 좋은 일이다.

이를테면 우수집수 및 처리, 습지보호 및 경감, 위험물질 시험, 봉인 및 처리, 지하연료탱크, 크레오소트 목재, 오염된 토양 및 잠재적 지하수 오염의 제거 및 처분으로 인해 상당한 비용이 필요할 수 있다.

4.4.10 시장상황

시장상황을 고려하기 위해 기본비용 견적 단위 입찰가를 조정하는 대신 리스크를 식별하는 것이 좋다. 한편, 기본비용 견적의 일부로 연료, 아스팔트 오일 및 강재 에스컬레이션에 대한 비용(입찰 항목)을 포함하지만, 시장 조건을 반영하기 위해 모든 입찰 항목에 대한 포괄적인 비용인상(에스컬레이션) 요소가 있어서는 안 된다.

4.4.11 기타계약

동시에 공고되는 여러 프로젝트는 경쟁 및 가용성 부족과 같은 방식으로 입찰 가격에 영향을 줄 수 있다. 계약자는 프로젝트 입찰을 개발하는데 사용할 리소스가 너무 많다. 대규모 프로젝트의 경우 계약자는 한 번에 둘 이상의 프로젝트에 대한 입찰을 개발할 자원이 없을 수도 있다. 이 경우 프로젝트를 관리하여 이것이 입찰에 영향을 미치는 요소가 되지 않도록 해야 한다.

일반적으로 2~4인의 입찰자가 입찰금액에 미치는 영향은 미미하다. 정상 입찰자 수가 2~4인을 초과하는 경우 이것이 입찰가에 어느정도 영향을 미칠지 고려해야 한다. 이러한 리스크가 발생할 확률은 프로젝트관리자가 평가해야 한다. 일반적인 완화 전략에는 공고 시기 및 공종구분이 포함된다.

다중계약 환경에서 고려해야 할 또 다른 요소는 프로젝트에 필요한 자원과 여러 활성 프로젝트가 한 지역에서 충돌을 일으키는 경우이다. 예를 들어, 주어진 지역에서 여러 개의 대규모 교량 프로젝트로 인해 구조용 강재 또는 숙련된 노동력이 부족할 수 있다. 이러한 경우 여러 프로젝트를 지원할 수 있는 시장 능력을 고려해야 한다.

한 지역에 다수의 계약이 있으면 프로젝트 간에 충돌이 발생할 수 있다. 교통통제, 인력수급 문제 등이 발생할 수 있다. 이러한 충돌은 생산율과 후속 입찰품목 가격을 계산할 때 고려되어야 한다. 프로젝트관리자는 다른 지구 또는 지역 당국에서 진행 중인 인접 프로젝트 및 인근작업을 알고 있어야 한다. 보다 경쟁력 있는 입찰과 더 나은 교통량 관리로 이어질 협업 및 조정의 기회가 있을 수 있다.

자재 및 재료 수급 용이성

자재 및 재료 수급 용이성은 리스크처럼 또 다른 유형의 시장조건이다. 쉽게 구할 수 있는 재료 또는 일반적으로 사용되는 재료는 구매 및 설치/시공 비용이 상대적으로 저렴하지만 공급이 부족한 재료는 더 비싸다.

단기간에 대량자재가 필요하게 되면 일시적 제품 가용성 부족 및 잠재적 비용상승 또는 프로젝트 지연을 초래할 수 있다.

예상되는 입찰 경쟁자 및 입찰 참가자

발주자의 입장에서 입찰에 참가하는 시공자의 수는 리스크로 취급되어야 한다. 시즌 후반이나 시공자가 해당 연도에 작업 일정을 지정한 이후 입찰가로 공고되는 프로젝트는 더 높은 입찰가가 형성될 수 있다. 이는 입찰에 참가하는 시공자의 수 또는 경쟁자가 부족하기 때문이다. 가능한 기간 동안 많은 시공자가 입찰에 참여하는 프로젝트는 보다 경쟁적이다. 시공자는 계약을 체결하기 위해 가능한 가장 낮은 가격으로 입찰해야 한다는 것을 알고 있다.

4.4.12 기타 자금 조달원/타인을 위한 계약 작업

프로젝트가 외부 자금으로부터 지원을 받을 것인지 여부는 견적 기준에 문서화되어야 한다. 국비지원, 지자체 참여 또는 공공/민간 파트너십 자금은 모두 문서화해야 한다. 자금 출처는 설명이 필요한 추가 요구사항이 있을 수 있다. 예를 들어, 미국의 연방 자금에는 프로젝트 비용 또는 일정에 영향을 미칠 수 있는 Buy America(미국의 경기부양 법안에 포함된 조항) 참여와 관련된 요구사항이 포함된다.

4.5 | 기본비용 견적금액의 할증

비용항목 할증 계수, 현장동원비용, 설계 및 감리 비용, 기타 설계항목에 대한 할증계수(입찰이력기반견적법, 비용기반견적법 및 리스크기반 견적법에만 해당), 시공엔지니어링 비용 및 시공 비상준비금이 기본비용 견적에 고려되어야 할 필요가 있다.

4.5.1 현장개설비용

현장개설비용은 시공자의 시공 전 사전비용과 준비작업, 운영비용 충당을 위한 계약지불 항목 등에 지출되는 비용이다. 이 작업을 정의하는 명확한 목록은 없다. 시공자가 이러한 비용을 충당하기 위해 필요시 입찰가를 조정할 수 있기 때문에 계약당 몇 퍼센트를 사용해야 하는지에 대한 실제 규칙은 없다.

프로젝트에 대한 현장개설비용을 결정할 때 위치, 복잡성, 특수장비 필요성, 공사유형, 두 시기 이상에 걸쳐 시공이 연장되는 경우 작업시기과 같은 다양한 요소를 고려해야 한다. 더 높은 현장개설비 비율이 필요한 프로젝트에는 농촌 대 도시, 여러 작업현장이 있는 프로젝트, 많은 철거항목이 있는 프로젝트, 대규모 굴착이 있는 프로젝트 또는 시공자가 다음 시기에 현장개설을 해제하고 다시 개설할 것으로 예상되는 두 시기에 걸쳐 연장되는 프로젝트가 포함된다.

현장개설비용은 시공책임형 건설사업(CMAR) 프로젝트 수행방식에 대하여도 동일하게 계산된다. 보험 및 사무실 요구에 따라 약간의 증가를 고려할 필요가 있는 경우 프로젝트관리자와 논의해야 한다.

4.5.2 기타항목

"미확정참작금"이라고 하는 기타항목은 아직 구체적으로 식별되거나 수량화되지 않은 다양한 비용을 포괄하는 의미이다. 또한 견적을 계획하는 동안 프로젝트를 정의할 때 미비점을 설명하는데 사용된다.

설계 및 시공비 참작금을 정할 때 주의를 기울여야 한다. 그러한 참작금은 추가된 범위나 중대한 리스크 항목을 다루기 위한 것이 아니며 원래 의도된 항목을 포함해야 한다.

계획단계에서 미확정참작금은 일반적으로 식별된 시공항목의 백분율로 표현한다. 프로젝트가 환경영향검토단계로 넘어감에 따라 참작금을 분야별로 세분화하여 설계가 진행됨에 따라 적절하게 관리해야 한다. 예를 들어, 배수구조물에 대한 미확정참작금은 견적의 배수공종 하위에 배치된다. 이는 견적에 도움이 되고 프로젝트관리자와 팀이 이 항목을 적절하게 관리하는데 도움이 된다.

최종 설계에서 이러한 백분율은 개별 금액으로 변경해야 한다. 설계가 진행되고 기타항목 참작금에서 비목 및 추가 수량을 식별함에 따라 감소한다.

기타항목에 대한 참작금은 설계-시공(design-build) 및 시공책임형 건설관리사업(CMAR) 프로젝트 수행방법에서도 동일한 방식으로 계산된다.

4.5.3 기본설계

기본설계 비율은 프로젝트 설계비용 견적을 위한 초기단계(계획 및 환경 영향검토)에서 사용할 수 있다. 이 비율은 프로젝트 유형 및 프로젝트의 총 금액에 따라 다르다. 미국 네바다주 교통부 설계 프로젝트의 경우 평균적으로 과거 PE(Preliminary Engineering) 비용은 프로젝트에 따라 건설비용의 약 6-10% 정도이다. 약 250억원 미만의 소규모 프로젝트는 일반적으로 10% 가까이로 높다. 범위가 잘 구분된 대규모 프로젝트는 하위 6% 범위이다.

용지보상 활동을 지원하는 비용은 PE 비용에 포함되지 않는다. 용지보상비는 기본비용 견적금액 내에서 별도의 라인이며 일반적으로 용지보상 담당부서에서 제공한다.

프로젝트 수행방식을 설계시공일괄(턴키)방식으로 선택하였다면, 기본설계비는 발주자와 설계자가 비용을 일정부분 나눌 수 있다. 시공책임형 건설관리사업(CMAR)의 수행방법이 사용되는 경우 시공자가 기본설계비를 제공하고 독립적인 비용견적자가 제공하는 사전 건설지원 서비스 비용을 충당하기 위해 기본설계비에 추가 자금을 고려해야 할 수 있다.

4.5.4 실시설계

실시설계 비율은 지침일 뿐이며 실시설계 부서 또는 프로젝트관리자의 권고에 따라 변경할 수 있다. 다음의 백분율이 시작점이 될 수 있다.

- 10% – 약 70억원 이상의 비용이 소요되는 프로젝트
- 10% – 약 40~70억원 비용의 프로젝트
- 15% – 약 40억원 미만의 프로젝트
- 5% ~ 15%는 프로젝트관리자 재량에 따라 실시설계 부문에서 입력, 자체 프로젝트의 경우 설계부문에서 입력

설계시공일괄 입찰방식 프로젝트의 경우 발주자의 시공 엔지니어링 비용은 유사한 설계시공 분리입찰방식의 프로젝트 대비 일반적으로 60–75% 정도가 된다. 이 금액에는 발주자가 수행한 설계검토비는 포함되지 않는다. 실시설계 금액의 나머지 25–40%는 설계시공일괄 입찰방식의 QA/QC 비용에 사용된다.

4.5.5 비상준비금

시공 "**비상준비금 비율**"은 추가작업, 수량초과 및 항목을 포함하여 시공 중 예기치 못한 변경을 처리하기 위해 설정된다.

본 가이드라인의 경우 미국 네바다주 교통부의 기준을 참고하여 아래와 같은 시공 비상준비금 비율을 제안하지만, 적절한 비용은 수요처에서 별도로 책정할 필요가 있다.

- 견적금액이 약 30억원 미만인 경우 공사계약금액의 7%
- 견적금액이 약 30~250원인 경우 5%
- 견적금액이 약 250억원 이상인 경우 3%

CRA 워크숍 중 식별되는 리스크에 대해 리스크 추출자는 이 파악된 리스크와 시공 비상준비금을 이중으로 계산하지 않도록 주의해야 한다.

설계시공일괄 조달방식 및 CMAR 형태의 프로젝트 조달방식에서는 일반적으로 현장변경 및 추가 항목을 포함하여 시공 중 예상치 못한 프로젝트 변경을 위해 동일한 양의 비상준비금이 필요하다. 그러나 이 경우 설계관련 리스크가 계약당사자(시공자)에게 전가되기 때문에 설계와 관련된 변경사항은 이론적으로는 설계시공분리 조달방식보다는 더 낮아야 한다.

4.5.6 에스컬레이션(물가변동)

시공, 용지보상, 엔지니어링 요소에 대한 에스컬레이션 데이터는 이러한 요소가 정량적 리스크분석에 적용될 수 있도록 충분한 수준으로 결정되어야 한다.

> 모든 기본비용 견적금액은 현재년도의 비용으로 표시되어야 한다.

기본비용견적은 현재 시장가를 사용하거나 프로젝트 비용을 산출하기 위해 현재 시장가로 상승된 입찰이력기반 가격으로 작성된다. 주요 프로젝트 지출은 일반적으로 몇 년에 걸쳐 발생하므로 리스크 평가 워크숍 중에 상품 및 공급품의 미래 가격을 고려해야 한다. 미래 가격은 연간 성장률을 나타내는 상승률을 바탕으로 예측한다.

에스컬레이션은 주요 건설요소와 광범위한 건설지수를 추적한 것이다. 연간 성장률 예측은 다양한 출처에서 온 건설요소의 과거 데이터 세트를 사용한다. 건설자재의 경우 시장분석 및 통찰력과 함께 과거 데이터를 기반으로 상승률을 예측한다. 프로젝트 엔지니어링 비용은 대부분 노무에 대한 현지임금에 의존하기 때문에 현지임금으로 상승률을 예측한다.

용지취득비용 상승은 부동산 가치평가의 지역부동산 추세에 영향을 받는다. 이러한 지역시장 동향을 평가하기 위해 여러 지수를 사용한다. 주택가격지수를 포함한다.

에스컬레이션은 개별 시공요인에 따라 다르다. 이는 차례로 지역, 국가 또는 국제요인의 영향을 받는다. 미래 상승률에 따른 견적은 가격변화이력, 잠재적 시장상황의 변화이력, 그에 따른 공급 및 수요 반응을 고려하여 나온다. 시공비 상승률은 공사의 성격에 따라 달라질 수 있는 몇 가지 공통비용 구성요소로 구성된다. 이러한 구성요소에는 다음이 포함된다.

- 콘크리트
- 아스팔트
- 연료
- 기계 및 장비
- 다양한 재료
- 철강
- 골재
- 목재 및 목재 제품
- 전기 및 조명 장비
- 노무

전체 시공비 상승은 해당 시공비의 개별 상승비율의 가중치를 기반으로 한다. 미래 상승률은 본질적으로 불확실하기 때문에 이러한 비율의 불확실성은 모든 정량적 리스크 분석에 포함되어야 한다. 리스크기반 비용견적에 사용되는 에스컬레이션 표와 지침은 프로젝트관리부서에서 제공해야 한다.

4.5.7 할증 적용

비용중복을 피하기 위해, 아래 표와 같이 기 비용견적 내에서 할증(markup)을 적용(계산)해야 한다. 표에 사용된 백분율은 예시용이다. 현장개설비용을 계산하기 전에 식별된 입찰항목에 미확정참작금에 대한 백분율을 추가해야 한다. 이것은 프로젝트에 대한 계약금액의 합을 제공한다. 건설 및 예비 엔지니어링, 비상준비금과 같은 항목은 모두 계약금액 합의 백분율로 표현된다.

용지보상비용 및 지장물 이설은 기본비용이나 프로젝트 총계를 위한 계약총액에 추가된다.

사례 4.8 기본비용 견적 내에서의 할증 적용 (미국 네바다주 교통부 예)

설명	금액
입찰항목	$1,000,000
미확정참작금 (15%)	$150,000
입찰 항목 소계	$1,150,000
현장개설비용 (7%)	$80,500
계약총액	$1,230,500
실시설계(15%)	$184,575
기본설계(10%)	$123,050
비상준비금(7%)	$86,135
용지보상 지원(프로젝트별로 결정)	$20,000
용지취득(프로젝트별로 결정)	$100,000
지장물 이설(프로젝트별로 결정)	$75,000
프로젝트 총계(기본비용)	$1,819,260

Project
Risk
Management
Guidelines

제4편

일정-비용 통합 리스크분석 지침

PART 4

제1장

서 론

제1장 서론

1.1 | 본 지침의 목적

본 지침은 국내 대규모 건설 사업에서 일정 중심 또는 일정과 비용이 통합된 리스크분석을 수행하기 위한 권장 절차와 방법을 제시한다. 이를 통해 공정관리 전문가, 사업비 또는 프로젝트관리 조직뿐만 아니라 국가, 지자체, 공공기관 발주 사업 전반에 응용할 수 있다.

발주 기관은 총 사업비를 산정할 때 일정 및 비용 관련 리스크와 이에 따른 불확실성을 합리적으로 반영하기 위해 사업 초기 단계부터 리스크분석을 실시해야 한다. 일정 리스크를 고려한 사업비 예측이 필요하다는 것은 글로벌 국가 및 단체의 지침, 문헌, 그리고 전문가들의 공통된 의견이다. 일정 및 비용 리스크분석은 고품질의 총 사업비를 산출하기 위한 핵심 도구이며, 프로젝트를 성공적으로 진행하는 데 필수적인 지원 도구이다.

사업 수행 중에는 공정 지연, 물가 변동, 설계 변경, 인허가 지연 등과 같이 사업 환경과 리스크 요인이 시시각각 변할 수 있으므로, 프로젝트관리자는 일정 및 비용 리스크분석을 정기적으로 모니터링 하고 갱신해야 한다. 이를 통해 예산 초과나 일정 지연 가능성을 조기에 파악하여, 필요 시 대응 전략을 수립할 수 있다.

효과적인 일정 및 비용 리스크분석을 위해 이 지침과 함께 국내 건설사업관리(CM) 지침, PMBOK, AACE International, GAO 등에서 제공하고 있는 국제 및 국내 표준 지식을 참조하는 것이 권장된다. 이를 통해 분석 결과의 신뢰성을 높여 발주자, 시공자, 건설사업관리자 등 이해관계자의 의사결정에 활용할 수 있다.

국내 대규모 건설 사업의 경우, 적정 사업비 추정 결과를 바탕으로 발주기관의 승인 또는 정부 예산 심의를 거쳐야 하므로 일정 및 비용 리스크분석을 필수 절차로 수행하는 것이 바람직하다. 이러한 수행과정을 통해 사업비와 공정에 영향을 미칠 수 있는 주요 불확실성을 사전에 식별하고, 이를 정량적으로 분석하여 총사업비 산정 시 합리적인 예비비와 적정공기를 근거있게 제시할 수 있어, 설계 및 시공 계획 수립 단계에서 효과적인 의사결정이 가능하다.

1.2 | 일정-비용 통합 리스크분석의 필요성

- 계획 단계에서 수립한 일정이 실제 시공 과정에서 변경되면서 점점 의미가 없어지는 것 같다고 느낀 적이 있었는가?
- 프로젝트 중반 이후, 진척률 보고가 단순한 숫자에 불과해 '**앞으로 남은 일정을 제대로 반영하고 있는지**' 의심한 적은 없었는가?
- 마감일을 지키지 못한 프로젝트에 배정된 경험이 있는가?
- 작업 기간을 더 정확하게 예측할 수 있다면 좋겠다고 생각한 적이 있는가?
- 신중하게 관리하고 있는 주경로(CP)가 실제로 CP인지 의문이 든 적은 없었는가?
- 불확실성이 큰 경로에 지나친 여유 공기가 잡혀 있다고 느낀 적은 없었던가?
- 공정표에서 여유가 충분하다고 안심했지만 실제로는 병목 리스크 때문에 전혀 여유가 없었던 경험이 있지 않은가?
- 프로젝트의 높은 리스크 요소를 파악하고 경영진의 관심을 끌 수 있는 도구와 지침서가 있으면 좋겠다고 생각한 적은 없었나?
- 하도급사가 제출한 일정이 전체 프로젝트 일정과 얼마나 일관성 있게 연결되어 있는지 의심해 본 적이 있는가?
- 지난 몇 년 동안 프로젝트에 내재된 전반적인 리스크, 특히 일정 지연과 관련된 불확실성이 크게 증가하지는 않았는가?

위에서 하나 이상의 의문점을 가졌거나 느꼈던 경험이 있는 독자라면 이 가이드라인을 끝까지 읽어보기를 권장한다.

최근 많은 민원 및 환경 요소, 정치, 경제, 글로벌 공급 시장이 급변하면서 합리적인 공기 추정, 계획 수립 및 리스크관리가 더욱 어려워졌다. 물론 공기 및 비용이 증가하는 데에는 여러 가지 원인이 있지만, 그중 초기 개발 단계에서 일정 수립 시 발생하는 문제로 인해 프로젝트는 시작과 함께 부족한 공기 설정으로 인한 불합리한 조건에 빠지는 경우도 상당한 원인을 차지한다.

이처럼 첫 단추부터 잘못 끼워진 프로젝트는 후속 작업들에 영향을 끼쳐, 결과적으로 실패한 결과로 흘러갈 수 있다. 특히 비현실적인 프로젝트 일정 데이터는 개발팀 전체의 사기를 크게 저하시킬 뿐만 아니라 고객 및 고위 경영진과도 승자 없는 줄다리기를 할 수밖에 없는 환경을 만든다. 여러 프로젝트에 참여하고 경험이 많은 프로젝트관리자라면 일정에 얼마나 많은 예비(컨틴전시) 시간을 포함해야 할지 직관적으로 '**느끼는**' '**감**'이 있지만, 그 '**감**'은 경영진까지 전달되지 못하고 결국 잘못된 준공일을 가지고 사업이 착수된다.

모든 프로젝트는 양호한 품질로 잘 설정된 일정에 따라 관리될 필요성이 있기 때문에 사실 대부분 프로젝트는 시작할 때부터 일정 데이터가 존재한다. 일정 데이터는 완료일과 주요 마일스톤을 예측하고, 하루하루의 활동과 자원 관리를 지원하며, 현재의 진행 상태를 기록하고 준공일까지 예측하는 데 사용된다. 이처럼 일정 수립 활동은 오랜 역사와 함께 널리 인정된 프로젝트관리 기법으로, 다양한 산업과 조직에서 수많은 사람이 활용하고 있다.

그러나 이러한 노력에도 불구하고 프로젝트 일정이 지연되는 경우가 계속 발생한다. 실제로 수많은 프로젝트가 계획된 일정보다 늦어지고 있으며, 어떤 경우에는 매우 심각한 지경에 이르고 있다. 다음 〈표 1.1〉은 미 연방교통국(FTA; Federal Transit Administration)의 28개 운송시설 사업 일정 지연 분석 사례이다. 비용초과 원인이 많지만 일정 지연만으로 사업비가 10% 증가한 것으로 보고되었다(National Academies of Sciences, Engineering, and Medicine, 2006).

〈표 1.1〉 철도 프로젝트의 비용 동인과 일정변경에 따른 비용변화

ID	사례 프로젝트	초기 예상 추정치(A)	초기 인플레이션 조정 (A→B)		기준선 추정치(B)	단가 및 수량 조정		조정 후 추정치(C)	일정 변경에 따른 비용변화 (C→D)		일정 및 범위 조정 후 최종비용 (D)	실제 변화 (D→B)	
		계획연도 기준 (단위, 백만달러)	계획연도 기준 (단위, 백만달러)	증감율 (B-A) / A	기준연도 지출비용 (단위, 백만달러)	기준연도 기준 (단위, 백만달러)	증감율 (C-B) / B	기준연도 기준 (단위, 백만달러)	기준연도 기준 (단위, 백만달러)	증감율 (D-C) / C	기준연도 기준 (단위, 백만달러)	기준연도 기준 (단위, 백만달러)	증감율 (D-B) / B
1	애틀랜타 노선 연장	370.2	52.2	14.1%	422.4	1.1	0.3%	423.5	49.1	11.6%	472.7	50.2	11.9%
2	보스턴 올드 콜로니 복원	368.2	79.0	21.5%	447.2	74.7	16.7%	521.9	43.1	8.2%	565.0	117.8	26.3%
3	보스턴 실버라인(1단계)	318.1	-		318.1	187.2	58.9%	505.3	99.1	19.6%	604.4	286.3	90.0%
4	시카고 사우스 오크 클리프 확장	453.0	-		453.0	-19.1	-4.2%	433.9	40.7	9.4%	474.6	21.6	4.8%
5	댈러스 사우스 오크 클리프 확장	347.1	-		347.1	63.5	18.4%	411.0	26.2	6.4%	437.2	90.1	26.0%
6	덴버 서부 노선	127.5	10.5	8.2%	138.0	24.0	17.4%	162.0	15.1	9.3%	177.1	39.1	28.3%
7	로스앤젤레스 레드라인 MOS 1	620.7	75.1	12.1%	695.8	688.2	98.9%	1,383.9	106.2	7.7%	1,490.1	794.4	114.2%
8	로스앤젤레스 레드라인 MOS 2	949.7	167.0	17.6%	1,116.6	619.1	55.4%	1,735.7	185.9	10.7%	1,921.6	805.0	72.1%
9	로스앤젤레스 레드라인 MOS 3	898.3	215.0	23.9%	1,113.3	20.8	1.9%	1,134.1	93.6	8.2%	1,227.6	114.3	10.3%
10	미니애폴리스 히아와타 라인	581.0	-		581.0	58.7	10.1%	639.7	75.6	11.8%	715.3	134.3	23.1%
11	뉴저지 허드슨-버겐 MOS1	775.0	-		775.0	239.[illegible]	30.9%	1,014.5	98.5	9.7%	1,113.0	338.0	43.6%
12	뉴욕 63번가 간선	488.4	-		488.4	102.[illegible]	21.0%	591.1	41.2	7.0%	632.3	143.9	29.5%
13	파사데나 골드 라인	997.5	-		997.5	-414.7	-41.6%	582.8	94.8	16.3%	677.6	-319.9	-32.1%
14	피츠버그 공항 버스웨이(1단계)	170.2	-		170.2	95.5	56.1%	265.7	61.1	23.0%	326.8	156.6	92.0%
15	포틀랜드 공항 확장공사	125.0	-		125.0	2	1.6%	127.0	0.0	0.0%	127.0	2.0	1.6%
16	포틀랜드 밴필드 회랑	214.0	-		214.0	1.4	0.6%	215.4	31.4	14.6%	246.8	32.8	15.3%
17	포틀랜드 인터스테이트 MAX	278.9	34.5	12.4%	313.4	36.0	11.5%	349.4	0.0	0.0%	349.4	36.0	11.5%
18	포틀랜드 웨스트/힐즈보로 MAX	479.8	52.1	10.9%	531.9	337.1	63.4%	869.1	94.4	10.9%	963.5	431.6	81.1%
19	솔트레이크 노스-사우스 라인	256.3	20.6	8.0%	276.9	28.6	10.3%	305.6	6.2	2.0%	311.8	34.9	12.6%
20	샌프란시스코 SFO 공항	1,046.0	129.3	12.4%	1,175.3	222.5	18.9%	1,397.8	152.4	10.9%	1,550.2	374.9	31.9%
21	산호세 URBAN 노선	766.0	199.0	26.0%	965.0	1,085.9	112.5%	2,050.9	199.1	9.7%	2,250.0	1,285.0	133.2%
22	산타클라라 캐피털 라인	147.1	-		147.1	15.4	10.5%	162.5	0.0	0.0%	162.5	15.4	10.5%
23	산타클라라 타스만 동부 라인	197.7	-		197.7	70.9	35.9%	268.7	7.5	2.8%	276.2	78.5	39.7%
24	산타클라라 타스만 서부 라인	251.3	-		251.3	29.4	11.7%	280.6	0.0	0.0%	280.6	29.4	11.7%
25	산타클라라 바소나 라인	269.1	-		269.1	47.8	17.7%	316.8	0.0	0.0%	316.8	47.8	17.7%
26	시애틀 버스웨이 터널	288.3	25.8	9.0%	314.1	247.4	78.8%	561.5	49.6	8.8%	611.1	297.0	94.6%
27	세인트루이스 센트럴 회랑	337.3	-		337.3	-0.8	-0.2%	336.5	0.0	0.0%	336.5	-0.8	-0.2%
28	워싱턴 라곤 확장	397.1	-		397.1	47.0	11.8%	444.1	11.9	2.7%	456.0	58.9	14.8%
	합계	12,518.7	1,060.2	8.5%	13,578.9	3,912.[illegible]	28.8%	17,491.0	1,582.8	9.0%	19,073.8	5,494.9	40.5%
	비가중 평균			14.7%			25.9%			7.9%			36.3%

* 출처: National Academies of Sciences, Engineering, and Medicine, 2006

GAO(2015)의 일정 평가 가이드에 따르면, 잘 계획된 일정은 정부가 공공 자금을 효과적으로 사용하도록 돕는 기본적인 관리 도구이다. 이는 미래에 수행될 작업의 시기를 명시하고, 승인된 계획에 따라 프로그램 성과를 측정하는 데 기여한다. 또한 시간의 모델로서 통합되고 신뢰할 수 있는 일정은 주요 사건이 예상되는 시점과 그에 이르는 모든 활동의 완료 일정을 보여줄 수 있으며, 이를 통해 프로젝트 목표가 얼마나 현실적이고 달성 가능한지 여부를 판단하는 데 큰 도움이 된다.

프로젝트 지연은 프로젝트 발주자와 시공자에게 재정적 손실을 초래하고, 경영상의 기회 상실로 이어지며, 해당 시설을 이용하는 사람들에게 신뢰를 잃게 한다. 따라서 프로젝트관리자들은 일정 상태를 수시로 업데이트하고, 일정 지연을 예측하여, 최대한 빨리 필요한 대응 조치를 실행할 필요가 있다. 이를 위해 일정 지연에 영향을 미치는 불확실성을 고려하여 일정과 비용을 통합적으로 분석하는 리스크분석, 즉 일정-비용 통합 리스크분석이 필요하다.

1.3 | 일정 계획 수립의 한계

일정-비용 통합 리스크 분야에서 국제적으로 저명한 전문가로 인정받고 있는 Hullet (2009)은 일정 지연이 프로젝트 일정 수립과 관련된 최소한 다음 네 가지 문제로 인해 발생한다고 지적하였다.

- **프로젝트 스케줄링은 업무 자체가 매우 어렵다.** 프로젝트를 경험해 본 사람이라면 일정 수립 담당자 누구도 이 분야를 완전히 마스터할 수 없다는 점을 이해하고 있다. 프로젝트 스케줄러의 역할은 어렵고 복잡하다. 스케줄러는 여러 팀의 일정을 통합하여 정확한 통합 일정과 데이터를 만들고, 팀원 및 경영진과 긴밀하게 소통하며 일정의 현실성과 적절성을 검토해야 한다. 또한 'what-if' 시나리오 분석 등 다양한 계획 수립 업무도 맡는다. 기술적 능력뿐 아니라 다양한 이해관계자와의 조율 능력도 중요하다. 스케줄러는 독학하거나 비전문가에게 단편적으로 배워 스케줄링을 수행하는 경우가 많다. 스케줄링 소프트웨어의 기능은 비교적 잘 사용하지만, 논리 구조를 제대로 이해하지 못해 비효율적인 수작업 조정을 반복하는 경우가 많다. 또한

경험 부족이나 인원 부족은 일정 품질을 떨어뜨리는 주요 원인이 된다. 우수한 교육 자료와 표준이 있어도 급하게 진행되는 프로젝트 상황에서는 이러한 좋은 교육을 받기가 어렵고, 교육을 잘 받는다 하더라도 바로 실무에 적용하기가 쉽지 않다. 보통은 교실 수업보다는 전문가의 실무 멘토링이 실력 향상에 훨씬 더 도움이 되지만, 조직 내에 좋은 멘토링을 해 줄 전문가도 없는 경우가 많다.

- **프로젝트 스케줄링의 규칙이 명확하지 않다.** 일반적으로 논리, 제약조건, 자원, 캘린더 및 활동 기간의 사용을 의미하는 프로젝트 스케줄링의 규칙이 스케줄러에게 명확하지 않은 경우가 많고, 실제로 실무에서 잘 지켜지는 것도 아니다. 스케줄링 실무가 부실하면 프로젝트 일정이 불완전하고, 때로는 위험할 수도 있다. 대부분의 프로젝트 일정은 숙련된 스케줄러가 작성한 것이더라도 전문적인 수준으로 인정받기까지 많은 수정 작업을 거쳐야 한다.

- **경영진이나 프로젝트 발주자는 종종 비현실적인 기한을 요구한다.** 일정을 10% 더 단축해야 한다는 경영진의 강압적인 요구는 사업의 성공을 위해 설득력 있게 들리기도 한다. 그러나 이렇게 시작된 프로젝트가 당초에 설정한 '**공격적인**' 목표 준공 일성을 지키지 못하면, 프로젝트관리자는 비효율적인 관리자로서 큰 질책을 받게 된다. 일정 담당자는 현재 보유하고 있는 자원만으로는 공격적으로 설정한 일정을 준수하기 어렵다는 것을 알고 있다. 프로젝트 일정 전문가들은 현재의 프로젝트 일정 데이터에 대부분 동의하지 않을 것이다. 프로젝트 일정 담당자는 현실적이고 신뢰할 수 있는 일정을 수립할 책임이 있지만, 실제 업무 환경에서는 발주자나 관리자, 고객의 무리한 요구로 인해 비현실적인 일정을 강요받는 경우가 많다. 이러한 압력은 작업 병행 및 자원의 추가 투입(Fast Tracking and Crashing)을 초래하며, 결국 실현 가능성이 낮고 성공 가능성이 매우 희박한 비현실적인 일정이 만들어진다. 프로젝트의 일정 및 비용 초과 가능성은 크게 증가한다.

- **프로젝트 일정은 활동 기간에 대한 단일 점(확정적 단일 수치) 추정을 사용하여 작성된다.** 미래 기간의 불확실성을 고려할 경우, 일정 경로의 기간은 CPM 기반의 일정 수립 및 소프트웨어로 계산된 기간과 다를 가능성이 매우 높다. 이 경우, 일반적인 CPM 스케줄링 도구는 활동 기간을 단일 확정값으로 가정하므로 실제 현장에서 발생할 수 있는 불확실성을 충분히 반영하지 못한다. 초기의 추정치는 자원, 생산

성, 외부 요인 등에 대한 가정사항에 근거하지만, 이 가정사항으로 만들어진 상황은 시간이 지나면서 점차 확정된 약속으로 변질되어 일정의 확고한 기준이 되어 버린다. 이러한 상황으로 설정된 추정치는 나중에는 '**확정값**'처럼 인식되어 일정 초과 시 벌칙이나 비난으로 이어지며, 결국 "**선택의 여지가 없었다**"라는 식으로 변명하게 된다.

1.4 | 본 지침서의 구성 및 범위

1.4.1 지침서의 구성

대부분의 프로젝트에서 일정 지연이 빈번하게 발생하므로, 반복적으로 발생하고 있는 질책과 비난의 우물 안에서 속히 벗어나기 위해서는 프로젝트 일정-비용 통합 리스크 분석이 필수적이다. 일정 지연 예측 기반의 조기 경보 시스템을 구축함으로써, 일정 지연과 이로 인한 비용 상승에 큰 영향을 미칠 수 있는 리스크 요인을 사전에 식별·관리할 수 있는 선제적이고 체계적인 접근이 필요하다.

동일한 공종의 활동이라고 하더라도 그 소요 기간은 프로젝트마다 달라지며 과거의 경험이나 추정만으로는 정확하게 예측할 수 없다. 미래에 일어날 활동은 본질적으로 정확하게 알 수 없으며, 아무리 뛰어난 관리와 예측 기법을 사용한다 해도 실제 소요 기간은 당초 계획과 크게 다를 수 있다. 이 문제와 해결방법의 필요성에 동의하는 독자라면 본 지침서를 끝까지 읽어보기를 권한다.

본 제4편 일정-비용 통합 리스크분석 지침(이하 본 지침이라 함) 구성은 다음과 같이 구성되어 있다.

- 제1장(서론)은 일정-비용 통합 리스크분석 방법의 필요성을 이해하는데 도움이 되는 일반사항을 담았다.
- 제2장(기본개념)은 일정-비용 통합 리스크분석을 위한 기본개념을 기술하였다.
- 제3장(일정-비용 통합 리스크분석 프로세스)는 제3편에서 10단계로 설정한 리스크 기반비용견적 프로세스와 함께 일정이 연계된 활동으로 정리하였다.

- 제4장(일정–비용 통합 리스크분석 및 관리를 위한 주요 고려사항)은 제목 그대로 일정–비용 통합 리스크분석 및 관리를 위한 주요 고려사항을 소개하였다.

1.4.2 지침서의 범위

본 지침서는 일정 모델링에 대한 상세한 기법 및 기술을 다루지는 않는다. 이러한 내용을 다루는 좋은 문헌은 이미 여러 권 나와 있다. 그 문헌들의 모든 사항을 이 책에 옮겨서 소개하는 것은 큰 의미가 없다. 본 지침서는 일정–비용 통합 리스크분석을 이해하기 위한 기본 및 핵심 개념 위주로 작성되었다.

일정에 관한 기초 및 상세 기술과 기법을 안내하고 있는 PMI(2019)가 발간한 'Practice Standard for Scheduling (3rd Edition)'은 프로젝트 스케줄링의 체계와 원칙을 정립한 국제 실무 표준으로, PMBOK®의 일정 관리 지식을 확장하고 구체화한 좋은 참고문헌이다. 이 표준은 단순히 일정표를 만드는 기술서가 아니라 '**스케줄 모델**(Schedule Model)'이라는 개념을 중심으로 프로젝트 일정을 설계, 분석, 유지, 평가하는 전 과정에 걸친 모범 사례를 제공하고 있으며, 전 세계적으로 프로젝트관리 표준으로 사용되는 PMBOK 제6판과도 부합하도록 구성되었다. 이 표준에는 스케줄 모델링의 핵심 원칙과 개념이 소개되어 있으며, 다양한 프로젝트 수명 주기와 이에 맞는 스케줄링 접근 방식 등이 설명되어 있다. CPM 등 전통적인 기법뿐 아니라 적응형 수명 주기, 연동 계획, 그리고 새로운 트렌드도 함께 다루고 있다. 또한 스케줄링 도구, 스케줄 모델, 스케줄 모델 인스턴스, 프레젠테이션의 차이점을 명확히 하고, 애자일 기반 추적 및 표현 방식의 활용에 관해서도 설명하고 있다. 전형적인 CPM 기반 스케줄 모델링이 계획, 작성, 유지, 분석, 커뮤니케이션의 관점에서 어떻게 체계적으로 관리될 수 있는지에 대하여 일정 관리, 일정 모델 생성, 일정 모델 유지 관리, 일정 모델 해석, 커뮤니케이션 및 보고서 작성의 세부 항목으로 상세히 소개되어 있다.

이 외에도 PMI, GAO 등 일정 관리가 중요한 기관에서 발간한 일정 관련 지침서 등이 있으니 일정 모델링에 대한 기초지식, 기술 및 기법 등 상세한 내용은 이러한 문헌을 참고하기 바란다.

PART 4

제2장

기본개념

제2장 기본개념

2.1 | 개요

그동안의 전통적인 프로젝트관리 방식에서는 일정과 비용을 개별적으로 관리하거나 각각을 독립적인 변수로 취급하는 경향이 있었다. 그러나 실제 프로젝트 환경에서는 일정 지연이 비용 증가로 이어지고, 반대로 비용절감 압박이 일정 지연을 야기하는 등 두 요소 간의 상호 의존적 관계가 매우 복잡하게 나타난다. 이러한 현실적 한계를 극복하기 위해 일정과 비용을 통합한 리스크분석이 수행되어야 한다.

일정과 비용을 통합한 리스크분석은 본 가이드라인 제3편에서 강조한 바와 같이, 일정표 활동의 입출력 값을 모두 한 숫자로 인식하는 확정적인 관점이 아닌 입출력값을 범위로 인식하고 프로젝트의 불확실성과 이벤트 리스크를 정량적으로 분석하는 확률론적 동일한 방법론을 사용한다. 이 접근법은 단순히 최선, 최확, 최악의 시나리오 중 한가지만 고려하는 것이 아니라 이 모든 가능성을 확률분포로 모델링하고 이벤트 리스크도 함께 고려하여 보다 현실적이고 신뢰할 수 있는 프로젝트 일정 및 비용 예측을 가능하게 한다.

본 장에서는 이러한 일정-비용 통합 리스크분석을 위한 기초개념 및 기본개념을 체계적으로 다룬다. 먼저, 이러한 개념을 이해하기 위한 프로젝트관리의 핵심 도구인 **작업분류체계**(Work Breakdown Structure, WBS), 네트워크 다이어그램, 일정관리도구, 그리고 **획득가치관리시스템**(Earned Value Management System, EVMS)에 대해 다루고, 이러한 이해를 바탕으로 **주경로법**(Critical Path Method, 이하 CPM이라 함.)의 한계점과 일정 불확실성의 다양한 원인을 살펴보며, 마지막으로 일정-비용 통합 리스크분석 방법에 대해 설명한다.

2.2 | 일정-비용 통합 리스크분석을 위한 기초개념

프로젝트의 일정관리가 제대로 되지 않으면 원가 또한 상승하기 때문에, 본 지침 제3편에서 다룬 사업비 추정결과에 대한 신뢰도를 높이려면 사업비 추정에 일정 리스크를 연계시키는 노력을 회피해서는 안된다. 어떤 일을 하든 필요한 작업 패키지를 정리하고, 이를 수행하기 위한 일정 계획을 수립하며, 그 일정에 맞춰 비용을 산출하는 것이 기본 업무가 되어야 한다.

앞선 제3편의 리스크기반 견적지침에서 중요하게 언급했던 프로젝트비용을 적절하게 산출했다 하더라도, 실제 프로젝트 진행 중에는 다양한 문제가 발생하면서 공기 지연이 발생하고, 이로 인해 간접비가 증가하여 계획한 비용을 크게 초과하는 경우가 많이 발생하고 있다. 특히 많은 이해관계자가 복잡하게 개입되어 있는 대규모 프로젝트에서는 이러한 현상이 더욱 심해진다. 따라서 비용과 관련된 일정 변동의 불확실성과 리스크를 정량화하여 비용견적에 반영하는 과정이 반드시 필요하다.

일정관리는 한정된 시간과 계획된 예산 내에서 작업 범위를 유지하고 품질을 확보하기 위해 프로젝트와 관련된 모든 업무를 논리적이고 체계적으로 관리하는 활동이다. 특히 프로젝트관리에서 일정관리, 원가관리, 품질관리를 주요 관리 요소로 내세울 만큼 일정관리는 프로젝트관리의 핵심 기능임을 알 수 있고, 대부분의 건설사업관리에서도 일정관리는 항상 중요하게 간주되는 항목이다. 국내에서는 안전관리를 위해서도 적정 공기를 섬승하고 있다.

해외 프로젝트의 경우, 입찰 공고 시 대부분의 입찰안내서에서 일정관리를 PERT/CPM 소프트웨어를 사용하여 관리하도록 요구한다. PERT/CPM의 명칭을 통해 이론적 목적을 이해하면 일정관리의 주요 목적도 알 수 있다.

- PERT(Program Evaluation & Review Technique)
- CPM(Critical Path Method)

궁극적으로 PERT와 CPM의 목적은 최적화된 일정관리를 통해 공기단축과 비용절감을 실현하는 것이다. 이는 프로젝트관리에서 일정과 비용을 주요 요소로 관리하여 정해진 일정 및 비용 내에서 프로젝트를 완료하겠다는 목적에 부합한다.

프로젝트의 성공을 위해서는 무엇보다도 프로젝트에 영향을 미치는 이해관계자들과의 원활한 의사소통이 중요하며, 이를 위해 논리적이고 과학적인 일정관리 접근 방식이 필요하다. 논리적인 일정관리를 통해 얻을 수 있는 장점은 다음과 같다.

- 논리적인 일정관리를 통해 보다 논리적이고 과학적인 계획 수립이 가능해져 현재 시점에서 프로젝트 종료일과 비용을 합리적으로 예측할 수 있다.
- 프로젝트 생애주기 전반에 걸친 WBS 활동, 자원에 대한 가정사항, 리스크, 이슈, 부적합 보고서, 기타 보고서 등의 프로젝트 문서를 연계하여 관리함으로써 일정과 연관된 리스크의 식별과 추적 관리를 원활하게 할 수 있다.
- 노무, 비노무, 자재 등의 자원을 활동에 연계하고 관리하여 자원의 부하 여부를 파악함으로써 자원 제약으로 인한 프로젝트 일정 문제를 예방하고 프로젝트 성공 확률을 높일 수 있다.
- 계획과 실적의 편차를 기반으로 한 개선 활동을 수행할 수 있고, 현재 상태와 과거 실적 데이터를 비교 분석해 보면서 편차를 바탕으로 미래에 대한 보다 나은 예측과 비용초과 및 공기 지연에 대한 예방 활동이 가능하다.
- 계획과 실적의 비교 분석을 통해 프로젝트 종료 시 발생할 수 있는 공기 지연/공기 연장에 대한 분쟁 상황에 유연하게 대처할 수 있으며, 예상되는 문제점에 대한 대비책을 수립하는 데도 유용하다.

프로젝트 수행 중 일정을 제대로 관리하기 위해서는 일정-비용 통합 리스크분석 기법과 이에 상응하는 도구의 이해와 활용이 필요하다. 현대의 프로젝트는 사업 규모가 크고 복잡하기 때문에 전문적인 일정관리 소프트웨어를 사용하는 것이 필수적이다.

2.2.1 프로젝트 범위 이해를 위한 필수 도구

유효한 일정을 수립하기 위해서는 전체 프로젝트 작업 내용을 완전히 이해하고 있어야 한다. 새로운 프로젝트 일정 계획을 수립하는 첫 번째 단계는 앞서 소개한 WBS 외에 **조직분류체계**(Organizational Breakdown Structure, OBS)와 **비용분류체계**(Cost Breakdown Structure, CBS)를 포함한 프로젝트 작업 범위를 이해하고 관련 프로젝트 계약 및 승인 문서를 검토하는 것이다. 프로젝트관리 프로세스를 통해 추가 정보를 확보하면 계획된 일정을 수립하는 데 필요한 보다 상세한 정보를 활용할 수 있다.

작업분류체계(WBS)의 이해

작업분류체계(WBS, Work Breakdown Structure)는 프로젝트 목표를 달성하기 위해 필요한 활동과 작업을 세부적으로 분류하여, 프로젝트 범위의 '**무엇**'을 정의하는 성과품 중심의 계층적 구조로서, 하드웨어, 소프트웨어, 서비스, 시설 등 전체 작업을 논리적으로 세분화하여 계획, 비용, 일정, 기술, 요구사항의 체계적 관리가 가능하도록 한다. 각 요소는 WBS라는 계층적 구조를 통해 시각화되며, 상하위 관계가 명확하게 설명된다.

WBS는 사업 범위를 정의하여 성과 중심의 계층적 구조로 이해할 수 있으며, 하드웨어, 소프트웨어, 서비스, 시설 등 다양한 업무를 체계적으로 세분화하기 때문에 계획, 예산, 일정, 품질관리를 효율적으로 할 수 있도록 하는 핵심 도구가 된다.

국내 프로젝트에서 WBS를 작성할 때는 성과물 중심의 접근 방식을 강조하며, 공공사업 표준지침이나 발주기관의 가이드라인을 준수하는 것이 중요하다. WBS의 구조는 계층적이며 논리적이어야 하고, 실무자가 쉽게 이해할 수 있어야 한다. 또한 부처별 또는 발주처의 코드 체계와 일관성을 유지해야 하며, 발주자와 시공·설계사 등 모든 이해관계자의 작업 범위가 포함되도록 해야 한다. WBS이 각 레벨별로 요약이 가능해야 하고, 시스템, 하위 시스템, 구성품 등 기술 구조와 계층이 일치해야 하며, 업무 간의 통합과 관계도 반영해야 한다.

WBS는 단순한 일정 작성 도구가 아니라 품질, 일정, 비용 성과를 종합적으로 관리하는 기준이 된다. 따라서 통합 일정과의 정합성과 근거 있는 추적성이 보장되어야, 경영진 보고, 사업성과 분석, 리스크 예측 및 대응 계획 수립이 용이해진다. 특히 민관협력사업(PPP)이나 대형 SOC 사업의 경우, 협력업체와의 WBS 연계를 통해 세부 수준까지 관리할 수 있어야 한다. 더불어 WBS의 맨 하위 구조인 **작업패키지**(Work Package, WP)를 형상화한 3D **BIM**(Building Information Modeling)과 일정을 연계하여 4D BIM을 구현하면 자본비용(CAPEX), 운영비용(OPEX), 교체 비용을 포함하여 원가를 자동으로 산정할 수 있는 5D, 6D까지 연동되어 생애주기 사업 관리가 훨씬 원활해진다.

좋은 WBS는 발주처의 요구사항과 법규, 표준지침을 반영하면서도 현장의 실무자가 즉시 활용할 수 있는 형태로 구성되어야 하며, 최신 BIM 기술과 디지털 트윈과 연계되는 방향성을 추구하는 것이 좋다. 이를 기반으로 수립된 일정은 프로젝트 생애 기간 동안 사업 범위를 충실히 반영하고, 비용과 일정을 통합 관리하며, 사업 진행 상황을 체계적으로 파악할 수 있게 해준다.

점점 복잡해지고 불확실성이 커지는 사업환경에서 WBS의 구성과 관리는 프로젝트 일정-비용 통합 리스크분석을 위해 매우 중요한 개념이 될 것이다.

조직분류체계(OBS)의 이해

조직분류체계(OBS, Organization Breakdown Structure)는 프로젝트 수행 조직구조를 작업이나 기능별로 분류함으로써, 프로젝트 범위 내에서 '**누가(Who)**' 일을 수행하는지 보여주는 구조이다. 이는 조직의 계층적 구성을 바탕으로 각 부서나 팀이 맡는 역할과 책임을 명확하게 정의하는 도구로, 특히 복수의 부서나 기관이 참여하는 대규모 프로젝트에서 필수적이다. OBS를 활용하면 조직 간의 위계 관계, 책임 범위, 상호 연계 구조를 시각적으로 파악할 수 있으며, 이를 통해 업무 중복이나 책임 공백을 예방할 수 있다. OBS는 기업의 기존 기능 조직도와 같을 수도 있지만, 프로젝트 수행 목적에 맞게 별도로 재편성된 조직 구조일 수도 있다.

OBS는 WBS와 함께 사용할 때 진가를 발휘한다. WBS가 '**무엇(What)**'을 할 것인지, 즉 프로젝트의 작업 내용을 세분화하여 보여준다면, OBS는 그 작업을 '**누가(Who)**' 담당할지를 보여준다. 이 두 구조를 결합하면 **책임할당매트릭스**(Responsibility Assignment Matrix, RAM)를 만들 수 있다.

RACI 차트라고도 알려진 **RAM**은 WBS의 작업 항목과 OBS의 조직 항목을 매트릭스 형태로 결합하여 각 작업에 대한 담당 조직을 명확하게 지정하는 표 형태로 제공된다. 이를 통해 프로젝트관리자는 특정 작업의 책임자를 즉시 확인할 수 있고, 자원 배분, 일정 계획, 성과 측정, 프로젝트 상태 보고업무를 보다 체계적으로 수행할 수 있다. **RAM**은 단순한 역할 배분표가 아니라 프로젝트 전체에서 책임과 권한의 경계를 명확히 하고 자원 투입과 일정 진행을 효과적으로 관리하는 핵심 도구이다.

건설사업 환경에서 OBS와 RAM의 개념을 적용하면 WBS로 세분화된 공정 항목에 대해 발주자, 시공자, 건설사업관리자 등 각 이해관계자의 책임과 역할을 한눈에 확인할 수 있다. 예를 들어, 구조물 시공은 시공자의 공사 담당자가, 품질검사는 건설사업관리자의 품질 감독자가, 안전관리는 시공자의 안전 담당자가 각각 책임지도록 매트릭스에 명시하는 것이다. 이를 통해 모든 공정 단계에서 '**누가, 무엇을, 언제**' 수행하는지 명확하게 기록이 되어 사업 진행 중 발생할 수 있는 역할 혼선이나 책임 전가, 이로 인한 공기 지연 등의 문제를 사전에 예방할 수 있다.

이처럼 OBS와 RAM은 단순한 조직도나 공정표를 넘어 프로젝트 전반의 책임, 역할, 자원 관리 체계를 완성하는 기반이다. 특히 다수 조직이 참여하는 복잡한 건설사업일수록 필수적으로 고려해야 할 관리 도구이다.

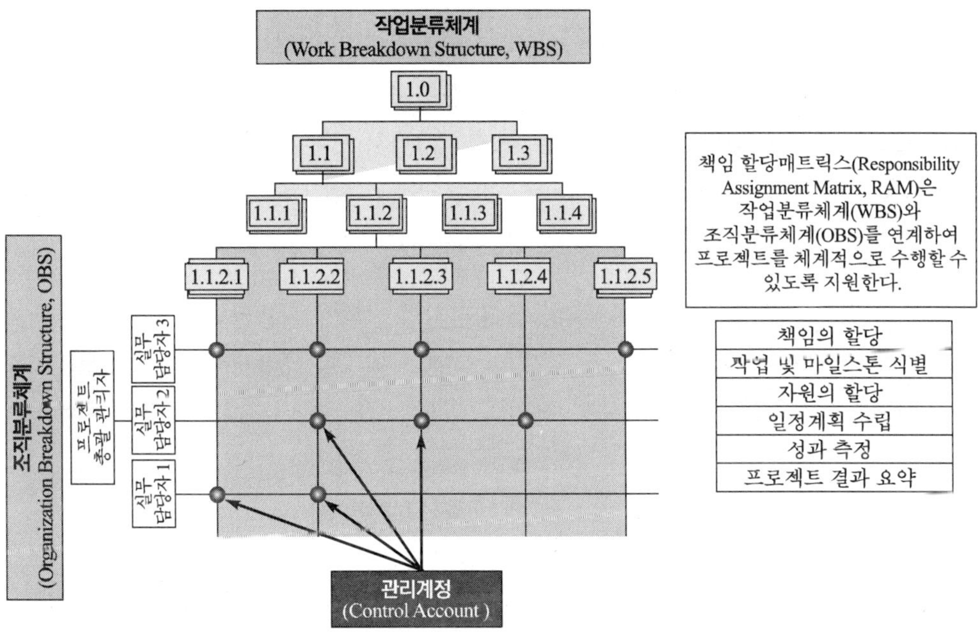

〈그림 2.1〉 책임할당매트릭스 RAM 사례(NASA 2020)

비용분류체계(CBS)의 이해

비용분류체계(CBS, Cost Breakdown Structure)는 프로젝트 범위에 대한 비용을 세부적으로 분류하는 체계이며, 자원과 비용을 체계적으로 분류하여 관리하는 방법이다. CBS는 WBS를 기반으로 비용 정보를 결합하여 특정 작업 단위에 자원과 비용을 배분하고, 이를 집계하여 관리하는 구조를 가진다. 이때, 전술한 OBS와 WBS의 교차점에서 **관리계정**(Control Account)이 정의되며, 이는 특정 조직이 특정 WBS 작업을 수행 및 관리하는 계정단위로서, 해당 작업 작업패키지의 예산과 실제 투입 비용을 비교하고 관리하는 핵심 요소가 된다.

각 관리 계정은 담당자가 책임지고, 작업 범위에 대한 일정 계획 수립, 상태 점검, 활동 유지 등을 담당한다. 관리 계정 설정은 책임 중복을 방지하고, 범위, 일정, 예산, 작업 승인, 비용 집계 등 프로젝트 계획 전반을 통합하는 기초가 된다.

프로젝트에서는 WBS를 CBS 개발의 기본 자료로 사용하며, 여기에 비용 정보를 결합해 자원과 비용을 배분하고 관리한다. 이 과정에서 WBS와 CBS 간의 레벨 불일치를 조정하고, 프로그램의 범위, 일정, 비용이 어떻게 연계되는지 파악한다.

CBS는 예산 계획, 자원 배분, 리스크분석과도 연결되며, 일정 지연, 범위 변경, 리스크 완화 등에 따라 비용 변화가 발생할 수 있음을 고려한다. 또한 CBS는 승인된 공정표와 비용 산출 근거와 연계되어야 하며 〈그림 2.2〉에서 보는 바와 같은 **성과측정기준선**(Performance Measurement Baseline, 이하 PMB라 함.)을 수립하는 기반이 된다. PMB는 범위, 일정, 비용이 통합된 기준선(Baseline)으로 EVM 등에 활용된다.

비용은 자금 가용성과 연계되어야 하며, 계획된 작업 범위가 허용된 재원 내에서 수행 가능한지 여부를 판단해야 한다. 이를 위해 비용 관련 일정을 활용하여 시간 경과에 따른 지출 예측과 자금 가용성을 비교하고, 불일치 시에는 범위 축소나 계획 조정을 진행한다.

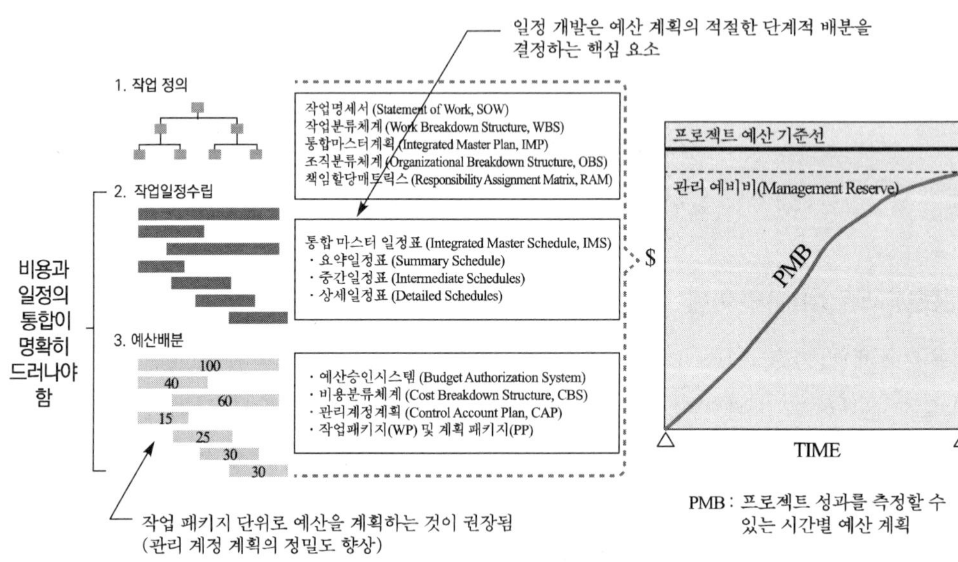

〈그림 2.2〉 믿을만한 PMB를 얻기 위한 비용 일정 견적 통합 개념 (NASA 2020)

2.2.2 일정 경로의 논리적 관계

프로젝트 일정을 구성할 때 각 활동 간의 논리적 연계를 명확하게 설정하는 것이 매우 중요하다. 활동 간의 종속 관계를 정의하면 일정 네트워크 다이어그램을 만들 수 있고, 이를 통해 전체 활동을 시간 순서에 맞게 배열할 수 있다. 이러한 관계 설정은 보통 상위 수준의 흐름도를 작성하는 것에서 시작하여 이후 각 활동의 관계를 구체적으로 할당하는 방식으로 진행된다. 이때, 불필요한 선도, 지연 및 과도한 제약 조건은 피하는 것이 좋다. 특히 모든 활동과 마일스톤이 상호 의존성을 반영하여 논리적으로 배열되어 '**수평적 추적성**(horizontal traceability)'을 확보하는 것이 가장 좋은 실무로 여겨진다. 이를 위해서는 의존 관계의 유형을 현실적이고 정확하게 설정해야 한다. 이를 통해 중간 진행 상황을 평가하고, 주요 마일스톤의 달성 여부를 예측하며, CP 분석을 수행할 수 있다.

활동 종속성 설정

모든 활동과 마일스톤은 상호 의존성을 반영하여 논리적으로 순서화되어야 하며, 이를 위해 적절한 관계 유형을 설정하는 것이 중요하다. 네트워크 논리는 완전하고 정확하며 현실적이어야 한다. 이를 통해 주요 마일스톤과 활동의 진행 상황을 평가하고 예측할 수 있으며, CP 분석도 가능하다. 예를 들어, 주택의 골조가 완성되기 전에는 지붕 공사를 할 수 없는 것과 마찬가지로, 특정 프로젝트의 사전 요구사항이 종료되지 않았다면, 상세 설계 단계에 착수할 수 없다.

일정 개발 초기에는 요약 수준의 흐름도를 작성하여 활동 흐름과 통합 포인트를 파악하는 것이 권장된다. 흐름이 명확해지면 각 활동에는 최소 한 개의 선행 활동과 후속 활동이 있어야 한다(즉, **미연결**(open-end)은 없어야 한다). 예외는 시작 **마일스톤**, 종료 마일스톤 또는 인도물/수령물과 관련된 경우로 한정된다.

활동 간의 연결은 임의로 제한해서는 안 되며 작업량과 잔여 기간에 따라 논리적으로 설정해야 한다. 선행 및 후속 관계는 작업의 필요성과 산출 근거에 의해 뒷받침되어야 하고, 불필요한 중복 링크는 피해야 한다. 예를 들어, 활동A→활동B, 활동B→활동C로 연결된 상태에서 활동A→활동C를 추가로 연결하는 것은 중복이다. 이를 '**스파게티 연관 관계**'라고 한다. 또한 논리는 세부 활동에서 파생된 요약 활동에 직접 부여해서는 안 된다. 활동들을 연결할 때는 그냥 보기 편하라고 임의로 연결해서는 안 되고, 실제로 일이 진행되는 순서와 필요성에 맞게 연결해야 한다. 선행 활동과 후속 활동의 관계는 "**왜 이 활동이 끝나야 저 활동을 할 수 있는지**"에 대한 분명한 이유나 근거가 있어야 한다. 불필요한 연결은 만들지 말아야 한다. 특히 요약 활동 및 WBS에는 직접 연결을 걸면 안 된다. 요약 활동은 단지 여러 세부 활동을 묶어서 보여주는 역할이므로, 실제 연결은 세부 활동들끼리만 해야 한다.

인수 및 인도 항목

인수 및 인도 항목은 프로젝트 일정에서 중요 품목이나 산출물의 인터페이스와 인계 및 인수 절차를 공식적으로 문서화하는 것이다. 이를 통해 어떤 활동에서 어떤 품목을 받아야 하는지 어떤 품목을 전달해야 하는지 수령 및 제공 항목을 명확하게 할 수 있다.

프로젝트 스케줄(P/S) 팀은 인수 및 인도 항목을 **통합 마스터 일정**(Integrated Master Schedule, IMS)의 시작 부분에 별도의 섹션으로 배치하여 한눈에 보기 쉽게 하거나 일정 및 보조 일정의 활동 흐름에 포함하여 관리할 수 있다.

즉, 인수 및 인도 관리의 핵심은 프로젝트 내 중요 품목의 흐름과 시점을 명확하게 정의하고 이를 일정 내에서 추적할 수 있도록 하는 것이다.

LOE (Level of Effort)

노력의 수준(LOE, Level of Effort)는 프로젝트에서 특정 작업이나 프로젝트 전체를 지원하는 데 필요한 반복적이고 지속적인 노력의 수준을 의미한다. LOE 활동을 일정에 포함할 때 주의해야 할 점이 있다. LOE 활동은 구체적인 활동 산출물을 직접적으로 만들어내는 것이 아니라 주로 지원적이고 지속적인 성격의 활동이므로 일정상 다른 실질적인 활동의 기간을 좌우하지 않도록 신중하게 연결해야 한다. 일정 모델링을 잘못하면 LOE 활동이 프로젝트의 전체 기간에 영향을 주거나 CP를 결정하게 하는 오류를 범할 수 있다.

LOE 활동에 논리적 연결을 피하거나 실제 계획된 기간보다 하루 짧게 설정하여 장기 LOE 활동이 CP 계산에 영향을 미치지 않도록 할 수 있다. 이러한 기법은 CP 계산의 왜곡을 방지하기 위해 사용되지만, 그 사용 목적과 영향은 반드시 일정 설명서와 산출 근거 문서에 명확하게 기록되어야 한다.

관계 연결

일정은 단순히 활동들의 집합이 아니라 논리적으로 연결된 일련의 활동으로 구성된다. 이러한 논리적 관계는 프로젝트 수행 순서를 나타내며 어떤 활동은 선행 활동이 완료되어야만 시작할 수 있고 어떤 활동은 병렬로 수행될 수 있다. 대부분 일정계획이 가능한 소프트웨어에서는 활동 간의 관계를 주로 PDM 방법을 사용하여 다음과 같은 네 가지 주요 논리로 표현한다. 참고로 **미국방계약관리국**(DCMA)은 전체 연관 관계에서 F-S 비중을 90% 이상, S-S와 F-F 연관 관계를 10% 미만으로 유지할 것을 권장하고 있다.

1. Finish-to-Start(F-S): 가장 일반적인 관계로, 선행 활동이 끝나야 후속 활동이 시작될 수 있다. 예를 들어, 콘크리트 양생이 완료되어야 건물 골조를 세울 수 있다.

2. Start-to-Start(S-S): 병렬 활동 간 관계로, 선행 활동이 시작되고 선행활동이 끝나지 않아도 일정 시간이 경과된 후나 동시에 후속 활동을 시작할 수 있다. 예를 들어, 설계가 시작된 후 며칠 뒤 도면 초안 작성이 시작될 수 있다.

3. Finish-to-Finish(F-F): 두 활동이 동시에 종료되어야 하는 관계이다. 예를 들어, 설계 활동이 끝난 후에만 도면 활동이 종료될 수 있다. 설계가 지연되면 도면 활동의 완료도 지연된다.

4. Start-to-Finish(S-F): 거의 사용되지 않는 논리로, 후속 활동이 시작되어야 선행 활동이 종료될 수 있다. 예를 들어, 기술 매뉴얼 인쇄가 시작되기 전까지는 소프트웨어 코딩이 끝나지 않는 경우가 이에 해당한다. 이 논리는 경험이 부족한 스케줄러가 종종 잘못 사용하는 경우가 있어 가급적 사용하지 말 것을 권장한다.

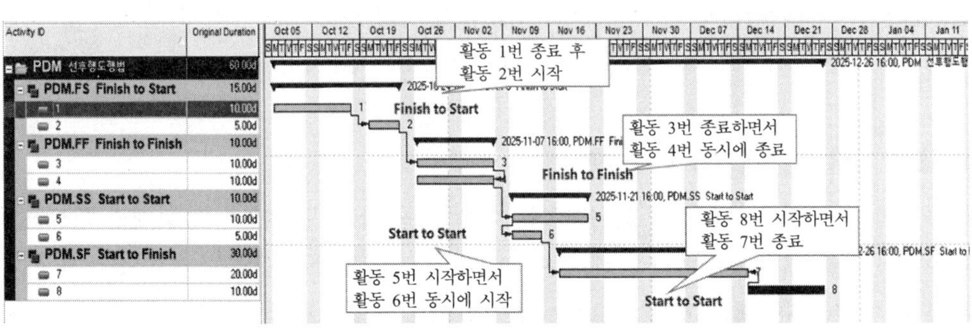

〈그림 2.3〉 4가지의 활동 논리 연결 사례 (NASA 2020)

단순한 F-S(Finish-to-Start) 논리에 따라 활동들을 연결하면, CPM을 통해 전체 일정 기간과 완료일은 활동기간을 더하면 쉽게 얻을 수 있다. 하지만 실제로는 각 활동 기간은 하나의 가능한 숫자일 뿐 불확실하기 때문에 이러한 일정은 현실적인 예측이 아니라 가정사항에 불과하다. 프로젝트 팀과 고객 간 계약에는 이 완료일이 명시되어 있겠지만, 실제로 그 날짜에 완수될 수 있다는 어떠한 보장도 없다는 것을 유념할 필요가 있다.

이 부분은 뒷 장에서 자세히 다룰 것이다.

제약사항 최소화

활동에 대한 제약사항은 특정 활동의 시작이나 종료 시점을 고정한 날짜로, 잘못 사용하면 전체 일정의 여유시간 계산과 주요 경로 분석에 왜곡을 줄 수 있다. 따라서 '**가능한 한 빨리**(ASAP)'를 제외한 제약사항은 실제 활동 흐름을 반영해야 하는 상황에서만 제한적으로 사용해야 하며, 가급적 **하드 제약사항**(hard constraint)보다는 **소프트 제약사항**(soft constraint)을 활용하는 것이 권장된다(NASA 2020).

소프트 제약사항은 논리적 관계와 일정 흐름을 방해하지 않으면서 시작 또는 종료 시점을 조정하는 데 사용된다. 예를 들어 "**가능한 한 늦게**(ALAP)"나 "**지정일 이후 시작**(Start On or After)" 같은 조건은 자원 가용성이나 외부 인수 조건에 맞춰 일정 조정이 필요할 때 쓰인다. 반면 하드 제약사항은 논리적 흐름을 차단하고 음수 여유시간을 발생시킬 수 있으므로 필수적 상황이 아니면 피해야 한다.

제약의 유형에 따라 전체 일정과 후속 활동의 여유시간 계산에 직접적인 영향을 미치므로, 사용 시 반드시 그 이유를 일정 문서의 활동 메모나 별도 필드에 기록해야 한다. 또한, 일정 소프트웨어별로 제약 명칭이나 동작 방식이 다르므로 주의가 필요하며, 모든 제약사항은 예외적으로만 사용되고 기본 원칙은 ASAP 유지이다.

일정논리 모델링을 위한 산출근거 문서화

일정 논리에 대한 산출근거를 문서화하는 일은 활동 간의 올바른 논리 관계를 확보하여 활동의 시간적 배치를 이해하는 데 필수적이다. 산출근거에는 표준적이지 않은 활동 간 종속 관계 즉 F-S 외의 관계, 그리고 선도와 지연 및 제약사항의 사용 근거를 기록하여 실제 활동 수행 방식을 논리적으로 반영해야 한다. 이러한 표준 일정 관행에서 벗어난 요소들은 산출근거에 명확히 문서화되어야 한다.

2.2.3 일정관리 도구

일정관리 도구에는 형식에 따라 '**비 네트워크**(Non-network) **기법**'과 '**네트워크**(Network) **기법**'이 있다. 비 네트워크 기법은 활동을 네트워크로 연결하지 않고 직관적으로 상관 관계를 보여주는 방법으로서 '**마일스톤 일정법**(Milestone Schedule)', '**간트 차트법**(Gantt Chart)', '**선형공정 일정법**(Line of Balance Schedule)'과 같은 방법이 있다.

네트워크 기법은 활동을 논리적으로 연결하여 선후행 관계를 표시하는 방법으로서, '**화살표 도법**(ADM, Arrow Diagram Method)', '**선후행 도형법**(PDM, Precedence Diagram Method)'와 같은 방법이 있다.

네트워크 기법을 적용하는데 있어 'PERT **방법**(PERT, Program(Project) Evaluation & Review Technique)', '**주 공정법**(CPM, Critical Path Method)'을 활용한다.

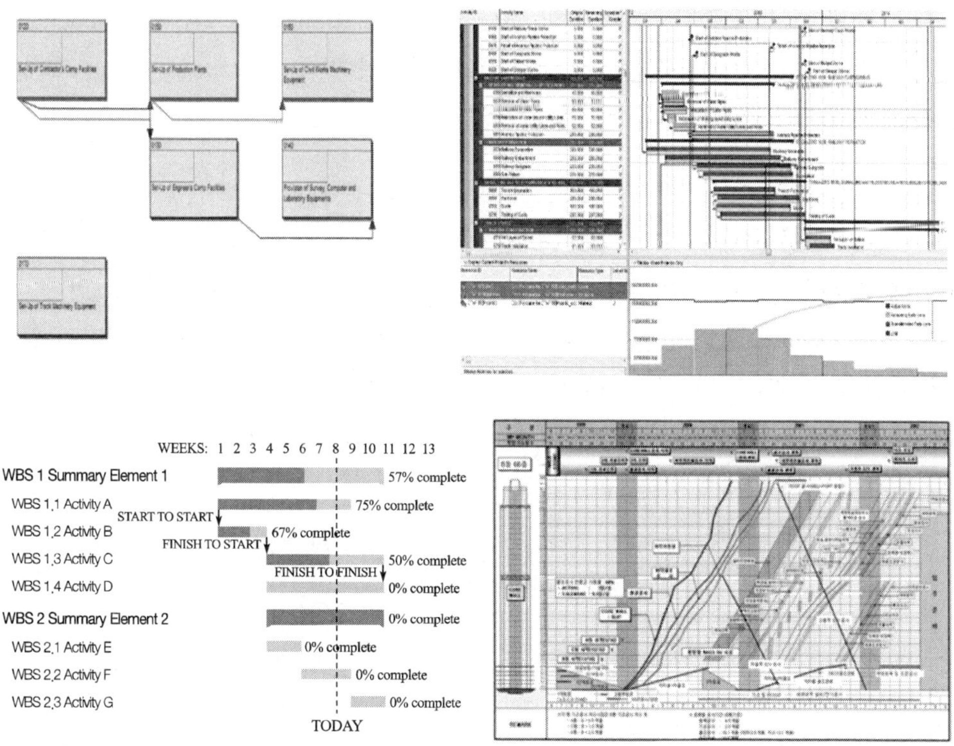

〈그림 2.4〉 일정관리기법 종류 예

화살표도법(ADM : Arrow Diagram Method)

1956년 세계 최대 화학회사인 듀퐁(Dupont)은 세계 최초로 '**화살표도법(ADM)**'을 바탕으로 '**주공정법(CPM)**'을 완성하여 일정관리 역사에 큰 영향을 미쳤다. 이후 ADM은 건설산업 전반으로 확산되어 일정관리의 핵심 도구로 사용되었다. 그러나 ADM은 F-S 관계만을 표현하여 개발된 매우 품질이 좋은 일정관리 도구였지만 그 당시의 컴퓨터 성능의 문제로 300개 정도의 활동(Activity)를 갖고 있는 일정계산 시 엄청난 시간이 소요되는 문제가 생겼다. 1961년 스탠포드대 **존 폰달**(John Fondahl) 교수는 Non-Computer Approach for Construction CMP 일정 개념으로 컴퓨터가 아닌 사람의 손으로 일정을 구체화 할 수 있는 '**선후행 도형법(PDM : Precedence Diagram Method)**'이 개발하였다. 하지만, ADM은 시간 축을 따라 전체 일정을 한눈에 볼 수 있다는 장점 때문에 국내 건설현장에서는 근래까지도 많이 사용되어 왔다.

ADM은 〈그림 2.5〉와 같이 활동이 화살표 위에 위치하기 때문에 **AOA**(Activity On Arrow)라고도 부르며 Node에서 Node로 가는 방식이기 때문에 I-J식 일정표라고도 불리는 기법이다. ADM의 논리 형태로는 **독립관계**(independent relationship), **의존관계**(dependent relationship), **합병관계**(merge relationship), **분산관계**(burst relationship), **교차관계**(cross relationship)가 있다.

ADM은 각 활동 간의 연관관계를 표시하는 여러 방법 중 F-S의 방법 밖에 사용하지 못하기 때문에 활동을 사실적으로 표현하기가 어렵고 논리적인 선후관계를 표시하기 위해 실제 존재하지 않는 **더미**(dummy) 활동을 도입하여 점선으로 표시하기도 한다. 또한 논리를 확보하기 위해 만들어진 존재하지 않는 더미 활동 때문에 일정 변경이 일어나게 되면 네트워크의 변경을 처리하는데 있어 전체적으로 수정을 해주어야 하는 불편함이 있고, 다음 활동을 하기 위해 공백이 생기는 기간인 **지연시간**(Lag Time) 역시 표시할 수가 없다는 한계가 있다.

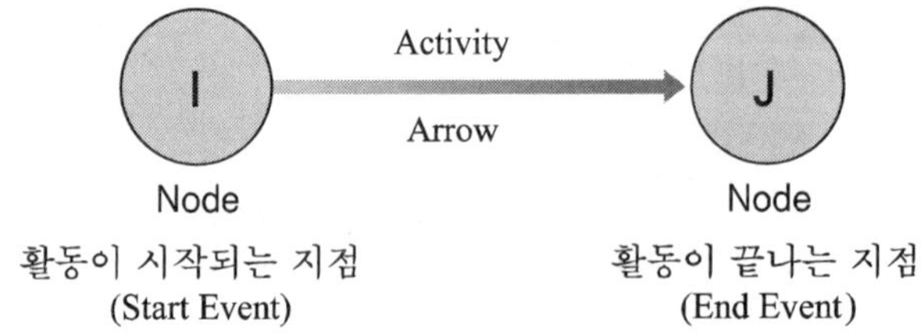

〈그림 2.5〉 화살표도법(ADM : Arrow Diagram Method)

선후행 도형법(PDM : Precedence Diagram Method)

선후행 도형법(PDM)은 1961년 스탠포드대 존 폰달(John Fondahl) 교수에 의해 기초가 다져져, 1978년 **선후행 도형법**(PDM)이라는 용어로 공식화되었다. PDM은 활동이 노드에 위치한다고 하여 **AON**(Activity On Node)라고 불리는 일정관리 기법으로 〈그림 2.6〉과 같이 각 노드에 활동을 위치시키고 각 활동을 연결하는 화살표는 활동 간의 연관관계를 나타내 주는 역할을 한다.

PDM에서는 종료-시작(F-S), 시작-시작(S-S), 종료-종료(F-F), 시작-종료(S-F)와 같은 네 가지의 다양한 연관관계를 적합하게 표시할 수 있다.

또한 활동과 활동 사이의 **지연시간**(Lag Time)을 표시할 수 있어 정확한 일정 계산이 가능하며 활동간의 사실적인 상호관계를 표현할 수 있으며 ADM과는 달리 존재하지 않는 더미 활동이 필요하지 않기 때문에 네트워크가 변경되더라도 상대적으로 간단하게 수정이 가능한 장점이 있다.

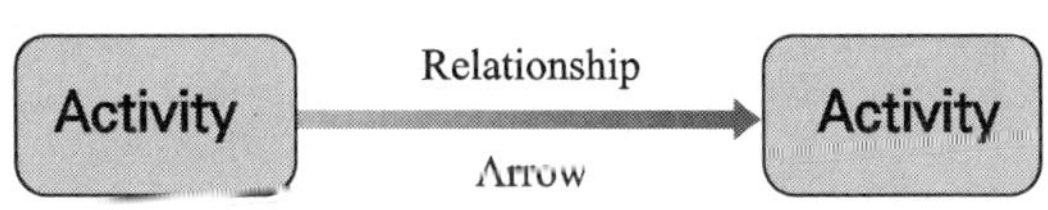

〈그림 2.6〉 선후행도형법(PDM : Precedence Diagram Method)

ADM 방식과 PDM 방식은 모두 프로젝트의 활동과 활동 간의 논리적 관계를 표현하여 전체 일정 흐름과 CP를 분석하기 위한 네트워크 다이어그램 기법이라는 공통점을 가진다.

그러나 두 방식은 표현의 초점이 다르다. ADM방식에서는 화살표가 활동을, 노드가 사건 또는 시점을 의미하며, 논리 관계를 명확히 하기 위해 더미 활동을 사용하는 경우가 있다. 반면, PDM 방식에서는 노드가 활동 자체를 나타내고, 화살표가 활동 간의 선후 관계를 의미한다는 점에서 표현의 초점에 있어서 다른 맥락이 존재한다.

이러한 두 방식은 모두 활동 간의 관계를 기반으로 일정 계획을 구성한다는 점에서, 각 활동 사이의 시간적 간격 또한 중요한 요소로 고려된다. 즉, 선행 활동과 후행 활동 사이에 발생하는 시간적 여유나 중첩 관계를 나타내기 위해 **지연시간**과 **선도시간** 개념이 활용된다.

활동 간의 지연시간은 예를 들어 빵을 만들 때 반죽을 만들고 굽기 전에 빵 반죽을 숙성시키는 시간과 같이 선행 활동이 끝난 후 후행 활동이 바로 시작하지 않고 지연되는 시간이 필요한 경우에 사용한다. 반대로 선행 활동이 끝나지 않았는데 후행 활동이 들어가는 경우는 선도시간을 사용한다. 지연시간과 선도시간에 대하여 그림으로 알아보면 다음과 같다.

Relationship Type :	지연/대기 시간 (Lag time)	선도/중첩 시간 (Lead time)
Finish to Start (완료 이후 시작)	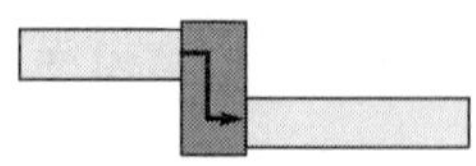	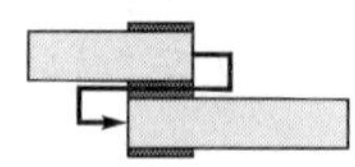
Finish to Finish (완료 & 완료)	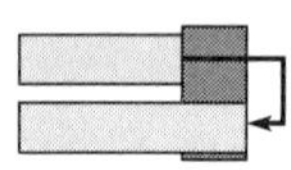	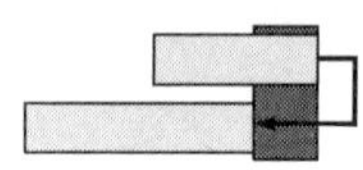
Start to Start (동시 시작)	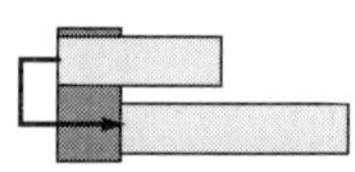	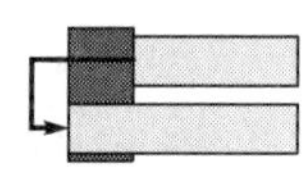
Start to Finish (시작과 완료의 상관성)	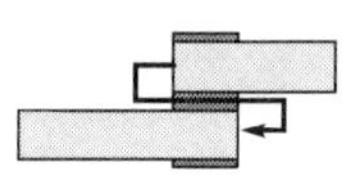	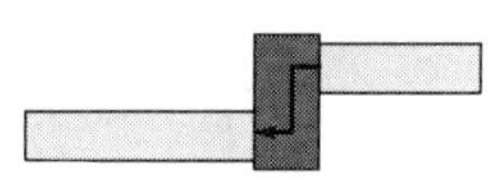

※ 지연시간(Lag time) : 선행 작업이 끝난 후, 후속 작업이 시작되기 전까지 기다리는 기간, 즉 두 작업 사이의 '딜레이(Delay)' 간격을 의미

※ 선도시간(Lead time) : 선행 작업이 완전히 끝나기 전에 후속 작업을 일부 시작할 수 있는 기간. 즉, 작업 간 중첩(Overlap)을 허용하는 시간

〈그림 2.7〉 선도시간(Lead Time)과 지연시간(Lag Time)의 예

주경로법(CPM : Critical Path Method)

프로젝트 일정 수립의 핵심 도구인 CPM은 프로젝트관리에서 중요한 역할을 한다. 일정 '**네트워크**'는 프로젝트 전략을 시각화한다. 수행되는 활동들은 관계(예: 완료-시작(FS), 시작-시작(SS), 완료-완료(FF))로 연결되어 활동이 어떻게 계획되었는지 보여준다. 연결된 전후 활동을 연결하면 네트워크를 통과하는 '**경로**'가 구성된다. 두 개 이

상의 **경로**가 동시에 수행될 경우, 이들은 병렬 경로로 설명된다.

프로젝트에서 가장 중요한 지점 중 일부는 여러 병렬 **경로**가 합류하는 지점이다. 이러한 합류 지점에서는 모든 경로가 완료되어야만 기성지급을 위한 마일스톤이 기록되고, 점검이 수행될 수 있으며, 하위 일정 묶음을 통합하여 테스트할 수 있고, 프로젝트가 완료로 기록될 수 있다.

CPM은 네트워크를 통과하는 가장 긴 경로를 통해 프로젝트 완료 기간 또는 완료 날짜의 최단 시간을 계산한다. "**텐트 내 가장 긴 폴**"은 "CP"라고 불린다. CP에서 지연이 발생하면 프로젝트가 지연된다. 반면, CPM은 CP가 아닌 경로는 충분한 "**여유시간(float)**" 또는 일정 유연성이 있다면 지연되거나 연장될 수 있으며, 반드시 프로젝트를 지연시키지 않을 수 있음을 보여준다.

한편으로, CPM은 전통적이고 널리 인정된 일정관리 방식이다. 프로젝트 활동의 논리를 수립하고 일상적인 프로젝트 활동을 관리하는 데 필수적이다. 반면, CPM 일정은 모든 활동이 예정된 날짜에 시작되고 추정된 기간과 정확히 일치할 때만 정확하다. 전술한 바와 같이 프로젝트관리자들은 프로젝트가 계획대로 진행되지 않는다는 점을 잘 알고 있으며, 이는 중간 중간 진행 상황을 점검하고 검토하는 이유 중 하나다. 실제 프로젝트는 이런 식으로 진행되지 않기 때문에 CPM은 프로젝트 일정관리의 시작에 불과하다.

프로젝트관리자는 프로젝트를 시작하기 전에 표준 CPM에 대한 몇 가지 주요 제한 사항과 프로젝트의 성공에 중요한 정보를 제공하는 일정-비용 통합 리스크분석을 사용하는 방법을 이해해야 한다. CPM으로 계산된 대로 진행되는 경우는 드물다. 대부분의 경우 CPM이 산출한 완료 날짜는 비현실적으로 낙관적이며, 일정 논리와 기간 추정이 정확하게 이행되더라도 초과될 가능성이 높다.

CPM 완료 날짜는 거의 모든 경우에서 가장 가능성이 높은 프로젝트 완료 날짜도 아니다. 전통적인 CPM 기법을 사용하여 중요 경로로 식별된 경로는 프로젝트를 지연시킬 가능성이 가장 높고 관리자의 주의가 필요한 경로가 아닐 수도 있다.

CPM은 활동을 수행하는 기간을 확정한 뒤 전진계산을 통하여 빠른 시작일(**ES**, Early Start), 빠른 종료일(**EF**, Early Finish)을 산정하고 후진계산을 통하여 늦은 시작일

(**LS**, Late Start), 늦은 종료일(**LF**, Late Finish)을 산정하여 총 여유시간(**TF**, Total Float)을 계산함으로써 프로젝트의 전체 일정에서 가장 영향이 큰 CP를 확인하고 이 경로상의 활동을 중점적으로 관리하는 기법이다.

전진계산은 프로젝트의 시작일로부터 종료일까지 각 활동들의 시작일과 종료일을 순서대로 계산하여 각 활동들이 가장 빨리 시작할 수 있는 날짜인 빠른 시작일(ES)과 가장 빨리 끝날 수 있는 날짜인 빠른 종료일(EF)을 계산하는 것이다. 〈그림 2.8〉을 보면 A라는 활동과 B라는 활동이 시작하는 날을 1일로 가정하고 이들의 종료일을 구하면 각각 5일과 10일이 된다. 이때 A와 B의 활동이 모두 끝나야 활동 C가 시작할 수 있으므로 C의 시작일은 11일, 종료일은 25일이 되는 것을 확인할 수 있고, 이 날짜들은 모두 가장 빨리 시작하고 가장 빨리 끝날 수 있는 날짜이기 때문에 각 활동의 빠른 시작일(ES)과 빠른 종료일(EF)이 되는 것이다.

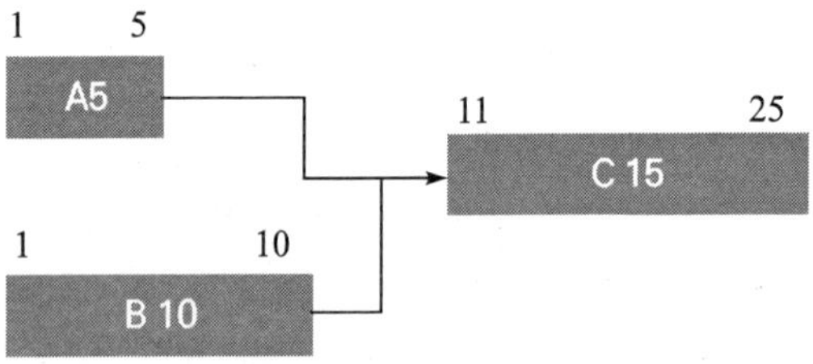

〈그림 2.8〉 CPM의 전진계산

반대로 후진계산은 프로젝트의 종료일로부터 시작일까지 각 활동들의 종료일과 시작일을 순서대로 구하는 것으로서, 각 활동들이 가장 늦게 끝날 수 있는 날짜인 늦은 종료일(LF)과 가장 늦게 시작할 수 있는 날짜인 늦은 시작일(LS)을 구하는 것을 말한다. 〈그림 2.9〉를 보면 C라는 활동이 끝나는 종료일이 25일이기 때문에 C의 늦은 시작일(LS)은 11일이 된다는 것은 쉽게 알 수 있다. 이때 활동 A와 B는 C가 시작하기 전인 10일까지 종료하면 되기 때문에 A와 B의 종료일은 10일임을 알 수 있고, 이 날짜가 늦은 종료일(LF)이 된다. 또, A와 B의 늦은 종료일(LF)을 결정하였기 때문에 A와 B의 늦은 시작일(LS)은 각각 6일과 1일이 되는 것을 알 수 있다.

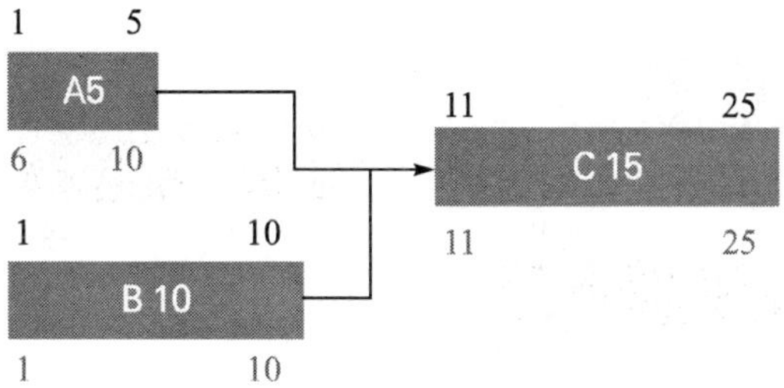

〈그림 2.9〉 주공정법의 후진계산

이렇게 전진계산과 후진계산을 통하여 확인한 각 활동들의 시작일과 종료일을 보면 B에서 C로 가는 일정은 중간에 쉬는 날이 없이 연속으로 진행되지만 A에서 C로 가는 일정은 〈그림 2.10〉과 같이 활동 A가 1일부터 6일까지 아무 때나 시작해도 되고, 늦어도 6일에 시작하기만 하면 전체 프로젝트의 기간에 영향을 미치지 않음을 알 수 있고, 이와 같이 전체 일정에 영향을 주지 않으면서 갖는 여유시간을 **총 여유시간**(Total Float)이라 하고, **늦은 종료일(LF) - 빠른 종료일(EF) 또는 늦은 시작일(LS) - 빠른 시작일(ES)**로 계산하여 구할 수 있다.

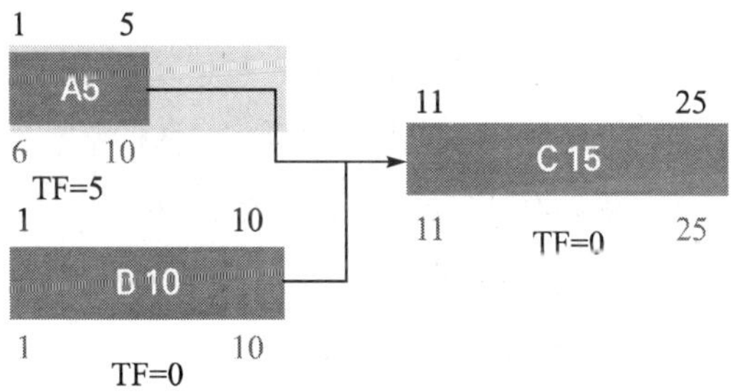

〈그림 2.10〉 활동 A의 총 여유시간(Total Float)

CP는 활동 네트워크 상에서 총 여유시간이 0이거나 0보다 작은 상태의 활동을 연결한 경로를 의미한다. 〈그림 2.11〉에서 늦은 종료일(LF) - 빠른 종료일(EF) 또는 늦은 시작일(LS) - 빠른 시작일(ES)의 계산을 통하여 총 여유시간을 구해보면, 활동 A는 5일, B는 0일, C는 0일의 여유시간을 갖는 것을 알 수 있고, 이때 활동의 경로인 A-C와 B-C 중 총 여유시간이 0으로 지속되는 B-C의 경로가 프로젝트의 주공정이 됨을 알 수 있으며, 주공정은 차트 표기에서 일반적으로 붉은색으로 표현한다.

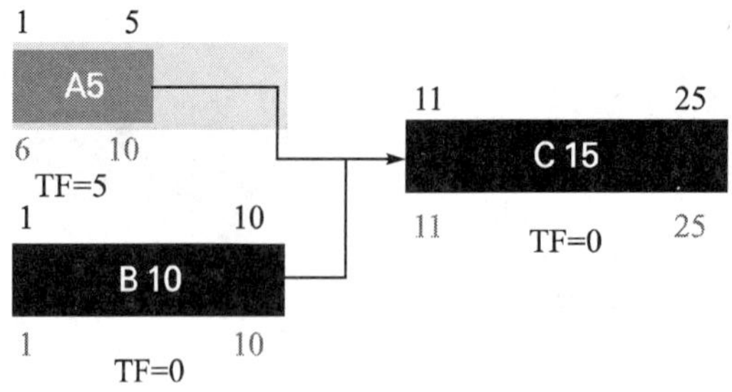

〈그림 2.11〉 총 여유시간(Total Float) 계산

- 총 여유시간(TF : Total Float) : 전체 일정에 영향을 미치지 않으면서 가질 수 있는 여유시간 또는 여유일
- 총 여유시간(TF) = 늦은 종료일(LF) - 빠른 종료일(EF) 또는 늦은 시작일(LS) - 빠른 시작일(ES)
- 자유 여유시간(FF : Free Float) : 후행활동의 일정에 영향을 미치지 않으면서 가질 수 있는 여유시간
- 자유 여유시간(FF) = 후행활동의 빠른 시작일(ES Successor) - 빠른 종료일(EF)

여기서, 총 여유시간이 양수(+)라는 의미는 해당 활동일정이 지연되어도 총 여유시간만큼의 여유가 있다는 것이고, 이때는 늦은 종료일이 아닌 빠른 종료일에 끝낼 수 있도록 관리해 주어야 한다. 총 여유시간이 0이 되는 것의 의미는 활동이 지연되면 프로젝트 전체가 지연되는 것으로, 해당 활동들이 지연되지 않도록 지속적으로 관리해주어야 한다는 의미를 가진다. 이와 다르게 총 여유시간이 음수(–)가 되는 경우도 있는데, 이것은 현재의 계획으로는 일정을 맞추지 못한다는 것을 의미하고, 이때는 '**공정압축법**(Crashing)'이나 '**공정중첩법(Fast Tracking)**'과 같은 단축기법을 이용하여 총 여유시간을 줄여야 한다.

공정압축법은 자원을 많이 투입하여 공기를 단축하는 기법으로 원가 상승의 가능성이 높다는 리스크를 가지며, 공정중첩법은 주공정 상에 존재하는 활동의 병행진행을 통한 공기단축기법으로 충분한 사전준비가 없으면 재작업의 가능성이 높다는 리스크를 가지고 있다. 이러한 공기단축기법을 활용하기 위해서는 원가 상승과 재작업에 대한 문제를 함께 고려해야 한다.

공정압축법은 한국의 건설 프로젝트에서 법적의무화하여 시행하고 있는 가치공학의 관점으로 살펴볼 필요가 있다. 가치공학에서 추가하는 가치향상을 위한 가치 **"가치(V) = 기능(F)/원가(C)"** 또는 **"성능(P)/원가(C)"**로 고려되는데 이때 **기능**(Function) (또는 **성능**)은 최소한 유지하면서 원가(Cost)는 절감하는 것이다. 이때, 중요하게 확보해야 기능이 얼마나 잘 발휘되는가, 즉 성능이 중요한데 무리한 원가절감에 따라 본래 추구하고자 하는 공기지연에 따른 설계, 시공 및 유지관리 등의 성능을 잃게 될 수도 있다. 따라서, 가치공학에서 추구하는 가치향상을 위해서는 일정관리 관점에서도 프로젝트 품질 확보를 위한 개선활동이 필요하다.

간트 차트

'**간트 차트**(Gantt Chart)'는 약 1910~1915년 **헨리 간트**(Henry Gantt)에 의해 고안된 형식으로서, 프로젝트의 각 활동들이 언제 시작하고 종료되는지에 대한 일정을 가로 막대 도표를 이용하여 표시하는 일정표이다.

간트 차트는 전체 일정을 한눈에 보여주는 장점이 있으나, 요약적으로 표현하는 경우가 많아 활동 상호간의 유기적 관계가 명확히 보이지 않고, 따라서 정밀한 일정계획을 기대하기 어려운 단점이 있다.

간트 차트는 전체 일정을 간략히 요약하여 표현하는 요약공정표 도구로 현장에서 유용하게 활용되어 왔으며, 현대의 일정관리 소프트웨어에서는 각 활동 사이의 유기적 관계를 추기로 세밀하게 표현함에 따라 소프트웨어의 출력 차트로서 활용되고 있다.

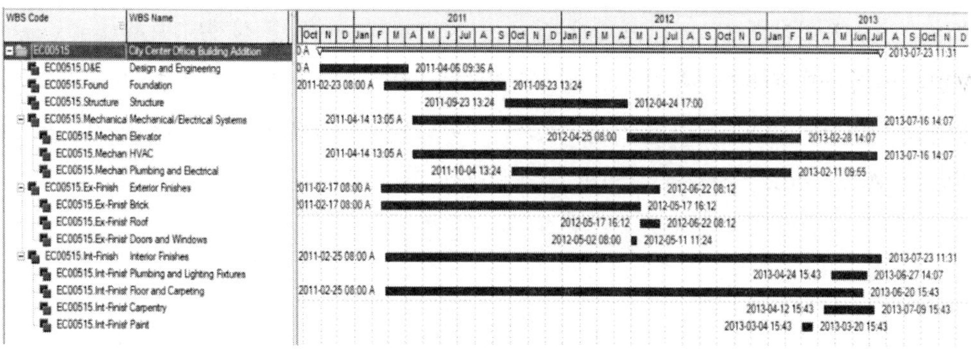

〈그림 2.12〉 간트 차트 예

2.2.4 EVMS에 의한 관리 방법

프로젝트관리에서 일정 관련 리스크는 항상 관심의 대상이다. 프로젝트 수행시 빈번히 대두되고 있는 프로젝트 공기지연과 이에 따른 분쟁은 원가 증가의 주요 원인이 되고 있다. 따라서 일정 리스크가 비용으로 반영되는 피드백 과정이 필요하다.

일정과 원가를 통합관리하는 개념은 '**획득가치법(EVM, Earned Value Method, EVM)**'으로 알려져 있다. EVM은 통상적으로 비용이라는 용어 대신 원가를 사용하므로 이 파트에 한해서는 원가라는 용어를 그대로 사용하기로 한다. **획득가치**(Earned Value, EV)와 관련된 주요용어를 설명하면 다음과 같다.

〈표 2.1〉 획득가치와 관련된 주요용어

EV	Earned Value	지표	작업(활동)을 완료함에 따라 획득한 실적가치
EVM	Earned Value Management	기법	범위, 일정, 원가를 통합한 프로젝트 성과관리기법
EVMS	Earned Value Management System	종합체계	EVM 표준 가이드라인을 충족하는 종합관리체계

EVM은 **일정기준선**(scheudle baseline)과 **원가기준선**(cost baseline)을 통합하여 PMB를 관리기준선으로 설정하여 성과를 관리하는 방식이다. EVM은 PMB를 활용하여 일정과 원가를 시각적이고 직관적으로 통합관리할 수 있도록 한다.

EVM은 EV를 기본으로 하며, **계획가치**(Planned Value, PV) 및 **실제원가**(Actual Cost, AC)와 연계하여 지표를 구성하고 일정과 원가를 관리한다. EV란 완료한 활동의 실적금액을 의미하며, EVM분석의 기준이 된다. PV란 완료하기로 계획한 활동의 가치를 의미한다. AC는 완료한 활동에 투입한 실제원가를 의미한다.

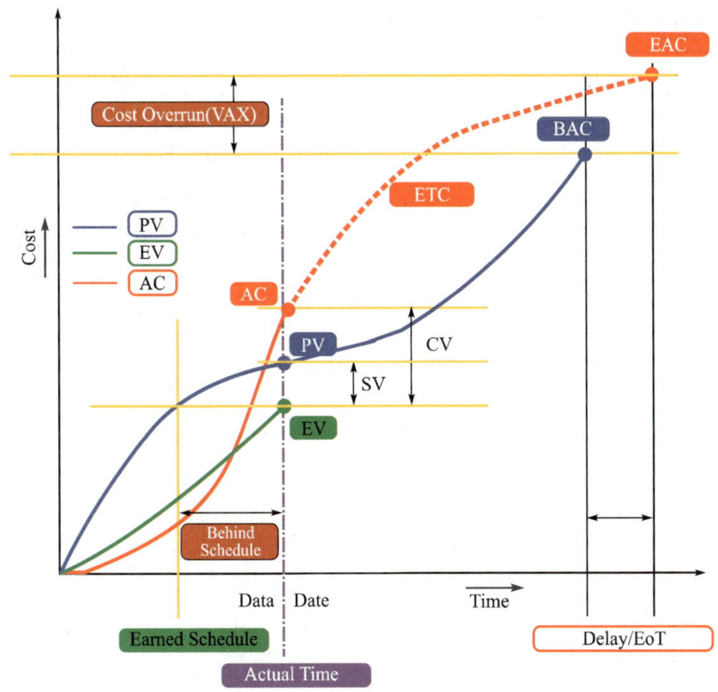

〈그림 2.13〉 EVM 기본개념 설명 그림

EVM에서 사용되는 주요 용어들에 대하여 정리하면 다음과 같다.

- PV(Planned Value) = BCWS(Budgeted Cost of Work Scheduled) = 진도측정일까지 계획된 활동에 할당된 계획 예산 → 누적곡선(PMB)
- EV(Earned Value) = BCWP(Budgeted Cost of Work Performed) = 진도측정일까지 완료한 활동의 실적금액 → EVM 분석의 기준
- ES(Earned Schedule) = 진도측정일 기준 완료활동의 획득시간(일정), 실제진도율 ×완료계획일정(시간)(BACt)
- AC(Actual Cost) = ACWP(Actual Cost of Work Performed) = 진도측정일까지 완료한 활동에 투입한 실제원가 → 획득가치 달성을 위해 지출한 모든 원가를 포함
- AT(Actual Time) = 진도측정일 기준 완료활동의 실제시간(일정)

〈표 2.2〉 EVM에서 사용하는 주요 용어

용어			설명
PV	Planned Value	계획가치	진도측정일 기준 계획활동의 가치, 계획진도율 × 준공계획예산(BACc)
EV	Earned Value	획득가치	진도측정일 기준 완료활동의 실적가치, 실제진도율 × 준공계획예산(BACc)
ES	Earned Schedule	획득시간	진도측정일 기준 완료활동의 획득시간(일정)
AC	Actual Cost(AC)	실제원가	진도측정일 기준 완료활동의 실제 지출원가
AT	Actual Time(AT)	실제시간(일정)	진도측정일 기준 완료활동의 실제 시간(일정)
SV	Schedule Variance	일정차이	SV = EV − PV 또는 SV = ES − AT
CV	Cost Variance	원가차이	CV = EV − AC
SPI	Schedule Performance Index	일정성과지수	일정성과지수로 EV/PV 또는 ES/AT으로 계산된다. SPI>1 이면 진도가 계획보다 빠르다는 의미이다.
CPI	Cost Performance Index	원가성과지수	원가성과지수로 EV/AC로 계산된다. CPI>1 이면 원가가 계획보다 절감되고 있다는 의미이다.
BACc	Budget At Completion Cost	완료계획원가	완료계획예산
BACt	Budget At Completion Time	완료계획시간(일정)	완료계획예산 달성까지의 시간(일정)
BAC	Budget At Completion	완료계획점	BACc 와 BACt의 교차점
EAC	Estimate At Completion	완료예상점	EACc 와 EACt의 교차점
EACc	Estimate At Completion Cost	완료예상원가	EACc = AC + ETCc
EACt	Estimate At Completion Time	완료예상시간(일정)	EACt = AT + ETCt
ETCc	Estimate To Completion Cost(EACc)	잔여활동완료예상원가	진도측정일 기준 준공까지 잔여활동완료 예상원가로 ETCc = BACc +EV 또는 (BACc +EV)/CPI
ETCt	Estimate To Completion Time(EACt)	잔여활동완료예상시간(일정)	진도측정일 기준 준공까지 잔여활동완료 예상시간(일정)으로 ETCc = BACt +ES 또는 (BACt +ES)/SPI
VACt	Variance At Completion Time(VACt)	완료시간(일정)차이	완료시간(일정) 차이로 BACt - EACt로 계산된다. 0보다 작으면 일정이 지연되고 있다는 의미이다.
VACc	Variance At Completion Cost(VACc)	완료원가차이	완료원가 차이로 BACc - EACc로 계산된다. 0보다 작으면 견적초과 되고 있다는 의미이다.

EVM에서 **완료계획점**(BAC, Budget At Completion)는 계획가치로서 완료시 계획된 완료계획원가와 완료계획일정(시간)의 교차점을 가리킨다. BAC의 기본개념은 다음과 같다.

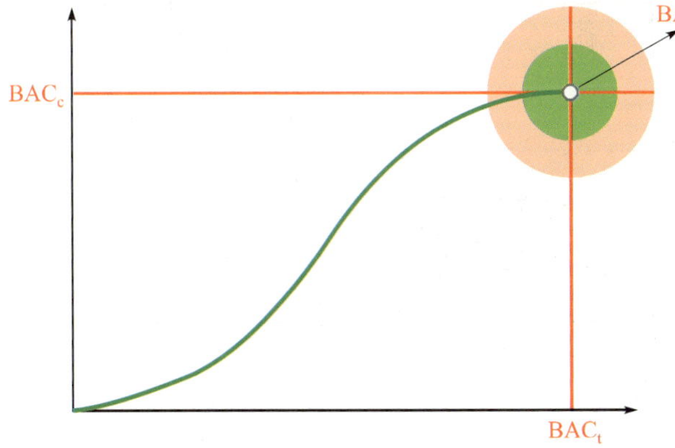

〈그림 2.14〉 BAC(Budget At Completion)

- BAC = 완료계획점
- BACc = Y축에 금액으로 표시, 완료계획예산
- BACt = X축에 시간으로 표시, 완료계획일정(시간)

전통적인 EVM은 EV를 기준으로 한 방법으로서 금액에 기반하여 관리하는 방법이기 때문에 일정관리 지표인 SV, SPI를 시간 기준이 아닌 금액 기준으로 계산함에 따라 실제 일정의 빠름 또는 지연을 정확히 파악하기 어려운 문제점이 있었다. 이에 새로운 개념인 **획득일정**(Earned Schedule; ES) 개념을 도입하여 일정에 관해서는 금액이 아닌 시간으로 환산하여 일정관리 지표인 SV, SPI를 관리함으로써 실제 일정의 빠름 또는 지연을 정확히 파악할 수 있다.

ES는 EV와 연동시켜 계산하여야 한다. ES의 기본개념은 〈그림 2.15〉에 나타낸 것과 같이 진도측정일 기준으로 EV를 얻고 EV에서 수평선을 연장시켜 계획가치 PV와 맞닿는 점이 PS이므로 이 점을 ES로 정한다. **실제일정**(Actual Time, AT)은 진도측정일 기준 완료활동의 실제 소요기간인데 이것은 바로 진도측정일 자체이므로 바로 산정할 수 있다.

ES개념을 도입한 EVM에서 EV와 ES, AC와 AT의 관계는 다음 그림과 같다.

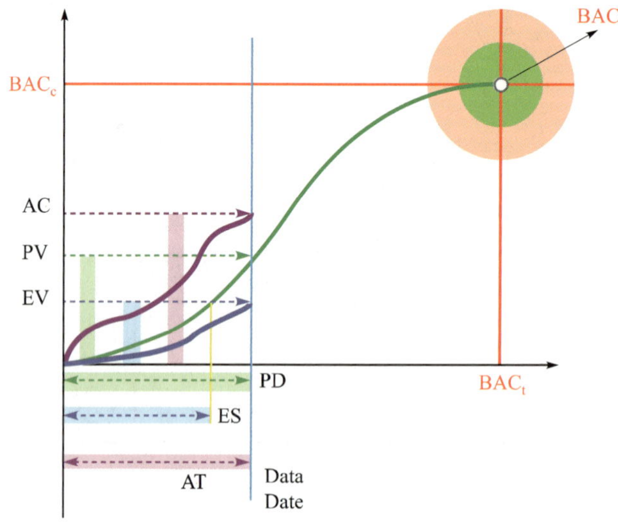

〈그림 2.15〉 획득가치(Earned Value)와 획득일정(Earned Schedule)

EVM에서 EV와 ES, AC, AT를 활용하여 **완료예상점**(Estimate at Completion, EAC)을 관리하면 실제적이고 현실적인 일정과 원가 통합관리가 가능하다.

EAC는 **완료계획일정**(시간)점(BAC)이라는 하나의 점을 기준으로 볼 때 4종류의 사분면 위치에 놓여진다. 완료예상점(EAC)이 완료계획일정(시간)점(BAC)에 그대로 놓이면 On time, On budget 상태, 즉 PS에 PB(계획예산)으로 진행되는 상태이다. EAC가 3사분면에 위치하면 일정과 원가가 모두 계획 이내에 드는 이상적인 상태라고 볼 수 있다. EAC가 1사분면에 위치한다면 일정과 원가가 모두 계획을 초과하는 매우 나쁜 상황이라고 볼 수 있다. EAC가 2사분면에 위치한다면 일정은 계획 이내, 원가는 초과 상태이며, 4사분면에 위치한다면 원가는 계획 이내, 일정은 초과 상태로 판단할 수 있다.

ES개념을 도입하여 일정과 비용을 관리하는 방법은 다음과 같다. 여기서 EACt(잔여활동포함 전체활동예상시간)는 ES방법으로 계산하여 시간으로 표시한 EAC이고, EACc는 원가로 표시한 EAC이다.

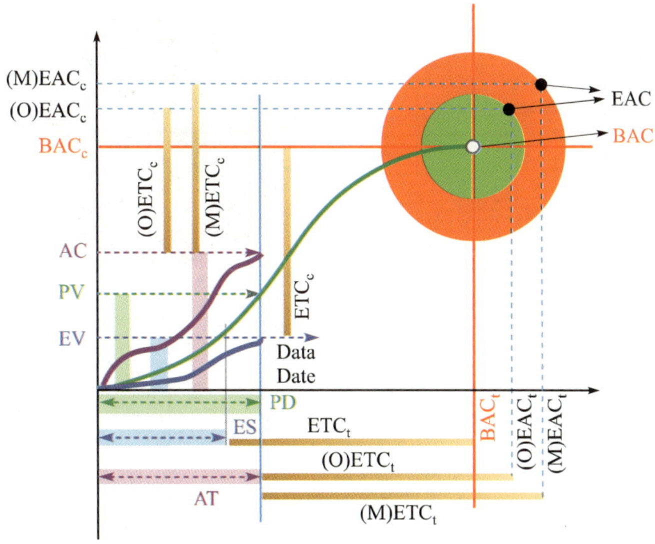

〈그림 2.16〉 완료계획점(BAC)과 완료예상점(EAC)

- **일정성과지수**(Schedule Performance Index, SPI)를 기반으로 일정에 대한 생산성을 파악하여 **활동완료예상시간** 즉 ETCt를 계산함으로써 잔여활동포함 전체완료예정시간, 즉 EACt을 예측할 수 있다.

$$SPI = \frac{ES(\text{Earned Schedule})}{AT(\text{Actual Time})}$$

$* \; EAC_t = AT + ETC_t$

$* \; EAC_t = AT + \frac{ETC_t}{SPI}$

- **원가성과지수**(CPI)를 기반으로 원가에 대한 생산성을 파악하여 잔여예상원가 즉 ETCc (Estimate To Completion Cost)를 계산함으로써 **완료예상원가**, 즉 EACc(Estimate At Completion Cost)을 예측할 수 있다.

$$CPI = \frac{EV(\text{Earned Value})}{AC(\text{Actual Cost})}$$

$* \; EAC_c = AC + ETC_c$

$* \; EAC_c = AC + \frac{ETC_t}{CPI}$

완료예상점(EAC) 대신 완료점 차이, 즉 VAC(Variance At Completion)를 기반으로 사분면 접근법에 의한 관리를 수행할 수도 있다. 여기서 VACt 는 ES 방법으로 계산하여 시간으로 표시한 VAC이고, VACc는 원가로 표시한 VAC이다.

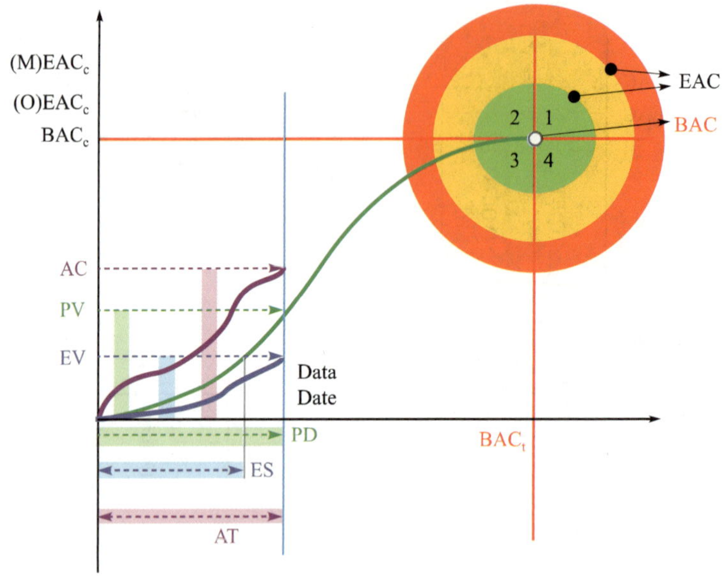

〈그림 2.17〉 EVM에 의한 일정 및 원가 예측

〈표 2.3〉 4분면(Quadrant) 접근법

일정	원가	사분면 위치	해석
$VAC_t = 0$	$VAC_c = 0$	BAC	On time, On Budget
$VAC_t < 0$	$VAC_c < 0$	1사분면	일정 지연, 원가 초과
$VAC_t > 0$	$VAC_c < 0$	2사분면	일정 단축, 원가 초과
$VAC_t > 0$	$VAC_c > 0$	3사분면	일정 단축, 원가 절감
$VAC_t < 0$	$VAC_c > 0$	4사분면	일정 지연, 원가 절감

통합적이고 시각적인 프로젝트관리를 수행, 특히 일정비용 리스크분석 및 관리를 위해서는 이러한 EVM에 관련된 기법이나 도구를 명확히 이해하는 것이 매우 중요하다.

2.3 | 일정-비용 통합 리스크분석 기본개념

일정-비용 통합 리스크분석이란 프로젝트 일정 및 비용 리스크를 식별, 평가, 대응하고 이를 기록하여 관리하는 일련의 과정이다. 프로젝트 전체에 걸쳐 비용과 일정에 영향을 미칠 수 있는 주요 리스크 요인을 찾아내어 이를 수치화하여 합리적인 예비비(Contingency)를 설정한다. 일정-비용 통합 리스크분석은 프로젝트의 전체 범위를 대상으로 수행되며, 잠재적인 리스크로 인한 일정 및 비용 변동을 정량화한다. 분석 결과는 비용과 기간으로 표시되며 일정 신뢰 수준을 반영한다. 이를 위해 몬테카를로 시뮬레이션 기반 분석 도구 등이 활용된다. 이 기법은 앞선 제3편에서 집중적으로 다뤘기 때문에 여기서는 몬테카를로 시뮬레이션을 이용한 일정 모델링에 대한 개념만 간단히 소개한다.

본 4편에서 다루고 있는 일정-비용 통합 리스크분석은 모든 사업비 항목(단, 물가 상승분과 예비비 제외)을 포함해야 하며, 내부 리스크(프로젝트 범위 내에서 통제 가능한 리스크)와 외부 리스크(기상, 법·제도 변화 등 통제 불가능한 리스크)를 모두 고려해야 한다. 이 분석은 프로젝트관리자, 비용 전문가, 일정 전문가, 그리고 분야별 리스크 전문성을 가진 프로젝트 팀 구성원이 공동으로 수행한다. 또한 일정-비용 통합 리스크분석은 프로젝트 초기 단계부터 수행해야 하며, 범위가 구체화됨에 따라 새로운 리스크가 식별될 때 주기적으로 업데이트해야 한다. 이렇게 하면 초기 예측의 부정확성으로 인해 필요한 예산이 부족해지는 상황을 최대한 예방하고 대응방안을 마련할 수 있다.

발주자의 입장에서 비용관리 측면보다 일정관리가 중요한 프로젝트, 예를 들어 민자 사업이나 턴키공사와 같은 경우에는 일정 리스크분석만을 수행할 수 있겠으나, 확정 금액 계약 방식의 사업도 일정이 지연되면 발주자에게 크고 작은 비용 손실이 발생할 수 있는 가능성이 존재하므로 어떤 조직도 일정과 비용을 따로 분리해서 고려할 수 없다. 따라서 앞으로 설명되는 방법은 일정과 비용 리스크의 통합 분석을 전제로 한다.

2.3.1 확정치로 고려되는 CPM의 문제점

CPM 적용시 활동 기간을 보통 확정값으로 간주해 일정, 마일스톤, 주경로를 계산하지만, 이는 실제로는 불확실한 미래에 대한 하나의 가정치일 뿐이라는 사실은 누구나 이해하고 있다. 그러나 이렇게 단일 확정값으로 정한 일정은 프로젝트가 진행되면서 마치 사실인 것처럼 다뤄지며, 프로젝트 팀은 당초에 가정했던 일정 준수를 강요받는다. 그러나 초기 일정 계획이 비현실적일 수 있고, 리스크를 전혀 반영하지 않았다면 일정 추정에 큰 오류가 포함되었을 수 있다.

전통적인 결정론적 일정 계획 방식에서는 수작업이나 자동화된 스케줄링 기법을 통해 프로젝트 일정을 수립할 때 각 활동의 소요 기간이 확실하다고 가정한다. 이러한 가정치로 입력하여 구한 일정계획이 완전하지 않음에도 불구하고 전체 경로의 소요 기간은 각 활동의 기간을 단순하게 더하는 방식으로 계산하고 소통하고 의사결정한다. 이 과정에서 활동 간의 관계는 모두 F-S 논리에 따라 연결되고 가정하여 입력한 숫자의 합으로 표출된다. 결과적으로 프로젝트 완료일은 고정된 값으로 도출되어 경영진에게 보고된다. 이 방식은 일정의 불확실성을 전혀 반영하지 못할 뿐 아니라 실제 프로젝트 환경과 전혀 다르기 때문에 일정관리 도구를 활용하여 소통하고 의사결정하는 관리자들은 반드시 이 문제를 인식하고 개선책을 고민해야 한다.

이렇게 추정된 프로젝트 종료일은 종종 단순한 추정치일 뿐이며 실제 소요 기간과 차이가 발생할 가능성이 높다. 외부 요인, 내부 비효율성, 부정확한 초기 추정, 잘못된 가정 등으로 인해 계획과 현실 사이에 큰 격차가 존재한다.

개념 단계에서 작성되는 초기 일정은 더욱 더 부정확하고 비현실적인 경우가 많다. 그러나 경영진과 고객은 이를 확정된 사실로 받아들여 일정계획에 대한 과도한 신뢰와 기대를 갖게 된다. 이로 인해 일정 변경 시 비난과 갈등을 초래할 수 있다. 프로젝트 팀은 일정 정확도에 대해 겸손한 태도를 가져야 하며, 이 문제를 최소화하기 위해서 초기 일정은 불확실성을 반영한 "**범위**"로 표현되어야 한다.

활동 기간 추정치는 현 시점에서 이용할 수 있는 최선의 정보를 기반으로 한 예측일 뿐이다. 실제 프로젝트에서는 일정이 계속 변경되므로 현실을 반영하기 위해 일정관련 데이터의 정기적인 업데이트가 반드시 필요하다. 따라서 활동 기간을 확률분포나 불확실성을 반영한 추정치로 다루는 것이 더 현실적이다. 무엇보다도 자원의 가용성, 생산성, 필요한 노력, 자재 가용성 등에 관한 가정사항을 통해 가능성이 가장 높은 활동 기간을 결정할 수밖에 없으며, 이는 활동 기간이 짧아지거나 길어지는 가능성을 모두 포함한다.

활동 기간 추정에는 활동 기간 자체에 내재된 불확실성, 추정오류, **인지 편향**이 포함된다. 예를 들어, 활동 기간을 계산할 때 노동 생산성에 대한 보수적인 가정치를 사용했는데, 시뮬레이션 중에 더 나은 노동 생산성이 가능하다면 해당 반복에 대해서는 활동이 단축될 것이다. 그러나 일정 기간 또는 일정의 논리에 **낙관주의 편향**이 포함되어 있는 경우, 일정이 과소평가될 가능성이 더 크다. 편향되지 않은 기간 추정치가 의미하는 것보다 훨씬 일찍 완료하라는 고객의 압력이나 상사의 지시가 있는 경우, CPM 일정의 활동 기간과 논리가 지나치게 낙관적일 수 있다. 규모가 큰 프로젝트일수록 이러한 경향이 심하게 나타날 수 있다.

활동 기간은 본질적으로 불확실하며 이를 확정값처럼 다루는 것은 위험하다. 가장 적절한 접근 방식은 활동 기간을 확률적분포나 가능한 기간에 대한 확률적 진술로 이해하는 것이다. 이렇게 접근하면 추정의 불확실성과 리스크를 인식하고, 실제와 계획 간의 편차를 보다 현실적으로 반영할 수 있다. 이를 위해 활동 기간을 확정된 숫자가 아닌 확률분포로 표현하는 것이 바람직하다. 그러나 확률분포는 단순히 합산할 수 없기 때문에 각 경로의 전체 소요 기간과 리스크를 평가하려면 분포 간의 결합이 필요하다.

이를 위해 가장 널리 인정받고 사용되는 방법은 제1편 일반지침부디 제3편 리스크 기반 견적 지침에서 소개된 바 있는 몬테카를로 시뮬레이션 기법이다. 이 기법은 각 활동의 확률분포를 기반으로 전체 일정의 불확실성과 리스크를 계산하는 데 사용된다. 여러 전문가의 의견을 입력값으로 사용하여 시뮬레이션 결과를 얻는 방식이라는 관점에서 이러한 개념은 PMI-CP(Construction Professional)에서는 델파이 기법의 한 방법으로 소개하고 있다. PMI-CP에서는 비용 및 일정 리스크 입력값을 기존 데이터가 있으면 좋겠지만, 사실 데이터가 없는 경우가 많고 결국에는 무기명의 전문가들의 만장일치되는 의견에 의존해야 하는데, 이 전문가의 편향을 최소화하기 위하여 **델파이 기법**의 활용을 강조하고 있다.

리스크 입력 데이터(발생확률, 영향 범위, 분포형태 등)를 정하기 위해 **전문가 그룹의 반복적, 구조화된 의견 수렴 절차**를 강조하고 있다. 델파이는 특정 수치를 전문가 개별 설문으로 모으고 익명으로 집계·피드백하고 이를 반복하여 점차 수렴된 추정치를 도출하는 방식을 사용한다. PMI 교재에서는 이 과정을 통해 "**합리적인 분포 입력값**"을 마련할 수 있다고 설명하고 있다. 사실 이 델파이 기법은 전문가 입력에 대해 일반인들이 쉽게 받아들이게 표현한 것으로 보이며 본 가이드라인 제2편 워크숍지침에서 강조한 전문가의 입력을 이 델파이기법의 하나로 이해하면 될 것이다.

2.3.2 일정 불확실성의 원인

추정 에러로 인한 불확실성

앞서 계속적으로 강조한 바와 같이, 프로젝트 일정에서 활동 기간은 본질적으로 불확실하며, 이를 확정값처럼 다루면 일정 예측치의 신뢰도가 크게 떨어진다. 특히 프로젝트 초기에는 정보가 부족하고 결정되지 않은 사항이 많아 추정 오차가 크지만, 시간이 지나면서 정보가 축적됨에 따라 추정의 정확도는 높아진다. 비용 추정과 마찬가지로, 초기에는 범위가 크지만 시간이 지나면서 그 범위가 좁아진다.

활동 기간 추정은 보통 ±퍼센트의 오차 범위로 표현되며, 초기에는 −20%~+40% 수준의 불균형적인 오차가 일반적이다. (+)영역이 (−)영역보다 숫자가 큰 이유는 실제 수행 시 활동이 계획보다 오래 걸리는 경향이 있음을 의미한다. 고객이나 경영진은 이러한 불확실성을 무시하고 일정 준수를 강하게 요구하며 추후 일정이 변경되면서 문제가 발생하는 경우가 많다.

따라서 활동 기간은 단일 수치가 아닌 확률적인 분포형태로 표현하는 것이 맞다. 기존 CPM 일정에 일정 리스크를 추가로 반영하여 정확한 예측을 할 수 있고, 이를 기준선으로 삼아 리스크관리를 통해 예방 관리가 가능하다. 일정은 미래에 대한 '**사실**'이 아니라 '**불확실한 예측치**'임을 인식해야 한다.

리스크로 인한 불확실성

프로젝트 리스크는 시간 목표에 영향을 줄 수 있는 불확실한 사건 또는 조건으로, 일정과 관련해서는 활동 기간의 불확실성을 유발한다. 이를 분석하기 위해 제1편에서 언급한 '**리스크분류체계**(RBS)'를 활용한다. 리스크는 '**하나 이상의 원인 때문에 발생할 수 있으며, 발생하면 하나 이상의 영향이 나타난다**'는 메타구조 진술 형식으로 정의된다.

이 사건 리스크로 인해 일정이 지연될 수 있다. 원인 자체가 리스크와 혼동되기 쉽지만, 원인이 없으면 리스크도 발생하지 않는다. 원인과 리스크를 혼동하면 리스크의 발생 확률과 영향을 부정확하게 평가하게 되어 부적절한 대응을 할 수 있다. 따라서 메타

구조 언어를 사용하여 명확하게 구분해야 한다.

이처럼 일정 리스크를 다룰 때는 활동 기간에 영향을 줄 수 있는 리스크를 식별하고 분석해야 한다. 이는 종종 비용, 범위, 품질보다 일정에 더 큰 영향을 미치는 요소이다. 프로젝트를 진행하다 보면 일정 지연이 자주 발생하지만, 사실 그 원인을 명확히 알아내지 못하는 경우가 많다. 리스크를 사전에 분석하고 지속적으로 관리하면 지연의 원인과 가능성, 그리고 그 영향을 더 잘 예측할 수 있어서 사전 대응도 쉬워진다.

Hullet(2009)은 추정 오류의 영향을 넘어 활동 기간에 불확실성을 초래할 수 있는 리스크를 다음과 같이 정의했다.

- 우리는 새로운 기술을 사용할 계획이다. 계획된 기술의 전체적인 범위를 잘 알지 못하기 때문에 이행 과정에서 예상보다 더 어려울 수도 있고(또는 쉬울 수도 있으며) 그로 인해 실제 기간이 일정보다 더 길어지는 상황이 발생할 수도 있다.
- 조직 내 여러 프로젝트가 동시에 진행되는 매트릭스 관리 구조로 인해 프로젝트 추진 시 당초 계획에 따라 투입될 자원을 사용할 수 없거나 부분적으로만 사용할 수 있어 기간이 연장될 수 있다.
- 활동 기간을 추정할 때 조직의 생산성 기준을 적용하지만, 실제 자원 생산성이 일정 개발 시 가정된 수준보다 낮을 수 있어 기간이 연장될 수 있다.
- 공급업체나 하청업체가 항상 약속한 대로 업무를 수행하지는 않기 때문에 자재가 늦게 공급되거나, 납품된 자재가 허용 기준에 미달하여 기간이 연장될 수 있다.
- 당사가 통제할 수 없는 외부 규제 기관에 의존해야 하는 문제가 있다. 해당 기관이 예정대로 필요한 허가를 내주지 않으면 특정 현장 작업의 시작이 지연될 수 있다.
- 고객으로부터 '**조기 완료**'에 대한 강한 압박을 받아 일정 기간을 불합리하게 단축하는 방식으로 일정이 과도하게 단축될 수 있다. 이러한 '**마법 같은 숫자**'로 프로젝트를 진행할 경우, 많은 활동이 일정 기간을 초과하여 프로젝트가 원래 일정보다 연장될 수 있으며, 이로 인해 큰 비용 초과가 발생할 수 있다.

일정 리스크의 많은 부분은 일정 산정 시의 가정사항에서 비롯된 불확실성에서 비롯된다. 이 가정사항들은 명시적일 수도, 암묵적일 수도 있으며, 외부 압력에 의해 주어지기도 한다. 그러나 이러한 가정사항들을 모두 무시하거나 잊어버리고 숫자 하나만 사용할 경우, 실제 상황의 전개에 따라 일정 문제가 발생할 수밖에 없다.

2.3.3 일정 불확실성에 대한 확률적 사고

일정 불확실성을 표현하기 위한 확률분포

활동에는 최소 및 최대 기간이 존재하며 일반적으로 가장 가능성이 높은 값이 중심에 있으며 발생확률이 높고, 극단값으로 갈수록 확률은 낮아진다. 이러한 분포는 연속적이며 불연속적인 점프 없이 다양한 기간의 가능성을 포함한다. 분포가 대칭일 필요는 없고, 프로젝트 리스크 특성상 비대칭인 경우가 많다. 대표적인 분포로는 **삼각분포**(Triangular)와 **베타분포**(Beta 또는 BetaPERT)가 있으며, 각각의 특징과 한계를 이해하고 상황에 맞게 활용해야 한다.

정규분포(Normal distribution)는 자연에서 흔히 나타나는 분포이지만, 프로젝트 일정 리스크분석에는 적합하지 않다. 그 이유는 대칭 구조라 최소·최대 극단값의 적용이 쉽지 않고, 표준 편차 개념이 사용자에게 생소하며, 활동에 음수 기간을 적용할 수 없다는 제한이 있기 때문이다.

균등분포(Uniform distribution)는 모든 지속 시간이 동일한 가능성을 가질 때 사용되며, 초기 데이터가 부족할 때 활용된다. 이 외에도 **대수 정규, 감마, 와이블, 이산분포** 등 다양한 분포가 있으며, 필요에 따라 사용자가 직접 분포를 설계할 수도 있다.

정확한 분포 형태를 선택하는 데 너무 많은 시간을 할애하기보다는 3점 추정치(최소, 최확, 최대)를 명확하게 정의하고, 그 근거를 인터뷰 등을 통해 수집하고 조정하는 데 집중하는 것이 더 유익하다. **베타분포**와 **삼각분포**가 모두 리스크 모델에 적합하므로 어느 하나의 분포에 국한할 필요가 없다. 분포 선택은 분석가의 책임이지만 실용성과 효율성을 고려해야 한다. 확률분포보다 더 중요한 데이터는 최소치, 최확치, 최대치와 발생 확률 값이다. 이 값 자체의 신뢰도가 낮으면 확률분포의 선택은 무의미해진다.

아래 그림은 활동 기간의 불확실성을 표현하기 위해 사용할 수 있는 여러 확률분포를 보여주고 있다. 예를 들어, 일정이 낙관적인 경우 35일, 가능성이 높은 경우 45일, 비관적인 경우 70일로 추정할 수 있다. 이 세 값은 **삼각분포**나 **베타분포** 등의 분포로 표현되며, 각 분포는 동일한 입력값에 대해 리스크 해석에 서로 다른 의미를 부여한다. **베타분포**(Beta 또는 BetaPERT)는 대부분의 확률이 중심값(여기서는 45일)에 집중되도록 하며, 평균은 다르게 나타날 수 있다. 이를 기반으로 몬테카를로 시뮬레이션 등에 활용된다.

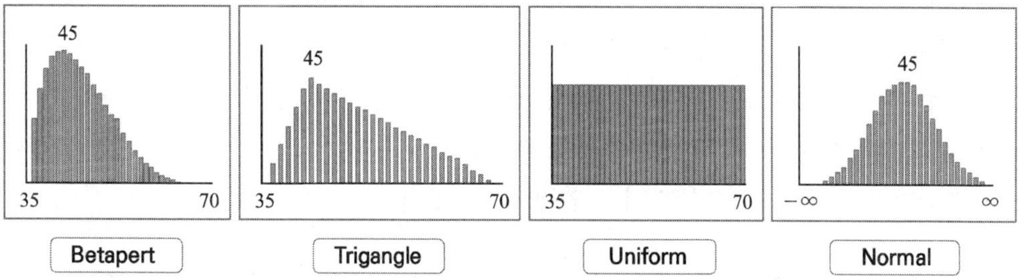

- Betapert분포 : 가장 가능성이 높은 값(Mode)을 중심으로 완만히 증가•감소하며, 최소값과 최대값 사이에서 비선형적으로 변화
- Triangle분포 : 최소값. 최대값, 가장 가능성 있는 값의 세 점을 연결하며, 데이터가 적거나 경험적 추정치만 있을 때 사용
- Uniform분포 : 불확실성은 있지만 모든 결과가 동일하게 가능하다고 판단될 때 사용
- Normal분포 : 평균(Mean)을 중심으로 좌우 대칭, 대부분의 값이 평균 근처에 집중되며, 자연현상이나 반복 데이터에 자주 사용됨

〈그림 2.18〉 일정 불확실성의 대표적인 확률분포 모델

활동기간의 3점 수성

이처럼 활동의 기간은 확률 분포로 표현하는 것이 현실적이며, 이를 위해 각 활동에 대해 발생 가능한 기간(주로 일 단위)과 그 확률을 수집해야 한다. 이 데이터는 리스크분석에서 적절한 분포 형태와 매개 변수를 설정하는 데 사용되며, 활동의 가능한 기간 범위와 분포 형태를 정의하는 데 도움을 준다. 일반적인 **3점 추정**(Three-Point Estimate)은 세 가지 값을 기반으로 한다.

비관적(최장) 기간은 여러 리스크 요소가 동시에 발생하는 극단적인 상황을 가정한 값으로, 리스크분석 과정에서 명시적 또는 암묵적인 가정을 재검토하고 다른 리스크 시나리오를 반영하여 도출된다. 일반적으로 이 기간은 상위 1% 확률을 초과하지 않는 조건부 추정이다. 또한 '**블랙스완**(Black Swan)'과 같이 예측 불가능하지만 큰 영향을 미치는 사건도 고려해야 하며, 이러한 극단적인 시나리오는 몬테카를로 분석 등을 통해 별도로 모델링할 수 있다.

최단 또는 낙관적 기간은 모든 조건이 이상적으로 작동했을 때 가능한 최소 작업 기간을 의미한다. 일반적으로 이보다 짧아질 확률이 1% 이하일 정도로 낮은 값을 기준으로 하며, 이를 통해 프로젝트 일정 개선의 기회를 찾을 수 있다.

가장 가능성이 높은 최확기간(most likely duration)은 현실적인 시나리오를 반영한 값으로 전체 기간 범위 중 발생 확률이 가장 높은 기간을 의미한다. 그러나 이 값이 실제 일정표에 반영된 값과 같을 필요는 없다. 일정에 입력된 기간은 오래되었거나 상부 압력 또는 오류로 인해 왜곡된 경우가 많으며, 프로젝트 리스크분석에서 가장 가능성이 높은 기간은 일정상의 값보다 오히려 훨씬 클 수 있다.

베타분포의 평균은 46.3일로 가장 가능성이 높은 값(45일)에 가깝고, P80 값의 꼬리 부분 확률이 작아 프로젝트 리스크가 낮게 평가되는 경향이 있다. 반면 삼각분포는 평균이 50일, 80%는 57일로 확률 꼬리 부분의 확률 값이 커서 극단적인 일정 지연 가능성을 높게 평가하는 경향이 있다.

삼각분포는 세 점 추정값만으로 간단하고 명확하게 정의되지만, 베타분포는 두 개의 '**형상 파라미터**'에 따라 다양한 형태를 가질 수 있어 해석이 어렵고 일반 사용자에게 익숙하지 않다. 소프트웨어는 대부분 적절한 파라미터를 자동으로 선택하지만 사용자가 직접 조정하기는 어렵다.

정규분포와 균등분포는 대칭형이므로 일정 리스크분석에 적합하지 않으며, 실제로는 비대칭형인 베타분포와 삼각분포가 더 유용하다.

이 네 가지 주요 분포(삼각, 베타, 정규, 균등)는 동일한 3점 추정을 기반으로 하지만, 각기 다른 불확실성 해석을 제공하므로 분석가는 리스크 스토리에 따라 적절한 분포를 선택해야 한다.

완료일 결과에 대한 확률적 이해

프로젝트관리 능력과 전문성이 높은 시공사나 고객이라면 **"이 프로젝트가 9월 30일까지 완료 되죠?"**가 아니라 **"이 프로젝트가 9월 30일까지 완료되지 못할 가능성은 몇 %로 추정합니까?"**라고 질문해야 한다. 이 질문은 납품 지연이 계약상 손해배상이나 후속 활동에 영향을 줄 수 있기 때문에 매우 중요하다. 그러나 프로젝트가 완료될 수 있을지 없을지는 현재로서는 정확히 단정할 수 없다. 예를 들어, 결혼식 드레스를 9월 30일 오

전까지 받기로 했다면 하루만 늦어져도 소용이 없게 되는 것과 같다. 결국, 활동 기간의 단순 합산 방식으로는 이러한 질문에 답을 할 수 없다.

프로젝트가 계획된 완료일에 마칠 수 있을지 없을지 그 가능성을 잘 파악하기 위해서는 일정 리스크분석이 반드시 필요하다. 이를 위해서는 각 활동 기간의 불확실성을 적절하게 반영해야 하며, 분석 절차는 크게 다음과 같은 두 단계로 구성된다.

- 각 활동의 리스크를 평가하고, 활동 기간을 확률분포로 표현한다.
- 이러한 분포들을 몬테카를로 시뮬레이션을 통해 결합하여 전체 프로젝트 완료일의 발생 확률을 도출한다.

이러한 접근을 통해 CPM 방식으로는 알 수 없는 다음과 같은 질문들에 답할 수 있다.

예를 들어:

- 프로젝트가 정해진 날짜(예: 9월 30일)에 완료될 가능성은 몇 %나 되는가?
- 80% 신뢰도로 제시할 수 있는 완료일은 언제인가? 이를 위해 일정을 며칠 더 잡는 게 필요한가?

이처럼 단순한 일정 계획을 넘어서 불확실성을 수치화하고 리스크 기반의 의사결정을 가능하게 하는 것이 시뮬레이션 기반 일정 리스크분석의 핵심이다. 이러한 방법을 사용하면 고객과 프로젝트 팀원 간의 대화, 의사소통, 의사결정이 매우 스마트해진다.

프로젝트 일정 리스크분석을 위해서는 각 활동별 리스크를 먼저 파악해야 하며, 이를 위해 설계, 시공, 시험, 납품 등 분야별 전문가의 의견을 수집해야 한다. 그러나 프로젝트에 직접 참여한 사람들은 결과에 긍정적인 편향을 가질 가능성이 높으므로 프로젝트에 직접 관여하지 않은 외부 전문가나 동료의 검토가 필요하다. 이를 효과적으로 수행하기 위한 리스크 팀에 의한 워크숍 지침은 제2편에 자세하게 소개하였으니 참조하기 바란다.

몬테카를로 시뮬레이션은 수천 가지 활동 기간 조합을 통해 일정 리스크를 분석하는 검증된 표준 기법이다. 이를 통해 소프트웨어는 복잡한 계산을 처리하고, 분석가는 데이터 수집과 결과 해석에 집중할 수 있다.

본 장에서 다룬 CPM으로는 정확한 일정 완료일을 예측하는 데 한계가 있음을 다음과 같이 확인할 수 있다.

- 9월 30일로 제시된 CPM 일정 완료일은 실제로 가장 가능성 높은 날짜가 아니었으며, 실제로는 10월 4일(약 11일 지연)이 가장 가능성 높은 완료일이었다.
- 9월 30일에 완료될 확률은 단 15%에 불과하였다.
- 10월 30일까지 일정 여유를 확보해야 성공 확률 80% 수준에 도달할 수 있었다.

이러한 결과는 CPM 일정만을 믿고 중요한 약속이나 계약을 설정하는 것이 위험하다는 것을 보여준다. 일정 리스크분석은 추가적인 데이터와 전문 도구가 필요하지만, 보다 현실적인 의사결정을 가능하게 하는 중요한 수단이다.

2.3.4 일정 불확실성의 종류

리스크와 불확실성이라는 용어는 종종 같은 의미로 사용되지만, 프로젝트 리스크분석에서는 좀 더 뚜렷하게 구분할 필요가 있다. 불확실성은 결과에 대해 알려진 정보가 부족한 상황을 의미한다. 반면, '**리스크**'는 ISO 31000에서는 '**목표에 미치는 불확실성의 효과**'로 정의되어 있으며, PMBOK에서는 프로젝트에 긍정적이거나 부정적인 영향을 미칠 수 있는 불확실성의 효과로 설명되어 있다. 성공적인 사업관리를 위하여 철저한 리스크관리가 필요하다고 하였고 그 프로세스와 좋은 방법론이 제시되어 있다.

이 효과 중 알려진 리스크에 대해서는 정량화하기 위한 노력을 기울일 것이다. 다시 말해, 리스크와 그 결과는 어느 정도 명확한 방식으로 정량화할 수 있지만, 불확실성은 모호하기 때문에 정확하게 정의할 수 없다. 불리한 이벤트와 유리한 이벤트가 포함된 상황에서, 불리한 이벤트가 발생할 수도 있지만, 유리한 이벤트가 일어날 가능성도 있다. 불확실성과 리스크에는 기회와 위협이라는 두 가지 요소가 모두 포함되어 있기 때문이다.

일정 활동 기간은 이벤트 리스크(우발적 리스크)와 불확실성을 모두 고려해야 한다. 불확실성으로 인해 모든 것을 정량화할 수는 없지만, 우리는 과거 데이터와 경험을 바탕으로 어느 정도 정량화할 수 있는 변동성 불확실성으로 모델링하여 해결할 수 있다. 스케줄링의 리스크와 불확실성에서 활동 기간의 예측은 실제 활동 기간, 즉 예정된 시작

날짜와 종료 날짜가 계획과 다를 가능성이 존재한다는 것을 의미한다. 항상 알 수 없는 측면이 존재하며, 대부분의 상황에서 가능한 기간의 알려진 빈도 분포를 개발할 수 있는 데이터가 충분하지 않을 수 있다.

AACE International의 RP(Recommended Practice) R117-21(AACE International 2022)에서는 리스크를 다음과 같이 분류하고 있다. 이러한 리스크 분류에는 중복되는 부분이 있으므로, 중첩이 발생하는 원리를 이해하는 것이 중요하다.

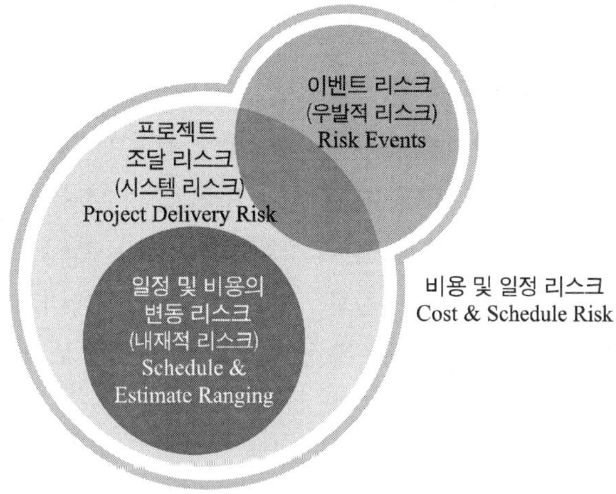

〈그림 2.19〉 리스크의 분류(AACE International, 2022)

AACE International의 실무지침에서는 프로젝트 리스크를 세가지로 구분하고 있는데, 실제 수행시 100% 발생하는 **내재적 리스크**(Inherent risk)와 수행시 발생이 불확실한 **우발적 리스크**(Contingent risk), 그리고 프로젝트 조달 시스템에 기인하여 전체에 영향을 미치는 **시스템적 리스크**(Systemic risk)로 다루고 있다. 내재적 리스크와 우발적 리스크는 CPM 기반의 일정-비용 통합 리스크분석을 통해 분석하며 그림에서는 내부의 두개 원으로 표시되어 있다. 시스템적 리스크는 프로젝트에 영향을 주는 파라메터 조정을 통해 분석하며 그림에서는 내재적 리스크와 일부 우발적 리스크를 포괄하는 큰 원으로 표시되어 있다. 〈그림 2.19〉는 이러한 리스크의 관계를 개념적으로 표현한 것이다. 각각의 원이 의미하는 것은 프로젝트 리스크를 구성하는 세 가지 주요 요소를 구분하면서도, 서로가 중첩되어 서로 관련이 있다는 점을 강조하고 있다.

우선 **내재적 리스크는** 일정 및 비용의 변동 리스크를 의미하며, 프로젝트의 기본적인 불확실성, 아무리 데이터와 가정을 잘 해도, 예측값에는 오차범위가 존재하는 것과 관련되어 있다. 즉 우리 가이드라인 제1편에서 언급한 **기본 변동성**(Base Variability)을 의미한다. 예를 들어, 단가의 변동 폭, 생산성 범위, 날씨에 따른 작업 가능일수 등을 말한다. 이러한 리스크는 통칭해서 이 가이드라인에서는 변동성 리스크로 정의한 바 있고 '**분포**'를 통해 모델링되며, 대부분의 일정·비용 추정에서 기본 변동성으로 포함된다. 일정 면에서도 활동 기간이나 비용의 ±범위를 입력값으로 설정해 몬테카를로 시뮬레이션에서 불확실성을 반영한다.

또한 **우발적 리스크**는 **이벤트 리스크**(사건성 리스크)로도 불리우고 있으며, 특정 사건이 발생했을 때 영향을 미치는 리스크로서, 발생 확률과 발생 시의 영향으로 정의하고 있다. 예를 들어, 토지보상 지연, 설계변경, 주요 장비 납품 지연, 계약분쟁 등 발생할 수도 있고 발생하지 않을 수도 있는 리스크를 의미한다. 발생 여부(Yes/No)와 그에 따른 영향치로 모델링된다. 몬테카를로 반복 시, 어떤 시나리오에서는 발생하지 않고, 또 어떤 시나리오에서는 일정/비용에 영향을 주는 방식으로 반영된다.

한편, **시스템적 리스크**는 조직, 제도, 계약, 발주 방식 등에서 구조적으로 발생하는 프로젝트 전체에 비용과 일정에 영향을 주는 리스크로서, 개별 이벤트나 오차 범위를 넘어서는 시스템적 불확실성에서 발생하는 리스크를 말한다. 예를 들면, 발주자 의사결정 지연, 계약구조의 복잡성, 관리 역량 부족, 일관되지 않은 기준 적용 등을 예로 들 수 있다. 단일 활동이나 단일 사건이 아니라, 프로젝트 전체 성과에 영향을 주는 시스템적 요인으로서 일반적으로 프로그램 모델링할 때 **조정계수**(Adjustment Factor)나 **상관관계**(Correlation) 등을 통해 반영한다.

즉, 내재적 리스크는 모든 추정에 기본적으로 내재되어 있는 리스크이며, 이벤트 리스크는 특정 이벤트 발생 여부에 따라 영향을 받는 리스크를 말하며, 시스템적 리스크는 프로젝트 구조·제도·문화적 배경에서 기인하는 것을 말한다. 이 세 가지가 합쳐져 최종적으로 비용 및 일정 리스크가 형성된다.

즉, 단순히 "**이벤트 리스크만 고려**"하거나 "**분포만 반영**"해서는 안 되고, 위에서 언급한 이 세 가지 리스크가 모두 반영되어야 현실적인 리스크 모델이 된다는 의미이다. 많은 조직이 리스크를 분석할 때 사건 중심만 주로 고려하려는 경향이 있었다. GTX-A 사례에서도 기본일정(Base Schedule)에 불확실성을 고려하는 것에 대해 실무자들이 잘 이해하지 못했다. 그러나 실제 프로젝트의 불확실성은 **기본적 변동성**, **이벤트 리스크**, **시스템적 리스크** 등 세 가지의 리스크가 동시에 작용한다. 이러한 문제를 잘 푼 사례가 GAO의 일정평가가이드에서 **일정관리 프로세스별 모범사례** 8(GAO, 2015)로 잘 소개되어 있다.

불확실성은 계획을 실행하는 개인과 조직의 행동에 내재된 가변성 때문에 발생하며, 추정 오류와 시스템적 편견(예: 추정치가 지속적으로 낙관적인 경우)도 포함될 수 있다.

프로젝트 진행 과정에서 일부 불확실성이 드러나거나 구체적으로 설명되는 경우 리스크 등록부에 위협 또는 기회로 정의될 수 있다. 관리 수준이 높은 조직은 프로젝트 진행에 따라 불확실성과 리스크가 더 명확하게 정의될 수 있음을 인식하고, 리스크 등록부를 주기적으로 재평가한다. 일반적인 불확실성 뿐만 아니라 위협과 기회도 일정 리스크분석을 통해 통합하고 정량화할 수 있다.

일정 관련 변동성 불확실성에는 다음과 같은 것이 있다. 이러한 불확실성은 각 작업별로 PERT 또는 삼각형분포를 사용하여 최소 및 최대값의 범위를 설정하고 분석한다.

- **생산성의 편차**: 인력, 장비의 실제 생산성이 계획 등 대비 달라질 수 있음
- **계절 및 환경 요인**: 계절별 날씨 차이, 지반 조건, 작업 시간대 등
- **기술적 불확실성**: 작업의 정밀도, 기술 적용 방식의 차이 등
- **자원 가용성**: 계획된 시점에 자원이 부족하거나 우선순위 조정 발생 가능성 등

일정 이벤트 리스크는 다음과 같이 구분할 수 있다. 이러한 리스크는 리스크 등록부에서 관리하며, 발생 확률과 영향의 정도를 평가하여 정량적 리스크분석을 수행한다.

- **인허가 지연**: 환경영향평가 승인 지연으로 인한 착공일 연기 등
- **민원 및 지역갈등**: 주민 반발로 인한 현장 진입 지연 등
- **설계변경**: 설계 수정으로 인한 재작업 발생 등
- **자재 납품 지연**: 해외 부품 수급 차질로 인한 시공 일정 지연 등

2.3.5 병합 편향

프로젝트 일정은 활동 기간의 불확실성과 일정 구조의 복잡성으로 인해 단순히 주경로법(Critical Path Method, 이하 CPM)으로 예측된 날짜에 완료되기 어렵다. 특히 여러 경로가 하나의 마일스톤에서 병합되는 구조에서는 '**병합 편향**(Merge Bias)'이라고 하는 리스크가 발생한다. 이는 병렬 경로 각각의 지연 가능성이 결합되어 병합 지점에서의 일정 지연 확률이 급격히 증가하는 현상이다. 예를 들어, 각 경로가 제시간에 완료될 확률이 60%일 때 두 경로가 모두 제시간에 완료될 확률은 36%, 경로가 세 개로 늘어나면 제시간에 완료될 확률은 21.6%로 크게 줄어든다. 따라서, 여러 경로로 작업이 진행된 후 한 곳에서 통합되는 일정의 경우, 일정 지연 리스크가 생각보다 훨씬 커질 수 있으므로 주의해야 한다. 병렬 경로는 상호 독립적이라면 확률적으로 곱하기가 된다.

사례 2.1 전기 테스트와 배관 테스트의 병합 편향 사례

전기 테스트 및 배관 테스트, 두가지 일정이 있다고 하자. 두개의 테스트 경로가 각각 제시간에 완료될 확률이 60%라고 가정하면, 두 경로가 모두 제 시간에 완료될 성공 확률은 두 작업이 상호 독립적이라면 36%(=0.6×0.6)이다.

각각의 테스트 완료가 달라질 경우에 대해 고려해 보면, 전기 테스트가 늦고 배관 테스트가 정시에 완료될 경우 24% 확률(=0.4×0.6), 전기 테스트는 정시에 완료되었지만 배관 테스트가 늦을 경우 24% 확률(=0.6×0.4), 또는 전기와 배관 테스트가 모두 정시에 완료될 경우 36% 확률(=0.6×0.6), 전기와 배관 테스트가 모두 늦게 완료될 경우 16% 확률(=0.4×0.4)의 4가지 시나리오가 나오게 된다. 즉, 각 개별 테스트 경로가 제시간에 완료될 가능성이 높다 하더라도 여러 병행 작업이 동시에 진행되는 일정인 경우 완료 마일스톤은 제시간에 완료되지 않을 가능성이 높아진다.

즉, 병합 지점에서의 성공 가능성은 경로가 많을수록 감소하게 된다. 위의 전기와 배관 테스트 이외에 에어컨 테스트와 같이 세 번째 테스트가 추가되고 이 테스트의 성공 확률도 60%로 결정되면 완료 마일스톤의 전체 성공 확률은 22%(=0.6×0.6×06)로 더 떨어진다.

확정적인 방법으로 수행되는 CPM 기반 일정 계획에서는 이러한 병합 편향을 고려한 일정 지연 가능성을 거의 반영하지 않기 때문에 프로젝트 완료 가능성을 과도하게 낙관하는 오류가 발생한다. 이처럼 CPM은 단일 경로만을 고려하고 불확실성, 병합 구조, 리스크 간의 상호 작용을 반영하지 못한다.

이 문제를 해결하기 위한 대표적인 방법이 바로 몬테카를로 시뮬레이션이다. 몬테카를로 시뮬레이션은 활동 기간의 확률분포와 일정 논리 구조를 기반으로 프로젝트 전체 일정의 분포를 수천 번 반복 계산하여 결과를 도출한다. 이를 통해 병합 편향, 일정 초과 확률, 경로별 민감도 등을 정량적으로 파악할 수 있다. 아래 GAO의 일정 평가 가이드에서 소개한 병합 편향 예제와 실제 프로젝트 사례를 인용하였다.

사례 2.2 해안 경비대의 수렴 경로 및 일정 리스크분석(GAO-11-743)

해안경비대 프로젝트 사무소와 노스럽 그루먼(Northrop Grumman) 관계자들은 국가안전보장회의(NSC)의 생산 계약에 일정 리스크분석이 의무사항이 아니었기 때문에 분석을 수행하지 않았다고 밝혔다.

2010년 12월 프로젝트관리 검토에서는 '**테스트 또는 설치 단계 실패**'라는 단 하나의 리스크만 식별되었다. 그러나 2011년 2월 기준, 남아있는 활동이 3,920개나 된다는 점을 고려하면 단 하나의 리스크만 언급된 것은 매우 불충분해 보였다. 예를 들어, 노스럽 그루먼 관계자는 가장 우려했던 주요 최종 목표(마일스톤)가 '**NSC 예비 인도**'였다고 말했다. 이 중요한 마일스톤에는 5일의 지연일과 함께 57개의 수렴 선행 활동(Converging Predecessor)이 있었다. 이미 계획보다 5일 늦어졌을 뿐만 아니라, 여러 활동 경로가 한곳으로 모여 지연 리스크를 가중시키고 있었기 때문에 마일스톤을 제때 맞출 확률이 낮았다.

마일스톤에 이르는 경로가 추가될수록 제시간에 달성할 확률은 크게 낮아진다. 일정에 병렬 경로가 많을수록 전체 일정 리스크는 커진다. 몬테카를로 시뮬레이션을 활용했다면 병렬 경로가 결합되어 발생하는 복합적인 영향을 파악하고 리스크 완화를 위해 일정에 얼마나 많은 컨틴전시(비상 예비 시간)나 여유 시간이 필요한지 정량화할 수 있었을 것이다.

기관 관계자와 노스럽 그루먼은 앞으로의 일정계획 수립을 위하여 일정 리스크분석을 포함할 것이라고 밝혔다.

2.3.6 일정-비용 통합 리스크분석 방법

프로젝트관리에서 일정과 비용은 서로 독립적이 아니며 상호 영향을 미친다. 프로젝트의 일정 지연이 직접적으로 비용 증가로 이어지고, 반대로 비용절감 압박이 일정 지연을 야기하는 등 두 요소는 상호 의존적 관계이다. 따라서 이러한 영향을 고려하기 위해서는 일정과 비용을 통합한 리스크분석이 필요하다.

일정-비용 통합 리스크분석을 하기 위해서는 기본일정(Base Schedule)과 기본비용(Base Cost)이 작성되어야 한다. 기본일정과 기본비용은 리스크 없이 모든 것이 계획대로 진행되는 경우일 때의 일정과 비용의 기준 모델이다. 그러나 계획대로 된다고 하더라도 비용과 일정 불확실성은 고려해야 한다.

기본일정과 기본비용이 준비되면, 그 다음으로 기본일정과 기본비용에 내재되어 있는 리스크를 식별하고 리스크의 불확실성이 일정과 비용에 미치는 영향을 정성적 방법과 정량적 방법을 활용하여 분석한다. 상용 소프트웨어인 @Risk, Primavera Risk Analysis, Safran Risk, 무료 프로그램인 PRAM 등을 사용하여 불확실성과 리스크를 반영한 확률적 분석 과정을 거치면 기본일정과 기본비용 모델에 근거한 프로젝트 전체일정 확률분포와 전체비용 확률분포를 구할 수 있다.

프로젝트 전체 누적확률분포에서 예를 들어 신뢰도 70%를 타당한 의사결정으로 보는 경우, P70에 해당하는 특정 일자와 특정 비용을 예상 프로젝트 준공일과 예상 프로젝트 비용으로 결정할 수 있다. 일반적인 분석의 경우 여기에서 종료하지만, 일정, 자원, 비용이 한번에 연동되어 모델링되지 않는 경우에는 일정-비용 통합 리스크분석을 위해서는 추가적인 작업이 필요하다.

일정-비용 통합 리스크분석에서는 P70에서 나온 예상 준공일이 원래 예측한 준공일보다 지연된다고 분석될 경우, 이러한 지연으로 인해 시간관련경비(Time Related Costs, 공사 관련 직접비가 아니라 시간 지연으로 인해 고정적으로 투입할 수밖에 없는 비용, 예: 타워크레인)가 얼마나 추가로 소요되는지 분석하여 이로 인한 비용 영향(Cost Impacts)을 프로젝트 전체 비용에 별도로 추가해 주어야 한다. P6, PRA, Safran Risk 등을 활용하여 모든 자원이 통합하여 모델링되고 상관관계까지 설정되면, 분석이 한번에 이루어지므로 이중 작업은 불필요하다. **리스크 동인**(Risk Driver) 접근법에 의해 이벤트 리스크들이 시스템적으로 프로젝트에 영향을 미쳐 일정 지연이나 비용 증가가 발생하는 지를 검토하고, 만약 영향이 있다고 판단되면 이를 피드백하여 관련된 일정 및 비용 영향(Schedule & Cost Impacts)을 프로젝트 전체 비용에 추가해 주어야 한다.

이러한 일정-비용 통합 리스크분석 개념은 다음과 같은 그림으로 요약할 수 있다(Lundberg 2024).

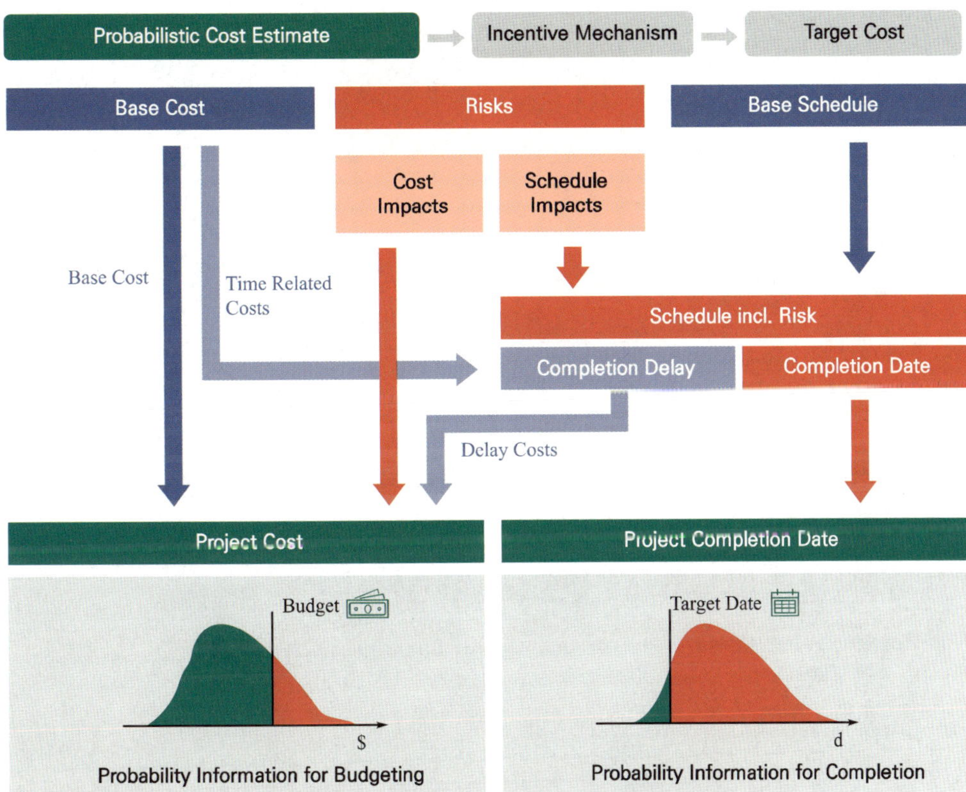

그림출처(Lundberg 2024) Cost-plus incentive fee (CPIF) update on risk-based RIAAT applications in Europe

〈그림 2.20〉 일정-비용 통합 리스크분석 방법 프로세스

PART 4

제3장

일정-비용 통합 리스크분석 프로세스

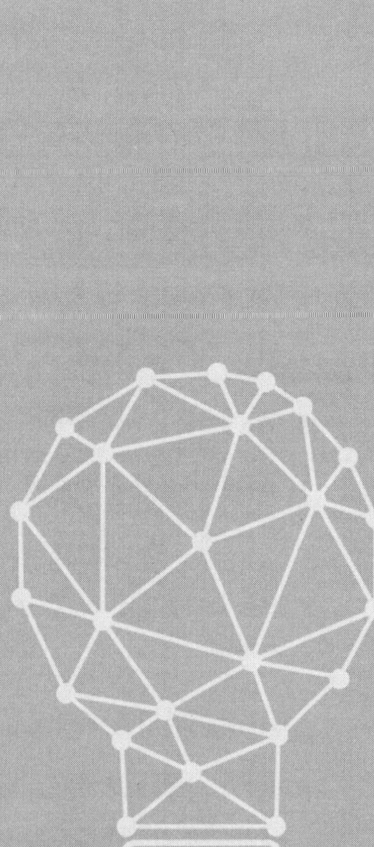

제3장 일정-비용 통합 리스크분석 프로세스

3.1 | 개요

본 가이드라인의 제4편 일정-비용 통합 리스크분석 지침에서 제시하는 프로세스는 제3편 리스크기반견적 프로세스와 동일하게 총 10단계로 정의하였다. 이는 비용과 일정 리스크분석을 별도로 수행하지 않고 통합해서 진행하기 때문이다. 제3편에서 정의한 10단계의 리스크기반견적 프로세스는 미국 워싱턴주 교통부(WSDOT), 영국 인프라프로젝트관리청(IPA), 호주정부(Australian Government)의 비용견적 가이드를 참고하여 일반 실무자들이 알기 쉽게 작성되었다. 제4편의 일정-비용 통합 리스크분석은 이러한 프로세스를 따르면서 일정-비용 통합 리스크분석 시 고려할 사항을 보완하여 정리하였다. 비용견적을 하지 않고 일정 중심의 리스크분석 수행 시에도 이러한 10단계의 프로세스를 준용하여 활용하면 될 것이다.

- **1단계 브리핑 및 팀 구성**: 명확한 요구사항 설정 및 일정-비용 통합 리스크분석을 위한 적합한 기술팀 구성
- **2단계 데이터 및 증거 수집**: 증거 기반 구축 및 주요 가정사항 문서화
- **3단계 기본일정 모델링 방법 선택**: 선택한 방법론에 대한 명확한 근거를 제시하고 추가 데이터가 필요한 경우 2단계로 돌아가서 재논의
- **4단계 기본일정 모델 구축**: 불확실성과 리스크 없이 계획대로 진행되었다고 가정한 상황에서의 최선의 기본일정 산출
- **5단계 기본일정 불확실성 정의**: 기본일정의 일정 불확실성 범위 설정
- **6단계 일정 위협리스크 및 기회리스크 계상**: 프로젝트 일정의 리스크를 반영하여 발생가능한 값의 범위 준비

- **7단계 일정-비용 통합 리스크분석 및 비용견적 보고서 업데이트**: 일정-비용 통합 리스크를 분석하고 일정 지연 리스크를 비용화시켜 최종 일정-비용 통합 견적에 반영한 업데이트 보고서 작성
- **8단계 검토 및 검증**: 일정-비용 통합 리스크분석의 적정성과 그 결과가 의사결정에 미치는 영향을 검토하고 검증, 오류가 확인되면 위 4단계로 돌아가서 재검토
- **9단계 프로젝트 리더십 승인**: 프로젝트관리자와 최고책임자(SRO)의 검토 및 승인
- **10단계 일정-비용 통합 리스크분석을 이용한 의사결정지원**: 프로젝트에 내재된 일정 및 비용 관련 리스크와 불확실성을 설명하는 "**범위**" 형태로 결과를 제시

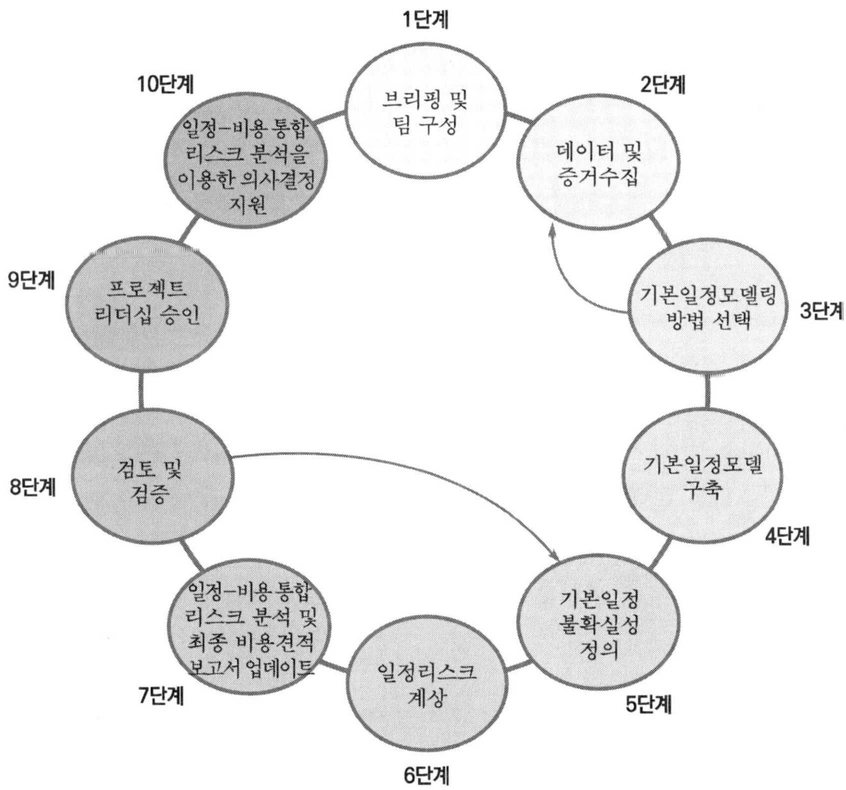

〈그림 3.1〉 10단계 일정-비용 통합 리스크분석 프로세스

3.2 | 일정-비용 통합 리스크분석 프로세스

3.2.1 1단계: 브리핑 및 팀구성

이 단계는 제3편 리스크기반견적의 1단계와 차이가 없다. 다만 브리핑 및 팀구성은 일정 관련 전문가를 포함하여 마련되어야 하며, 비용 리스크분석팀에 Cost Leader가 있는 것처럼 일정 리스크분석을 위해 Schedule Leader를 선임해야 한다.

3.2.2 2단계: 데이터 및 증거수집

익명의 편견 없는 리스크 데이터 수집하기

일정 리스크분석을 위해서는 프로젝트 리스크 데이터를 수집해야 한다. 리스크 데이터는 정성적 및 정량적 리스크 평가에서 도출되어야 하며 임의의 백분율이나 추정치에 근거해서는 안된다. 리스크 평가는 리스크를 식별 및 분석하고 프로젝트의 리스크 노출도를 결정하는 프로젝트의 전반적인 리스크관리 프로세스의 일부이다. 리스크가 식별되면 리스크 대응 계획이 구체화되고 리스크 등록부가 업데이트 되어, 프로젝트의 일정-비용 통합 리스크관리에 활용된다.

리스크 데이터는 3점 기간의 형태로 수집하거나 다음 절에서 설명하는 **리스크 동인**(Risk Driver)의 접근 방식을 사용하여 수집할 수 있다.

리스크 동인(Risk Driver) 방식은 NASA, GAO, David Hulett 같은 기관/전문가들이 공통적으로 강조하는 **현대적 확률론적 리스크분석 기법**이다. 이 방법은 단순히 "**리스크 발생확률×영향**"을 곱해서 EMV 개념으로 계산하던 전통적 방식과 달리, 프로젝트 일정이나 비용의 **불확실성의 원인을 직접 리스크분석 프로그램에 활용하기 위해 모델링**하는 접근법을 말한다.

리스크 동인은 **리스크의 원인 요인으로서** 프로젝트 일정 지연이나 비용 증가를 초래하는 "**구체적인 원인**"을 리스크로 정의한다. 예를 들어 "**설계변경 가능성**", "토지보상 지연", "**허가승인 지연**", "**노동생산성 저하**" 등과 같은 것이다. 각 리스크 동인은 **발생 가능성**(Probability), 그리고 **발생했을 때 영향**(Impact)**의 범위**(range)를 입력한다. 이때 영향은 개별 활동의 기간이나 비용에 할증계수로 적용된다. 예를 들어 "**노동생산성 저**

하 리스크 발생 시, 공사 활동 기간이 1.1~1.3배 늘어난다"와 같은 방식이다.

NASA(2020)의 **Schedule Risk Analysis (SRA)**와 **Joint Cost & Schedule Confidence Level (JCL)** 분석에 이 방식을 채택하고 있다. 리스크 이벤트를 **특정 WBS 및 활동에 연결**해서 시뮬레이션을 수행하여 프로젝트 전체 일정 및 비용분포를 산출하는 것이다. 이렇게 하면 70% 신뢰수준을 확보할 수 있는 프로젝트 준공일과 사업비를 추정 제안할 수 있다.

GAO 비용 견적 평가 가이드(GAO, 2020)에서도 단순 점수화가 아니라, 리스크 동인 중심의 모델링을 통해 비용·일정의 불확실성을 반영해야 한다고 하고 있다. 활동별 리스크를 상호 WBS와 네트워크로 연결하고 상호간의 상관관계와 현실적 분포를 잘 반영하면 분석 결과의 신뢰성이 높아지고 신뢰할만한 준공일과 사업비 추정이 가능함을 강조하고 있다. David Hulett 박사는 그가 저술한 책뿐만 아니라 최근 많은 웨비나 등 활동에서도 "**리스크 동인 방법론**"를 제안하며, @Risk, Primavera Risk Analysis, Safran Risk 같은 상용 소프트웨어를 활용한 구현 방법을 강조하고 있다.

본 가이드라인의 제4편도 이러한 리스크동인 방법론에 의해 일정-비용 통합 리스크분석의 중요성을 설명하고 있다. 이 방법론을 사용하면, 리스크가 활동에 어떻게 영향을 주는지 여러 모델링 작업을 하지 않고도 직접 연결할 수 있고, 몬테카를로 기반 확률분포 결과를 제공한다. 또한, 동일 리스크가 여러 활동에 동시에 영향을 줄 수 있는 상관관계도 명확히 반영하고 결과 산출물에 대한 신뢰도를 크게 높일 수 있기 때문에, 특히, 규모가 큰 국책사업을 추진하는 정부기관과 발추처에 신뢰도가 높은 일정 그리고 이를 바탕으로 한 합리적인 사업비를 설명할 수 있다.

3점 추정치는 내재된 불확실성, 추정 오차 및 추정 편향을 나타내는 것으로 볼 수 있으며, 리스크 동인은 식별된 리스크 이벤트와 발생 시 예상되는 영향을 확률과 함께 나타낸다. 어떤 유형의 리스크분석을 수행하든 흐름도의 활동들을 직접 책임지는 담당자나 이에 관여하는 주제별 전문가(SME)를 인터뷰하는 것은 필수적이다.

인터뷰를 통해 도출된 추정치는 지식이 풍부한 기술 전문가들의 합의를 통해 공식화되어야 하며, 프로젝트 리스크 목록을 관리하는 관리자들과 조율해야 한다.

조직 전체에서 프로젝트에 관련된 모든 직원을 인터뷰 대상으로 고려해야 한다. 하위

직급 직원은 개별 리스크가 활동 전개의 책임에 어떤 영향을 미칠 수 있는지에 대한 통찰력을 포함하여 프로젝트의 특정 영역에서 일상적인 업무에 대한 귀중한 정보를 가지고 있다. 관리자와 고위 의사결정권자는 프로젝트의 전체 또는 여러 영역에 대한 통찰력을 가지고 있으며 리스크가 프로젝트 전체에 어떤 영향을 미칠 수 있는지에 대한 감각을 제공할 수 있다.

인터뷰 대상자는 인터뷰를 진행하는 동안 리스크 관련 위협과 기회에 대해 편견없이 의견을 제시하도록 하며, 인터뷰를 진행하는 분석가는 인터뷰 대상자가 리스크 목록에 없는 추가 리스크 이벤트를 제안할 수 있도록 용기를 주어야 한다. 편견 없는 데이터를 수집하려면 인터뷰 대상자에게 위협과 기회에 대한 의견이 익명으로 유지될 것이라는 확신을 주어야 한다.

또한 비귀속성 보장이 고려되어야 하며 관련자간 최악의 시나리오와 최상의 시나리오에 대해 자유롭게 브레인스토밍을 할 수 있는 환경이 제공되어야 한다. **동기편향**(motivational bias)을 피하기 위해 회의실에 권위있는 인물이 없는 상태에서 인터뷰를 진행하는 것이 특히 중요하다.

동기편향은 인터뷰 대상자가 프로젝트에 대한 자신의 솔직한 생각을 말할 경우 정당하든 정당하지 않던 압박을 느낄 때 발생하는 일종의 편향이다. 이러한 압박은 일반적으로 권위 있는 사람으로부터 비난이나 공격을 받을지도 모른다는 두려움에서 비롯된다. 대부분의 경우, 인터뷰 대상자는 본인이 제시하는 최악의 시나리오가 경영진의 의견보다 더 나쁠 경우 조직에서 문제 유발자로 분류되거나 팀에서 배척당할 수 있다는 두려움을 가지고 있다.

리스크 워크숍에서는 합의를 도출하거나 인터뷰 세션을 단축하기 위해 순응해야 한다는 사회적, 제도적 압력이 나타날 수 있다. 리스크에 대한 실체를 잘 이야기하지 못하는 경향이 있다. 특히 민감하거나 프로젝트에 부정적인 영향을 미칠 수 있는 리스크의 경우, 조직이나 팀은 이전에 고려하지 않았던 리스크를 제시하는 것을 크게 꺼려할 수 있다. 인터뷰 대상자가 누군가와 동반하는 경우, 리스크 분석가는 인터뷰 대상자의 답변이 편견 없이 이루어질 것이라고 생각해서는 안된다.

전반적인 프로젝트 리스크관리자가 이해하고 있어야 할 인지 편향 및 낙관주의편향 등에 대해서는 제1~3편 전반에 대해 소개되어 있고, 2024년 한국건설관리학회의 정기간

행물인 건설관리 10월 특집호에 이러한 인지 편향에 대해 소개한 바 있다(임종권, 김홍연 2024).

3.2.3 3단계: 기본 일정모델링방법 선택

일정모델링 기법 선택의 목적과 필요성

프로젝트 일정은 프로젝트관리에서 계획과 통제 기능을 동시에 수행하는 핵심적인 도구이다. 효과적인 일정관리는 프로젝트의 목표달성 여부를 판단하는 기준일 뿐 아니라, 리소스 활용과 이해관계자 조율, 계약 이행 책임까지 직결되는 요소이다. 따라서, 프로젝트 초기 단계에서 신뢰성 있는 일정 모델링 방법을 적절하게 선정하는 것은 매우 중요하며, 그 이유는 다음과 같다.

- 일정 모델링 기법은 정확한 준공(또는 납기) 예측을 가능하게 하며, 일정 지연 가능성을 사전에 탐지하여 조기경보시스템으로 활용될 수 있다. 이는 프로젝트관리자와 이해관계자에게 선제적 대응 기회를 제공함으로써 전체 프로젝트의 리스크를 줄이는 데 기여한다.

- 프로젝트 일정은 단순한 활동 순서의 나열이 아니라, 각 활동에 내재된 불확실성과 이벤트 리스크를 체계적으로 반영해야 한다. 신뢰성 있는 예측 기법을 통해 이러한 요소들을 수치적으로 모델링하고 대응할 수 있어야 하며, 이를 통해 보다 현실적인 일정 계획 수립과 통제가 가능해진다.

- 일정 모델링 기법은 일정기준선(Schedule Baseline)을 수립하는 기초가 되며, 이는 이후 프로젝트 진행 과정 전반에서의 성과 평가, 계획 대비 실적 분석, 변경관리의 기준으로 작용한다. 고품질의 기준일정은 프로젝트의 성공적인 완수를 위한 이해관계자 간의 명확한 일정기준선을 제공하며, 일정 지연이나 변경에 대한 정당성을 설명할 수 있는 기반이 된다.

- 마지막으로, GAO(미국 회계감사국) 가이드라인, FIDIC(국제엔지니어연맹) 계약조건, 그리고 다수의 글로벌 발주자 요구조건은 일정 계획에 있어 CPM분석, 리스크 반영, 통계적 일정 예측 근거 등을 공식적으로 요구하고 있다. 이러한 기준을 충족하지 못하는 일정은 공공감사, 클레임 대응, 계약 성과 평가 등의 과정에서 신뢰성과 타당성을 확보하기 어렵게 만든다.

결론적으로, 프로젝트 일정모델링 기법의 적절한 선택은 단순한 관리 기법의 차원을 넘어, 프로젝트의 성공 가능성을 높이고, 글로벌 수준의 기준과 감사 요건을 충족하기 위한 필수 전략이다.

주요 일정모델링 기법별 목적, 방법, 접근법, 한계

주경로법 CPM(Critical Path Method)은 프로젝트 일정에서 가장 긴 주경로(CP)를 식별하고, 프로젝트 완료 시점에 영향을 주는 핵심 활동들을 통제하기 위한 대표적인 기법이다. CP란 활동의 기간과 논리적 선후관계를 기반으로 네트워크 다이어그램을 작성했을 때 총 여유시간이 0인 경로를 말한다. 이 경로가 지연되면 프로젝트 전체 지연으로 직결되기 때문에 공기지연 및 일정 리스크관리를 위해 집중적으로 관리할 대상이 된다. 일정 모델링을 위해 중요한 기법들은 다음과 같다.

- **Program Evaluation and Review Technique (PERT)** : PERT는 프로젝트의 활동이 높은 불확실성을 가지고 있는 경우, 낙관적, 비관적, 기대값을 고려한 통계적 일정 예측을 위해 사용된다. 각 활동에 대해 세 가지 기간 즉 낙관치(Optimistic, O), 비관치(Pessimistic, P), 가장 가능성 높은 값(Most Likely, M), 이를 통해 기대값(E)을 공식 E = (O + 4M + P) / 6 으로 적용하여 일정을 계산한다. PMBOK 6th Ed.의 6.5장 일정개발(Develop Schedule)과 11.4장 정량적리스크분석 수행(Perform Quantitative Risk Analysis) 프로세스에서 통합 활용하며, 기간의 불확실성을 고려한 일정 예측 모델로 유용하다.

- **Critical Chain Method (CCM)** : CCM은 CPM의 논리 경로에 자원제약사항을 결합하여, 보다 현실적인 일정 예측과 버퍼(일정 & 자원)를 계산해 내는 것을 목표로 한다. CP에 존재하는 자원 병목현상을 고려하여 일정을 재조정하고, 프로젝트 버퍼 및 **피딩 버퍼**(Feeding Buffer)를 설정하여 예기치 못한 지연을 흡수할 수 있도록 한다. 제조/건설 프로젝트와 같이 공정 겹침이 많은 경우 효과적이며, 일정 준수율 향상을 위한 실행 중심 방식으로 활용된다. PMBOK 6th Ed.의 6.5장 **일정개발**(Develop Schedule)의 **자원최적화**(Resource Optimization) 내용에서 설명하고 있다.

- **What-if 시뮬레이션** : What-if 시뮬레이션은 프로젝트 일정이 특정 조건 변화(예: 자원 가용성 감소, 날씨 리스크, 승인 지연 등)에 따라 어떻게 영향을 받는지 예측

하는 데 사용된다. 여러 개의 시나리오를 구성하여 활동 기간, 자원 배치, 논리 관계 등을 변경한 후 결과 일정을 비교 분석한다. PMBOK 6th Ed.의 6.5장 **일정개발**(Develop Schedule)과 11.4장 **정량적 리스크분석 수행**(Perform Quantitative Risk Analysis) 프로세스 중 도구와 기법의 What if 시나리오 분석 및 시뮬레이션에서 확인할 수 있고, 예측력과 일정 통제 전략 수립에 중요한 도구이다. 결과가 입력된 가정에 매우 의존하므로, 객관적 확률 기반 분석은 어려움이 있으며, 과도한 시나리오 설계는 복잡성과 관리 부담을 증가시킬 수 있다.

- **Monte Carlo Simulation (MCS)** : 일정에 영향을 주는 불확실성을 정량적으로 분석하기 위한 확률적 일정 예측 방법이다. 일정 완료일에 대한 신뢰구간을 도출할 수 있어 리스크 대응 계획에 효과적이다. 각 활동의 기간을 확률분포(예: 정규, 삼각, 베타 등)로 정의한 후, 수천번의 시뮬레이션을 반복하여 프로젝트 완료일 분포, 주경로 빈도, 주요 리스크 노출 활동 등을 도출한다. GAO 일정평가가이드의 일정관리 프로세스별 모범사례 8(Conduct Risk Analysis)와 PMBOK 6th **11.4장 정량적 리스크분석**과 **6장 일정 프로세스 구체화**의 What if **시뮬레이션기법**과 연계되며, 고품질 일정 리스크 평가에 사용된다. 복잡한 통계적 모델링이 필요하고, 일반적인 프로젝트 팀에서는 사용이 제한될 수 있으며 전용 소프트웨어(예: Primavera Risk Analysis, @Risk, Safran등)의 활용이 필수적이다.

- **Gantt Chart** (간트차트) : 프로젝트 활동과 기간을 시각적으로 표현하여 전체 일정 흐름과 진행 상태를 한눈에 파악할 수 있도록 하는 기본 도구이다. 활동을 세로축에, 기간을 가로축에 두고 각 활동의 기간을 막대로 표현한다. 대부분 CPM 기반 일정에서 자동 생성된다. Primavera, MS Project 등에서 널리 사용되며, 보고 및 커뮤니케이션 도구로 효과적이다. 논리적 종속성(Dependencies), CP, 리스크 반영 등을 표현하기 어려워 예측과 분석보다는 시각적 전달에 적합하다.

대형 프로젝트에 적합한 일정 예측 기법 선정 고려사항

대규모 프로젝트는 일반적인 소규모 프로젝트와 비교하여 일정 관리에 있어 훨씬 높은 수준의 정확성, 예측력, 통제 가능성, 계약 대응력을 요구한다. 특히 글로벌 시장에서 수행되는 공공 인프라, 발전소, EPC, 플랜트 등 수천억 원 이상 규모의 프로젝트에서는, 단순한 활동 나열이 아닌 고품질의 논리 기반 일정 모델링이 필수적이다. 이러한 대형 프로젝트에서 일정 예측 기법을 선정할 때는 다음과 같은 사항들을 고려해야 하며, 이는 국제기준(PMBOK, GAO, FIDIC)의 요구사항과도 밀접히 연계된다.

- **논리 기반 네트워크 일정 구성의 필요성** - GAO의 Schedule Guide와 FIDIC의 계약 조건은 모두 프로젝트 일정이 논리적으로 연결된 네트워크 형태로 구성되어야 함을 강조하고 있다. 즉, 단순한 간트차트나 목록 수준의 일정이 아닌, CPM 기반의 네트워크 일정이 필수적이며, 이를 통해 CP와 전체 일정 흐름을 명확히 파악할 수 있어야 한다.

- **불확실성과 사건 리스크의 반영** - PMBOK® 제6판의 정량적리스크분석 수행(Perform Quantitative Risk Analysis) 프로세스 및 GAO의 일정관리 프로세스별 모범사례 8은 일정 예측 과정에 불확실성과 이벤트 리스크를 반영할 것을 명확히 요구한다. 이를 충족하기 위해서는 PERT(3점 추정), MCS 등의 기법이 병행되어야 하며, 예정된 완료일 뿐 아니라 완료 가능 확률인 신뢰수준(Confidence level)까지 산출할 수 있어야 한다.

- **자원 제약의 반영과 현실성 확보** - 대형 프로젝트는 자원(인력, 장비, 자재 등)의 병목현상이 발생할 가능성이 높다. 따라서 자원 부하에 따른 일정 지연 가능성을 감안하여, CCM 또는 **자원평준화** 및 **자원 평활화** 기법이 필요하다. PMBOK에서는 이를 통해 일정의 현실성을 확보하고, 통제 가능 범위 내에서 유연하게 계획을 조정할 수 있도록 권장한다.

- **계약상 요구조건 및 클레임 대응력 확보** - FIDIC 계약조건(예: Clause 20 - Claims and Disputes)은 계약자가 일정 지연 또는 변경을 주장할 경우, 정량적 근거와 주경로 기반의 **지연 분석**(Time Impact Analysis, TIA)을 제출할 것을 요구하고 있다. 따라서 일정 예측 기법은 계약 구조와 직접 연결되어야 하며, 이를 위해 CPM 네트워크 기반 일정 모델은 사실상 필수사항이다.

- **성과관리 통합 가능성** - 대형 프로젝트에서는 일정과 원가 성과를 통합 관리하기 위해 EVM기반의 통제 체계가 필수적이다. 이를 위해서는 SPI, SV 등의 산출이 가능해야 하며, 이는 CPM 기반 일정에서만 정확히 구현된다. 또한, 예측지표인 EAC

도 일정 예측 기법의 정밀도에 따라 정확도가 달라진다.

- **감사 및 외부 검토 대응** – GAO 등 외부 감사 기관이나 발주자의 프로젝트 검토 시, 논리적 일관성 검증, CP 유효성, 기준선 일정 대비 성과 등이 주요 평가 요소가 된다. 이러한 평가를 통과하기 위해서는, 예측 기법이 수치적 근거와 시나리오 대응력을 모두 갖춘 검증 가능한 일정 체계여야 한다.

이러한 복합적 고려사항을 반영하여 일정 예측 기법을 선정하는 것은, 단순히 일정을 작성하기 위한 절차가 아니라, 계약 이행, 리스크 대응, 성과 통제, 감사 대응까지 연결되는 전략적 행위이다. PMI, GAO, FIDIC 등 글로벌 기준에 부합하는 고품질 일정 예측 기법은 프로젝트의 성공 가능성을 결정짓는 중요한 관리 도구이다.

고품질 일정기준선을 위해 예측기법이 중요한 이유

프로젝트 수행에 있어 **일정기준선**(Schedule baseline)은 단순한 일정표 이상의 의미를 지닌다. 이는 프로젝트의 성과를 측정하고, 지연 발생 시 그 영향을 판단하며, 이해관계자 간 합의된 목표로 정해지는 핵심 관리기준이 된다. 그러나 일정 자체의 형식보다 더욱 중요한 것은, 이 일정기준선이 얼마나 신뢰할 수 있는 예측력을 기반으로 수립되었는가 하는 점이다. 고품질의 일정기준선을 수립하기 위해서는, 프로젝트의 현실적 변수와 리스크를 정량적으로 반영할 수 있는 예측기법의 적용이 필수적이다. 그 이유는 다음 세 가지 관점에서 설명할 수 있다.

- **불확실성에 대한 예측 필요성** – 프로젝트 초기에는 설계 도면의 완성도 부족, 발주처 승인 지연, 법적 인허가 절차의 불확실성 등으로 인해 정확한 기간 산정이 어려운 활동이 다수 존재한다. 이러한 경우 단일 기간으로 활동 일정을 고정하는 것은 현실을 반영하지 못하며, 프로젝트 전체 일정의 왜곡과 성과 오판을 유발할 수 있다. 이러한 불확실성을 반영하기 위해서는 **PERT 기법**(3점 추정: 낙관치, 비관치, 가장 가능성 높은 값)이나 Monte Carlo Simulation과 같은 통계 기반의 일정 예측 기법을 활용하여, 활동의 일정 변동 가능성을 수치적으로 모델링해야 한다. 이를 통해 단일 목표 일정뿐 아니라, 완료 가능 시점의 신뢰도를 함께 제시할 수 있으며, 이는 고품질 일정 기준선 수립의 핵심 요건이 된다.

- **이벤트 리스크에 대한 대응 필요성** – 대형 프로젝트는 종종 예측할 수 없는 외부 사건의 영향을 받는다. 예를 들어, 태풍, 지진과 같은 천재지변이나, 노동 파업, 공급망 마비, 정치 불안정과 같은 이벤트 리스크는 단일 일정 계획만으로는 대응하기 어렵다. 이러한 사건 리스크를 일정기준선 수립 시점에부터 반영할 수 있어야 하며, 이를 위해 일정 예측기법은 단지 활동 기간을 나열하는 것이 아니라, 리스크 확률과 영향도를 통합적으로 고려한 리스크 조정 일정 수립이 가능해야 한다. GAO(GAO 2018)와 DCMA의 일정평가가이드는 이러한 필요성에 대해 명확히 강조하고 있으며, FIDIC 2017년 2nd Edition 8.3 Programme 등 글로벌 계약 조건에서도 리스크 식별 및 반영 능력이 일정의 신뢰도를 평가하는 핵심 기준이 된다.

- **일정 통제력 및 계약상 대응력 확보** – 일정기준선은 프로젝트 진행 중 변경 및 지연이 발생했을 때, 통제와 계약 대응력의 기준점으로 작용한다. 특히 FIDIC 또는 대형 EPC 프로젝트에서 자주 발생하는 **EoT**(Extension of Time), **지체상금**(Liquidated Damages), **클레임**(Claims) 등과 관련된 분쟁에서 TIA(Time Impact Analysis)를 통해 지연 사유와 주경로 변경 여부를 증명해야 한다. 이때, 예측기법 없이 수립된 일정은 논리 품질이 부족하여 클레임 근거로서 인정받지 못할 가능성이 높으며, 프로젝트관리자의 방어권을 약화시킬 수 있다. 반면, CPM 기반의 논리 일정과 PERT/Monte Carlo 기반의 리스크 반영 일정으로 구성된 고품질 기준 일정은 분쟁 해결 과정에서 계약적으로 유효하고 신뢰성 있는 자료로 활용된다.

결과적으로, 고품질의 신뢰할만한 일정기준선을 수립하기 위해서는 단순한 활동의 나열이나 간트차트 수준의 도식이 아니라, 정량적 예측력과 리스크 반영이 통합된 일정 예측기법의 적용이 필수적이다.

이는 단지 일정 계획의 정밀도를 높이기 위한 것이 아니라, 전체 프로젝트의 성공 가능성을 높이고, 리스크에 대응하며, 이해관계자와 계약상 분쟁에 효과적으로 대처하기 위한 전략적 수단이 된다.

기본 일정 예측 방법 선택시 권고사항

오늘날의 프로젝트 환경은 갈수록 복잡해지고 있으며, 기술 불확실성, 공급망 변수, 이해관계자의 다양한 요구 등 수많은 요인이 프로젝트 일정에 직접적인 영향을 미치고 있다. 단순히 활동의 나열이나 고정된 간트차트만으로는 더 이상 프로젝트 납기를 예측하거나 통제할 수 없는 시대가 되었다. 이에 따라, 일정관리는 단순한 계획 수립을 넘어서, 불확실성과 리스크를 반영한 통합적 예측과 통제의 체계로 진화해야 한다.

PMBOK® Guide 제6판에서는 총 10개의 지식영역과 5개의 프로세스 그룹을 통해 프로젝트 전반을 체계화하고 있으며, 이중 계획 프로세스 그룹에만 24개의 프로세스가 포함될 만큼, 계획 수립의 중요성은 절대적이다. 특히 이들 계획 프로세스는 상호독립적인 절차가 아니라, 서로 긴밀하게 연결되어 통합된 관리 계획을 형성하는 데 목적이 있다. 이 중 일정관리는 범위, 원가, 리스크, 자원 등 다른 영역과 유기적으로 연결되며, 프로젝트 실행 전체를 지탱하는 중심축 역할을 수행한다.

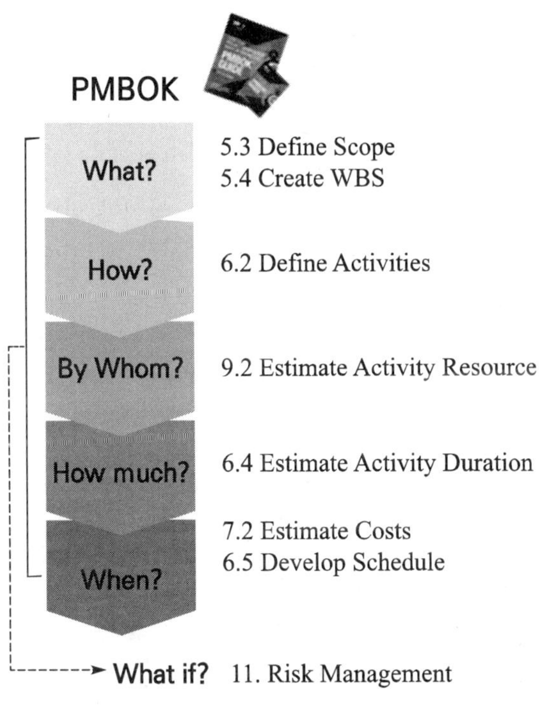

〈그림 3.2〉 PMBOK 6th 기반의 리스크 기반 통합계획 접근방법

이러한 일정관리는 무엇보다도 CPM을 중심으로 모델링되어야 한다. CPM은 활동 간의 논리적 종속관계를 기반으로 CP를 식별하고, 프로젝트 전체 납기에 직접적인 영향을 주는 활동을 추적·통제할 수 있게 해준다. 이는 일정 통제뿐 아니라, EVM, SPI·SV와

같은 성과 지표의 산출, 그리고 지연 발생 시 TIA를 통해 클레임 대응 근거를 마련하는 데에도 필수적이다. 따라서 모든 일정은 WBS를 기반으로 정렬된 논리 네트워크 구조를 갖추고 있어야 하며, 이는 PMBOK의 통합관리, 일정관리, 범위관리, 리스크관리 프로세스와 긴밀히 연동되어야 한다.

그러나 현실적으로 프로젝트는 항상 이상적인 상태에서 수행되지 않는다. 초기 단계에서는 설계 미완료, 승인 지연, 외부 이해관계자의 요구사항 변경 등 수많은 불확실성이 존재하며, 진행 도중에는 천재지변, 파업, 법적 이슈 등 크고 작은 이벤트 리스크가 발생할 수 있다. 이러한 불확실성과 리스크 요소는 단일 기간 추정 방식만으로는 반영할 수 없으며, 따라서 일정 모델에는 예측력을 보완할 수 있는 통계적 기법의 도입이 필요하다.

그 대표적인 보완 기법이 PERT이다. PERT는 각 활동의 낙관치, 비관치, 가장 가능성 높은 값을 통해 평균 기간을 계산하며, 특히 예측이 어려운 활동에 대한 일정 신뢰도를 높이는 데 효과적이다. 여기에 더해 프로젝트 전체 일정에 내재된 리스크를 정량적으로 분석하려면 MCS와 같은 확률 시뮬레이션 기법을 도입해야 한다. 이는 수천 번의 반복 시뮬레이션을 통해 완료일 분포, 주경로 민감도, 활동별 리스크 노출도를 도출하며, GAO 일정평가 가이드의 일정관리 프로세스별 모범사례 8에서도 반드시 수행해야 할 핵심 절차로 명시되어 있다.

또한 일정은 단지 시간의 흐름만이 아니라, 자원의 흐름과도 밀접하게 연결되어 있다. 특히 병렬 활동이 많은 대형 플랜트, 제조, 병원 등과 같은 건설 프로젝트에서는 자원 병목이 전체 일정에 치명적인 영향을 미친다. 이런 경우에는 CCM이나 자원평준화와 같은 자원 제약 기반 일정 전략을 통해, 자원 현실을 반영한 보다 실행 가능한 일정을 수립해야 한다. 이는 일정관리뿐 아니라, 자원관리, 조달관리, 리스크관리 영역과도 긴밀하게 연계되는 통합적인 접근방식이다.

이처럼 CPM을 중심으로 PERT와 MCS를 보완하고, 필요 시 CCM을 함께 적용하는 일정 전략은 단순한 납기 계획을 넘어, 리스크 대응, 계약 방어, 성과 측정, 감사 대응까지 통합적으로 고려한 일정 기준선을 구축하는 기반이 된다.

이는 단지 "**언제 끝나는가?**"를 계산하는 도구가 아니라, "**무엇이 영향을 미치며, 얼마나 리스키한가?**", "**어떤 경우에 지연될 수 있으며, 그 때 어떻게 대응할 수 있는가?**"를 명확히 할 수 있는 고품질 일정 시스템인 것이다.

결론적으로, 리스크 기반의 통합적 일정관리란 단순히 일정을 세우는 기술이 아니라, 프로젝트의 방향을 설정하고, 이해관계자와의 약속을 수치화하며, 계약을 방어하고, 리스크에 대비하며, 성과를 예측하는 프로젝트 전략의 중심 기둥이다. 이를 가능하게 하는 출발점은 바로, CPM 기반의 논리 일정 위에 예측력, MCS, CCM을 결합한 통합 일정 모델링 능력이다. 예측 분석 능력이 없는 일정은 단지 희망에 불과하며, 통합되지 않는 일정은 통제력을 상실한 구조에 불과하다고 PMI(2019)는 설명한다.

따라서 모든 프로젝트관리자와 일정계획자는 단순 계획 수립의 수준을 넘어, 리스크 기반의 통합 일정 모델링을 핵심 역량으로 보유해야 하며, 이는 곧 프로젝트 성공의 기반이자 미래 경쟁력의 척도가 된다는 사실을 항상 생각하고 진행해야 할 것이다.

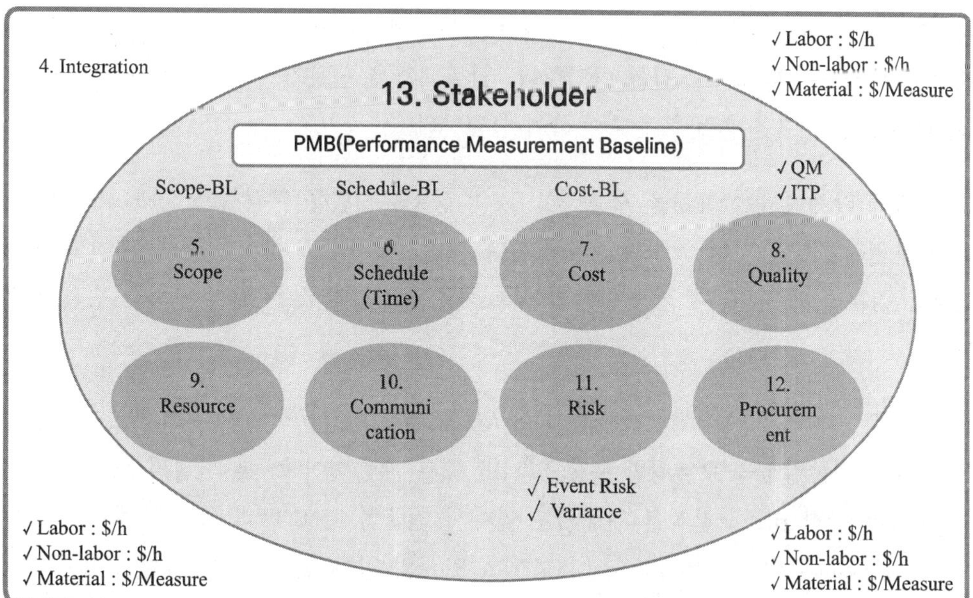

〈그림 3.3〉 PMBOK 6th 10 Knowledge Areas

3.2.4 4단계: 기본일정 모델 구축

기본일정(Base Schedule)은 프로젝트의 활동 범위, 일정, 자원계획을 종합하여 수립한 초기 기준 모델로서, 이후 일정 리스크분석, EVM, 변경 관리의 기준이 된다. 이것은 리스크 없이 계획대로 완벽하게 진행되는 경우에 대한 모델이다.

여기에서 말하는 **기본일정**은 본 가이드라인 제3편에서 언급한 기본일정과 유사한 개념으로서, 일정상의 모든 계획이 완벽하게 수행되었을 때, 즉 리스크가 전혀 없을 경우의 일정으로 정의한다.

PMBOK에서는 기본일정의 수립을 일정관리 프로세스의 핵심 단계로 보고 있으며, 특히 활동기간 산정(Estimate Activity Durations)과 일정 개발(Develop Schedule) 과정에서 그 중요성을 강조하고 있다.

기본일정을 수립하기 위해서는 먼저 작업분류체계(WBS), 활동 목록, 활동 속성, 자원 달력, 그리고 과거 프로젝트 자료나 전문가 판단을 포함한 추정 데이터를 확보해야 한다. 이후 네트워크 논리를 구성하여 각 활동 간의 선후관계를 설정하고, 필요 시 **리드/래그**(Lead/Lag) 및 제약조건을 반영한다. 활동기간은 전문가 판단, 유사 프로젝트 비교, 매개변수법, 3점 추정 등을 활용하여 산정한다.

일정 개발 단계에서는 CPM을 사용하여 CP와 총여유시간을 분석하고, 자원 제약을 고려한 자원평준화나 자원 최적화를 수행한다. 또한 시나리오 분석을 통해 대안별 일정 영향을 검토하고, 필요 시 공정 압축법이나 공정 중첩법과 같은 일정 단축 기법을 적용한다.

물론 WSDOT(미국 워싱턴주 교통부)의 PRAM 모델을 이용하면 일정관리프로그램이 없이 간략한 기본일정을 모델링할 수도 있지만 매우 개략적이며, 본 지침의 보다 엄밀한 일정-비용 통합 리스크분석을 위해서는 앞에서 언급한 PMBOK의 기준을 준수하기 위해서는 Primavera P6, MS Project, Safran Risk와 같은 전문 소프트웨어를 활용하여 수행하는 것이 좋다.

고품질의 기본일정은 단순한 날짜의 나열이 아니라 논리관계, 자원가용성이 통합된 동적 모델이어야 하며, 다음 5단계에서 기술한 입력치에 활동기간의 불확실성은 고려하지만, 이 일정 속에 이벤트 리스크는 제외되어야 한다. 이를 위해서는 논리관계의 완결성 확보, CP 및 니어CP 분석, 제약조건 최소화, 현실적인 자원 계획의 입력에 대한 품질 점검이 필수적이다. 기본일정 수립 후 일정 리스크분석을 거쳐 일정 리스크가 고려되어 조정된 일정기준선을 승인하는 절차를 권장하며, 프로젝트 전기간에 걸쳐 예측 정보를 지속적으로 갱신함으로써 일정 준수 가능성을 높일 것을 강조한다. 현재 GAO와 WSDOT와 일정-비용 통합 리스크분석을 강조하고 있는 전문가 및 참고문헌에서는 기본일정의 정의가 명확하게 제시되어 있다.

3.2.5 5단계: 기본일정 불확실성 정의

3점 기반 일정 변동성(범위) 리스크분석

3점 추정기반 일정 리스크분석은 아래 **[사례 3.1]**에서 보는 바와 같이 프로젝트 일정 기간의 불확실성을 정량적으로 평가하기 위한 기법으로, 앞선 2장에서 설명했듯이 각 활동의 기간을 최소, 최빈, 최대값으로 추정하고 이를 기반으로 몬테카를로 시뮬레이션을 수행한다. 일반적으로 **정규분포를 제외한 분포 중 3대 대표값인** Mean, Mode, Median **의 거리가 가장 작은** Beta-PERT 분포를 적용해 수천 회의 시뮬레이션을 통해 전체 프로젝트의 완료 날짜 분포를 예측한다. 이를 통해 이벤트 리스크가 존재하지 않았을 때의 이상적인 완료일 도출이 가능하다. 이러한 사례로 아래에 GAO(2018) 일정 평가 가이드에서 언급한 건축공사 사례를 인용 소개한다.

사례 3.1 주택건축사업의 기본일정 입력 및 출력

아래는 GAO(2018)에 소개되어 있는 기본 일정 시뮬레이션 사례이다. 결정론적으로는 2월 10일에 모든 일정이 끝나는 것으로 계산되었지만, 기본일정 불확실성을 입력하고 시뮬레이션 결과 P50 기준으로 완료일은 2월 25일로 나타났고, 70% 확률 기준으로는 3월 2일이 되어야 일정 달성이 가능하다는 결론이 도출된다. 이는 예상치 못한 이벤트 리스크를 제외한 오로지 WBS/WP의 과업을 계획대로 수행한 경우를 말한다.

다만, 3점 추정 방식은 개별 리스크의 원인이나 영향을 구분하지 못하고 여러 리스크가 통합된 결과값을 반영한다는 한계가 있다. 따라서 불확실성 분석과 더불어 구체적인 리스크 이벤트 기반 분석을 병행해야 일정 지연의 주요 원인을 파악하고 효과적인 대응 전략을 수립할 수 있다. 본 가이드라인의 합리적으로 적용하기 위해서는 이 부분은 각 기

업와 현장에서 지속적으로 변동성리스크와 이벤트리스크를 분리한 데이터를 축적할 필요가 있다.

〈표〉 주택 건축 일정의 한 섹션에 대한 예상 기간 (GAO 2020)

ID	Description	Minimum remaining duration	Most likely remaining duration	Maximum remaining duration
A1870	Install drywall on walls and ceilings	3	4	6
A1880	Inspect drywall screws	1	1	2
A1890	Finish drywall (tape and mud)	3	5	6
A1900	Install ceiling insulation	1	1	2
A1910	Apply drywall texture	2	3	4
A1920	Apply wall finishes (stain and paint)	2	3	4
A1930	Install tile in bathroom and kitchen	2	3	5

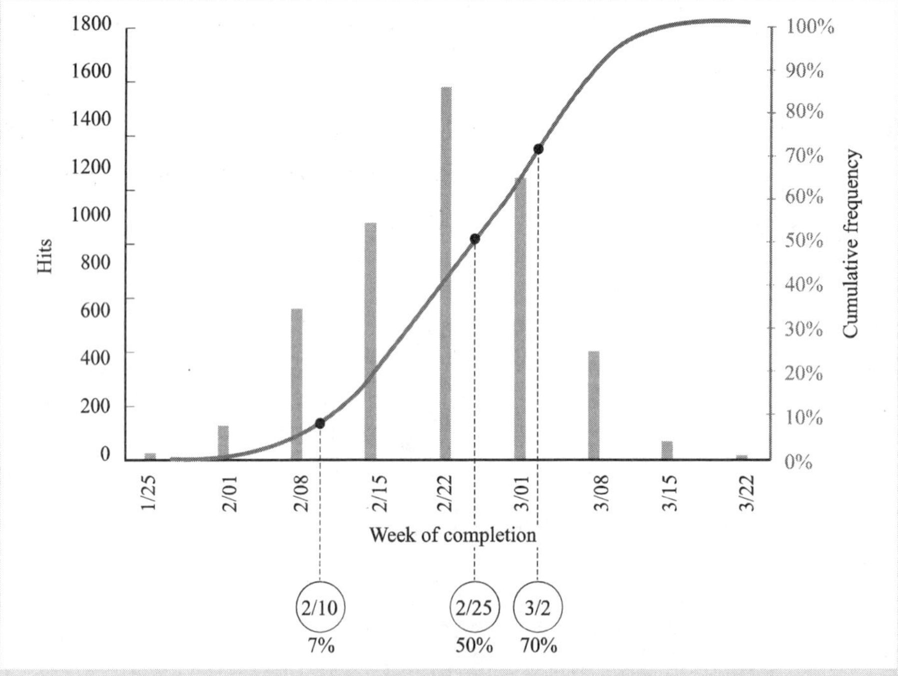

〈그림〉 주택 건축 일정의 누적분포 (GAO 2020)

3.2.6 6단계: 일정 위협리스크 및 기회리스크 계상

프로젝트 전체 일정에 영향을 주는 시스템적 리스크

이 단계에서는 위 3.2.5절에서 기술한 바와 같은 활동 자체가 갖는 변동성 리스크뿐만 아니라 100% 발행할지 확실하지 않은 이벤트성 리스크를 식별하고 이를 모델링하여, 해당리스크가 일정 뿐 아니라 비용에도 미치는 영향을 함께 분석한다. 이 방법을 통해 일정 지연이 프로젝트 전체 사업비와 사업 일정에 얼마나 영향을 미치는지를 정량적으로 평가할 수 있다.

활동 상 식별된 리스크에 대한 영향력 정량화

리스크 동인법은 특정 이벤트 리스크가 발생할 경우 활동기간이 얼마나 늘어날지를 간접적으로 추정할 수 있는데, 리스크가 실제로 발생하지 않으면 원래의 활동기간에는 변화가 없다. 이 방법을 사용하면 하나의 리스크가 여러 활동에 영향을 미칠 수도 있고, 하나의 활동이 여러 리스크의 영향을 받을 수도 있어 리스크와 활동 간의 상호작용 및 상관관계를 현실적으로 반영할 수 있다는 장점이 있다.

사례 3.2 주탁건설사업의 시스템적 리스크 적용

GAO에서는 노동생산성 저하와 같은 불확실성은 프로젝트에서 분명히, 즉 100% 발생하지만 그 영향은 정확히 알 수가 없으므로 프로젝트 진체의 범위 형태로 모델링 하였다. 주택건설 전 과정에서 식별된 리스크를 함께 고려하여 시뮬레이션해 본 결과, 원래 완료일인 2월 10일은 달성 확률이 1% 미만으로 매우 낮아졌고, 70% 신뢰도를 확보하는 일정은 4월 14일로 정해야 해서, 당초에 계획한 완료일보다 약 2개월의 버퍼 일정, 즉 일정 컨틴전시가 추가로 필요한 것으로 분석되었다.

이처럼 리스크 동인 접근법은 3점 추정 방식보다 더 넓은 범위의 일정 불확실성을 고려할 수 있으며, 완화 가능한 리스크 이벤트를 구체적으로 식별 및 분석할 수 있다는 점에서 전략적 장점이 있다. 3점 추정법과 리스크 동인법은 상호 배타적 방법이 아니라 보완적으로 사용할 수 있다. 전자는 공정표에 기간 입력값의 불확실성과 편향을 표현하고, 후자는 식별된 리스크 이벤트의 영향력을 정량화하는 데 유용하다.

〈표 A〉 주택건설사업의 전체 일정에 영향을 미치는 시스템적 리스크 적용

Uncertainty	Likelihood of risk	Effect on duration		
		Optimistic	Most likely	Pessimistic
Productivity of labor	100%	95%	100%	110%
Efficacy of general contractor	100	90	100	125
Schedule estimating error	100	95	105	115

〈표 B〉 주택건설사업의 확인된 리스크

Risk	Likelihood of risk	Effect on remaining duration		
		Optimistic	Most likely	Pessimistic
Design is incomplete	80%	95%	125%	150%
Site investigation is inadequate	30	100	120	135
Material is unavailable	25	100	125	130
Material is late or defective	35	95	110	130
Inspectors are unavailable	30	125	150	200
Rework will be necessary	25	100	110	135
Materials are purchased incorrectly	10	100	110	130
Soil conditions are poor	25	100	115	135
Owner makes changes	50	95	110	130

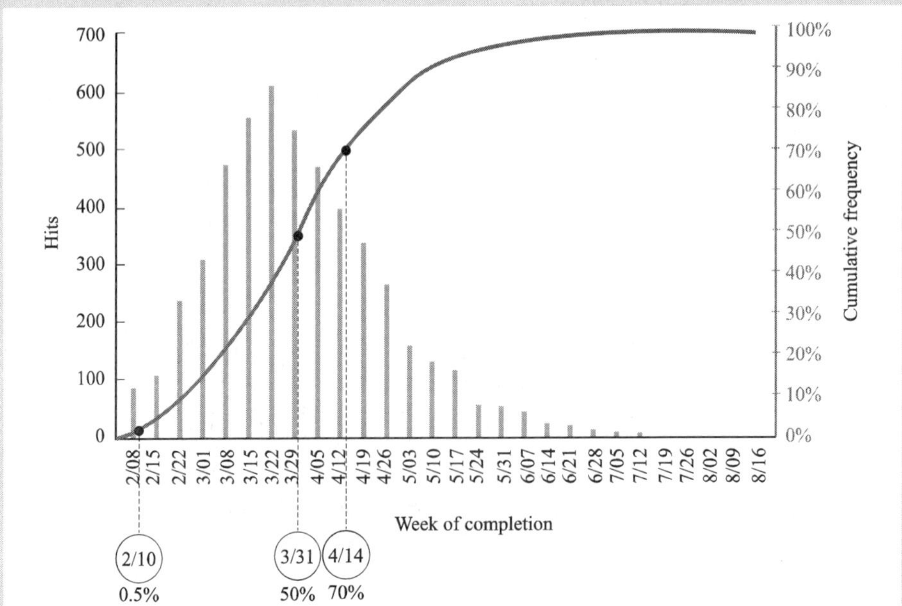

〈그림〉 주택사업의 시스템 및 이벤트 리스크를 고려한 일정 범위 추정

리스크 우선순위 지정

어떤 리스크분석 및 대응방안 수립으로도 모든 리스크와 불확실성을 완전히 제거할 수는 없기 때문에, 가장 영향력이 큰 리스크를 식별하고 이를 완화 전략의 우선 대상으로 삼는 것이 현명하다. 일부 리스크는 발생 가능성은 높지만 영향은 적고, 반대로 영향은 크지만 가능성이 낮은 리스크도 존재하며, 활동기간 불확실성 자체는 거의 존재하는 것으로 그 범위를 본질적으로 줄이기가 어렵다.

PMI-CP(Construction Professional)에서는 회피 〉 전가 〉 통제(완화) 〉 수용의 순서로 대처하기를 제시하지만, 프로젝트 통합관리 관점의 일정 비용 리스크 등도 함께 고려하여 실용적이며 경제적인 개념을 도입하여 신중하게 결정할 필요가 있다.

이때 민감도 분석과 리스크 상관관계 분석을 통해 활동과 프로젝트 일정 간의 연관성을 평가할 수 있다. 예를 들어, 철골 기둥 설치는 기초 굴착보다 프로젝트 일정에 더 큰 영향을 미치는 것으로 나타날 수 있으며, 설계 미완성과 자재 가용성 리스크는 일정 지연에 가장 큰 영향을 준다는 결과를 도출할 수 있다.

또한 리스크 중요도 분석을 통해, 개별 리스크가 얼마나 자주 CP에 영향을 미치는지를 수치화할 수 있으며, 이는 실시간 모니터링의 기준이 된다. 다만, 민감도 차트는 리스크의 근본 원인을 보여주지 않으므로, 완화 전략의 우선순위 설정에는 한계가 존재한다.

사례 3.3 토네이도 다이어그램으로 부터의 리스크 우선순위 선정

아래에 민감도분석을 여러 측면에서 수행한 결과를 보여주고 있다. 우선 아래 그림 A는 주택건설사업의 각 활동별 완공일에 영향을 주는 민감도분석 결과이며, **그림 B는 전체 일정에 영향을 주는 시스템 리스크에 대한** 민감도 분석 결과, 한편 C는 식별된 이벤트 리스크에 대한 민감도 분석결과이다.

이러한 모든 인자들의 종합적인 분석 결과 가장 중요한 완공일에 가장 큰 영향을 주는 인자는 맨 아래 표 A에 나타낸 바와 같다.

따라서 리스크 우선순위 결정을 위해 몬테카를로 시뮬레이션을 반복 실행하며 각 리스크를 하나씩 제거하고, 완료 날짜에 미치는 영향을 비교한다. 이 과정을 통해 각 리스크가 일정 컨틴전시에 기여한 일수를 계산하여, 가장 중요한 리스크를 도출할 수 있다.

예컨대, '**설계 미완성**' 리스크는 22일의 일정 컨틴전시 일수를 줄여 가장 높은 영향도를 보이며, 이후 장비 불가, 자재 없음 등의 순서로 리스크 우선순위가 정리된다.

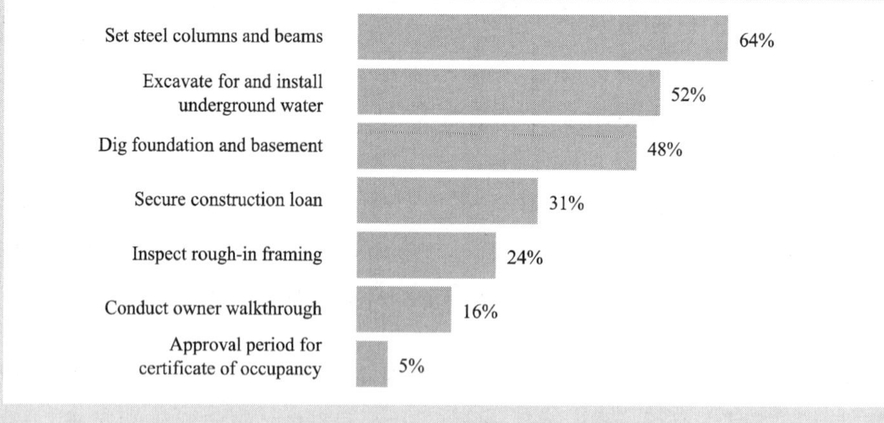

〈그림 A〉 주택 건설사업의 각 활동별 민감도분석 결과

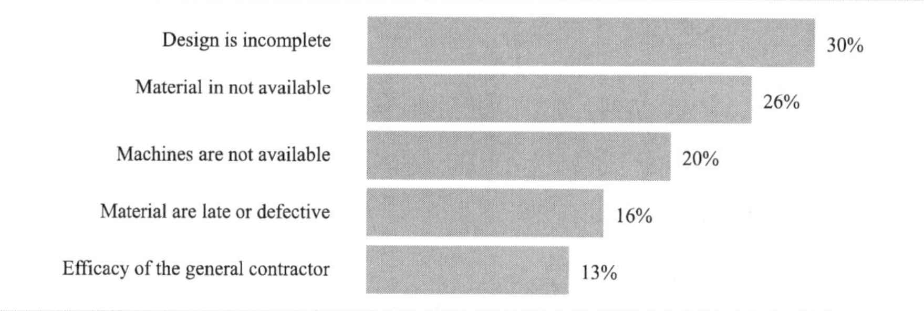

〈그림 B〉 주택 건설 일정의 리스크 민감도 평가 (GAO 2020)

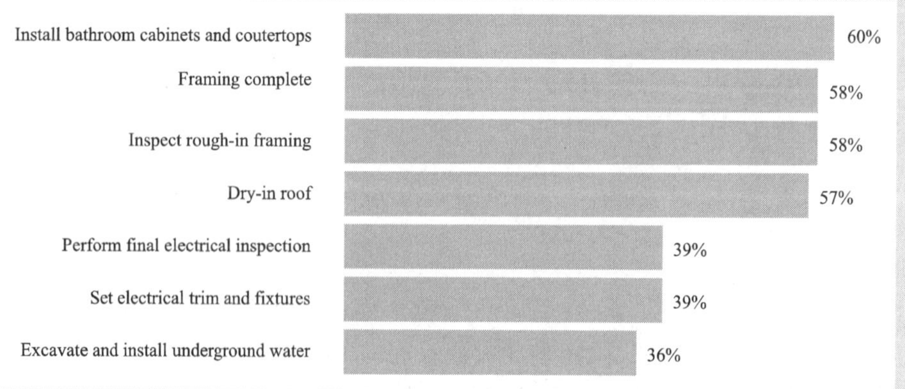

〈그림 C〉 주택 건설 일정에서 선택된 활동의 리스크 중요도 (GAO 2020)

〈표〉 주택 건설 일정에서 우선순위가 가장 높은 리스크 (GAO 2020)

Priority	Risk	80th percentile data	Calendar days saced
	All	April 23, 2026	
1.	Desigh is incomplete	April 1	22
2.	Machines are not available	March 23	9
3.	Material is not available	March 17	6
4.	Efficacy of the general contractor	March 10	7
5.	Materials are late or defective	March 4	6

확률적 분기

통합 리스크분석에서 '**확률적 분기**(probabilistic branching)'는 테스트 실패, 분쟁 등 특정 확률로만 발생하는 이벤트에 따라 일정 경로 자체가 달라질 수 있는 경우를 반영하는 방식이다. 이는 표준 민감도 분석이나 3점 추정 방식만으로는 포착하기 어려운 조건부 지연 가능성을 시뮬레이션에 포함할 수 있게 해준다. 확률적 분기는 복잡한 일정 리스크를 정밀하게 반영할 수 있는 강력한 기법으로, 프로젝트 리스크 대응 계획 수립의 현실성과 예측력을 높이는 데 유용하다.

사례 3.4 일정의 확률적 분기 모델링 및 분석

주택 건설 프로젝트에서 소유자의 추적조사 이후 70%의 확률로 경미한 결함이 시공자에 의해 1주일 내 수정되어 일정에 영향이 없다. 하지만 30%의 확률로 분쟁이 발생해 15일의 이의 제기 기간과 30일의 중재 기간, 총 40영업일의 지연이 발생한다.

이러한 시나리오를 반영한 시뮬레이션 결과는 '**이원분포**'로 나타나며, 아래 그림 A에서 왼쪽 피크는 '**결함 수정**', 오른쪽 피크는 '**분쟁 발생**'을 나타낸다. 따라서 프로젝트 팀이나 발주자는 **신뢰도 80%** 기준의 일정을 요구할 경우, 계획 완료일을 4월 15일로 설정해야 리스크에 충분히 대비할 수 있다.

결론적으로, 확률적 분기는 복잡한 일정 리스크를 정밀하게 반영할 수 있는 강력한 기법으로, 프로젝트 리스크 대응 계획 수립의 현실성과 예측력을 높이는 데 유용하다.

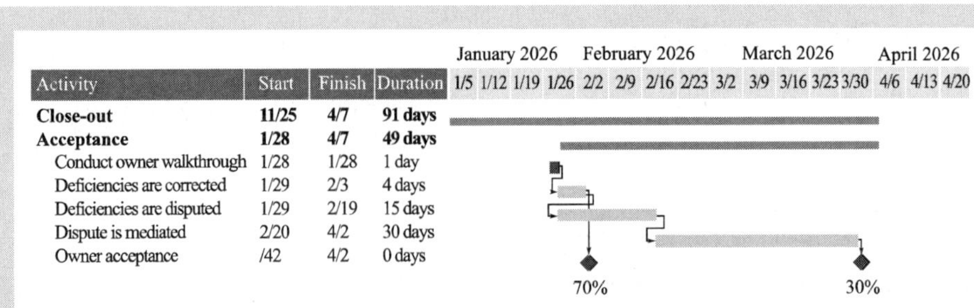

〈그림 A〉 일정의 확률적 분기 (GAO 2020)

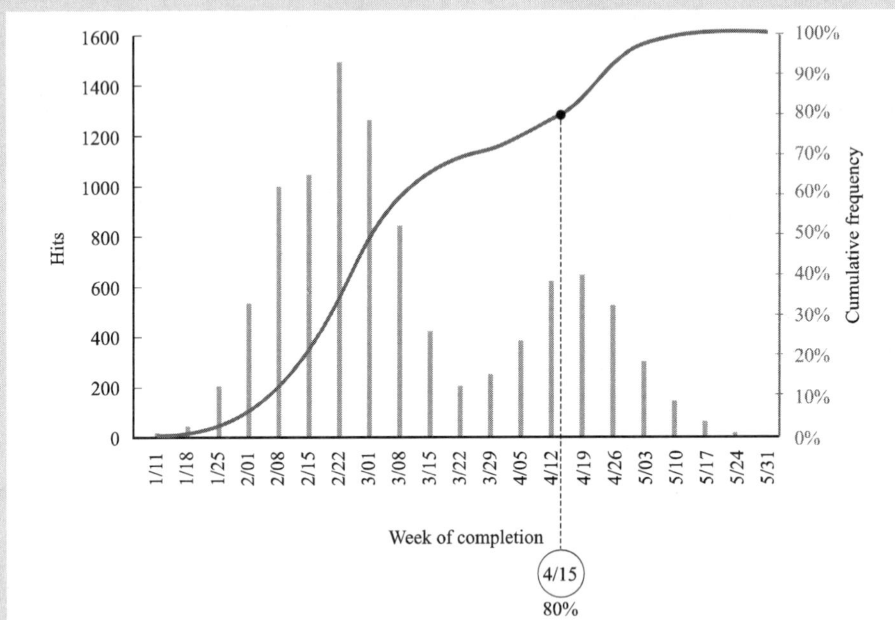

〈그림 B〉 확률적 분기의 확률분포 결과 (GAO 2020)

상관관계

통합 리스크분석에서 일정을 확률적 변수로 간주하면, 활동 기간 간의 상관관계를 모델에 포함시킬 수 있다. 상관관계란 두 활동이 같은 외부 요인(예: 기술 성숙도, 시공자 생산성 등)의 영향을 받아 함께 길어지거나 짧아지는 경향을 의미하며, 이는 프로젝트 현실을 보다 정확하게 반영한다.

동일한 기술 수준에 기반한 설계, 제작, 테스트 활동은 상호 강한 양의 상관관계를 가질 수 있으며, 시공자의 낮은 생산성이 여러 활동에 동시에 영향을 주는 사례 등도 이에 해당한다. 이런 상관관계를 지정하지 않으면 시뮬레이션 반복 시 각 활동이 상호 독립적으로 변동하여 통계적으로 일관되지 않은(일정이 길어지거나 짧아지는) 비현실적 결과가 발생할 수 있다.

사례 3.5 리스크분석에서 상관관계 유무에 따른 확률분포 결과

아래 그림 A는 주택 건설 일정에서 관련 활동들 간에 90%의 상관관계를 추가한 시뮬레이션 결과를 보여준다. 이러한 상관관계 모델링을 적용해 보면 결과적으로:

- 50번째 백분위수 일정은 거의 차이 없음
- 하지만 80번째 백분위수 일정은 약 1주일 지연되어, 일정 컨틴전시 확보에 직접적 영향을 미침

이는 상관관계가 시뮬레이션의 평균 쪽보다는 신뢰도 수준의 결과에 민감한 꼬리부분의 결과값에 더 큰 영향을 준다는 점을 시사한다. 따라서 조직이 80% 수준의 일정 신뢰도를 신뢰도가 높은 비용 및 일정 제시를 목표로 할 경우 상관관계를 반드시 고려해야 한다.

실제 프로젝트에서는 활동 간 상관계수 데이터가 부족한 경우가 많아 전문가 판단에 의존하는 경우가 일반적이다. 그러나 리스크 동인 접근법을 사용하면, 하나의 리스크가 여러 활동에 할당되어 있어 자동적으로 일정 수준의 상관관계가 내포되므로, 활동과 리스크 간 연계 설정 입력만 잘하면 복잡한 상관관계 매트릭스를 별도로 설정하지 않아도 되는 장점이 있다.

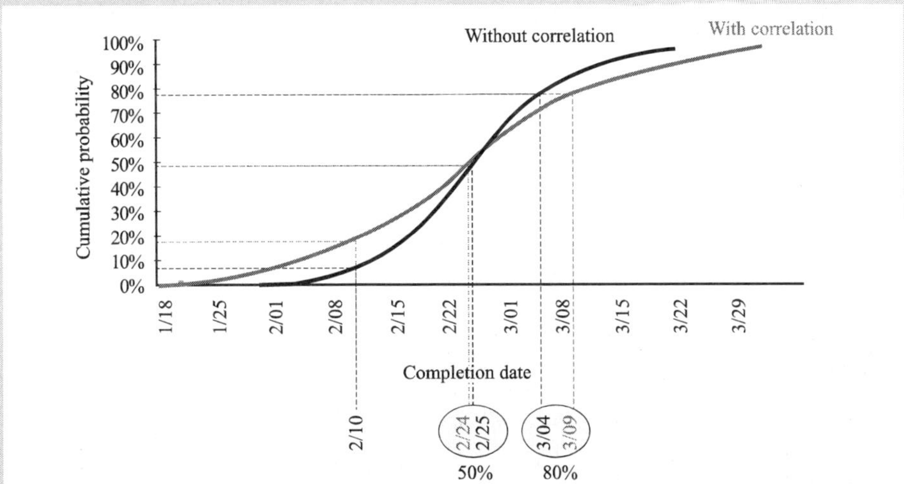

〈그림〉 리스크분석에서 상관관계 유무에 따른 확률분포 결과 (GAO 2020)

일정 리스크분석 수행

일정 리스크분석은 MCS를 활용해 일정의 불확실성과 리스크를 반영하여 완료 날짜의 확률분포를 도출하는 기법이다. 시뮬레이션은 다음과 같은 요소들을 무작위로 변화시킨다.

- 활동기간의 확률분포
- 위협과 기회의 발생 확률 및 영향도분포
- 리스크 발생 여부나 분기(branch) 경로의 존재 여부

이 결과로 생성된 누적확률분포를 통해 조직은 자신의 **리스크 허용수준**(Risk Tolerance)에 맞는 완료일을 설정할 수 있다. 예를 들어, 70% 확률로 완료될 수 있는 날짜를 선택하여 일정 계획에 반영할 수 있다. 이 과정은 고위 경영진의 일정 관련 의사결정에 실질적인 지원을 제공한다.

단, 분석의 신뢰성을 확보하기 위해서는 정확하고 논리적인 일정 네트워크가 필수적이다. 불확실성 하에서는 모든 활동이 잠재적 주경로가 될 수 있기 때문에, 일정 상 모든 활동과 그 관계를 정확히 반영해야 한다. 일정 논리가 불완전하거나 날짜 제약이 과도하게 설정된 경우, 시뮬레이션 결과의 신뢰성이 크게 떨어진다.

전체 프로젝트를 시뮬레이션하기 어려운 경우에는 요약 일정으로 분석할 수 있다. 이는 일정의 복잡도를 줄이고 분석 시간을 절약할 수 있지만, 일정이 너무 압축되면 리스크를 충분히 반영하지 못하고, 병합 경로나 결정적 난제 등 핵심 리스크 요인을 놓칠 수 있다. 따라서 요약 일정 사용 시에도 핵심 경로, 리스크 집중 영역, 주요 마일스톤이 잘 반영되도록 조정이 필요하다.

사례 3.6 VA 건설의 일정 리스크분석, GAO-10-189

GAO는 네바다주 라스베이거스에 있는 재향군인부(VA)의 새 의료 센터 단지 4단계 건설 일정에 대한 일정 리스크분석을 수행했다. 프로젝트 경영진은 이 분석에 앞서 수행한 연습에서 22가지 리스크를 식별했다. 이러한 리스크를 논의의 기초로 삼아 GAO는 VA 상주 엔지니어, 일반 계약업체 관계자, 건축가 및 엔지니어링 컨설턴트 등 프로젝트에 정통한 전문가 14명을 인터뷰했다.

이 인터뷰를 통해 GAO는 11개의 추가 리스크를 확인했다. 데이터 분석 과정에서 일부 리스크는 다른 리스크와 통합되었고 일부 리스크는 데이터가 너무 적어 제거되었다. 최종적으로 20개의 리스크가 몬테카를로 시뮬레이션에 통합되었다. 여기에는 18개의 리스크 동인(원인), 1개의 일정 기간 리스크, 기준 일정에 포함되지 않은 1개의 전체 시스템 시운전 활동이 포함되었다.

일정 기간 리스크는 프로젝트 활동의 고유한 변동성과 일정 수립의 부정확성을 나타내기 위해 각 활동 기간에 적용되었다. GAO는 일정에 포함된 6,098개의 활동 중 3,193개에 리스크 동인을 할당했다. 일부 활동에는 1~2개의 리스크가 할당되었지만, 최대 7개의 리스크가 할당된 활동도 있었다.

GAO는 20개의 리스크를 일정에 적용하는 것 외에도 각 리스크의 한계 효과를 파악하는데 관심이 있었다. 따라서 GAO는 일정에 가장 큰 영향을 미치는 리스크를 식별하여 우선적으로 완화해야 할 리스크를 파악했다. 한계 효과는 리스크가 완화될 경우 절약할 수 있는 잠재적인 달력 일수로 직접 변환된다.

GAO의 의료 센터건설 일정 분석에 따르면 2012년 3월 1일부터 2012년 5월 17일 사이, 즉 50~80번째 백분위수 사이에 VA의 수용이 현실적으로 예상되었어야 한다는 결론을 내렸다. 반드시 완료해야 하는 날짜인 2011년 8월 29일은 가능성이 매우 낮다고 판단했다. 분석 결과, 리스크 완화 없이 현재 일정대로라면 2011년 10월 20일까지 VA의 승인을 받을 확률은 1% 미만인 것으로 나타났다.

VA의 실제 승인은 2011년 12월 14일로, 당초 예상보다 약 4개월 늦어졌다 강철 제작 및 실지 문세와 상비 요구 사항 변경으로 인해 지연이 발생했다. GAO의 최초 분석일인 2011년 12월 14일은 5~10번째 백분위수 내에 속했다

일정-비용 통합 리스크분석은 프로젝트 일정의 불확실성과 리스크를 정량적으로 포함하여 평가하기 위한 기법으로, 주요 목적은 프로젝트 완료 시점의 가능성을 예측하고, 특정 확실성수준에서 필요한 **일정 컨틴전시**(Schedule Contingency)를 결정하는 데 있다. 또한 프로젝트 지연 가능성이 가장 높은 리스크, 활동, 경로를 식별함으로써 효과적인 리스크 대응 전략 수립에 기여한다.

리스크분석 수행 전에는 일정이 모범 사례에 따라 평가되며, 논리적 관계가 명확하고 부적절한 제약 조건이 최소화되어야 한다. 시뮬레이션에는 **3점 추정**(낙관적, 최빈, 비

관적) 기간 값이 활용되며, 활동 간 상관관계도 함께 고려된다.

리스크는 확률과 영향도에 따라 우선순위가 매겨지며, 사전에 준비된 리스크 등록부를 통해 주요 리스크가 식별된다. 이때 리스크 입력값은 신뢰할 수 있는 출처에 기반하며, 편향이 최소화 되도록 검토된다. 분석 결과는 가장 자주 CP에 도달한 활동을 식별해 면밀한 모니터링 대상을 선정하는 데도 활용된다.

시뮬레이션 결과를 바탕으로 산정된 일정 컨틴전시는 프로젝트관리자가 보유하며, 필요에 따라 하도급자 등에게 분배된다. 이 컨틴전시는 SRA의 결과와 프로젝트의 신뢰수준 목표를 비교해 도출되며, 문서화되어 향후 리스크 대응 및 의사결정의 기준이 된다.

또한 시공자는 일정기준선 수립 시 일정 리스크분석을 통해 일정 컨틴전시 산정의 근거를 확보하고, 프로젝트 수행 중 일정이 업데이트되면 정기적으로 일정 리스크분석을 재수행해 실시간 리스크 대응력을 유지한다.

3.2.7 7단계: 일정-비용 통합 리스크분석 및 비용견적 보고서 업데이트

일정-비용 통합 리스크분석 기본개념은 앞서 나온 2.3.6절에서 설명한 바 있다. 기본일정과 기본비용을 작성하고, 그 기본일정과 기본비용에 내재되어 있는 리스크를 식별하고, 정성적 방법과 정량적 방법을 활용하여 리스크를 분석한다.

일정-비용 통합 리스크분석을 위해서는 불확실성과 리스크를 반영한 확률적 분석 과정이 반드시 필요하며, 이 과정을 거쳐 기본일정과 기본비용 모델에 근거한 프로젝트 전체일정 확률분포와 전체비용 확률분포를 구한다.

일정-비용 통합 리스크분석에서는 준공 지연으로 인한 시간관련경비(Time Related Costs)를 분석하여 이로 인한 비용 영향을 프로젝트 전체 비용에 추가한다. 그리고 리스크 동인 접근법에 의해 이벤트 리스크들이 시스템적으로 프로젝트에 영향을 미쳐 일정 지연이나 비용 증가가 발생하는지를 검토하고, 이를 피드백하여 관련된 일정 및 비용 영향을 프로젝트 전체 비용에 추가하는 과정을 거쳐 당초 작성된 비용견적 보고서를 업데이트하게 된다.

일정-비용 통합 리스크분석은 프로젝트 전 기간 동안 주기적이고 반복적으로 수행되어야 하는 동적인 과정이다. 프로젝트가 진척됨에 따라 리스크는 변화하거나 소멸하며, 기존에 인식하지 못했던 새로운 리스크가 나타날 수 있다. 따라서 일정이 업데이트될 때마다 리스크분석도 함께 갱신되어야 하며, 분석 간격은 프로젝트의 규모, 복잡성, 리스크 수준 및 관리 역량에 따라 달라진다.

일정-비용 통합 리스크분석은 단지 초기계획 수립 시점 뿐만 아니라, 다음과 같은 상황에서 적시에 수행되어야 한다.

- **성과 기준선 수립 시**: 시공자 예비비 설정을 위한 신뢰 수준 확보 목적
- **중요 의사결정 시점 전**: 예산 요청, 승인, 재조정 등
- **일정 또는 비용 컨틴전시 소진률이 급격히 증가할 때**
- **등록되지 않았던 리스크가 일정이나 비용에 영향을 미칠 때**

이때 분석 과정에서 새롭게 파악된 리스크는 즉시 리스크 등록부에 반영해야 하며, 기준선 조정 또는 내부 독립 평가를 위한 근거로 업데이트된 리스크분석 결과를 활용해야 한다.

각 일정-비용 통합 리스크분석 업데이트는 다음 내용을 포함하여 완전하고 투명하게 문서화되어야 한다.

- 리스크 데이터의 출처 및 유효성 확인 방식
- 사용된 시뮬레이션 방법론 및 가정사항
- 우선순위 리스크 목록
- 프로젝트 완료 가능성 분석 결과
- 자주 주공정선에 포함된 활동 목록
- 컨틴전시 수준이 적절한지 판단할 수 있는 정량적 결과

이러한 주기적 일정-비용 통합 리스크분석은 일정 컨틴전시의 효율적 활용, 리스크 대응 계획의 현실성 확보, 그리고 고위 경영진의 의사결정 지원에 중요한 역할을 한다.

3.2.8 8단계: 검토 및 검증

이 부분은 제3편과 동일하다.

3.2.9 9단계: 프로젝트 리더십 승인

이 부분은 제3편과 동일하다. 프로젝트 리더십(SRO, Project Director) 승인은 견적의 완전성과 신뢰성을 공식적으로 확인하고 소유권을 수락하는 단계이다. 산출된 비용추정치(AFC, 범위 포함), 비용추정 보고서, 리스크 등록부, 가정사항 목록 검토, 검토·보증 단계에서 도출된 관찰사항·권고사항 반영 여부 확인, 비용추정이 사업 범위, 일정, 옵션, 상업 전략과 정합되는지 확인하고, SRO가 공식 서면 승인서를 작성해 Stage Gate 승인 절차에 제출하는 것이다.

제출된 이 비용 추정치는 "**의사결정에 사용할 준비가 됐다**"라는 의미의 내부 확증을 의미하며, 리더십이 결과에 대한 책임을 명확히 하고, 이후 대외·상위 승인 절차(예: 재무부 검토)로 넘어갈 수 있게 하는 거버넌스 절차의 완결 단계이다. 승인된 비용추정치를 전략적/정책적 의사결정, 예산 편성, 옵션 비교, 사업 지속 여부 판단 등에 실제로 활용한다.

이를 위해 비용 추정치를 예산 한도·가용 재원·가치대비비용(Value for Money)와 비교하고, 합리적인 범위를 고려해 Go/No-Go나 옵션 우선순위를 결정한다. 단계별(SOC, OBC, FBC)로 비용 범위 축소, 정확도 향상, 재검증하며, 필요 시, 범위 초과·미달 시 대응책 검토 (예: 재설계, 범위 축소, 추가 자금 확보 등)한다. 이미 승인된 견적을 실제 의사결정 프로세스에서 '**적용**'하는 단계로서, 내부 승인 이후, 정책·투자·사업집행 방향을 최종 확정하는 외부·실행 중심의 의사결정 지원한다.

리더는 보통 '**숫자(비용)**'로 의사결정 한다. 따라서 일정 영향을 '**금액적 가치(기회비용, 지체비용 등)**'으로 변환하면 훨씬 설득력이 높아진다.

여기에 주의할 사항은 일정지연시 발생하는 추가 인건비, 준공 지연으로 인한 수익 손실 및 타 프로젝트 영향 등을 고려하여 결정하여야 한다. 경영자들은 본 가이드라인 4편에서의 일정-비용 통합 리스크분석 결과를 신중히 검토할 필요가 있다. 실무자들에게 이 가이드라인의 방법론을 적용하여 "**일정은 돈이다**"를 수치로 확인하게 구조화된 보고서를 만들 것을 요구할 수 있다.

"현재 제안안은 초기비용이 5% 높지만, 준공 3개월 단축으로 총비용 절감효과 8억 원, 사회경제적 편익 12억 원의 가치를 창출할 수 있습니다."와 같은 일정·비용 통합형 보고문장을 사용하면 리더가 '**일정의 가치**'를 즉시 이해할 수 있다. 반대로 "**일정 리스크가 높은 사업에 대해 현재 제안안은 타 경쟁사보다 초기비용이 5% 정도 낮지만, 준공 3개월 지연으로 총비용 10억원 증가가 예상됩니다. 이를 막기 위한 패스트 트레킹으로 비용이 10억원 추가로 더 상승합니다.**"와 같이 일정·비용 리스크를 명시적으로 보고하면 경영자의 이해를 높일 수 있다.

3.2.10 10단계: 일정-비용 통합 리스크분석을 이용한 의사결정 지원

일정 컨틴전시

일정 기준선에는 알려진 정량화된 리스크와 불확실성을 고려하기 위해 일정 컨틴전시(우발 일정)이라고 하는 여유 시간 또는 예비 시간이 포함되어 있다. 계약후 진행되는 사업의 분석이라면, 마지막 활동의 완료 날짜와 당초 약속된 완료 마일스톤 사이의 시간 차이를 일정 컨틴전시로 표시될 수 있다. 일정 컨틴전시 상황이 이러한 방식으로 표시되는 경우, 이전 활동의 완료 날짜가 지연되면 설정해 놓은 컨틴전시양도 줄어든다.

일정 리스크분석을 수행하고 원하는 수준의 확실성에서 일정 날짜와 시뮬레이션 결과의 날짜를 비교하여 일정 컨틴전시를 계산해야 한다. 예를 들어, 조직은 프로젝트가 제시간에 완료될 확률을 80% 또는 그보다 더 일찍 완료될 확률을 채택할 수 있다. 필요한 컨틴전시의 양은 누적분포에서 80%값의 날짜와 일정의 결정론적 완료 날짜 사이의 시간 차이가 될 것이다.

일부 프로젝트의 경우, 누적확률 70~80%를 보수적인 약속 날짜로 간주한다. 어떤 조직에서는 50% 수준에서 설정하는 경우도 있다. 한 조직이라 하더라도 프로젝트별로 이 비율을 달리할 수도 있다. 그러나 일정분포는 대체로 왼쪽보다 오른쪽으로 치우치는 경향이 있으므로, 프로젝트가 일찍 끝나는 것보다 늦게 끝날 가능성이 더 크다. 따라서 분포의 평균값이 50% 신뢰 수준보다 뒤쪽(확률분포에서 우측)에 위치할 수 있으며, 55% 또는 65% 수준의 신뢰도로는 80% 수준만큼의 일정 신뢰성을 확보하기 어렵다. 이러한 낮은 신뢰수준을 채택하여 의사결정을 경우 프로젝트가 일정 초과에 더 많이 노출될 수 있다. 즉, 프로젝트 유형, 계약 유형 및 기술 성숙도와 같은 요인을 잘 파악하여 각 조직과 프로젝트에 맞는 기준을 택할 필요가 있다.

일정 컨틴전시 또는 예비비는 프로젝트관리자가 보유하지만 활동 범위에 따라 필요에 따라 원도급자, 하도급자, 파트너 등에게 할당할 수 있다. 컨틴전시를 할당하는 경우에는 공식적인 변경절차를 따라야 하며, 이를 위해 프로젝트의 변경 관리 프로세스에 따라 투명하게 추적 및 모니터링되는 것이 보장되어야 한다.

일정 컨틴전시는 완료 마일스톤 직전에 단일 활동으로 표시되거나, 주요 마일스톤 전에 여러 활동으로 일정 전체에 분산되어 표시될 수 있다. 예를 들어, 여러 외부 입력에 의존하는 주요 통합 활동을 시작하기 전에 별도의 컨틴전시 활동을 계획하여 시작 준비를 보장하는 것이 적절할 수 있다. 이러한 이유로 인해 완료 마일스톤 직전의 하나의 활동으로 컨틴전시를 보유하는 것이 바람직하다.

또한 실제로 발생할 리스크와 그 영향의 크기를 미리 알 수 없기 때문에 특정 활동에 컨틴전시를 미리 할당하는 것은 권장되지 않는다. 특정 주요 마일스톤에 컨틴전시를 분산하면 컨틴전시가 조기에 또는 불필요하게 소비될 수 있기 때문이다.

일정 전체에 분산된 컨틴전시는 가시성이 떨어지고 추적 및 모니터링이 더 어려울 수 있으며, 일정이 분산되면 팀원들이 예상되는 초기 날짜가 아닌 늦은 날짜를 기준으로 활동하게 될 위험이 있다. 반면, 컨틴전시를 통합하면 프로젝트의 모든 사람이 자신의 부분 뿐만 아니라 전체 일정의 컨틴전시를 보호하기 위해 노력하게 된다.

마지막으로, 일정 네트워크 내에 컨틴전시가 분산되어 있는 경우, 컨틴전시가 총 여유 및 CP 계산에 영향을 미치지 않도록 주의를 기울여야 한다. 컨틴전시는 자원이나 범위가 연관되어 있지 않고 후속 활동을 실질적으로 지연시킬 수 없기 때문이다.

일정이 끝날 때 또는 주요 마일스톤 직전에 컨틴전시를 식별하든지에 관계없이 하나의 활동 형태로 표시하면 일정에 잠재적인 문제가 숨겨져 있지 않은지 확인하는 데 도움이 된다. 또한 활동으로 표시되는 경우 일정 상태 측정값을 계산하거나 리스크분석을 수행하기 전에 컨틴전시를 신속하게 식별하고 제로화할 수 있다.

마지막으로, 일정의 우발 상황은 두 활동 사이의 지연으로 표시되어서는 안 된다. 이러한 지연은 스케쥴 상 설명할 수 있는 이름이 없으며, 관련 컨틴전시가 네트워크 로직 내에서 손실되거나 인식되지 않을 위험이 있다.

또한 컨틴전시는 총 여유 시간과 전혀 다른 개념이라는 점에 유의할 필요가 있다. 총 여유시간은 활동이 완료 마일스톤에 영향을 미치기 전까지 지연될 수 있는 시간이다. 총 여유시간은 네트워크 로직과 직접 관련이 있으며, 선행 및 후행 활동 날짜를 기반으로 자동으로 계산된다. 이와 대조적으로 일정 컨틴전시는 일정 리스크분석에 의해 결정되며, 조직이나 프로젝트에서 설정한 신뢰 수준을 어떻게 설정하는가에 따라 결정되며, 일정 리스크분석은 원하는 수준의 신뢰 수준에서 일정 날짜를 시뮬레이션 결과와 비교하고 완료 날짜에 영향을 줄 수 있는 불확실성과 리스크를 정량화하여 계산한 값이 된다. 즉, 총 여유시간은 논리적 종속 관계에 기반한 계산 결과이며, 일정 컨틴전시는 설정된 신뢰수준에 따른 확률적 기반의 값이라는 점에서 본질적으로 구분된다.

사례 3.7 GTX-A 일정 컨틴전시 분석 및 의사결정 지원

GTX-A 사례는 일정 컨틴전시의 개념과 적용 사례를 구체적으로 보여주는 대표적인 실무 적용 사례로, 최근 저자가 직접 참여하여 본 가이드라인에서 벤치마킹하고 있는 GAO의 일정평가가이드를 준수하여 수행한 사업이다.

당초 목표 준공일은 해당연도 12월 31일이었는데 현실적인 준공 가능일을 판단하기 위하여 일정 리스크분석을 수행하였다. 초기 분석 결과, 리스크 완화 없이 진행시에는 목표일 준공확률이 1% 미만으로 나타나 상당 기간 준공 지연이 불가피한 것으로 나타났다.

리스크 워크숍과 현장 프로젝트팀과의 여러 차례 미팅 및 인터뷰를 통해 리스크 대응책을 세우고 리스크 완화 전후의 준공확률을 추적한 결과, 리스크 완화 전 분석에서는 전체 사업의 P50(신뢰도 50%) 준공일은 다음연도 7월 19일, P80(신뢰도 80%) 준공일은 8월 27일로 예측되었고, 리스크 완화 조치 후에는 P50, P80이 각각 다음연도 5월 6일, 6월 12일로 예측되었다. 이는 전체일정이 평균 74~76일 단축(약 13% 개선)되는 것으로 리스크 완화가 확률적 일정 단축으로 연결되는 것을 보여준다. 이에 따라 예측 신뢰도 80%를 기준으로 전기통신시스템과 종합시험운전의 공기지연 리스크를 모두 고려하여 전체사업의 현실적인 준공일은 다음연도 6월말로 보는 것이 타당한 것으로 분석되었다.

일정 컨틴전시는 **기본일정과 P80 준공일 간의 차이**, 즉 "**80% 확률로 준공을 달성하기 위해 필요한 추가 여유일수**"로 정의된다. 이는 불확실성을 반영하여 발주처와 계약당사자가 **현실적 준공일을 재협의**하는 근거로 활용된다. 분석 결과 리스크 완화 전 전체 기준 P80 준공일은 8월 27일로, **일정 컨틴전**시 **239일(41.2%)정도가** 필요하다. 리스크완화 후 P80 준공일은 6월 12일로, 필요한 일정 컨틴전시는 163일(28.1%)로 감소한다. **38.5%의 컨틴전시 축소 효과**는 리스크 완화 전략의 실질적 성과를 보여준다.

이 사례는 일정 리스크분석과 컨틴전시 관리가 단순한 일정 여유 확보 차원을 넘어, **리스크 기반 의사결정의 정량적 근거**로 기능함을 보여준다. 즉, 일정 컨틴전시는 단순하게 경험적으로 관행적으로 설정한 예비공기가 아니라 리스크 완화 수준을 반영한 확률적 의사결정 변수이며, 리스크분석 및 예측을 통해 준공확률을 지속 추적·갱신함으로써 신뢰도 기반의 **리스크 대응 성과를 정량적으로 검증**할 수 있다.

이는 GAO·AACE·WSDOT 등 국제 표준에서 공통적으로 권장하는 일정 리스크관리 접근법이며, 국내 프로젝트에서도 점진적으로 확산되는 추세다.

PART 4

제4장

일정-비용 통합 리스크분석 및 관리를 위한 주요 고려사항

제4장 일정-비용 통합 리스크분석 및 관리를 위한 주요 고려사항

4.1 | 개요

프로젝트에서 일정과 비용은 상호 밀접하게 연계되어 있으므로, 각각의 독립적인 리스크분석뿐만 아니라, 통합적 관점에서의 리스크분석이 필수적이다. 제4장에서는 이러한 통합 분석을 수행하기 위한 주요 고려사항으로서, 일정 비용 통합 리스크분석의 전제 조건, 일정 모델 구축시 고려해야 할 요소 등을 체계적으로 살펴본다.

4.2 | 일정-비용 통합 리스크분석을 위한 전제 조건 및 주요 고려사항

4.2.1 일정-비용 통합 리스크분석을 위한 최소 요구조건

AACE International의 RP64R-11에서는 일정-비용 통합 리스크분석을 적절하게 수행하고 양질의 결과를 제공하기 위해 프로젝트 팀은 프로젝트 개발의 현재 단계에 따라 다음 사항을 개발해야 한다고 하였다.

- 서로 일관된 작업 범위, 실행 계획, 비용 견적 및 일정의 개발
- 모든 프로젝트 범위에 대한 활동을 포함하고, 활동에 대한 현실적인 기간을 포함하고, 활동의 순서와 활동 간의 의존성을 적절하게 반영하는 논리적 연결을 포함하고, 사용 가능한 자원, 특히 제한된 자원과 이러한 자원이 작동하기 위한 공간을 충분히 고려하여 적절하게 개발된 품질 일정
- 프로젝트 팀의 동의 하에 승인된 일정(일정 준비 상태는 프로젝트 팀이 선행 논리의 유효성, 논리 결함의 범위, 누락된 논리 또는 미결 사항, 제약 조건의 수 또는 유형 등 요소를 포함하되 이에 국한되지 않는 요소에 대해 동의한 후에만 인정됨)
- 모든 식별된 프로젝트별 리스크를 포괄적으로 나열한 리스크 등록부, 각 리스크의

예상 임팩트에 대한 이해, 각 리스크에 대한 리스크 대응 조치
- 리스크 등록부에 포함되지 않은, 프로젝트의 성과(일정 완료 포함)에 임팩트를 미칠 수 있는 체계적 리스크에 대한 이해.

4.2.2 일정모델 구축시 주요 고려사항

요약형 CPM 모델과 상세형 CPM 모델

CPM 일정 기반의 리스크분석을 수행할 때는 두 가지 기본 접근 방식이 존재한다. 하나는 수천개의 활동을 포함하는 상세 프로젝트 일정 전체를 사용하는 방식 '**상세형 CPM 모델**')이며, 다른 하나는 수백 개 이하의 활동으로 요약된 CPM 모델을 사용하는 방식 '**요약형 CPM 모델**'. 각각의 방식에는 장단점이 존재하며, 팀의 목적과 분석 범위에 따라 적절한 모델이 선택되어야 한다.

요약형 CPM 모델을 활용한 리스크분석은 팀원들이 쉽게 이해할 수 있고 분석에 필요한 시간이 비교적 짧다는 장점이 있다. 이러한 모델은 전략적 리스크나 고차원적 고려사항을 다루기에 적합하며, 프로젝트 초기단계나 프로젝트 전체에 미치는 리스크 식별에 유용한 반면, 상세형 CPM 모델은 개별 활동 수준에서의 논리 네트워크 리스크나 기간의 불확실성을 정확하게 평가할 수 있어, 프로젝트 일정 관리 전반에 걸쳐 보다 정밀한 진단 및 통제가 가능하다. 따라서 상세형 CPM 모델은 프로젝트 일정에 따라 자원과 비용이 지속적으로 통합될 필요가 있는 경우 더욱 적합하다.

단순한 이벤트 리스크는 **요약형 CPM 모델**로도 효과적으로 분석할 수 있으나, 활동별 영향 및 일정 논리 상의 리스크는 상세 일정 없이는 충분히 분석될 수 없다. 즉, 활동 간의 연결성과 일정 완료까지의 흐름을 제대로 반영하기 위해서는 상세한 CPM 일정이 필요하며, 이러한 방식은 보다 견고하고 리스크에 강한 일정 모델을 만드는데 도움이 된다.

결론적으로, 어떤 모델을 선택하든지 간에 CPM 모델은 프로젝트 활동들의 흐름과 리스크 특성을 적절히 반영하도록 잘 설계되어야 하며, 경우에 따라 일정 조정이나 세부 보완이 필요할 수 있다.

요약형 CPM 모델에 포함할 것

요약형 CPM 모델을 적용할 경우, 분석 결과의 신뢰도와 품질은 해당 모델이 상세 프로젝트 일정에 포함된 주요 논리적 요소와 활동 간 상호작용을 얼마나 충실히 반영하였는가에 의해 좌우된다. 따라서 모든 활동을 포함할 필요는 없지만, 프로젝트 완료일이나 주요 마일스톤에 중대한 영향을 미치는 활동은 반드시 요약형 CPM모델에 반영되어야 한다.

AACE International RP64R-11에서는 요약형 CPM 모델에는 최소한 다음과 같은 3가지 유형의 활동을 포함하도록 권장하고 있다.

- 첫째, CP에 속하는 모든 활동이 포함되어야 한다. 이는 프로젝트 시작점에서 일정 완료에 이르는 경로에 있는 활동으로, 일정 리스크분석에서 핵심적으로 고려되어야 한다.
- 둘째, Near-CP 활동이 포함되어야 한다. 이는 총 여유시간이 매우 낮은 활동으로서, 일반적으로 전체 일정의 총 기간 중 5% 미만의 여유시간 값을 가진 활동들이다. 이러한 활동들은 캘린더 제약이나 논리 제약에 따라 여유시간 값이 변동할 수 있으므로, 어떤 순서를 모델링할지 판단할 때 반드시 고려해야 한다. 또한 리스크 영향의 예상 규모도 Near-CP 활동 포함 여부를 결정하는 중요한 기준이 된다.
- 셋째, 고 리스크 활동 역시 포함되어야 한다. 이는 지속 기간의 변동성이 매우 크거나, 식별된 프로젝트 리스크로 인해 영향을 받을 가능성이 높은 활동들이다. 이 경우, 해당 활동이 높은 여유시간 값을 가지고 있더라도, 리스크 기반 관점에서 요약 모델에 반드시 포함되어야 한다.

이와 같이, 요약형 CPM 모델은 전체 프로젝트의 논리 구조를 단순화하면서도 리스크에 민감한 핵심 활동들을 중심으로 구성되어야 하며, 이를 통해 보다 효과적이고 실용적인 일정 리스크분석이 가능해진다.

일정 활동의 요약 방법

요약형 CPM 모델을 활용할 때는 세부 일정에 포함된 2개 이상의 활동을 하나로 결합하여, 전체 활동 수를 줄이는 방식이 자주 사용된다. 이러한 요약 방식은 흔히 “Level

2" 요약 일정과 "Level 3" 상세 일정의 차이에 비유된다. 활동 결합은 모델을 간결하게 만들고 분석 효율성을 높이는 데 기여하지만, 모든 경우에 적합한 것은 아니다.

활동을 결합하는 방법은 실질적으로 유사한 성격을 가진 활동들 사이에서만 이루어져야 하며, 각 활동이 직면한 리스크의 성격이나 강도가 크게 다를 경우에는 피해야 한다. 무리하게 결합할 경우 리스크 영향이 잘못 표현될 수 있기 때문이다. 따라서 활동의 조합은 논리적인 연계성과 리스크 특성을 모두 고려하여 신중히 수행되어야 한다.

기본적으로 활동 결합 방식은 다음과 같은 두 가지 유형으로 구분된다.

- 첫 번째는 '**순차적 활동의 결합**'이다. 이는 중간 활동들 간에 뚜렷한 논리적 연결이 없거나 미미한 경우에 해당하며, 일련의 과정을 하나의 활동으로 묶는 방식이다. 예를 들어, 자재 조달을 위한 준비, 평가 및 계약 체결 활동들, 철근 배근과 콘크리트 타설, 또는 시스템 커미셔닝의 세부 단계 등이 이에 해당한다.
- 두 번째는 '**병행적 활동의 결합**'이다. 이는 동일한 시간 프레임 내에서 동시에 이루어지고 상호 통합된 활동들을 하나로 묶는 방식이다. 예로는, 여러 펌프에 대한 발주 활동을 하나의 구매 주문으로 묶는 경우, 여러 건설 구역에서 동시에 진행되는 배관 공사, 또는 동일 구역 내에서 여러 기초를 동시에 설치하는 작업 등이 있다.

이와 같은 활동 결합은 요약 일정의 실용성과 리스크분석의 신뢰성을 모두 확보하기 위해 중요한 기법이며, 결합의 타당성과 결과의 정확성을 지속적으로 검토해야 한다.

일정 활동의 요약 방법

일정 리스크분석에서 활동 간의 연결 방식, 즉 논리적 연계는 각 활동의 기간 변동성이 어떻게 전파되는지를 결정짓는 중요한 요소이다. 이러한 논리 연계는 특히 MCS와 같은 확률 기반 모델링에서 분석 결과에 상당한 영향을 미치며, 따라서 각 연계 방식의 특성과 그 영향을 정확히 이해하는 것이 중요하다.

가장 일반적으로 사용되는 논리 연계는 본 편 제2장 기본개념에서 기술한 F-S 방식이다. 이 방식은 선행 활동이 종료되어야 후속 활동이 시작할 수 있도록 구성되며, 선행 활동의 기간 변동성이 후속 활동의 시작 시점에 직접적인 영향을 주기 때문에 일정 리스크 모델에서 매우 중요하다.

반면, F-F 연계 방식은 선행 활동의 종료 시점이 후속 활동의 종료 시점에 영향을 주는 구조이다. 이 경우, 후속 활동의 시작 시점에는 영향이 없고, 오직 종료 시점만 선행 활동의 영향을 받는다. 후속 활동에 별도의 선행 활동이 없다면, 해당 활동의 시작 시점은 고정되며 변동성이 종료 시점에만 영향을 미친다.

S-S 연계는 두 활동이 동시에 시작되도록 설정하는 방식이지만, 선행 활동의 기간 변동성이 후속 활동의 시작에는 영향을 주지 않는다. 즉, 두 활동이 함께 시작되더라도, 선행 활동의 길이에 따라 후속 활동의 일정이 달라지지는 않는다.

S-F 방식은 일정에서 매우 드물게 사용되며, 선행 활동의 시작이 후속 활동의 종료 시점을 결정하는 구조이다. 이 방식은 실무에서 거의 사용되지 않으며, 분석상에서도 선행 활동과 후속 활동 간의 기간 변동성이 상호 영향을 미치지 않도록 하는 효과가 있다.

또한, 지연 간격 역시 중요한 고려사항이다. 일정 활동 간에 OO일의 지연을 설정하면 후속 활동이 일정 시간 후 시작하도록 조정할 수 있지만, 대부분의 일정 소프트웨어는 이 지연값에 변동성을 적용할 수 없기 때문에 리스크분석 시 정확도가 떨어질 수 있다. 따라서 가능하면 지연 사용을 최소화하거나, 지연 대신 별도의 활동으로 대체하거나, F-S 방식으로 활동을 분할하여 사용하는 것이 바람직하다.

마지막으로, 일정의 논리 구성을 위한 일반 원칙은 모든 활동이 최소한 하나의 선행 활동과 하나의 후속 활동에 연결되어야 한다는 것이다. 이미 다른 활동을 통해 연결되어 있는 활동들 간에 중복된 논리 연계를 피함으로써 전체 일정의 경로 추적이 더 명확해지고, 리스크분석의 정확성도 높일 수 있다.

이와 같은 논리 연계의 선택과 구성은 일정 리스크 모델링의 품질을 좌우하는 핵심 요소로, 실무에서는 각 유형의 특성을 이해하고 프로젝트의 특성에 맞게 적절히 적용하는 것이 중요하다.

제약조건 고려사항

일정 실무에서 권장되는 표준은 가능한 한 '**제약조건**'의 사용을 최대한 적게 사용하는 것이다. 그럼에도 불구하고 일부 프로젝트 일정은 실제 요구사항보다는 프로젝트 팀의 선호에 따라 많은 제약조건을 포함하고 있다. 특히 세부 프로젝트 일정을 기반으로 일정 리스크분석 모델을 구성할 경우, 이들 제약조건은 활동의 변동성을 제한하거나 제거하여 시뮬레이션 결과에 부정적인 영향을 줄 수 있다.

따라서 일정 모델링을 수행할 때 네트워크에 포함된 각 제약조건이 삭제, 수정, 유지될지 여부를 검토해야 하며, 특히 활동의 종료일이 제약조건 날짜를 넘지 못하도록 제한하는 제약조건은 제거해야 한다. 일정 리스크분석의 주요 목적 중 하나는 프로젝트 일정이 목표 완료일 또는 주요 마일스톤을 초과할 가능성을 평가하는 것이므로, 종료 제약조건이 그대로 남아 있다면 분석의 품질이 크게 저하될 수 있다.

또한 제약조건은 '**총 여유시간**'에도 큰 영향을 미친다. 요약형 일정 모델을 작성할 경우, 세부 일정에 있는 제약조건의 사용 목적과 여유시간 값에 미치는 영향을 검토해 어떤 활동이 요약 모델에 반영되어야 할지를 판단해야 한다. 가능하다면 요약 일정에는 제약조건을 포함하지 않는 것이 바람직하다. 단, 외부 요인으로 인해 활동의 시작 시점에 제한이 필요한 경우(예: 해빙 이후 착공 등)에는 예외적으로 사용할 수 있다. 이때는 특수 캘린더나 더미 활동을 활용해 일정 지연을 표현하는 대안도 고려할 수 있다.

마지막으로, 다양한 일정 소프트웨어는 각기 다른 방식으로 제약조건을 해석하기 때문에, 특정제약조건이 리스크분석 결과에 어떤 영향을 줄 수 있는지를 사용자 스스로 명확히 이해하는 것이 필요하다. 이는 일정 리스크분석의 신뢰성과 타당성을 확보하기 위한 핵심 전제조건이다.

일정 업무 캘린더

프로젝트의 상세 일정은 공정 또는 활동 유형에 따라 서로 다른 근무 일정을 반영하기 위해 복수의 활동 캘린더를 포함할 수 있다. 이러한 캘린더는 특정 활동이 수행 가능한 시기나 조건을 반영하며, 활동에 부여된 캘린더에 따라 '**총 여유 시간**'이 계산된다. 이는 요약 일정 모델에 어떤 활동을 포함할지를 결정할 때 중요한 고려 요소가 된다.

예를 들어, 주 5일 근무 캘린더를 사용하는 활동은 매주 5일의 여유 시간이 주어지는 반면, 주 4일근무 캘린더를 적용받는 활동은 같은 기간 동안 주 4일만 여유 시간이 생긴다. 이처럼 활동 캘린더의 차이로 인해 활동 간의 총 여유 시간은 다를 수 있으나, 일정 경로상에서는 유사한 '**주경로성**'을 가질 수 있다.

따라서 가능하다면 일정 리스크 모델에서는 하나의 공통된 활동 캘린더를 사용하는 것이 바람직하다. 이는 서로 다른 경로에 있는 활동들의 중요도를 동일한 기준에서 평가하고 비교하는 데 도움을 주며, 분석의 일관성과 명확성을 높인다. 만약 상세 일정에서 다양한 캘린더가 사용되었더라도, 요약 모델에서 단일 캘린더로 변환하여 반영할 경우에는 원래의 활동 기간 및 여유 시간 정보가 정확히 해석되도록 주의해야 한다. 예컨대, 주 4일 일정으로 구성된 활동을 주 5일 캘린더를 사용하는 요약 모델에 반영할 경우, 활동 기간과 여유시간 계산에 적절한 조정이 필요하다.

결론적으로, 일정 리스크 모델링에서는 활동 캘린더의 차이가 여유시간 계산과 경로 분석에 미치는 영향을 명확히 이해하고, 가능하면 단일 캘린더를 활용하여 모델의 간결성과 분석의 일관성을 확보하는 것이 바람직하다.

자원과 비용의 할당

리스크분석 과정에서 자원 또는 비용의 사용 한계와 같은 제약조건을 고려해야 한다. 예를 들어, 현장 공간 부족, 인력 가용성 제한 또는 기간별 자금 집행 한도 등의 문제는 일정 과정에 영향을 미치며, 이를 리스크 시뮬레이션에 반영하기 위해 특정 소프트웨어에서는 이러한 제약을 설정할 수 있도록 기능을 제공하고 있으니 이러한 기능을 정확히 이해하고 적용할 필요가 있다.

이러한 제약조건이 있는 경우, 일정 모델에는 해당 제한에 영향을 받는 모든 자원이나 비용을 명확히 반영해야 한다. 예를 들어, 인력 자원이 부족하다면 영향을 받는 활동마다 필요한 자원을 정확히 할당해야 하며, 자금 흐름에 제약이 있다면 프로젝트 전체의 비용 정보를 일정모델에 포함시켜야 한다. 일정모델이 제한 요인을 적절히 반영하기 위해서는 단순히 리스크 민감 경로만이 아니라 제한 자원을 사용하는 전체 활동을 모델에 포함시켜야 할 수도 있다. 모델이 완성되면, 원래의 프로젝트 일정과 비교하여 일정 및 비용 프로필이 합리적으로 반영되었는지 검토해야 한다.

MCS를 실행할 때, 자원이나 비용의 제한을 초과하는 경우 소프트웨어는 우선순위에 따라 일정에 대해 자원평준화를 하게 된다. 이 조정은 제약조건을 초과하지 않도록 하면서 일정을 재배치하는 방식으로, 결과적으로 활동의 총 여유시간이 변동될 수 있다. 이는 CPM 일정 모델이 기존과 같은 정확도로 여유시간 값을 계산하지 못할 수 있음을 의미하며, 따라서 사용자는 이와 같이 자원 평준화된 일정 결과에 지나치게 의존하지 않고 추가적인 분석을 통해 그 영향을 충분히 검토해야 한다.

확률 및 조건부 분기

일정 리스크분석에서 프로젝트가 어떻게 진전될지에 대한 다양한 가능성을 반영하기 위해 확률적 및 조건부 분기 기능이 활용된다. 대부분의 소프트웨어는 이러한 기능을 지원하며, 특히 특정 이벤트의 발생 여부에 따라 일정 경로가 달라지는 상황에서 유용하다. 이는 특정 리스크 이벤트에 대한 영향 평가에 효과적인 도구로 작용한다.

확률적 분기는 어떤 활동이 특정 사건의 발생 여부에 따라 수행될 수도 있고 수행되지 않을 수도 있는 경우에 사용된다. 대표적인 예는 테스트 활동이다. 예를 들어 시스템이 테스트에 실패할 경우 재작업 및 재시험 절차가 필요하지만, 테스트에 통과하면 해당 절차는 생략된다. 이러한 경우, 테스트 실패 확률을 일정 비율로 모델에 입력하면 시뮬레이션에서 일부는 재작업 경로를, 나머지는 바로 다음 단계로 진행하게 된다.

조건부 분기는 특정 사건 발생 시 대체 경로를 설정하는 "if-then" 방식의 의사결정 구조를 모델에 반영하는 방식이다. 예컨대 특정 장비의 납품이 일정일보다 늦거나 특정 기간 이상 지연되면, 이에 대비한 대체 시공 순서를 적용하는 것이다. 이러한 조건부 분기는 리스크분석 모델의 반복적인 개선 결과이거나, 사전에 준비된 대응계획을 반영하는 방식으로 활용될 수 있다. 결과적으로 이는 리스크를 수용할 수 있는 계획을 설계하는 데 기여한다.

그러나 조건부 분기를 사용하는 경우, 주요 리스크 이벤트가 발생한 이후 일정 논리가 크게 변경되므로 모델링이 복잡해질 수 있다. 따라서 각 리스크 상황에 조건부 분기를 허용할지 여부는 현실적인 발생 가능성과 실무 적용 가능성을 감안하여 신중히 판단해야 한다. 일부 전문가들은 모델이 과도하게 낙관적이거나 주관적인 판단을 기반으로 구성될 리스크가 있다고 보고, 비-CPM 방식으로 전환하거나 조건부 분기 사용을 최소화할 것을 권장하기도 한다.

결론적으로, 확률적 및 조건부 분기는 일정 리스크분석의 정밀도를 높이는 유용한 기능이지만, 그 적용 여부는 프로젝트 특성과 분석 목적, 리스크 발생 가능성 등을 종합적으로 고려하여 결정해야 한다.

대안 시나리오

프로젝트 초기 개발 단계에서는 다양한 실행 전략을 마련하고, 이를 일정 리스크분석을 통해 평가할 수 있다. 이러한 '**대안 시나리오**(Alternative Scenarios)'는 조건부 분기 기능을 지원하지 않는 소프트웨어에서도 활용 가능한 접근법이다. 대안 시나리오는 기본 시나리오에서 변경된 활동들만 반영한 여러 버전의 일정 모델을 만들어 비교하는 방식으로 진행되며, 주로 요약 일정을 사용해 효율적으로 수행된다.

특정 소프트웨어는 이러한 다양한 버전의 결과를 비교하여 차이를 명확히 분석할 수 있는 기능을 제공한다. 이를 통해 각 시나리오가 특정 목표일을 달성할 가능성이나 주요 마일스톤 및 전체 완료 시점의 변동성을 평가할 수 있다. 궁극적으로, 이러한 분석은 어떤 시나리오가 더 높은 성공 가능성을 제공하거나 일정 안정성을 유지하는 데 유리한지를 판단하는 데 도움을 준다.

4.2.3 활동에 일정 리스크 할당

리스크분석의 핵심 원칙 중 하나는 가능한 한 명확하게 활동과 리스크 간의 연관성을 설정하는 것이다. 이를 위해 대부분의 소프트웨어는 리스크를 활동에 연결하는 기능을 제공하며, 다음과 같은 두 가지 주요 방법이 사용된다.

- 리스크 목록을 리스크 등록부에 입력한 후, 각 리스크가 영향을 미칠 수 있는 활동에 연결하는 방식이다.
- 특정 활동의 지속 기간에 영향을 줄 수 있는 리스크의 조합을 반영하여 가능한 기간 범위를 설정하는 방식이다.

리스크가 활동에 어떤 방식으로 할당되었든 상관없이 소프트웨어 사용자는 원래 일정에서의 기간이 어떻게 산정되었는지를 명확히 이해하고 있어야 한다. 일정 자체에 내재된 신뢰 수준이나 편향도 중요하다. 일부 프로젝트는 모든 일이 순조롭게 진행될 것을 전제로 한 낙관적인 일정을 갖고 있을 수도 있고, 반대로 일부 프로젝트는 다양한 불확실성을 반영한 보수적인 일정으로 구성되어 있을 수도 있다. 이러한 특성을 잘 파악하지 못하면 리스크분석의 결과 역시 왜곡될 수 있다. 따라서 리스크분석에 앞서 일정의 편향 정도를 파악하기 위해 정량적 검증이나 과거 사례와의 비교가 수행되어야 하며, 전문가의 검증 절차가 반드시 필요하다.

분포 선택에 있어서도 적절한 확률분포함수를 선택하는 것이 중요하다. 이는 리스크가 활동에 미치는 영향을 현실적으로 반영해야 하며, 활동 기간의 확산 정도를 정의하는 핵심 요소가 된다. 그러나 이것도 전술한 바와 같이 최소·최확·최대치 등 3점 포인트의 신뢰도가 높을 때 의미가 있다.

마지막으로, 리스크 영향 판단 시 고려해야 할 중요한 요소는 프로젝트 팀의 대응 방식이다. 일정이 지연될 경우, 프로젝트 팀이 추가 인력 투입이나 초과근무, 공정 단축 등의 방식으로 대응할 수도 있고, 그렇지 않을 수도 있다. 프로젝트가 비용에 민감한 경우에는 일정 지연을 감수할 수 있으며, 반대로 민자사업 등 준공일이 매우 중요한 사업에 대해서는 비용을 더 지불하면서도 기간 단축을 우선할 수 있다. 따라서 리스크분석에서는 이러한 대응 방식이 시뮬레이션에 적절히 반영되도록 해야 하며, 분석된 리스크 대응 방안이 실제 상황에서의 대응 전략과 일치하는지를 검토하는 것이 중요하다.

일정-비용 통합 리스크분석에서 리스크를 활동과 연결하는 활동은 분석의 정확성과 현실성을 높이기 위한 핵심 절차 중 하나이다. 이를 위해 가장 먼저 수행해야 할 단계는 리스크 등록부를 체계적으로 검토하는 것이다. 리스크 등록부는 프로젝트 전체 범위를 포괄할 수 있도록 충분히 포괄적이어야 하며, 단지 특정 활동이나 특정 단계에 한정된 리스크뿐 아니라 조직 전반에 영향을 미칠 수 있는 **시스템 리스크** 또한 포함되어야 한다.

또한 리스크 항목은 서로 중복되지 않고 명확하게 구분되어야 한다. 동일한 원인이나 결과를 공유하는 두 개의 리스크가 있다면, 이는 하나의 리스크로 통합하는 것이 적절하다. 이러한 중복 제거는 리스크분석의 일관성과 신뢰도를 높이는 데 기여한다.

그 다음 단계는 각 리스크에 대해 발생 가능성과 영향 범위를 설정하는 것이다. 이 작업은 프로젝트 팀 내부뿐 아니라 발주자, 시공사, 주요 이해관계자 등 다양한 관점에서 정보를 수집하고 통합하는 과정을 필요로 한다. 리스크가 단순히 존재하는지를 넘어서, 그것이 실제로 어느 정도의 영향을 미칠 수 있는지를 정량적으로 정의하는 것이 중요하다.

최종적으로는 정의된 각 리스크를 실제로 영향을 미칠 수 있는 활동에 연결하는 작업이 필요하다. 이는 사용 중인 소프트웨어의 기능에 따라 수작업 또는 자동화된 방식으로 수행되며, 각 활동은 최소한 하나의 리스크와 연결되어 있어야 한다. 만약 명확한 리스크가 존재하지 않는다면, 해당 활동은 '**지속기간의 범위 설정**(Duration Ranging)'와 같은 기법을 활용해 불확실성을 표현할 수도 있다. 특히 시스템 리스크와 같이 프로젝트 전체에 영향을 미칠 수 있는 리스크는 단일 활동이 아닌 전반적인 일정 네트워크에 걸쳐 연결되어야 한다.

이러한 활동-리스크 연계 과정은 단순한 데이터 입력 작업이 아니라, 프로젝트 전반에 대한 통찰과 전략적 판단을 요구하는 고차원적 작업이다. 이 과정을 정교하게 수행할수록 리스크분석 결과는 더욱 현실에 부합하며, 의사결정에 실질적인 가치를 제공하게 된다.

활동에 입력되는 지속시간의 범위

앞에서도 여러 차례 강조한 바와 같이, 일정 리스크분석에서 활동의 지속기간은 단일 값이 아니라 불확실성을 반영한 '**범위**'로 모델링해야 한다. 일반적으로는 하나의 활동에 대해 '**낙관적 기간**', '**가장 가능성 높은 기간**', '**비관적 기간**'의 세 가지 값을 부여하는 3점 추정 방식이 사용되며, 이는 PERT 기법과 유사하다. 이후 각 활동에 대해 해당 분포를 가장 잘 반영할 수 있는 '**확률분포함수**'를 설정하게 되며, 일정리스크분석에는 주로 베타분포나 삼각형분포가 활용된다.

낙관적 또는 비관적 기간은 P0(누적분포 0%인 값), P100(누적분포값이 100%인 값) 수준의 극단값일 수도 있고, 보다 일반적인 P10, P90 같은 값일 수도 있다. 극단값을 사용하는 경우에는 분포 곡선이 왜곡되지 않도록 주의해야 하며, 현실적인 분포 형태를 유지하는 것이 중요하다. 이때 가장 중요한 원칙은 활동에 부여된 기간 범위가 해당 활동에 영향을 줄 수 있는 모든 리스크를 반영해야 한다는 점이다. 따라서 리스크 등록부를 검토하여 어떤 리스크가 어떤 활동에 영향을 미칠 수 있는지를 명확히 분석해야 한다.

특히 주의할 점은 여러 개의 독립적인 리스크가 하나의 활동에 영향을 줄 경우, 각 리스크의 낙관적·비관적 영향들을 단순히 합산하는 방식은 적절하지 않다는 것이다. 현실적으로는 일부 비관적 영향이 발생할 수 있는 반면, 일부 낙관적인 영향은 그것을 상쇄시킬 수 있기 때문이다. 따라서 모든 리스크를 하나의 범위로 통합하는 작업은 신중하게 수행되어야 하며, 그 결과는 전체 리스크의 단순한 합보다 작고, 단일 최대 리스크보다는 클 수 있다. 다만, 예외적으로 매우 복잡하고 리스크가 많은 프로젝트에서는 리스크가 누적되어 더 큰 영향을 초래하는 경우도 있다.

또한 일정상에 포함되지 않은 활동이라 하더라도, 만약 특정 리스크가 발생할 경우에만 영향을 미치는 활동이라면 해당 리스크에 지속 기간 0을 가진 활동으로 등록할 수 있다. 이 방식은 리스크가 발생하지 않으면 활동도 실행되지 않는 구조를 통해 시뮬레이션에서 자연스럽게 리스크의 발생 가능성과 영향을 반영할 수 있게 해준다.

이처럼 활동 기간의 범위 설정을 위한 모델링은 단순한 시간 추정보다 훨씬 복합적인 리스크 고려가 필요하며, 노력의 수준을 높이면 프로젝트 일정 분석의 현실성과 신뢰도를 크게 향상시키는 요소로 작용한다.

리스크와 일정 범위의 통합

일부 프로젝트에서는 리스크 등록부가 프로젝트 전체 리스크를 충분히 반영하지 못하는 경우가 있다. 특히 리스크분석을 실시한 프로젝트도 살펴보면 프로젝트별로 특정 이벤트 중심의 리스크만 포함되어 있고, '**시스템 리스크**'나 '**일반적인 변동성 불확실성**'이 누락되어 있는 경우가 많다. 이러한 경우에는 두 가지 접근 방식을 혼합한 하이브리드 모델을 사용하는 것이 적절하다.

하이브리드 방식에서는 프로젝드별 이벤트성 리스크는 활동에 직접 연결하여 반영하고, 시스템 리스크나 일반적 불확실성은 개별 활동의 '**지속기간 범위**'를 통해 간접적으로 반영한다. 이때 중요한 점은, 활동의 지속 기간 범위가 리스크 등록부에 이미 포함된 영향들과 중복되지 않도록 조정해야 한다는 것이다. 중복 반영은 리스크 영향이 과장되게 계산되는 오류를 유발할 수 있다.

시스템 리스크는 프로젝트 전반에 영향을 미치며, 주요 마일스톤이나 최종 일정에 영향을 주는 총괄적 리스크를 말한다. 이들은 특정 활동보다 전체 일정의 하단에 위치한 하나의 별도 활동 또는 모델로 취급될 수 있으며, '**경험 기반의 계량적 모델**(parametric model)'을 통해 정량화된다. 예를 들어, 시스템 리스크는 CPM 모델의 마지막 활동으로 설정되고, 그 지속 기간은 매개변수 모델의 결과값으로 입력될 수 있다.

더불어 시스템 리스크는 '**복합적인 상호작용**'도 유발할 수 있으므로 단일 리스크보다 더 주의 깊게 다루어야 한다. 예를 들어, 어떤 리스크는 프로젝트관리 체계가 잘 갖추어진 조직에서는 큰 문제가 되지 않지만, 체계가 약한 조직에서는 예측 불가능한 혼란을 초래할 수 있다. 이는 복잡한 초대형 프로젝트에서 이러한 시스템 리스크가 일정 실패율이 높은 주요 원인 중 하나로 지적되기도 한다.

결론적으로, 프로젝트 리스크분석에서는 활동별 리스크와 시스템 리스크의 성격을 구분하고, 중복반영 없이 각각 적절한 방식으로 통합하는 것이 분석의 정확성과 실효성을 높이는 핵심이다.

조건 및 상관관계의 설정

리스크 기반 일정 모델을 정교하게 구성하기 위해서는 각 리스크가 다른 리스크들과 어떤 관계를 가지는지를 명확히 정의하는 작업이 필수적이다. 이를 '**리스크 조건성**(Risk Conditionality)'이라 하며, '**리스크 종속성**(Risk Dependency)'과 '**리스크 상관성**(Risk Correlation)'으로 구분된다.

리스크 종속성은 리스크들 간의 사건 발생 관계를 설명한다. 종속성은 크게 다음과 같은 세 가지 유형으로 분류된다.

1. **상호 포함적**(mutually inclusive) 관계는 리스크 X는 리스크 Y가 발생할 때만 발생하는 경우로, 완전한 상호포함적 관계라고 한다. 만약 X가 Y발생 시 일정 확률로만 발생한다면 이는 부분 상호포함적 관계로 간주되며, 이 경우 X의 조건부 발생 확률을 명시해야 한다.
2. **상호 배타적**(mutually exclusive) 관계는 리스크 X는 리스크 Y가 발생하지 않을 때만 발생하는 경우이다. 마찬가지로 부분적 관계일 경우에도 조건부 발생 확률이 필요하다.
3. **독립적**(independent) 관계는 X와 Y 사이에 발생 연관성이 전혀 없는 경우로, 대부분의 소프트웨어는 이를 디폴트 값으로 설정으로 간주한다.

한편, 리스크 상관성은 동일한 시뮬레이션 반복 내에서 서로 영향을 주고받는 리스크들의 동시성 정도를 수치적으로 표현한 것이다. 상관성은 '**상관계수**'로 정의되며, −1(완전 음의 상관)에서 +1(완전 양의 상관)까지의 값을 가질 수 있다. 예를 들어, 어떤 리스크가 커질수록 다른 리스크도 커지는 경향이 있으면 양의 상관관계, 반대로 다른 리스크는 줄어드는 경향이 있으면 음의 상관관계라고 본다. 상관성이 0이면 두 리스크는 서로 무관하게 행동한다.

이러한 상관관계는 활동 간 상관관계에도 적용될 수 있으며, 사용하는 소프트웨어에 따라 방법이 다를 수 있기 때문에 도구별 지침을 따르는 것이 바람직하다.

마지막으로, 리스크 간 관계 설정이나 상관성 반영을 하지 않거나 부적절하게 구성할 경우, 프로젝트 전체 일정 또는 주요 마일스톤의 리스크가 과소평가될 수 있다. 이는 일정 시뮬레이션의 현실성과 신뢰성을 저하시킬 수 있으므로, 이러한 관계 설정은 리스크 기반 일정 모델링에서 반드시 고려되어야 할 핵심 요소이다.

4.2.4 병합 편향에 대한 이해

전술한 바와 같이 일정 리스크분석에서는 종종 "**병합 편향**(Merge Bias)"이라는 현상이 발생하며, 이는 프로젝트 결과에 큰 영향을 미치기 때문에 여기서 다시 강조한다. 병합 편향은 일반적으로 확률적 방식에 익숙하지 않은 프로젝트 팀이나 의사결정자들에게는 잘 알려지지 않았지만, 일정 논리 구조 내에서 매우 중요한 역할을 한다. 이 현상은 두 개 이상의 '**병렬 경로**'가 각기 다른 불확실성을 가진 채로 하나의 마일스톤에서 합류할 때 발생한다.

CPM 기반의 일정 모델에서 마일스톤의 완료 날짜는 여러 경로 중 가장 늦게 끝나는 경로에 의해 결정된다. 예를 들어 세 개의 병렬 경로가 하나의 마일스톤으로 합쳐질 경우, 해당 마일스톤의 확률적 완료일은 각 경로의 평균보다 항상 더 늦은 쪽으로 치우치게 된다. 이는 병합 경로가 많을수록, 그리고 경로 간의 변동성이 클수록 이러한 경향은 더욱 심해지며, 전체 일정의 변동성 증가와 지연 가능성을 높이게 된다.

이러한 병합 편향은 일정-비용 통합 리스크분석의 결과를 해석할 때 반드시 고려되어야 한다. 프로젝트의 초기 일정 모델 수립부터 종료까지 시간이 지남에 따라 병합 편향의 영향은 점점 누적되며, 이에 대한 인식과 지식이 없이 결과를 해석하면 잘못된 판단을 내릴 수 있다.

또한 CPM 기반 리스크 모델에서는 병합 편향 외에도 확률분포 형태, 복수 리스크의 누적 영향, 리스크 대응이 논리 구조에 미치는 영향 등 다양한 주관적 변수가 개입된다. 따라서 분석 결과를 해석할 때는 이러한 구조적, 논리적 요소들이 일정 지연에 어떻게 작용했는지를 충분히 고려해야 한다.

결론적으로, 병합 편향은 여러 병렬 경로가 하나의 마일스톤으로 수렴할 때 발생하는 일정 지연의 구조적 리스크이며, 프로젝트 리스크분석과 일정 예측의 신뢰도를 높이기 위해 반드시 인지하고 반영해야 할 핵심 개념이다.

4.2.5 일정민감도지수와 지속중요도지수

일정 리스크분석에서는 각 활동이 전체 프로젝트 일정이나 주요 마일스톤에 얼마나 큰 영향을 미치는지를 정량적으로 파악하는 것이 중요하다. 이를 위해 소프트웨어들은 다양한 분석 지표를 제공하는데, 그중 대표적인 것이 '**일정민감도지수**(SSI)'와 '**지속중요도 지수**(DCI)이다. 이 지표들은 리스크 완화 전략의 우선순위를 결정하는 데 사용되며, 산정 방식의 차이에 따라 같은 활동이라도 순위가 다르게 나올 수 있다.

먼저 'SSI'는 활동의 기간 변동성(또는 리스크 이벤트의 변동성)을 전체 프로젝트 기간의 변동성과 비교한 값으로 정의된다. SSI는 계산 방식이 간단하고 직관적이며, 전체 프로젝트 수준의 리스크 요인 식별에 유용하다. 다만, 활동 간의 상대적인 민감도 차이를 충분히 반영하지 못하고, 활동 간의 표준편차가 아닌 전체 프로젝트 수준의 표준편차만을 사용하기 때문에 세부 분석에는 한계가 있다.

'DCI'는 활동이 전체 일정에 미치는 민감도를 시뮬레이션을 통해 정량화한 값이다. 이는 다음의 수식으로 표현된다. DCI는 시뮬레이션 결과에서 각 활동이 다른 활동에 비해 얼마나 일정의 변동성을 유발하는지를 정밀하게 계산하며, 해당 활동이 단지 영향을 주는 수준인지, 혹은 실제 주공정 경로 상의 핵심 활동인지까지 판단할 수 있게 해준다. 이 방식은 보다 복잡한 계산을 필요로 하지만, 분석 정확도가 높다는 장점이 있다.

$$\text{SSI} = \frac{\text{Standard Deviation of Activity Duration(or Risk Event)} \times \text{Activity Criticality Index}}{\text{Standard Deviation of the Overall Project Duration}}$$

$$\text{DCI} = \text{Duration Sensitivity of Activity} \times \text{Activity Criticality Index}$$

결과적으로 두 방법 모두 일정 리스크분석에 있어 유의미한 정보를 제공하지만, 서로 다른 방식으로 영향을 측정하기 때문에 활동의 순위가 다르게 나타날 수 있다. 따라서 리스크분석에서는 단일 지표에 의존하기보다는 SSI와 DCI를 병행 활용하여 상호보완적인 분석을 수행하는 것이 바람직하다. 이렇게 함으로써 프로젝트 일정 상의 주요 리스크 활동을 보다 정밀하게 식별하고, 효과적인 대응 전략을 수립할 수 있다.

4.3 | 일정-비용 통합 리스크분석시 주요 고려사항

4.3.1 WBS-CBS-SBS의 연계

WBS-CBS-SBS 연계는 일정과 비용을 통합하여 리스크를 분석하기 위한 핵심 프레임워크다. WBS(Work Breakdown Structure)는 프로젝트를 작업 패키지 수준까지 계층화해 일정과 비용의 기준점을 제공하고, CBS(Cost Breakdown Structure)는 이에 대응하는 비용 정보를 인건비, 장비비, 예비비 등으로 구조화한다. **SBS**(Schedule Breakdown Structure)는 WBS에 기반해 실제 수행 일정과 마일스톤을 구성한 구조로 CPM이나 간트 차트를 통해 표현된다.

이러한 세 가지의 세부분류체계가 서로 체계적으로 연동되면, 일정 지연이 비용에 미치는 영향(예: 간접비 상승)이나 비용 증가가 일정에 미치는 영향(예: 자원 재조정)을 동시에 분석할 수 있다. 예컨대, 터널 굴착 지연은 장비비 증가 및 일정 지연으로 이어질 수 있다. 이런 상호작용을 정확히 모델링하려면 WBS-CBS-SBS 연계가 필수적이다.

PRA(Primavera Risk Analysis)나 **Safran Risk** 같은 도구를 통해 이러한 통합 모델 기반의 시뮬레이션을 수행할 수 있으며, 이를 통해 **P80** 일정, **P70** 비용과 같은 확률 기반 지표를 활용한 합리적 의사결정과 적정 공사기간, 공사비 산정이 가능해진다.

4.3.2 일정과 비용 공통성 및 상관성 검토

리스크의 공통성 및 상관성은 일정·비용 통합 리스크분석에서 핵심적으로 고려해야 할 요소다. 리스크 요인이 프로젝트의 목적 즉 비용과 일정 등에 동시에 영향을 미치거나, 서로 영향을 주고받는 구조를 이해하고 모델링하는 데 필수적이다.

리스크의 공통성

리스크의 공통성이란, 하나의 리스크가 일정과 비용에 동시에 영향을 미치는 특성을 말한다. 실제 프로젝트에서는 리스크가 일정과 비용 중 하나에만 영향을 미치는 경우보다, 양쪽 모두에 영향을 미치는 경우가 훨씬 많다. 이런 리스크를 '**공통 리스크**(Common Risks)' 또는 '**통합 리스크**(Integrated Risks)'라고 부르며, 시뮬레이션 모델링 시 주의해야 한다.

예를 들어, 지질 조건 불확실성으로 인하여 암반 강도가 예상보다 낮은 경우, 추가 장비·보강재 투입으로 굴착기간이 늘어나고 비용도 함께 상승한다. 또한 공사 도중에 설계 변경사항이 발생하면, 새로운 설계 반영을 위해 공정이 지연되고, 그로 인해 자재비, 인건비, 간접비가 동시에 증가한다. 규제기관의 승인 지연으로 인해 공사시작일 자체가 늦춰지면, 이미 투입시켜 놓은 장비의 대기비용과 간접비가 상승한다.

이처럼 공통 리스크를 제대로 식별하고, 그것이 일정과 비용에 각각 어떤 메커니즘으로 영향을 미치는지 잘 모델링하는 것이 통합 리스크분석의 예측 정밀도를 높일 수 있다.

리스크의 상관성

리스크의 상관성은 서로 다른 리스크나 변수 간에 통계적 연관 관계가 존재하는 것을 의미한다. 특히 일정과 비용 사이 또는 리스크들 상호 간에 하나의 결과가 다른 결과를 유의미하게 변화시키는 패턴이 있을 경우 이를 실제와 유사하게 잘 모델링해야 현실적인 예측이 가능해진다.

작업 지연이 장기화되면 현장관리비나 장비 임대료 등이 증가하게 되며, 이는 비용에 직접적인 영향을 미치게 된다. 자재의 납품지연으로 인해 일정이 밀리면, 후속 작업에 도미노 영향을 주어 전체 프로젝트 일정이 지연된다. 이는 비용과 일정이 함께 영향을 받는 **비용-일정간 상관성**이다.

인력 부족과 장비 가동률의 저하는 서로 상관관계가 높아서 인력부족 리스크가 발생하면 장비 가동률 저하 리스크도 함께 발생할 확률이 높으며 서로 **양의 상관관계**를 갖는다. 또한 물가 상승률과 환율 변동은 수입 자재비에 동시에 영향을 주며 서로 양의 상관관계를 가진다. 이러한 것을 **리스크간 양의 상관성**이라도 한다.

일정과 비용 리스크간 상관성을 고려하지 않고 분석할 경우, 전혀 다른 리스크와 연관성 없이 독립적으로 시뮬레이션되므로 양의 상관관계가 많을수록 실제보다 리스크가 과소 평가될 수 있다.

반면에 상관성 값을 너무 높게 설정하면 과도한 리스크 프리미엄을 요구하는 결과가 나올 수 있으므로, 실무에서는 전문가 판단, 과거 유사 사례, 통계적 분석 등을 통해 적절한 상관계수를 잘 고려해야 한다. 현장에서 발생하는 많은 사례들을 면밀히 살펴보고 연구하여 조직의 고유의 상관관계에 대한 데이터와 지식을 지속적으로 업데이트할 필요가 있다.

특히 데이터를 기반으로 조직의 리스크관리 수준을 높이고자 하는 기업이 있다면 이 부분에 대한 데이터와 지식 확보가 매우 중요하다고 하겠다.

4.3.3 시간 의존적 자원과 독립적 자원

시간 의존적 자원

이처럼 비용과 일정은 밀접하게 연관되어 있으며, 특히 노동성 자원(인건비 및 임대 장비 등)은 일정지연 시 직접적인 비용 증가 요인으로 작용한다. CPM 일정에 자원을 로드하여 시간 의존적 자원(예: 인건비)와 시간 비의존적 자원(예: 자재)를 구분하면, 몬테카를로 시뮬레이션을 통해 리스크가 활동 기간 및 비용에 미치는 영향을 정량적으로 예측할 수 있다.

활동기간이 길어질수록 노동 비용은 비례적으로 증가하며, 이는 단순한 일정지연 이상의 **교차 리스크**(cross risk)로 작용한다. 또한 자원 단가의 변동, 소진율, 자재 수급 등 외부 요인도 비용 리스크에 영향을 준다. 프로젝트관리, 품질, 지원 등의 간접 활동도 시간 기반 자원으로 간주되어 함께 분석되어야 한다.

요컨대, 인건비 관련 리스크는 다음 세 가지 측면에서 분석해야 한다:
- 자체의 리스크 (노동 단가 변동),
- 지연이 비용에 미치는 영향 (기간 연장),
- 진율과 긴 활동 기간이 겹칠 때의 교차 리스크.

따라서 리스크분석 시, 인건비와 같은 시간 의존적 자원을 적절히 반영하고, 일정-비용 간 상호작용을 통합적으로 고려해야 신뢰성 있는 분석 결과를 도출할 수 있다.

시간 독립적 자원

설치될 원자재 및 제작 장비를 포함한 자재 자원의 경우 직접적인 비용 리스크가 총 비용 견적에 영향을 미친다. 자재 비용은 시간에 독립적이기 때문에 일정 리스크에 따른 간접적인 영향을 받지 않는다. 공급업체가 계획보다 늦게 납품하는 경우 인건비는 공급업체가 처리해야 하므로 비용 영향은 없지만, 납품 지연으로 인한 일정 영향은 있을 수 있다.

4.3.4 일정-비용 통합 리스크분석 결과의 표현

통합 리스크분석에서는 전체 프로젝트 비용(인건비·자재비 포함)을 CPM 일정 활동에 자원을 로드한 후, MCS를 통해 반복 실행하며 비용과 일정 결과를 아래 그림처럼 산출한다. PRA나 Safran Risk는 모두 이렇게 표현해 주는 기능을 갖추고 있다.

MCS 기반 일정리스크분석의 결과는 소프트웨어마다 표현 방식은 다를 수 있지만, 다음과 같은 핵심적인 정보는 공통적으로 모두 제공된다.

- 각 활동의 시작 또는 종료 날짜에 대한 **히스토그램과 누적확률곡선**이 제공되어, 일정 불확실성을 시각화할 수 있다.
- 각 활동이 시뮬레이션 반복에서 CP에 포함된 빈도를 백분율로 나타내는 CP 지표가 산출된다.
- 각 활동이 전체 프로젝트 일정 또는 특정 마일스톤의 변동성에 얼마나 기여했는지를 수치화한 '**민감도 지수**'가 제공된다.

대부분의 소프트웨어는 이러한 결과들을 가장 효과적으로 보여주는 시각화 도구인 '**토네이도 다이어그램**(Tornado Diagram)'을 제공한다. 이 다이어그램은 CP에 가장 빈번하게 영향을 준 활동, 변동성이 가장 큰 활동, 또는 전체 일정에 가장 큰 영향을 주는 리스크 등을 한눈에 파악할 수 있도록 해준다. 따라서 토네이도 다이어그램은 프로젝트 일정에서 리스크가 집중되는 핵심 요소를 식별하고, 리스크완화 전략의 우선순위를 결정하는 데 매우 중요한 도구로 활용된다.

또한 분석 결과를 해석할 때는 단순히 수치나 그래프만 확인하는 것이 아니라, 결과의 타당성을 검토하는 품질 검토 단계가 반드시 병행되어야 한다. 분석 결과가 상식적 수준을 통과하려면, 예컨대 분포가 왜 비정상적으로 짧거나 긴 꼬리를 갖는지, 최대/최소값이 너무 높거나 낮은 이유는 무엇인지를 명확히 설명할 수 있어야 한다. 이 검토 과정은 모델 구성 과정에서의 오류를 식별하고, 결과 해석의 신뢰성을 높이는 데 필수적이다.

결론적으로, 리스크분석 결과를 해석하는 과정은 단순히 출력값을 읽는 것이 아니라, 그 의미와 원인을 분석하고 의사결정에 활용할 수 있는 형태로 해석하는 고차원적 분석 작업이며, 이를 통해 일정의 불확실성과 리스크분포를 명확히 파악할 수 있다.

개발된 프로젝트 일정에 예측가능한 사건 리스크와 불확실성을 가정 시나리오(What-if scenario)에 따라 액티비티에 모델링한 후 시뮬레이션을 수행하여 프로젝트 완료일자 및 완료비용 달성 확률을 기반으로 견적을 산출할 수 있다.

프로젝트 일정 리스크분석을 위해서는 액티비티의 공사기간 실적 데이터를 근거로 해당 액티비티에 대한 확률분포를 다음과 같은 방법으로 가정하여야 한다.

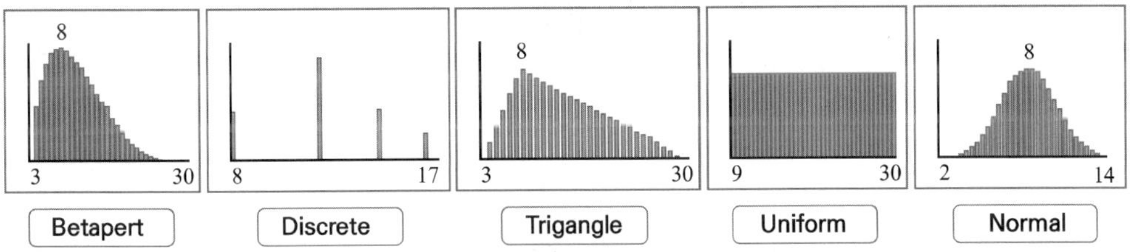

〈그림 4.1〉 액티비티 확률분포 유형의 예

각 액티비티의 확률분포를 반영하고 프로젝트 일정 및 비용 리스크분석을 통해서 프로젝트 완료일자 및 비용의 확률 시뮬레이션을 수행한 결과 사례는 다음과 같다.

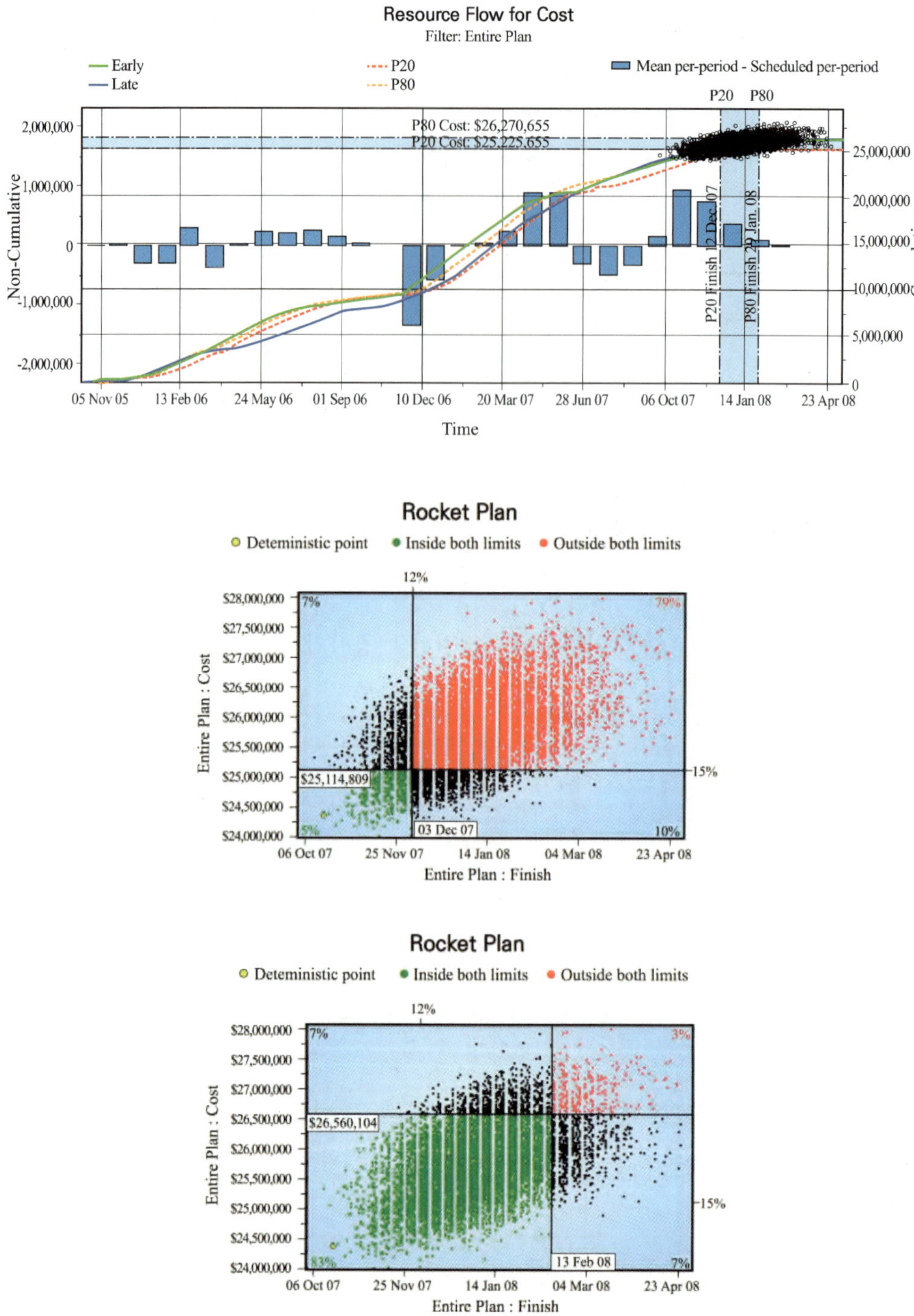

〈그림 4.2〉 프로젝트 완료 일자 및 비용 시뮬레이션 결과 (예)

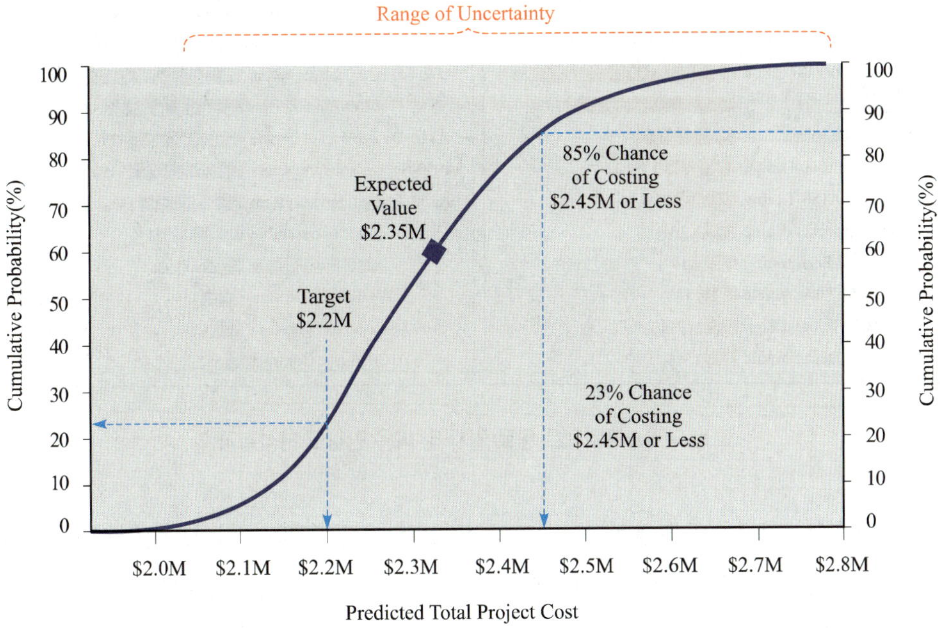

〈그림 4.3〉 프로젝트 비용 달성 확률 범위 (예)

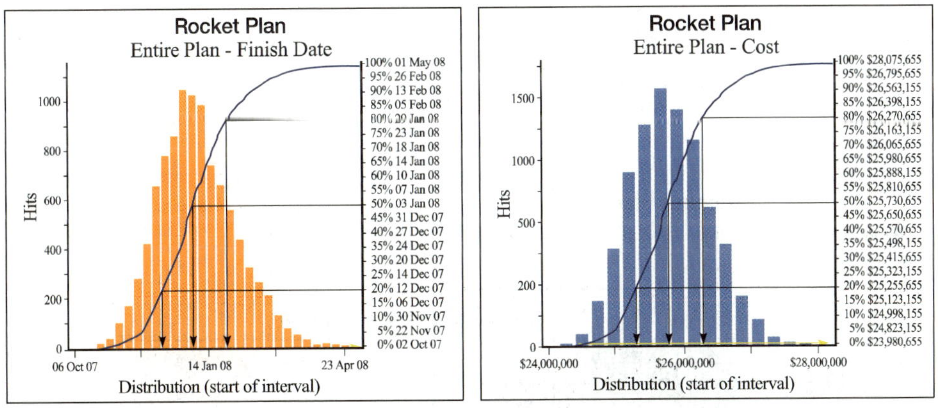

〈그림 4.4〉 프로젝트 완료 일자 및 비용 달성확률 히스토그램

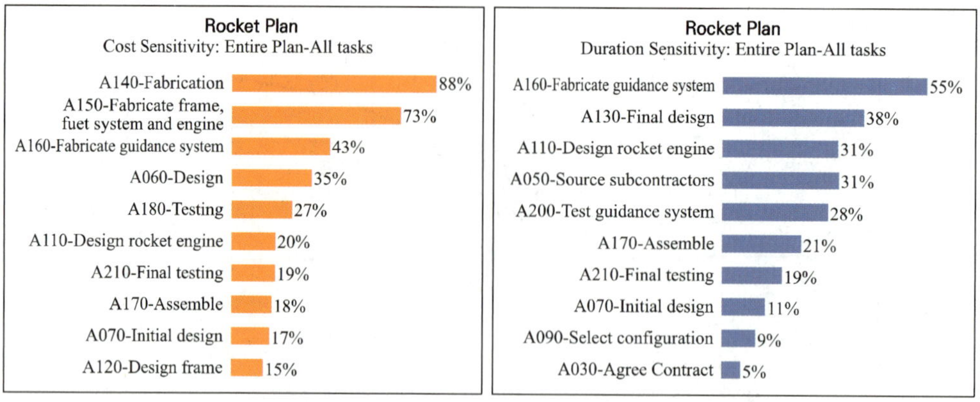

〈그림 4.5〉 프로젝트 완료 일자 및 비용 민감도 분석결과

프로젝트 완료일자 및 비용에 대한 달성 확률을 높이기 위해서 민감도 분석 결과를 해석하여 프로젝트 일정 및 비용에 영향을 많이 주는 액티비티를 대상으로 불확실성 및 사건리스크 발생을 완화(Mitigate)한 후 시뮬레이션을 반복적으로 수행함으로써 프로젝트 완료일자 및 비용에 대한 달성확률분포의 변화를 확인할 수 있다.

이때 프로젝트 수행조직의 역량과 현실 여건을 고려하여 적정 달성 확률을 선택하고 이에 대응하는 지연일수를 선택한 후 해당 지연일수에 따른 비용을 산출하여 리스크 컨틴전시를 확보하는 근거자료로 활용하도록 한다.

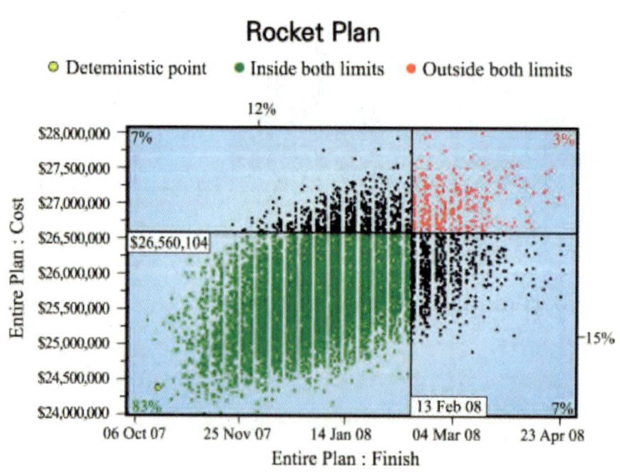

Analysis	
Simulation:	Latin Hypercube
Iterations:	10000
Correlation	
Pearson's	49.4%
Spearman's	47.7%
Highlighters	
x-axis	90% (13 Feb 08)
y-axis	90% ($26,560,104)
Inside both limits	83%
Outside both limits	3%

〈그림 4.6〉 비용·일정 리스크분석 결과

보통 비용·일정에 대한 P80 수준(80% 신뢰도)을 각각 개별적으로 산출하고 있지만, 두 목표(예: 예산과 납기)를 동시에 80% 이상을 충족시키는 확률은 더 낮아진다. 일정의 P80 완료 날짜가 2024년 7월 25일이라 하더라도, 이에 대응하는 비용이 2,485만 달러를 초과하는 경우가 다수 발생하며, 이때 실현 가능성은 80%에 미치지 못한다. 시뮬레이션에서 시간과 비용의 P80 값이 동시에 달성될 확률은 약 76%에 불과했다. 이러한 문제점을 해결하기 위해 NASA에서는 JCL(Joint Confidence Level) 개념을 도입하여, 일정과 비용 목표를 동시에 충족할 수 있는 조합을 찾고, 이 지점에서의 예산 및 기간을 기준으로 사업계획을 수립한다. 예를 들어, JCL80을 달성하기 위해서는 P80 결과보다 더 많은 예산(예: 약 1억 9,600만 달러)과 더 여유 있는 일정(예: 9주 연장)이 필요할 수 있다.

JCL에서 가장 가능성 높은 지점을 찾는 공식화된 방법은 없지만, 시뮬레이션 산출된 분산도) 상의 **"JCL 80~100%"** 구간 내 최대 확률점을 선택하는 방식이 활용된다. 비용과 일정 간 상관관계가 클수록 JCL 보정계수는 작지만, 상관관계가 낮을수록 더 많은 예산과 여유 일정이 요구된다. 결과적으로, JCL 분석은 프로젝트가 현실적으로 동시에 달성할 수 있는 일정과 비용 목표 수준을 제시함으로써, 과도한 낙관주의나 계획 불확실성을 줄이고 예산 및 납기 신뢰도를 향상시키는 중요한 수단이 된다.

CPM 기반의 일정 리스크분석은 복잡한 과정이며, 몇 가지 중요한 조건이 갖춰지지 않으면 쉽게 오류가 발생할 수 있다.

- 첫째, 프로젝트 팀이 해당 일정이 충분히 성숙했고 검토에 적합하다고 판단하지 않은 경우,
- 둘째, 모델이 프로젝트의 실제 작업 흐름을 제대로 반영하지 못하는 경우,
- 셋째, 프로젝트 고유의 리스크뿐 아니라 시스템적 리스크까지도 일정에 현실적으로 반영되지 않은 경우

따라서 리스크분석 결과를 의사결정에 활용하기 전에, 분석가는 해당 모델이 단순히 오류가 없는 것뿐만 아니라 실질적으로 프로젝트의 현실을 반영하고 있으며, 프로젝트 팀이 수용할 수 있는 수준인지 반드시 검증해야 한다.

일정-비용 통합 리스크분석이 적절히 수행된다면, 이는 프로젝트 진행 과정에서 발생할 수 있는 리스크 이벤트를 예측하고, 그 영향을 완화하는 데 있어 매우 유용한 도구가 될 수 있다. 분석 결과는 숨겨진 일정 문제를 조기에 식별하고, 팀의 의사결정 방향을 제시하며, 실행력 있는 행동으로 연결되는 데 큰 도움을 줄 수 있다.

결론적으로, 일정-비용 통합 리스크분석은 단지 기술적 모델링을 넘어 프로젝트 팀과의 상호 신뢰와 실무 적용 가능성을 바탕으로 수행되어야 하며, 올바르게 수행될 경우 프로젝트 성공을 위한 강력한 의사결정 지원 수단이 된다.

4.3.5 4D-5D BIM과의 연계

아래 그림은 비용-일정 통합 리스크분석을 디지털 환경에서 구현한 '**프로젝트 리스크 트윈**(Project Risk Twin)' 개념을 보여준다(Lundberg 2024). 대규모 프로젝트는 이러한 디지털 환경에서 사업을 관리할 수 있을 것이다.

비용, 일정, 그리고 리스크가 WBS 개념으로 입력이 잘 되어야 하고 이를 바탕으로 합리적인 예산과 일정이 예측이 되고 이러한 예측 결과로부터 완공일과 예산에 대한 합리적인 판단이 가능할 것이다.

BIM기술도 유의미하게 활용이 가능할 것이다. (Lundberg 2024) 비용-일정 통합 리스크분석을 위한 프로젝트 리스크 트윈 모델에 BIM 활용을 제안하였다. **4D BIM**과 연계될 때 공정과 연계하여 활용이 가능하며 비용 정보까지 BIM에서 추출될 수 있으면 5D BIM이 매우 강력하게 활용될 수 있을 것이다. 특히 이러한 연계가 사업초기단계부터 진행되면 BIM기술은 더욱더 그 효용성이 높아질 것이다.

4D BIM은 3D 모델에 시간 정보를 결합해 시공 전 과정을 시뮬레이션하는 기술로, 여기에 비용-일정 통합 리스크분석 결과를 결합하면 단순 수치 분석을 넘어 **리스크를 반영한 시간 · 공간 기반의 시뮬레이션**이 가능해진다. 예를 들어 비용-일정 통합 리스크분석에서 특정 리스크로 인한 지연 확률(P10, P50, P90)과 비용 증가분이 계산되면, 4D BIM 상에서 해당 리스크 발생 시 시공 흐름과 후속 공정 지연, 자원 충돌 등을 시각적으로 재현할 수 있다. 또한 리스크 완화 대책을 적용하기 전·후의 일정·비용 변화 시나리오를 4D BIM 애니메이션으로 비교하여 발주자나 의사결정자가 직관적으로 효과

를 확인할 수 있다.

이러한 연계는 실시간 업데이트에도 유리하다. 현장의 진행률과 원가 집행률이 ERP · PMS와 연동되어 일정비용리스크분석 모델이 갱신되면, 변경된 결과를 4D BIM 모델에 즉시 반영하여 최신 리스크 영향을 시뮬레이션할 수 있다. 결국, 비용-일정 통합 리스크분석과 4D BIM의 결합은 수치 기반의 정밀성, 시각적 직관성, 그리고 실시간성이라는 세 가지 강점을 통합해 관리와 의사결정 지원도구로 활용이 가능할 것이다. **BIM의 4D 및 5D 차원에 리스크관리를 통합할 것을 권고하는 가이드라인과 문헌**은 점차 증가하고 있다.

그 중 Moshtaghain and Noorzai (2022)는 BIM(Building Information Modeling) 정보를 기반으로 한 리스크관리 통합 프레임워크를 구축하기 위해 진행되었다. 본 연구에서는 3D, 4D 및 5D BIM 모델과 실행 및 관리 단계 정보를 포함한 주거 프로젝트의 건설과 관련된 모든 정보를 수집하고, 이에 따라 각 활동에 대한 리스크 목록을 결정했다. 본 연구는 프로젝트 변경을 최적화하기 위한 리스크관리 프레임워크를 제안했다. 실행 정보 외에 3D, 4D 및 5D 모델링이 통합되지 않은 것은 많은 프로젝트에서 근본적인 문제라고 지적했다. 이두 가지 정보 그룹 산의 격차는 부적절한 관리와 결정 지연으로 이어져 결국 예상치 못한 지연과 비용 초과를 초래한다. 새로운 접근 방식을 채택한 리스크관리는 최근 연구에서 BIM 및 관련 기술과 같은 새로운 방법을 사용하여 다루어지고 있으며, 그 중 일부는 본 연구의 이론적 문헌 검토에서 언급되었다.

한편 Numan(2024)은 건설프로젝트에는 비용, 일정, 품질, 안전 및 지속 가능성에 영향을 미칠 수 있는 수많은 리스크가 수반된다고 하였다. 효과적인 리스크관리는 프로젝트의 성공에 매우 중요하며, BIM(Building Information Modeling)은 프로젝트 라이프사이클 전반에 걸쳐 리스크관리를 혁신할 수 있는 기능을 제공한다고 하였다. 이 Numan(2024)은 BIM이 식별, 분석, 대응 계획 및 모니터링을 포함한 핵심 리스크관리 프로세스를 어떻게 지원할 수 있는지 체계적으로 검토하고 있다. 광범위한 문헌 검토를 통해 건설 리스크관리에 BIM 기반 툴과 워크플로우를 활용하는 주요 기술과 결과를 종합하고 있다. 전문가 인터뷰를 통해 기회와 과제에 대한 실제적인 관점을 보여주고 있다. 연구 결과는 BIM이 프로젝트 단계 전반에 걸쳐 자동화되고 시각화 기반의 리스크 식별을 가능하게 한다는 것을 보여주고 있다.

이 외에도 BIM과 리스크관리를 연계하여 검토한 연구 문헌과 자료들이 많다. 본 지침의 저자들은 BIM 기술의 효용성을 높이기 위해서는 리스크가 고려된 4D, 5D BIM 구현을 강력히 권고한다.

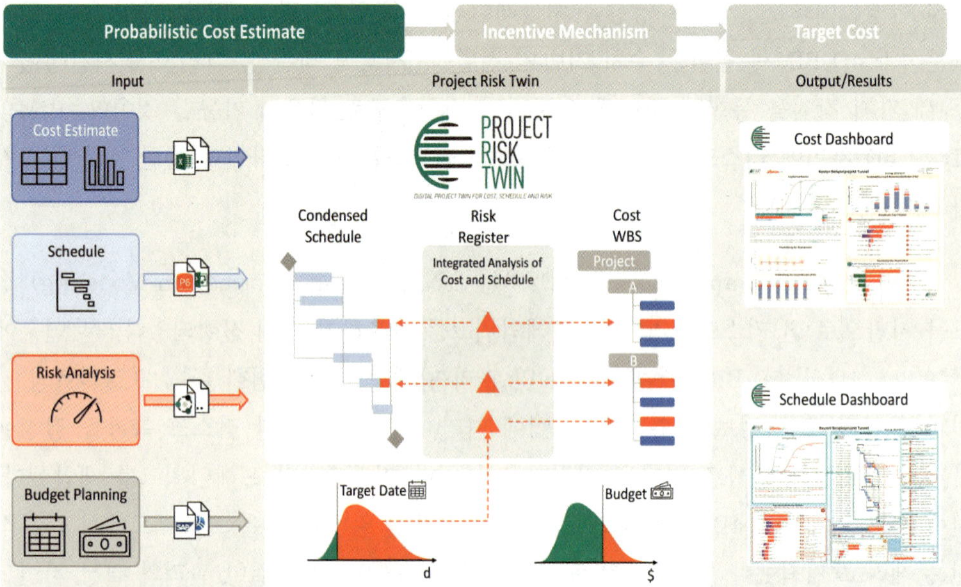

그림출처 Lundberg (2024) Cost-plus incentive fee (CPIF) update on risk-based RIAAT applications in Europe

〈그림 4.7〉 Lundberg의 일정-비용 통합 리스크분석의 개념

4.4 | 일정-비용 통합 리스크분석 시 일정 품질 평가

일정-비용 통합 리스크분석 방법론의 신뢰성과 분석 결과의 실효성을 확보하기 위해서는, 그 기초가 되는 일정 데이터와 모델링의 품질이 무엇보다 중요하다. 분석 도구나 통계 기법이 아무리 정교하더라도, 일정 네트워크의 논리적 일관성과 데이터의 정확성이 결여된다면 리스크분석 결과는 왜곡될 수밖에 없다. 따라서 일정 품질에 대한 사전 검증은 통합 리스크분석의 필수 전제조건으로 간주된다.

국제적으로 가장 널리 활용되는 일정 품질 검증 기준으로는 미국 국가책무원 GAO(2018) 일정평가가이드의 **10가지 일정관리 프로세스별 모범사례**와 DCMA(미국 국방계약관리청, Defense Contract Management Agency) 14-Point 일정평가 기준이 있다. 이 두 프레임워크는 모두 일정의 신뢰성, 완결성, 추적 가능성을 확보하기 위한 체계적인 검증 도구로 인정받고 있으나, 그 접근 방식과 목적에는 명확한 차이가 존재한다.

GAO는 정책적·감사적 관점에서 프로젝트 일정을 평가하며, 일정 데이터가 관리적으로 신뢰할 수 있는 수준의 성숙도에 도달했는지를 검증한다. GAO의 10가지 일정관리 프로세스별 모범사례는 일정의 포괄성, 논리적 순서화, 자원 배정의 타당성, 주공정의 확인, 일정 리스크분석 등 일정관리 전 과정의 품질을 포괄적으로 점검한다. 이는 프로젝트관리 체계의 성숙도와 정책적 투명성 확보를 목적으로 한다.

반면 DCMA는 보다 기술적이고 계량적인 접근을 취한다. DCMA의 14개 평가지표는 일정 네트워크의 논리적 완전성과 계산 가능성을 검증하기 위한 세부 규칙으로 구성된다. 예를 들어, 선후 관계 미연결 활동 비율(≤5%), 과도한 제약 조건(≤5%), 비현실적 기간(>44일 ≤5%) 등은 일정의 기술적 건전성을 수치적으로 판정하는 핵심 항목이다. 이러한 검증 결과는 "**Pass / Fail**" 혹은 준수비율로 제시되어, 계약 이행성과 진도 관리의 객관적 근거로 활용된다.

요컨대, GAO는 일정관리 프로세스의 정책적 신뢰성을 확보하기 위한 거시적 기준, DCMA는 일정 네트워크의 기술적 완결성을 확보하기 위한 미시적 기준을 제시한다. 따라서 일정-비용 통합 리스크분석을 수행할 때는, 먼저 DCMA 14-Point를 통해 일정의 논리적 오류를 제거하고, 그 결과를 GAO 10가지 일정관리 프로세스별 모범사례에 의한 상위 품질점검 프레임워크로 연계함으로써 분석의 신뢰도를 극대화할 수 있다. 이와 같은 이중 검증 체계는 일정 기반 비용·리스크분석의 정량적 정확성과 관리적 타당성을 동시에 확보하는 핵심 기반이라 할 수 있다.

〈표 4.1〉 GAO의 10가지 일정관리 프로세스별 모범사례

번호	프로세스 항목	주요 내용 요약	평가 목적 / 활용 포인트
1	Capturing all activities	프로젝트 작업이 누락되지 않도록 모든 작업을 식별하고 스케줄에 포함	일정의 '**포괄성(Completeness)**' 확보
2	Sequencing all activities	작업 간 논리관계(Dependencies)를 반영하여 순서화	작업 간 논리 흐름(Logical Flow) 확인
3	Assigning resources to all activities	각 작업에 필요한 인력, 장비, 자원을 배정	자원 계획의 적절성 검토
4	Establishing durations	각 작업의 기간을 기반 자료에 근거하여 산정	기간 산정의 신뢰성 확보
5	Verifying the schedule can be traced horizontally and vertically	수평적 (작업 흐름) 및 수직적(계층구조, Summary Schedule) 검토	추적성(Traceability) 확보
6	Confirming the critical path	주경로(Critical Path) 식별 및 검토	프로젝트 리스크분석 및 일정 분석 기반 마련
7	Ensuring reasonable total float	총 여유 시간(Total Float)의 적정성 검토	비현실적인 일정 설정 방지
8	**Conducting a schedule risk analysis (SRA)**	**불확실성과 리스크 반영을 위한 시뮬레이션 수행**	**일정의 불확실성 반영 및 완충기간 확보**
9	Updating the schedule using actual progress	실제 진척사항 반영, 작업 완료 및 잔여 작업을 재조정	일정 준수 여부 분석 및 향후 일정 분석
10	Maintaining a baseline schedule	기준 일정(Baseline) 설정, 변경 이력 관리	일정 준수 평가의 기준 마련

〈표 4.2〉 DCMA의 14개의 일정평가 기준

번호	평가항목	목적(진단 포인트)	허용 기준
1	Logic Test (논리 연결 비율)	활동 간 전후 관계(Logic Link)가 없는 단절된 활동 탐지	모든 활동의 ≥ 95%가 연결되어야 함
2	Leads Test (리드 사용 검증)	비현실적인 선행 겹침(lead) 사용 여부	Lead = 0 (허용 안 함)
3	Lags Test (래그 사용 검증)	지연(lag) 사용의 적정성	Lag ≤ 5% (필요 최소한만 허용)
4	Relationship Type Test (관계 유형 검토)	FS 외 관계(SS, FF 등) 과다 사용 여부	FS ≥ 90% 권장

번호	평가항목	목적(진단 포인트)	허용 기준
5	Hard Constraints Test (제약 조건검토)	Must Start/Finish On 등 강제 제약의 과다 사용 여부	Hard Constraints ≤ 5%
6	High Float Test (부유시간 과다)	비현실적인 과대 Float 활동 탐지	Total Float ≤ 44 일 권장
7	Negative Float Test (음수 Float)	일정 초과(지연) 상태 탐지	Negative Float = 0
8	High Duration Test (장기 활동 비율)	관리가 어려운 장기 활동 과다 여부	활동기간 ≤ 44 일 권장
9	Invalid Dates Test (잘못된 날짜)	과거 완료나 미래 시작 등 비논리적 날짜 탐지	없음이어야 함
10	Resources Test (자원 할당)	주요 활동에 자원이 누락되었는지	자원 할당 ≥ 95%
11	Missed Tasks Test (지연된 작업)	상태 업데이트 기준으로 완료 예정일이 지난 미완료 활동	0 건 이상이면 경고
12	Critical Path Test (주경로 검증)	주경로의 연속성과 논리적 타당성	하나의 논리적 경로 유지
13	Critical Path Test - Float/Duration Ratio	주경로가 비정상적으로 짧거나 긴지 확인	CPM 구조상 합리성 확보

〈표 4.3〉 GAO 10 일정관리 프로세스별 모범사례와 DCMA 14 포인트 평가의 차이점 비교

구분	GAO 10 Best Practices	DCMA 14-Point Assessment
관점	관리 프로세스 / 신뢰성 중심	기술적 네트워크 품질 중심
목표	일정의 완전성·추적성·리스크 대응	일정의 논리적·계산적 정확성
평가 결과	정성적 신뢰도 (High/Medium/Low)	정량적 Pass/Fail 또는 Compliance %
활용 주체	정부 감사기관, PMO, 발주자	계약기관, 스케줄러, EPC Contractor
주요 산출물	Schedule Assessment Report	Schedule Quality Check Report

부록

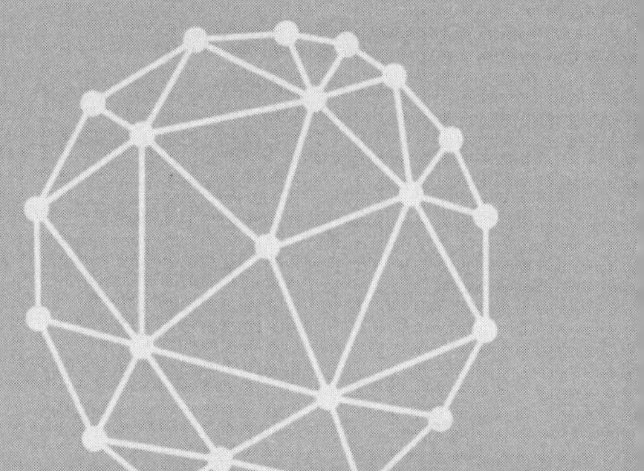

참고문헌

PROJECT RISK MANAGEMENT GUIDELINES

- 국토교통부(2023) 적정공사기간 확보를 위한 가이드라인
- 김상태, 현정훈, 유홍균, 박성철, 임종권(2024) 워크숍 기반의 국내 프로젝트 리스크관리 실무사례: GTX-A 등, 특집- 프로젝트 전 생애주기에 걸친 워크쇼 기반의 리스크관리, 한국건설관리학회 학회지 2024년 10월호, p.29~35
- 김홍연, 임종권(2024) 해외 주요 공공기관의 워크숍 기반 프로젝트 리스크관리 동향, 특집- 프로젝트 전 생애주기에 걸친 워크쇼 기반의 리스크관리, 한국건설관리학회 학회지 2024년 10월호 p.12~17
- 데이터랩스/민경현 (2018), 몬테카를로 시뮬레이션을 활용한 리스크분석 및 의사결정: 엑셀 모델링과 크리스탈볼
- 민재형 (2018), 몬테칼로시뮬레이션: 불확실한 미래의 비즈니스 어떻게 대처할 것인가?
- 박성철 외 (2014), 프로젝트 위험 관리를 위한 Primavera Risk Analysis R8.x, 성안당
- 박성철 외 (2019), PMBOK 기반의 Project Management 적용을 위한 Primavera P6 정복하기, 성안당
- 박성철, 이종범, 임종권(2024) 워크숍 기반 프로젝트 리스크관리 전문가 교육 및 인증 프로그램, 특집- 프로젝트 전 생애주기에 걸친 워크쇼 기반의 리스크관리, 한국건설관리학회 학회지 2024년 10월호, p.36~39
- 안상목 (2018), 글로벌 프로젝트 리스크 매니지먼트, 지식과감정
- 임종권, 김헌 (2020), 가치중심적 VE를 위해 왜 VE+RA 통합형 접근방식에 관심을 가져야 하는가?, 대한토목학회지 2020년 2월호, pp.34-42
- 임종권 김홍연(2024) 프로젝트 리스크관리와 낙관주의 편향, 한국건설관리학회학회지건설관리, 제5권제호 pp.23~28 2024.10월호
- 임종권, 조인성, 허정회, 워크숍 기반 프로젝트 리스크관리의 배경과 필요성, , 한국건설관리학회학회지건설관리, 제5권제호 pp.23~28 2024.10월호pp.6~11
- 정진학 외 2인 (2019), 책임형 CM 발주방식의 최대공사비 보증계약 사례 연구-미국 공공발주 프로젝트 사례 중심- 한국건설관리학회 논문집, vol.20, no.3, 통권109호, pp.22-30
- 중소기업청/중소기업진흥공단 (2011) 중소기업을 위한 미조달시장 진출 안내서-미국연방조달규정(Federal Acquisition Regulation) 해설
- AACE International(2008) Recommended Practice No. 41 R-08 Risk Analysis and Contingency

Determination Using Range Estimating TCM Framework 7.6 Risk Management.

- AACE International(2022) 117R-21: Integrated Cost and Schedule Risk Analysis and Contingency Determination Using Combined Parametric Modelling and Monte Carlo Simulation of a CPM Model (aacei.org)
- AACE International(2019) 57R-09: Integrated Cost and Schedule Risk Analysis Using Risk Drivers and Monte Carlo Simulation of a CPM Model (aacei.org)
- AACE International(2012) 64R-11: CPM Schedule Risk Modeling and Analysis: Special Considerations
- AASHTO Technical Committee on Technical Estimating (2009), A Practical Guide to Estimating. American Association of State Highway and Transpiration Officials
- AASHTO Technical Committee on Cost Estimating (2013). Practical Guide to Cost Estimating. American Association of State Highway and Transportation Officials
- Acquisition.GOV Access FAR https://www.acquisition.gov
- Austalian Government (2017), Guidance Note 1 - Project Scope, Ver.1.0 Department of Infrastructure, Transport, Regional Development, Communications and the Arts
- Austalian Government (2018a), Guidance Note-Overview, Ver.1.0 Department of Infrastructure, Transport, Regional Development, Communications and the Arts
- Austalian Government (2018b), Guidance Note 2 - Base Cost Estimation, Ver.1.0 Department of Infrastructure, Transport, Regional Development, Communications and the Arts
- Austalian Government (2018c), Guidance Note 3A - Probabilistic Contingency Estimation, Ver.1.0 Department of Infrastructure, Transport, Regional Development, Communications and the Arts
- Austalian Government (2018d), Guidance Note 3A - Supplementary Guidance, Ver.1.0 Department of Infrastructure, Transport, Regional Development, Communications and the Arts
- Austalian Government (2018e), Guidance Note 3B - Probabilistic Contingency Estimation, Ver.1.0 Department of Infrastructure, Transport, Regional Development, Communications and the Arts
- Austalian Government (2018f), Guidance Note 4 - Escalation, Ver.2.0 Department of Infrastructure, Transport, Regional Development, Communications and the Arts
- Becker, G. M (2004) A practical risk management approach. Paper presented at PMIGlobal Congress 2004-North America, Anaheim, CA. Newtown Square, PA: Project Management Institute
- Booz Allen Hamilton Inc. (2006). TCRP Web-Only Document 31 (Project G-7): Contractor's Final Report: Managing Capital Costs of Major Federally Funded Public Transportation

Projects. Transit Cooperative Research Program. Washington, DC. November 2005

- Caltrans (2012), Project Risk Management Handbook: A Scalable Approach
- Caltrans (2015), Project Delivery Directive (PD-09) Project Risk Management
- Cretu, Ovidiu 외 2인 (2011), 리스크관리-건설 프로젝트 설계 및 시공단계(Risk Management for Design and Construction), 임종권 · 이민재 공역, 구미서관, 2014
- Davis (2014), Risk Analysis Process Training for Project Managers, Design Training Expo, FDOT
- DCMA Defense Contract Management Agency - Wikipedia
- Edward de Bono (1985), 6 Thinking Hats
- FHWA(2007), Major Project Financial Plan Guidance
- FIDIC (2017) Conditions of Contract for Construction
- GAO (2015), Schedule Assessment Guide: Best Practices for Proejct Schedules, GAO-16-89G.
- GAO (2020), Cost Estimating and Assessment Guide: Best Practices for Developing and Managing Program Costs, GAO-20-195G
- Hillson, D. (2000), Project risks: identifying causes, risks, and effects. PM Network, 14(9), 48–51
- Hillson, D. (2012), How much risk is too much risk? Understanding risk appetite. Paper presented at PMI® Global Congress 2012—North America, Vancouver, British Columbia, Canada. Newtown Square, PA: Project Management Institute
- HM Treasury (2020a), The Green Book: Central Government Guidance on Appraisal and Evaluation
- HM Treasury (2020b), The Orange Book: Management of Risk – Principles and Concepts
- HM Treasury (2020c), Risk Appetite: Guidance note
- Hulett, D.(2009) Practical Schedule Risk Analysis (1st ed.). Routledge https://doi.org/10.4324/9781315601885
- IPA (2021) Cost Estimating Guidance
- ISO(2018) ISO 31000:2018 Risk Management
- Jennifer (2015) Risk-Based Engieers Estimate, Final Report 2015-10, Research Project, Minnesota DOT, Research Services & Library, Office of Transportation System Management
- K-Risk (2020) 프로젝트 리스크관리 가이드라인 일반지침
- K-Risk (2021) 프로젝트 리스크관리 가이드라인 2nd Edition 제1편 일반지침, 제2편 워크숍지침
- K-Risk 공식블로그 https://k-risk.tistory.com/

- K-Risk https://k-risk.tistory.com/34 [K-Risk] 프로젝트 리스크관리 가이드라인 인용문헌 링크 서비스 Nevada DOT (2021), Risk Management and Risk-based Cost Estimation Guideline
- Lundberg (2024) Cost-plus incentive fee (CPIF) update on risk-based RIAAT applications in Europe
- Moshtaghain and Noorzai (2022) Integration of Risk Management within the Building Information Modeling (BIM) Framework
- NASA(2020) NASA Scheduling Management Handbook
- National Academies of Sciences, Engineering, and Medicine (2006) Managing Capital Costs of Major Federally Funded Public Transportation Projects: Contractor's Final Report. Washington, DC: The National Academies Press. https://doi.org/10.17226/23226.
- Nevada DOT (2021), Risk Management and Risk-based Cost Estimation Guideline.
- Numan (2024) BIM and Risk Management: A Review of Strategies for Identifying, Analysing and Mitigating Project Risks
- ODOT (2019) Guide to Managing Project Risks for ODOT Statewide Transportation Improvement Program 1st Edition
- ODOT (2020) DES-01-02 Managing Project Risks for ODOT STIP
- ODOT, Project Risk Register
- ODOT, Example Project Risks
- Pink, M(2022) The DCMA 14 Checks: Schedule Quality Assessment
- PMI (Project Management Institute)
- PMI(2013), PMBOK 5th Edition.
- PMI(2017), PMBOK 6th Edition.
- PMI(2019), Practice Standard for Scheduling 3th Edition
- PMI(2021), PMBOK 7th Edition.
- SAVE International (2020) VMBoK(Value Management Body of Knowledge).
- Smallwood, Nick (2020.09.09), Setting up for success: The Importance of Front-End Loading, Blog, Infrastructure and Projects Authority.
- Smith, Michael (2019), FHWA Probabilistic Risk-based Cost Estimating Training Program.
- Texas DOT Risk-Based Construction Cost Estimating Reference Guide, Advanced TxDOT Project Management and Project Delivery
- Theiler, Jose (2019), Value Engineering and Project Cost Risk Estimating Programs at Florida DOT, Value Summit, June 8-11, Portland, Or, SAVE International

- Transport and Infrastructure Council (2018) Australian Transport Assessment and Planning Guidelines O2 - Optimism Bias
- USA Government- Federal Acquisition Regulationhttps://acqusition.gov/browse/index/far)
- WSDOT (2007) Program Scoping / State of Practice For Washington State
- WSDOT (2017), Partnering Field Guide for WSDOT Projects
- WSDOT (2018a) Project Risk Management Guide Part I, II
- WSDOT (2018b) Project Risk Analysis Model Users Guide
- WSDOT (2020) Cost Estimating Manual for WSDOT Projects
- WSDOT (2022), Cost Risk Estimating Management Glossary
- WSDOT Value Engineering VE with Risk Assessment RA, https://www.wsdot.wa.gov/publication/fulltext/CEVP/VERA.pdf

용어의 정의

PROJECT RISK MANAGEMENT GUIDELINES

A-Z

@RISK 재무에서 공학에 이르기까지 불확실성에 직면한 문제를 과학적으로 분석하는 시스템이다. 기본적으로 몬테카를로 시뮬레이션 기법을 이용한 광범위한 모델링이 가능한 시스템이다. @RISK는 기업과 개인컨설턴트 모두 가능한 시나리오에 대한 현실적인 그림을 그릴 수 있도록 도와준다. 이를 통해 기업이 처해 있는 리스크를 완화할 뿐만 아니라 성장 기회를 파악하고 활용할 수 있도록 도와준다.

2차 리스크 (Secondary risk) 리스크 대응책을 실행하는 과정에서 직접적인 결과로 발생하는 리스크(의원성 리스크(Iatrogenic risk) 참조)

3점 비용 견적 합리적으로 낙관적인 경우, 가장 가능성이 높은 경우 및 합리적으로 비관적인 경우 등 세 가지 추정치를 제공하는 비용 견적

AACE International (Association for the Advancement of Cost Engineering International)

AC (Actual Time) 진도측정일 기준 완료작업의 실세 시간(일징)

Actual Cost(AC) 진도측정일 기준 완료작업의 실제 지출원가

Actual Time(AT) 진도측정일 기준 완료작업의 실제 시간(일정)

Budget At Completion Cost (BACc) 완료계획예산

Budget At Completion Time (BACc) 완료계획예산 달성까지의 시간(일정)

Budget At Completion(BAC) 완료계획점, BACc 와 BACt 교차점

CEVP 팀 (Cost Estimate Validation Process team; CEVP team) 원가 견적 타당성 검증 프로세스의 업무를 맡는 CEVP 팀에는 일반적으로 리스크분석가, 비용견적 전문가 및 프로젝트 팀과 협력하여 작업하는 관련 분야별 전문가인 SME가 포함된다. (원가견적 타당성검토 프로세스 참조)

CP (Critical Path) 주 공정 (Critical Path) 참조

CP (Critical path) 일정에서 가장 긴 연속된 활동 경로. 프로그램의 가장 빠른 완료일 또는 최소 기간을 정의함.

CPI (Cost Performance Index) 원가성과지표 참조

CPM (Critical Path Method) 주 공정 방법 (Critical Path Method; CPM) 참조

CRA Team (Cost Risk Assessment team) 원가 리스크 평가팀 참조

CRAVE Approach 미국 HDR사가 VE팀과 CRA팀을 한 팀으로 구성하여 추진하는 VE와 RM의 통합적 워크숍 방식의 접근법

Crystal Ball 오라클(ORACLE)의 Crystal Ball은 @RISK와 유사하며 미래의 예측 모델링, 시뮬레이션 및 최적화를 위한 최고의 스프레드시트 기반 애플리케이션이다. 리스크에 영향을 미치는 중요한 요소에 대한 탁월한 통찰력을 제공해 준다. Crystal Ball을 사용하면 불확실한 시장에서도 목표에 도달하고 경쟁력을 확보하기 위해 올바른 전술 결정을 내릴 수 있도록 도와준다.

CY 현재 연도

Date constraint 활동의 계산된 시작일이나 완료일을 무시하고, 달력 제약을 강제로 적용하여 특정 시점에만 시작 또는 완료되도록 하는 제한.

EAC 완료예상점, EACc 와 EACt 교차점

EACc (Estimate At Completion Cost) 완료계획 예산, EACc = AC + ETCc

EACt (Estimate At Completion Time) 완료계획 예상 시간(일정), EACt = AT+ ETCt

ES (Earned Schedule) 진도측정일 기준 완료작업의 획득시간(일정), 실제진도율 x 완료계획 시간(일정)(BACt)

ETCc (Estimate To Completion Cost) 진도측정일 기준 준공까지 잔여필요 예산, ETCc = BACc +EV 또는 (BACc +EV)/CPI

ETCt (Estimate To Completion Time) 진도측정일 기준 준공까지 잔여필요 시간(일정) = ETCc = BACt +ES 또는 (BACt +ES)/SPI

EV (Earned Value) 진도측정일 기준 완료작업의 실적가치, 실제진도율 x 준공계획예산 (BACc)

EVM (Earned Value Management) 획득가치관리 참고

EVA (Earned Value Analysis) "획득 가치(Earned Value)"는 프로젝트관리 기술 중 하나이다. 이 기술은 당신이 실제 지출, 완성 작업의 가치, 측정된 성과에 대해 실제로 획득한 것을 측정하는 도구이다.

FBC Full Business Case의 약어로서 영국 정부에서 사용하고 있는 프로젝트 3단계 타달성검토 중 한계임 (한국의 본 타당성조사와 유사)

F-F (Finish-to-finish) 선행 활동이 종료해야 후행 활동이 종료될 수 있는 논리적 관계.

FNET Finish no earlier than 활동이 특정 날짜 이전에는 종료될 수 없도록 제한하는 제약조건. '종료 시점 이후' 제약이라고도 함.

FNLT Finish no later than 활동이 특정 날짜 이후에는 종료될 수 없도록 제한하는 제약조건. '종료 시점 이전' 제약이라고도 함.

F-S (Finish-to-start) 선행 활동이 종료해야 후행 활동이 시작될 수 있는 논리적 관계.

LOE 활동 (Level-of-effort (LOE) activity) 눈에 보이는 산출물이 없고 특정 결과물과 직접 연결되지 않는 활동. 보통 관리, 감독 등의 지속적 지원 업무를 의미함.

MCS (Monte Carlo simulation) 몬테카를로 분석 항목 참조

MDL (Master Deliverables List) 프로젝트의 WBS(Work Breakdown Structures) 작성을 위한 시작점으로서 의도된 프로젝트 요소의 포괄적 목록표. 마스터 산출물 목록표는 프로젝트의 모든 단계에서 성과물 제출 수준을 정의한다.

MFON (Must finish on) 활동이 특정 날짜에 반드시 종료되도록 하는 제약조건. '종료일 고정' 또는 '강제 종료 제약'이라고도 함.

MSON (Must start on) 활동이 특정 날짜에 반드시 시작되도록 하는 제약조건. '시작일 고정' 또는 '강제 시작 제약'이라고도 함.

OBC Outline Business Case의 약어로서 영국 정부에서 사용하고 있는 프로젝트 3단계 타당성검토 중 하나(한국의 예비타당성조사와 유사)

P 번호 확률을 사용하여 표현하는 신뢰도 측정값. 예를 들어, 80번째 백분위수 비용(P80이라고도 함)은 P80보다 작은 최종 비용의 확률이 80%가 되도록 합니다. (P50은 중앙값이라고도 함).

PERT (Program/Project Evaluation and Review Technique) 프로그램 평가검토기법은 불확실성이 있을 때 프로젝트 구성요소에 대한 원가 및 기간 산정의 정확도를 향상시키기 위해 사용되는 기법. 프로그램평가검토기법(PERT)은 구성요소의 원가와 기간 산정에 3점 산정으로 알려진 낙관치, 비관치 및 최빈치의 가중평균을 이용한다. 가중치 구성이 다르면 구성요소의 가능한 원가 및 기간에 대해 다른 분포를 나타낸다. 예를 들어, 일반적인 계산식인 (낙관치+4I 최빈치+비관치)/6는 거의 베타분포이다. (낙관치 + 최빈치 + 비관치)/3의 계산식은 정확히 3각분포를 나타낸다. 이러한 가중평균을 이용한 산정은 낙관치와 비관치가 최빈치에서 동일하게 분포되어 있지 않을 경우 낙관치 만을 이용한 산정보다 평균적으로 정확도가 더 높다. 프로그램평가검토기법(PERT)은 원가 및 일정에 대한 정량적 리스크분석과 동일하거나 이를 대신할 수 없다. 이는 매개변수 원가산정 또는 평행경로와 경로수렴 점을 갖고 있는 프로젝트 일정표와 같은 모델구조에서 원칙적으로 프로젝트 리스크를 정확히 나타내지 못하기 때문이다.

PMB (Performance measurement baseline) 성과측정기준선 참조

PRAM (Project Risk Analysis Model) PRAM (Project Risk Analysis Model)은 워싱턴주 교통부에서 개발·공개한 엑셀기반 프로그램으로서 Monte Carlo 시뮬레이션을 사용하여 사용자 입력 비용, 일정, 리스크 및 불확실성 정보로부터 비용 및 일정 확률분포를 시뮬레이션 한다. 프로젝트관리자들과 팀들에게 실행 가능성이 있는 정보를 제공하는 정량적 리스크분석 결과를 생성해 낸다.

Primavera Risk Analysis PRA는 1981년 PERT Master 제품으로 영국에서 출시된 프로젝트 리스크관리를 목적으로 개발된 프로젝트관리 도구이다. PRA는 프로젝트 일정을 기반으로 정성적/정량적 리스크분석을 수행할 수 있으며, PRA는 기본적으로 분석을 수행하기 전에 일정에 대한 품질 평가를 통하여 분석결과의 신뢰성을 높일 수 있다. 또한, 품질확인이 완료된 프로젝트 일정에 리스크를 결합하여 분석을 통한 프로젝트 일정/원가에 대한 달성 가능성을 예측할 수 있다. 이 결과를 기반으로 분석을 통한 리스크가 완화가 된 프로젝트 일정을 개발하여 프로젝트 일정

/원가에 대한 달성 가능성을 높일 수 있다. PRA는 Primavera P6와 Microsoft Project 로 작성된 CPM 일정에 대하여 분석이 가능하다.

PV(Plannd Value) 진도측정일 기준 계획 된 가치, 계획진도율 × 준공계획예산(BACc)

R&R (Rolls & Responsibilities) 역할과 책임

SAEO (Strategic Analysis and Estimating Office) 전략분석견적청(Strategic Analysis and Estimating Office; SAEO)는 WSDOT 개발 부서 산하 조직으로, 견적, 리스크 분석, 가치공학, 실무 설계, 프로젝트 개발 및 교육 분야의 기술 지원을 제공한다.

S-F (Start-to-finish) 후속 활동이 시작되어야 선행 활동이 종료될 수 있는 논리적 관계. 비교적 드물게 사용됨.

SMART 법칙 (SMART principle) 리스크를 구체적으로 표현하는 5가지 방식. 구체성(Specific), 측정가능성(Measurable), 원인존재(Attainable), 연관성(Relevant), 시작과 끝이 존재(Timely)를 이용하여 리스크를 구체적으로 설명한다.

SNET (Start no earlier than) 활동이 특정 날짜 이전에 시작하지 못하도록 제한하는 제약조건. '시작일 이후' 제약이라고도 함.

SNLT (Start no later than) 활동이 특정 날짜 이전 또는 그날까지 반드시 시작되도록 제한하는 제약조건. '시작일 이전' 제약이라고도 함.

SOC Strategic Outline Case의 약어로서 영국 정부에서 사용하고 있는 프로젝트 3단계 타당성검토 중 한단계임 (한국의 초기(전략적)예비타당성조사와 유사)

S-S (Start-to-start) 선행 활동이 시작되어야 후속 활동이 시작될 수 있는 논리적 관계.

Total float 활동의 총 여유시간 또는 자유 여유시간(free float)을 의미하며, '슬랙(slack)'이라고도 함.

VAC (Variance At Completion) 완료계획점 BAC 와 완료예상점 EAC의 차이

VACc (Variance At Completion Cost) 완료원가 차이로 BACc - EACc로 계산된다. 0보다 작으면 견적초과 되고 있다는 의미이다.

VACt (Variance At Completion Time) 완료시간(일정) 차이로 BACt - EACt로 계산된다. 0보다 작으면 일정지연되고 있다는 의미이다.

VaR (Value at risk) 원래는 금융 기관이 보유하고 있는 자산의 위험을 평가하기 위해 고안된 것이다. 지금 현재 가지고 있는 자산을 앞으로도 일정 기간(보유 기간) 계속 보유해서, 주가와 금리 등의 변동(위험요인)에 노출되는 것으로, 어느 정도 손실을 입을 가능성이 있는지(신뢰 수준)을 과거의 데이터를 바탕으로 통계적으로 측정하는 방법이다.

VE (Value Engineering) 비용대비 기능을 분석하여 원하는 결과에 기여하지 않는 불필요한 비용을 구분하고 제거하기 위한 체계적 접근 방법. (더 자세한 내용을 살펴보고자 한다면 2020년 발간된 SAVE International VMBoK 참조)

VECP (Value Engineering Change Proposals) 연방조달규정 FAR(Federal Acquisition Regulation) (FAR Part 48)의 Value Engineering(VE) 조항에 따라 계약자가 제출한 제안으로, 계약 변경을 통해 프로젝트 LCC가 절감된다. 미국 정부의 프로젝트, 시스템 등 조달 계약의 프로세스 및 조직의 범위에서 비용을 절감하고 품질을 높이며 미션 기능을 향상시키기 위한 것이다. 모든 유형의 계약에 포함된다.(이 제도에 대한 자세한 내용은 FAR 국토교통부의 시공VE 제도 및 VE용역대가기준 개선방안 연구 참조)

VERA (Value Engineeirng and Risk Assessment) 비용리스크평가(Cost Risk Assessment) CRA 워크숍과 VE(가치 공학) 워크숍이 모두 통합되어 수행되는 워크숍. 일반적으로 리스크 평가/분석은 VE검토 전에 수행된다. 결과는 VE검토의 정보 단계에 입력된다. 팀은 리스크에 대한 대응을 염두에 두고 VE잡플랜(VE job plan)의 나머지 단계를 진행한다. VE 제안사항을 채택한 후 후속 리스크 평가를 수행하여 초기 리스크 평가/분석에 미치는 영향을 결정한다.

VMBoK(Value Management Body of Knowledge) 국제VE협회인 SAVE International 에서 2020년 처음으로 출간한 가치관리지식체계

WBS (Work Breakdown Structure) 프로젝트 목표를 달성하고 필요한 인도물을 생성하기 위해 프로젝트 팀이 수행하는 전체 작업 범위의 계층적 분해. 작업분류체계 참조

YOE 에스컬레이션을 설명하는 미래 비용의 추정치는 지출 연도(YOE) 용어로 표시된다.

ㄱ

가격 (Price) 제품이나 서비스에 대해 비용을 지불하기 위한 재정재무적 지출[가격(price)= 원가(cost) + 본지사관리비(overhead) + 이익(profit)]

가용성 휴리스틱(Avaliability heuristics) 사람은 최근에 일어났거나 특별했던 사건에 대한 기억을 쉽게 회상하는 경향이 있으며, 그 중요성을 부풀리려는 잠재 의식적 성향과 결합된다. 그러한 즉흥적인 생각과 아이디어를 선호하고, 정착시키려는 경향이 있다. 모든 프로젝트는 고유의 특징이 있기 때문에 결과에 가장 적합한 경험과 지식을 얻기 위해 좀 더 시간을 할애해야 한다(휴리스틱/인지 편향 참조).

가정사항 (Assumptions) 계획의 목적상 증명 없이 사실 · 실제 또는 확실하다고 간주되는 요소

가정사항 등록부 (Assumptions register) 리스크 모니터링 활동 과정에서 도출된 새로운 가정사항이나 제약조건들을 식별하는 등록부

간접비 (Indirect cost) 계약자가 작업을 수행하기 위해 발생했지만 프로젝트 원가 요소에 직접적으로 기인하지 않는 비용. 여기에는 일반적으로 예비, 감독, 일반 및 관리비용과 같은 비용 요소가 포함된다.

감시목록 (Watch List) 매월 프로젝트 검토 회의에서 조사된 주요 리스크 목록

견적 (Estimate) 프로젝트 견적은 실제 두 가지 즉 기준 원가과 리스크/불확실성 요소로 구성된다. 견적은 단순한 숫자가 아니라 범위로 표현되는 것이 적절하다.

견적산출기준 (Basis Of Estimate; BOE) 계약자가 프로젝트 범위, 비용 및 일정에 대한 변경사항을 쉽게 추적할 수 있는 설명서. 이 설명서는 여러 견적자 및 평가자가 프로젝트에 관련될 수 있기 때문에 매우 중요한 문서이다. 복잡한 프로젝트는 이 문서를 개발하는 데 몇 년이 걸리며 따라서 견적은 여러 차례 수정을 걸쳐 완성되어야 한다.

결정론적 CP (Deterministic critical path) 초기 또는 현재 입력값에 따라 계산된 결정론적 CP.

결정론적 비상준비금 평가(Deterministic contigency assessment) 비상준비금의 평가를 위해 결정적 모델을 사용하는 것으로서 모든 입력 매개변수를 상수로 취급한

다. 이에 비해 확률 모델은 모든 입력 매개변수를 할당된 확률분포에 따라 변경되는 변수로 취급한다.

경로 수렴 (Path convergence) 여러 개의 병렬 활동이 하나의 후속 활동으로 합쳐지는 현상.

계류 편향 (Anchoring bias) 인지 편향(cognitive bias)의 하나로, 개인이 의사결정을 내릴 때 제공된 초기 정보("앵커"로 간주됨)에 너무 크게 의존하는 편향이다. 예측을 할 때 간편한 추정을 하게 되면 개인의 추정(또는 예측)이 영향을 받는 경향을 말한다. 이 초기 추정(또는 앵커)은 전통적 방법, 이전 이력자료 또는 사용 가능한 데이터에 그 기반을 두게 되는 수가 있다. 부정확하거나 쓸모없을지라도 처음으로 제공된 정보에 대한 무의식적인 맹신. 판단과 상상에 대한 이러한 중력적 또는 제한적 영향은 최상의 추정이나 솔루션을 얻는 데 방해가 될 수 있다. 제품 판매자는 처음에 높은 가격을 제시하여 이러한 계류편향을 악용하기도 한다. 이 편향에 대응하려면 최대값을 먼저 도출하고 최소값을 도출한 다음 가장 가능성이 높은 값을 도출하는 것을 권장한다.

계획 비용 (Planning Costs) 공식적인 프로젝트 착수 이전에 예상되는 프로젝트 비용이다. 여기에는 도로망, 개별프로젝트, 주변 도로망, 지역 여건, 조사 등과 관련된 노력이 포함된다.

계획 사양 및 견적 (PSE or PS&E) 사양(specifications)과 프로젝트 설계 엔지니어의 견적치가 포함된 계약 문서

관리준비금 (Management reserve) 미확인된 리스크나 알 수 없는 리스크(unknowable risks)를 관리하는 데 사용되는 비용. 관리 준비금은 프로젝트 예산의 일부가 되지만 해당 프로젝트 비용에는 포함되지 않는다. 이는 조직의 정책에 따라 만들어진 수치이다(컨틴전시 준비금 참조).

교훈 (Lessons learned) 프로젝트 수행 과정에서 얻은 배움. 이때 얻은 교훈은 나중에 언제든지 확인이 가능해야 한다.

교훈 등록부 (Lessons learned register) 리스크관리 과정에서 경험한 지식들을 기록하여 해당 프로젝트나 차기 프로젝트에 활용하기 위하여 만든 등록부

권위 편향 (Authority bias) 권위 있는 인물의 의견에 더 큰 정확성을 부여하고 그 의견

에 더 많이 영향을 받아 그들의 견해가 더 신뢰할 수 있다고 믿고 따라서 권위자의 관점을 더 강조하는 경향(참조: 인지 편향(Cognitive bias)). 워크숍 환경에서 저명한 전문가의 존중으로 인해, 그 사람이 주장하거나 보유한 것으로 알려진 아이디어와 반대되거나 비판적인 아이디어에 대한 검토 의견 제시를 막게 되는 등 팀의 사고에 미묘하게 영향을 미칠 수 있다. 팀이 원하는 숫자의 범위를 초과하지 않도록 압력을 가하거나 부적절한 권한을 행사할 수 있는 사람은 가급적이면 팀에서 제외하는 것이 가장 좋다.

기대값 (Expected value) 확률×임팩트의 예상값은 평균적으로 발생하는 평균비용, 활동지속시간 등을 추정하는 가장 좋은 추정치이다. 확률분포 함수의 기대값은 가능한 모든 값에 확률을 곱하여 계산된다. 기대값은 특히 비용의 경우 누적될 수 있지만 이를 방지하는 요인이 있을 수 있다. 예를 들어 합산된 확률분포에 내재된 중첩이나 누락이 있을 수 있다.

기본 변동성 (Base variability) 리스크 사건으로 인한 내재된 변동성. 기준 변동성은 기본 값±X%와 같은 양식의 기대값에 대한 적당한 대칭 범위를 파악한다. 일반적으로 프로젝트 개발 수준과 프로젝트 복잡성에 따라 ±5% ~ ±15% 정도이다. 변동성은 견적산출기준에 대한 수량 및 가격 변동을 나타낸다.

예 (EXAMPLE) : 가스 탱크를 채우는데 비용이 얼마나 드는지에 대한 아이디어가 있다. 구매 전까지는 확실하지 않다. 갤런 당 비용 및 수량 관련 불확실성이 있다. 가스 탱크 용량이 20갤런이고 가스 게이지가 탱크의 절반인 경우 필요 가스와 비슷하다. 실제 양은 정확히 10.0 갤런이 아닌 9~11 갤런 사이이다.

기본비용 (Base cost) 기본비용은 엔지니어링비용, 용지보상비 및 시공비를 포함하여 프로젝트가 계획대로 실현되는 경우 "합리적으로 예상 되는" 비용을 나타낸다. 기본비용은 편견이 없고 중립적이며 낙관적이거나 보수적이지 않은 견적금액으로 표현되어야 한다. 리스크 사건으로 인한 비용은 포함되지 않지만 표준 건설 컨틴전시는 포함한다. 프로그램 관리에 보고되는 기본비용(base cost)은 현가로 표시된다. 향후 비용 상승(escalation)은 제외됨.

기본비용 견적 (Base cost estimate) 검토 검증이 완료된 프로젝트 비용 추정치를 나타내는 정량적 비용리스크분석 용어. 기준 원가는 엔지니어링비용, 용지보상비 및 시공비를 포함하여 프로젝트가 계획대로 실현되는 경우 "합리적으로 예상 되는"

비용을 나타낸다. 기준 원가 견적은 편견이 없고 중립적이며 낙관적이거나 보수적이지 않아야 한다. 리스크 사건으로 인한 비용은 포함하지 않지만 표준 건설 컨틴전시는 포함한다. 프로그램 관리에 보고되는 기준 원가(base cost)는 현가로 표시됨. (향후 비용 상승(escalation)은 제외됨)

기본비용 견적 타당성 검증 (Base cost estimate validation) 비용의 타당성, 합리성, 일관성 및 정확성을 평가하기 위해 고려 중인 특정 프로젝트의 예상 원가에 대한 자세한 검토. 프로젝트 개발 전반에 걸쳐 견적서를 여러 번 검토하고 검증한다. 정량적 분석의 경우, 프로젝트 비용은 프로젝트 팀에 의해 초기에 추정된 후 워크숍 이전과 워크숍 기간 중에 검토 및 검증되며, 이렇게 검토 및 검증된 추정치는 정량적 분석의 기준 원가견적이 된다.

기본설계단계의 견적금액 (Preliminary Estimate) 기본 견적금액은 일반적으로 발주전의 최종 견적금액이며 전체 프로젝트 범위와 현재 가정사항을 반영해야 한다. 그러나 작업의 범위 또는 비용을 변경하는 입찰 기간 부록은 낙찰 근거의 일부로 작용하기 위해 수정된 예비 견적 또는 변경된 가치의 조정을 요구할 수 있다.

기본일정 (Base schedule) 기본일정은 프로젝트가 계획대로 실현되는 경우 "합리적으로 예상 되는" 일정을 나타낸다. 기본일정은 편견이 없고 중립적이며 낙관적이거나 보수적이지 않은 일정으로 표현되어야 한다.

기준선 (Baseline) 승인 과정을 거친 프로젝트 범위, 비용, 일정 및기술과 관련된 현재 기준. 일반적으로 변경될 수 있는 수치와 함께 사용된다(예 : 비용 기준, 일정 기준, 성능 측정 기준, 기술 기준).

기회 (Opportunity) 프로젝트 목적물에 긍정적 영향을 주는 불확실성(긍정적 리스크). 예를 들어 비용 또는 기간 단축 전략, 유리한 자금 결정, 수익 예측 개선 등이 있다.

ㄴ

낙관주의 편향 (Optimism bias) 사실에 의해 증명되는 것보다 유리한 사건이 발생할 가능성이 더 높다고 예측하는 정신상태. 대부분의 사람들이 이러한 편견에 취약함. 우리는 부정적인 사건보다 긍정적인 경험을 할 가능성이 더 높다고 생각함. 사람에 따라 내 현장이 타 현장보다 안전하다고 생각하는 경향이 있음. 낙관주의 편향에 대한 지속적인 경고가 프로젝트 리스크관리에 상당히 도움이 됨("…비현실적인 낙관주의는 위험한 행동, 재정적 붕괴, 잘못된 계획으로 이어질 수 있음. 예를 들어, 영국 정부는 낙관주의 편향으로 인해 개인이 프로젝트 비용과 기간을 과소평가할 가능성이 더 높다는 점을 인정함. 그래서 그들은 낙관편향을 고려하여 2012년 올림픽 예산을 조정함." - 탈리 샤롯, TED 2012 인용).

니어CP 활동 (Near-critical path) 주공정 경로에 가까운 여유시간을 가진 활동. 여유시간이 매우 적어, 조금의 지연만으로도 CP가 될 수 있음.

ㄷ

당해년도 달러 (Current Year dollars) 오늘의 가격, 프로젝트의 예상 비용을 현재 달러로 표시한다.

대응 후 리스크 (Post-response risk) 대응 이후의 리스크가 결정되고 기회를 개선하고 프로젝트 목표에 대한 위협리스크를 경감하기 위한 조치를 취한다. 대응 조치는 각 리스크 대응에 책임을 지는 당사자를 식별하고 지정한다. 대응 조치가 아직 결정되지 않은 경우 리스크를 '대응 전 리스크(pre-response risk)'라고 한다.

동기 편향 (Motivational bias) 사건, 결과, 성과 또는 선택 사항 등에 대한 원함과 원하지 않음으로 인해 판단에 영향을 받는 것으로서, 인센티브나 부여된 동기 때문에 발생하는 의식적 또는 무의식적 왜곡 편향. 동기편향으로 인하여 견적을 수행하는 사람들의 판단이 개인적으로 영향을 미칠 수 있다고 믿을 때마다 견적 및 추정치에 영향을 미치게 된다.

ㄹ

리스크 (Risk) 프로젝트 수행목적에 영향을 주는 불확실성 효과

리스크 강화 (Enhance risk) 긍정적 리스크의 "크기"를 수정하는 것이다. 기회의 확률이나 임팩트를 증가시킴으로서 기회를 강화할 수 있고 이를 통해 프로젝트 목적에 긍정적인 이익을 극대화시킨다.

리스크 공유 (Share risk) 프로젝트 목적에 긍정적 영향을 주는 기회리스크의 발생 가능

성을 극대화시키거나 기회리스크가 발생할 경우 잠재적 이익을 더 높일 수 있는 방향으로 타인에게 기회리스크 소유권의 일부 및 전부를 공유한다.

리스크관리 (Risk Management) 잠재적인 기회의 극대화 및 프로젝트 목표에 대한 위협의 최소화를 포함하여 리스크를 효과적으로 관리하기 위한 문화, 프로세스 및 구조를 말한다.

리스크 대응 (Risk response) 기회를 강화하고 위협을 줄이기 위한 조치들을 파악하고 구현하는 프로세스. 리스크 대응은 당사자가 소유권을 갖도록 하며 대응 조치에 대해 책임을 진다. 위협에 대한 대응은 회피, 완화(경감), 전가, 수용이 있고, 기회에 대한 대응은 활용, 강화, 공유, 수용이 있다.

리스크 등록부 (Risk register) 리스크 등록부는 (리스크관리대장이라고 하기도 하며) 식별된 프로젝트 리스크에 대한 저장 장소의 역할을 한다. 리스크 등록부에는 리스크에 대한 자세한 정보가 포함되어 있으며 프로젝트가 진행됨에 따라 진화하는 "살아있는" 문서이다. 리스크 등록부는 일반적으로 리스크 ID 번호, 리스크 상태, 리스크 범주, 리스크 이름, 리스크 원인, 리스크 결과, 리스크 트리거, 리스크 발생 가능성, 리스크 발생시 영향, 대응 조치, 그리고 관련 메모들로 구성된다. 리스크 등록부는 의사결정자를 돕는 프로젝트관리 및 커뮤니케이션 도구 역할을 하며 리스크분석을 쉽게 해준다.

리스크 리더(Risk leader) 리스크 리더(들)은 예상 비용 및 일정의 예상 리스크 및 불확실성을 포함한 다양한 프로젝트의 범위, 일정 및 비용 추정에 대한 워크숍 회의 등에 참여한다. 리스크 리더는 모델링을 위한 리스크 추출 및 프로젝트 흐름도 개발을 포함한 프로세스의 리스크 부분을 이끈다. 선택된 프로젝트에 대한 비용 검증이나 검토 및 리스크 불확실성 워크숍에 참여한다. 준비 세션, 후속 회의 및 필요에 따라 세션을 재실행한다. 워크숍을 기록한 보고서 및 프리젠테이션을 제공한다. 보고서 가이드/목차를 사용하여 보고서를 제공한다. 프로젝트 정의, 리스크 식별 및 관리와 같은 주제에 대한 워크숍을 개발하거나 구현한다.

리스크 모니터링 (Risk monitoring) 요구 또는 예상되는 성능 수준으로부터 어떤 변화를 식별하기 위해 지속적으로 상태를 확인 및 비판적으로 관찰하거나 결정하는 것

리스크분류체계 (Risk breakdown structure; RBS) 프로젝트 조직 등에서 리스크 제목을 미리 작성해 놓은 분류체계

리스크 사건 (Risk events) 비용, 일정, 안전, 성능 또는 기타 특성에 영향을 미쳐 정의된 프로젝트에 영향을 미치는 불확실한 사건

리스크 성향 (Risk appetite) 리스크를 줄이기 위한 조치가 필요한 것으로 간주하기 전에 조직/프로젝트의 목표를 추구하기 위해 그 리스크를 수용할 준비가 되어 있는 정도의 수준

리스크 수용 (Accept risk) 리스크 대응이 불가능하거나 실용적이지 않거나 리스크의 중요성에 비해 그 대응책이 보증되지 않는 경우에 채택되는 리스크 대응 전략 중 하나이다. 프로젝트관리자와 프로젝트 팀이 리스크를 수용하기로 결정한 경우, 리스크가 발생하는 시기와 그 시기에 리스크를 처리하기로 동의하는 경우 리스크 수용이라 한다. 그러한 상황에 대비하여 컨틴전시 계획(Contingency plan), 대안계획이나 컨틴전시 준비금(Contingency reserve)을 마련할 필요가 있다.

리스크 식별 (Risk identification) 잠재적 리스크 사건을 식별해 내고 구체화 및 정량화하는 프로세스

리스크 오너 (Risk owner) 리스크를 관리할 책임과 권한이 있는 개인 또는 단체

리스크 완화 (Risk mitigation) 리스크 완화(경감)는 프로젝트 목적에 나쁜 영향을 주는 유해한 리스크 사건의 확률이나 임팩트를 허용 가능한 임계값으로 감소시키는 리스크 대응전략이다. 리스크의 확률 또는 임팩트를 줄이기 위해 조기에 조치를 취하는 것이 리스크가 발생한 이후 손상을 복구하려고 시도하는 것보다 더 효과적인 경우가 많다. 리스크 완화에는 자원이나 시간이 필요할 수 있으므로 리스크 완화 비용과 아무것도 하지 않는 것 사이의 비교를 통해 전략을 결정한다.

리스크 임계값 (Risk threshold) 조직이 리스크를 수용할 수 있는 불확실성의 상·하한값. 이 리스크 상·하한선 밖으로 평가될 때 우리는 적절한 리스크 대응전략을 수립해야 한다는 것을 의미한다.

리스크 전가 (Transfer risk) 리스크의 책임을 다른 당사자에게 전가(이전)시키는 것이다. 목적은 리스크를 효과적으로 처리할 수 있는 자로 하여금 책임 및 관리를 하게 하는 것이다. 리스크 전가는 비교적 상당한 금액의 지출을 수반하며, 전가 전략을 채택할 필요가 있을지 결정할 때는 비용 효율성을 고려해야 한다.

리스크 준비금 (Risk reserve) 프로젝트 실행 중 불확실성과 리스크를 처리하기 위한 예

비 계정

리스크 진술 (Risk Statement) 결과, 결과가 발생할 확률, 리스크의 기반이 된 가정 또는 과거 발생을 포함하여 가능한 리스크 사건을 설명하는 서면 진술

리스크 촉진 (Exploit risk) 기회리스크가 확실히 실현되면 프로젝트 목적에 긍정적인 영향을 주기 때문에 100% 발생확률을 갖도록 관련된 불확실성을 제거하고자 하는 공격적인 대응전략이다. 높은 확률과 임팩트를 미치는 "황금 기회" 확보를 위해 가장 적합한 전략이다.

리스크 추적표 (Risk track) 리스크 모니터링 활동의 결과들을 기록하기 위한 서식

리스크 추출 (Risk elicitation) 리스크를 도출하거나 이끌어내는 행동

리스크 트리거 (Risk trigger) 어떤 리스크가 발생하게 되는 원인 사건이나 조건을 의미한다.

리스크 팀 (Risk team) CRA/CEVP 팀 구성원과 고려 중인 특정 프로젝트의 리스크에 초점을 둔 프로젝트 팀 구성원

리스크 평가 (Risk assessment) 리스크를 식별, 설명 및 분석하는 전체 프로세스. 그 목적은 식별된 리스크에 대해 합의된 우선순위를 개발하는 것이다. 일부는 평가라는 용어를 '분석 또는 평가'로 바꿔 쓰기도 한다.

리스크 프로파일 (Risk profile) 모든 리스크에 대한 설명

리스크 허용도 (Risk tolerance) 기업이 전반적인 리스크 성향을 감안할 때 편안하게 운영할 수 있는 경계를 식별한다. 고위험 내성을 가진 조직은 리스크를 인식하지 못하거나 그 확률이나 임팩트를 실제만큼 높게 평가하지 않을 수 있는 반면, 내성이 낮은 조직은 중요도가 낮은 리스크에도 민감하게 반응한다.

리스크 회피 (Risk avoidance) 프로젝트 목표 달성에 나쁜 영향을 미치는 유해 리스크의 원인을 제거하거나 다른 방식으로 변경 실행함으로써 리스크를 피할 수 있다. 모든 리스크를 피하거나 제거할 수 있는 것은 아니며, 이런 대안이 너무 비싸거나 시간이 많이 걸릴 수 있다. 첫 번째로 고려해야 할 전략이다.

리스크기반 견적 (Risk-based estimate; RBE) 알려진 항목 및 수량에 대한 전통적인 추정 방법과 불확실한 항목, 불확실한 수량 및 리스크 사건을 추정하기 위한 리스

크분석 기법 등의 두 기법을 결합한 비용 추정 기법. 견적치의 리스크 기반 부분은 일반적으로 불확실성의 몇 가지 핵심 요소에 중점을 두면, 총 프로젝트 비용 범위를 설정하고 컨틴전시를 중요한 프로젝트 요소에 어떻게 할당할 것인지 그 방법을 정의하는 데 사용된다.

ㅁ

마일스톤 (Milestone) 주요 이벤트나 성취를 나타내는 지점.
예: 계약 시작일, 프로그램 완료일. 자체적으로 자원을 소모하지 않음.

매개변수 견적법 (Parametric Estimation) 하나 이상의 프로젝트 매개변수를 기반으로 프로젝트 또는 프로젝트 일부의 비용을 추정하는 방법이다. 과거 입찰 실적 데이터는 차로 수 km당 비용, 인터체인지당 비용 또는 평방미터당 비용 등과 같은 일반적인 프로젝트 비용을 정의하는 데 사용된다. 과거 백분율을 사용하여 주요 프로젝트 매개변수를 기반으로 프로젝트 세그먼트를 추정할 수 있다. 이러한 방법은 추정 계획 및 범위 지정과 같은 초기단계의 견적 금액 추정에 자주 사용되며 상세 설계단계의 견적금액보다 불확실성이 더 높다.

매달린 논리 (Dangling logic) 시작 또는 종료와 올바르게 연결되지 않은 일정 논리.

메타어 (Meta language) 대상을 직접 서술하는 언어 그 자체를 다시 언급하는 언어나 심볼(symbol)로서 고차언어(高次言語)라고도 한다. 메타어의 문장이나 절의 구조는 메타문법으로 기술된다. 리스크 메타어는 "〈하나 이상의 원인〉으로 인해 〈리스크〉가 발생할 수 있으며, 이는 〈하나 이상의 영향〉으로 이어질 수 있다." 이렇게 구조적으로 설명하면 리스크에 대한 명확한 정의를 보장할 뿐만 아니라 대응책을 개발할 때도 유용할 수 있다.

모범 사례 (Best practices) 일반적으로 특정 산업 또는 분야에서 명시된 목표 또는 목표를 달성하기 위해 인정된 방법이나 기술

몬테카를로 방법 (Monte Carlo method) 전체 시스템을 구성하는 개별 요소의 가변성을 통합하여 다양한 잠재적 결과를 생성해 내는 여러 개의 결과 시뮬레이션 기술

몬테카를로 분석 (Monte Carlo analysis) 확률분포와 확률론적 가지를 포함하는 입력

데이터에 의해 무작위로 선정된 입력 값으로 컴퓨터 모델을 여러 번 반복(iteration)하여 분석하는 기법으로 프로젝트 결과물의 가능 영역을 나타내는 산출물이 생성 된다.(몬테카롤로 시뮬레이션도 같은 개념)

몬테카를로 샘플링 (Monte Carlo sampling) 분포 범위에 걸쳐 수많은 랜덤 시도를 사용하는 시뮬레이션 모델링 방법. Latin Hypercube는 계층화된 샘플링을 사용하는 대체 샘플링 방법이다. Latin Hypercube는 적은 샘플링 시도로도 모델에 수렴하는 경향을 갖는다.

몬테카를로 시뮬레이션 (Monte Carlo simulation) 몬테카를로 분석 항목 참조

물가변동(에스컬레이션) (Escalation) 일정 기간 동안 특정 항목 또는 작업의 비용 또는 가격 변경

미래비용 (Future costs) 특정 프로젝트 일정에 따라 예상되는 인플레이션율에 따라 특정 시점으로 변환된 비용

미확정참작금 (Allowance 또는 Miscellaneous Item Allowance) 일반적으로 "설계 잠정금액" 또는 "미확정 예비비주)"라고도 부르는 미확정참작금은 아직 구체적으로 식별되거나 정량화되지 않은 다양한 예상 비용항목을 포괄하는 의미이다. 또한 계획 및 환경영향평가 단계에서 기본비용 견적을 준비하는 동안 프로젝트 정의상 미비점을 처리하는 데 사용된다. 간혹 백분율은 아직 추정되지 않은 항목에 대한 개별 임시 수치로 자리를 잡아놓는 "플레이스홀더(placeholders)"로 사용된다. 이 항목은 용지보상 설정 또는 지장물의 사전 권리조사 이전에 용지보상 및 지장물 이설에도 사용할 수 있다.

민감도 분석 (Sensitivity analysis) 모수 추정값에 대한 모형 결과의 민감도를 조사하는 기술. 한 번에 하나씩 변수를 변경하고 효과를 관찰한다.

주) 정진학 외(2019) 책임형 CM 발주 방식의 최대공사비 보증계약 사례연구 - 미국 공공발주 프로젝트 사례 중심

ㅂ

백분위수 (Percentile) 백분위수는 확률 추정치에서 특정 값이 초과하지 않을 확률을 나타낸다. 예를들어, 70번째 백분위수 값은 해당 값이 초과되지 않을 가능성이 10분의 7임을 나타낸다.

범위 변경 (Scope Changes) 설계 및 견적의 기반이 되는 요구사항 또는 사양의 변경. 예를 들면, 프로젝트 제한, 작업 유형 또는 용량 요인(예: 교통 용량, 차로당 차량 또는 폭우 요인)에 대한 변경이 포함된다.

범위 비용 견적 (Range cost estimate) 특정 신뢰 수준과 관련된 비용의 범위를 제공하는 견적. 각 프로젝트에 대해 수행된 기본비용 견적 및 리스크분석의 요소에 할당된 확률분포. 몬테카를로 기반 분석을 통해 '가장 있을법한' 결과를 결정한다.

범위 크립 (Scope creep) 프로젝트관리에서 스코프 크리프 (요구사항 크리프 또는 주방 싱크 증후군이라고도 함)는 프로젝트가 시작된 후 언제든지 프로젝트 범위의 변화 특히, 통제되지 않은 채 지속적으로 범위가 확대되는 것을 의미한다.

벤치마킹 (Benchmarking) 결과 및비용에 대한 시장 테스트를 통해 동등성과 가치 보장하는 행

변동성 (Variability) 양, 크기 또는 가치가 변하는 사실이나 능력. 변동성은 사물의 고유한 특징이다. 데이터를 기반으로 하는 여러 인스턴스의 알려진 결과에 적용된다. 데이터는 과거 입찰 데이터와 같은 샘플 통계에서 가져온다.

병합 편향 (Merge bias) 여러 병렬 경로가 하나로 합쳐질 때 발생하는 일정 지연 위험.

보증서 (Bond) 제 3자의 행위, 불이행 또는 제3자가 통제할 수 없는 우발적 상황에 의해 다른 사람에게 발생한 재정적 손실에 대한 보증을 약속하는 보험 계약

분야별 전문가 (Subject Matter Experts; SME) 특정 분야 또는 주제에 권위있는 사람. 리스크팀을 구성할 때 참여하는 전문가를 말함.

분쟁해결 사다리 (Dispute Resolution Ladder; DRL) 워싱턴주 교통부 파트너링의 초석 중 하나로서, 이 프로세스는 이슈의 단계적 확대라고도 부른다. DRL은 파트너링 워크숍 또는 시공 전 확대회의에서 발생하곤 한다. 사다리 꼭대기가 가능한 갈등이 발생할 수 있는 첫 출발선이다. 확대 계획이 두 계약당사자 사이에서 발생하게

되면 작동된다.

분포 (Distributions) 여러 번 반복했을 때 특정 결과값의 발생에 대한 통계 패턴. 통계적 모델링에서, 값은 모델링된 값을 나타내는 것으로 생각되는 특정 분포에 따라 정의된 범위 내에서 생성된다. 정규분포, 균등분포, 베타분포, 지수분포 등이 분포의 예이다. 이러한 분포는 발생 빈도에 대해 값이 표시될 때 특징적인 모양을 갖는다. 예를 들어, 정규분포는 종 모양, 지수분포는 수평에서 수직으로의 곡선, 균등분포는 직선의 수평선을 갖는다.

불가항력 리스크 (Force majeure risks) 발생확률은 낮지만 발생시 프로젝트에 큰 영향을 미칠 수 있는 리스크. 프로젝트의 일반적인 영향 범위를 벗어난 원인으로 인해 발생한다. 예를 들어 : 자연재해, 재앙적 환경피해, 정상적 작업 조건의 방해 또는 작동 방지 또는 중단. 불가항력 리스크는 프로젝트 내에서 관리하기 어렵고 종종 더 높은 수준의 관리항목으로 확대된다. "천재지변 (Acts of God)" 항목 참조

불확실성 (Uncertainty) 특정 요소나 가치의 결과에 대한 지식 부족으로 인한 불확실하고 의심스러운 상태. 알려지지 않거나 완전히 명확하지 않은 상태. 의심 또는 모호함. 불확실성은 알려지지 않은 값과 그것이 일어날 확률에 대한 마음의 상태를 반영함. 정보, 증거 및판단에 근거한다.

비상계획 (Contingency plan) 사건발생 이후의 영향을 최소화하기 위해 특정 리스크가 발생할 경우에 대한 실행 계획

비상준비금 (Contingency) 우발적 상황 발생이나 불확실한 영향에 대한 검토 항목. 조건 또는 사건을 허용하기 위해 추정치/견적금액에 추가된 금액은 전체적으로 추가 비용 발생을 유발한다. 일반적으로 과거 자산이나 프로젝트 경험에 기초한 통계 분석이나 판단을 사용하여 추정.

비용 (Cost) 계약자가 계약작업을 수행하는 데 드는 비용. 이 비용에 이익(profit)을 더하면 가격(price)이 된다. 비용은 주어진 환경에서 상황 A에서 상황 B로 이동하기 위해 투입되는 인간 노력의 경제적 가치이다.

비용 리더 (Cost leader) 리스크평가 워크숍에서 비용 견적 검토를 주도한다. 직무에는 리더십, 촉진, 준비, 문서화가 포함된다. 후속활동, 워크숍 결과의 조정, 기술 보고서 작성, 프로세스 평가 및 커뮤니케이션, 프로젝트의 새로운 시나리오 평가에

참여할 수 있다

비용 팀 (cost team) CRA/CEVP 팀 구성원과 고려 중인 특정 프로젝트의 비용에 중점을 둔 프로젝트 팀 구성원

비용견적 타당성검토 프로세스 (Cost Estimate Validation Process; CEVP) 미국 워싱턴주 교통부(WSDOT)에서 실무에 사용하고 있는 리스크를 고려한 비용견적의 타당성을 검증하는 최고 수준의 리스크 워크숍 프로세스. 최고 엔지니어 및 리스크 관리자 팀이 교통 프로젝트 비용 및 일정이 타당하게 산출되었는지를 독립적인 제3자의 팀이 검증하는 워크숍 형태의 검증 프로세스이다. 이팀은 민간 기업과 공공기관의 전문가들로 구성되어 있다. 팀은 프로젝트 팀과 함께 프로젝트 세부 사항을 검토한다. 많은 참가자들이 대규모 프로젝트 프로그램과 일정, 비용, 품질, 안전, 서비스 등에 대한 광범위한 경험을 갖추고 있다. CEVP 워크숍 팀은 체계적인 프로젝트 검토 및 리스크평가 방법을 사용하여 정보의 신뢰도를 평가한다. 팀은 리스크를 식별하고 기록한다. 팀은 비용 및 일정 측면에서 리스크가 프로젝트/프로그램에 어떠한 영향을 미칠지를 추정해낸다. 이 프로세스는 리스크의 수나 그 임팩트를 완화해 나갈 수 있는 기회를 파악한다. 또한 활동을 촉진하여 비용 및 일정 예측을 한층 세련되게 한다. 이 프로세스는 워싱턴주 교통부의 기준에 의거 1억 달러(약 1,200억원) 이상이 되는 프로젝트에 적용되고 있다.

비용견적금액 (Cost Estimate) 자산 부사 옵션, 활동 또는 프로젝트의 범위에 필요한 자원의 수량, 비용 및 가격에 대한 예측값이다. 이 비용 견적값은 리스크와 불확실성을 다루어야 한다. 견적값은 주로 예산 책정, 비용 또는 가치 분석, 비즈니스 의사결정, 자산 및 프로젝트 계획 또는 프로젝트 비용 및 일정 관리 프로세스를 위한 입력치로 사용된다. 비용 견적은 경험을 사용하여 결정되며 예정된 시간 프레임 내에서 리소스, 방법 및 관리의 미래 비용을 계산 및 예측한다 (출처: Copyright 2007, AACE International, Inc., AACE International 권장 관행, 번호 10S-90). 비용 견적은 리스크 및 불확실성의 통합을 포함하여 쉽게 사용할 수 있는 정보를 기반으로 프로젝트 비용을 예측한다.

비용공학 (Cost engineering) 비용 견적, 비용 컨트롤, 사업 계획 및 관리 등의 문제에 과학적 원리와 기술을 응용하는 데 사용되는 공학적 판단과 경험이 사용되는 공학 분야

비용리스크 평가 (Cost Risk Assessment; CRA) CEVP와 동일한 방법론을 따르는 워크숍이지만 광범위한 외부 주제별 전문 지식의 사용은 다소 완화되며, 견적타당성보다는 특히 리스크 식별과 리스크 기반 견적(Risk-based estimate)에 집중한다. 워싱턴주 교통부의 경우 CRA워크숍은 2,500만 달러(300억원)에서 1억 달러(1,200억원)사이의 프로젝트에 적용된다.

비용리스크 평가팀 (Cost Risk Assessment team; CRA team) 일반적으로 이 팀에는 리스크 분석가, 비용 산정 전문가 및 프로젝트 팀과 공동으로 작업하는 분야별 전문가(SME)가 포함된다(원가 리스크 평가 (CRA) 참조).

비용분류체계 (Cost Breakdown Structure) CBS는 WBS를 기반으로 생성 및 개발되며 건설프로젝트의 각 부분에 비용을 생성하고 할당하는 데 사용할 수 있다.

비용산출기준 (Basis of Cost Estimate) 비용 견적금액이 생성된 정보에 대한 집합적 용어

ㅅ

사전 설계 (PE) 환경, 최종 설계 및R/W를 통해 프로젝트를 수행하는 사전 건설 노력. "설계"라는 용어는 PE와 같은 의미로 사용되기도 한다.

사전 추출 인터뷰(Advance Elicitation Interviews, AEI) 다가올 리스크평가 워크숍(CRA/CEVP) 전에 진행되는 리스크 추출 인터뷰 (미국 WSDOT에서 사용하는 용어)

상관관계 (Correlation) 두 개의 불확실한 변수 사이의 연관성에 대한 통계적 측정. "상관계수"로 표시되며 범위는 -1에서 +1임. 특정 변수간의 관계 정도나 연관성을 측정하기 위해 사용한다. +1 또는 -1에 가까울수록 두 변수 간의 선형 관계가 더 강해진다. 0은 선형 관계가 없음을 의미한다. 양수는 두 변수가 일치하여 증가하거나 감소하는 상관관계를 의미하며, 음수는 한 변수의 높은 값이 다른 변수의 낮은 값을 수반함을 의미한다. 예를 들어, 온도계의 온도와 유체에 있어 따뜻해지면 유체가 상승하여 양의 상관관계가 있다. 관찰된 상관관계만으로 변수 간의 인과관계(원인과 효과 관계)를 가정해서는 안된다. 상관관계는 인과 관계와 무관하다.

상태 일자 (Status date) 일정에서 최신 업데이트 시점과 실제 수행 대비 남은 작업의

구분 기준일. '데이터 날짜(data date)' 또는 '현재 시점(now date)'이라고도 함.

상태 지정 (Statusing) 계획을 실제 데이터(날짜, 진척도 등)로 갱신하고 남은 작업의 예측을 조정하는 과정.

상향식 비용 견적법(Bottum-up Cost Estimating) 영국 IPA 가이드에서 제1원칙 비용 견적법 (first principles ocst estimating) 이라고도 하며, 상당히 자세하게 필요한 자원(예: 노동, 자재, 장비 등)을 분석하여 생성된 상세한 분석적 비용추정 방법이다.

선제적 리스크 대응(Proactive risk response) 리스크의 발생확률 또는 임팩트를 줄이거나(그 발생을 지연시키거나) 기회의 발생확률 또는 임팩트를 증가시키는(발생시키는) 동작 혹은 일련의 동작이다. 승인과정을 거치면 사전 리스크 대응은 리스크 발생 전에 수행된다. 이를 위해 프로젝트 예산으로부터 자금을 조달하게 된다.

선행 (Lead) 후속 활동을 앞당겨 수행하도록 하는 음수 지연. 미래 사건에 대한 과도한 낙관을 나타낼 수 있음.

선행자 (Predecessor) 일정 네트워크에서 논리적으로 연계된 활동으로, 후속 활동보다 먼저 시작하거나 종료해야 하는 활동.

선후행도형법 (Precedence Diagramming Method(PDM)) 선후행도형법은 일정활동을 상자 모양(또는 노드)으로 표시하는 일정네트워크도 기법. 일정활동들은 논리적 관계에 의해 도표로 연결되어 수행할 활동의 순서를 보여준다.

선형공정 일정법(Line of Balance Schedule)

설계 변경 컨틴전시(Change order contingency) 시공 중 예상되는 설계변경 비용을 지불하는 데 사용되는 예산 금액으로, 일반적으로 시공 견적에 추가되고 총 엔지니어 견적의 구성 요소인 총 선외 비용의 백분율로 표시된다. 일반적으로 WSDOT의 경우 설계 · 시공 분리 입찰 방식(design-bid-build)의 경우 프로젝트의 경우 약 4% 정도를 적용하고 있다.

성능측정기준선 (Performance measurement baseline) 성능을 측정하고 관리하기 위해 프로젝트 실행을 비교하는 프로젝트 작업에 대해 승인된 통합 범위 일정 비용 계획, 기술 및 품질 매개 변수도 포함될 수 있다.

세부일정 (Detail schedule) 가장 낮은 수준의 일정으로, 일상적인 작업 순서를 논리적으로 나열하여 프로그램 마일스톤 달성에 필요한 세부 활동을 보여줌.

세부활동 (Detail activity) WBS의 최하위 수준 활동으로, 실제 수행할 작업을 나타냄. 논리적으로 연결되어 마일스톤과 연계됨.

수동적 수용(Passive acceptance) 리스크 수용 방법 중 하나이다. 궁극적으로 모든 위협 리스크를 제거하거나 모든 기회를 활용할 수는 없다. 우리는 그것들을 인식하고 문서화할 수 있으며 최소한 그러한 리스크가 존재하고 식별되었다는 것을 인지시키는 것은 가능하다. 이것을 우리는 "수동적 수용(Passive acceptance)"이라고 한다.

수직 추적성 (Vertical traceability) 요약, 중간, 세부 일정 간의 날짜·상태·범위 일관성을 나타냄. 수직 추적성이 확보되면 하위 일정이 상위 일정의 마일스톤과 정확히 일치하여 전체 일정 무결성을 유지하고 모든 팀이 동일한 기대치에 맞춰 작업할 수 있게 됨.

수평적 추적성 (Horizontal traceability) 일정이 논리적으로 계획되어 상세 활동과 계획 패키지 간 상호 의존성을 반영함을 보여주는 것. 다양한 프로그램 요소 간의 관계와 전달을 추적 가능하게 함.

슬랙 (Slack) Float(여유시간)의 동의어.

시공 계약 비용 (CN) CN은 건설 엔지니어링 비용을 제외한 낙찰받은 계약자의 비용만을 말한다.

시공 관리 원가(Construction administration costs) 시공 단계에서 요구되는 건설 및 지역 사회 봉사 활동 등의 관리, 사업유지관리, 보고, 설계 서비스의 기준 원가

시공 엔지니어링 (CE) 프로젝트 종료시까지 시공 계약을 관리하는 총 시공 관리 노력이다.

시공 컨틴전시 (Construction contingency) 시공 중 발생하는 수량, 단가 및 경미한 리스크 사건이 내재된 불확실성으로 인해 예기치 못하게 발생할 때 집행하기 위해 계약시 지급할 수 있도록 마련해 놓은 예비비

시나리오 기반 프로그램 기준선에 대해 부작용이 발생하는 다양한 시나리오의 영향을 추정하는데 있어 비용 초과로부터 프로그램을 보호하는 데 필요한 예비비 규모 평

가. 현실적이고 그럴듯한 사건을 반영하는 시나리오 생성한다.

시스템 리스크 이 리스크는 산업, 회사 또는 프로젝트 시스템, 문화, 전략, 복잡성, 기술 또는 이와 유사한 포괄적인 특성의 인공물에 내재된 불확실성(위협 또는 기회)

시장조건 (Market conditions) 시장 경제에서 가격과 수량을 결정하는 수요와 공급 요소의 결과(인플레이션과는 구별해야 함). 시장 조건에는 입찰 환경, 노동 시장, 자원 가용성 등이 포함된다. 예를 들어, "숙련 노동자의 활용 가용성", "시장 수요가 높아서 철강 가격이 일시적으로 상승할 수 있다", "입찰자의 수가 적을 것으로 예상되므로 경쟁이 줄어들어 가격이 높아질 수 있다", "작업의 유형, 크기, 조건 등이 입찰자의 수에 영향을 줄 것으로 예상된다", "입찰자와 입찰공고 타이밍의 영향" 리스크 기반 견적(Risk-based Estimate)을 위한 WSDOT의 자체 모델링 도구에서 시장조건을 포착하는 방법의 예가 있다. 시장조건이 양호함(확률 10%, 임팩트 10%), 시장 조건이 안 좋음(확률 20%, 임팩트 20%).

신뢰구간 (Confidence Interval) 불확실성의 표현. 주어진 범위 내에 실제 값이 포함될 가능성. 신뢰도를 예측할 때 수준은 모형 모수의 추정치와 관련된 불확실성을 나타내며 예측 구간은 예측의 불확실성을 나타낸다(예측구간(prediction interval) 참조).

실무설계 (Practical design) 핵심 목적과 필요성만을 위하여 프로젝트 범위를 좁히는데 중점을 둔다. 기관은 불필요한 프로젝트 설계 요소를 제거하고 비용을 낮추고 가치를 향상시킬 수 있다. 이러한 과정에서 우려되는 사항은 이러한 결정이 다른 목표(예: 안전 및 운영 성능, 상황 민감성, 생애주기비용, 장거리 간선망의 목표, 생존 가능성 및 지속 가능성 등)에 어떤 영향을 미칠 수 있는지에 대한 명확한 이해 없이도 단기 비용 절감에 매몰될 수 있다는 점이다. 이러한 문제를 해결하기 위해 기관은 PBPD(성능기반의 실용적 설계) 접근 방식을 통해 보다 많은 정보를 바탕으로 결정을 내릴 수 있다. PBPD는 교통계획 결정권자가 프로젝트 및 시스템 목표를 모두 충족시키기 위해 기존 조건에서 개선 사항을 구축하기 위해 엔지니어링 판단을 수행하는 '설계' 방식에 대한 전통적인 설계방식을 수정하는 것으로 표현할 수 있다.

실제 비용 (Actual cost) 일정 활동 또는 작업분류체계(WBS) 구성요소에 대해 일정 기간 동안 수행된 작업을 실제로 수행하는데 발생되고 기록된 총 비용. 실제 비용은 때때로 직접 노동시간, 직접비 또는 간접비를 포함한 모든 비용이 되기도 한다. 실제 수행된 작업비용(ACWP)이고도 한다. (이윤(profit) 미포함)

ㅇ

알 수 없는 리스크 (Unknowable risks) 완전히 예상할 수 없고 예측하기가 거의 불가능한 리스크(예 : 2003년 대 정전)

알려지지 않은 리스크(Unknown risks) 매우 제한된 사람들에 의해서만 알려진 것으로 프로젝트 계획 활동에서 특별히 신경 쓰지 않으면 잘 인식되지 않는 리스크

알려진 리스크 (Known risks) 프로젝트에 관련된 많은 사람들이 인식하고 프로젝트 계획 활동 초기단계에 입증이 되는 리스크

에스컬레이션 (Escalation) 기준선(Baseline) 보다 비용의 증가, 수요/공급, 환경 및 엔지니어링 변화와 같은 기타 영향의 조합으로 인해 특정 상품, 상품 또는 서비스의 가격이 지속적으로 상승하며 이로 인한 작업 또는 해당 하위 요소의 총 연간 비용 증가율. 에스컬레이션율은 인플레이션과 시장 상황 및 기타 유사한 요인의 영향이 포함된다(인플레이션(inflation) 참조).

엔지니어 견적 (Engineer's estimate) 본 용어는 입찰 시점의 견적(계획 준비 매뉴얼에서 계약 견적이라고 함)을 의미하는데 자주 사용되지만 일부는 설계단계에서 수행한 모든 견적을 의미하는데도 사용된다.

역방향 패스 (Backward pass) 일정 네트워크에서 후행 날짜를 기준으로 소요 기간을 빼서 늦은 시작일을 계산하는 절차.

연방고속도로관리청 (FHWA) 미국의 고속도로 계획 및 프로그램 자금을 지원하는 미국교통부(USDOT)의 산하 부서

연방조달규정 (Federal Acqusition Regulation; FAR) 미국의 연방차원에서 공공조달계약에 의한 기본법이라고 할 수 있다. 우선 1940년대 초의 미국 연방조달시스템은 대부분 남북전쟁 시기로부터 형성되었다. 2차 세계대전 이후에 1947년 국방조달법 (Armed Services Procurement Act)과 1949년에 연방재산 및 행정서비스법 (Federal Property and Administrative Services Act)이 제정되었다. 계약 후

VE를 통한 변경제안제도인 VECP제도가 규정되어 있다.

예측 정확도 (Forecast accuracy) 예측값과 실제값의 차이

예측구간 (Prediction interval) 특정 수준의 신뢰도를 고려하여 미래 예측값이 이 신뢰구간 안에 들어올 것으로 예상되는 범위. 예를 들어 90% 예측구간은 실제 예측기간이 이 구간 내에 들어올 것으로 예상되는 확률이 90%이다.

오컴의 면도날(Occam's Razor 또는 Ockham's Razor) 법칙 절대적으로 필요한 경우가 아니라면 복잡함을 도입해서는 안된다는 규칙. "더 적은 것으로 할 수 있는 일을 더 많이 하는 것은 헛된 일이다"

완화 (Mitigation) 바람직하지 않은 리스크 사건의 임팩트를 줄이기 위한 조치. '완화'라는 용어는 종종 위협 리스크에 대한 모든 대응을 나타내는데 사용되지만 일부 실무자들은 이 용어를 구체적으로 사전 리스크 대응으로 다른 일부는 사후 리스크 대응으로 쓰기도 한다.

요약 일정 (Summary schedule) 프로그램을 시작·완료하기 위해 필요한 주요 활동과 마일스톤을 전략적으로 보여주는 일정. 중간·세부 일정을 상위 수준에서 집계(roll-up)한 일정임.

요약 활동 (Summary activity) 여러 하위 활동을 묶어 일정의 진행 상황을 보여주는 요약 활동. 하위 활동들의 시작일·종료일을 기반으로 함.

용지보상 단계 (Right-Of-Way(ROW) Phase) 이 노력은 기존 계획의 수정 또는 설계 단계에서 정의된 새로운 방식의 필요성에 대해 자세히 설명하는 새로운 계획 준비가 포함된다. 또한 부동산 사무소에 의한 새로운 용지보상비의 평가, 협상 및 구매도 포함된다. 용지보상비는 범위 지정 도중, 설계 완료 후 또는 중간에 언제든지 시작할 수 있다. 본 단계의 종료는 용지보상비가 인정된 시기이지만 용지보상비가 인정되지 않으면 착공이 안된다는 점을 제외하고는 건설 단계와 직접적인 관계가 없을 수 있다. 프로젝트가 입찰 단계로 넘어가기 전에 모든 새로운 권리를 취득해야 한다.

용지보상비용 (Right of Way Cost, R/W) 프로젝트에 필요한 용지를 획득하는 데 드는 비용이다. 지장물 이설비용은 지장물의 사전 권리를 대체하는 데 필요한 지역권 및 수수료 취득을 제외하고 프로젝트의 용지보상비용의 일부이다.

워크숍 (Workshop) 특히 특정 분야의 기술과 스킬에 초점을 맞추는 비교적 소수의 사람들을 위한 일반적으로 짧고 집중적인 교육 프로그램.

CRA/CEVP 워크숍 공식적 워크숍으로서, 견적을 통해 구한 기준 원가(base cost)를 면밀하고 엄격하게 검토하고 프로젝트와 관련된 불확실성과 리스크를 식별 및 구체화하기 위한 프로젝트 팀과 분야별 전문가(SME) 간의 협력적 노력을 말한다. 비공식워크숍은 프로젝트 팀(또는 주요 프로젝트 팀 구성원)으로 구성되며, 프로젝트관리자/프로젝트 팀이 필요하다고 생각하는 다른 참가자가 포함될 수 있다.

원가 기반 견적(Cost-based estimating) 견적작업을 할 때, 시간, 장비, 노무, 하청업체, 자재, 간접비, 이익의 총 7가지 기본 요소를 고려하여 견적하는 방법을 말한다. 일반적으로 작업 명세서 및 도면 또는 사양 세트는 프로젝트 입찰 항목을 달성하는 데 필요한 각 개별 작업에 필요한 자재 수량을 "추출"하는 데 사용된다. 이 수량에서 직접 노무비, 재료비 및 장비 비용은 계산되거나 가정된 생산성을 기반으로 계산된다. 그런 다음 계약자의 간접비와 이익이 이 직접 비용에 추가된다.

원가성과지수 (Cost Performance Index) CPI = 원가성과지수(CPI)는 예산자원의 원가효율을 측정하는 지수로, 획득가치(EV) 대비 실제원가(AC)의 비율로 표시한다. 원가성과지수(CPI)는 가장 EVA 지표로 간주되며, 완료된 작업에 대한 원가 효율을 측정한다. 원가성과지수(CPI)값이 1.0 미만이면 완료된 작업의 원가초과를 의미한다. 원가성과지수(CPI) 값이 1.0보다 크면 지금까지 성과 대비 원가절감을 의미한다. 원가성과지수(CPI)는 실제원가(AC) 대비 획득가치(EV)의 비율로 산출한다. 방정식: CPI = EV/AC.

위협, 위협리스크 (Threat) 프로젝트 목표에 부정적인 영향을 미칠 가능성이 있는 사건의 리스크

유사사례추론 견적법 (Analogy cost estimaing) 이 견적법은 유사프로젝트의 비용이 비슷하다고 보고 과거 프로젝트를 사용하여 비용견적 금액을 산출한다. 완성도가 높고 반복적인 프로젝트에 유용한 견적접이다.

유추 (Analogy) 상황의 유사성. 예측자는 주어진 상황에서 예측할 때 유사한 상황이 어떻게 나타나는지 추측해볼 수 있다.

의원성 리스크 (Iatrogenic risk) 의사나 외과의사 또는 의학적 치료 또는 진단 절차에

의한 부주의로 유발된다. 리스크분석에서 심각한 위협리스크나 기회리스크를 식별하지 못하는 경우가 발생. 몬테카를로의 너무 많은 요소에 확률밀도함수 할당을 포함하되 이에 국한되지 않는 잘못된 리스크분석 실무로 인해 발생하는 실제 리스크의 과소평가(또는 과장) 분석 또는 범위 추정, 리스크분석 시뮬레이션을 위한 입력 요소 간의 독립성을 잘못 가정하고 입력 요소의 범위를 적절하게 정량화하지 못하는 경우 등 다양하게 발생(2차 리스크 참조)

이력 정보 (Historical information) 프로젝트 파일, 기록, 서신, 마감 계약 및 마감된 프로젝트를 포함한 이전 프로젝트에 대한 문서 및 데이터 (WSDOT)

이슈 등록부 (Issue register) 리스크 모니터링 활동 과정에서 도출된 새로운 이슈들을 등록하고 관리하기 위한 서식

이익 (Profit) 넓은 의미에서 프로젝트 이익은 모든 비용을 지불한 후에 남게 되는 비용을 뜻 한다. 특정 계약에 대해 이야기할 때 이익은 계약자가 본인 부담비용을 제외하고 남은 비용을 의미한다. 이익이 있어야 특정 계약작업을 수행하는 것에 대한 가치가 있으며 계약 업무를 수행한 것에 대한 보상이 된다. 즉, 가격= 원가+이익

인적자원계획 (Human resource planning) 프로젝트 역할, 책임 및 보고 체계를 식별 및 문서화하고 인력관리계획을 작성하는 프로세스

인지 편향 (Cognitive bias) 사람들이 주변 세계의 정보를 인식, 처리 및 해석할 때 발생하는 지각, 회상 및 사고의 체계적인 오류로, 결정과 판단에 영향을 미치게 된다(계류편향/확증편향/정상편향/권위편향/프레이밍 효과/동기편향/가용성편향/휴리스틱/낙관편향 참조).

인플레이션 (Inflation) 가격과 명목 임금이 지속적으로 증가하는 경향. 인플레이션은 적절한 가격 지수에서 시간에 따른 비례적인 변화에 의해 측정된다. 이용가능한 상품과 서비스에 비해 돈과 신용의 양이 증가하여 일반적인 가격 수준이 계속 상승한다.

일정 (Schedule) 예정일, 기간, 마일스톤 및 자원과 해당 활동을 연결하여 보여주는 일정 모델이다.

일정 기준선 (Schedule baseline) 프로그램 계획의 원래 구성을 나타내며, 모든 이해관계자가 주요 산출물의 요구되는 이벤트 순서, 자원 배정, 수용 가능한 목표 일정에

합의했음을 의미하는 기준 일정.

일정 서술 (Schedule narrative) 일정 갱신 시 변경 사항과 그 효과를 설명하는 부속 문서.

일정리스크분석 (Schedule risk analysis; SRA) 통계 기법을 사용해 일정 완료 가능성을 예측하는 분석. 불확실성과 주요 위험이 일정 활동 기간에 미치는 영향을 평가함.

일정성과지수 (Schedule Performance Index) 일정성과지수(SPI)는 획득가치(EV) 대비 계획가치(PV)의 비율로 표시되는 일정 효율의 척도이다. 이것은 프로젝트팀이 작업을 완수하는 효율로 측정된다. 이 지수를 원가성과지수(CPI)와 함께 사용하여 프로젝트 완료시점 산정치를 예측하기도 한다. 일정성과지수(SPI) 값이 1.0 미만이면 수행된 작업량이 계획에 미치지 못함을 의미한다. 일정성과지수(SPI) 값이 1.0보다 크면 수행된 작업량이 계획을 초과함을 의미한다. 일정성과지수(SPI)는 모든 프로젝트작업을 측정하므로 프로젝트가 예정 종료일보다 단축될지 또는 지연될지 판별하려면 주공정의 성과도 분석해야 한다. 일정성과지수(SPI)는 계획가치(PV)에 대한 획득가치(EV)의 비율로 산출한다. 방정식: SPI = EV/PV. PMBOK 6th Edition에서 실제 일정(X축)에 대한 효율의 척도를 ES(Earned Schedul)과 ES을 획득하기 위해 소진 된 실제 시간(Actual Time)과의 효율을 측정하는 개념을 도입하였다. 방정식: SPI = ES/AT.

임팩트 (Impact) 리스크 사건이 발생할 경우 프로젝트 목표에 미치는 영향

입찰 기반 견적(Bid-based estimating) 또는 입찰 이력 기반 견적(Historical bid-based estimating)은 항목 비용을 결정하기 위해 수량 및 우수한 과거 입찰 데이터와 함께 요소, 입찰 항목 또는 두 가지 모두에 크게 의존하는 견적 방법이다. 과거 데이터는 일반적으로 최근 프로젝트의 입찰가를 기반으로 한다. 견적전문가는 현재 프로젝트의 특성과 위치에 맞게 과거 데이터를 조정해야 한다. 과거 데이터도 현재 가치를 반영하도록 조정되어야 한다. 이 기법을 사용하면 과거 입찰가 데이터를 사용하여 견적전문가가 쉽고 빠르게 견적을 준비할 수 있다.

입찰 환경 (Bidding environment) (시장조건(Market Condition) 참조)

있을 수 있는 확률 (Likelihood) 어떤 일이 일어날 확률

ㅈ

자원 (Resource) 작업 수행에 필요한 모든 요소. 예: 인력, 자재, 장비, 시설.

자원 평준화 (Resource leveling) 자원의 가용성을 고려해 일정의 시작일이나 배정을 조정하는 기법. 자원 수요의 급증·급감을 완화하기 위해 사용됨.

자유 여유시간 (Free float) 활동이 즉시 후속 활동을 지연시키지 않고 사용할 수 있는 총 여유시간. 네트워크 상황에 따라 자유 여유가 없을 수도 있음.

작업 범위 (Scope of work) 프로젝트를 수행하는데 필요한 작업과 활동 정의. 작업의 맥락과 경계를 의미한다.

작업 일정 (Schedule of works) 수량, 설명 및 측정 단위와 함께 비용을 계산할 항목 목록. 데이터의 완성도에 따라 세부적으로 합의된 방법론 및 작업분류체계(WBS)에 대해 정의된다.

작업기술서 (Statement of work; SOW) 계약자의 작업 범위를 정의하는 문서. 수행해야 할 작업과 제공해야 할 산출물을 명시함.

작업분류체계 (Work breakdown structure; WBS) 프로그램 최종 산출물을 점차 세분화하여 관리 가능한 수준으로 분해한 구조.

작업분류체계 (Work Breakdown Structure) 프로젝트팀에서 프로젝트 목표를 달성하고 필요한 인도물을 생산하기 위해 수행할 전체 작업 범위를 계층 구조로 더 작고 관리가능하게 분해하여 작업 패키지(Workpackage)로 세분화된 체계이다. 분해 후 비용을 추정할 수 있다.

작업패키지 (Work package) WBS 최하위 수준의 활동 또는 활동 그룹. 실제 작업이 계획되고 성과가 측정되는 단위.

잔류 리스크 (Residual risk) 리스크 대응 조치가 구현된 후 남아있는 리스크.

적극적 수용 (Active acceptance) 리스크 수용 방법 중 하나이다. 경우에 따라, 일부 산업에서는 수용된 총 잔류리스크를 처리하기 위해 컨틴전시 준비금에 포함시키기도 한다. 이러한 경우 "적극적 수용(active acceptance)"이라고 한다.

전문가 의견(Expert opinion) 리스크모델의 정량화를 위해서 적합한 사람의 경험과 지식을 활용한다. 검증을 위한 판단이 필요한 복잡한 프로젝트를 다룰 때 유용하다. 이 방법에 대한 주요 비판은 주관적인 성격(판단의 판단)이므로 상호 크로스로 참조하는 독립적 평가가 권장됨.

전문가 판단 (Expert judgement) 판단은 수행 중인 활동에 적합한 응용분야, 지식영역, 학문, 산업 등에 대한 전문지식을 기반으로 제공된다. 이러한 전문지식은 전문교육, 지식, 기술경험 또는 교육을 받은 그룹 또는 개인이 제공할 수 있으며, 수행 조직 내의 다른 단위, 컨설턴트, 이해관계자, 고객, 전문기술협회, 산업 그룹 등 다양한 곳에서 얻을 수 있다.

전사적 리스크관리 (Enterprise Risk Management; ERM) 기업의 비즈니스 리스크를 관리하고 목표 달성에 관련된 기회를 포착하기 위해 조직에 의해 사용된 방법과 프로세스를 포함하고 있다. ERM은 일반적으로 조직의 목표(위협 및 기회)와 관련된 특정 이벤트 또는 상황을 식별하고, 가능성 및 규모에 따라 평가하고, 대응 전략을 결정하며, 프로세스를 모니터링 하는 리스크관리를 위한 프레임 워크를 제공한다. 비즈니스 기업은 위협과 기회를 식별하고 사전에 해결함으로써 소유자, 직원, 고객, 규제 기관 및 사회 전반을 포함한 이해 관계자를 위한 가치를 보호하고 창출한다.

전진계산 (Forward Pass) 전진계산은 모든 네트워크 활동의 완료되지 않은 부분에 대한 빠른 개시일 및 빠른 종료일을 계산하는 것.

점진적 상세화 (Rolling wave planning) 큰 범위의 계획을 점차 세분화하여 작업 패키지 수준으로 구체화하는 기법. 점진적 상세화라고도 함.

정상 편향(Normalcy bias) 사람들이 위협 상황의 심각성이나 그 가능성을 인정하지 않는 경향이 있는 인지 편향. 과민 반응(over-reacting)의 반대말. 타이타닉이 침몰하는 것은 "상상도 할 수 없는 일"이어서 사건에 대한 준비가 미흡했고 승객들은 대응하기를 꺼려한다. 워크숍 설정에서 이것은 그룹이 더 쉽게 논의하고 중요도가 낮은 리스크에 주의를 기울이고 더 심각한 리스크는 피하는 경향으로 나타날 수도 있다. 사람들은 문제를 찾아 나서거나 "상상할 수 없는" 것을 상상하거나 그것에 대해 생각하거나 계획하는 것을 꺼린다. 부정적인 것에 주의를 기울이는 것은 일부 사람들에게 불쾌하거나 나쁜 형태로 간주되며, 의식적으로든 무의식적으로든 팀이나 프로젝트의 성공에 대한 배신행위로 여겨진다.

정확도 (Accuracy) 예측값과 실제값의 차이(예측 정확도)

정확도 범위 (Accuracy range) 최종 실제 비용 또는 일정에 대한 추정치의 예측 근접성의 표현. 일반적으로 실제 결과가 이 백분율이 나타내는 신뢰 구간과 함께 추정치를 초과하거나 미달하는 높은 혹은 낮은 백분율로 표시된다(참조: 신뢰구간(confidence interval); 범위(range)).

제1원칙 견적법(First principles estimating) 작업분류체계(WBS)의 모든 작업 패키지(또는 활동)에 대한 비용 견적서를 작성하고 이를 요약하여 필요한 비용 또는 노력의 총 비용 견적금액을 산출하는 방식의 비용 견적 기법(영국, 호주 정부에서 사용하고 있는 용어임

주경로 활동 (Critical activity) CP상의 활동. 일정 제약이 없을 때 여유가 0이며, 지연시프로그램의 완료일이 동일하게 지연됨.

주공정 (Critical Path) 주공정 경로(Critical Path)는 여유기간(float)이 '0'인 활동을 연결한 최소 경로를 말한다. 이를 통해 얻어진 빠른 시작일 늦은 시작일 혹은 종료일이 일정 개발을 위해 반드시 쓰이지는 않는다. 주공정법에서는 어떠한 활동이 최소 일정상 여유를 가지고 있는지 확인하기 위한 여유기간(Float, Slack)을 계산한다.

주공정 방법 (Critical Path Method; CPM) 주공정법은 프로젝트 일정의 최단기 기간(일자 혹은 시간)을 결정하고 일정 모델 내의 논리적인 네트워크 경로상 유연성이 허락되는 기간을 결정하는 일정 네트워크 분석기법이다. 주공정법의 전진계산법(Forward pass)과 후진계산법(Backward pass)을 통해 가장 빠른 시작일(ES, Early Start), 빠른 종료일(EF, Early Finish), 늦은 시작일(LS, Late Start), 늦은종료일(LF, Late Finish)을 계산한다. 주공정법은 전체의 일정네트워크 경로 중에서 가장 긴 경로를 찾아내는 활동으로 프로젝트를 최단 기간 내 끝낼 수 있는 기간을 결정하는 방법이다.

준공시점의 예정 총사업비 (Estimate at Completion(EAC)) 정의된 작업의 범위가 완료될 때 프로젝트의 예상 총 비용

준공예정견적 (Estimate to Complete(ETC)) 프로젝트의 나머지 모든 작업을 완료하는데 필요한 비용. 프로젝트의 나머지 작업을 완료하는데 필요한 예상자금. 남은 프로젝트 작업에 필요한 자금을 예측하는데 중요

중대한 리스크 (Material/Critical Risk) 프로젝트의 연속성에 손상을 입힐 가능성이 있

는 리스크. 이러한 리스크는 문서화하고 따로 처리해야 하며 프로젝트 리더에게 정기적으로 보고하고 별개의 건으로 설명해야 한다. 이러한 리스크를 해결하기 위한 다른 유사 용어로 "폭발 위험(blowout risks)", "쇼 스토퍼 리스크(show-stopper risks)", "삭제 표시 리스크(tombstone risks)" 또는 "검은 백조 사건(black swan events)" 등의 용어로도 사용되고 있다.

지연 (Lag) 두 활동 간 시간 간격을 의미하며, 후속 활동을 지연시키는 시간. 노력이나 자원 소요는 없음.

지출년도 (YOE) 지출년도. 프로젝트 작업 요소를 완료하기 위해 금액이 지출될 것으로 예상되는 연도

지출년도 달러 (Year Of Expenditure dollars) 건설 프로젝트의 견적. WSDOT은 일반적으로 추정연도 비용을 현재 년도 달러로 가져와 예상 건설 또는 활동 중간점으로 팽창/확장/시켜서 예상 YOE 비용을 예측한다.

직접비 (Direct cost) 플랜트, 장비, 자재 및 노동을 포함하되 이에 국한되지 않는 프로젝트 요소와 직접 관련된 모든 계약자의 비용.

ㅊ

책무 (Accountability) 책무의 질과 상태, 특히, 책임을 받아들이거나 자신의 행동을 설명할 의무 또는 의지(리스크에 대한 대응계획수립, 모니터링 등을 위한 책무를 가지는 사람을 리스크관리자라 한다.)

천재지변 (Acts of God) 인간의 간섭 없이 자연력에 의해 야기되는 필연적이고 예측 불가능한 심각한 사건, 그리고 보험에 가입된 당사자가 지진, 홍수, 허리케인, 번개, 눈보라와 같은 통제력을 갖지 못하는 사건. 신의 행위는 견딜 수 없는 사고와 계약 불이행에 대한 타당한 변명이 된다. 자연재해라고도 한다("불가항력 리스크" 참조).

총 여유시간 (Total float) 활동이 전체 프로그램 종료일에 영향을 주지 않고 지연될 수 있는 시간. 양수일 경우, 프로그램 종료를 늦추지 않고 지연할 수 있는 시간. 음수일 경우, 프로그램 종료일을 지키기 위해 반드시 회복해야 하는 시간. 0일 경우,

지연이 곧 프로그램 종료일 지연으로 이어짐.

총 프로젝트 비용(Total Project Cost) 총 프로젝트 비용은 프로젝트에 할당된 모든 비용을 반영한다. FHWA에서는 프로젝트 비용을 다음의 범주로 세분화 한다 : PE + R/W + (CN+CE). FHWA에는 CN과 CE가 단일 비용으로 포함되지만 여기서는 CN과 CE는 분리된다.

최장경로 (Longest path) 이론적으로는 주공정 경로와 동일. 그러나 일정이 복잡해질수록 float 값은 진정한 유연성을 나타내지 못할 수 있음. 이 경우 longest path는 주요 마일스톤의 완료일에 직접 영향을 주는 활동 경로를 의미.

최종 원가 (Ultimate cost) 모든 외부 비용, 리스크 및 기회 사건의 변경 및 해결을 포함하여 모든 작업을 완료하였을 때 투입된 실제 원가

최종 일정 (Ultimate schedule) 모든 외부 비용, 리스크 및 기회 사건의 변경 및 해결을 포함하여 모든 작업을 완료하였을 때 든 실제 일정

최종예상비용 (Anticipated Final Cost; AFC) 프로젝트 완료 전에 비용 추정이 이루어진 시점의 리스크 노출을 고려하여 지금까지 수집된 정보를 바탕으로 리스크분석 기법을 적용하여 추정한 최종 비용 예측 결과

추출 (Elicitation) 도출하거나 이끌어내는 행동

충격 (Surprise) 전혀 예상치 못한 사건이 실제 발생한 후의 상황. 초기 발생확률에서는 예상되는 프로젝트 일정의 추정범위 훨씬 밖에 존재하게 되어 프로젝트에 큰 충격을 주게 된다.

ㅋ

커뮤니케이션 계획 (Communications plan) 조직 활동(전략, 프로그램, 프로젝트 또는 운영)중 수립되고 유지될 커뮤니케이션 활동 계획. 일반적으로 정보가 언제, 무엇을, 어떻게, 누구와 함께 하는지 포함한다.

컨시퀀스 (Consequence) 목표에 영향을 미치는 사건의 결과. 임팩트와 동의어임.

컨트롤 (Control) 리스크를 유지 및/또는 수정하는 조치. 컨트롤에는 리스크를 유지 및/

또는 수정하는 프로세스, 정책, 장치, 실무 또는 기타 조건 및/또는 조치 등이 포함될 수 있다(다른 방법도 가능).

크기(영향력) (Magnitude) 사건과 관련된 결과의 예상 기대값

ㅌ

토네이도 다이어그램 (Tornado diagram) 데이터 범주가 세로로 나열되고 범주가 정렬되어 가장 큰 막대가 차트 상단에 표시되고 두 번째로 큰 막대가 상단에서 두 번째로 나타나도록 만든 막대 차트. 프로젝트 결과에 영향을 미칠 수 있는 정량적 리스크분석 모델의 각 요소에 대해 계산된 상관 계수를 나타내는 민감도 분석의 표현. 항목은 상관관계의 내림차순으로 정렬되어 전형적인 토네이도 모양으로 나타난다.

통합마스터일정 (Integrated master schedule; IMS) 정부, 계약자, 주요 이해관계자가 필요로 하는 전체 범위의 일정을 포함하는 종합 일정. 논리적으로 연결된 활동을 포함하며, 요약·중간·세부 일정을 모두 포함.

통합일정 (Consolidated schedule) 여러 프로젝트 일정을 하나의 마스터 파일로 집계한 일정. 관리 목적으로 사용되며, 프로젝트 간 관련성이 크지 않아도 포함될 수 있음. IMS와 동의어로 쓰이는 경우가 많음.

팀 (Team) 공동 목표와 공동 보상을 위해 상호 의존하여 일하는 두 명 이상의 사람들

팀 관리 (Team management) 개인 또는 조직이 작업을 수행하기 위해 개인 그룹을 관리하고 조정할 수 있는 능력. 팀 관리에는 팀워크, 커뮤니케이션, 목표 설정 및 성과 평가가 포함된다

팀 빌딩 (Team building) 사회적 관계를 강화하고 팀 내에서 역할을 정의하는데 사용되는 다양한 활동을 총칭하는 용어로 종종 공동작업이 포함된다.

ㅍ

편익비용비 (Benefit-cost ratio) 현재 추정된 프로젝트 편익 대비 현재 예상된 프로젝트 견적비용의 비율. 비율이 1.0 이상인 경우 프로젝트는 수행할 가치가 있는 것으로

여겨진다.

편향 (Bias) 합리적으로 보지 못하는 기질이나 전망 및 성향. 특히 개인적이며 때로는 비합리적인 판단(참조: 인지 편향(cognitive bias)).

품질 검증 (Quality Verification (QV)) 객관적 증거를 사용하여 요구사항이 충족 되었는지 확인한다. 국가 설계 엔지니어 또는 피지명인의 관할하에 HQ 프로젝트 개발에 사용된 조치, 절차 및 방법을 참조하여 품질 관리 계획이 구현되고 적절한 프로젝트 개발 프로세스가 준수되고 반영되도록 최종 제품을 선택적으로 검토한다. 이 조치에는 엔지니어링 오류와 관련된 시공 단계의 현재 추세를 기반으로 일부 프로젝트에서 90%의 대상 PS&E 검토도 포함된다.

품질 보증 (Quality Assurance (QA)) 올바른 방식으로 올바른 일을 하도록 보장한다. 프로젝트 밀도의 각 단계에 참여하는 설정 프로세스. 프로젝트 엔지니어(또는 품질 관리자)의 관할 하에 관리 수준에서 사용되는 조치, 절차 및 방법을 참조하여 신중한 품질 관리 절차가 확립되어 수행되고 있으며, 원하는 결과를 관찰하고 보장한다. 품질 관리 계획에 따라 양질의 전문 서비스를 제공한다.

품질 비용 (Cost of quality) 품질을 보장하는데 발생하는 비용을 결정한다. 예방 및 평가 비용(적합 비용)에는 품질 계획, 품질 관리(QC) 및 요구 사항(예: 교육, QC 시스템 등) 준수를 보장하는 품질보증비용이 포함된다. 실패 비용(부적합 비용)에는 비준수 제품, 구성 요소 또는 프로세스의 재삭입 비용, 보증 작업 및 낭비 비용 및 평판 손실이 포함된다.

품질 제어 (Quality Control (QC)) 결과의 기대치를 충족시키기 위해 출력 샘플을 테스트하여 표준을 유지하기 위해 확립된 시스템. 원하는 품질의 전문 서비스를 생산하기 위해 작업 제품을 개발하는 동안 프로젝트 엔지니어의 관할 하에 생산 및 관리 수준에서 일상적으로 사용되는 조치, 절차 및 방법을 말한다.

프레이밍효과 (Framing effect) 발표자가 의식적으로든 아니든 정보를 제시하는 방식에 따라 의사결정에 영향을 받는 인지 편향(cognitive bias)이다. 강조 표시된 기능에 따라 열등한 옵션이 더 최적화된 옵션보다 우선할 수 있다. 팀 구성원은 아이디어를 제시할 때 중립을 유지하고 정보나 아이디어를 받을 때 이러한 효과를 고려하도록 노력해야 한다.

프로그래밍 (Programming) 자금 지원을 승인할 수 있도록 정확한 비용 견적 및 지출 계획을 가지고 우선 순위가 지정된 프로젝트 목록을 개발하는 프로세스. 이 활동의 핵심은 다양한 프로그램 및 하위 프로그램 범주(보존 및 개선), 안전, 이동성 등에서 프로젝트의 우선 순위를 정하는 것이다.

프로젝트관리자 (Project manager) 프로젝트를 완수하기 위해 팀을 이끌도록 지정된 사람. 프로젝트관리자는 프로젝트에 정의된 목표와 고객 기대를 충족시키기 위해 전문 지식, 기술, 도구 및 기술을 적용한다.

프로젝트관리협회 (PMI: Project Management Institute, Inc.)

프로젝트 비용 (Project cost) 프로젝트 팀 견적에서 제시된 비용

프로젝트 비용 범위(Project Cost Range) 예상 비용의 불확실성은 프로젝트 비용 범위의 형태로 전달된다. 정량적 리스크분석이 수행된 경우 범위는 낮은 추정치의 경우 10번째 백분위수로 보고되고 높은 추정치의 경우 90번째 백분위수로 보고된다. 정성적 리스크 평가의 경우 범위는 낮은 추정에 대한 기본비용 및 높은 추정에 대한 (기본비용 + (기본비용 * 리스크 허용치))로 보고된다.

프로젝트 수행목표 (Project objectives) 프로젝트 성공 정도를 평가할 구체적이고 측정 가능한 목표에 대한 기술

프로젝트 예산 (Project Budget) 기본비용 추정치에 비상준비금을 더한 금액이다.

프로젝트 일정 (Project schedule) 프로젝트 팀 견적에서 제시된 일정

프로젝트 팀 (Project team) 고려중인 특정 프로젝트를대표하는 팀

프로젝트관리지식체계 (PMBOK) PMI의 지침서. 현재 7판까지 발간되었다.

프로젝트별 리스크(Project-specific risk) 프로젝트별 리스크는 프로젝트 범위에 특징되는 이벤트, 조치 및 기타 조건과 관련된 불확실성(위협 또는 기회)과 관련된 리스크이다.

ㅎ

하향식 견적법 (Top-Down estimating) 위에서 부터 비용 결정 매개변수법이 대표적인

하향식 견적법임 (수정해야)

허용도 (Tolerance) 측정이 달라질 수 있는 총 허용량. 최대 한계와 최소 한계의 차이

현장개설비용 (Mobilization) 총 건설비용 추정치의 백분율로 계산되는 현장개설비용은 시공자의 사전 건설비용과 준비작업 및 운영비용(예: 현장 장비이동 및 준비)을 포함하는 프로젝트 추정치에 해당한다.

형상(상태) 관리(Configuration management) 제품 성능, 기능 및 물리적 속성의 일관성, 요구 사항, 설계 및 운영 정보와 수명의 일관성을 확립하고 유지하기 위한 시스템 엔지니어링 프로세스

화살도형법 (Arrow Diagramming Method(ADM)) 화살도형법은 네트워크도를 작성하는 기법으로써, 각각의 활동을 화살표로 표시한다. 화살표의 꼬리는 활동의 시작을 나타내며 화살표의 머리는 활동의 종료를 나타낸다(화살표의 길이가 특정 활동의 예상기간을 나타내는 것이 아님). 활동들은 노드(일반적으로 작은 원으로 표시됨)라고 하는 곳에서 연결되어 활동의 수행이 예상되는 순서를 보여준다.

확률 (Probability) 특정 리스크 사건이 발생할 가능성에 대한 추정치이며 일반적으로 0~1 또는 0~100% 척도로 표시된다.

확률적 분기 (Probabilistic branching) 일정에서 확률적으로만 발생하는 새로운 활동이 추가되는 경우. 무작위 선택 또는 대안 시나리오 모델링에 사용됨.

확증 편향 (Confrimation bias) 자신의 이전 신념이나 가치를 확인하거나 지지하는 방식으로 정보를 검색, 해석, 선호 및 회상하는 경향. 사람들은 반대 정보를 무시하고 자신의 견해를 지지하는 정보를 선택하거나 모호한 증거를 자신의 기존 태도를 지지하는 것으로 해석할 때 이러한 편향을 나타낸다. 이 편향의 효과는 원하는 결과, 감정적으로 충전된 문제 및 깊이 뿌리내린 신념에 대해 가장 강력하게 나타난다. 확증 편향을 완전히 제거할 수는 없지만 비판적 사고 기술에 대한 교육과 훈련을 통해 관리 가능(인지 편향(cognitive bias) 참조)

활동 (Activity) 프로젝트 과정에서 수행되는 작업구성 요소

활동기간 (Activity duration) 활동을 완료하는 데 필요한 예상 시간. 시작부터 종료까지의 기간으로, 근무일 등 사업 캘린더 단위로 표현됨.

획득가치관리 (Earned Value Management; EVM) 객관적인 방식으로 프로젝트 성과 및 진행 상황을 측정하기 위한 프로젝트관리 기법 중 하나이다.

효과 측정 (Measures of effectiveness (MOE)) 특정 목표의 달성 정도를 반영하는 측정 또는 테스트. 효과 측정(MOE)은 경쟁 대안을 비교하는데 사용된다. MOE를 성과 측정이라고도 부른다.

후속작업 (Successor) 일정 네트워크에서 논리적으로 연결된 후속 활동. 선행 활동이 시작·종료해야 후속 활동이 진행될 수 있음.

후진계산 (Backward Pass) 후진계산은 완료되지 않은 네트워크의 모든 활동에 대한 늦은 종료일과 늦은 개시일을 계산하는 방법. 프로젝트 종료일로부터 네트워크의 논리에 따라 역산하여 결정된다. 종료일은 전진계산(Forward Pass)을 통하여 결정되거나 고객 또는 후원자가 결정할 수도 있다.

휴리스틱 (Heuristic) 문제를 해결하는 방법으로 경험에 기반을 둔 기술을 사용하는 것. 실용적인 방법을 사용하는 문제해결이나 자기 발견에 대한 모든 접근 방식으로서, 최적, 완벽 또는 합리적으로 보장되지 않지만 대신 즉각적인 목표에 도달하기에 충분하다. 휴리스틱은 결정을 내리는 데 따른 인지적 부담을 덜어주는 정신적 지름길이다. 예를 들면 교육에 기초한 추측, 직관적 판단, 프로파일링 또는 상식이 있다. 이것은 개인의 즉각적, 본능적, 기본적, 문제 해결 또는 의사결정 방법이 된다. 고유한 프로젝트 평가/분석 환경에서 휴리스틱 방법에만 의존하게 되면 리스크를 식별하지 못하거나 리스크의 확률 및/또는 그 임팩트를 부정확하게 결정하는 것과 같은 오류가 발생할 수 있다. 과거에 항상 잘 작동했던 것이 항상 현재에도 최적이 아닐 수 있다(가용성 휴리스틱 및 인지 편향 참조).

흐름도 작성 (Flowcharting) 시스템 내에서 하나 이상의 프로세스 입력, 프로세스 조치 및 출력을 다이어그램 형식으로 표시하는 것

찾아보기

PROJECT RISK MANAGEMENT GUIDELINES

1-9

A-Z

ㄱ

ㅅ

ㅇ

ㅈ

ㅊ

ㅋ

ㅌ

ㅍ

ㅎ

(제4판) **프로젝트 리스크관리 가이드라인** **정가 35,000원**

저자 : K-Risk (한국리스크전문가협의회)

발행인 : 임정대
발행처 : 도서출판 구미서관

발행 : 2020년 8월 28일 초 판
2021년 11월 23일 제2판
2022년 11월 24일 제3판
2025년 11월 21일 제4판

등록 : 1979년 6월 29일 No.9–6호
주소 : 서울시 마포구 신촌로 2길 5-15 구미빌딩
전화 : 02–333–1101
팩스 : 02–335–2201
http://www.goomibook.com

ISBN 979–11–6257–332–7 (93530)

K-Risk 홈페이지 k-risk.org에 회원가입하시면 블로그 활용 및 가이드라인 관련 업데이트 소식/관련 정보를 확인할 수 있습니다.